青海省科学技术学术著作出版资金出版

生态气象系列丛书

丛书主编：丁一汇

丛书副主编：周广胜 钱 拴

青海生态气象
监测评估与预警技术研究

周秉荣 等 著

内 容 简 介

本书围绕青海生态文明建设生态气象监测评估工作需求，整合气象、草地、湖泊、湿地、冰川、冻土等生态环境要素，形成生态气象监测评估预警合力。从生态气象监测入手，在构建青海省生态监测体系方面进行积极探索，基于生态气象地面监测、卫星遥感监测以及监测站点多的优势，系统开展青海省及典型生态功能区草地、积雪、干旱、湖泊、湿地、冰川、冻土等生态气象监测评估以及重大生态工程实施效益评估服务；通过研究气象条件与生态要素之间的相互关系，开展气象、气候变化对生态影响的分析评估以及生态变化对气候系统响应的分析评估；探讨人工增雨生态修复技术、干旱监测技术、雪灾评估技术，分析气候变化对草地、湖泊等生态环境要素的影响，厘清气候变化对高寒生态系统结构功能响应的机理。本书支撑了生态环境监测、冰川退缩、冻土消融、自然灾害等监测评估预警技术研发，消除了气象学、生态学、环境科学等学科之间的脱节现象，符合气象保障生态文明建设的时代要求，是服务于高寒生态气象现代化发展技术支撑的基础性研究工作。

本书主要面向气象、农牧、林草、应急管理、生态环境等部门，有助于理解生态气象监测、评估及预警体系，更好地做出科学决策。此外，亦可作为同行部门拓展生态气象业务和开展生态气象研究的参考资料。

图书在版编目（CIP）数据

青海生态气象监测评估与预警技术研究 / 周秉荣等著. -- 北京 : 气象出版社, 2023.8
（生态气象系列丛书 / 丁一汇主编）
ISBN 978-7-5029-7820-4

Ⅰ. ①青… Ⅱ. ①周… Ⅲ. ①生态环境－气象观测－研究－青海 Ⅳ. ①P41

中国版本图书馆CIP数据核字(2022)第181160号

审图号：青 S(2023)028 号

青海生态气象监测评估与预警技术研究
Qinghai Shengtai Qixiang Jiance Pinggu yu Yujing Jishu Yanjiu

出版发行：气象出版社
地　　址：北京市海淀区中关村南大街 46 号　　邮政编码：100081
电　　话：010-68407112（总编室）　010-68408042（发行部）
网　　址：http://www.qxcbs.com　　E-mail：qxcbs@cma.gov.cn
责任编辑：黄红丽　　终　　审：张　斌
责任校对：张硕杰　　责任技编：赵相宁
封面设计：博雅锦　　审　　图：霍景焕　张　睿　马明全
印　　刷：北京地大彩印有限公司
开　　本：787 mm×1092 mm　1/16　　印　　张：24.25
字　　数：643 千字
版　　次：2023 年 8 月第 1 版　　印　　次：2023 年 8 月第 1 次印刷
定　　价：248.00 元

著者名单

周秉荣　李凤霞　李　林　乔　斌　李晓东　权　晨
韩炳宏　祝存兄　李　甫　陈国茜　史飞飞　李红梅
周万福　校瑞香　康晓燕　石明明　张帅旗　颜玉倩
张海宏　张　娟　曹晓云　赵慧芳　肖建设　赵全宁
姬海娟　李　播　韩辉邦　陈　奇　张　睿　冯晓莉
颜亮东　肖宏斌

前言

习近平总书记在2016年考察青海时指出"青海最大的价值在生态、最大的责任在生态、最大的潜力也在生态"。2021年习近平总书记再次考察青海时指出"保护好青海生态环境，是国之大者"。立足新发展阶段，贯彻新发展理念，构建新发展格局，青海省生态气象科研业务工作需要围绕建设国家公园示范省、高原防灾减灾和应对气候变化需求，持续提升生态气象监测预警和评估能力。经过多年努力，青海省生态气象科研团队在推进生态监测评估、应对气候变化、气象卫星遥感大数据应用等方面积累了丰富经验，研发了一系列高寒生态气象监测评估预警技术，聚焦形成了高寒生态气象特色研究及服务领域，生态气象创新能力和服务水平明显提升。组织编写《青海生态气象监测评估与预警技术研究》是生态气象工作助力打造青藏高原生态文明高地建设的重要举措，旨在努力开创生态文明建设气象保障新局面，全面推动生态气象服务高质量发展新格局，彰显气象担当，展现气象作为，践行气象使命。开展生态气象监测评估与预警研究工作可以有效发挥气象部门作为气候变化与生态安全精细化、全链条保障服务的工作职能，找到了气象事业与服务青海发展的结合点，形成了提升气象防灾减灾和公共服务能力、优化生态安全屏障保障体系和助力青海国家公园示范省建设的"组合拳"，为推进青海生态保护和高质量发展"添砖加瓦"。

青藏高原的生态环境是党中央高度关注、科技界共同关心的一件大事。因此，开展生态气象监测评估与预警研究符合新时代青藏高原生态文明建设主旨，是"建设美丽中国"和推动高原可持续发展的重要内容，也是气象科技工作者主动积极推进青藏高原生态环境保护和应对气候变化工作，用实际行动践行"绿水青山就是金山银山"美好愿景的使命担当。目前，针对青藏高原应对气候变化及其生态系统响应研究是学术界关注的热点。在气候变化背景下，青藏高原面临冰川退缩、冻土消融、自然灾害频发(冰湖溃堤、盐湖漫溢)，灾害风险不确定性增加。近几十年来，青藏高原成为受全球变化影响最为显著的地区之一，自然灾害对当地发展的影响越来越大。开展青海生态气象监测评估研究为构建气候变化背景下适应和预防新型灾害风险提供科技支撑，是时代赋予生态气象科技工作的新要求。

本书从生态气象监测入手，在构建青海省生态气象监测体系方面进行积极探索，基于生态气象地面监测、卫星遥感监测以及生态气象监测站点多的优势，系统开展青海及典型生态功能区草地、湖泊、湿地、冰川、冻土、积雪、干旱等生态气象监测评估，通过研究气象条件与生态要素之间的相互关系，开展气象要素对生态系统的影响评估以及生态系统变化对气候系统的影响评估，拓展人工增雨生态修复技术、干旱监测技术、雪灾评估技术等高寒生态气象监测评估技术。通过探讨草地物候期、覆盖度演化特征，分析积雪、冻土、冰川的演变趋势，分析气候变化对高原湖泊、高寒湿地等生态环境要素的影响，厘清气候变化对高寒生态系统结构功能的响应机理，揭示气候变化特征及气象灾害发生频率，提出生态环境保护、气象防灾减灾等针对性对策建议，以期助力山水林田湖草沙冰一体化保护和修复，为打造国际生态文明高地贡献"气象智慧”。

本书通过构建生态气象监测评估与预警研究体系，初步形成覆盖青海省的生态气象监测、评估、预警的全过程生态气象服务体系。针对高寒生态气象关键技术瓶颈问题，强化卫星遥感监测评估技术研发，优化完善高寒生态系统监测评估模型，加强气候变化对冻土、高寒湿地、高寒草地、水资源等影响评估研究，聚焦生态安全气象灾害，重点开展了干旱、积雪等生态风险预报预警，有力支撑了高寒生态气象监测评估预警技术创新及跨越发展，打破了气象学、生态学、环境科学等学科壁垒，实现多学科间的交叉、渗透和融合研究，提高了生态气象业务服务水平。本书围绕青海生态文明建设工作需求开展生态气象监测评估，顺应青海省发展战略核心方向，顺应国家为把青海建成我国重要的生态屏障区的规划，也顺应当前和今后省政府工作重点及系列规划、目标和任务与措施。通过编著《青海生态气象监测评估与预警技术研究》这个“窗口”，集成了适用于青海地区生态气象监测评估与预警方法，整合了气象、草地、湖泊、湿地、冰川、冻土等生态环境要素，形成了生态气象监测评估预警研发创新合力，提升了青海省生态气象工作的影响力，符合为青海省生态文明建设提供气象保障的实际需求。

本书基于常规气象、生态气象站观测数据，结合再分析资料和卫星遥感反演数据，以统计分析、遥感监测、数值模拟和理论分析等多种手段相结合的方法研究青海省气候变化及草地、冰川、冻土、积雪、湖泊等要素的响应，以期为高原生态系统（草地、冰川、冻土、积雪、湖泊、湿地）应对气候变化提供适应性管理参考。青海生态环境与全球气候变化监测评估是一个需要多学科、多部门、多地域协同推进的重要工作。本书共分为10章，由周秉荣总体设计并完成全书统稿工作。各章编写人员分别是：第1章青海气候变化事实由李红梅、冯晓莉、李林、周秉荣编写；第2章高寒草地生态气象由周秉荣、韩炳宏、乔斌、石明明、赵慧芳、李璠编写；第3章高原水体生态气象由祝存兄、周秉荣、李晓东、姬海娟编写；第4章高寒湿地生态气象由乔斌、周秉荣、石明明、张帅旗、李凤霞、史飞飞编写；第5章冰川冻土监测评估由李晓东、周秉荣、颜玉倩、赵全宁、肖建设编写；第6章高原地区人工增雨生态修复由周万福、康晓燕、韩辉邦、李凤霞、周秉荣、颜亮东编写；第7章高寒草地蒸散发研究由权晨、李甫、张海宏、周秉荣、肖宏斌编写；第8章高原干旱遥感监测技术与风险由陈国茜、周秉荣、李红梅、肖建设、校瑞香编写；第9章高原雪灾风险与积雪监测由史飞飞、周秉荣、张娟、曹晓云、肖建设编写；第10章高寒草地水热交换研究由李甫、张海宏、周秉荣、权晨、韩炳宏、陈奇、张睿编写。除上述人员外，还有很多人参与资料收集、文献整理等相关工作，在此一并表示感谢。

本书编写过程中得到了周华坤、李林、马元仓、徐维新等的大力支持，感谢他们对本书提出的十分有价值的意见和建议。

本书主要面向气象、农牧、林草、应急管理、生态环境等部门，有助于理解生态气象监测、评估及预警体系，更好做出科学决策。此外，亦可作为同行部门拓展生态气象业务和开展生态气象研究的参考资料。

本书的出版得到国家自然科学基金区域创新发展联合基金“气候变化背景下关键水热过程对青海高寒草地生态系统结构和功能的影响研究”、2022年度国家出版基金“生态气象系列丛书”项目、2023年度青海省科技厅科学技术出版资金“青海生态气象监测评估与预警技术研究”等的资助。

作者

2022年12月

目录

第 1 章
青海气候变化事实

1.1 青海气候变化的基本事实

1.1.1 平均气温

1961—2019 年青海省年平均气温为 2.2 ℃，总体呈升高趋势，升温率为 0.38 ℃/(10 a)（图 1.1a）。与 1961—2000 年平均值相比，进入 21 世纪以来增温幅度较大，2001—2019 年平均气温升高 1.3 ℃。青海省各地呈一致的升温趋势，其中青海西北部升温幅度较大，中东部升温幅度相对较小（图 1.1b）。黄南州升温率最大为 0.43 ℃/(10 a)，海南州升温率最小为 0.32 ℃/(10 a)，各行政区升温率详见表 1.1。

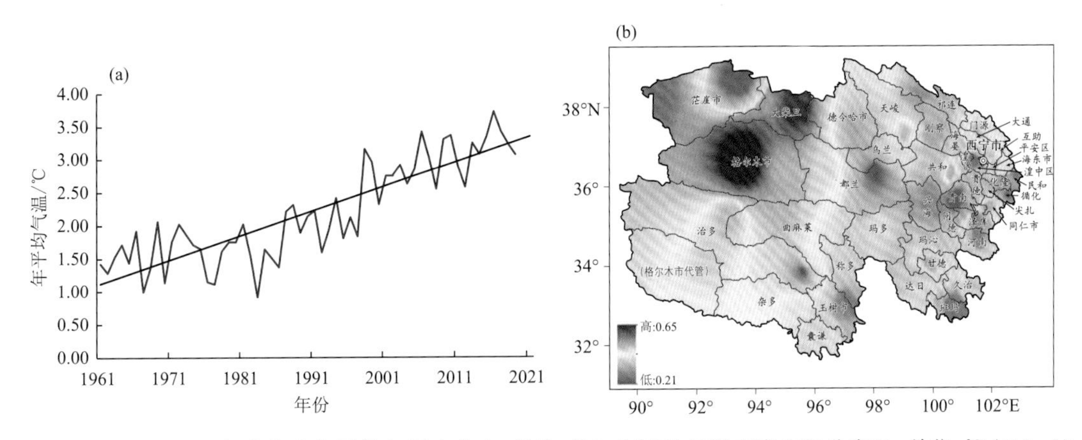

图 1.1 1961—2019 年青海省年平均气温变化（a，单位：℃）、年平均气温变率空间分布（b，单位：℃/(10 a)）

表 1.1 1961—2019 年青海省各行政区升温率 单位：℃/(10 a)

行政区	西宁市	海东市	海西州	玉树州	果洛州	海南州	海北州	黄南州
升温率	0.35	0.35	0.40	0.36	0.35	0.32	0.40	0.43

1961—2019 年，青海省春、夏、秋、冬季的平均气温分别为 3.2 ℃、12.6 ℃、2.2 ℃、−9.5 ℃，均呈升高趋势，升温率分别为 0.32 ℃/(10 a)、0.36 ℃/(10 a)、0.40 ℃/(10 a)、0.52 ℃/(10 a)，其中冬季平均气温升温率最大。春季和夏季平均气温在柴达木盆地和河湟地区升温幅度较大，秋季和冬季平均气温在柴达木盆地西部和三江源部分地区升温幅度较大（图 1.2）。

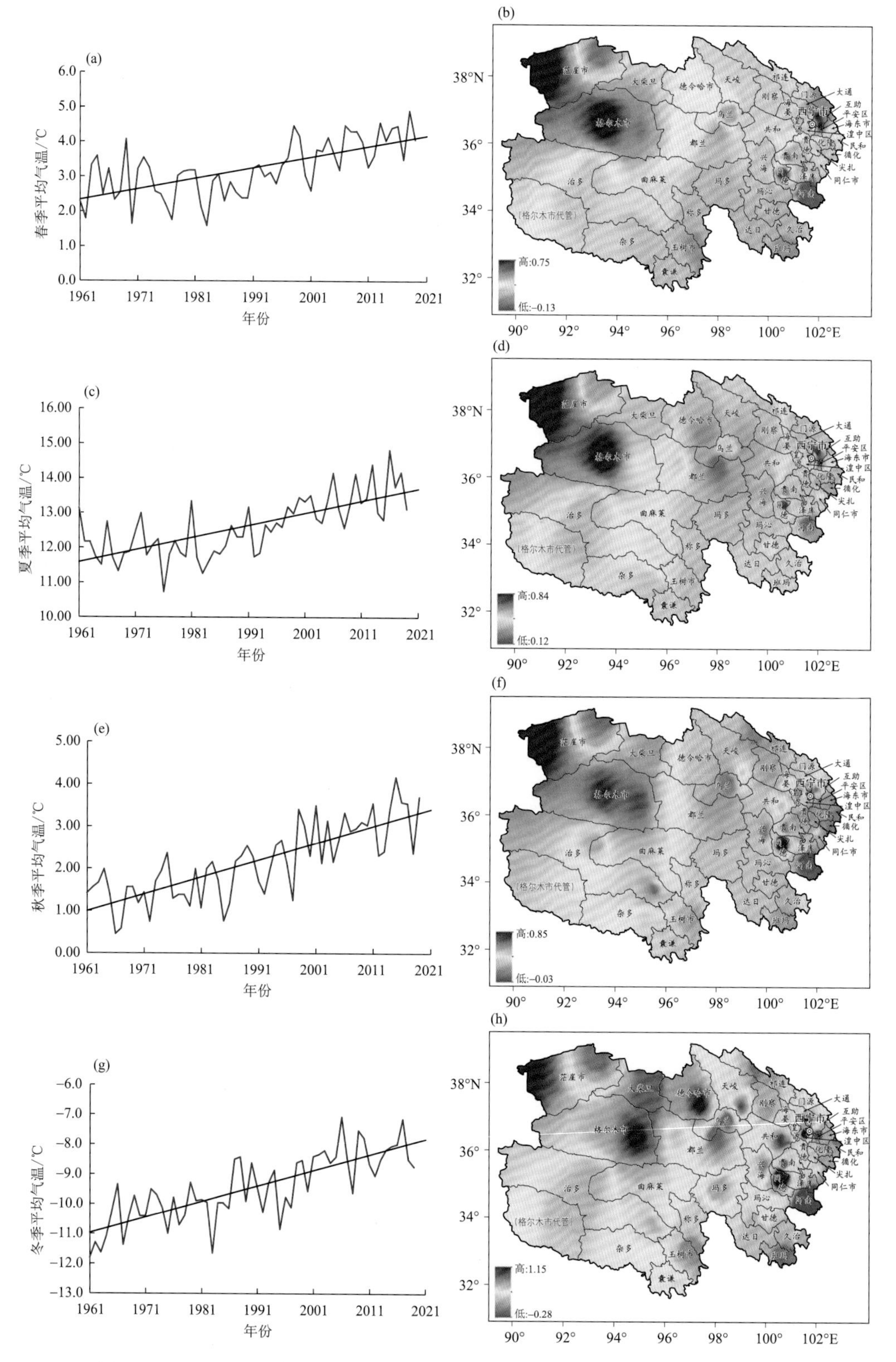

图 1.2　1961—2019 年青海省春、夏、秋、冬季平均气温变化(a、c、e、g,单位:℃)、春、夏、秋、冬季平均气温变率空间分布(b、d、f、h,单位:℃/(10 a))

1.1.2 最高和最低气温

1961—2019 年，青海省年平均最高气温、最低气温分别为 10.27 ℃、−4.33 ℃，均呈升高趋势，升温率分别为 0.33 ℃/(10 a)、0.49 ℃/(10 a)。年平均最高和最低气温呈明显的不对称变化，最低气温的升温率大于最高气温的升温率(图 1.3a 和图 1.3c)。

年平均最高气温在柴达木盆地中部及三江源区中东部升温幅度明显，其中甘德升温率最大，为 0.54 ℃/(10 a)(图 1.3b)。年平均最低气温在柴达木盆地西部和三江源区西部升温率较大，其中茫崖升温率最大，为 0.80 ℃/(10 a)(图 1.3d)。

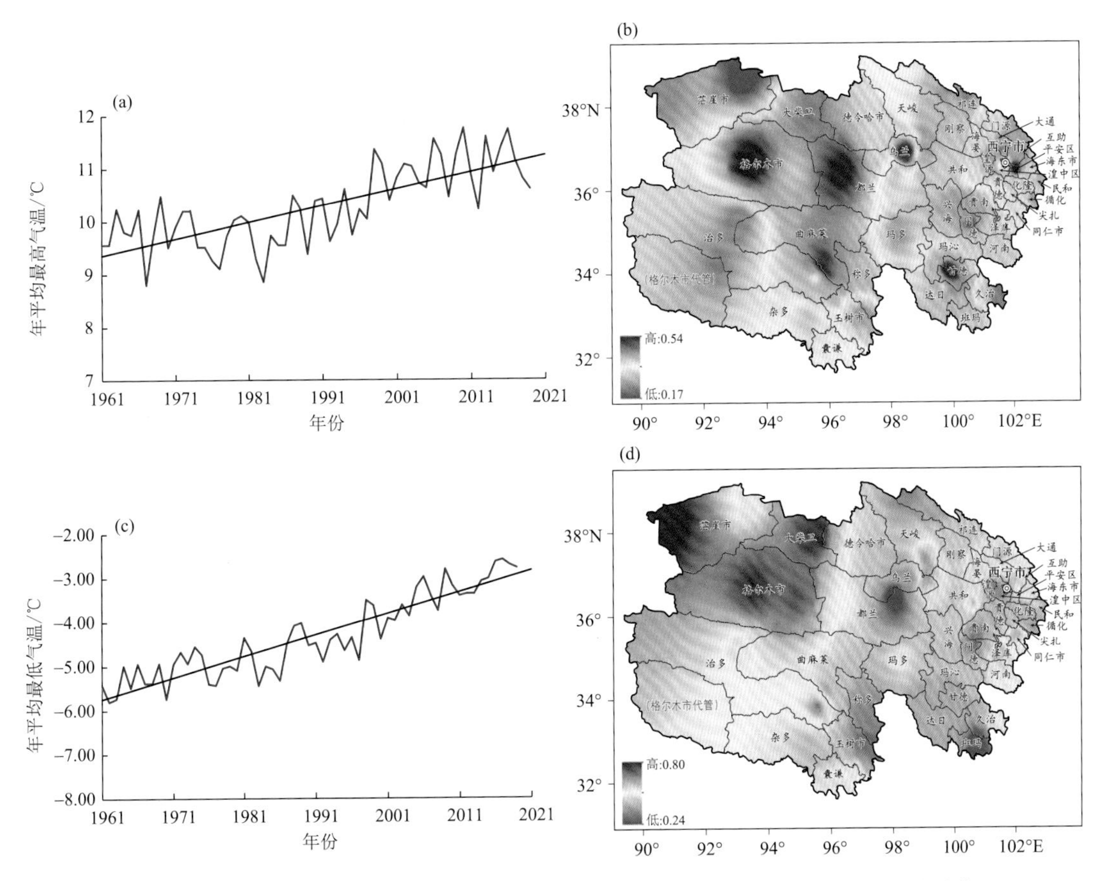

图 1.3 1961—2019 年青海省年平均最高、最低气温变化(a、c,单位:℃)和年平均最高、最低气温变率空间分布(b、d,单位:℃/(10 a))

1.1.3 降水

1961—2019 年，青海省年平均降水量为 372.2 mm，总体呈增多趋势，平均每 10 a 增加 9.2 mm(图 1.4a)，2018 年为青海省 1961 年以来降水量最多的年份，年降水量达 484.2 mm。从空间变率分析，柴达木盆地东部、祁连山区和三江源部分地区年降水量增加趋势明显，其中乌兰增幅最大，为 26.4 mm/(10 a)；柴达木盆地西部、青海东部边缘地区年降水量呈减少趋势，其中互助减幅最大，为 9.3 mm/(10 a)(图 1.4b)。各行政区降水量变率见表 1.2。

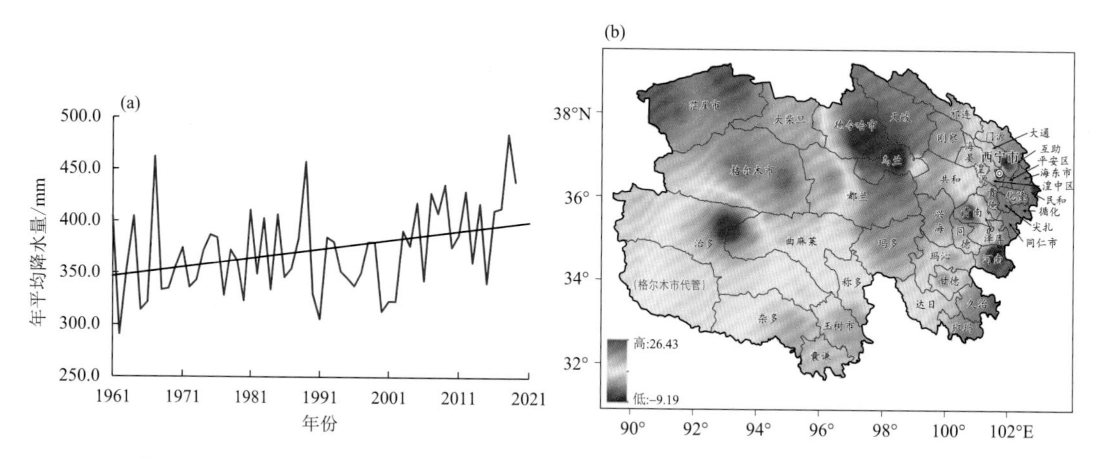

图 1.4　1961—2019 年青海省年平均降水量变化(a,单位:mm)、年平均降水量变率空间分布(b,单位:mm/(10 a))

表 1.2　1961—2019 年青海省各行政区年降水量变率　　单位:mm/(10 a)

行政区	西宁市	海东市	海西州	玉树州	果洛州	海南州	海北州	黄南州
变率	9.0	−2.2	11.9	9.5	8.4	12.9	13.9	3.6

1.1.4　风速

1969—2019 年,青海省年平均风速为 2.33 m/s,总体呈明显减小趋势,平均每 10 a 减小 0.16 m/s。20 世纪 60—90 年代,年平均风速持续减小,进入 21 世纪年平均风速略有上升(图 1.5a)。从年平均风速变率空间分布分析,柴达木盆地年平均风速减小明显,其中茫崖减小幅度最大,平均每 10 a 减小 0.58 m/s(图 1.5b)。

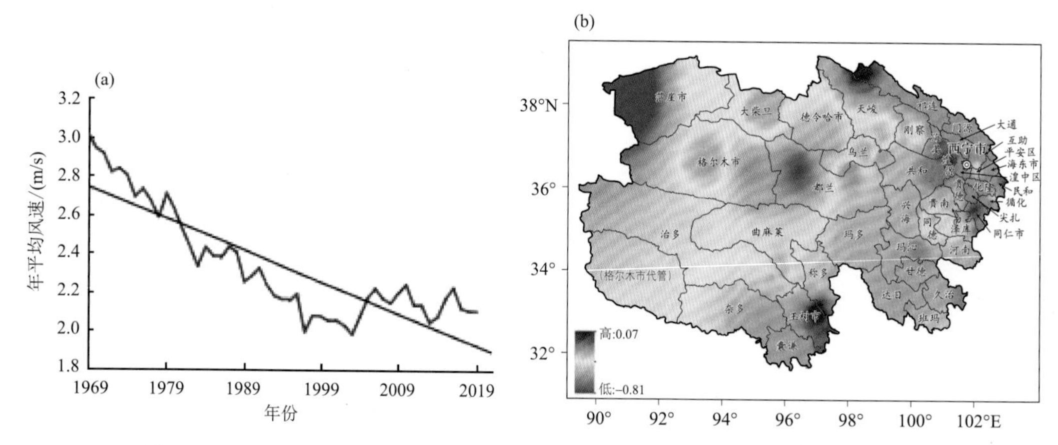

图 1.5　1969—2019 年青海省年平均风速变化(a,单位:m/s)、年平均风速变率空间分布(b,单位:m/(s・10 a))

1.1.5 蒸发

1961—2019 年,青海省年平均蒸发量为 1007.1 mm,呈微弱增加趋势,增加速率为 4.5 mm/(10 a)(图 1.6a)。变率空间差异较大,其中青海东部、格尔木等地年蒸发量增加明显,青海中部地区呈减小趋势(图 1.6b)。

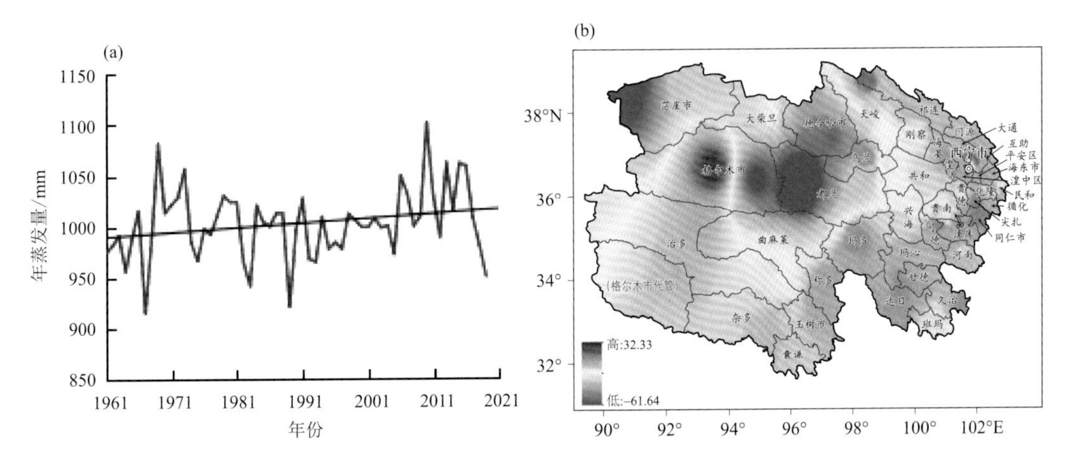

图 1.6 1961—2019 年青海省年平均蒸发量变化(a,单位:mm)、年蒸发量变率空间分布(b,单位:mm/(10 a))

1.1.6 地温

1961—2019 年,青海省年平均地表温度为 5.9 ℃,呈升高趋势,平均升温率为 0.52 ℃/(10 a)。从年际变化来看,20 世纪 60 年代初期—80 年代初期,年平均地表温度总体呈减小趋势,1983 年后增温趋势明显,2016 年平均地表温度达到最高,为 7.28 ℃(图 1.7a)。从空间分布上看,青海西部地区升温幅度较大(图 1.7b)。

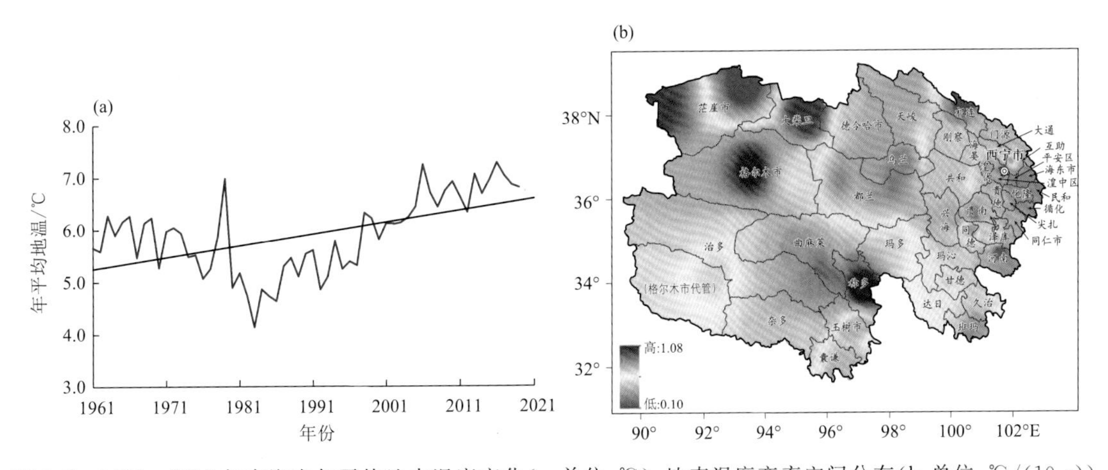

图 1.7 1961—2019 年青海省年平均地表温度变化(a,单位:℃)、地表温度变率空间分布(b,单位:℃/(10 a))

1.1.7 太阳辐射

1961—2020 年青海省格尔木、西宁太阳总辐射呈减少趋势,平均每 10 a 分别减少 47.84 MJ/m²

(图 1.8a)、88.01 MJ/m²(图 1.8b)。玉树太阳总辐射呈增加趋势，增加速率为 22.11 MJ/(m²·10 a)且有明显的阶段性变化，20 世纪 60 年代末—70 年代中后期太阳总辐射偏低(图 1.8c)。

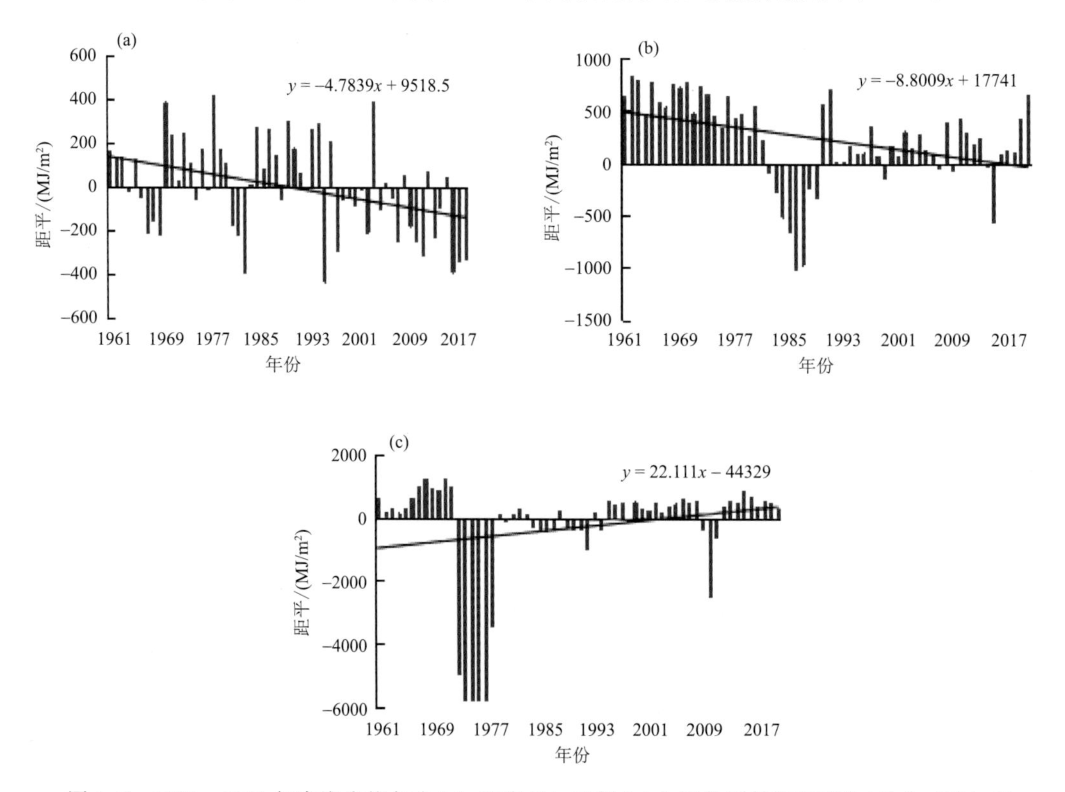

图 1.8 1961—2020 年青海省格尔木(a)、西宁(b)、玉树(c)太阳总辐射距平变化(单位：MJ/m²)

1.1.8 大气成分

1.1.8.1 CO_2

1994—2019 年瓦里关中国大气本底基准观象台(简称瓦里关本底台)大气二氧化碳(CO_2)浓度呈逐年增加趋势(图 1.9a)，年平均浓度从 1994 年的 359.02 ppmv① 增加到 2019 年的 411.14 ppmv，26 a 间 CO_2 增长了 52.12 ppmv，年平均增长率为 2.11 ppmv/a。2019 年 CO_2 月均浓度最大值出现在 4 月，达到 415.65 ppmv，最小值出现在 7 月，为 404.71 ppmv。瓦里关本底台大气 CO_2浓度季节变化特征较为明显，表现为冬、春季偏高，夏、秋季偏低(图 1.9b)。

1.1.8.2 甲烷

1994 年 8 月—2019 年 12 月，瓦里关本底台大气甲烷(CH_4)浓度年平均值呈线性增长趋势(图 1.10a)，年平均浓度从 1807.94 ppbv②(1994 年)增加到 1927.33 ppbv(2019 年)，年平均增长率约为 4.59 ppbv/a。2019 年瓦里关本底台大气甲烷浓度月平均最高值出现在 9 月，达到 1939.81 ppbv，最低值出现在 4 月，为 1916.56 ppbv。瓦里关本底台大气甲烷浓度有明显

① 1 ppmv=10^{-6}，余同。

② 1 ppbv=10^{-9}，余同。

的季节性变化特征,春、冬季偏低,夏、秋季偏高(图 1.10b)。

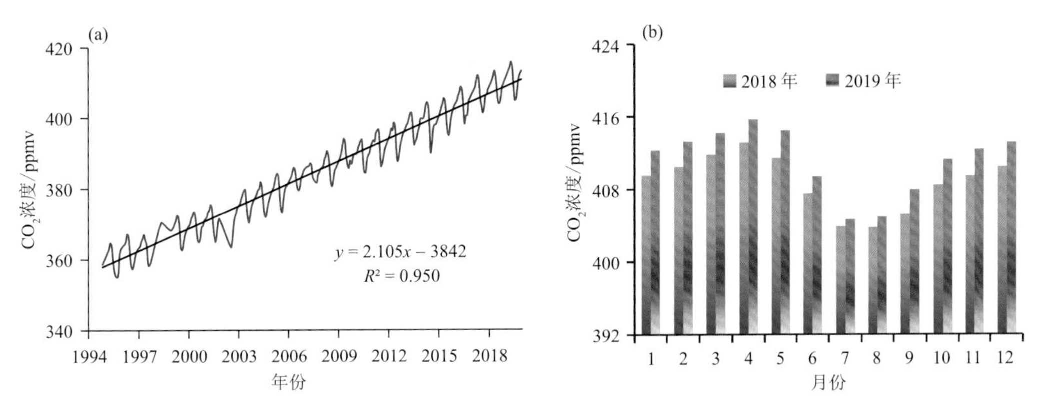

图 1.9 1994—2020 年瓦里关本底台监测的大气二氧化碳月平均浓度变化(a)、2018 和 2019 年大气二氧化碳月平均浓度变化(b)

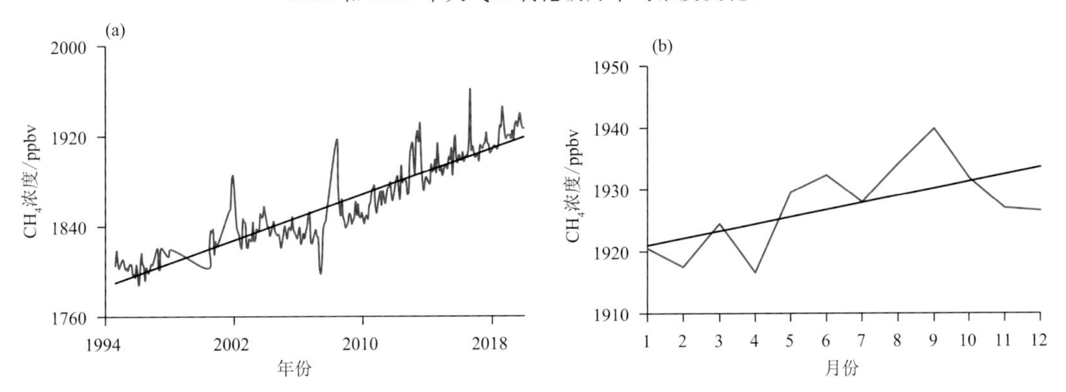

图 1.10 1994—2019 年瓦里关本底台监测的大气甲烷年平均浓度变化(a)、2019 年大气甲烷月平均浓度变化(b)

1.1.8.3 近地面臭氧

1994—2019 年瓦里关本底台地面臭氧(O_3)年平均浓度呈波动上升趋势,年平均增长率为 0.42 ppbv/a(图 1.11a)。最低值出现在 1994 年,年平均浓度为 43.2 ppbv,最高值出现在 2011 年,年平均浓度为 53.8 ppbv。臭氧浓度有明显的季节变化特征,春、夏季地面臭氧的浓度明显高于秋、冬季,浓度最高值出现在夏初 7 月,最低值出现在冬季 12 月(图 1.11b)。

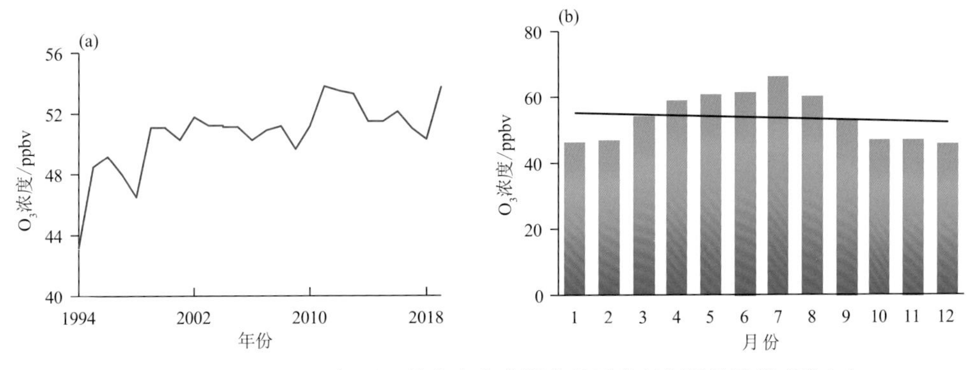

图 1.11 1994—2019 年瓦里关本底台监测的地面臭氧年平均浓度变化(a)、2019 年地面臭氧月平均浓度变化(b)

1.2 极端天气气候事件变化特征

采用由世界气象组织(WMO)气候委员会等组织联合成立的气候变化监测和指标专家组定义的极端天气气候指数标准，分析极端气温指数和极端降水指数，主要包括暖昼日数、冷夜日数、霜冻日数、冰封日数、中雨日数、强降水量、持续干期。

1.2.1 极端气温指数

1961—2019 年青海省暖昼日数呈显著增加趋势(图 1.12a)，平均每 10 a 增加 6.4 d。进入 21 世纪后暖昼日数迅速增多，2010 年达到最大值 71 d。与极端气温暖指数变化趋势相反，极端气温冷指数包括冷夜日数(图 1.12b)、霜冻日数(图 1.12c)、冰封日数(图 1.12d)均呈显著减少趋势，平均每 10 a 分别减少 8.4 d、4.2 d 和 6.5 d。大致从 2003 年开始冷夜日数、霜冻日数、冰封日数均维持较短的天数，2003 年前后两个时段分别相差 13.6 d、13.7 d、7.3 d。

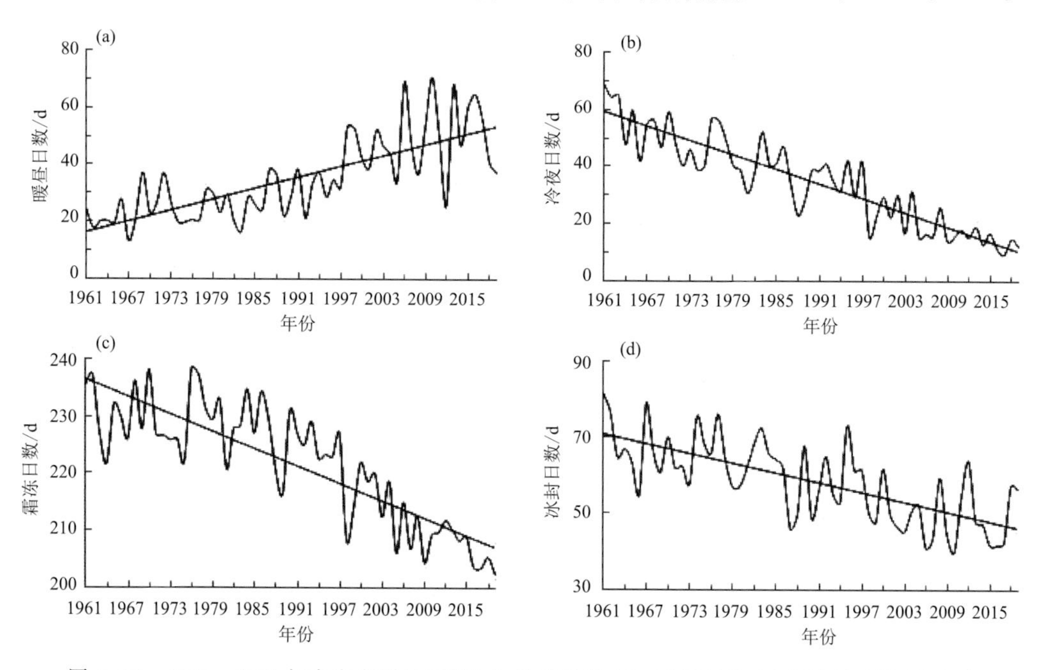

图 1.12 1961—2019 年青海省暖昼日数(a)、冷夜日数(b)、霜冻日数(c)和冰封日数(d)变化

1961—2019 年青海省各市(州)暖昼日数均呈增多趋势，其中西宁增多最明显，平均每 10 a 增多 7.1 d，海北州增多最少，平均每 10 a 增多 5.1 d。从气象站点变化来看，大通、互助、甘德、班玛、茫崖、诺木洪及乌兰等地增加明显，平均每 10 a 增加 8.4～11.8 d，五道梁、沱沱河、河南、久治、祁连、天峻增加幅度较小，平均每 10 a 增加不足 4.0 d(图 1.13a)。

1961—2019 年青海省各市(州)冷夜日数均呈减少趋势，其中海西减少最明显，平均每 10 a 减少 12.2 d，玉树、果洛变化幅度相对较小，平均每 10 a 减少 7.4 d(表 1.3)。从气象站点变化来看，茫崖、格尔木、德令哈的冷夜日数减少最明显，平均每 10 a 减少幅度为 16.0～19.8 d，而玉树、称多、曲麻莱平均每 10 a 减少不足 6.0 d(图 1.13b)。

1961—2019 年各市(州)霜冻日数均呈减少趋势，其中海西州减少最明显，平均每 10 a 减少6.5 d(表1.3)。从气象站点变化来看,甘德、同德、海晏及茫崖的霜冻日数减少最明显,平均每10 a减少10.2～26.3 d,而西宁、贵南、都兰、化隆等地减少幅度相对较小,平均每10 a减少不足4.0 d(图1.13c)。

1961—2019年冰封日数变化趋势与霜冻日数变化趋势类似,均呈减少趋势,其中玉树州减少最明显,平均每10 a减少5.4 d,而黄南州减少幅度最小,平均每10 a减少2.5 d(表1.3)。从气象站点变化来看,海晏、甘德、治多、曲麻莱等地的冰封日数减少最明显,平均每10 a减少9.2～11.2 d,循化、乐都、民和、贵德、玉树减少幅度较小,平均每10 a减少2.1 d以内(图1.13d)。

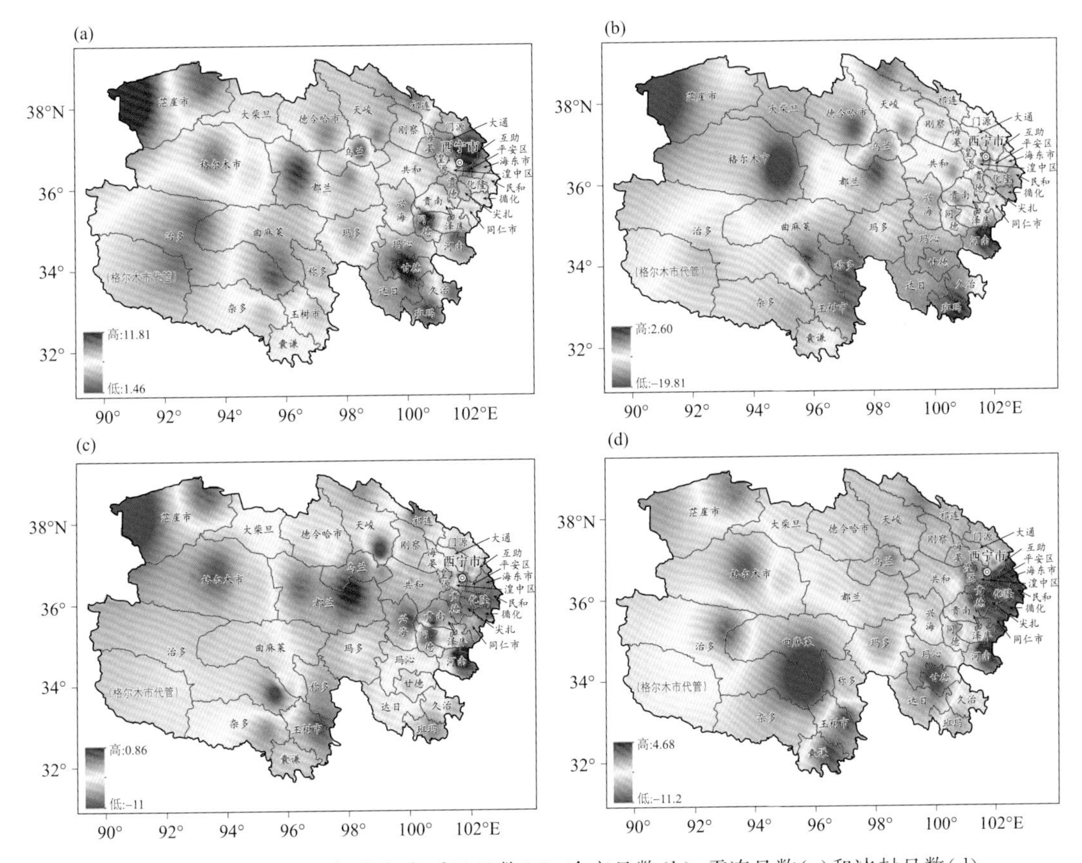

图1.13　1961—2019年青海省暖昼日数(a)、冷夜日数(b)、霜冻日数(c)和冰封日数(d)变率空间分布(单位:d/(10 a))

表1.3　1961—2019年青海省各市(州)平均暖昼日数、冷夜日数、霜冻日数和冰封日数变化趋势

单位:d/(10 a)

区域	暖昼日数	冷夜日数	霜冻日数	冰封日数
西宁市	7.4	−9.8	−4.7	−3.5
海东市	6.5	−9.0	−4.8	−3.5
海西州	5.5	−12.2	−6.5	−5.0
海南州	6.7	−10.0	−5.0	−4.5
海北州	5.1	−8.1	−5.6	−4.6
玉树州	6.2	−7.4	−4.1	−5.4
果洛州	5.8	−7.4	−5.0	−4.5
黄南州	5.2	−7.7	−4.0	−2.5

1.2.2 极端降水指数

极端降水指数包括中雨日数、强降水量和持续干期。1961—2019 年青海省中雨日数(图 1.14a)和强降水量(图 1.14b)总体呈增加趋势,平均每 10 a 分别增加 0.5 d 和 8.3 mm。持续干期总体呈显著减少趋势,平均每 10 a 减少 1.6 d(图 1.14c)。

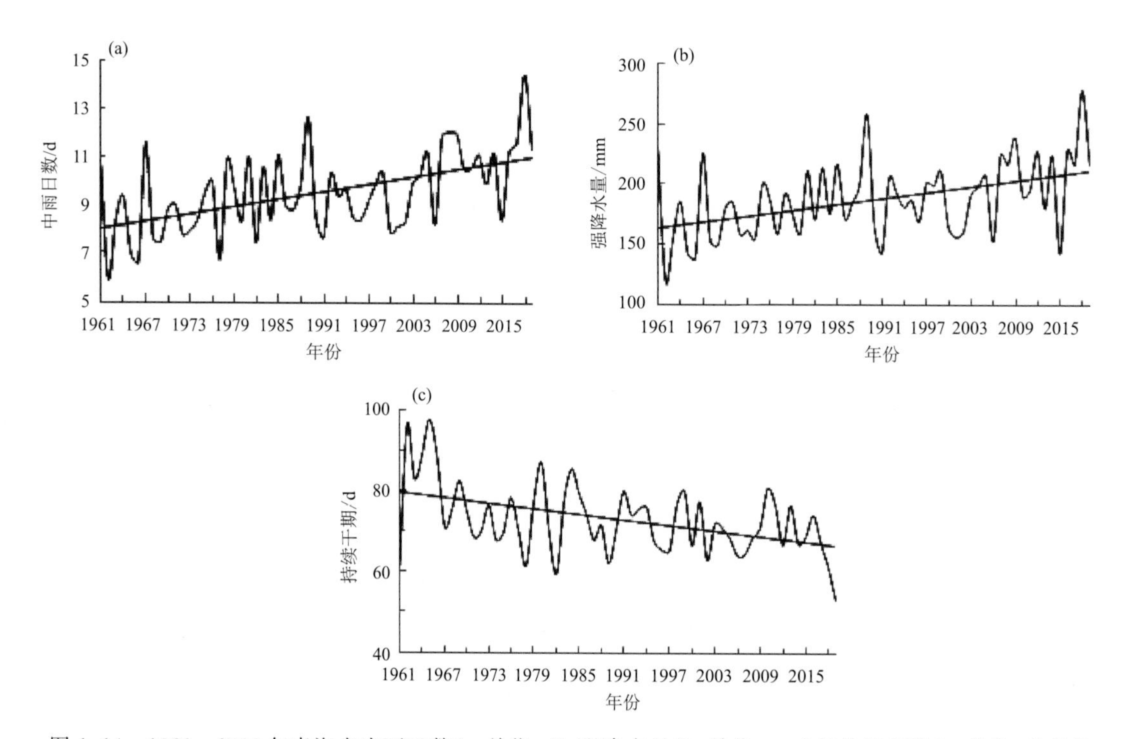

图 1.14 1961—2019 年青海省中雨日数(a,单位:d)、强降水量(b,单位:mm)和持续干期(c,单位:d)变化

1961—2019 年果洛中雨日数最多,西宁次之,海西最少,年平均值分别为 13.9 d、13.6 d 和 3.4 d(表 1.4)。各市(州)中雨日数均呈增多趋势,其中海北增多最明显,平均每 10 a 增多 0.9 d。从气象站点变化来看,乌兰、贵南、海晏、德令哈的中雨日数增多明显,平均每 10 a 增加 1.0 d 以上。班玛减少最明显,平均每 10 a 减少 0.7 d(图 1.15a)。

1961—2019 年,果洛强降水量最多,西宁次之,海西最少,分别为 298.3 mm、258.6 mm 和 75.3 mm。强降水量仅在海东呈减少趋势(2.5 mm/(10 a)),其他地区均呈增多趋势,其中海北增多最明显,平均每 10 a 增多 11.0 mm(表 1.4)。从气象站点变化来看,刚察、五道梁、德令哈、天峻强降水量平均每 10 a 增加 15.3~17.6 mm,甘德、班玛、互助呈减少趋势,平均每 10 a 减少 7.2~10.1 mm,其中甘德是减少最明显的地区(图 1.15b)。

1961—2019 年,海西持续干期最长为 103.8 d,果洛最少仅为 49.1 d。青海省各市(州)持续干期均呈减少趋势,海西减少最明显,平均每 10 a 减少 3.2 d(表 1.4)。从气象站点变化来看,乌兰、小灶火持续干期明显减少,平均每 10 a 分别减少 7.9 d、7.6 d。大通、平安明显增加,平均每 10 a 增加 2.0 d、3.6 d(图 1.15c)。

表1.4 1961—2019年青海省各市(州)年平均中雨日数、强降水量、持续干期及变化趋势

市(州)	中雨日数		强降水量		持续干期	
	平均值/d	趋势/(d/(10 a))	平均值/mm	趋势/(mm/(10 a))	平均值/d	趋势/(d/(10 a))
西宁市	13.6	0.5	258.6	5.4	59.7	−0.2
海东市	9.9	0.6	197.5	−2.5	67.1	−0.1
海西州	3.4	0.4	75.3	6.7	103.8	−3.2
海南州	10.1	0.6	182.8	7.2	72.6	−1.6
海北州	10.6	0.9	216.2	11.0	67.2	−1.6
玉树州	11.5	0.2	243.0	2.2	56.4	−1.9
果洛州	13.9	0.6	298.3	1.6	49.1	−2.3
黄南州	13.0	0.2	248.5	2.5	59.3	−0.8

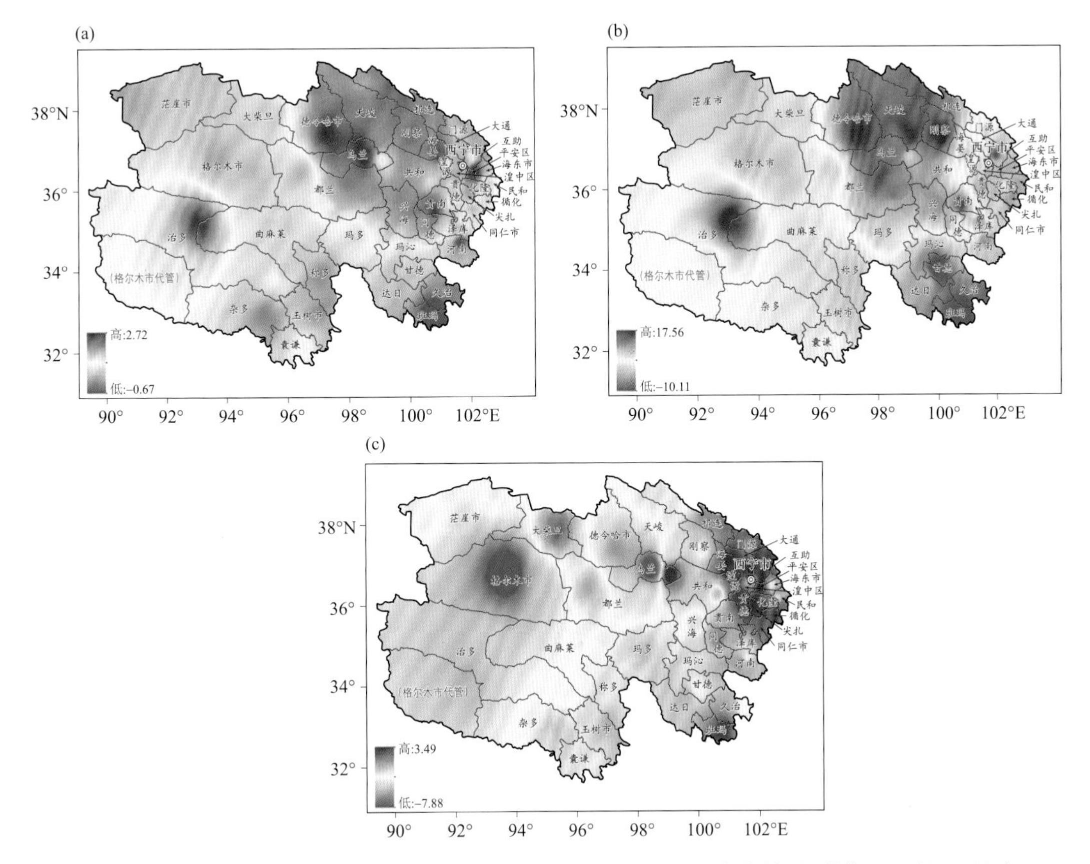

图1.15 1961—2019年青海省中雨日数(a,单位:d/(10 a))、强降水量(b,单位:mm/(10 a))和持续干期(c,单位:d/(10 a))变率空间分布

1.2.3 灾害性天气气候事件指标

1.2.3.1 冰雹

1961—2019 年青海省年平均冰雹日数在玉树最多，其次在果洛，分别为 13.5 d、11.3 d，海东最少，为 3.6 d。青海省冰雹日数总体呈显著减少趋势，平均每 10 a 减少 1.0 d（图 1.16a）。各市（州）冰雹日数均呈减少趋势，其中玉树减少最明显，平均每 10 a 减少 2.4 d。从气象站点变化来看，甘德冰雹日数明显增多，平均每 10 a 增加 1.0 d 以上，称多、杂多明显减少，平均每 10 a 分别减少 4.5 d、3.6 d（图 1.16b）。

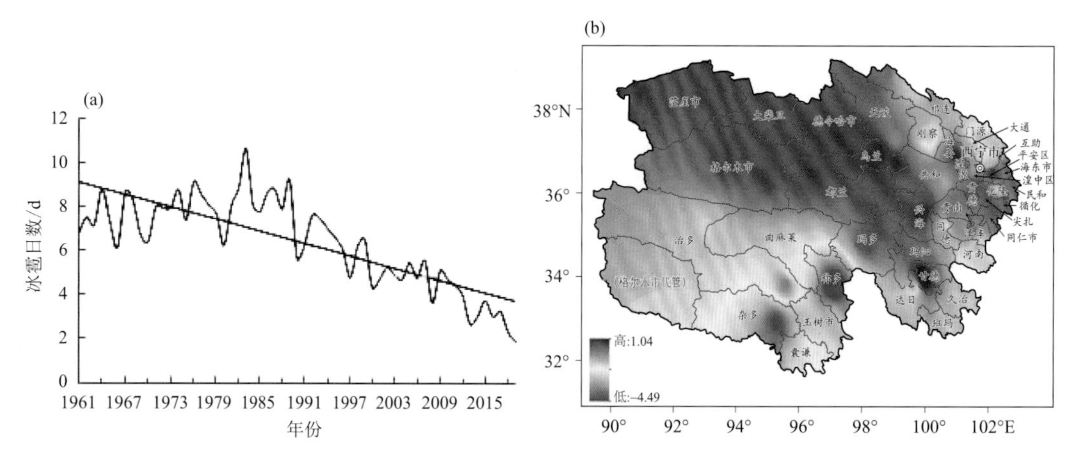

图 1.16 1961—2019 年青海省冰雹日数（a，单位：d）变化及变率空间分布（b，单位：d/(10 a)）

1.2.3.2 沙尘

1961—2019 年青海省沙尘日数在海西最多，其次在海南，分别为 5.6 d、4.4 d，海东最少为 0.3 d。青海沙尘日数总体呈显著减少趋势，平均每 10 a 减少 0.9 d（图 1.17a）。各市（州）沙尘日数均呈减少趋势，其中玉树减少最明显，平均每 10 a 减少 1.5 d。从气象站点变化来看，曲麻莱、沱沱河、贵南、刚察沙尘日数减少天数在 2.6～3.6 d，其中曲麻莱减少最明显。此外，只有冷湖沙尘日数呈增加趋势，平均每 10 a 增加 1.2 d（图 1.17b）。

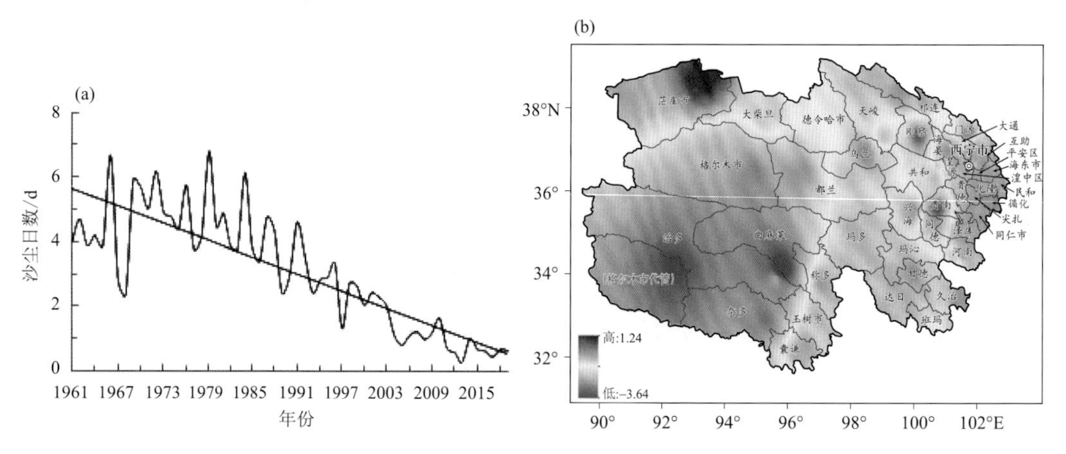

图 1.17 1961—2019 年青海省沙尘日数变化（a，单位：d）及变率空间分布（b，单位：d/(10 a)）

1.2.3.3 雪灾

1961—2019 年青海省年平均雪灾总发生次数变化趋势不明显(图 1.18a),但年际间波动较大,其中 20 世纪 90 年代最多,20 世纪 60 年代最少。从各市(州)来看,年平均雪灾次数在果洛最多、玉树次多、西宁最少,分别为 2.0 次、1.8 次、0.5 次。果洛、玉树雪灾次数呈增加趋势,平均每 10 a 增加 0.11～0.31 次。从气象站点变化来看,湟中、互助、泽库雪灾总发生次数平均每 10 a 减少 0.1 次,达日、曲麻莱、甘德平均每 10 a 增加 0.1 次(图 1.18b)。

轻度雪灾(图 1.19a)、中等雪灾(图 1.19b)、重度雪灾(图 1.19c)和特大雪灾(图 1.19d)年平均发生次数与雪灾总发生次数变化趋势基本相似,年代际变化明显,但总体变化趋势较弱。

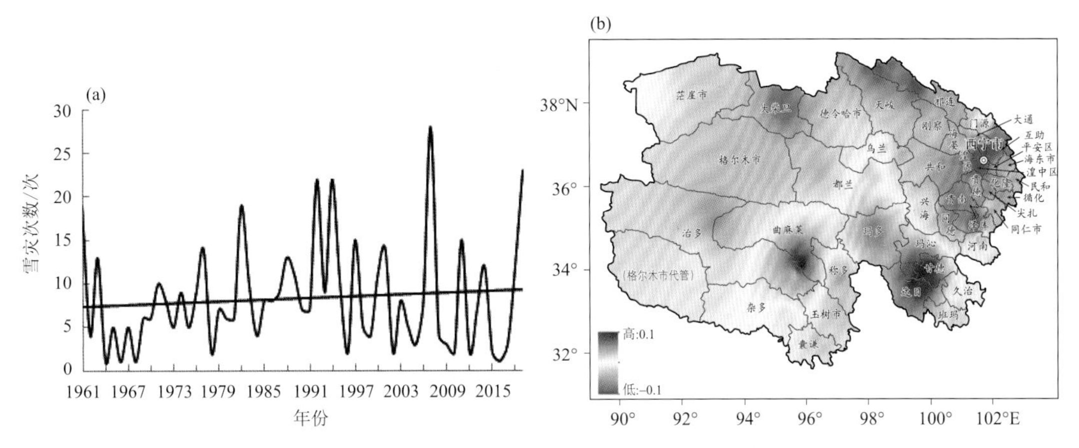

图 1.18 1961—2019 年青海省雪灾发生次数变化(a,单位:次)和变率空间分布(b,单位:次/(10 a))

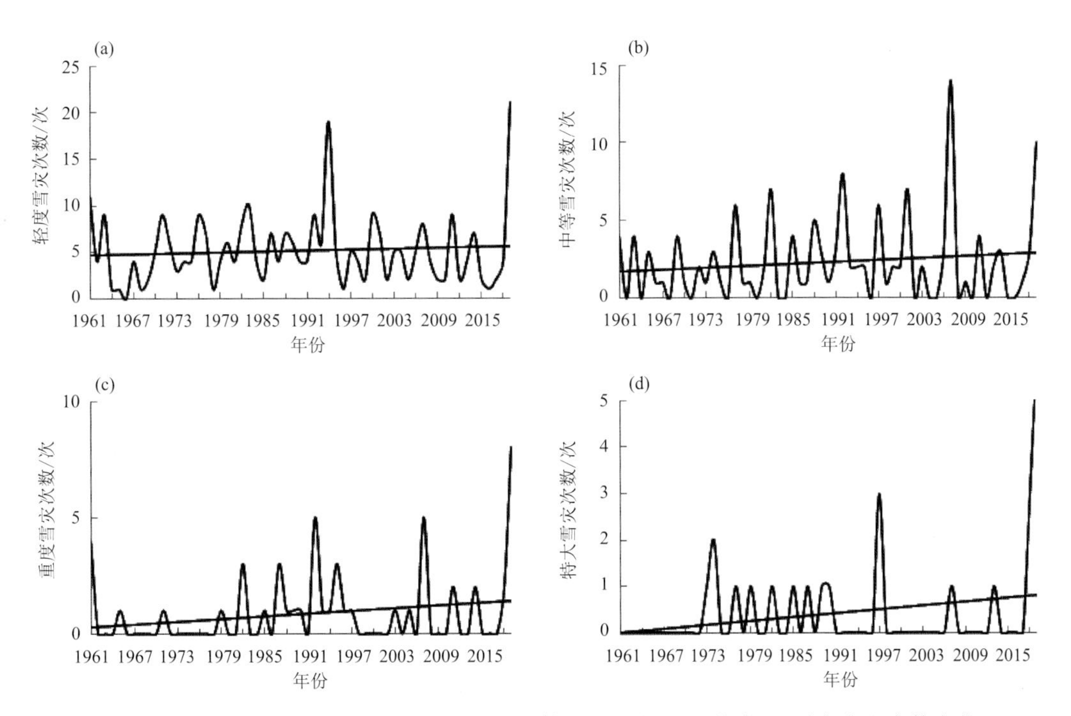

图 1.19 1961—2019 年青海省轻度(a)、中等(b)、重度(c)和特大(d)雪灾发生次数变化

1.2.3.4 干旱

以 MCI 指数为监测指标监测青海省 40 个气象台站(海西为常年干旱区,不监测)平均干旱日数。1961—2019 年青海省干旱日数总体呈减少趋势,平均每 10 a 减少 2.5 d(图 1.20a)。从各市(州)来看(表 1.5),年平均干旱日数在海东最多、海南次多、果洛最少,分别为 69.35 d、60.35 d、43.60 d。青海省仅海东市干旱日数每 10 a 增加 2.2 d,其余地区均呈减少趋势,减少速率为 0.5～7.1 d/(10 a)。从气象站点变化来看,玛多平均每 10 a 减少 10.0 d,互助、祁连等地平均每 10 a 增加 7.4～14.3 d(图 1.20b)。

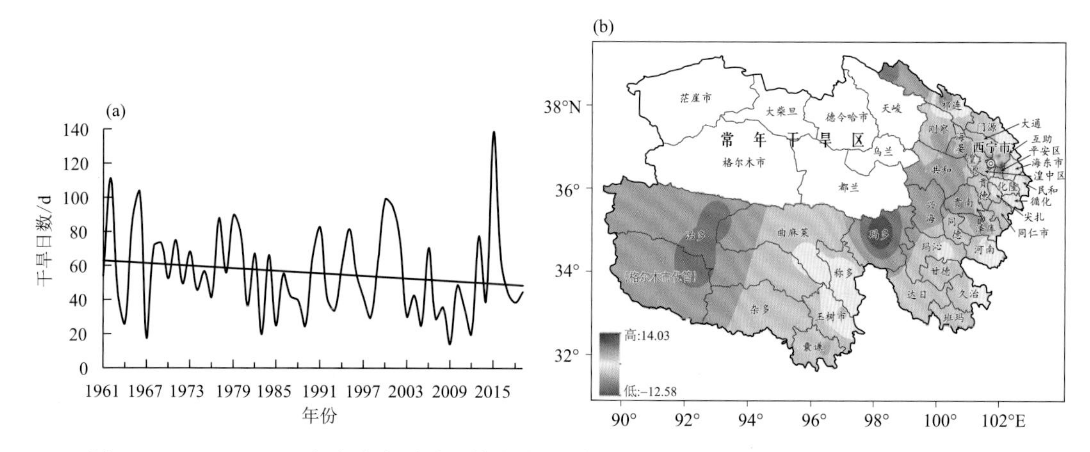

图 1.20 1961—2019 年青海省干旱日数变化(a,单位:d)及变率空间分布(b,单位:d/(10 a))

表 1.5 1961—2019 年青海省各市(州)冰雹日数、沙尘日数、雪灾次数、干旱日数变化趋势

市(州)	冰雹日数		沙尘日数		雪灾次数		干旱日数	
	平均值/d	趋势/(d/(10 a))	平均值/d	趋势/(d/(10 a))	平均值/次	趋势/(次/(10 a))	平均值/d	趋势/(d/(10 a))
西宁市	4.40	−0.91	1.08	−0.66	0.47	−0.15	59.98	−6.10
海东市	3.60	−0.93	0.27	−0.16	0.53	−0.06	69.35	2.21
海南州	5.36	−0.67	4.40	−1.38	0.49	−0.04	60.35	−4.34
海北州	6.49	−1.07	3.45	−0.99	0.71	−0.01	55.67	−2.38
玉树州	13.53	−2.42	3.25	−1.48	1.80	0.17	49.76	−0.49
果洛州	11.28	−0.94	1.66	−0.59	1.97	0.31	43.60	−3.43
黄南州	5.62	−0.85	0.84	−0.13	0.66	−0.01	57.70	−1.90

1.3 本章小结

本章系统阐述了青海气候变化特征,分析了极端气候事件、气象灾害的变化及发生规律,系统研究了瓦里关本底台大气 CO_2、近地面 O_3、CH_4 等变化趋势。1961—2019 年青海省年平均气温为 2.2 ℃,总体呈升高趋势,升温率为 0.38 ℃/(10 a)。1961—2019 年青海省年平均降水量为 372.2 mm,总体呈增多趋势,平均每 10 a 增多 9.2 mm。1961—2019 年青海省平均年蒸发量为 1007.1 mm，呈微弱增加趋势，增加速率为 4.5 mm/(10 a)。1961—2019 年，青海省年平均地表温度为 5.9 ℃，呈升高趋势，平均升温率为 0.52 ℃/(10 a)。

1994—2019 年瓦里关本底台大气 CO_2 浓度呈逐年增加趋势，年平均浓度从 1994 年的 359.02 ppmv 增加到 2019 年的 411.14 ppmv。1994—2019 年瓦里关本底台地面 O_3 年平均浓度呈波动上升趋势，年平均增长率为 0.42 ppbv/a。1994 年 8 月—2019 年 12 月瓦里关本底台大气 CH_4 浓度年平均值呈线性增长趋势，年平均浓度从 1807.94 ppbv(1994 年)增加到 1927.33 ppbv(2019 年)，年平均增长率约为 4.59 ppbv/a。

1961—2019 年青海省冰雹日数总体呈显著减少趋势，平均每 10 a 减少 1.0 d。1961—2019 年青海沙尘日数总体呈显著减少趋势，平均每 10 a 减少 0.9 d。1961—2019 年青海省年平均雪灾总发生次数变化趋势不明显，但年际间波动较大，其中 20 世纪 90 年代最多，20 世纪 60 年代最少。1961—2019 年青海省干旱日数总体呈减少趋势，平均每 10 a 减少 2.5 d。

综上所述，青海省 1961—2019 年青海省气温升高、降水增加，蒸发量增加，地表温度升高，气候趋于暖湿化。1994—2019 年瓦里关本底台大气 CO_2 浓度、地面 O_3 年平均浓度、大气 CH_4 浓度均呈增加趋势。1961—2019 年青海省冰雹、沙尘趋于减少趋势，雪灾发生次数变化趋势不明显。

第2章 高寒草地生态气象

植被作为全球陆地生态系统的重要组分，对全球物质能量循环、碳平衡调控及维持气候稳定等方面起着重要作用(Houghton et al.，2001)。光照、气温和降水等气候要素是植被生长发育不可或缺的环境因子，对植被健康稳定的生长状况具有显著影响(Nelson，2003；施雅风等，2005)。天然草地作为全球最大的陆地生态系统类型，是生态系统最重要的组成部分之一，也是陆地表面最大的自然景观之一，约占陆地面积的20%(张晓克 等，2014)。我国拥有的天然草地面积约4.0×10^{9} hm^{2}，占国土总面积的41.7%。天然草地不仅为牧区牲畜提供了优质饲草料，还在水土保持、涵养水源、防风固沙、生物多样性保育以及生态系统碳固持等方面发挥了极其重要的作用(王宏 等，2005；刘亚龙 等，2010)。

青藏高原是中国面积最大、世界上海拔最高的高原，堪称地球“第三极”(郑伟 等，2013)，拥有独特的生态系统类型，被认为是亚洲乃至北半球气候变化的“感应器”(刘晓东 等，2010)，不仅关系到高原周边地区数亿居民的供水安全，同时也对我国乃至东亚地区生态系统稳定起着屏障作用(郑伟 等，2013)。随着全球气候变暖和人类活动加剧，青藏高原正面临生态环境压力增加与生态安全屏障功能改变等风险(郑伟 等，2013)。由于受气候变化和人类活动的双重影响，青藏高原高寒植被变化受到越来越广泛的关注。

1991—2021年，尤其是21世纪以来，青藏高原植被覆盖度呈不明显的绿度增加或变绿趋势。赵紫薇(2017)利用1982—2012年全球监测模型与制图研究归一化植被指数(GIMMS NDVI)和2001—2013年中尺度分辨率成像光谱归一化植被指数(MODIS NDVI)对1991—2021年青藏高原植被动态变化时序进行了对比分析，发现青藏高原地区植被呈整体改善趋势；孟梦等(2018)利用1982—2013年GIMMS NDVI数据研究了青藏高原归一化植被指数(NDVI)变化趋势及其对气候变化的响应，指出近年来青藏高原植被长势逐渐变良好，覆盖度呈增加态势。

牧草产量不仅是判断草地生长状况和生产潜力的重要指标，而且在准确估算全球碳循环方面具有重要意义(Toan et al.，2011；Mao et al.，2014)。许多学者运用3S(GPS，全球定位系统；RS，遥感；GIS，地理信息系统)技术对牧草产量进行了大量研究，以植物叶面在可见光波段有强吸收特性而在红外波段有强反射特性为基础，利用归一化植被指数等，并结合地面样点的调查数据和遥感影像，构建牧草产量的统计模型，开展牧草产量动态监测研究(Eisfelder et al.，2012；于惠 等，2017)。姚兴成等(2017)利用云南省2012—2014年牧草产量野外调查数据并结合相应时期的中尺度分辨率成像光谱(MODIS)遥感数据，建立了牧草产量的遥感监测模型。曾纳等(2017)结合植被指数、海拔和气象观测资料构建了BP神经网络模型，对2001—2010年三江源区的牧草产量进行估算，并分析了牧草产量的动态变化。徐剑波等(2012)利用遥感监测分析了玛多县草地变化，认为该区草地退化面积逐渐增加，但退化速率有所降低，表明了退牧还草和生态保护工程措施减缓了天然草地的退化趋势。

草地植被物候是植物对气候变化及外界环境条件的响应而表现出的周期性自然现象（孔冬冬 等，2017），是植物长期适应环境的季节性变化而形成的生长发育节律（丁明军 等，2012），同时亦是反映和描述气候与植被间相互关系的重要术语（李兰晖 等，2017）。草地植被物候不仅在农牧事预报、农牧业生产活动以及早熟品种的引种和选育等方面发挥重要作用（丁明军 等，2012），而且还是全球植被反演及陆面过程（CLM）模拟的重要参数（朴世龙 等，2003），对增进植被在应对气候变化响应的理解以及陆气间物质与能量交换的模拟精度的提高具有重要意义（王连喜 等，2010）。另外，草地植被物候在草地生态系统功能中扮演着重要角色（Churkina et al.，2005），植被物候期和生长季长度的变化可能引起碳、水循环过程的急剧变化（Piao et al.，2007），进而引起区域气候系统的相应改变（曹明奎 等，2000；Linderholm，2006）。此外，在全球气候变化背景下，天然草地植被物候对气候变化尤为敏感，被誉为草地植被对气候变化响应的“最佳指示器”（陈效逑 等，2009）和全球变化的“诊断指纹”（徐韵佳 等，2015）。因此，分析探讨气候变化敏感区的草地植被物候变化及其生产力具有重要意义（Chen et al.，2015）。

全球变暖已成为事实，并且正在直接或间接地对自然生态系统产生影响。观测到的证据表明，气候变化已经影响到各种自然和生物系统，如冰川退缩、冻土融化、中高纬度地区生长季延长等。青海省地处青藏高原东北部，对全球气候变暖的响应比较敏感，是气候变化敏感区。许多相关研究证明，青藏高原气温的升温幅度大于全国的平均水平，而降水量的变化各地不一致，差异较大。本章主要叙述了青藏高原植被生态系统监测评估方法，不同尺度下植被生态系统物候、生产力、覆盖度与气候各要素变化之间的相互作用，揭示植被生态系统对气候要素变化的响应及适应能力，并对青海省及部分典型功能区植被的未来变化进行了预估。

本章主要针对青藏高原和青海省不同生态功能区植被生产力、植被覆盖度、植被返青、黄枯等重要物候期的变化特征以及气候变化对上述要素的影响进行了分析评估，以黑河源为例，展开了植被生物量及覆盖度遥感评估，以期对高原不同区域的植被生产状况、气候变化与植被变化之间关系以及气候变化背景下高原植被未来演变趋势进行了解。

2.1 青藏高原植被覆盖变化

归一化植被指数作为评价植被生长状况的重要因子，不仅可以反映全球或区域尺度上植被生长状况和分配格局，也可以表观长时间序列上的变化趋势（曹博 等，2018）。通常与植被生产力和叶面积指数等重要植被特征参数密切相关（李璠 等，2017）。有些研究结果表明，1982—1999 年北半球中高纬度和中国大多数地区的 NDVI 表现出增加趋势（阿迪来・乌甫等，2016）。而有些研究结果显示，2000—2009 年北半球多个地区植被 NDVI 呈减弱趋势（方精云 等，2003）。Piao 等（2011b）对欧亚大陆温带和寒带生长季植被 NDVI 变化趋势进行了研究，认为 1982—1997 年 NDVI 显著增加，而 1998—2006 年 NDVI 呈下降趋势，尤其在春季和夏季表现最为明显；Mohammat 等（2013）认为，亚洲内陆地区生长季植被由于受春季变冷和夏季干旱的影响，其 NDVI 增加趋势于 1990 年停止；杜加强等（2015）研究表明，1998—2012 年新疆地区夏季植被 NDVI 由之前的极显著增加转变为显著减少。

以上研究虽得到了较为相近的结果，但由于受遥感数据时序的限制，并未涉及1998—2006年的草地植被变化状况，加之研究方法和不同时段采用的遥感影像产品不同，获取的结果仅能代表过去某一时段草地植被生长状况的好坏，同时也缺少对不同时段草地植被与同期气象要素的关系分析。为此，本节基于遥感监测分析，利用2000—2018年MODIS NDVI逐旬数据对青藏高原植被覆盖时空变化特征及其驱动因素进行系统研究，以期为青藏高原植被在区域乃至全球气候变化过程中的调控机理提供科学依据。

2.1.1 青藏高原NDVI年度与季节变化

2.1.1.1 青藏高原NDVI年度变化

通过2000—2018年的年平均NDVI进行逐年差值分析，从变化幅度上看，逐年NDVI的差值结果显示2001、2006和2012年分别在2000、2005和2011年的基础上显著增加，增加幅度分别为0.126、0.106和0.110；2005、2007、2008和2009年青藏高原年平均NDVI较2004、2006、2007和2008年分别减少了0.020、0.032、0.052和0.046。另外，除2001和2006年外，年平均NDVI在2000—2009年呈减少趋势；2010—2018年呈不同程度的增加态势。整体来看，青藏高原地区2000—2018年平均NDVI呈逐渐增加趋势（图2.1）。

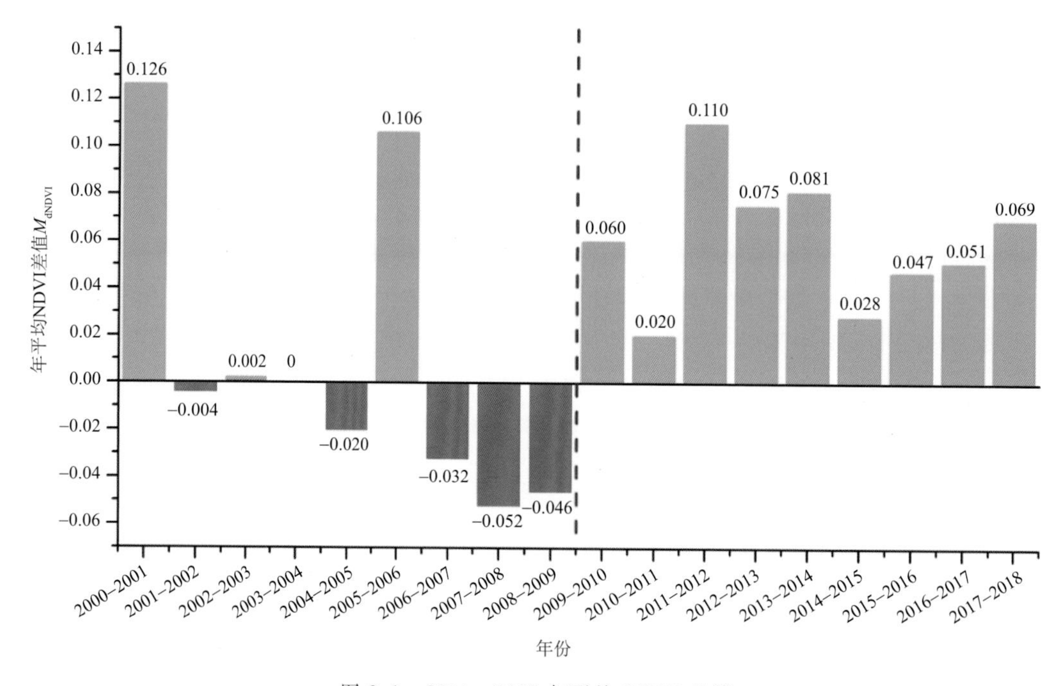

图2.1 2000—2018年平均NDVI差值

2.1.1.2 青藏高原NDVI季节变化

采用气候学上公认的季节划分方法，3—5月为春季、6—8月为夏季、9—11为秋季、12月—次年2月为冬季，分别将其NDVI求平均获得季节NDVI，再将19 a同一季节NDVI求均值，从而获得4张季节NDVI影像，以分析青藏高原2000—2018年NDVI平均生长状况在季节上的空间分布及差异（图2.2）。

整体来看，2000—2018年青藏高原NDVI自西北向东南依次增加，且四季NDVI空间分布差异较大(图2.2)。从地理位置来看，低植被覆盖区(NDVI<0.2)主要分布于西藏大部、新疆和甘肃局部以及青海西北部地区；中植被覆盖区(0.2≤NDVI≤0.3)主要位于青海与甘肃、西藏、四川和云南的交界区；高植被覆盖区(NDVI>0.3)主要分布在四川和云南大部、青海和甘肃以及西藏东南局部地区。从草地类型分布来看，低植被覆盖区主要以荒漠、戈壁和裸地为主，中植被覆盖区以高寒草原和温性草原为主，高植被覆盖区以高寒草甸为主。

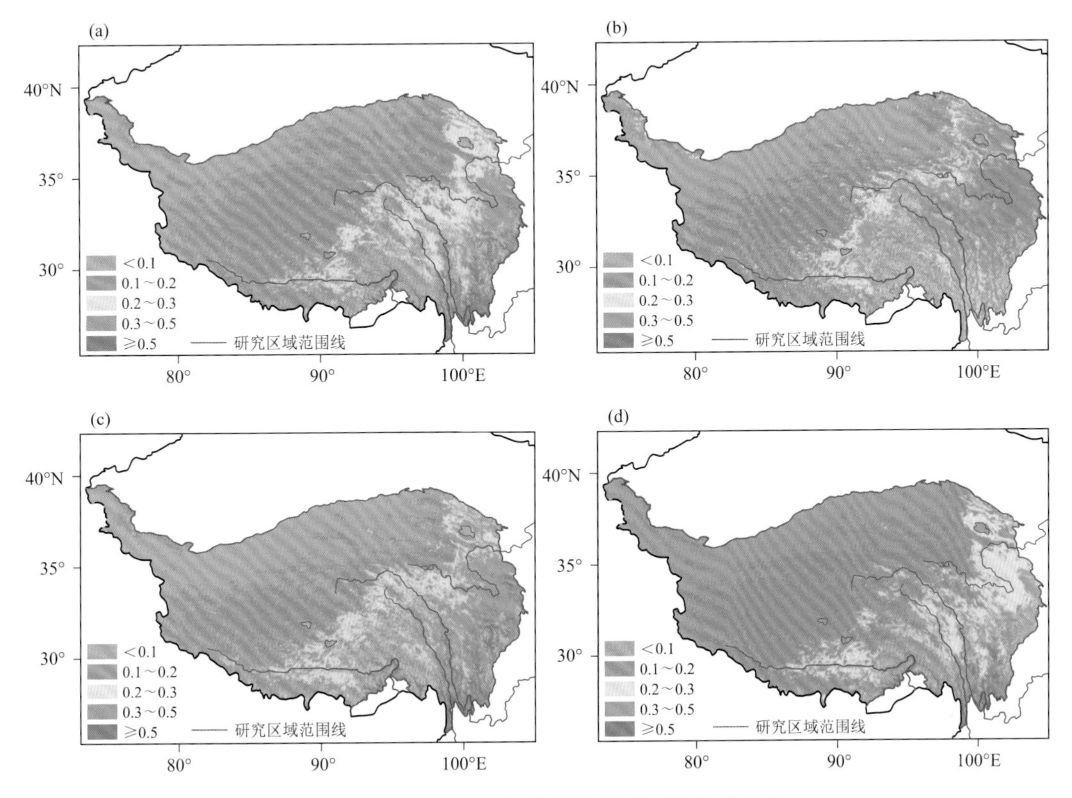

图2.2　2000—2018年青藏高原NDVI季节变化
(a)春季；(b)夏季；(c)秋季；(d)冬季

2.1.2　青藏高原NDVI变化趋势分析

从NDVI变化趋势分析结果(图2.3)可以看出，在四川和云南局部、青海中东部及南部、西藏东南部及北部部分地区，NDVI的变化趋势呈明显的上升趋势，说明从2002年这些区域的植被情况得到比较好的改善。而在新疆和甘肃局地、青海东南部及东北部、西藏东南部及其西部的边远地区，NDVI呈下降趋势。尤其是和田南部局地、林芝大部、祁连山部分地区及果洛藏族自治州大部降低的趋势比较明显，即在这些地区植被退化情况较为严重。另外，由表2.1可知，2000—2018年，草地植被退化总面积为60.03×10^4 km^2，恢复改善总面积达69.13×10^4 km^2。故整个青藏高原地区植被生长状况得到改善的区域面积大于植被退化的面积。其中，植被改善区域面积占整个青藏高原总面积的27.35%，退化区域占23.75%。因此，青藏高原植被虽局部恶化，但整体仍处于恢复状态，这也进一步验证了前面的分析结果。

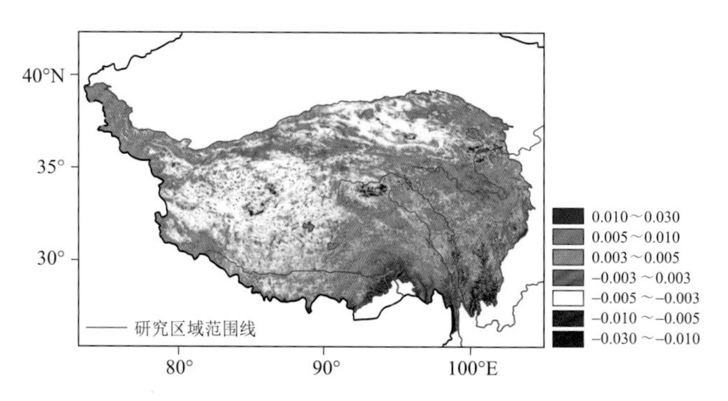

图 2.3　2000—2018 年 M_{NDVI} 变化趋势（M_{NDVI} 为年 NDVI 值）

表 2.1　2000—2018 年 M_{NDVI} 变化趋势结果统计

θ_{Slope}	植被变化趋势	像元数	面积/km^2	平均值	标准差	百分比/%
−0.030～−0.010	严重退化	48807	3.89×10^4	0.17	0.14	1.54
−0.010～−0.005	中度退化	145017	11.00×10^4	0.15	0.15	4.35
−0.005～−0.003	轻微退化	566209	45.14×10^4	0.24	0.16	17.86
−0.003～0.003	保持不变	1551107	123.65×10^4	0.14	0.12	48.91
0.003～0.005	轻微改善	616036	49.11×10^4	0.18	0.14	19.43
0.005～0.010	中度改善	193920	16.03×10^4	0.53	0.13	6.34
0.010～0.030	明显改善	50142	3.99×10^4	0.67	0.06	1.58

注：θ_{Slope} 为 NDVI 值用一元线性回归模拟出来的一个总的变化趋势线的斜率

2.1.3　青藏高原 NDVI 与气候因子的关系

全球气候变暖有可能加速土壤有机质的分解而促进较为寒冷的地区植被净初级生产力提高已基本形成共识。在大部分相对干旱的区域，植被生长与降水呈正相关；在湿润地区，则为负相关。本研究发现在 2019 年青藏高原地区 NDVI 与气温和降水的相关性较好（图 2.4）。其中，NDVI 与气温的相关性系数达 0.909；NDVI 与降水的相关性虽不及气温，但相关系数也能达到 0.793。水在植物的营养物质输送、结构维持和各种生理生化过程中起着十分重要的

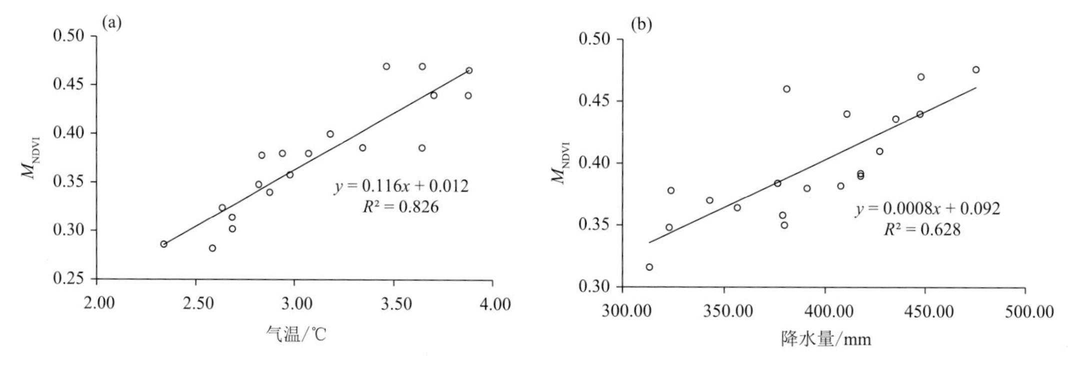

图 2.4　2019 年 NDVI 与气象要素的关系
（a）气温；（b）降水量

作用，因此，植被的生长与降水量的多少具有明显的正相关关系；植物叶片的净光合速率随温度的升高而增加，气温过高或过低都会影响植物的生理生化过程。从两者的线性关系可以看出，当气温每升高 1 ℃，NDVI 增加 0.128；降水量每增加 100 mm，NDVI 相应增加 0.172。

2.2 青藏高原植被物候变化研究

物候是研究生物生命周期循环及其对生物和非生物环境变化响应的事件，特别是气象条件的变化(Leith，1974)。物候在示踪物种应对年际气候变化方面被认为是一个最简单的过程(Rosenzweig et al.，2007)。传统的植物物候观测是对野外单个植物的发芽、展叶、开花、结果、叶色以及叶落时间的观测，现在已广泛使用卫星遥感技术。卫星具有连续监测全球植被覆盖时空光谱特征的优点，但分辨率较低，这就是所谓的“物候遥感监测”(Reed et al.，2009)。通常利用卫星遥感数据可以确定植被生长季的开始(SOS)和结束(EOS)时间(White et al.，2009)，有时也被称作“返青”和“休眠”(Zhang et al.，2003)。

根据季节变化确定植物生长周期对植物个体的生存至关重要，尤其在气候急剧变化时期(Chuine et al.，2001)。物候变化也可能影响群落中不同物种间的相互作用、营养结构以及群落组成(Morisette et al.，2009)。大尺度的植被物候变化可以改变植被活动和生态系统功能(Richardson et al.，2009)，同时也对陆地地表能量和碳平衡(Penuelas et al.，2009)以及区域气候产生重要影响(Jeong et al.，2009)。因此，了解物候对气候的响应是研究气候变化背景下生态系统动态模型构建与评价的先决条件(Richardson et al.，2012)。另外，物候变化也与人类活动密切相关，如农业、林业、野生动植物管理以及医疗卫生和旅游业(Rauste et al.，2007)等。因此，要尽可能地减少来自全球气候变化的影响(Ding et al.，2007)。

青藏高原是世界上海拔唯一超过 4000 m 的地区，面积达 2.5×10^6 km^2，是世界上面积最大、海拔最高的高原，被誉为地球“第三极”(Tang et al.，2009)。作为陆地气候系统的一部分，青藏高原对大气环流(亚洲季风系统)具有显著影响(Wu et al.，2012)。青藏高原地表热通量比率调控了亚洲夏季季风的开始时间和年际变化(Wu et al.，2015)，也强烈影响了植被动态变化(Yang et al.，2014)。基于上述背景状况下的春季物候变化资料，不仅可以了解生态系统是如何应对气候变化的，还有助于对亚洲夏季季风始期物候年际变化的理解。青藏高原通过削弱湿润季风气候和地形变化，从而形成多种气候格局。年降水量自东南部向西北部依次递减(Gao et al.，2013)。年均温自高原边缘地带向中心依次递减，变化范围为－15～10 ℃(You et al.，2013)。日均温在 0 ℃以下的时间持续近半年，夏季日均温在 10～20 ℃之间变化(You et al.，2013)。降雨量主要集中在 5—9 月，冬春季节比较干燥。青藏高原的高海拔和低纬度导致其具有较高的太阳辐射强度，高辐射强度与低温结合，促使其从东南向西北依次分布着一系列独特的生态系统，如高寒草甸、高寒草原和高寒荒漠(Geng et al.，2012)。因春季植被返青时间相对较晚，与同纬度生态系统相比，青藏高原高寒植被具有较短的生长季。

2.2.1 青藏高原物候变化

2.2.1.1 人工定位观测

青藏高原地面物候观测始于 1980 年初期。截至目前，仅有少数研究长期定位观测植被返青期的变化。Chen 等(2015)收集了 1981—2011 年青藏高原 23 个站点的 22 种草本植物物候资料，大多站点分布在青藏高原东部地区。值得注意的是不同站点观测的物种数量不同；对于大多数站点，只记录了几个物种（表 2.2）。就物种而言，16 个物种中有 3 个物种返青期呈显著提前趋势，13 个物种返青期呈显著推迟趋势（$P<0.05$）。这一趋势在低海拔地区较为明显。基于上述观测数据的春季物候显著提前的比例低于来自全球 481 种植物 Meta 分析所报道的比例。鉴于两项研究观测数据的不足及观测时段、物种和地点的不同，因此，这种差异无法说明整个青藏高原地区植物物候提前或推迟是否是由气候变暖引起的，也与人工物候观测的不连续性有关。

表 2.2　1982—2011 年植被返青期变化趋势（Chen et al.，2015）

站名	物种类型	拉丁学名	返青期变化/d	显著性	站名	物种类型	拉丁学名	返青期变化/d	显著性
门源	马莲	*Iris lactea*	11.0	$P<0.05$	曲麻莱	青藏苔草	*Carex moorcroftii*	4.4	
	车前	*Plantago asiatica*	8.2	$P<0.05$		羊茅	*Festuca ovina*	4.6	
德令哈	冰草	*Agropyron cristatum*	−8.8	$P<0.05$		高山嵩草	*Kobresia pygmaea*	9.1	$P<0.05$
互助	冰草	*Agropyron cristatum*	5.0			车前	*Plantago asiatica*	6.8	
	车前	*Plantago asiatica*	5.3	$P<0.05$		高山早熟禾	*Poa alpina*	3.7	
诺木洪	芦苇	*Phragmites australis*	5.3	$P<0.05$		蒲公英	*Taraxacum mongolicum*	14.6	$P<0.05$
恰卜恰	车前	*Plantago asiatica*	−4.8		玛曲	垂穗披碱草	*Elymus nutans*	−1.7	
	蒲公英	*Taraxacum mongolicum*	4.6			高山早熟禾	*Poa alpina*	−1.4	
贵德	冰草	*Agropyron cristatum*	8.3	$P<0.05$		蒲公英	*Taraxacum mongolicum*	−3.9	
	苜蓿	*Medicago sativa*	8.1	$P<0.05$	若尔盖	青藏苔草	*Carex moorcroftii*	−2.4	
临夏	芍药	*Paeonia lactiflora*	0.8			洽草	*Koeleria cristata*	−3.3	$P<0.05$
	车前	*Plantago asiatica*	2.6			车前	*Plantago asiatica*	6.0	$P<0.05$
	蒲公英	*Taraxacum mongolicum*	−1.0			高山早熟禾	*Poa alpina*	−2.4	
兴海	马莲	*Iris lactea*	2.3			蒲公英	*Taraxacum mongolicum*	5.8	$P<0.05$
	冰草	*Agropyron cristatum*	5.4		石渠	垂穗披碱草	*Elymus nutans*	−7.5	$P<0.05$
	赖草	*Leymus secalinus*	0.05			蒲公英	*Taraxacum mongolicum*	−8.3	
	车前	*Plantago asiatica*	5.0		甘孜	蒲公英	*Taraxacum mongolicum*	−13.6	
	西北针茅	*Stipa sareptana*	0.1		拉萨	车前	*Plantago asiatica*	8.1	
	蒲公英	*Taraxacum mongolicum*	0.2			蒲公英	*Taraxacum mongolicum*	11.0	
河南	垂穗披碱草	*Elymus nutans*	1.0		林芝	车前	*Plantago asiatica*	−6.2	
	高山嵩草	*Kobresia pygmaea*	−0.4			蒲公英	*Taraxacum mongolicum*	8.7	$P<0.05$
	车前	*Plantago asiatica*	−0.6		山南	车前	*Plantago asiatica*	−13.1	
	星星草	*Scirpus distigmaticus*	0.8			蒲公英	*Taraxacum mongolicum*	−9.3	
岷县	车前	*Plantago asiatica*	13.8	$P<0.05$	日喀则	车前	*Plantago asiatica*	7.1	
	蒲公英	*Taraxacum mongolicum*	15.2	$P<0.05$		蒲公英	*Taraxacum mongolicum*	13.0	

注：表中正数表示返青期较历年均值推迟的天数，负数则为提前的天数

2.2.1.2　卫星遥感监测

卫星遥感监测为获取大尺度植被物候数据提供了一条有效途径，且时间分辨率相同。尤其在青藏高原，大多数植被物候变化都是利用卫星遥感监测植被绿度的 SOS 和 EOS 来评估，主要由归一化植被指数和增强型植被指数（EVI）来表示。NDVI 是通过监测叶绿素在红外波

段(R_{red})的辐射吸收和近红外波段(R_{NIR})的辐射散射来反映植被活动的：

$$NDVI = (R_{NIR} - R_{red})/(R_{NIR} + R_{red}) \tag{2.1}$$

式中，R_{NIR}和R_{red}分别表示近红外和红外波段的反射率(Rouse et al.,1974)。EVI是NDVI的一种改进，旨在减弱来自土壤和大气的噪声干扰：

$$EVI = 2.5(R_{NIR} - R_{red})/(R_{NIR} + 6R_{red} - 7.5R_{blue} + 1) \tag{2.2}$$

式中，R_{blue}表示蓝色波段的反射率(Liu et al.,1995)。若能正确使用NDVI和EVI，则能有效指示植被光合作用和地上生物量的动态变化(Rauste et al.,2007)，从而可以反映SOS和EOS的变化。

在1982—1999年间，青藏高原地区植被SOS呈现提前趋势，即全区SOS呈提前趋势(图2.5)。AVHRR传感器问世于2000年，人们认为青藏高原1990—2006年间SOS推迟是由2001年之后AVHRR NDVI数据质量下降导致的(Piao et al.,2011a)。Zhang等(2013)在2000—2011年间获取的植被生长季SOS数据来自2个不同的NDVI数据集，即SPOT NDVI和MODIS NDVI。因两种数据的时间分辨率不同(10 d和16 d)，故无意间夸大了2000—2011年间SOS的提前趋势，然而，后期一项关于SOS对年际气温变化敏感性的研究对其产生怀疑。Wang等(2013)将SOS的大幅提前归因于非生长季长期积雪覆盖率的下降。这是根据Piao等(2006)提出的从NDVI中确定SOS的方法，非生长季积雪覆盖的减少导致NDVI的增加，从而得出了SOS提前的结论。在校正积雪对NDVI的影响后，发现2000—2011年间

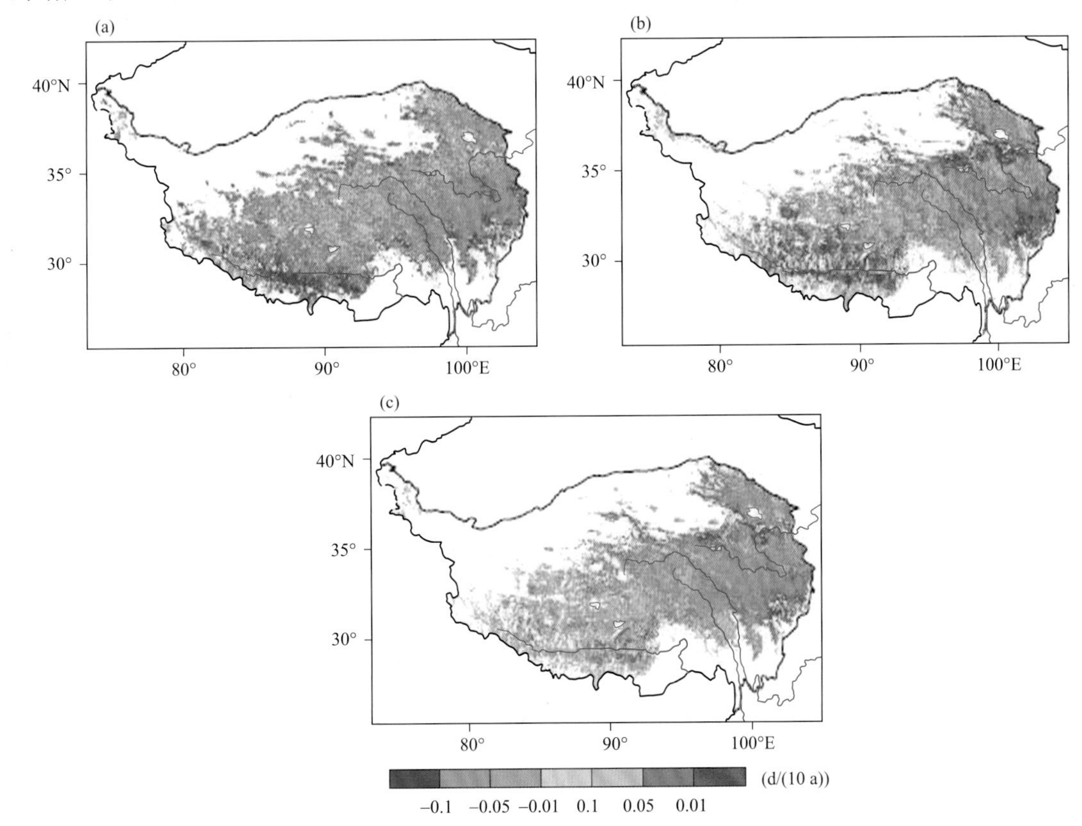

图2.5 青藏高原植被SOS时空变化趋势(Piao et al.,2011a;Ding et al.,2015)
(a)1982—1999年；(b)2000—2011年；(c)1982—2011年

青藏高原地区 SOS 的变化趋势并不显著。另外，Ding 等(2015)的相关研究也发现了这种不显著趋势，由于青藏高原植被返青期趋势存在较大的空间异质性，其西南部显著推迟，其他地区显著提前(图 2.5a)。在过去 30 a 间，青藏高原西南部 SOS 以 0.01～0.1 d/(10 a)的速率推迟，而其他地区以 0.01～0.1 d/(10 a)的速率提前(图 2.5c)。

有关青藏高原高寒草地植被物候的研究已有很多，孟凡栋等(2017)认为青藏高原物候总体表现为 SOS 和花期提前，EOS 推迟趋势，而果实期则保持相对稳定；丁明军等(2012)发现 1999—2009 年间，青藏高原高寒草地 SOS 整体呈提前趋势，变化幅度为 6 d/(10 a)，EOS 呈推迟趋势，变化幅度为 2 d/(10 a)；孔冬冬等(2017)指出青藏高原植被 SOS 平均提前 2～3 d/(10 a)，EOS 平均延迟 1～2 d/(10 a)，生长季长度平均延迟 1～2 d/(10 a)。另外，李兰晖等(2017)和马晓芳等(2016)研究发现，青藏高原草地植被 SOS 和 EOS 变化具有明显的海拔效应。据翔实资料显示，过去 1982—2011 年间，青藏高原 SOS 提前趋势与中高纬度地区 SOS 变化趋势相比，其结果偏大。具体来讲，1982—2011 年间青藏高原 SOS 平均以 3.7 d/(10 a)的速率显著提前($P<0.01$)，而北极苔原(55°N—北极圈)和温带草原(30°—55°N)区的植被 SOS 分别以 1.5 d/(10 a)和 1.7 d/(10 a)的速率显著提前($P<0.01$)(图 2.6)。鉴于上述 3 个地区过去 1982—2011 年间气温上升幅度相近，因此，青藏高原植被春季物候对气候变暖的敏感性较其他 2 个地区强烈。然而，青藏高原 SOS 显著提前是否可以归因于 SOS 对春季温度的敏感性差异还有待进一步研究，也可能是由植被特征的差异或环境本身的变化，特别是降水和冬季温度等气候系统变化引起的。

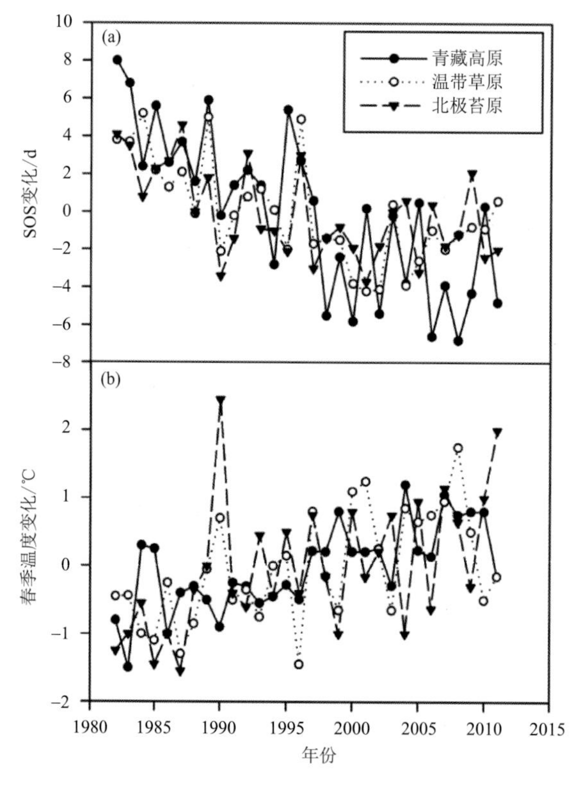

图 2.6 青藏高原、温带草原和北极苔原地区植被 SOS(a)和春季平均温度(b)的变化
(Shen et al.，2015)

2.2.2 气候变化对物候的影响

在任何经历寒冷或休眠季节的地区，其春季植被 SOS 需要一定的临界温度才能打破生态休眠状态。这一温度是指植被开始生长之前的温度。1982—1999 年间青藏高原温度的增加，已经说明了 SOS 提前这一事实。这也意味着植被在进入生态休眠之前需经历一段时间的自然休眠。自然休眠是由光周期减少和秋季低温诱发的；通常在低温寒冷（<0 ℃）一段时间之后才能进入休眠期。因此，深秋和冬季的气候变暖，可能会导致低温不足，从而推迟了植被 SOS 的发生。研究表明，气候变暖对青藏高原草甸和草原 SOS 推迟并未产生直接的影响。这是因为青藏高原地区的日均温在当年 11 月—次年 4 月一直处于 0 ℃以下，这种低温足以满足草本植物对低温的需求。近期有关 EOS 的研究表明，高寒草甸和草原 EOS 与植被生长季温度呈显著正相关，说明青藏高原植被生长季期间的气候变暖可以促进其 EOS 的推迟。

然而，青藏高原温度的升高并不能促使其植被 SOS 的提前。例如，在 2000—2011 年间整个青藏高原地区的温度都有所增加，但青藏高原西南部 SOS 仍然处于推迟状态。气候变暖与 SOS 变化趋势间的不相关主要归因于该时期降水量的减少。近期的研究发现降水量的增加可以直接促进青藏高原大部分地区植被 SOS 的提前，且 SOS 对大多数干旱地区前期的降水量非常敏感。另外，前期降水也调控了 SOS 对温度的响应，并使 SOS 对气候湿润区温度更加敏感。因此，1982—1999 年间大多数 SOS 提前应归因于温度和降水量的增加，降水量的轻微减少可能是高原东北部植被 SOS 略微提前的原因（图 2.5a）。此外，降水量也会影响青藏高原植被 EOS，植被生长季降水量的增加会推迟 EOS。通过样地试验观测，发现高温和降水量对植物叶片物候起到了积极作用。基于以上研究，可以预测更加温暖和湿润的气候条件将导致植被 SOS 的提前和 EOS 的推迟，从而可以延长青藏高原植被生长季。

2.2.3 植物物候监测的缺陷性

温度和降水对春季植物叶片物候影响的遥感监测与实地观测结果基本一致。但对于 SOS 变化趋势，两种监测结果差异较大。产生这种差异的原因主要有以下几个方面：卫星遥感只能监测到群落中高覆盖度物种的叶片物候特征。若一个群落中不同物种的叶片展开顺序因环境条件的改变而改变，那么在任一时段内高覆盖度物种都可能随时发生变化。其次，卫星获取的 SOS 依赖于像素的绿度，而实地观测通常是基于单个植株的形态变化。不同物种在同一叶期，因叶面积的不同，从而表现出不同的绿度。因此，目前花期和结果期物候只能通过实地观测获得，而卫星遥感监测和实地观测可以优势互补，但两种监测结果在青藏高原地区仍存在较大的缺陷。

在卫星遥感监测植物叶片物候时，首先应考虑 NDVI 数据质量。卫星遥感影像通常在中午前后合成，但一些影像可能受云的影响，这种情况在青藏高原地区经常发生（Babel et al.，2014）。物候遥感监测结果通常是通过农田和落叶林实地物候监测数据进行检验的。相比之下，利用卫星获取的天然草地物候结果很难利用上述监测数据来验证，因为在某一像元内往往存在着大量的物种，呈现出不同的物候阶段。建议采用景观尺度上的叶面积指数或绿度（NDVI 和植被覆盖度）监测指标进行验证，因为这些指标在空间和生态系统尺度上与物候遥感监测指标比较接近。只有这样，才能实现“个体物候—种群物候—群落物候—景观物候”的发展。因青藏高原物种类别、植被类型、气候梯度和地理位置的不同，迄今为止，传统的物候观测主要集中于青藏高原东部地区(表 2.2),且有关植物展叶期物候观测相对较少。此外,还应包括在自然条件下的开花和结果物候的野外观测。只有利用上述连续的物候观测资料才可以评估气候对物候序列的影响。

2.2.4 环境因子对植物物候响应策略的影响

以往大量研究主要开展了青藏高原平均温度和累积降水量对植物物候的影响。但也有许多其他因素的影响,这些因素应在未来的研究中加以解决。首先,考虑到青藏高原温度日较差大,夜间变暖大于白天,人们可能会认为白天和夜间温度变化对物候的影响不同。其次,累积降水量并不是植物可利用水分的直接指标。降水时间和强度、土壤冻融、融雪、蒸发和冻土退化也会影响土壤水分的有效性和植物物候。例如,气候变暖可能通过增加蒸发而降低土壤水分的有效性,或通过增加活动层从而增加土壤水分损失。此外,青藏高原土壤性质的多样性可能会使土壤水分的有效性表征进一步复杂化。第三,基于过程模型的研究表明,草本植物物候可能是由不同程度的气温与降雨量/降雪量之间相互作用触发的。第四,光周期被认为是植物物候的重要调控因子,但其对物候的影响在青藏高原地区尚未得到评价。第五,虽春季物候与冬季气候变暖之间无明显统计关系,但不能排除冬季气候变冷以及未来冬季气候变暖对青藏高原春季物候的潜在影响。第六,植被物候也可能受到植被群落物种组成变化的影响,这种变化可能是气候变暖造成的,也可能是人类过度放牧等活动造成的。

青藏高原的不同环境条件和植物功能特征导致了一系列物候循环事件同步发生。植物适应这些循环以适应新的条件。尽管试验研究已经对某些植物响应机制提供了重要的见解,但要得出任何可靠而有力的结论还为时过早。首先,现有的试验大多是短期的。因此,长远来看,报道的结果可能无法准确预测植物未来的物候适应策略。研究也表明,植物对模拟增温的物候响应随试验时间长度的变化而变化。其次,大多数研究只集中于环境变化这一方面。由于环境变化的复杂性和多变性,在植物适应新环境时,很难预测不同环境因素之间的相互作用对植物物候的影响。加之以往大多数研究都只是试图得出单一环境因素的变化,不可能捕捉到非线性多因素对植物物候的影响。因此,未来控制试验研究应该是长期和多因素的。第三,还应探索植物物候反应的遗传生理机制。

2.2.5 物候变化对生态系统结构和功能的影响

如果一个群落中的不同物种对气候变化具有不同的物候响应,那么群落水平上的物候事件可能发生改变,这些变化将导致物种对光和水等非生物资源竞争的改变以及不同植物物种之间相互作用的变化。植被生长季长度的变化可能进一步影响生态系统功能,如碳循环和能量流动。这些物质循环过程的改变反过来又会影响气候系统。特别是植被 SOS 和 EOS 发生时间的变化对北半球植被的年际碳收支产生了相当大的影响,进而影响了大气 CO_2 浓度。例如,由气候变暖诱发的春季叶片展叶期提前会增加净碳吸收,而秋季叶片延迟衰老则会导致净碳吸收增加或减少。然而,有关青藏高原物候的迅速变化如何影响区域能量和碳平衡的变化还知之甚少。在短期内,物候变化可以直接改变地表生物物理参数和过程,如反照率、感热通量、蒸发、边界层湍流,从而导致陆地表面能量和水收支平衡的变化,进而影响当地气候。

尽管植物物候变化对生态系统结构和功能有着广泛的影响,但并没有具体的青藏高原植物物候模型。因此,目前大多数研究采用地球系统模型(图 2.7)或陆地生态系统模型来模拟当前植被生长的季节动态。在今后的物候模型构建工作中，应该解决青藏高原的物候特征，如水分有效性对物候的影响，这是非常具有挑战性的问题，因为我们对物候响应环境变化机制的理解还十分有限。

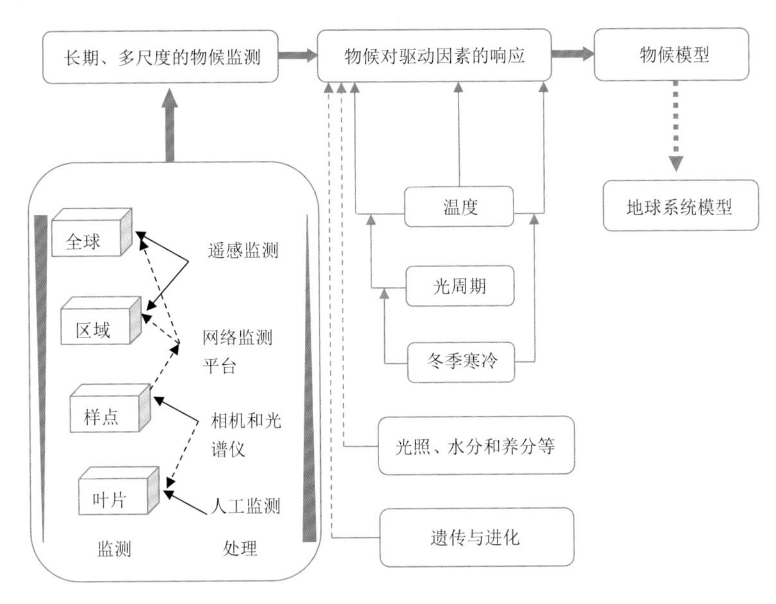

图 2.7 青藏高原植被物候监测模型及流程(Tang et al.,2016)

2.3 青海省草地遥感监测评估

青海省面积有72万多平方千米，其中草地面积占47%，天然草场面积占全国草场面积的十分之一，居全国第4位，是全国五大牧区之一。草地作为青海省分布面积最广的陆地生态系统，空间尺度的草地长势及发育期监测一直是研究的难点之一。近年来EOS/MODIS数据在草地监测方面广泛应用，并取得了显著效果；毛留喜等(2008)分析牧草产量与NOAA/AVHRR归一化植被指数NDVI之间的关系，建立了青海省牧草产量估算线性模型与指数模型，模型拟合结果良好，颜亮东等(2007)利用EOS/MODIS、NOAA/AVHRR卫星遥感监测的植被指数、地面定点监测的实际地上牧草产量资料，依据卫星遥感监测数据，在点和面上研究、建立了植被指数与牧草产量之间的关系模式，给出了草地资源卫星遥感监测和评估方法。

在大的空间尺度上，遥感技术是估算草地产草量的有效有段。实践表明，运用遥感技术进行草地估产，能够在花费较少人力和物力的前提下达到一定的估算精度，同时具有时效性、动态性、客观性和实用性的特点(董永平 等，2005)。草地资源是发展青海省畜牧业的重要物质基础，也是长江、黄河上游生态屏障支撑。本研究利用两种方式开展2010—2015年青海省牧草发育期和长势的监测，通过时空分布特征的监测探索了青藏高原青海地区牧草的发育期变化特征和长势特征，旨在提高生态气象服务供给，力求满足牧区不同生产者的气象服务需求，紧跟需求脚步，为青海省生态文明建设、生态环境保护等工程提供科技支撑。

青海省草地资源丰富，生态多样性显著，近几年政府加强生态保护，实施生态立省相关政策，对牧草产量及发育期状况的重视逐年递增，利用卫星遥感开展全省草地资源评估及分析，为政府合理分配放牧及保护草地资源提供科学的决策依据。美国国家航空航天局(NASA)的EOS/MODIS卫星于2000年发射,主要提供植被、积雪、土地利用等数据产品。MODIS适当的时空分辨率可以较好地反映草地植被的时空变化特征。美国国家航空航天局网站提供一系列MODIS相关数据产品,其中用于牧草发育期监测所用的是8 d合成数据(MOD09A1(V06)),分辨率为500 m,用于计算牧草产量所用的是16 d合成的植被指数产品(MOD13Q1(V06)),其空间分辨率为250 m。

2.3.1 遥感监测评估方法与标准

2.3.1.1 归一化植被指数NDVI

归一化植被指数NDVI对绿色植被表现敏感,它可以对农作物和半干旱地区降水量进行预测,该指数通常被用来进行区域和全球的植被状态研究。在草地资源遥感监测方面作为牧草产量变化的标志,可以迅速地分析大范围牧草的生长状况(杨英莲 等,2007)。当背景亮度增加时,NDVI也系统性增加;在植被覆盖度为中等且为潮湿的土地类型时,NDVI对土壤背景较为敏感。

$$NDVI = \frac{\rho_{NIR} - \rho_{red}}{\rho_{NIR} + \rho_{red}} \tag{2.3}$$

式中,ρ_{NIR}、ρ_{red}分别代表近红外、红光波段。

2.3.1.2 牧草返青期、黄枯期距平分级

针对牧草返青期、黄枯期的分级标准主要以距平值方法进行分级和确定,其中,距平值在2 d以内为正常返青;距平值为3~5 d为略偏早或略偏晚;距平值为6~8 d为偏早或偏晚;距平值大于8 d为特早或特晚。

2.3.1.3 牲畜日食草量

依据农业部《天然草地合理载畜量的计算》标准(NY/T 635—2015),结合《2008年青海省草地监测实施方案》,每羊单位日食鲜草4 kg,天然草原利用率46%的标准计算。

2.3.1.4 牧草长势年景评价标准

根据当年牧草产量与2010—2015年平均牧草产量的距平百分率来确定:歉年为距平百分率<-10%、平年为-10%~10%、丰年为>10%。

2.3.2 草地发育期监测

2.3.2.1 返青期监测

由2017年青海省牧草返青期空间分布图(图2.8a)可看出,2017年青海省牧草返青时间在4月下旬—6月上旬,儒略历第113~153 d之间,大体呈由东向西、由低海拔向高海拔推迟的趋势。具体表现为:环青海湖地区东北部和青南[①]东北部的牧草于4月中下旬返青,青南东南部牧草于4月底5月初陆续返青,6月上旬全省大部地区牧草返青。

2.3.2.2 黄枯期监测

2017年青海省牧草黄枯时间(图2.8b)在9月上旬—10月上旬,儒略历第249~273 d之

① 青南指的是青海省昆仑山以南、唐古拉山以北的区域。

间，即大体呈由西北向东南、由高海拔向低海拔推迟的趋势。具体表现为：青南西部地区和哈拉湖地区等高海拔地区牧草在9月上旬普遍黄枯，青南东南部地区牧草于9月中下旬黄枯，青南东北部地区和环青海湖地区牧草于10月上旬黄枯。

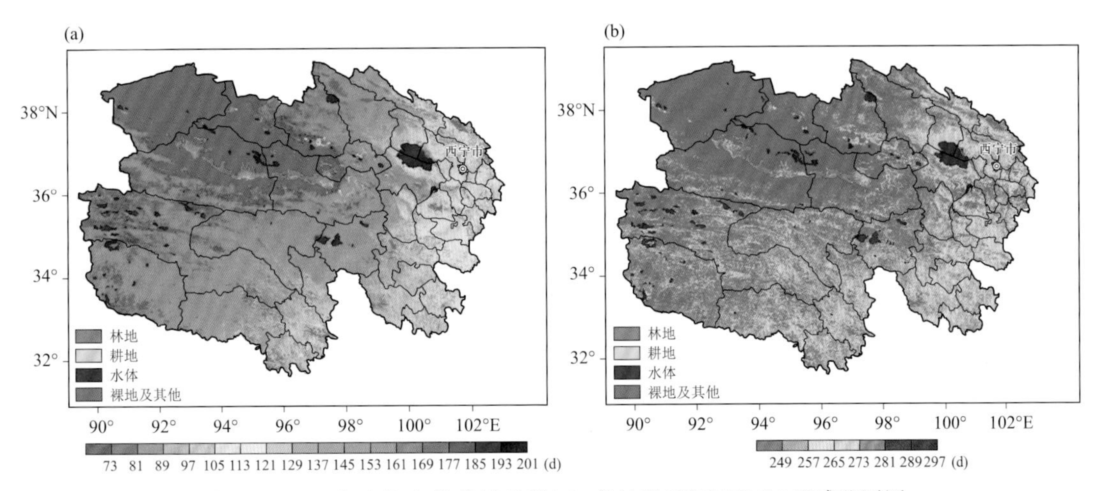

图2.8　2017年青海省牧草返青期(a)、黄枯期(儒略历)(b)遥感监测图

2.3.3　牧草产量监测

由2017年青海省6、7、8月牧草产量及全年平均牧草产量遥感监测图(图2.9)可以看出，青海省各地牧草产量在8月达到最大值，空间上呈西北向东南递增的趋势。牧草产量较高的地区主要分布在祁连山区、环青海湖北部、黄南南部和果洛东南部；其中，海北州牧草产量大部高于300 kg/亩[①]，黄南州牧草产量大部高于500 kg/亩，海南州牧草产量大部低于200 kg/亩，果洛州牧草产量大部高于300 kg/亩，玉树州牧草产量大部低于300 kg/亩，海西州牧草产量低于200 kg/亩。

2.3.4　牧草长势年景评价

从2017年青海省各地牧草遥感监测产量与2012—2016年距平图看出(图2.10)，与2012—2016年平均相比，部分地区牧草产量出现波动，大部分地区基本不变，其中增幅大于10%的草地主要分布在海西东部、环青海湖南部和玉树西部的部分地区，减幅大于10%的草地主要分布在玉树南部、海南东南部和海北北部，其余地区基本持平(表2.3)。综上所述，2017年青海省各地牧草长势较近5 a(2012—2016年)平均基本持平略低，全省牧草气候年景综合评定为“平偏歉年”。

2.3.5　草畜平衡监测

通过对2017年各州遥感监测的牧草产量值推算理论载畜量，结果显示：玉树州理论载畜量最大，其次为果洛州，其余地区载畜量从大到小依次为海西州、海北州、海南州和黄南州。与2016年相比，各州载畜量均增大，其中果洛州理论载畜量增幅最大(51%)，其余各州理论载畜

---

① 1亩=1/15 hm^2，余同。

量增幅在15%～48%之间。与2012—2016年平均值相比，除玉树州和海北州理论载畜量分别减少16%和14%外，其余各州基本持平。总体来看，2017年牧业区牛羊理论载畜量较2016年增加32%，较近5 a(2012—2016年)平均值基本持平或偏低(表2.4)。

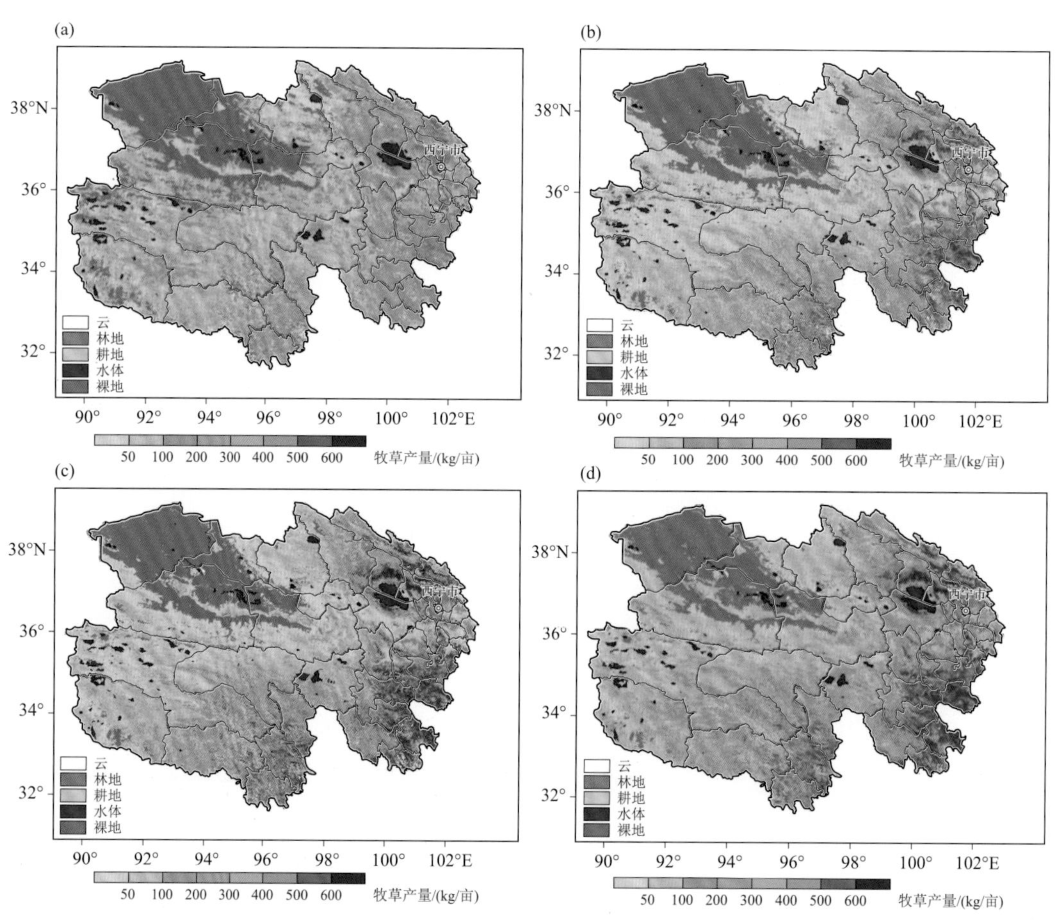

图2.9　2017年6—8月及2017年青海省牧草产量遥感监测图

(a)2017年6月;(b)2017年7月;(c)2017年8月;(d)2017年

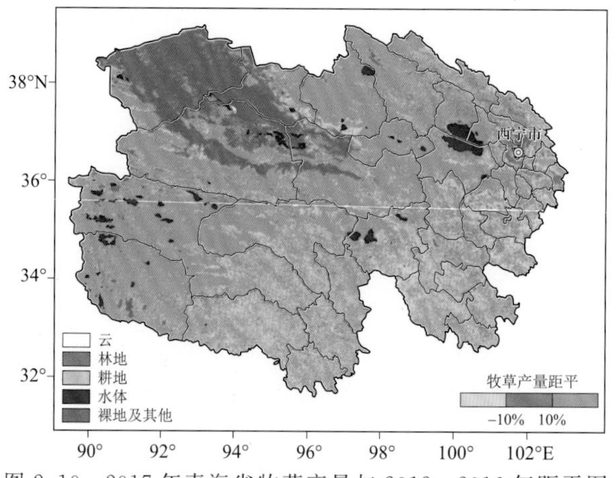

图2.10　2017年青海省牧草产量与2012—2016年距平图

表 2.3 2017 年青海省各州最高产草量与近 5 a(2012—2016 年)平均产草量对比

市(州)	地区	2017 年平均/(kg/亩)	近 5 a 平均/(kg/亩)	距平百分率/%	年景评价	市(州)	地区	2017 年平均/(kg/亩)	近 5 a 平均/(kg/亩)	距平百分率/%	年景评价
玉树州	称多	312	310	1	平	黄南州	河南	595	654	−9	平
	囊谦	403	460	−12	歉		尖扎	353	339	4	平
	曲麻莱	139	151	−8	平		同仁	446	482	−8	平
	玉树	439	458	−4	平		泽库	482	521	−7	平
	杂多	213	238	−10	平	海北州	刚察	409	474	−14	歉
	治多	137	213	−36	歉		海晏	429	471	−9	平
果洛州	班玛	516	549	−6	平		门源	474	620	−24	歉
	达日	359	388	−8	平		祁连	351	392	−11	歉
	甘德	475	517	−8	平	海西州	大柴旦	73	68	8	平
	久治	575	616	−7	平		德令哈	81	75	8	平
	玛多	146	169	−14	歉		都兰	91	85	7	平
	玛沁	404	443	−9	平		冷湖	40	43	−7	平
海南州	共和	244	243	0	平		茫崖	59	55	7	平
	贵德	234	224	4	平		天峻	201	180	12	丰
	贵南	265	301	−12	歉		乌兰	111	102	9	平
	同德	371	415	−11	歉		格尔木	87	80	9	平
	兴海	266	272	−2	平						

表 2.4 2017 年、2016 年以及近 5 a 青海省各州草地载畜量估算

市(州)	2017 年理论载畜量/万只羊	2016 年理论载畜量/万只羊	2012—2016 年平均理论载畜量/万只羊	2017 年与 2016 年相比增减百分率/%	2017 年与 2012—2016 年相比增减百分率/%
海西州	641	559	613	15	5
玉树州	1668	1341	1986	24	−16
果洛州	1113	736	1215	51	−8
海南州	463	363	483	27	−4
黄南州	422	284	457	49	−8
海北州	501	356	583	41	−14

2.3.6 气候对草地资源影响分析

2017 年春季(3—5 月)青海省牧区气温大部偏低,但积温条件与 2012—2016 年接近,而降水大部偏多,牧业区大部牧草返青期较 2012—2016 年持平或提前;夏季(6—8 月)牧区气温前低后高、降水前少后多,部分地区出现阶段性干旱,不利于牧草的生长发育及产量形成;9 月牧区气温偏高、降水大部偏多,气象条件有利于牧草后期生长,低海拔地区牧草黄枯期延迟

(图 2.11,图 2.12)。

总体而言,2017 年牧草生长季水热条件不利于牧草的生长发育及产量形成,影响牧草生长发育,除海西东部、环青海湖南部和玉树西部的部分地区增产外,其余地区牧草产量与近5 a (2012—2016 年)基本持平略低,海北州和玉树州牲畜理论载畜量较 2012—2016 年减少 14%~16%;2017 年青海省各地牧草长势略偏差,全省牧草年景综合评定为“平偏歉年”。

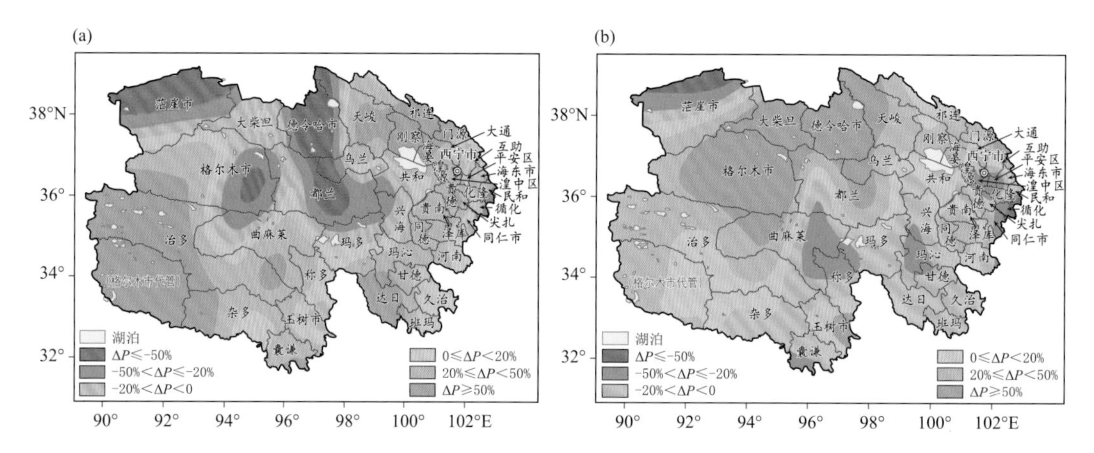

图 2.11　2017 年青海省春季(a)、夏季(b)降水量距平(ΔP)图

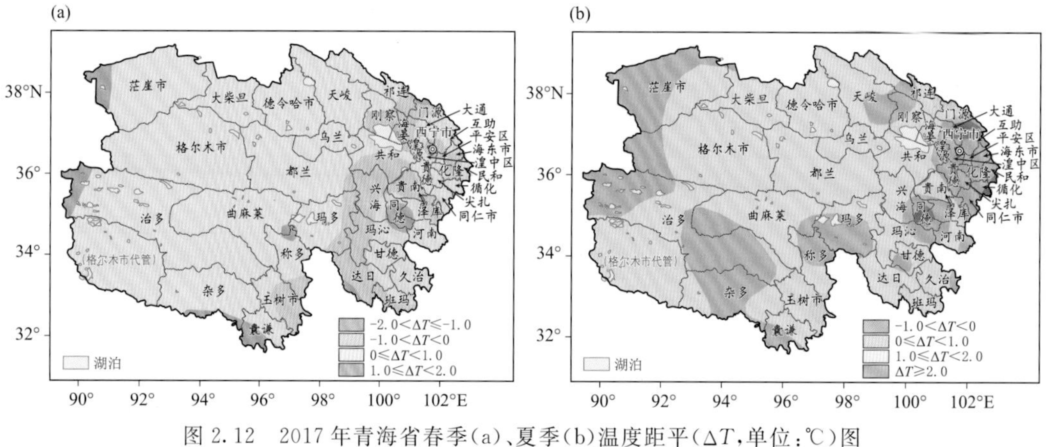

图 2.12　2017 年青海省春季(a)、夏季(b)温度距平(ΔT,单位:℃)图

2.4　青海省 NDVI 时空变化研究

归一化植被指数作为评价植被生长状况的重要因子,不仅直观地反映植被长势在全球或区域尺度上的生长情况,亦可从长时间序列反映变化趋势(张晓克 等,2014),同时节省了传统地面调查所消耗的人力、物力和时间,在全球气候变化和生态系统研究中扮演着重要的角色。因此,近年来,以 NDVI 时空变化趋势为基础的相关研究成为全球变化与陆地生态系统的热点内容之一(王宏 等,2005;刘亚龙 等,2010)。

青藏高原是气候变化的敏感区和脆弱区,存在对比强烈的气候带,这种极端环境下发育的植被对气候变化极为敏感,被认为是研究生态系统对气候变化适应与响应机制的天然实验室

(陈拓 等,2003)。青海位于青藏高原东北部,地势西高东低,气候以高寒干旱为主,是典型的高原大陆性气候,空气稀薄,日照时数多。按照降水量和温度的变化特征,形成了东部农业区、环青海湖区、三江源区和柴达木盆地4个不同特点的生态功能区,各区承载着不同强度的生产生活任务,人类活动的强度也不同,且生态环境脆弱,是气候变化的敏感区。针对青海省生态功能区的研究(刘栎杉 等,2014;赵健赟 等,2016)存在于前几年,且各功能区的研究较为独立(陈晓光 等,2007;刘晓东 等,2010;郑伟 等,2013;徐浩杰 等,2014),主要原因是每个功能区的草地承载力、生态系统类型、地形起伏、土壤理化性质等均不相同,学者们以每个功能区为例,延伸到不同的生态系统对气候变化、放牧强度的响应,然而这类研究深入讨论了生态系统对变化的反馈,并未对不同生态系统之间做系统比较。以青海省的4个生态功能区为例,比较荒漠生态系统(柴达木盆地)、高寒草甸生态系统(三江源区)、高寒草原生态系统(环青海湖区)、农田生态系统(东部农业区)之间的异同。不同生态功能区之间NDVI存在怎样的时空变化特征?其差异如何?年际间波动特点有何异同?这些问题目前尚未形成定量结论,鉴于此,本研究以MODIS数据为基础,以不同的生态功能区为研究对象,基于栅格单位,逐像元定量计算青海省NDVI分布现状、变化趋势和稳定性特征,重点阐明各功能区植被NDVI变化特征及波动特点,以期在未来气候变化和人类活动的双重影响下,为青海省的生态环境保护建设提供基础数据和科学参考。

2.4.1 青海省植被NDVI的空间格局

青海省地形复杂,区域内局部小气候差异显著,植被NDVI空间分布差异较大。从整个区域来看(图2.13),2000—2015年青海省NDVI的平均值为0.364,表现为东南偏高,西北偏低,由东南向西北、由东向西逐渐递减的分布特征。该分布的决定因素为降水季节特征和地形差异。三江源区夏季受孟加拉湾西南季风暖湿气流的影响,加上地形抬升,使得降水充沛;柴达木盆地在暖湿气流翻越青藏高原腹地到达该地后,水汽大减,加上昆仑山及其支脉的北坡形成下沉气流,使得该区域气候干燥少雨,荒漠化现象十分严重;环湖地区受青海湖的“调节器”及祁连山地形起伏形成的上升气流影响,使该区域降水充沛;东部农业区受海洋季风、地形起伏、人为种植结构的影响,该区域植被长势好。

不同功能区平均NDVI存在差异(图2.14),东部农业区NDVI最大,达0.619,柴达木盆地最小,仅为0.138。这是因为生长季时期东部农业区种植大面积农作物,致使植被NDVI较大,而柴达木盆地受恶劣气候条件的影响,荒漠化面积巨大,加之人为过度干扰(放牧、城镇化等),导致该地区NDVI长期处于低值。4个功能区NDVI频度分布(图2.15)表明,东部农业区NDVI多数分布在0.735~0.809之间;柴达木盆地NDVI分布比较集中,波峰范围为0.048~0.069,这些NDVI低值区主要是盆地内部沙漠分布区,面积大,分布广;三江源区NDVI频度分布范围较广,呈“M”形的双峰模型,其中一个波峰在0.127~0.311范围内,代表该地区为西部高寒荒漠生态系统,另一个介于0.615~0.817之间,代表该地区为东部常年森林生态系统,这是因为三江源区气候条件优越,大部地区为生物量较高的高寒草甸,东西两边明显的差异使得三江源区NDVI频度分布表现为双峰模型;环湖地区NDVI频度分布趋势与东部农业区类似,但波峰范围略低,介于0.637~0.761之间,这是因为相较以高寒草原为主的环湖地区来说,以农田为主的东部农业区NDVI略高。

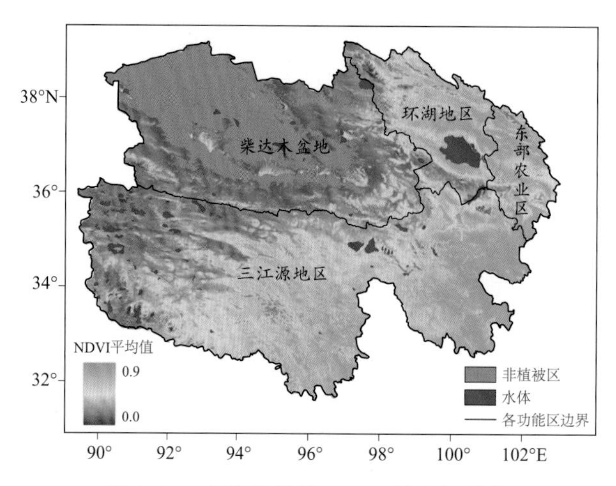

图 2.13　青海省植被 NDVI 的空间分布

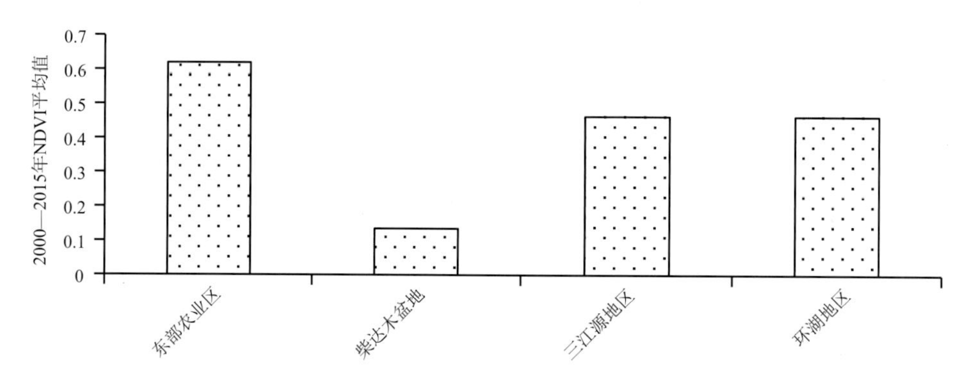

图 2.14　2000—2015 年各功能区 NDVI 平均值

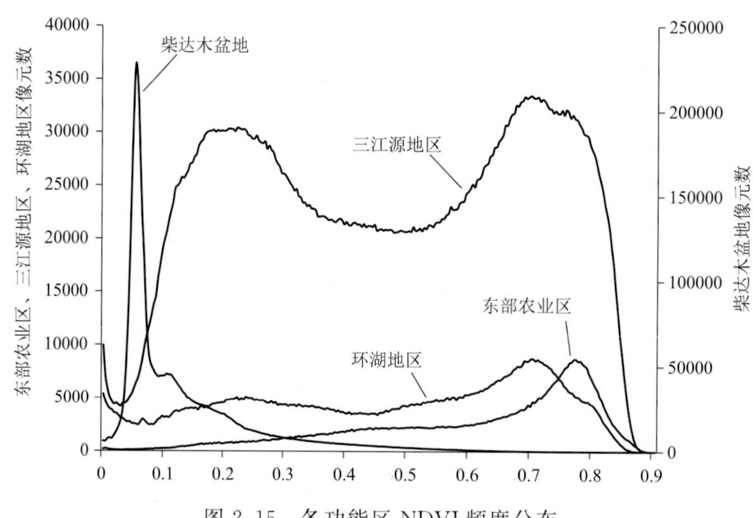

图 2.15　各功能区 NDVI 频度分布

2.4.2 青海省 NDVI 时空稳定性分析

2000—2015 年 NDVI 年际间稳定性程度用变异系数 CV 表示。从表 2.5 和图 2.16 可以看出,东部农业区 NDVI 以高稳定性水平面积分布(CV 为 0～0.054)最大,占植被覆盖区的 38.97%,其次是较低稳定性(CV 为 0.114～0.520),较低稳定性分布在湟水河流域和黄河流域两侧,这里受人为因素的影响,波动性较大。柴达木盆地 NDVI 的稳定性水平以较低稳定性为主(图 2.17),占植被覆盖区的 40.12%,这里气候条件恶劣,生态环境脆弱,微弱的气候变化都会使该区域的 NDVI 发生较大波动。三江源区 NDVI 的稳定性水平以中等(CV 为 0.061～0.114)程度为主,占植被覆盖区的 39.99%,高稳定性的地区集中在东南部森林植被类型覆盖区。环湖地区以较低稳定性分布最广,占植被覆盖区的 35.98%。青海湖北岸山区稳定性较高,南岸分布一"条带"状的稳定性高值区,这一"条带"状的地区依托青海湖的旅游业常年种植同一作物油菜,因此,稳定性较高,加上青海湖的水汽调节作用,使得周边水分条件优于环湖周围的其他地区。可以看出,青海省 NDVI 稳定性由植被长势和人类活动共同决定。植被长势好、草地保护力度大,稳定性则高,如三江源区东部,有些地区虽然植被长势好,但人口密度大、种植结构频繁调整,导致稳定性较差,如东部农业区的河湟谷地。

表 2.5 青海省各功能区稳定性水平面积比例 %

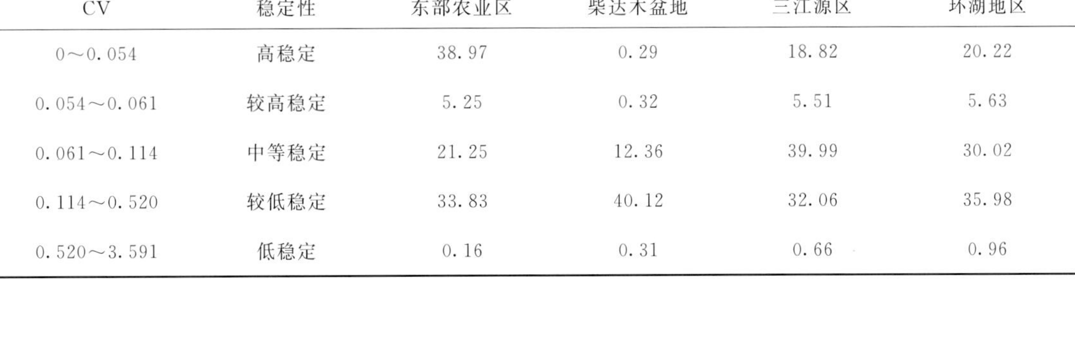

CV	稳定性	东部农业区	柴达木盆地	三江源区	环湖地区
0～0.054	高稳定	38.97	0.29	18.82	20.22
0.054～0.061	较高稳定	5.25	0.32	5.51	5.63
0.061～0.114	中等稳定	21.25	12.36	39.99	30.02
0.114～0.520	较低稳定	33.83	40.12	32.06	35.98
0.520～3.591	低稳定	0.16	0.31	0.66	0.96

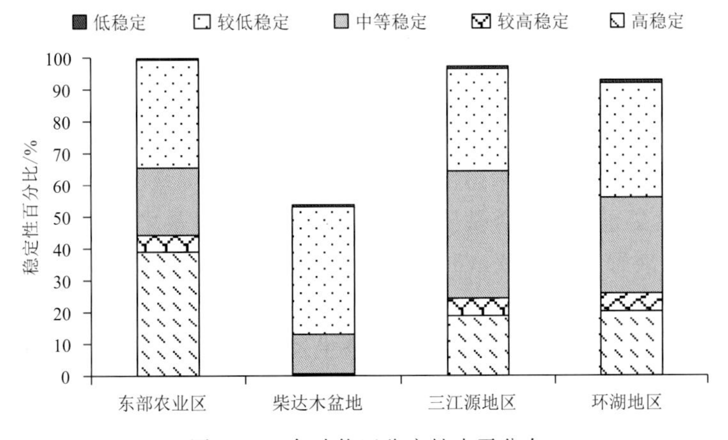

图 2.16 各功能区稳定性水平分布

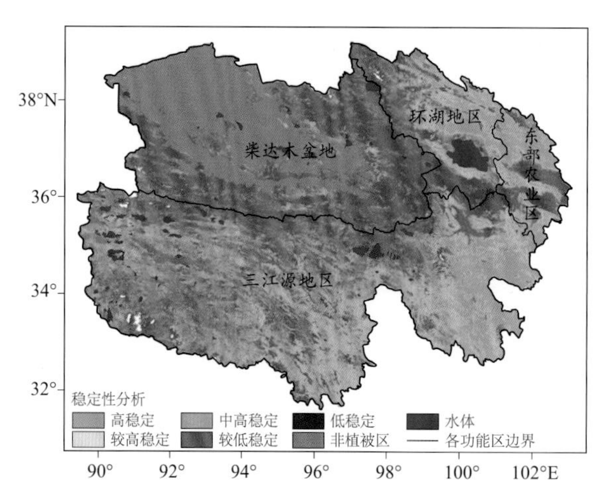

图 2.17 青海省植被 NDVI 稳定性空间分布

2.4.3 青海省 NDVI 变化趋势

图 2.18 反映了青海省及各功能区 NDVI 在 2000—2015 年间的变化趋势，图 2.19 反映青海省植被 NDVI 空间变化。可以看出，在 2000—2015 年间青海省植被 NDVI 变化率为 0.012/(10 a)，各功能区与其变化趋势基本一致，均呈现出波动性缓慢上升趋势，各功能区变化率分别为，三江源区 0.008/(10 a)、环湖地区 0.018/(10 a)、东部农业区 0.037/(10 a)、柴达木盆地 0.015/(10 a)，其中东部农业区和柴达木盆地 NDVI 增加趋势达到了 0.05 的显著性水平。柴达木盆地是青海省重要的经济开发区，也是我国重点循环经济试验区之一，然而生态风险累积和水环境影响尤为突出，在采取防风固沙和水资源保护利用等一系列综合措施后，该区 NDVI 得到明显改善。东部农业区水热条件匹配好，且处于低海拔地区，植被光合作用和水分利用率均高于其他地区，加之人为有利活动的影响，使该区 NDVI 处于高值且利好发展。三江源区 NDVI 的变化趋势虽然不显著，但从图 2.19 中可以看出，三江源区的东北部有明显的好转，这部分区域通过植树造林和退耕还草的方式改善了地表覆盖状况，NDVI 进而提高。结合图 2.18 和图 2.19 可以看出，环湖地区植被长势好的地方 NDVI 在减小，反之好转，这可能与放牧强度有关，生物量越高意味着更高的载畜量，牧民一味追求牲畜数量，不断挑战该地区草地承载力，反而生物量低的地区载畜量低，放牧强度低，加上封育及工程措施使得植被长势差的地方逐渐趋好。

NDVI 的空间变化反映了土地的变化。2000—2015 年间青海省 NDVI 变化趋势显著性分析表明(表 2.6)，发生极显著减少、显著减少、轻微减少、保持不变、轻微增加、显著增加和极显著增加的植被面积分别占全区总面积的 0.71%、1.28%、19.90%、3.98%、40.96%、8.88%和 6.91%，结合本节内容分析可知，近 16 a 间青海省植被 NDVI 整体上呈增加趋势，其中 15.79%的增加趋势达到显著。

从空间分布上看(图 2.20)，植被 NDVI 极显著增加的区域主要分布在东部农业区的川水地区和柴达木盆地边缘地区。显著增加的区域广泛分布在柴达木盆地、东部农业区、青海湖南岸及黄河源头。极显著减少和显著减少的区域分布在长江源区以东、黄河源区以南、澜沧江源区及环湖地区北部。综合分析青海省植被 NDVI 整体趋好，局地轻度恶化。

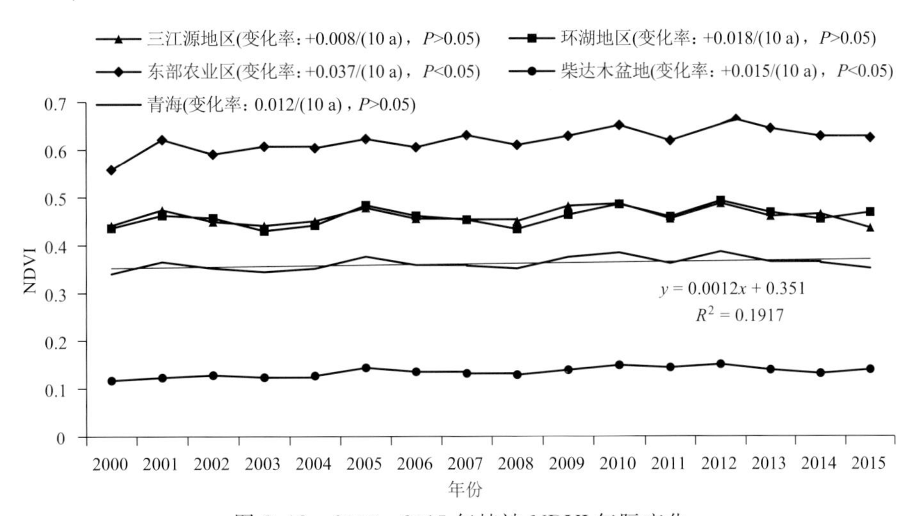

图 2.18　2000—2015 年植被 NDVI 年际变化

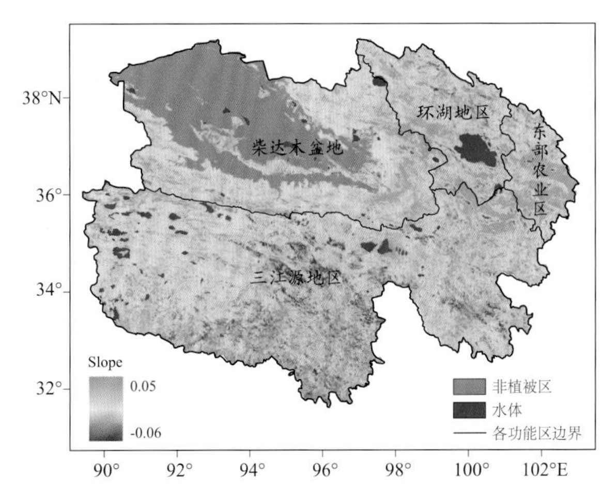

图 2.19　青海省植被 NDVI 变化率(Slope 为变化趋势的斜率)

表 2.6　2000—2015 年青海省植被 NDVI 变化趋势统计结果

各功能区	项目	极显著减少**	显著减少*	轻微减少	保持不变	轻微增加	显著增加*	极显著增加**
东部农业区	面积/km²	385.25	454.50	5346.50	1137.50	15460.81	5324.81	6925.69
	比例/%	1.09	1.29	15.18	3.23	43.89	15.12	19.66
柴达木盆地	面积/km²	484.88	532.75	10258.88	2969.19	63010.25	23691.13	20103.44
	比例/%	0.21	0.24	4.53	1.31	27.84	10.47	8.88
三江源区	面积/km²	3558.31	7051.38	107757.94	20336.06	170985.81	25282.31	15732.38
	比例/%	0.99	1.95	29.88	5.64	47.40	7.01	4.36
环湖地区	面积/km²	486.94	827.56	14266.19	3072.69	33897.13	7134.63	5062.94
	比例/%	0.70	1.19	20.51	4.42	48.73	10.26	7.28
青海	面积/km²	4915.75	8867.81	137665.50	27515.31	283396.06	61431.44	47822.56
	比例/%	0.71	1.28	19.90	3.98	40.96	8.88	6.91

注：*、** 分别表示相关性在 0.05 和 0.01 水平(双侧)上显著相关

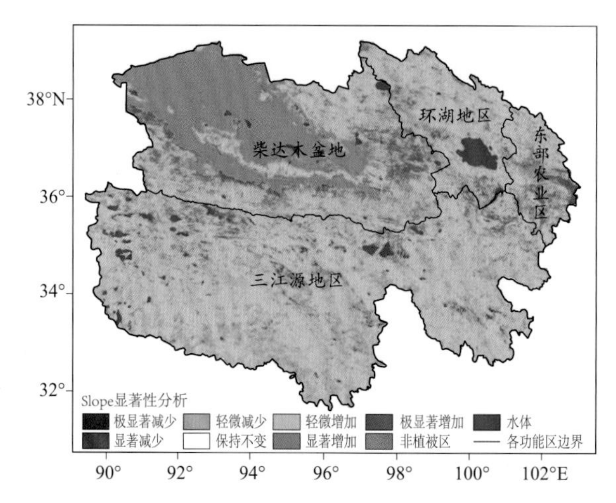

图 2.20　各显著水平上 NDVI 变化率(极显著 $P<0.01$,显著 $P<0.05$)

2.5　气候变化对青海省植被演替的影响

青海省受不同气候条件的影响,各地所分布的植被类型亦有很大的差异,本节利用综合顺序分类法划分青海省植被类型,该方法是以任继周院士为代表,在其草原发生与发展理论的指导下,参考并吸收世界各国草原分类方法的优点,提出的一种草原分类方法。1995 年胡自治教授等对综合顺序分类法进行了新的改进,使该方法更趋完善。根据不同气候条件下,青海省各地草场类型的演替情况,来分析植被类型对气候变化的响应情况。

2.5.1　1971—2000 年青海省气温降水变化

以 1971—2000 年的气象要素为基准时段,分析 1961—2007 年青海省年平均气温和年降水量的变化趋势,从图 2.21 可以看出平均气温呈增高趋势,升温率为 0.35 ℃/(10 a),远远高于 1971—2000 年全球、全国的 0.13 ℃/(10 a)、0.16 ℃/(10 a)的升温率。同时从图 2.21 中也可以看出,大致以 1987 年为界,将青海省年平均气温变化趋势分为两个阶段,1961—1987 年为偏冷期,年平均气温距平以负值为主,升温率为 0.16 ℃/(10 a) 。1988—2007 年为偏暖期,年平均气温距平以正值为主,升温率为 0.64 ℃/(10 a)。

1961—2007 年,青海省年降水量变化较小,但时空变化较为明显,各地变化趋势不同,1987 年以前年平均降水量增加率为 0.14 mm/(10 a),1987 年以后年平均降水量增加率为 3.92 mm/(10 a)。东部农业区和三江源区基本无变化,环青海湖地区呈微弱增加趋势,增加率为每 0.02 mm/(10 a);柴达木盆地增加趋势较明显,增加率为 0.06 mm/(10 a)(图 2.22)。

2.5.2　青海省植被类型演替分析

一个地区所分布的植被类型都是经历了长期的与其生境条件相适应过程而定居下来的,短期的气候波动会对当时植被的生长发育等造成一定的影响,对于已经演替到顶级状态的植被来说,如果没有特别大的外界干扰,其类型一般不会发生变化。但对于任何植被类型而言,都有它生存的适宜环境条件和生存条件的阈值,当生存环境发生改变且达到一定限度,超过了

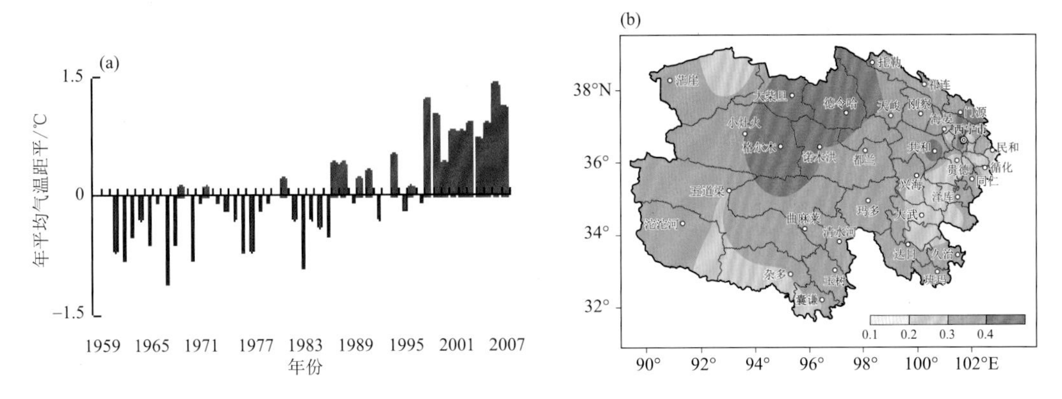

图 2.21 1961—2007 年青海省年平均气温距平变化(a)、升温率空间分布(b,单位：℃/(10 a))

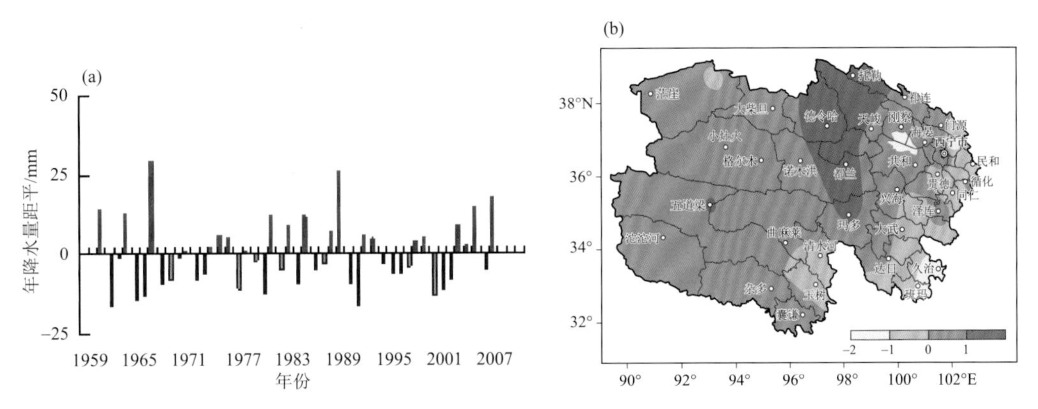

图 2.22 1961—2007 年青海省年降水距平变化(a)、降水量变化率空间分布(b,单位:mm/(10 a))

生存条件的阈值时,草地类型就会发生改变。从青海省 1961—2007 年的气候变化特征来看,以 1987 年为界,前后两个时段气候差异较大,因此,将过去 1961—2007 年划分为两个阶段来分析青海植被类型的演替情况。

在综合顺序分类法中≥0 ℃的年积温和湿润度 K 值是决定一个地区草场类型的主要指标,分析图 2.23 和图 2.24 可以看出,1987 年前后两个时段中≥0 ℃的年积温和湿润度 K 值相差较大,尤其是≥0 ℃的年积温,1987 年后青海省全省都呈增加趋势,且增加幅度较大。湿润度 K 值全省各地变化趋势不一,大部分地区呈增加趋势,尤以青海西南部地区增加最为明显。利用 1988—2007 年的资料划分出的植被类型与 1961—1987 年的植被类型相比,大多数地区是朝着暖干化的方向发展。

分析 1987 年前后≥0 ℃的年积温和湿润度 K 值的变化率可以发现,1987 年以来受全球气候变暖大环境的影响,气温升高较快,降水量虽有所增加,但不如由于气温升高而造成的蒸发量大,大部分地区≥0 ℃的年积温升高趋势增加,而湿润度 K 值则呈减小趋势。选择有代表性的三地区格尔木、玛多、刚察来分析 1987 年前后≥0 ℃的年积温和湿润度 K 值的变化趋势,具体结果如表 2.7 所示。

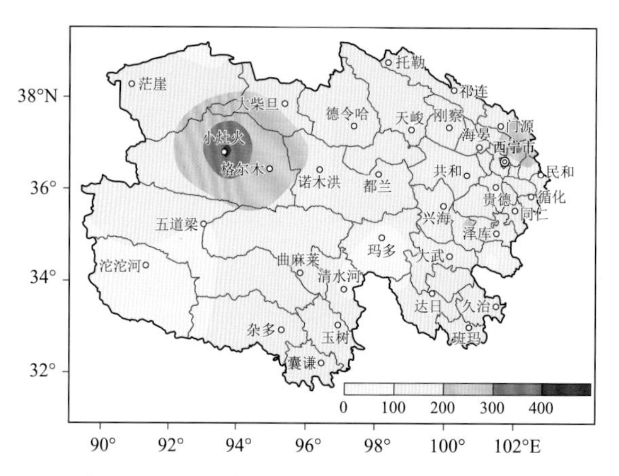

图 2.23　1987 年前后积温(单位:℃)差值图

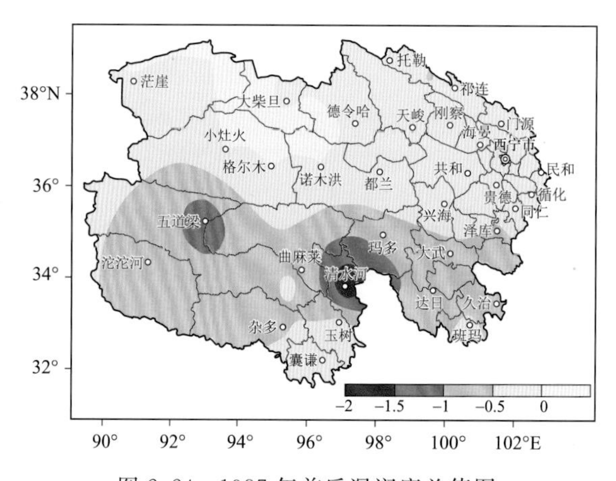

图 2.24　1987 年前后湿润度差值图

表 2.7　1987 年前后代表性地区积温和湿润度变化率

地区	格尔木		刚察		玛多	
时段(年份)	1961—1987	1988—2007	1961—1987	1988—2007	1961—1987	1988—2007
积温/(℃·d/(10 a))	90.1	200.25	−18.59	103.98	−28.5	78.47
湿润度/(1/(10 a))	0.004	−0.018	0.093	−0.112	0.292	−0.405

从表 2.7 代表性地区积温和湿润度的变化率可以看出,1987 年前后青海省气候条件发生了很大的变化,而且变化趋势也大不相同。1961—1987 年格尔木是朝着暖湿的方向发展,其他两地区朝着冷湿的方向发展,1988—2007 年三地区均朝着暖干化的方向发展。1987 年后湿润度呈减小趋势,其减小率远高于 1987 年前的增加率,但自 1987 年以来气温升高明显,而降水量的微量增加不如由于气温升高而造成的蒸发量增加大,湿润度减小速度较快,因此,在 1988—2007 年的时段内植被类型朝着暖干化方向发展的速度增大。

利用 1961—1987 年的气象资料所划分出来的青海省植被类型主要有:寒冷潮湿多雨冻原、高山草甸类,寒温干旱山地半荒漠类,寒温潮湿寒温性针叶林类,微温干旱温带半荒漠类,寒温微干山地草原类,微温极干温带荒漠类,寒温微润山地草甸草原类,寒温湿润山地草甸类,微温微干温带典型草原类，寒温极干山地荒漠类，微温湿润森林草原、落叶阔叶林类，微温微润草甸草原类共 12 类（见图 2.25）。

图 2.25　1961—1987 年青海省植被类型分布图

利用 1988—2007 年的气象资料所划分出来的青海省植被类型主要有：寒冷潮湿多雨冻原、高山草甸类，微温极干温带荒漠类，寒温潮湿寒温性针叶林类，微温干旱温带半荒漠类，微温湿润森林草原、落叶阔叶林类，暖温干旱暖温带半荒漠类，暖温微干暖温带典型草原类，微温微润草甸草原类，微温潮湿针叶阔叶混交林类共 9 类（见图 2.26）。

2.5.3　未来气候条件下青海省草场类型演替预估

利用全球大气环流模式和目前较为常用的高分辨率区域气候模式耦合生成气候变化数据可知，当未来大气中 CO_2 浓度加倍时，西北地区年平均气温的增加幅度是最大的，其中又以青藏高原增加最多，达 2.6～3.1 ℃。气候变化后各地年平均气温相对于气候变化前都有不同幅度的增加。内蒙古自治区的年平均气温增幅为 2.6～2.8 ℃，新疆和青海西部的年平均气温增幅为 2.5～2.6 ℃，而青海东部增幅为 2.8～3.0 ℃，西藏未来的年平均气温增加幅度是最大的，约为 3.0 ℃。比较图 2.27 和图 2.28 可知，当未来大气中的 CO_2 浓度加倍时，降水也在发生变化。除新疆东北部和西南部的一些地区年降水量增幅不到 20%外，其余大部分地区的年降水量增幅均在 20%左右。

分析青海省 50 个气象台站年平均气温与>0 ℃年积温相关关系，发现它们存在着很大的相关性，相关系数达到 0.98，通过信度为 0.01 的检验，利用年平均气温估算>0 ℃年积温具有很高的可靠性。>0 ℃年积温（Y）与年平均气温（t）之间的计算公式为：

图 2.26　1988—2007 年青海省植被类型分布图

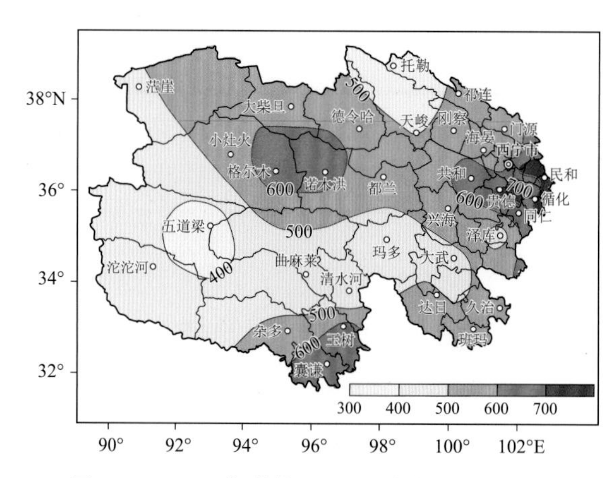

图 2.27　CO_2 倍增前后积温(单位:℃)差值图

$$Y = 1534.355 + 216.227t \tag{2.4}$$

以未来大气中 CO_2 浓度加倍时,青海西部年平均气温增幅为 2.5~2.6 ℃,东部增幅为 2.8~3.0 ℃,降水量按增幅 20%估算,利用式(2.4)计算未来大气中 CO_2 浓度加倍时,青海省各地>0 ℃年积温,从计算结果来看增加明显(图 2.27),全省大部分地区所属热量带都发生了明显的改变。而湿润度 K 值比 CO_2 倍增前有所降低(图 2.28),且以青南地区变化最为明显。可以看出,在青海地区降水量虽然有所增加,但不能抵消由于气温升高所造成的蒸发加剧现象,而且在青海未来气候条件下,气候状况还会朝着更为暖干化的方向发展。

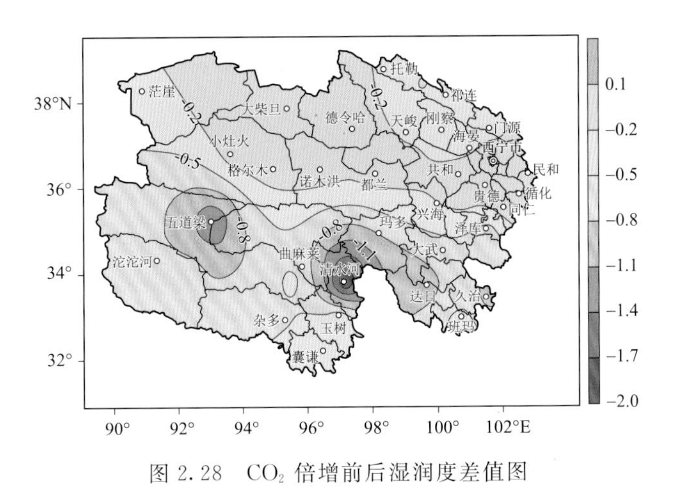

图 2.28 CO_2 倍增前后湿润度差值图

由于受上述气候条件的影响，未来青海省草场类型的分布发生了一定的变化。与当前分布情况相比，全省各地草场类型将会朝着暖干化的方向发展，CO_2 倍增后青海省草场类型分类见图 2.29，草场类型主要有：寒冷潮湿多雨冻原、高山草甸类，寒温潮湿寒温性针叶林类，暖温干旱暖温带半荒漠类，暖温微干暖温带典型草原类，微温潮湿针叶阔叶混交林类，微温干旱温带半荒漠类，微温极干温带荒漠类，微温湿润森林草原、落叶阔叶林类，微温微润草甸草原类 9 类。

图 2.29 CO_2 倍增后青海省植被类型情景分布图

2.6 气候变化对三江源区草地植被影响研究

三江源区属世界屋脊——青藏高原腹地，其高寒植被物候与海拔的关系呈现出明显的地域分异特征，且不同地区、不同植被类型尺度上的草地植被物候也存在较大差异（徐浩杰 等，2013；Liu et al.，2014）。孔冬冬等（2017）运用偏最小二乘法回归（PLS）研究物候变化的气候成因时发现，高寒草甸与高寒灌木草甸是青藏高原物候变化最剧烈的植被分区。段晓凤等（2014）在研究分析宁夏盐池牧草返青期及生产潜力时，发现牧草返青期呈现逐年提前的趋势；宋春桥等（2011）通过遥感监测研究了藏北高原植被物候时空动态变化，指出植被返青期在空间上表现出由东南向西北逐渐推迟的趋势，且返青期提前及生长季延长主要受气温升高的影响。尽管三江源区植被返青期提前趋势随海拔上升而减缓，但并未出现类似于整个高原在海拔 4700 m 左右的区域由提前趋势转变为推迟趋势的现象（Liu et al.，2014；Shen et al.，2014）。此外，高海拔地区高寒草地物候年际变化比低海拔地区复杂（Ding et al.，2013）。目前，有关三江源区牧草方面的研究主要集中在对牧草气候生产潜力的影响因子（郭佩佩 等，2013）等方面，而对生长季牧草生长发育过程及其与气候因子之间的关联研究仍相对甚少。为此，本节针对影响牧草返青期的主要气候因子（光、温、水），采用三江源区 2003—2012 年日照时数、气温和降水资料以及天然草场牧草返青期观测数据，较为系统地分析探讨了该区草场牧草返青期的年际变化趋势及其与光、温、水间的关联特征研究，以期为该区生态植被恢复重建提供基础数据，同时也为该区生态环境保护红线划定方案提供科技支撑。

2.6.1 三江源区气候变化特征

从年际水平可以看出，沱沱河、清水河、达日、河南、囊谦和班玛县的日照时数呈下降趋势，且沱沱河地区的日照时数以 55.4 h/(10 a)的速度显著（$P<0.01$）减少，其余地区的日照时数均不同程度地增加（表 2.8）。平均气温除班玛地区以 0.4 ℃/(10 a)的速度显著（$P<0.05$）下降外，其余地区均不同程度地升高；其中，兴海、泽库和曲麻莱地区的平均气温分别以 0.1 ℃/(10 a)、0.6 ℃/(10 a)和 0.5 ℃/(10 a)的速度显著（$P<0.05$）升高。除久治和囊谦地区外，同德、沱沱河、曲麻莱、清水河及甘德地区的降水量分别以 9.5 mm/(10 a)、10.1 mm/(10 a)、9.8 mm/(10 a)、11.3 mm/(10 a)和 4.3 mm/(10 a)的速度显著（$P<0.05$）增加，其余地区也略有增加，但不显著。从生长季水平来看，沱沱河地区的日照时数变化趋势与年际变化格局一致，也是以 55.3 h/(10 a)的速度显著（$P<0.01$）减少。整个三江源区生长季平均气温均呈升高趋势；其中，泽库、曲麻莱、清水河、玛沁、甘德、达日和囊谦分别以 0.9 ℃/(10 a)、0.9 ℃/(10 a)、0.8 ℃/(10 a)、0.7 ℃/(10 a)、0.7 ℃/(10 a)、0.7 ℃/(10 a)、0.8 ℃/(10 a)的速度显著（$P<0.05$）升高，其余地区升高趋势不明显。除泽库和杂多地区生长季降水变化趋势与年际相反外，其余地区降水变化趋势与年际趋于一致，且曲麻莱和清水河地区生长季降水以 17.6 mm/(10 a)和 15.6 mm/(10 a)的速率显著（$P<0.05$）增加。另外，久治和囊谦地区降水变化趋势在年际和生长季水平上均表现为减少趋势。

表 2.8 2003—2012 年三江源区日照时数、平均气温和降水年际的变化趋势

站名	日照时数				平均气温				降水			
	年际水平		生长季		年际水平		生长季		年际水平		生长季	
	斜率	R^2	斜率	R^2	斜率	R^2	斜率	R^2	斜率	R^2	斜率	R^2
兴海(XH)	0.64	0.07	0.68	0.03	0.01	0.40*	0.03	0.09	0.58	0.09	1.39	0.14
同德(TD)	0.11	0.00	−0.14	0.00	0.02	0.02	0.05	0.11	0.95	0.35*	0.17	0.29
泽库(ZK)	0.30	0.01	−0.37	0.01	0.06	0.38*	0.09	0.33*	0.19	0.02	−0.38	0.04
沱沱河(TTH)	−5.54	0.67**	−5.53	0.58**	0.02	0.02	0.06	0.16	1.01	0.34*	1.86	0.25
杂多(ZD)	1.49	0.29	2.43	0.31	0.03	0.05	0.07	0.28	0.14	0.00	−0.12	0.00
曲麻莱(QML)	0.84	0.07	0.62	0.03	0.05	0.36*	0.09	0.52**	0.98	0.36*	1.76	0.38*
玛多(MD)	0.16	0.00	0.27	0.00	0.01	0.01	0.07	0.30	0.74	0.19	1.25	0.19
清水河(QSH)	−0.78	0.08	0.48	0.02	0.06	0.12	0.08	0.36*	1.13	0.58**	1.56	0.50***
玛沁(MQ)	0.95	0.15	0.18	0.00	0.05	0.25	0.07	0.34*	0.36	0.03	0.70	0.04
甘德(GD)	0.27	0.00	0.76	0.02	0.04	0.07	0.07	0.33*	0.43	0.33*	0.60	0.02
达日(DR)	−0.03	0.00	−0.26	0.00	0.03	0.27	0.07	0.33*	0.09	0.01	0.01	0.00
河南(HN)	−0.27	0.01	−0.63	0.01	0.00	0.00	0.05	0.20	0.38	0.27	0.50	0.03
久治(JZ)	0.93	0.07	0.31	0.00	0.00	0.30	0.04	0.13	−0.74	0.11	−1.37	0.11
囊谦(NQ)	−0.48	0.04	0.49	0.01	0.04	0.11	0.08	0.40*	−0.23	0.01	−0.66	0.03
班玛(BM)	−0.30	0.01	−0.62	0.03	−0.04	0.41*	0.02	0.03	0.52	0.14	1.43	0.26

注：$n=10$，*：$P<0.05$，**：$P<0.01$，***：$P<0.005$

2.6.2 三江源区牧草返青期变化

从地理位置的角度来看，位于三江源东北部的兴海和同德地区草地植被返青期整体较其他地区提前；相反，沱沱河和清水河较其他地区整体推迟(图 2.30a)。其中，曲麻莱和清水河地区返青期提前与推迟时间相差较大，分别达 49 d 和 41 d；而兴海和河南县相差较小，分别为 8 d 和 10 d。从年际变化趋势来看，整个三江源区草地植被返青期在年际间呈现出“提前—推

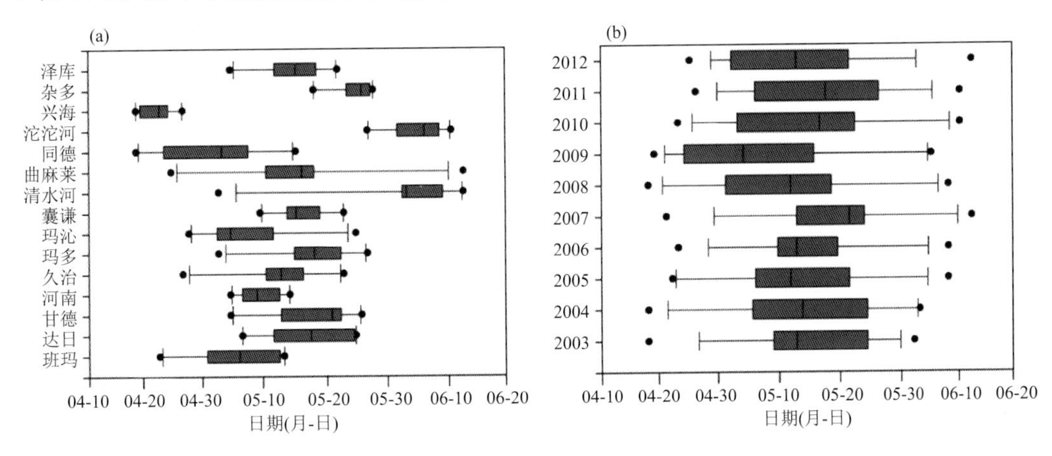

图 2.30 三江源区草地植被多年平均返青期及年际返青趋势

迟—再提前—再推迟”的变化趋势(图 2.30b)。其中,2009 年整体有所提前,2007 和 2011 年整体有所推迟。另外,整个三江源不同地区草地植被返青期在不同年份间差异较大(表 2.9)。与历年平均相比,同德、泽库、沱沱河、曲麻莱、玛多、清水河、玛沁、甘德、达日、久治及班玛均提前 10 d 及以上,而推迟 10 d 及以上的地区主要有同德、曲麻莱、清水河、玛沁、久治。从表 2.9 不难看出,该区草地植被返青期较历年提前主要发生于 2008、2009 和 2012 年,而 2007 年整体有所推迟。其中,位于海拔 4000 m 以上的曲麻莱和清水河地区草地植被返青期突变趋势最为显著。

表 2.9 牧草返青期及其与历年均值间的差异

站名	2003 年	2004 年	2005 年	2006 年	2007 年	2008 年	2009 年	2010 年	2011 年	2012 年	历年均值
兴海(XH)	18/4(+4)	18/4(+4)	22/4(0)	23/4(−1)	21/4(+1)	22/4(0)	19/4(+3)	23/4(−1)	26/4(−4)	25/4(−3)	22/4
同德(TD)	10/5(−9)	26/4(+5)	23/4(+8)	3/5(−2)	15/5(−14)	18/4(+13)	22/4(+9)	3/5(−2)	6/5(−5)	2/5(−1)	1/5
泽库(ZK)	13/5(+2)	14/5(+1)	10/5(+5)	18/5(−3)	22/5(−7)	12/5(+3)	4/5(+11)	16/5(−1)	18/5(−3)	20/5(−5)	15/5
沱沱河(TTH)	29/5(+8)	2/6(+3)	8/6(−3)	8/6(−3)	6/6(−1)	5/6(0)	5/6(0)	7/6(−2)	10/6(−5)	27/5(+10)	5/6
杂多(ZD)	26/5(−1)	23/5(+2)	28/5(−3)	26/5(−1)	—	27/5(−2)	18/5(+7)	28/5(−3)	27/5(−2)	22/5(+3)	25/5
曲麻莱(QML)	18/5(−2)	14/5(+2)	4/5(+12)	12/5(+4)	18/5(−2)	12/5(+4)	24/4(+21)	18/5(−2)	18/5(−2)	12/6(−27)	16/5
玛多(MD)	2/5(+16)	21/5(−3)	16/5(+2)	14/5(+4)	24/5(−6)	19/5(−1)	15/5(+3)	17/5(+1)	27/5(−9)	22/5(−4)	18/5
清水河(QSH)	2/6(0)	3/6(−1)	2/6(0)	1/6(+1)	12/6(−10)	8/6(−6)	4/6(−2)	10/6(−8)	2/6(0)	2/5(+31)	2/6
玛沁(MQ)	6/5(+1)	3/5(+4)	12/5(−5)	11/5(−4)	25/5(−18)	1/5(+6)	27/4(+11)	3/5(+4)	2/5(+5)	5/5(+2)	7/5
甘德(GD)	22/5(−4)	22/5(−4)	22/5(−4)	14/5(+4)	24/5(−6)	4/5(+14)	8/5(+6)	20/5(−2)	26/5(−8)	18/5(0)	18/5
达日(DR)	25/5(−7)	25/5(−7)	11/5(+7)	—	—	12/5(+6)	6/5(+12)	19/5(−1)	24/5(−6)	16/5(+2)	18/5
河南(HN)	9/5(0)	8/5(+1)	6/5(+3)	6/5(+3)	11/5(−2)	6/5(+3)	4/5(+5)	14/5(−5)	12/5(−3)	13/5(−4)	9/5
久治(JZ)	12/5(+1)	17/5(−4)	13/5(0)	12/5(+1)	23/5(−10)	14/5(−1)	26/4(+18)	16/5(−3)	11/5(+2)	7/5(+6)	13/5
囊谦(NQ)	22/5(−6)	14/5(+2)	9/5(+7)	18/5(−2)	14/5(+2)	16/5(0)	16/5(0)	23/5(−7)	14/5(+2)	12/5(+4)	16/5
班玛(BM)	13/5(−8)	8/5(−3)	13/5(−8)	11/5(−6)	11/5(−6)	1/5(+4)	22/4(+14)	27/4(+9)	3/5(+2)	1/5(+4)	5/5

注:表中返青期:日/月;括号内数值前的“+”表示返青期较历年同期提前,“−”表示较历年同期推迟

2.6.3 三江源区牧草产量变化

三江源区不同草地类型牧草产量之间差异显著($P<0.05$),同一草地类型 6 月牧草产量显著低于 7 月和 8 月,而 7 月和 8 月差异不显著。从表 2.10 可以看出,牧草产量表现为:高寒草甸>全区>高寒草原>高寒荒漠、戈壁。由此可见,三江源区草地牧草产量最大值出现于 7 月和 8 月,气象资料显示,该区 7 月和 8 月气温和降水也是一年中的最高和最大的月,故三江源区牧草生长与同期气温和降水配合较好,促进了生长季期间牧草的生长发育。

表 2.10 三江源区生长季牧草产量的变化特征

单位:kg/hm^2

草地类型	6 月	7 月	8 月
全区	970.4 ± 10.0^{Aa}	1773.0 ± 15.7^{Ab}	1818.8 ± 15.6^{Ab}
高寒草甸	1543.8 ± 14.9^{Ba}	2717.1 ± 19.9^{Bb}	2689.9 ± 19.4^{Bb}
高寒草原	459.2 ± 6.4^{Ca}	975.3 ± 14.4^{Cb}	1138.8 ± 17.4^{Cb}
高寒荒漠、戈壁	52.6 ± 0.9^{Da}	75.2 ± 1.5^{Db}	78.2 ± 1.7^{Db}

注:大写字母表示不同草地类型间的差异显著($P<0.05$);小写字母表示不同月份间的差异显著($P<0.05$)

从表2.10可以看出，三江源区不同草地类型牧草产量最大值均出现在生长季高峰期（7月和8月）。因此，本研究利用牧草产量最大月（7月和8月）进行了年际间的变化分析，分析结果显示，2003—2014年，三江源区天然草地由于受气候变化的显著影响，三江源区牧草生长季高峰期年平均产量呈波动变化（图2.31）。2003—2014年，三江源区天然草地牧草生长季高峰期年平均产量在1353.3～2147.9 kg/hm^{2}之间变动；高寒草甸在2188.8～3095.7 kg/hm^{2}范围内变化；高寒草原介于491.4～1439.3 kg/hm^{2}之间；高寒荒漠及戈壁牧草年平均产量在29.5～107.5 kg/hm^{2}间变化。高寒草甸和高寒草原牧草产量的最大值均在2010年，分别为3095.7 kg/hm^{2}和1439.3 kg/hm^2；最小值出现在2015年和2006年，分别为2188.8 kg/hm^{2}和491.4 kg/hm^2。另外，三江源区不同类型草地生长季高峰期牧草产量在年间差异不显著（$P>0.05$）。

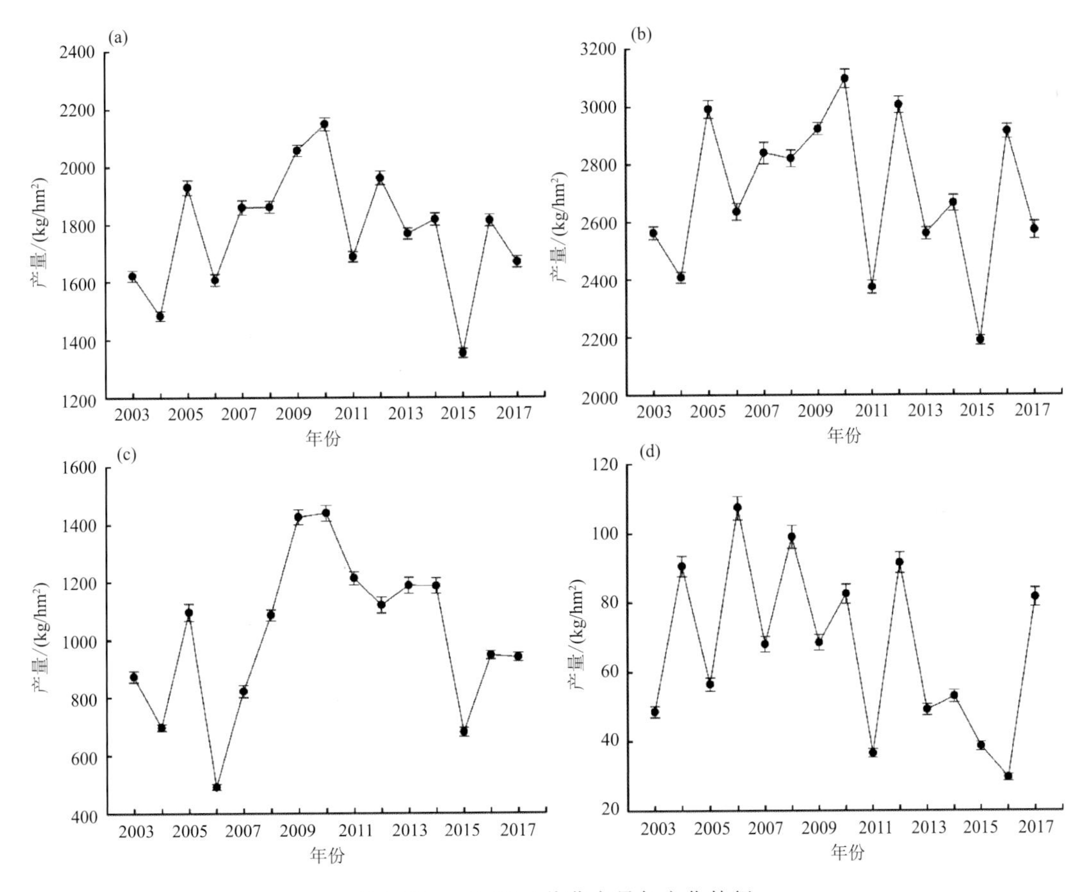

图2.31　三江源区牧草产量年变化特征
(a)全区；(b)高寒草甸；(c)高寒草原；(d)高寒荒漠、戈壁

2.6.4　三江源区牧草生长与气候之间的关系

2.6.4.1　牧草返青期与气候之间的关系

相关分析结果表明，三江源区草地植被返青期与光、温、水的相关性较好（表2.11）。除沱沱河、杂多和玛多地区草地植被返青期与日照时数的相关性不显著外，其余地区均呈显著相

关。其中,兴海地区日照时数与草地植被返青期呈显著的负相关,同德、泽库、曲麻莱、清水河、玛沁、甘德、达日、河南、久治、囊谦和班玛呈显著正相关。玛多、达日和久治地区草地植被返青期与平均气温呈显著负相关,其余各地均表现为显著正相关。兴海、同德、杂多、达日和囊谦地区草地植被返青期与降水呈显著负相关关系,而泽库、沱沱河、曲麻莱、玛多、清水河、玛沁、甘德、河南、久治和班玛呈显著正相关关系。

表 2.11　2003—2012 年返青期与光、温、水的相关性分析

站名	日期（月-日）	日照时数		平均气温		降水	
		相关系数（r）	显著水平（$P<0.05$）	相关系数（r）	显著水平（$P<0.05$）	相关系数（r）	显著水平（$P<0.05$）
兴海	04-22	−0.633*	0.050	0.556*	0.025	−0.633*	0.050
同德	05-01	0.812**	0.004	0.523*	0.038	−0.682*	0.030
泽库	05-15	0.915**	0.000	0.523*	0.038	0.718*	0.019
沱沱河	06-05	0.229	0.524	0.600*	0.016	0.634*	0.049
杂多	05-25	0.446	0.196	0.689**	0.009	−0.639*	0.047
曲麻莱	05-16	0.764*	0.010	0.733**	0.003	0.764**	0.010
玛多	05-18	0.408	0.241	−0.511*	0.040	0.773**	0.009
清水河	06-02	0.640*	0.046	0.514*	0.050	0.640*	0.046
玛沁	05-07	0.789**	0.007	0.535*	0.036	0.659*	0.038
甘德	05-18	0.685*	0.029	0.538*	0.033	0.685*	0.029
达日	05-18	0.731*	0.016	−0.523*	0.038	−0.801**	0.005
河南	05-09	0.768**	0.010	0.851**	0.001	0.723**	0.018
久治	05-13	0.692*	0.027	−0.506*	0.046	0.787**	0.007
囊谦	05-16	0.686*	0.028	0.636*	0.013	−0.721*	0.019
班玛	05-05	0.653*	0.041	0.644*	0.011	0.714*	0.020

注:*:$P<0.05$,**:$P<0.01$

通过对三江源区草地植被返青期及其与气候变化因子(光、温、水)的关联研究,发现三江源不同地区草地植被返青期在年际间分布差异较大,与20世纪90年代及其以前相比,三江源区草地植被返青期整体呈提前趋势。另外,该区草地植被返青期与气候变化因子关系较为密切。来自青藏高原的研究资料表明,青藏高原草地植被物候多年平均值的空间分布与水热条件关系较为密切;马晓芳等(2016)也认为,青藏高原地区草地植被返青期与气温和降水显著相关,但气温相关性要好于降水。李兰晖等(2017)对高寒草地物候沿海拔梯度变化进行了系统分析,结果表明,青藏高原高寒草地返青期的年际变化随海拔上升呈现出明显差异。尽管上述研究的区域及方法与本研究不同,但所得结果与本研究基本一致。大量研究表明,整个青藏高原地区草地植被返青期对海拔效应极为敏感,返青期的提前趋势大致存在3个海拔界线,即3200 m、3400 m和3500 m,界线以下地区草地植被返青期提前趋势随海拔上升呈现出分歧状态,界线以上地区草地植被返青期与海拔关系表现为收敛状态(丁明军 等,2012;马晓芳 等,

2016;李兰晖 等,2017)。本研究发现,三江源区草地植被返青期具有一定的海拔效应,但不明显。尤其高海拔地区草地植被返青期差异较大,而低海拔区相对较小。这可能受当地地形因素的影响,因为地形不仅影响降水的形成,还会影响其分布和强度(丁明军 等,2012;李兰晖 等,2017)。赵雪雁等(2016)分析了青藏高原2003—2012年气候变化对牧草生产潜力及物候期的影响,分析结果表明,温度和降水均与牧草物候期呈显著正相关,而日照时数与其呈显著负相关;马晓芳等(2016)探讨了青藏高原草地植被监测及其对气候变化的响应,发现温度与植被物候期的相关性较降水高。李强(2016)通过分析2000—2012年三江源区草地植被物候对水热的响应,指出三江源区草地植被生长季末期累积降水量的增加会使生长季末期推迟,累积气温的升高可以促进生长季末期的提前。而本研究结果显示,三江源区草地植被返青期与气候因子的相关性较好,除沱沱河、杂多和玛多地区草地植被返青期与日照时数相关性不显著外,其余地区与日照时数有密切联系;而平均气温和降水与草地植被返青期相关性均显著。但各地区相关性差异较大,其中,玛多、达日和久治地区草地植被返青期与平均气温呈显著负相关关系,其余各地均表现为显著正相关。这一现象说明三江源大部地区累积气温的升高可以缩短该区草地植被生长季的长度(李强,2016),有利于草地植被良好生长。因为气温的不断升高可以提高植物酶的活性,减缓叶绿素的消退速率,进而推迟草地植被枯黄的时间。同理,泽库、沱沱河、曲麻莱、玛多、清水河、玛沁、甘德、河南、久治和班玛地区累积降水量的增加会延长生长季的长度,而兴海、同德、杂多、达日和囊谦地区累积降水量的增加可能会缩短植被生长季的长度,从而不利于土壤碳储量的形成(赵雪雁 等,2016)。另外,降水量的增加可以提高草地植被对土壤有效水分的利用效率,从而加快草地植被返青(孔冬冬 等,2017)。研究显示,生长季的延长,尤其是草地植被返青期的提前,被认为是北半球中、高纬度碳汇功能增强的主要贡献之一(赵雪雁 等,2016)。综上所述,青藏高原高寒草地生长季的延长可以增强碳汇功能,减少大气中CO_2的累积,降低气候增暖的速率。

2.6.4.2 牧草产量与气象条件的相关性

从图2.32不难看出,除高寒荒漠、戈壁牧草产量与气温和降水无显著相关外,其余草地类型均与气温和降水呈显著正相关($P<0.05$)。整个源区牧草生长季高峰期产量与气温和降水的相关系数分别为0.4395和0.6463,说明源区内草地植被的生长发育不是由单一气象条件决定的,而是同期气温和降水条件共同作用的结果。就草地类型而言,高寒草甸和高寒草原与气温和降水的相关性均表现较好。但高寒草甸牧草产量与气温的相关性高于降水,相关系数为0.5919;而高寒草原牧草产量与降水的相关性高于气温,相关系数为0.7946。由此可见,高寒草甸对气温的敏感性高,高寒草原对降水的敏感性则更高,而高寒荒漠、戈壁对气温和降水的响应不敏感。

2.6.4.3 三江源区牧草产量的空间分布特征

2003—2017年间,三江源区生长季牧草产量具有明显的空间异质性,随着草地植被类型的改变,牧草产量自东南向西北表现为减少的趋势(图2.33)。从地理位置来看,三江源区牧草产量高值区主要分布于海南南部、黄南南部、果洛大部以及玉树东南部。其中泽库、河南、同德、玛沁、甘德、久治、达日、班玛、玉树、囊谦及称多地区牧草产量较高,其余地区产量较低;从草地类型可以看出,高寒草甸产量最高,高寒草原居中,高寒荒漠、戈壁最低。

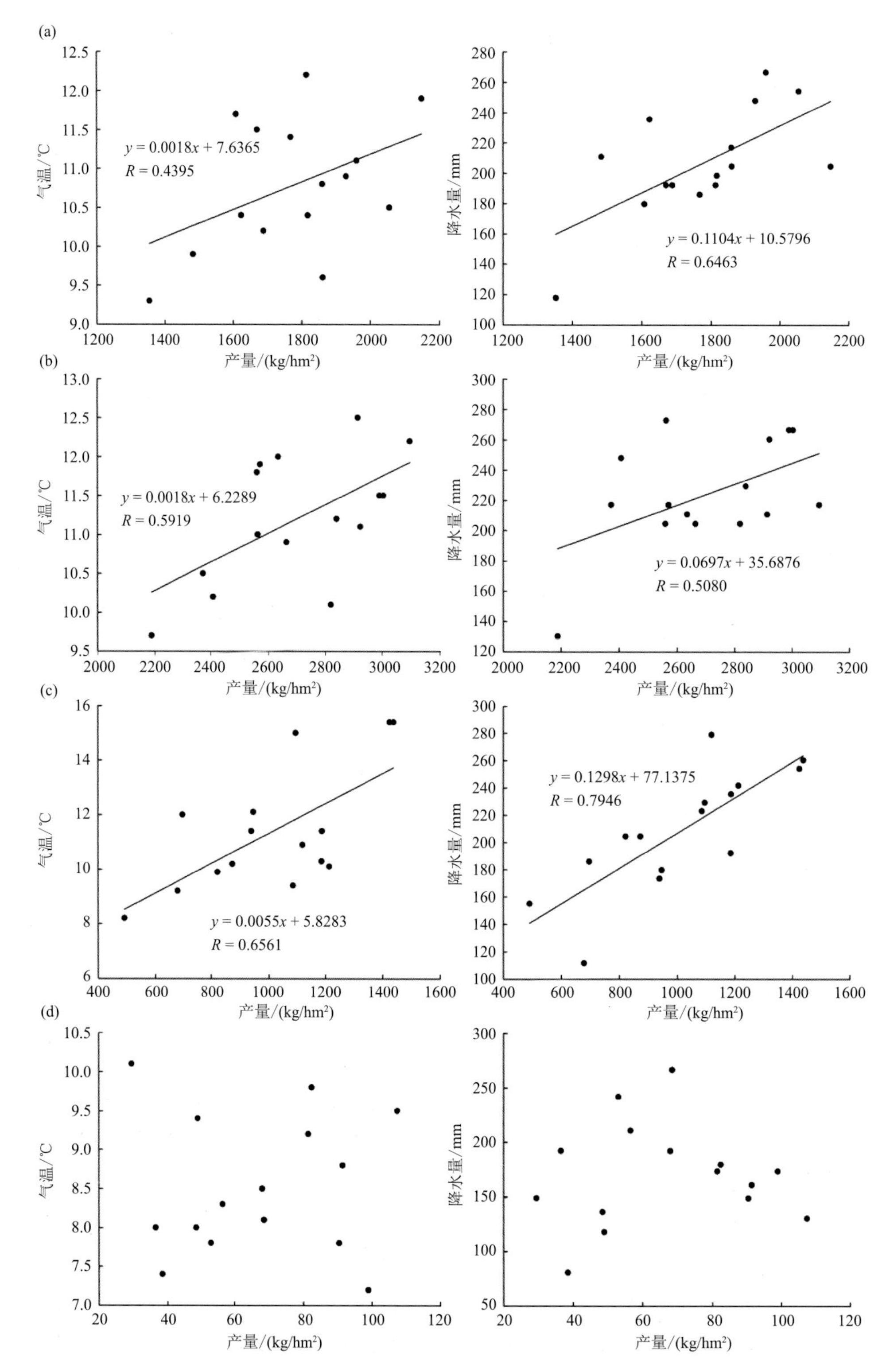

图 2.32　牧草产量与气象条件的相关性分析

(a)全区;(b)高寒草甸;(c)高寒草原;(d)高寒荒漠、戈壁

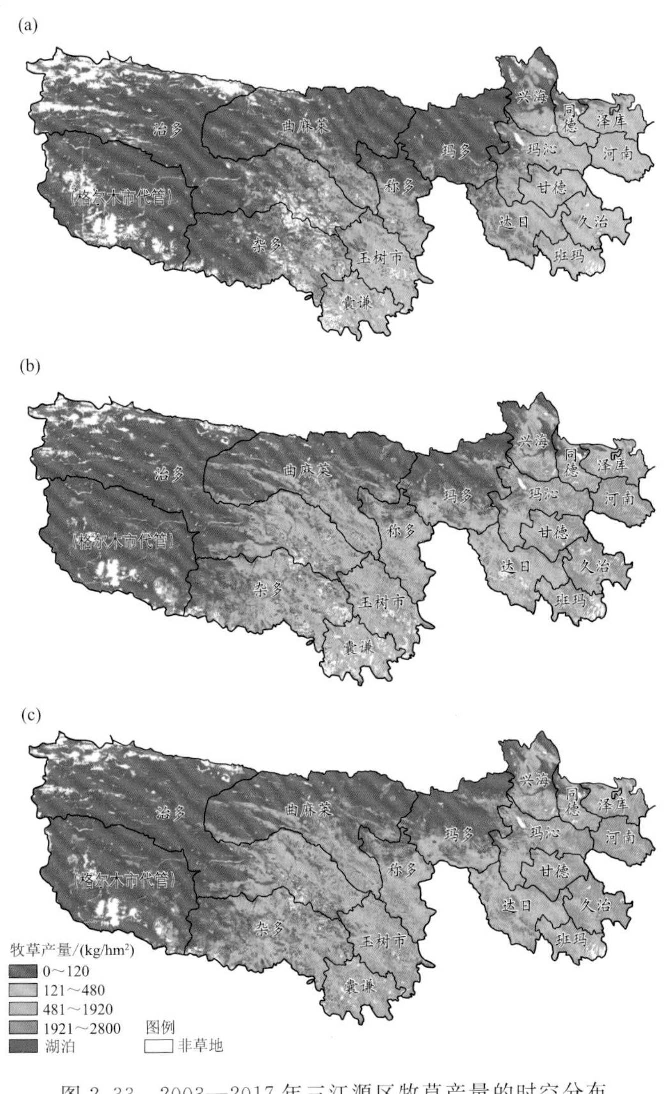

图 2.33　2003—2017 年三江源区牧草产量的时空分布

(a)6 月;(b)7 月;(c)8 月

2.6.4.4　不同植被类型对气候变化的响应

牧草产量作为陆地生态系统碳库的重要组分,其对极端气候变化的响应十分敏感(杜玉娥 等,2011)。同时,牧草产量也是权衡草地植被生长状况是否健康的重要指示指标,体现了植物生长过程中光合作用的不同投资分配(聂秀青 等,2016),对于系统研究陆地生态系统碳循环和碳储量具有重要的意义。

自 2005 年《青海省三江源自然保护区生态保护和建设总体规划》项目实施以来,三江源区气候条件发生了极大改善(宋瑞玲 等,2018),对该区草地植被恢复与重建的效果如何? 天然牧草产量将发生怎样的变化? 这一系列问题急需解决。为此,本节通过 2003—2017 年三江源区不同草地类型牧草产量及其同期气象条件进行了系统研究,主要分析三江源区不同草地类型牧草产量变化特征及其与气象条件的关系。前述研究结果表明, 三江源区 6 月牧草产量与

7、8月之间呈显著差异，而7、8月之间差异不显著，这主要与该时段的水热条件有关。众所周知，三江源区的气温最高阶段和降水集中期主要发生于7、8月。另外，三江源区不同草地类型牧草生长季高峰期产量在气候条件的影响下呈波动变化。总体来看，除高寒荒漠、戈壁外，三江源区不同草地类型牧草产量从2006年开始出现增加趋势，植被生长状况逐年好转，但年际间差异不显著。宋瑞玲等(2018)基于2000—2016年青藏高原248个站点与同期MODIS EVI数据，利用乘幂模型反演了三江源区高寒草地的地上生物量，发现2000—2016年间，草地地上生物量的年际波动较大，但总趋势不显著，其结果与本研究基本吻合。此外，三江源区牧草生长季产量自西北向东南依次递增。其中，位于东南部的河南县牧草产量最高，局部地区甚至高达3500 kg/hm^{2}以上；而西北部的唐古拉镇产量最低，低至50 kg/hm^{2}以下，与曾纳(2017)和周秉荣等(2016b)的研究结果基本一致。这一现象主要归因于三江源区独特的地形地貌特征，整个三江源区自西北向东南草地类型分布主要以巴颜喀拉山为界，由于巴颜喀拉山对西南暖湿气流进行了阻挡，使得西南暖湿气流很难穿越巴颜喀拉山到达其以北的地区。从而导致巴颜喀拉山以南的地区降水较多，气候湿润，草地类型主要以高寒草甸和山地草甸为主；巴颜喀拉山以北的地区气候干燥，降水稀少，甚至局部地区年降水量不足50 mm，进而形成了由高寒草原、温性草原、温性荒漠草原、荒漠和戈壁依次过渡的草地类型。相关分析结果表明，整个源区牧草生长季高峰期产量与气温和降水的相关性较好。因此，三江源区草地植被生长状况主要是由气温和降水共同决定的；从草地类型来看，高寒草甸与气温的相关性高于降水，高寒草原与降水的相关性高于气温，这也说明高寒草甸对气温的敏感性较高，而高寒草原对降水的敏感性更强。这主要与高寒草甸和高寒草原中生长的物种生理生态特性不同有关。有研究表明，三江源区气候生产力与气温的相关系数大于降水，说明气温是当地气候生产力的主要限制因素(郭佩佩 等，2013)。众所周知，高寒草甸主要以莎草科植物为优势物种，植被茂密，在地表往往形成了一层草毡层，其有效地阻止了土壤水分的蒸散发，从而滞留了大量土壤水分。因此，高寒草甸对降水的敏感性不高。高寒草原主要以禾本科植物为主，植被稀疏，加之土壤水分的大量蒸散发损失，其地表通常干燥松散，故其对降水的敏感性更强；由此可见，气温和降水分别是高寒草甸和高寒草原牧草产量的限制因子。而高寒荒漠、戈壁主要生长一些耐干旱、抗高低温、耐盐碱的牧草，通常对逆境具有较强的适应能力，其发育过程中所需的水分主要靠其根系从深层土壤中获取，加之荒漠地区气候干燥、大气含水量低、降水频率少和降水强度弱，因此，生长于荒漠区的植被对弱降水的响应不敏感。另外，生长于荒漠和戈壁牧草为了减少蒸散发，其叶片往往呈“披针形”，叶孔较小，表面通常附着较厚的蜡质层，无论气温高低都不会对其生理生态过程产生明显的影响。因此，气温可能也不是荒漠植物正常生长发育的主要限制性因素。综上所述，2013—2017年，三江源区草地植被虽局部地区仍有所恶化，但整体趋于稳定恢复态势，且草地植被生长状况向良性转变。20世纪80、90年代，由于受全球气候变化和人类活动的双重影响，如极端干旱、超载过牧和草畜失衡等，三江源区草地植被退化十分严重，甚至局部地区出现水土流失、土地盐渍化和沙化等现象(孙庆龄 等，2016)，相关问题已引起政府及相关部门的高度重视。对此，青海省政府针对上述问题出台了三江源区生态保护与建设的相关文件，并实施了三江源生态保护与建设工程项目。通过对2013—2017年该区牧草产量的分析，发现该项目的实施对三江源区草地植被的恢复及其产量的提高具有显著的促进作用。采用2003—2017年三江源区生长季牧草产量及其同期气象数据，虽取得了一定结果，但与实际情况仍有一定差异，主要是因为研究选用的站点较少，西北部观测站点稀疏，且各站的观测资料受主观因素的影响，对局部地区牧草产量的真实反映仍存在一定差异。

2.7 黑河源植被生物量及覆盖度遥感监测

2.7.1 黑河源植被群落特征

2.7.1.1 黑河源植被调查采样

青海祁连黑河源国家湿地公园位于祁连县西北部野牛沟乡境内。湿地公园总面积为42940.59 hm^2，占全区总面积的67.16%。河流湿地和沼泽湿地为湿地公园的两大主体湿地。境内河流湿地（水域）面积为2635.22 hm^2，占总面积的4.12%；沼泽湿地面积为40305.37 hm^2，占该区总面积的63.04%。在布设的同一固定样区中，每次调查的草地群落样方至少3个，调查要素包括优势种、草层高度、样方盖度、生物量等。首先，确定优势种并测量优势种的高度、分盖度，然后，测量整个样方的总盖度和草层高度，最后，采用直接收割法，收割样方内所有地上部分，称鲜重。采样点示意图和植被样方基础信息见图2.34和表2.12。

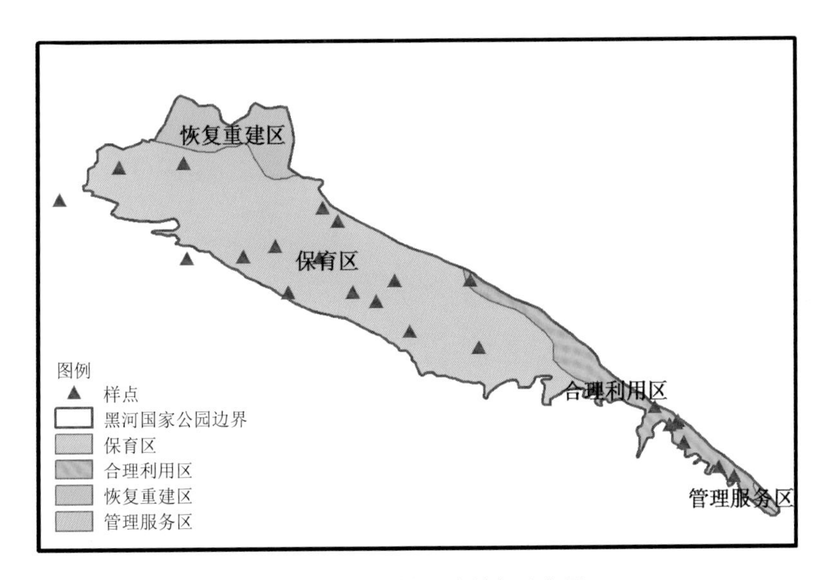

图2.34 植被样地采样点示意图

表2.12 采样点植被样方基础信息

样地	经度/°E	纬度/°N	海拔/m	草地类型	优势牧草	草层高度/cm	地上生物量/(kg/亩)
1	99.208164	38.712099	3480.00	高寒草甸	矮嵩草、藏嵩草	2～4	86.83
2	99.406321	38.579557	3363.86	沼泽化草甸	黑褐薹草、珠芽蓼	6～11	208.93
3	99.492707	38.507151	3264.72	高寒灌丛湿地	矮嵩草、金露梅、黑褐薹草	5～10	128.21
4	99.475777	38.516688	3293.70	高寒草甸	矮嵩草、冷地早熟禾、兰石草	5～15	221.63
5	99.437520	38.542417	3342.30	高寒灌丛草甸	矮嵩草、矮火绒草、美丽风毛菊	5～12	279.92

续表

样地	经度/°E	纬度/°N	海拔/m	草地类型	优势牧草	草层高度/cm	地上生物量/(kg/亩)
6	99.422409	38.560852	3320.57	河漫滩沼泽湿地	二柱头藨草、矮嵩草、青海风毛菊	10～25	326.61
7	99.343573	38.599959	3429.67	高寒草原	草地早熟禾、垂穗披碱草、珠芽蓼	3～9	275.25
8	99.217001	38.642199	3537.13	高寒草原草甸	高山嵩草、线叶嵩草、线叶龙胆	5～10	103.89
9	99.144282	38.659304	3521.09	人工草地	星星草	15～25	289.63
10	99.127927	38.712501	3490.44	高寒草原	西北针茅、矮火绒草、多裂委陵菜	2～4	77.25
11	99.08366	38.700744	3544.34	高寒草甸	矮嵩草、兰石草、西北针茅	2～3	78.29
12	98.965579	38.738461	3694.78	高寒沼泽湿地	异针茅、垂穗披碱草	3～10	159.65
13	98.904828	38.736550	3795.50	高寒草甸	羊茅、矮嵩草、线叶嵩草	10～15	209.44
14	99.000849	38.748858	3673.65	高寒草甸	金露梅、矮嵩草、西北针茅、高山廖	12～18	130.08
15	99.047768	38.736555	3581.61	高寒草甸	矮嵩草、珠芽蓼、钉柱委陵菜	3～5	121.68
16	99.431495	38.564676	3353.14	高寒草甸	矮嵩草、黄花棘豆、华丽龙胆	3～15	237.12
17	99.429701	38.562495	3333.12	沼泽化草甸	藏嵩草、矮嵩草、条叶锤头菊	10～12	122.27
18	99.067228	38.774427	3587.50	高寒草原	冰草、西北针茅、高山唐松草	2～6	174.08
19	98.901888	38.835434	3707.17	高寒草甸	矮嵩草、黑褐薹草、细叶蓼	3～10	150.45
20	98.832487	38.831722	3812.90	高寒荒漠	红景天、高山嵩草、矮火绒草	8～10	120.35
21	98.768615	38.798064	3974.38	山地草甸	藏嵩草、黑褐薹草、草地早熟禾	6～13	174.00
22	99.144776	38.659626	3528.99	人工草地	燕麦	15～20	307.12
23	99.108270	38.690779	3520.17	人工草地	垂穗披碱草	76～98	896.48
24	99.014350	38.700491	3634.74	人工草地	垂穗披碱草	66～89	631.71
25	99.051122	38.788337	3576.11	高寒草甸	矮嵩草、兰石草、黄花蒿	3～8	122.27

2.7.1.2 高寒草甸草原主要植物群落特征

通过对黑河源国家湿地公园植被群落的野外调查，发现代表性的高寒草甸草原群落主要包括高山嵩草群落和紫花针茅群落。2种典型高寒草甸植物群落特征见表2.13。

表2.13 高寒草甸草原植物群落特征

群落类型	群落盖度/%	高度/cm	常见伴生物种
高山嵩草群落	40～95	5～8	矮嵩草、藏松草、星毛委陵菜、矮火绒草、兰石草、黄花棘豆、珠芽蓼、高原早熟禾、麻花艽、刺芒龙胆等
紫花针茅群落	30～80	7～12	异针茅、紫羊茅、美丽风毛菊、垂穗披碱草、异叶米口袋、草地早熟禾、矮火绒草等

2.7.1.3 高寒草甸主要植物群落特征

高寒草甸植被是黑河源国家湿地公园的主要植被类型，主要包括矮生嵩草群落、垂穗披碱草群落、高山嵩草群落、藏嵩草群落、金露梅灌丛等群落类型。常见典型高寒草甸植物群落类型见表2.14。

表 2.14 高寒草甸植物群落特征

群落类型	群落盖度/%	高度/cm	常见伴生物种
矮生嵩草群落	60～95	5～7	藏松草、二柱头藨草、青海风毛菊、线叶龙蛋、花苜蓿、天蓝韭、星毛委陵菜、矮火绒草、兰石草、黄花棘豆、珠芽蓼、高原早熟禾、麻花艽、刺芒龙胆等
垂穗披碱草群落	60～80	10～15	异针茅、紫羊茅、美丽风毛菊、垂穗披碱草、异叶米口袋、草地早熟禾、矮火绒草、星状风毛菊、柔软紫菀等
高山嵩草群落	50～90	7～11	矮嵩草、麻花艽、刺芒龙胆、紫花地丁、蓬子菜、华扁穗草、黑褐薹草、湿生萹蓄、山地虎耳菜、斑唇马先蒿、蒲公英等
藏嵩草群落	60～85	6～9	矮生嵩草、异叶米口袋、草地早熟禾、矮火绒草、华扁穗草、湿生萹蓄、蒲公英等
金露梅灌丛	30～90	13～38	线叶嵩草、山生柳、藏忍冬、簇生柴胡、高山绣线菊、垂穗披碱草、磷叶龙胆、芒刺龙胆、急弯棘豆等

2.7.1.4 高寒湿地主要植物群落特征

黑河源国家湿地公园植被主要包括沼泽化高寒草甸和河谷沙棘灌丛。2 种典型高寒湿地植物群落特征见表 2.15。

表 2.15 高寒湿地植物群落特征

群落类型	群落盖度/%	高度/cm	常见伴生物种
沼泽化高寒草甸	80～95	8～18	线叶嵩草、矮嵩草、藏松草、星毛委陵菜、矮火绒草、兰石草、黄花棘豆、珠芽蓼、高原早熟禾、麻花艽、刺芒龙胆、美丽风毛菊、垂穗披碱草、二柱头藨草等
河谷沙棘灌丛	40～70	50～120	矮嵩草、藏松草、美丽风毛菊、垂穗披碱草、异叶米口袋、草地早熟禾、矮火绒草等

2.7.1.5 人工草地群落特征

黑河源国家湿地公园人工草地主要包括垂穗披碱草群落、燕麦群落、星星草群落。3 种人工牧草植物群落特征见表 2.16。

表 2.16 高寒湿地植物群落特征

群落类型	群落盖度/%	高度/cm	常见伴生物种
垂穗披碱草群落	70～85	70～85	甘肃马先蒿、珠芽蓼等
燕麦群落	40～70	15～20	草地早熟禾、垂穗披碱草等
星星草群落	35～75	15～25	珠芽蓼、车前、条叶垂头菊等

2.7.2 黑河源植被生物量监测评估

2.7.2.1 植被生物量空间变化

2002—2018 年青海祁连黑河源国家湿地公园大部地区植被生物量在 100～500 kg/亩，园区西北和东南部植被长势好，园区中部和北部零星地区植被长势一般。具体来看，恢复重建区大部地区植被生物量在 50～200 kg/亩，2010 年以来恢复重建区植被呈波动增加趋势；2002—

2018 年生态保育区西北部和东南部植被生物量长势较好，中部地区植被生物量增加趋势显著；2002—2009 年合理利用区植被生物量在 50～200 kg/亩，2010—2018 年园区大部地区植被生物量显著提高，在 200～400 kg/亩；服务管理区面积较小，大部地区植被生物量在 200～300 kg/亩（图 2.35）。

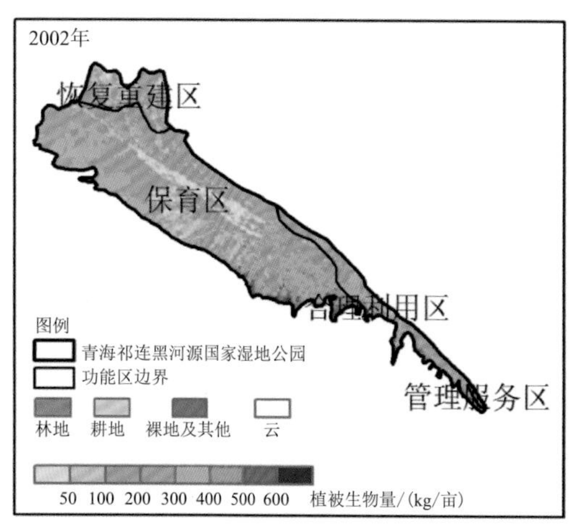

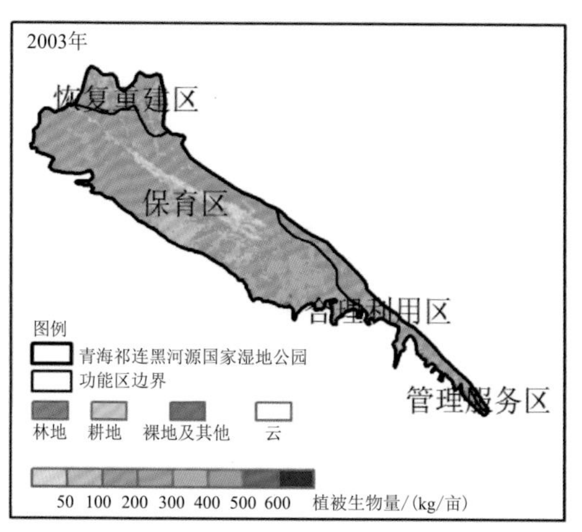

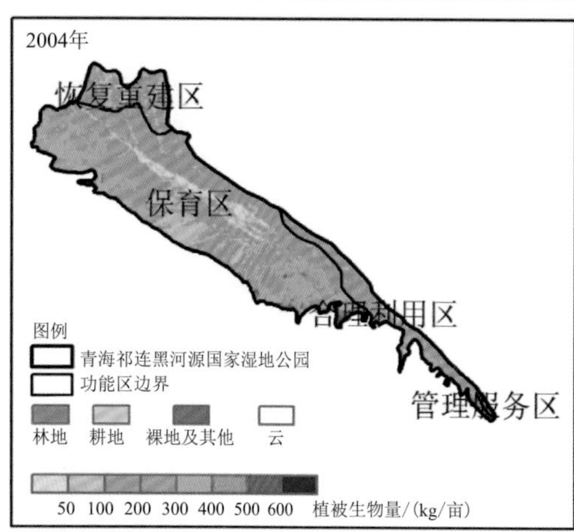

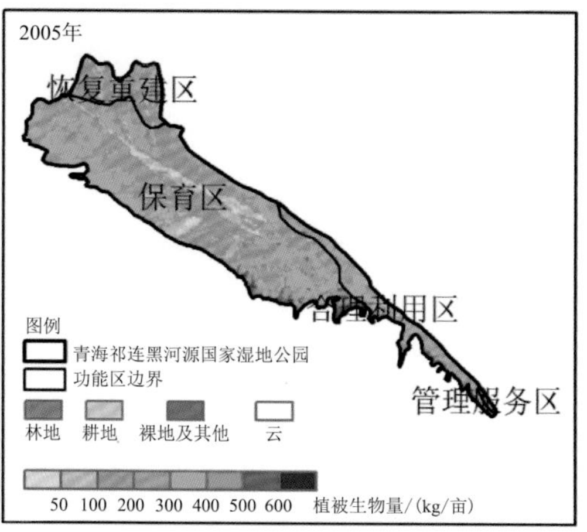

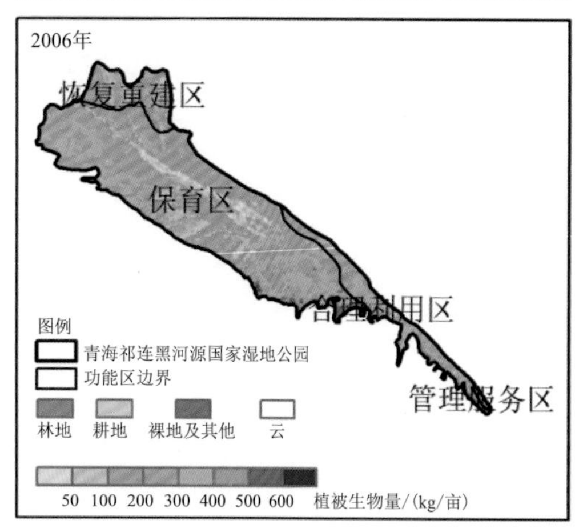

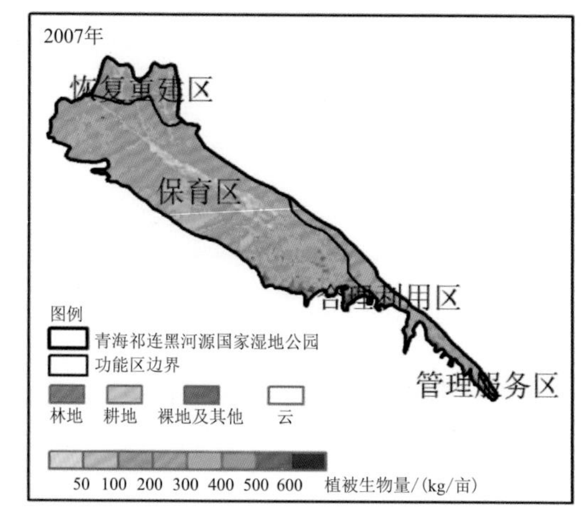

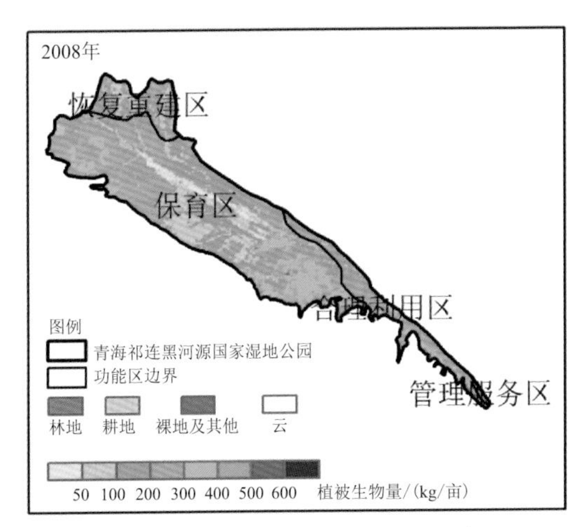
2008年
恢复重建区
保育区
合理利用区
管理服务区
图例
青海祁连黑河源国家湿地公园
功能区边界
林地
耕地
裸地及其他
云
50 100 200 300 400 500 600
植被生物量/(kg/亩)

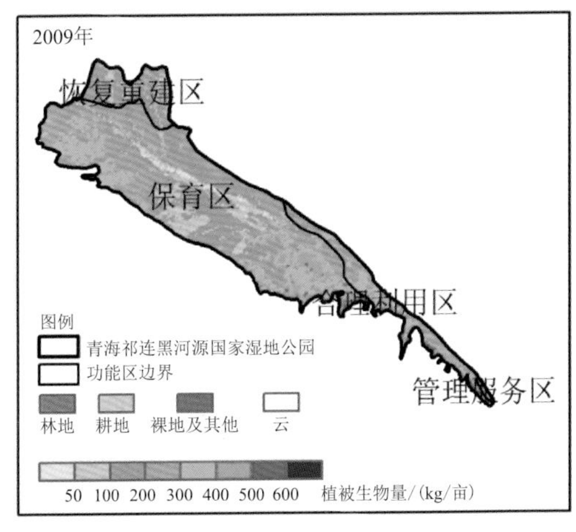
2009年
恢复重建区
保育区
合理利用区
管理服务区
图例
青海祁连黑河源国家湿地公园
功能区边界
林地
耕地
裸地及其他
云
50 100 200 300 400 500 600
植被生物量/(kg/亩)

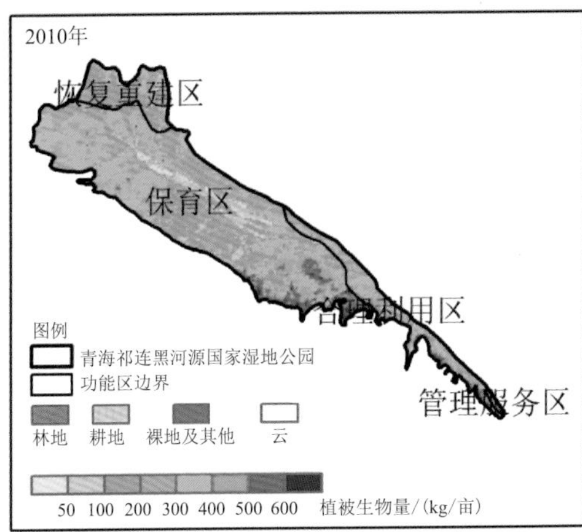
2010年
恢复重建区
保育区
合理利用区
管理服务区
图例
青海祁连黑河源国家湿地公园
功能区边界
林地
耕地
裸地及其他
云
50 100 200 300 400 500 600
植被生物量/(kg/亩)

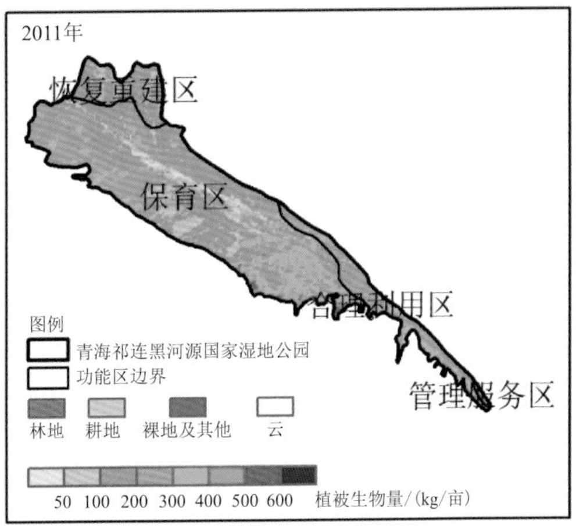
2011年
恢复重建区
保育区
合理利用区
管理服务区
图例
青海祁连黑河源国家湿地公园
功能区边界
林地
耕地
裸地及其他
云
50 100 200 300 400 500 600
植被生物量/(kg/亩)

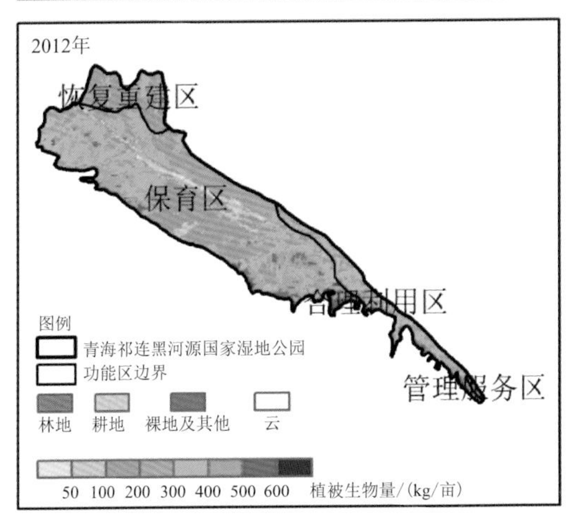
2012年
恢复重建区
保育区
合理利用区
管理服务区
图例
青海祁连黑河源国家湿地公园
功能区边界
林地
耕地
裸地及其他
云
50 100 200 300 400 500 600
植被生物量/(kg/亩)

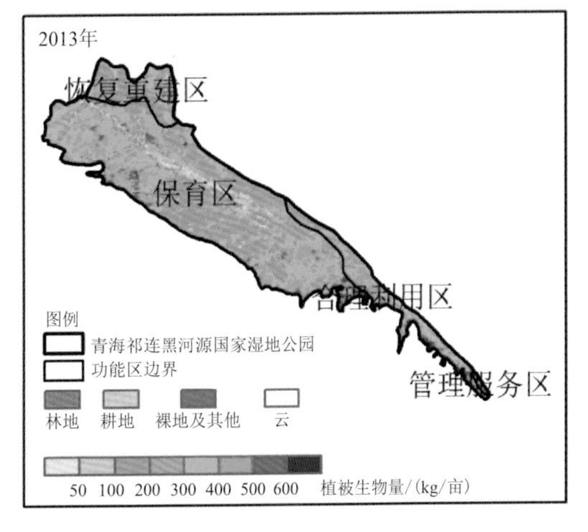
2013年
恢复重建区
保育区
合理利用区
管理服务区
图例
青海祁连黑河源国家湿地公园
功能区边界
林地
耕地
裸地及其他
云
50 100 200 300 400 500 600
植被生物量/(kg/亩)

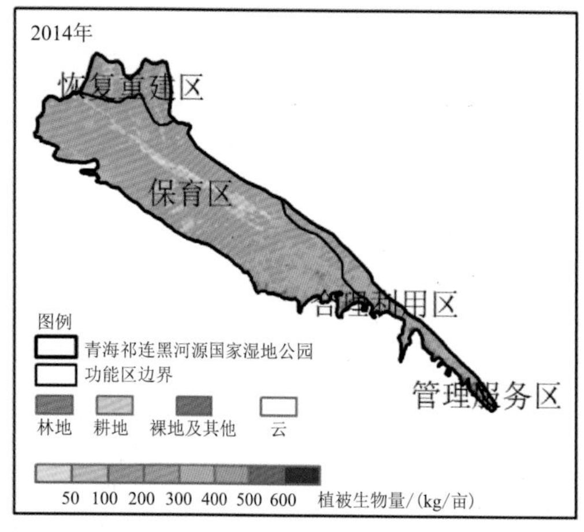

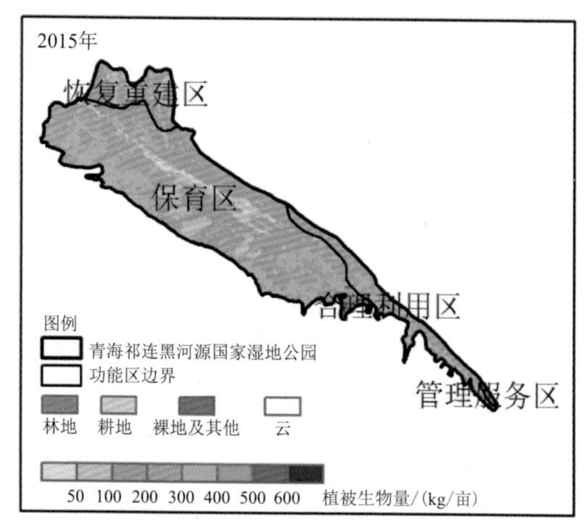

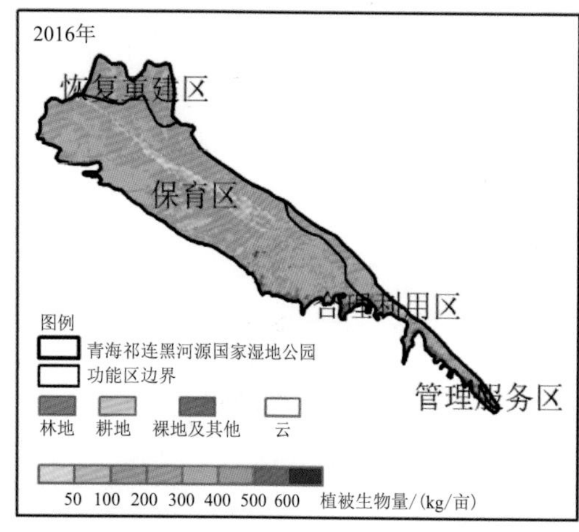

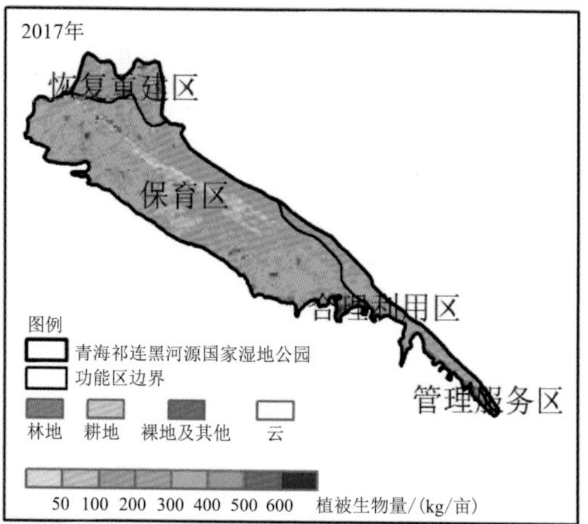

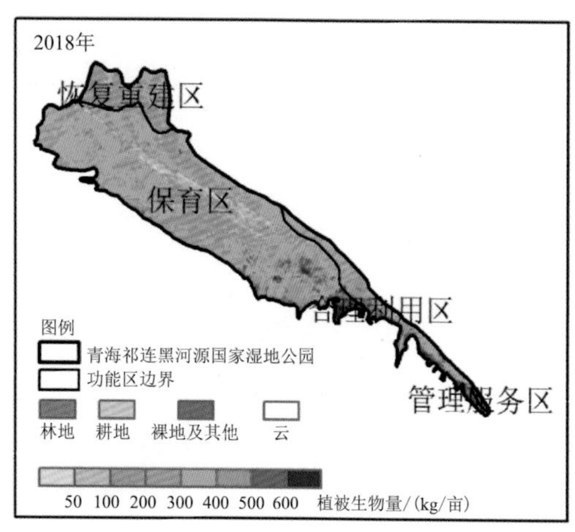

图 2.35 2002—2018 年青海祁连黑河源国家湿地公园植被生物量遥感监测

2.7.2.2 植被生物量年际变化

2002—2018 年青海祁连黑河源国家湿地公园植被平均生物量呈波动增加趋势，植被历年(2002—2018 年)平均生物量为 234.12 kg/亩。具体来看，2018 年植被平均生物量最高，为

298.19 kg/亩，2003 年植被平均生物量最低，为 188.69 kg/亩；与近 10 a(2008—2017 年)平均生物量相比，2018 年植被平均生物量增加了 60.16 kg/亩，与历年(2002—2018 年)平均生物量相比，2018 年植被平均生物量增加了 64.08 kg/亩(图 2.36)。

从功能分区来说，青海祁连黑河源国家湿地公园服务管理区、合理利用区、生态保育区、恢复重建区 2002—2018 年植被平均生物量均呈波动增加趋势，植被历年(2002—2018 年)平均生物量分别为 324.36 kg/亩、281.96 kg/亩、235.38 kg/亩和 166.38 kg/亩。具体来看，服务管理区植被平均生物量较高，2018 年植被平均生物量为 440.37 kg/亩，为历年最大，2004 年植被平均生物量为 231.31 kg/亩 ，为历年最小(图 2.37)；合理利用区 2018 年植被平均生物量为历年最高，是 377.28 kg/亩，比历年最小值(2004 年) 高出 165.17 kg/亩(图 2.38)；生态保育区近 5 a(2014—2018 年)植被平均生物量增加显著，2018 年较 2014 年植被平均生物量增加了 83.49 kg/亩，2003 年植被平均生物量为 187.06 kg/亩，比生态保育区平均历年(2002—2018 年)平均生物量低 48.32 kg/亩(图 2.39)；恢复重建区 2017 年植被平均生物量最大，为 219.88 kg/亩，2008 年植被平均生物量最小，为 132.21 kg/亩(图 2.40)。综上所述，服务管理区、合理利用区植被长势良好，生态保育区植被生物量增加显著，恢复重建区植被恢复取得阶段性成效。

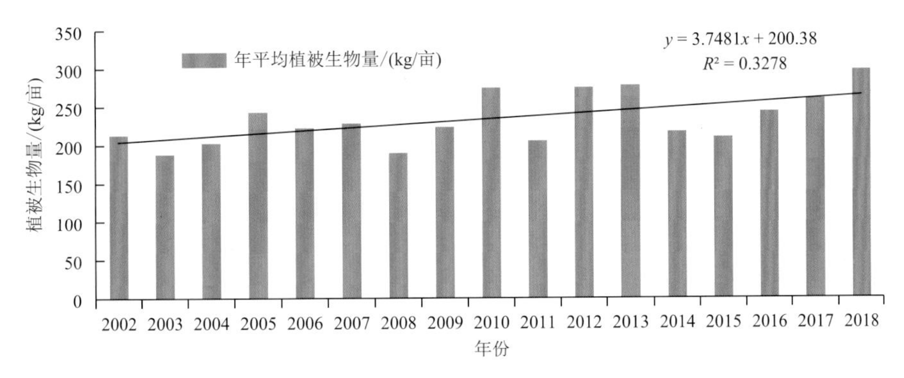

图 2.36 2002—2018 年青海祁连黑河源国家湿地公园植被平均生物量变化趋势

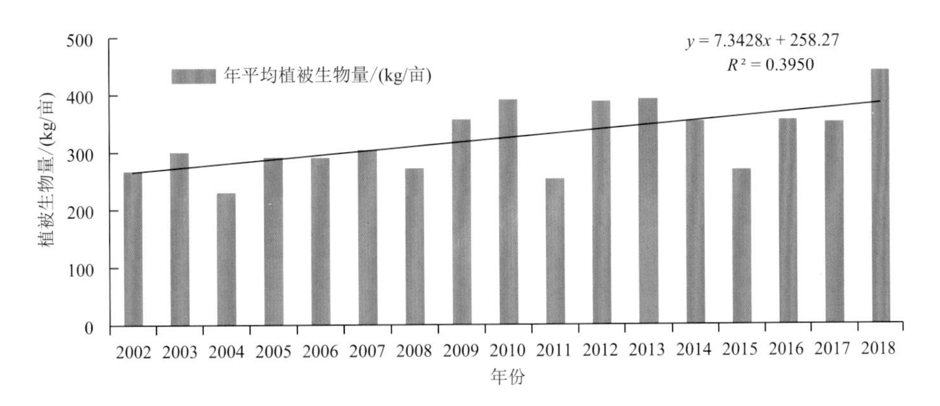

图 2.37 2002—2018 年黑河源国家湿地公园服务管理区植被平均生物量变化趋势

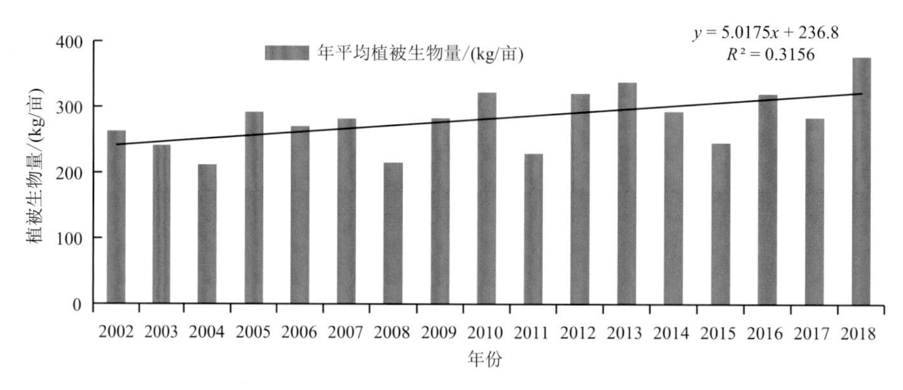

图 2.38　2002—2018 年黑河源国家湿地公园合理利用区植被平均生物量变化趋势

图 2.39　2002—2018 年黑河源国家湿地公园生态保育区植被平均生物量变化趋势

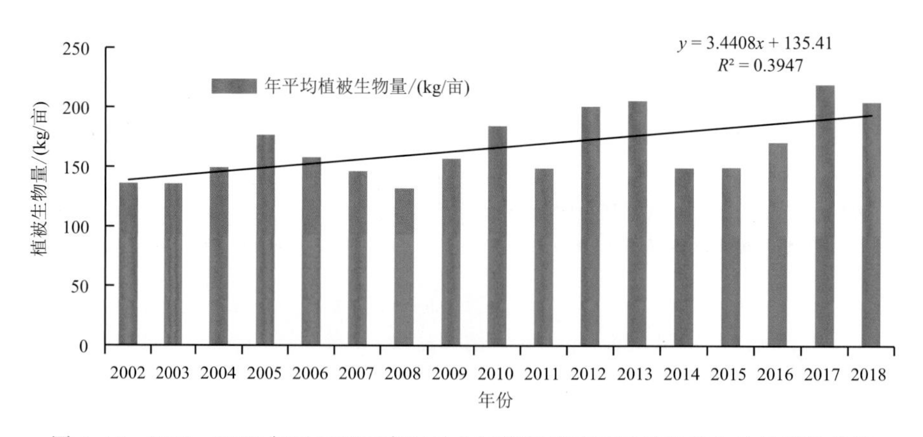

图 2.40　2002—2018 年黑河源国家湿地公园恢复重建区植被平均生物量变化趋势

2.7.2.3　植被生物量等级分布

2002—2018 年青海祁连黑河源国家湿地公园不同等级植被生物量显示(图 2.41 和表 2.17):50 kg/亩以下等级植被生物量比例呈显著减小趋势,2002 年 50 kg/亩以下等级植被生物量比例为 4.46%,2018 年 50 kg/亩以下等级植被生物量比例降至 0.73%;50～100 kg/亩等级植被生物量比例呈波动减小趋势,2002 年 50～100 kg/亩等级植被生物量比例为

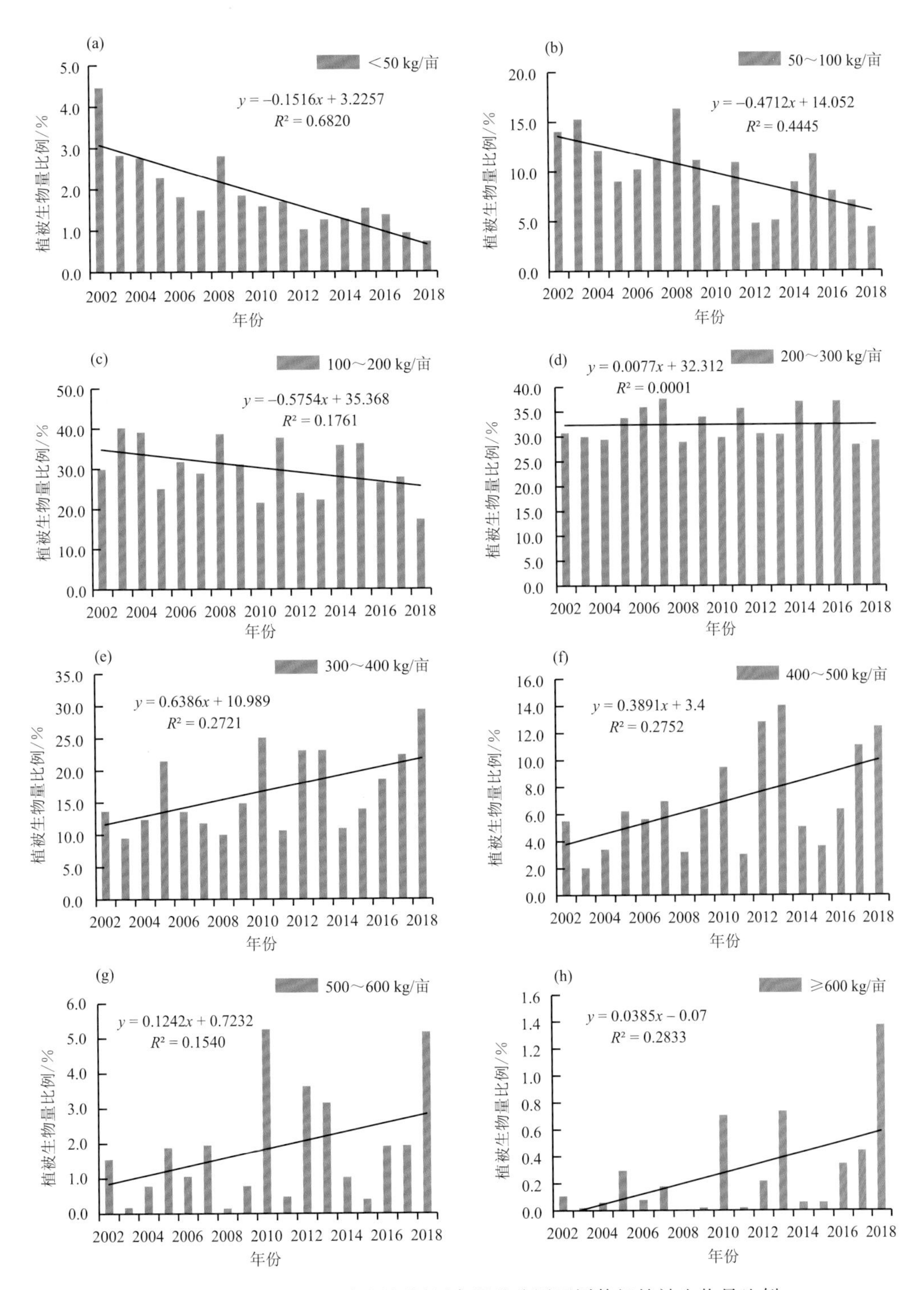

图2.41　2002—2018年黑河源国家湿地公园不同等级植被生物量比例

(a)<50 kg/亩;(b)50～100 kg/亩;(c)100～200 kg/亩;(d)200～300 kg/亩;(e)300～400 kg/亩;(f)400～500 kg/亩;(g)500～600 kg/亩;(h)≥600 kg/亩

14.05%,2008 年 50～100 kg/亩等级植被生物量比例略有增加,为 16.32%,之后 50～100 kg/亩等级植被生物量比例显著降低,至 2018 年 50～100 kg/亩等级植被生物量比例为 4.39%;2002—2018 年青海祁连黑河源国家湿地公园植被生物量等级以 100～200 kg/亩等级和 200～300 kg/亩等级为主,其中 2002—2018 年 100～200 kg/亩等级比例呈略微减小趋势,在 17.33～40.19%之间,200～300 kg/亩等级比例基本维持不变,在 28.31～37.56%之间;2002—2018 年青海祁连黑河源国家湿地公园 300～400 kg/亩等级和 400～500 kg/亩等级植被生物量比例均呈现增加趋势,其中 300～400 kg/亩等级植被生物量比例 2002 年为 13.67%,至 2018 年增加至 29.40%,400～500 kg/亩等级植被生物量比例 2002 年为 5.51%,至 2018 年增加至 12.48%;2002—2018 年青海祁连黑河源国家湿地公园 500～600 kg/亩等级植被生物量比例呈现波动增加趋势,2002 年 500～600 kg/亩等级植被生物量比例为 1.55%,2010 年增至 5.27%,2018 年略降至 5.17%;600 kg/亩以上等级比例整体较小,2018 年 600 kg/亩以上等级比例最大,为 1.37%。综上所述,2002—2018 年青海祁连黑河源国家湿地公园植被生物量等级以 100～200 kg/亩等级和 200～300 kg/亩等级为主,300～400 kg/亩等级和 400～500 kg/亩等级植被生物量比例增加显著,50 kg/亩以下等级和 50～100 kg/亩等级植被生物量比例降低显著,600 kg/亩以上等级比例整体较小且波动明显。

表 2.17　2002—2018 年黑河源国家湿地公园不同等级植被生物量比例统计 %

年份	<50	50～100	100～200	200～300	300～400	400～500	500～600	≥600
2002	4.46	14.05	29.90	30.74	13.67	5.51	1.56	0.11
2003	2.82	15.28	40.19	29.98	9.50	2.04	0.18	0.01
2004	2.76	12.10	39.11	29.41	12.38	3.40	0.78	0.06
2005	2.28	9.00	25.08	33.73	21.51	6.23	1.88	0.29
2006	1.81	10.20	31.73	35.87	13.60	5.65	1.06	0.08
2007	1.49	11.23	28.84	37.56	11.80	6.95	1.95	0.18
2008	2.80	16.32	38.61	28.89	10.02	3.21	0.15	0.00
2009	1.84	11.12	31.05	33.94	14.88	6.37	0.78	0.02
2010	1.58	6.56	21.53	29.81	25.09	9.45	5.27	0.71
2011	1.69	10.90	37.63	35.62	10.64	3.03	0.47	0.02
2012	1.02	4.76	23.89	30.55	23.10	12.83	3.63	0.22
2013	1.26	5.10	22.24	30.37	23.10	14.03	3.16	0.74
2014	1.27	8.91	35.76	36.97	10.94	5.06	1.03	0.06
2015	1.53	11.74	36.15	32.55	13.94	3.63	0.40	0.06
2016	1.37	8.04	26.41	37.05	18.53	6.35	1.91	0.34
2017	0.93	7.08	27.80	28.31	22.42	11.10	1.92	0.44
2018	0.73	4.39	17.33	29.13	29.40	12.48	5.17	1.37

注:植被生物量单位为 kg/亩

各功能分区不同等级植被生物量比例统计显示(图 2.42 和表 2.18):50 kg/亩以下等级植被生物量比例在生态保育区最大,2002—2018 年生态保育区 50 kg/亩以下等级植被生物量比例呈减少趋势,由 2002 年的 5.33%降至 2018 年的 0.92%, 服务管理区 50 kg/亩以下等级比

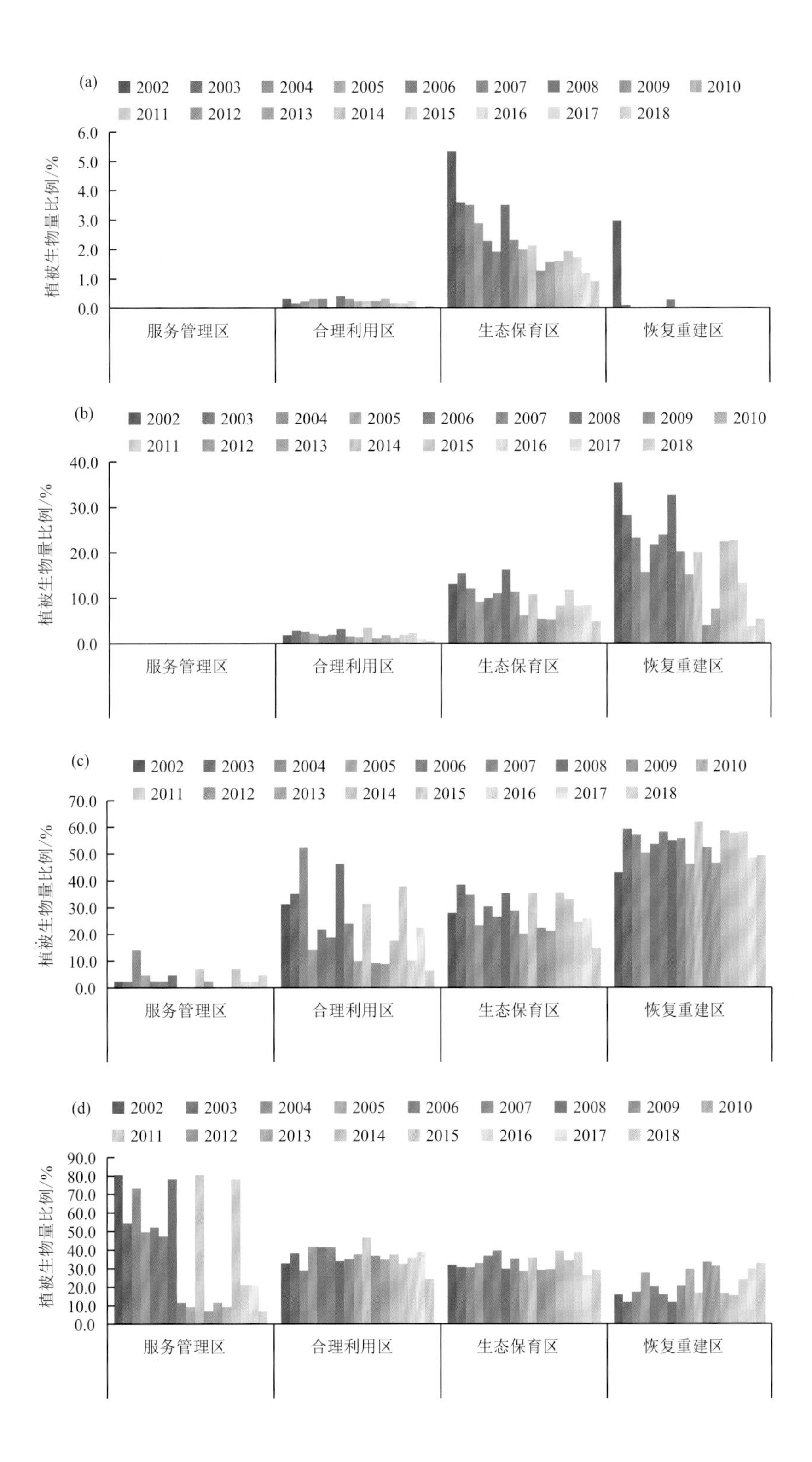
(a)
2002
2003
2004
2005
2006
2007
2008
2009
2010
2011
2012
2013
2014
2015
2016
2017
2018
植被生物量比例/%
6.0
5.0
4.0
3.0
2.0
1.0
0.0
服务管理区
合理利用区
生态保育区
恢复重建区
(b)
40.0
30.0
20.0
10.0
0.0
(c)
70.0
60.0
50.0
40.0
30.0
20.0
10.0
0.0
(d)
90.0
80.0
70.0
60.0
50.0
40.0
30.0
20.0
10.0
0.0

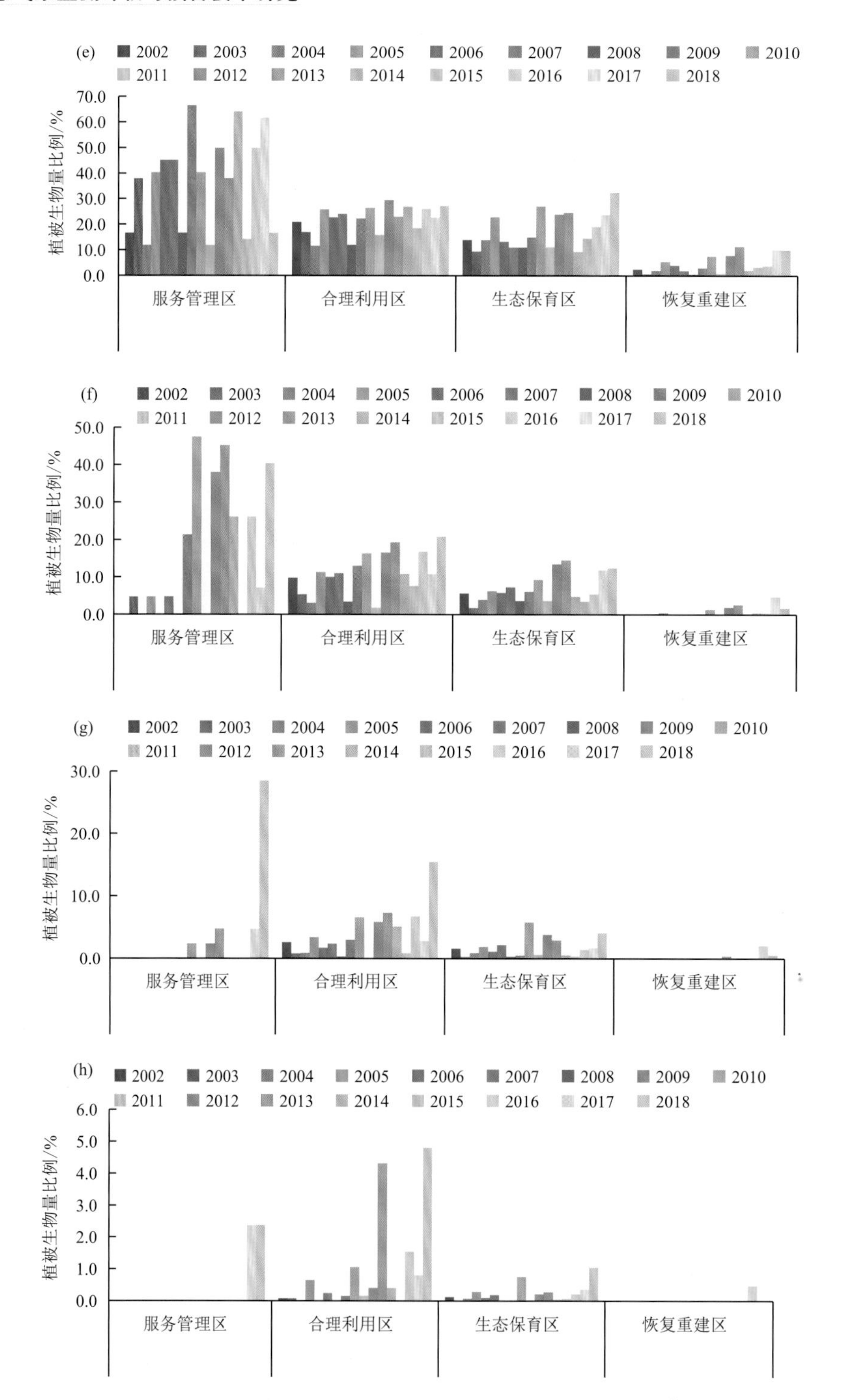

图 2.42 2002—2018 年黑河源国家湿地公园各功能分区不同等级植被生物量比例

(a)<50 kg/亩;(b)50～100 kg/亩;(c)100～200 kg/亩;(d)200～300 kg/亩;(e)300～400 kg/亩;(f)400～500 kg/亩;(g)500～600 kg/亩;(h)≥600 kg/亩

表 2.18 2002—2018 年黑河源国家湿地公园各功能分区不同等级植被生物量比例统计 %

功能分区	年份	<50	50～100	100～200	200～300	300～400	400～500	500～600	≥600
服务管理区	2002	0.00	0.00	2.38	80.80	16.63	0.00	0.00	0.00
	2003	0.00	0.00	2.38	54.66	38.02	4.75	0.00	0.00
	2004	0.00	0.00	14.26	73.67	11.88	0.00	0.00	0.00
	2005	0.00	0.00	4.75	49.90	40.40	4.75	0.00	0.00
	2006	0.00	0.00	2.38	52.28	45.15	0.00	0.00	0.00
	2007	0.00	0.00	2.38	47.53	45.15	4.75	0.00	0.00
	2008	0.00	0.00	4.75	78.42	16.63	0.00	0.00	0.00
	2009	0.00	0.00	0.00	11.88	66.54	21.39	0.00	0.00
	2010	0.00	0.00	0.00	9.51	40.40	47.53	2.38	0.00
	2011	0.00	0.00	7.13	80.80	11.88	0.00	0.00	0.00
	2012	0.00	0.00	2.38	7.13	49.90	38.02	2.38	0.00
	2013	0.00	0.00	0.00	11.88	38.02	45.15	4.75	0.00
	2014	0.00	0.00	0.00	9.51	64.16	26.14	0.00	0.00
	2015	0.00	0.00	7.13	78.42	14.26	0.00	0.00	0.00
	2016	0.00	0.00	2.38	21.39	49.90	26.14	0.00	0.00
	2017	0.00	0.00	2.38	21.39	61.79	7.13	4.75	2.38
	2018	0.00	0.00	4.75	7.13	16.63	40.40	28.52	2.38
合理利用区	2002	0.33	1.87	31.38	33.01	20.94	9.78	2.61	0.08
	2003	0.16	2.93	35.21	38.39	17.03	5.38	0.81	0.08
	2004	0.24	2.69	52.40	29.09	11.57	3.10	0.90	0.00
	2005	0.33	2.20	14.26	41.89	25.83	11.41	3.42	0.65
	2006	0.33	1.71	21.84	41.64	22.74	10.02	1.71	0.00
	2007	0.00	1.96	18.83	41.56	24.04	11.00	2.36	0.24
	2008	0.41	3.26	46.37	34.23	11.98	3.42	0.33	0.00
	2009	0.33	1.63	24.12	35.29	22.33	13.12	3.02	0.16
	2010	0.24	1.47	10.02	37.81	26.41	16.38	6.60	1.06
	2011	0.24	3.50	31.54	46.86	15.89	1.79	0.00	0.16
	2012	0.24	1.14	9.29	36.92	29.50	16.63	5.87	0.41
	2013	0.33	1.87	8.88	34.96	22.98	19.31	7.33	4.32
	2014	0.16	1.30	17.60	37.65	26.89	10.84	5.13	0.41
	2015	0.16	1.96	37.98	32.76	18.58	7.66	0.90	0.00
	2016	0.24	2.28	10.19	36.02	26.08	16.87	6.76	1.55
	2017	0.00	1.06	22.57	39.04	22.74	10.92	2.85	0.81
	2018	0.08	0.57	6.52	24.45	27.22	20.86	15.48	4.81

续表

功能分区	年份	＜50	50～100	100～200	200～300	300～400	400～500	500～600	≥600
	2002	5.33	13.15	28.04	32.11	13.96	5.66	1.62	0.13
	2003	3.60	15.51	38.61	30.92	9.49	1.77	0.10	0.00
	2004	3.51	12.11	34.85	30.74	13.86	3.95	0.90	0.08
	2005	2.89	9.21	23.45	33.15	22.85	6.27	1.89	0.29
	2006	2.29	10.02	30.47	36.95	13.25	5.80	1.12	0.10
	2007	1.92	11.03	26.62	39.74	11.03	7.29	2.19	0.19
	2008	3.51	16.23	35.46	29.99	11.03	3.64	0.14	0.00
	2009	2.32	11.42	28.97	35.60	14.98	6.16	0.54	0.00
生态保育区	2010	2.00	6.24	20.14	28.71	27.07	9.27	5.81	0.76
	2011	2.13	10.86	35.54	36.05	11.13	3.66	0.62	0.00
	2012	1.28	5.44	22.46	29.33	23.90	13.54	3.83	0.21
	2013	1.57	5.29	21.15	29.66	24.57	14.55	2.93	0.28
	2014	1.60	8.34	35.66	39.68	9.37	4.78	0.56	0.01
	2015	1.95	11.84	33.20	34.46	14.58	3.51	0.39	0.08
	2016	1.73	8.27	24.77	38.98	19.13	5.44	1.45	0.21
	2017	1.20	8.45	25.99	26.48	23.77	12.00	1.74	0.37
	2018	0.92	4.88	14.77	29.43	32.40	12.46	4.09	1.05
	2002	2.96	35.37	43.12	16.06	2.49	0.00	0.00	0.00
	2003	0.10	28.30	59.37	12.05	0.19	0.00	0.00	0.00
	2004	0.00	23.33	57.17	17.50	2.01	0.00	0.00	0.00
	2005	0.00	15.68	50.48	27.92	5.45	0.48	0.00	0.00
	2006	0.00	21.80	53.63	20.55	4.02	0.00	0.00	0.00
	2007	0.00	23.90	58.13	16.06	1.91	0.00	0.00	0.00
	2008	0.29	32.70	54.97	11.95	0.10	0.00	0.00	0.00
	2009	0.00	20.17	55.83	20.94	3.06	0.00	0.00	0.00
恢复重建区	2010	0.00	15.11	46.18	29.83	7.55	1.34	0.00	0.00
	2011	0.00	20.08	62.05	17.02	0.86	0.00	0.00	0.00
	2012	0.00	4.02	52.49	33.65	7.93	1.91	0.00	0.00
	2013	0.00	7.65	46.56	31.45	11.38	2.58	0.38	0.00
	2014	0.00	22.47	58.60	16.83	2.10	0.00	0.00	0.00
	2015	0.00	22.75	57.74	15.68	3.35	0.48	0.00	0.00
	2016	0.00	13.29	58.22	24.28	3.82	0.38	0.00	0.00
	2017	0.00	3.92	48.57	30.02	10.13	4.78	2.10	0.48
	2018	0.00	5.45	49.43	32.89	9.94	1.72	0.57	0.00

注:植被生物量单位为 kg/亩

例为0;50～100 kg/亩等级植被生物量比例在恢复重建区最大,生态保育区、合理利用区次之,服务管理区为0,其中生态保育区、合理利用区50～100 kg/亩等级植被生物量比例变化幅度不大,2002—2018年比例分别为4.88%～15.51%和0.57%～3.50%,恢复重建区50～100 kg/亩等级植被生物量比例呈现波动降低趋势,由2002年的35.37%降至2018年的5.45%;2002—2018年恢复重建区、生态保育区植被生物量等级以100～200 kg/亩等级为主,2002—2018年比例分别为43.12%～62.05%和14.77%～38.61%,2002—2018年合理利用区植被生物量100～200 kg/亩等级比例呈现波动降低趋势,由2002年的31.38%降至2018年的6.52%;2002—2018年服务管理区植被生物量200～300 kg/亩等级比例呈现波动降低趋势,2002年200～300 kg/亩等级比例为80.80%,2015年比例为78.42%,之后显著降低,2018年比例为7.13%,2002—2018年合理利用区、生态保育区、恢复重建区植被生物量200～300 kg/亩等级比例变化不显著,分别为24.45%～46.86%、26.48%～39.74%和11.95%～32.89%。

2002—2018年服务管理区、恢复重建区植被生物量300～400 kg/亩等级比例呈现波动变化趋势,2002—2018年合理利用区和生态保育区植被生物量300～400 kg/亩等级比例呈现波动增加趋势,合理利用区由2002年的20.94%增加至2018年的27.22%,生态保育区由2002年的13.96%增加至2018年的32.40%;2002—2018年不同功能区植被生物量400～500 kg/亩等级比例均呈现波动增加趋势,服务管理区由2002年的0增加至2018年的40.40%,合理利用区由2002年的9.78%增加至2018年的20.86%,生态保育区由2002年的5.66%增加至2018年的12.46%,恢复重建区由2002年的0增加至2018年的1.72%;500～600 kg/亩等级和600 kg/亩以上等级在各功能区比例均较小,其中合理利用区500～600 kg/亩等级和600 kg/亩以上等级比例波动增加趋势最为显著,500～600 kg/亩等级比例由2002年的2.61%增加至2018年的15.48%,600 kg/亩以上等级比例由2002年的0.08%增加至2018年的4.81%。

2.7.3 黑河源植被覆盖度监测

2.7.3.1 植被覆盖度空间变化

2002—2018年青海祁连黑河源国家湿地公园大部地区植被覆盖度均以高覆盖度植被为主,园区东南部、西北部植被长势好,植物覆盖度以高覆盖度植被为主,园区中部和北部零星地区植被长势一般,植物覆盖度以中覆盖度植被为主,低覆盖度植被在中部河床等区域零星分布。具体来看,2002年恢复重建区中覆盖度植被比例较高,之后植被恢复效果较为显著,至2018年恢复重建区大部地区以高覆盖度植被为主;生态保育区植被覆盖度呈现中部地区以中覆盖度植被为主,高覆盖度植被环绕四周的特征,2018年中部地区中覆盖度植被分布显著降低;2002—2018年合理利用区植被覆盖度均呈现高覆盖度植被为主,中覆盖度植被零星分布特征;服务管理区面积最小,植被覆盖度变化不显著(图2.43)。

2.7.3.2 植被覆盖度年际变化

2002—2018年青海祁连黑河源国家湿地公园植被覆盖度比例显示(图2.44):2002—2018年青海祁连黑河源国家湿地公园植被覆盖度以高覆盖度植被为主,中覆盖度植被次之,低覆盖度植被比例最小(低覆盖度范围为[0,0.20),中覆盖度范围为[0.20,0.50),高覆盖度范围为[0.50,1])。从不同覆盖度植被比例变化来看,低覆盖度植被比例呈现显著降低趋势,低覆盖

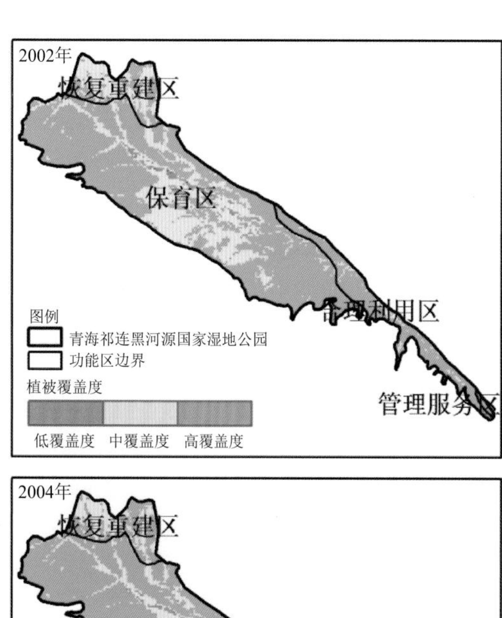
2002年
恢复重建区
保育区
理利用区
管理服务区
图例
青海祁连黑河源国家湿地公园
功能区边界
植被覆盖度
低覆盖度
中覆盖度
高覆盖度

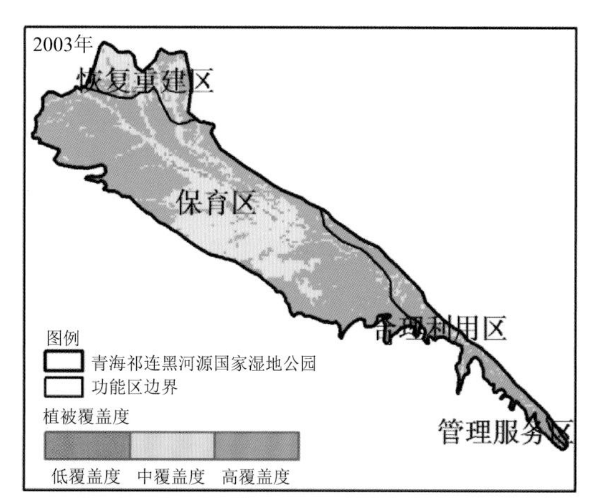
2003年
恢复重建区
保育区
理利用区
管理服务区
图例
青海祁连黑河源国家湿地公园
功能区边界
植被覆盖度
低覆盖度
中覆盖度
高覆盖度

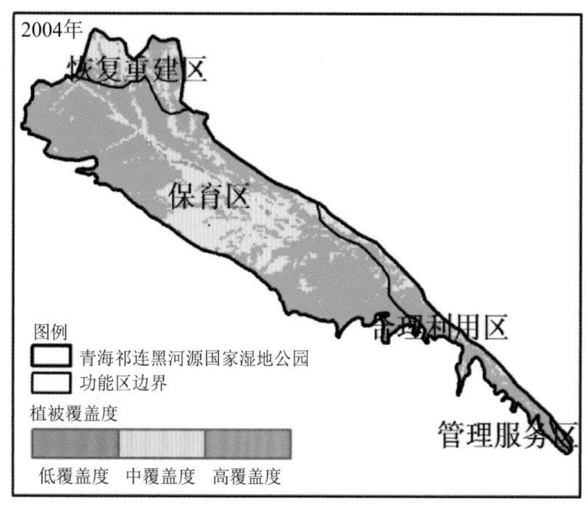
2004年
恢复重建区
保育区
理利用区
管理服务区
图例
青海祁连黑河源国家湿地公园
功能区边界
植被覆盖度
低覆盖度
中覆盖度
高覆盖度

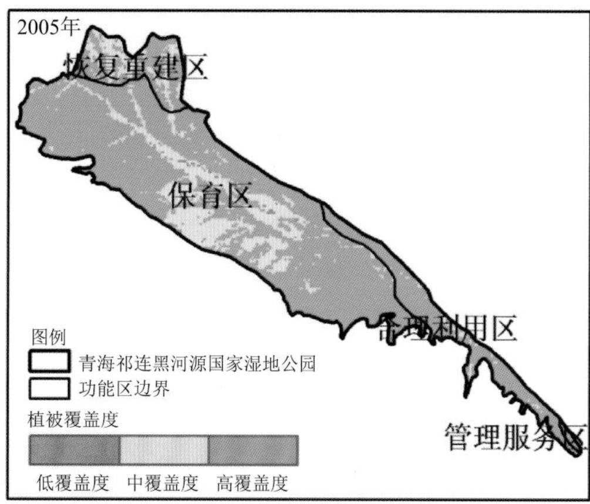
2005年
恢复重建区
保育区
理利用区
管理服务区
图例
青海祁连黑河源国家湿地公园
功能区边界
植被覆盖度
低覆盖度
中覆盖度
高覆盖度

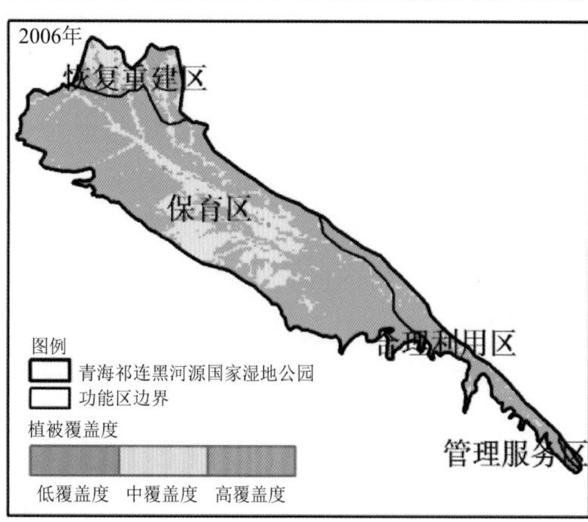
2006年
恢复重建区
保育区
理利用区
管理服务区
图例
青海祁连黑河源国家湿地公园
功能区边界
植被覆盖度
低覆盖度
中覆盖度
高覆盖度

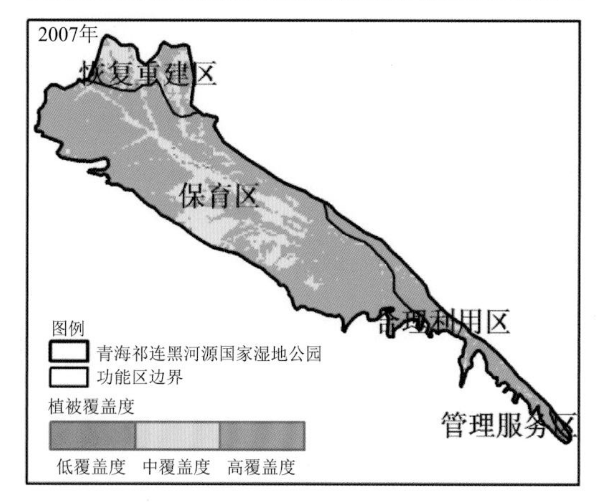
2007年
恢复重建区
保育区
理利用区
管理服务区
图例
青海祁连黑河源国家湿地公园
功能区边界
植被覆盖度
低覆盖度
中覆盖度
高覆盖度

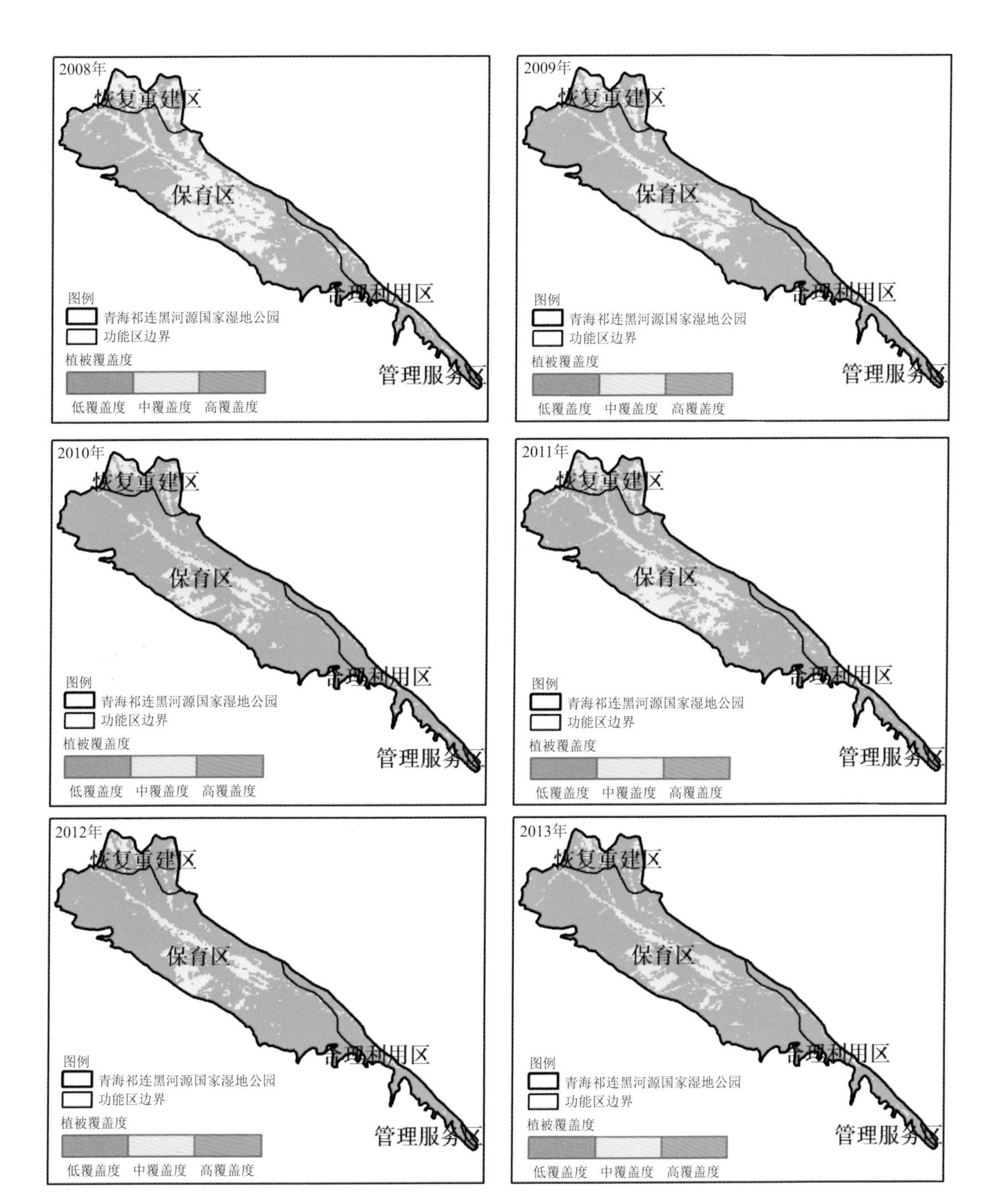
2008年
恢复重建区
保育区
合理利用区
管理服务区
图例
青海祁连黑河源国家湿地公园
功能区边界
植被覆盖度
低覆盖度 中覆盖度 高覆盖度
2009年
恢复重建区
保育区
合理利用区
管理服务区
图例
青海祁连黑河源国家湿地公园
功能区边界
植被覆盖度
低覆盖度 中覆盖度 高覆盖度
2010年
恢复重建区
保育区
合理利用区
管理服务区
图例
青海祁连黑河源国家湿地公园
功能区边界
植被覆盖度
低覆盖度 中覆盖度 高覆盖度
2011年
恢复重建区
保育区
合理利用区
管理服务区
图例
青海祁连黑河源国家湿地公园
功能区边界
植被覆盖度
低覆盖度 中覆盖度 高覆盖度
2012年
恢复重建区
保育区
合理利用区
管理服务区
图例
青海祁连黑河源国家湿地公园
功能区边界
植被覆盖度
低覆盖度 中覆盖度 高覆盖度
2013年
恢复重建区
保育区
合理利用区
管理服务区
图例
青海祁连黑河源国家湿地公园
功能区边界
植被覆盖度
低覆盖度 中覆盖度 高覆盖度

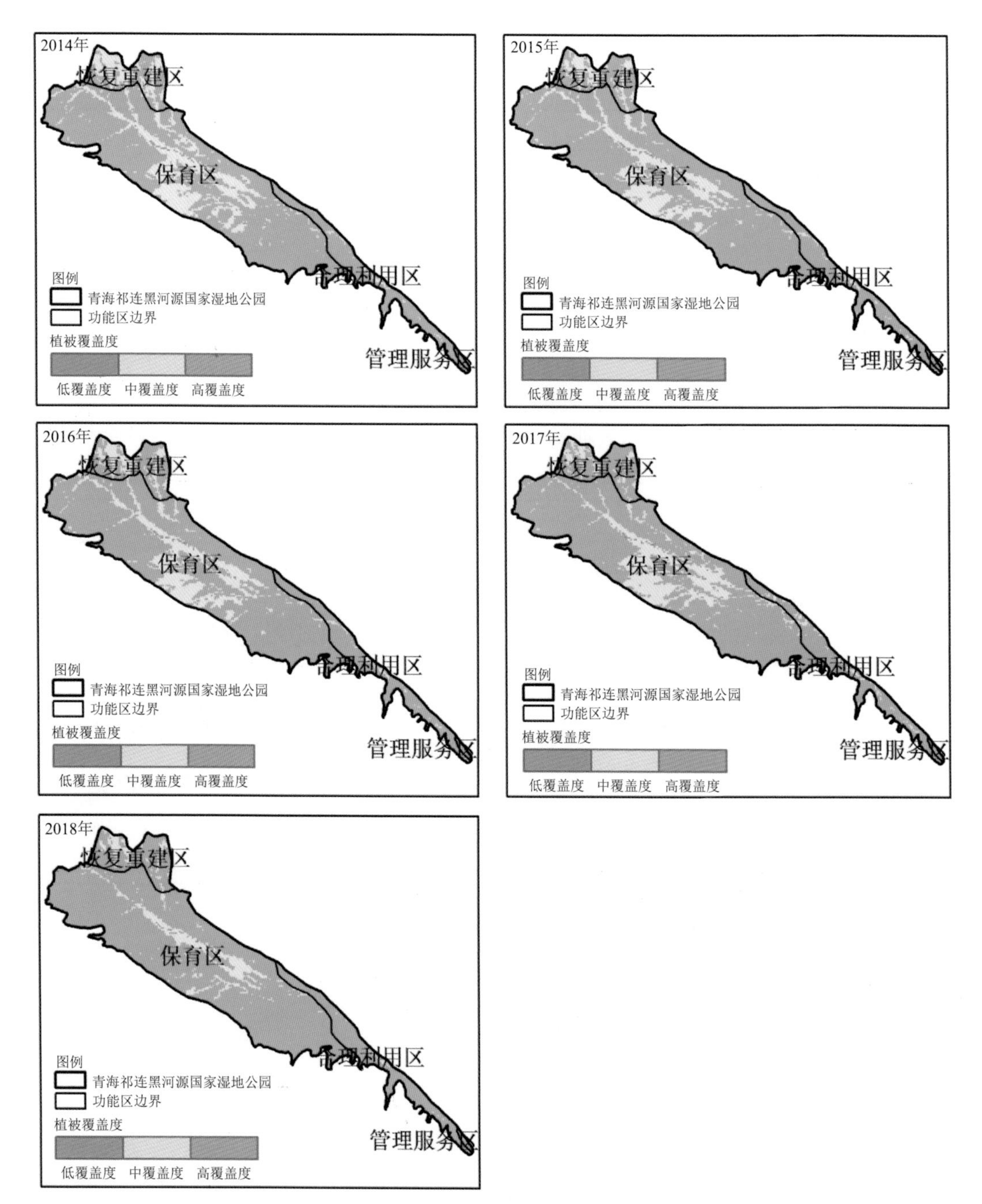

图 2.43 2002—2018 年青海祁连黑河源国家湿地公园植被覆盖度遥感监测

度植被比例由 2002 年的 1.60%降至 2018 年的 0.24%；中覆盖度植被比例呈现波动降低趋势，2002 年比例为 29.48%，之后波动变化，2008 年为 34.76%，2018 年降低至 10.31%；高覆盖度植被比例呈现增加趋势，高覆盖度植被比例由 2002 年的 68.92%降至 2018 年的 89.42%。综上所述，2002—2018 年青海祁连黑河源国家湿地公园植被覆盖度以高覆盖度植被为主，中覆盖度植被、低覆盖度植被比例降低，高覆盖度植被比例增加。

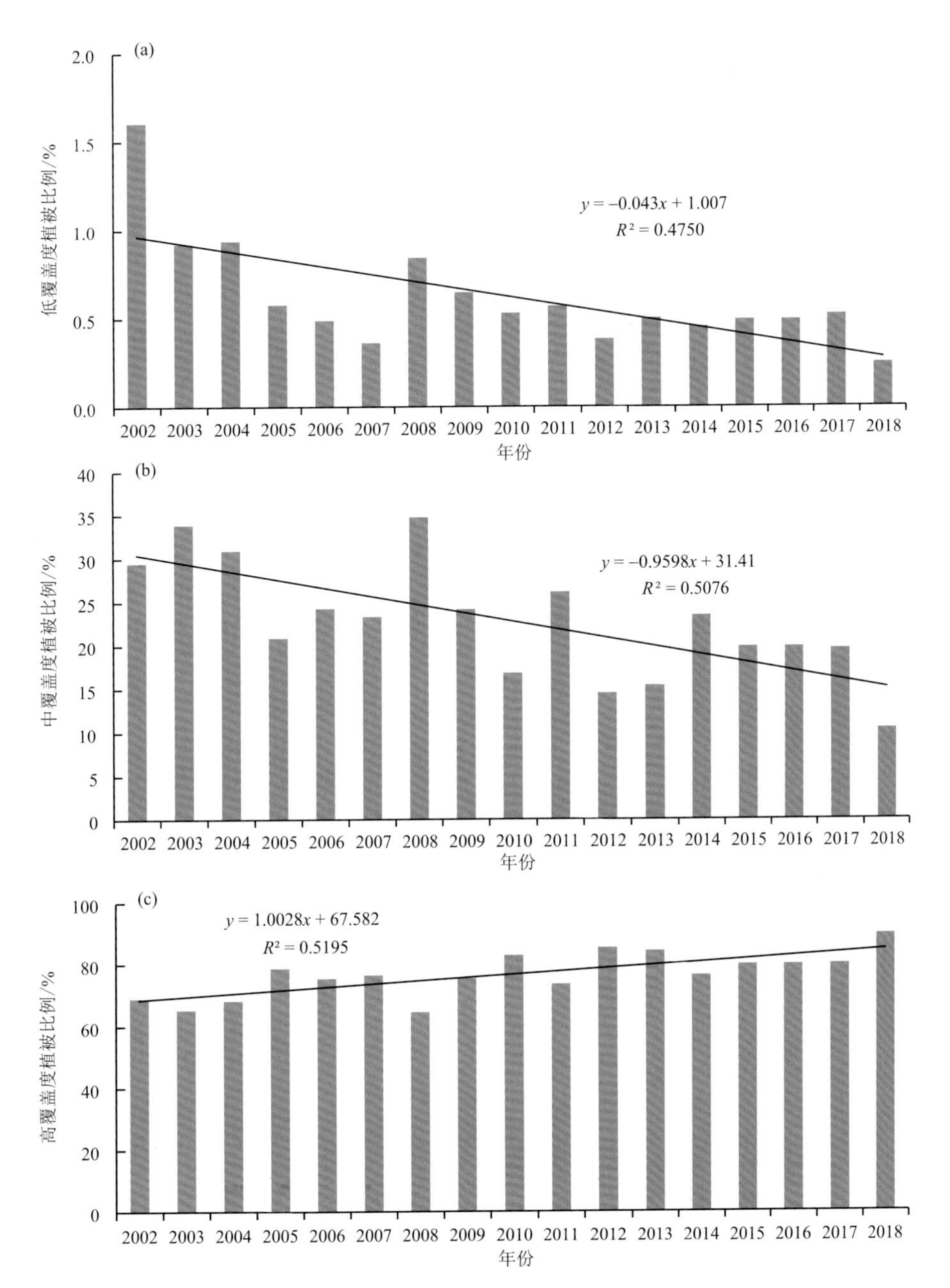

图 2.44　2002—2018 年青海祁连黑河源国家湿地公园植被覆盖度比例统计
(a)低覆盖度植被比例；(b)中覆盖度植被比例；(c)高覆盖度植被比例

2002—2018 年青海祁连黑河源国家湿地公园不同功能分区植被覆盖度比例显示(图 2.45)：2002—2018 年服务管理区、合理利用区、生态保育区和恢复重建区植被覆盖度比例均是以高覆盖度植被为主，比例分别为 97.43%～99.81%、76.28%～97.63%、64.62%～89.79%和 37.57%～76.58。值得注意的是，恢复重建区高覆盖度植被比例显著增加，由 2002 年的 38.53%增至 2018 年的 76.58%，中覆盖度植被比例显著降低，由 2002 年的 61.47%降至 2018 年的 23.42%。生态保育区低覆盖度植被比例很低，中覆盖度植被比例呈现降低趋势，由

2002 年的 28.49%降至 2018 年的 9.89%。服务管理区低覆盖度植被比例很低为 0，中覆盖度植被比例为 0～2.38%。合理利用区低覆盖度植被比例极低，中覆盖度植被比例由 2002 年的 9.54%降至 2018 年的 2.36%。总之，2002—2018 年不同功能分区植被覆盖度均是以高覆盖度植被为主，恢复重建区高覆盖度植被比例显著增加，中覆盖度植被比例显著降低。

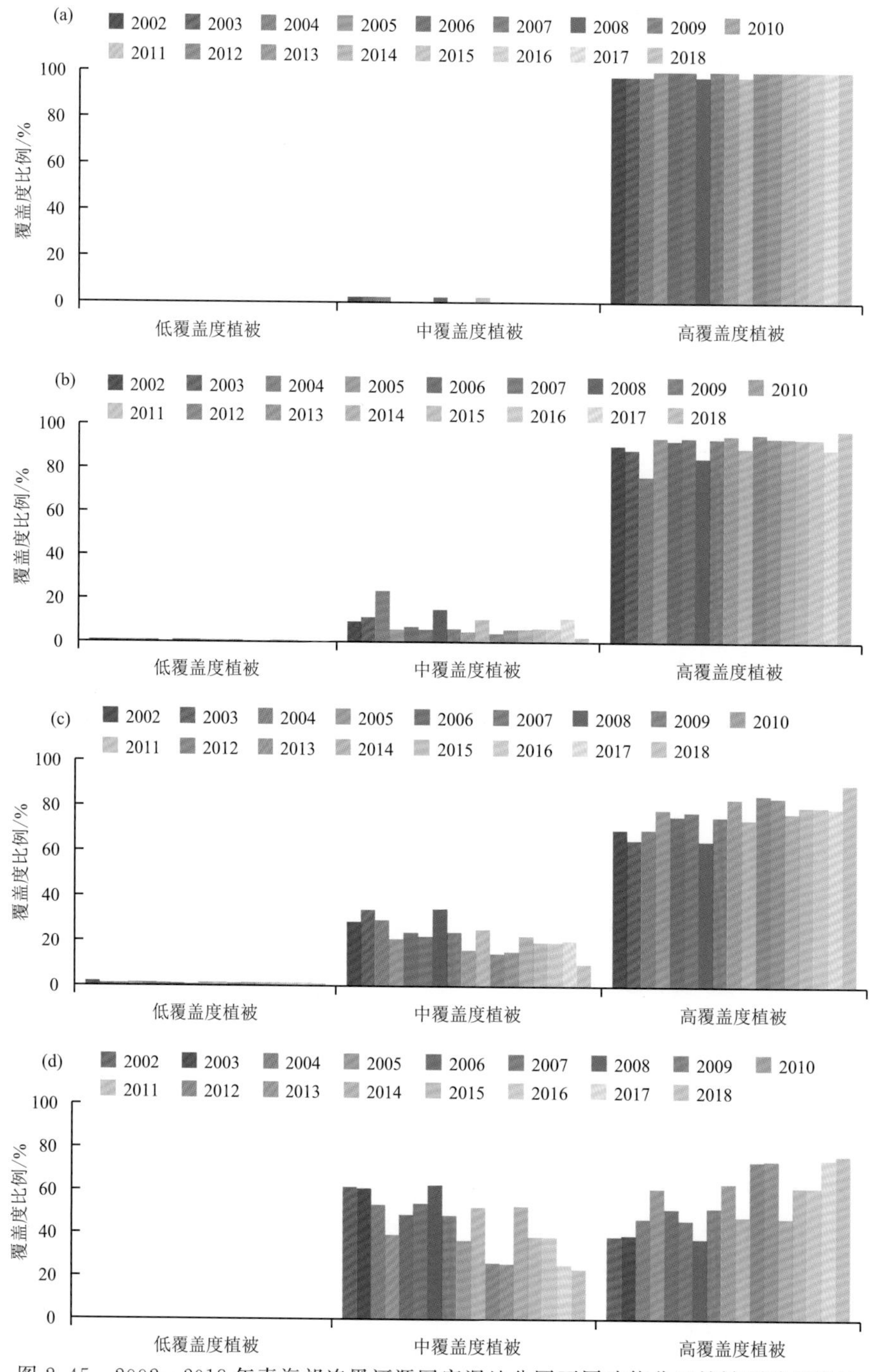

图 2.45　2002—2018 年青海祁连黑河源国家湿地公园不同功能分区植被覆盖度统计
(a)服务管理区；(b)合理利用区；(c)生态保育区；(d)恢复重建区

2.8 本章小结

本章针对青藏高原和青海省不同生态功能区植被生产力、植被覆盖度、植被返青、黄枯等重要物候期的变化特征以及气候变化对上述要素的影响进行了分析评估，以黑河源为例，展开了植被生物量及覆盖度遥感评估，以期对高原不同区域的植被生产状况、气候变化与植被变化之间关系、气候变化背景下高原植被未来演变趋势进行了解，主要结论如下。

2000—2018年青藏高原NDVI自西北向东南依次增加，且四季NDVI空间分布差异较大，草地植被退化总面积为60.03 km^2，恢复改善总面积达69.13 km^2。2017年青海省牧草返青时间在4月下旬—6月上旬，大体呈由东向西、由低海拔向高海拔推迟的趋势，牧草黄枯时间在9月上旬—10月上旬，大体呈由西北向东南、由高海拔向低海拔推迟的趋势，青海省各地牧草产量在8月达到最大值，空间上呈由西北向东南递增的趋势，牧草产量较高的地区主要分布在祁连山区、环青海湖北部、黄南南部和果洛东南部。2017年青海省各地牧草长势较近5 a平均基本持平略低，全省牧草气候年景综合评定为“平偏歉年”。2000—2015年青海省NDVI的平均值为0.364，表现为东南偏高，西北偏低，由东南向西北、由东向西逐渐递减的分布特征，东部农业区NDVI最大，达0.619，柴达木盆地最小，仅为0.138。2003—2012年三江源区草地植被返青呈“提前—推迟—再提前—再推迟”的变化趋势，海拔4000 m以上的地区草地植被返青期极差较大，草地植被返青期是光照、气温和降水等因素综合作用的结果。2003—2017年三江源区牧草生长季年平均产量呈不明显的波动变化，时空分布具有明显的异质性，自西北向东南依次递增，随着三江源生态保护与建设规划项目的实施，虽个别干旱年份草地植被生长状况较差，但整体呈稳定恢复状态。2002—2018年青海祁连黑河源国家湿地公园大部地区植被生物量在100～500 kg/亩，西北和东南部植被长势好，中部和北部零星地区植被长势一般，植被平均生物量呈波动增加趋势，植被覆盖度均以高覆盖度植被为主，东南部、西北部植被长势好，植物覆盖度以高覆盖度植被为主，中部和北部零星地区植被长势一般，低覆盖度植被在中部河床区域零星分布。

本章主要叙述了青藏高原植被生态系统监测评估方法，不同尺度下植被生态系统物候、生产力、覆盖度与气候各要素变化之间的相互作用，揭示植被生态系统对气候要素变化的响应及适应能力，并对青海省及部分典型功能区植被的未来变化进行了预估。从景观尺度开展了青海气候变化对草地植被物候、NDVI、净初级生产力、生物量的影响评估研究，提出了适应气候变化的对策建议。

第3章 高原水体生态气象

青藏高原分布着众多的冰川、湖泊，是大江大河的发源地，也是东亚、东南亚、南亚、中亚水资源的重要源区，被称为“亚洲水塔”，也是地球上海拔最高、数量最多、面积最大、分布密度最大的高原湖群区。湖泊是大气圈、生物圈、岩石圈和陆地水圈相互作用的连接点，它的形成与消失、扩张与收缩是其周围环境因子共同作用的结果，同时，湖面面积的增减也可通过改变下垫面条件对气候变化产生影响。青藏高原地区地势高、自然条件恶劣，湖泊大多数仍保持或接近自然原始状态，其变化受人类活动因素影响较小，能够真实地反映区域气候与环境的变化状况，是全球气候变化的敏感指示器，对于研究区域气候变化具有十分重要的意义。实地调查是研究湖泊变化最直接的方式，可以通过实地调查认识湖泊所在的自然地理环境、湖泊水源补给、湖泊周边生态环境状态以及社会经济状态，然而青海省大多数湖泊处于无人区，交通不便，无法逐一进行实地调查。湖泊卫星遥感具有覆盖范围广、信息量大、重复频率高等优势，在全球变化研究中已经成为常规观测无法替代的重要信息源。

我国西北地区气候暖湿化已成为事实。调查发现，柴达木盆地部分湖泊面积扩张，已严重影响到道路交通、旅游、工矿企业的正常运行，同时潜在的生态风险尚需进一步关注。

3.1 柴达木盆地湖泊实地调查

青海省作为青藏高原的一部分，其生态功能对气候变化的响应在区域和全球均占据重要位置。青海省湖泊众多，湖泊常由降水、融雪、冰川、冻土融化等多种方式补给，是较为复杂的高海拔湖群区。湖泊具有调节河川径流、发展灌溉、提供工业和饮用的水源、繁衍水生物和改善区域生态环境等多种功能。受自然与人为的双重影响，柴达木盆地各湖泊补给方式多源化，盆地边缘高山冰雪融水、降雨补给及盆地内部地下水补给作用重要。在气候变化背景下，盆地水资源变化监测评估及如何合理利用仍是近期研究重点。柴达木盆地湖泊因其多分布在盆地绿洲中，同时，富含多种经济价值较高的沉积盐，受到人类活动干扰频繁，同时，湖泊变化也深刻影响人类社会经济高质量发展。卫星遥感监测显示，柴达木盆地湖泊面积扩张明显，对湖泊周边的道路交通、旅游区以及工矿企业均造成不同程度的影响。为进一步摸清湖泊补给信息、湖泊周边环境、扩张对社会经济影响的具体表现，特开展野外调查。

随着气候变化，柴达木盆地已成为青海乃至全国范围内增温最显著的区域，在气温升高的同时，柴达木盆地降水量也在持续增加，增加趋势明显大于青海省其他地区。近年来，柴达木盆地湖泊呈现扩张的态势。因此，有必要对柴达木盆地湖泊进行实地调查，以期认识盆地湖泊、了解盆地湖泊，更好地在气候变化背景下高质量开发利用盐湖资源。

调查路线的选择本着在有限的时间内，设计交通最便捷、时间利用率最高以及最能解决问题的调查路线。调查区域以盆地中心和次边缘为主，未涉及盆地边缘高山峡谷区域；调查路线沿盆地次边缘及中心以逆时针方向，借助国道、省道和部分县道等交通便利路线作为调查路线，完成环线调研路线（图 3.1）。

图 3.1 柴达木盆地调查路线、调查点分布图

3.1.1 都兰湖

都兰湖位于乌兰县希里沟镇境内，《中国盐湖志》（郑喜玉 等，1999）中记载都兰湖又名希里沟湖、乌兰湖，盐湖水化学类型为硫酸盐型硫酸镁钠亚型。实际调查中发现，都兰湖地势南高北低，湖泊南部为高山，北部为沼泽湿地，湖泊较远处为高寒荒漠植被（红砂、梭梭、红柳、矮生芦苇），湖滨植被为芦苇、水麦冬、珍珠猪毛菜等水生和湿生植被。调查组从湖泊西部绕行至湖泊南部近水处，借助人工栈道进行调查和取样。

都兰湖南部多个山前冲积扇和河流表明，该湖泊由南部山中冰雪融水和汇集的地表径流补给，同时调查中发现南部存在多个地下泉补给都兰湖，因此，可以初步研判都兰湖主要补给方式为大气降水及流域内大气降水形成的地表径流、潜流补给，根据都兰湖和柯柯盐湖的连通河流流向，都兰湖是柯柯盐湖的补给湖。湖泊北部为乌兰县县城希里沟镇，在城镇与湖泊之间形成大范围的沼泽湿地。与当地居民交流中得知，靠近湖滨沼泽的城镇西南地区地下水逐年上升，不满足居住条件（居住地渗水、翻浆、冻融等影响建筑物安全）和农耕条件（地下水上升，冬季农田被冻结，无法适时进行农事活动），2015—2016 年起部分居民已搬迁（图 3.2）。

图 3.2 都兰湖远眺照、周边环境照(有浮游藻类存在)、泉水补给处

3.1.2 尕海

尕海湖位于德令哈市郭里木乡境内,湖区东侧有公路(G315-茶德高速路段)和铁路(青藏铁路)经过,公路沿线有电力和电信设施,有过旅游开发,在湖的边缘建造了木制人行栈道、凉亭等设施,但当前人行栈道、凉亭等旅游设施已被淹没;湖水漫过湖滨草地,土壤严重盐渍化;水体对茶德高速公路造成危害,部分路段路基已被水淹没和侵蚀,湖泊以下渗的方式影响到公路对侧,双向公路中间的绿化带中有明显的积水存在;水体对电力和电信设施造成影响,个别输线柱倒塌落水(图 3.3)。

3.1.3 黑石山水库—可鲁克湖—托素湖

黑石山水库—可鲁克湖—托素湖三个水体由巴音河串联,自北向南分布,从黑石山水库向南流出的巴音河经过德令哈市市区,向西南方向先后流入可鲁克湖和托素湖,三个湖泊不同程度的受人为因素干扰。

黑石山水库是巴音河的中型水电站(最大库容为 3644 万 km^3,2020 年 7 月库容为 2300 万 km^3),1989 年建设,1992 年开始蓄水,承担着调洪、发电、灌溉等任务。据黑石山水库负责人介绍,每年“七上八下”时段为防汛关键期,水库水位较高;另外,在黑石山水库上游,正在建设大型水库蓄集峡水库,设计库容 1.5 亿 km^3,建成后将对整个巴音河流域水资源调配产生重大影响(图 3.4)。

图 3.3　尕海周边环境及水体扩张淹没情况环境照

图 3.4　黑石山水库环境

可鲁克湖是吞吐型淡水湖，湖滨有芦苇丛，水生、湿生、旱生各梯度均有分布，在出水口附近建有农业灌溉用水设施，承担周边农田（主要是枸杞）的灌溉任务，对其下游托素湖的补给受人为干预影响（图 3.5）。

图 3.5　可鲁克湖滨环境照、出水河道人为干预调洪灌溉

托素湖是巴音河尾闾湖，是咸水湖，沙质湖岸，湖滨为荒漠草原，植被稀疏。当前托素湖的湖泊面积变化明显，入水口附近公路被淹，形成新增水体面积较大，东北部公路也被淹，外星人遗址景点及配套旅游栈道几乎被淹没（图 3.6）。

3.1.4　小柴旦湖

小柴旦湖是位于大柴旦行委境内的盐湖，小柴旦湖东侧面积扩张明显，湖泊南侧和西侧分别经过 G315 和 G3011 公路，其中南侧公路（G315）已受直接影响，调研当天有风，湖浪明显拍打和磨蚀公路，行车危险性较高（图 3.7）。

沿途查看小柴旦湖的补给源，小柴旦湖北部为山前冲积扇和冲积扇形成的湿地。据当地的居民反映，该湿地为冬季牧民的冬窝子。沿着湿地和补给的小溪流溯源到小柴旦湖北侧山附近，山中有矿产开发的痕迹，有地下水从山脚涌出，汇集成多个小溪流向小柴旦湖进行补给。

3.1.5　大柴旦湖

当前，大柴旦湖整体被开发利用，除了盐湖床产资源开发利用外，湖泊中还开发了“翡翠湖”旅游项目。湖中水体有富营养化现象，湖边存在连片的浮游藻类（图 3.8）。

图 3.6　托素湖扩张明显，道路及旅游设施被淹

图 3.7　小柴旦湖环境及山脚下的泉水

图 3.8 大柴旦湖环境照，湖边有浮游藻类

3.1.6 冷湖—茫崖诸多干盐湖

干盐湖是指没有表层卤水，以沉积盐为主，或者沉积盐中赋存有晶间卤水。冷湖—茫崖的路途中经过多个干盐湖，干盐湖已被不同程度地开发利用。如果大气降水在干盐湖表层，沉积盐中的盐会被析出，随着快速的蒸发，干盐湖表层会形成白色的盐壳（图 3.9）。

图 3.9 位于冷湖的干盐湖

3.1.7 尕斯库勒湖

尕斯库勒湖又称尕斯湖，在茫崖市花土沟镇境内，为硫酸盐型硫酸镁亚型盐湖，盐湖卤水分为表层卤水和晶间卤水。湖盆为封闭的内流盆地，受西部阿拉尔河和铁木里克河的补给；尕

斯库勒湖西侧为冲积扇形成的湿地，其中艾肯泉等地下水也是补给源之一(图 3.10)。

图 3.10　补给尕斯库勒湖的河流和盐池

3.1.8　那棱格勒河、东台吉乃尔湖、鸭湖、西台吉乃尔湖

3.1.8.1　那棱格勒河

那棱格勒河发源于东昆仑山脉主峰布喀达坂峰西南侧，源头海拔 5598 m，沿博卡雷克塔格山西部南麓自西向东流，在圆头山西南侧 10 km 处折向北流，切穿博卡雷克塔格山进入峡谷，称之为红水河，接纳西来支流楚拉克阿拉干河后称为那棱格勒河。穿越青新公路后河水散流，接纳西来支流东台吉乃尔河后向东北流，最后汇入东台吉乃尔湖、鸭湖和西台吉乃尔湖。那棱格勒河是柴达木盆地内陆水系中以冰雪融水补给最为典型的河流(图 3.11)。

源头布喀达坂峰及沿途的五雪峰、雪月峰、大雪峰和楚拉克阿拉干河南测的楚拉克塔格山海拔均在 5400 m 以上，博卡雷克塔格、雪山峰等海拔超过 5800 m。这些高大的山峰上冰川广布，冰川面积达 572.8 km^2，年融水量 4.58 亿 km^3，是那棱格勒河的主要补给水源。

图 3.11　那棱格勒河枢纽工程及河流形态

3.1.8.2　东台吉乃尔湖

东台吉乃尔湖受那棱格勒河下游的东台吉乃尔河补给，是硫酸盐型硫酸镁亚型盐湖，盐湖卤水有表层卤水和晶间卤水。盐湖边缘为粉砂黏土沉积，南侧为盐泥沼泽，北侧为 1～2 m 的湖岸阶地。该湖已被青海锂业公司进行锂盐资源开发利用，近 2 a 同时开发“中国马尔代夫”旅游项目。

3.1.8.3 鸭湖

鸭湖是受那棱格勒河补给的盐湖，两侧分别为东台吉乃尔湖和西台吉乃尔湖，鸭湖的南侧和北侧均受人为水坝的影响，鸭湖北侧形成水上雅丹地貌。

3.1.8.4 西台吉乃尔湖

西台吉乃尔湖受那棱格勒河支流西台吉乃尔河补给，是硫酸盐型硫酸镁亚型盐湖，该湖为固液并存型盐湖，当前被中信国安集团开发。

西台吉乃尔湖与鸭湖之间有人工水闸，水闸在鸭湖西北角，鸭湖水通过水闸自东向西汇入当前西台吉乃尔湖储水区，西北侧储水区形成水上雅丹。卫星图中西台吉乃尔湖储水区东南部反射率低值区不是废水，是含盐的粉细砂(图 3.12)。

图 3.12 东台吉乃尔湖、西台吉乃尔湖、鸭湖间人为干预互相连通

3.1.9 柴达木盆地多数湖泊面积扩张

在气候暖湿化背景下，近年来，柴达木盆地湖泊发生着明显的变化，大部分湖泊呈现出面积扩张的态势，一方面，湖泊水资源增加，通过调节地下水位有效改善了湖区周边土壤水分，有利于周边植被的生长，湖泊周边草甸化湿地面积增加，改善了周边野生动植物和鸟类栖息环境，也为生态修复工程创造了良好的契机；另一方面，柴达木盆地湖泊以咸水湖、盐湖为主，湖泊水量增加可能会打破湖泊生态平衡，从而带来一定生态风险。从调查柴达木盆地的自然环境来看，柴达木盆地湖泊湖盆构造相对稳定，湖滨地形起伏不大，来水的枯丰变化极易造成湖泊水位的消长波动，湖泊蓄洪承灾能力有限，存在决堤、溃坝等潜在风险的可能性，从而对周边工农业生产设施、交通基建、旅游设施等带来重大影响。从人类活动开发利用来看，盆地湖泊资源丰富，大规模旅游和矿产资源利用开发改变了湖泊湿地生态的原真性，部分湖泊生态调蓄功能

降低，尤其是矿产资源开发利用中修建阻水堤，阻断了河川径流的自然联通，造成湖泊防洪调蓄功能丧失。气候暖湿化带来的湖泊面积变化，人类活动造成湖泊防洪调蓄功能的改变，对柴达木盆地经济、社会、生态、环境、生产、生活带来的影响是复杂的，要利弊兼顾，科学治理和开发利用。对此，必须高度重视、加强研究、科学规划、趋利避害、积极应对，全面推进湖泊生态保育建设，合理开发盐湖矿产资源，有序利用湖泊水资源，提升湖泊生态系统防灾减灾和适应气候变化能力，持续推进“湖长制”工作，构建湖泊管理保护长效机制，确保柴达木盆地湖泊安澜。

3.2 高原区域湖泊卫星遥感监测

青海省湖泊众多，湖泊常由降水、融雪、冰川、冻土融化、河流等多种方式补给，是气候变化的指示器。湖泊具有调节河川径流、发展灌溉、提供工业和饮用的水源、繁衍水生物和改善区域生态环境等多种功能。青海省大部分湖泊受人类活动干扰较少，主要受气候变化及气候变化导致的冰川融化和蒸发的影响。而且，众多湖泊群分布在无人区中，气象台站和生态观测站点稀疏，难以开展全面观测。

本节利用卫星遥感资料，开展区域湖泊面积变化监测，使用遥感数据处理技术，进行拼接、裁剪等处理手段完成湖泊面积信息提取，分析研究湖泊面积变化情况，完善生态环境的遥感监测，为政府部门提供更准确、及时的决策依据，对该地区可持续发展起到重要作用。

3.2.1 湖泊分布

3.2.1.1 祁连山地区典型湖泊

哈拉湖位于青藏高原东北部，疏勒南山以南、祁连山脉西段、哈尔科山以北，是完整的封闭式内流湖泊流域，平均海拔超过 5500 m，湖水主要来源于湖面降水和周边山区冰雪融水，入湖河流 20 余条，水系呈向心状，多为季节性河流。哈拉湖流域的封闭性以及人类活动极弱致使流域内湖泊水体面积对气候变化极其敏感，使得该湖泊成为研究水文过程对气候变化响应的理想区域。

3.2.1.2 三江源区湖泊

三江源是长江、黄河和澜沧江的发源地，是我国和亚洲最重要河流的上游关键区，素有“中华水塔”美誉，众多湖泊星罗棋布。三江源区湖泊星罗棋布，黄河源头区玛多县更是被誉为“千湖之县”，本节以三江源区面积大于 30 km^2 的湖泊为分析对象，湖泊名称参照《中国湖泊志》(王苏民 等，1998)。主要湖泊分别为库水浣、太阳湖、勒斜武担湖、涟湖—月亮湖、饮马湖、可可西里湖、可考湖、卓乃湖、永红湖—西金乌兰湖、错达日玛、多尔改错、明镜湖、移山湖、乌兰乌拉湖、特拉什湖、库赛湖、海丁诺尔、盐湖、冬给措纳湖、米提江占木错(青海境内)、波涛湖、雪莲湖、诺多错(青海)、雀莫错、玛章错钦、扎陵湖、鄂陵湖等湖泊。

3.2.1.3 柴达木盆地湖泊

柴达木盆地(以下简称盆地)位于青藏高原东北部，盆地西高东低，四面环山，西北为阿尔金山、北侧为祁连山、东侧为日月山、南侧为昆仑山，是一个近似不规则菱形的封闭内陆盆地，面积约 32 万 km^2。从盆地周边区域外围到中心位置分别是高山、戈壁、沙丘、平原带、沼泽、湖泊等地貌，盆地四周海拔高于盆地中心汇水区，以四周高山山脊为分水岭，构成中国西北地区重要的防风固沙生态功能区。

素有中国“聚宝盆”美誉的柴达木盆地湖泊众多且多为咸水湖和盐湖。湖泊水资源不仅对维持当地脆弱的生态环境具有极其重要的作用，也是重要的矿产资源。受新构造运动的影响，柴达木盆地被分割为尕斯库勒湖水系、苏干湖水系、马海湖水系、大柴旦湖水系、小柴旦湖水系、托素湖水系、都兰湖水系、东台吉乃尔湖水系、达布逊湖水系、霍布逊湖水系等多个次级辐合向心水系。盆地中部的湖泊由于蒸发作用强烈，湖水高度浓缩，矿化度很高，多为盐湖，且均得到不同程度矿产资源开发利用(表 3.1)。

表 3.1 盆地典型湖泊流域/水系归属及类型

流域/水系	湖泊	类别	补给类型
大小柴旦水系	小柴旦湖	尾闾湖，盐湖	塔塔棱河、泉水、地下水补给
巴音河流域	可鲁克湖	吞吐湖，淡水湖	巴音河等地表径流补给
	托素湖	尾闾湖，咸水湖	可鲁克湖补给
	尕海	尾闾湖，盐湖	巴音河地表径流补给、地下水补给
都兰湖水系	都兰湖	尾闾湖，盐湖	沙柳河、赛什克河地表径流
那棱格勒河流域	库水浣	吞吐湖，淡水湖	时令河、冰雪融水补给
	太阳湖	吞吐湖，淡水湖	冰雪融水补给
格尔木河流域	黑海	吞吐湖，盐湖	泉水、溪流、地下水补给
柴达木河流域	阿拉克湖	吞吐湖，盐湖	乌苏屋矮河等地表径流补给
	冬给措那湖	吞吐湖，淡水湖	冬曲、歇马昂里河等地表径流补给

本节基于 2003—2019 年 EOS/MODIS 数据，获得年内最大水体面积(一般出现在 9—10月)，重点分析柴达木盆地可鲁克湖、托素湖、尕海、都兰湖、小柴旦湖、阿拉克湖、黑海、库水浣、太阳湖、冬给措纳湖 10 个典型自然湖泊变化特征(图 3.13)。

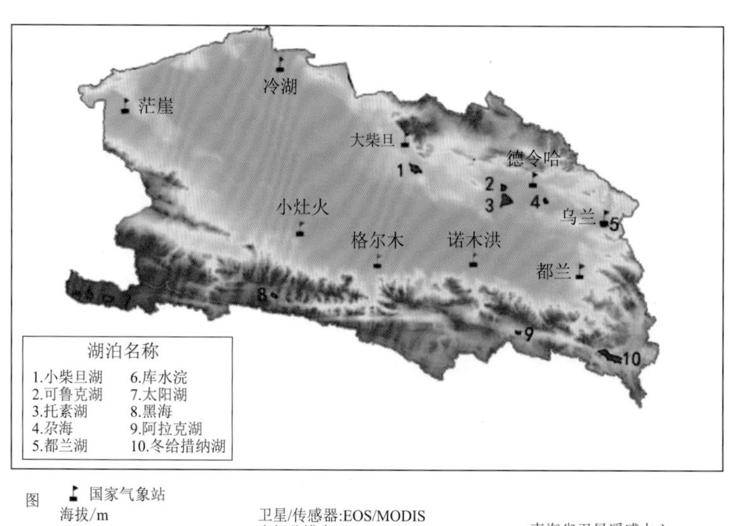

图 3.13 柴达木盆地湖泊分布示意图

3.2.1.4　青海湖

青海湖位于青藏高原东北部，是我国最大的内陆高原咸水湖，为半湿润半干旱、干旱区过渡带，是维系青藏高原东北部生态安全的重要水体，是高原复合侵蚀生态脆弱区，也是阻遏西部荒漠化向东部蔓延的天然屏障，对局地甚至全球气候变化响应敏感。青海湖地区具有丰富的气候资源、水资源、土地资源、草场资源、野生生物资源、矿产资源和旅游资源。青海湖完整地保有全球特有的高原内陆湖泊湿地生态系统，被誉为“青藏高原基因库”，是极度濒危动物普氏原羚的唯一栖息地，是国际候鸟迁徙通道的重要节点和迁徙停歇地，是水禽的集中栖息地和繁育场所(图3.14)。

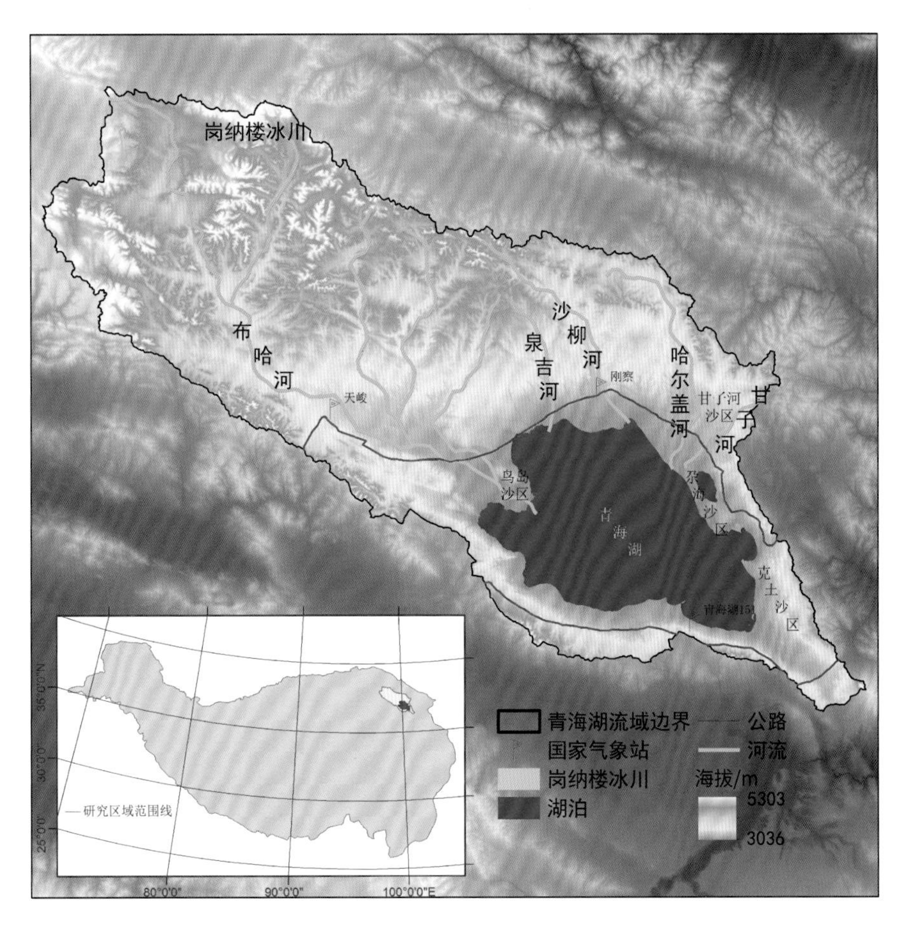

图3.14　青海湖地理位置示意图

3.2.2　祁连山地区典型湖泊面积变化

哈拉湖是祁连山地区最大的湖泊。2003—2019年哈拉湖面积呈波动增大态势，其中，2003—2013年湖泊面积呈波动增加态势，2014年以来面积持续增大，增大幅度为22.0 km^2/(10 a)，17 a间增大了6.7%；其中2005年、2009年、2012年和2018年湖泊总面积增大显著；2005—2008年、2013—2016年湖泊总面积平稳扩张；2009—2012年、2016—2019年湖泊总面积显著扩张(图 3.15)。

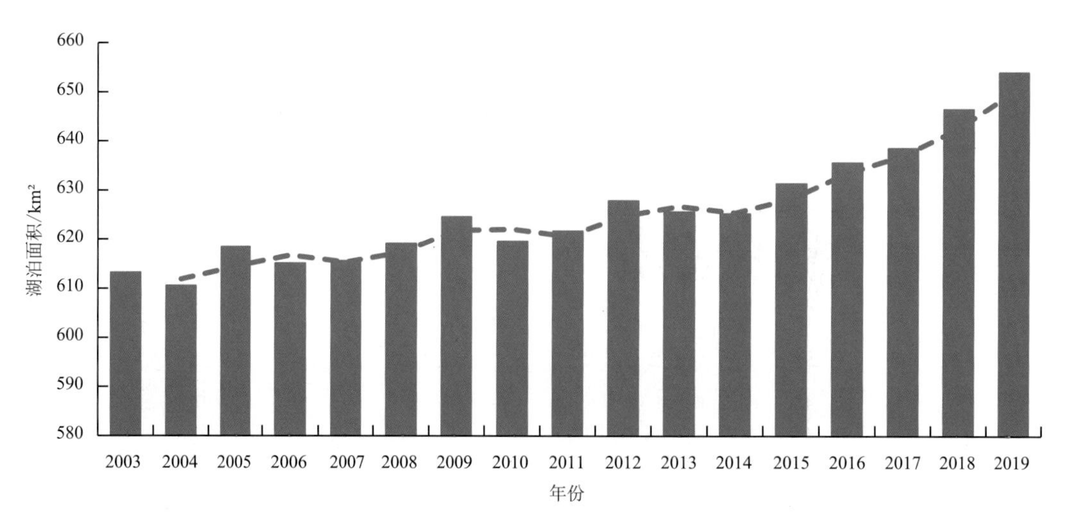

图 3.15 祁连山地区哈拉湖面积变化

3.2.3 柴达木盆地典型湖泊面积变化

2003 年以来,柴达木盆地典型湖泊年最大面积总体呈阶段性增大态势,平均每年增大 9.2 km^2。柴达木盆地面积增速最快的前三位湖泊为小柴旦湖、托素湖和都兰湖,分别平均每年增大 2.9 km^2、2.4 km^2 和 1.9 km^2(图 3.16、图 3.17)。

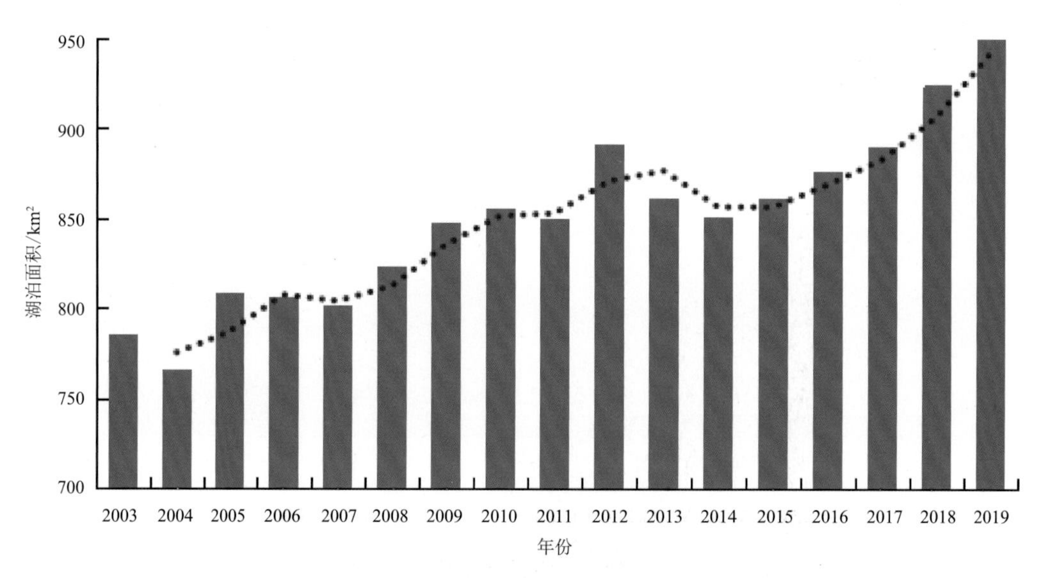

图 3.16 柴达木盆地典型湖泊总面积变化

小柴旦湖位于盆地中北部,湖区富集了具有工业价值的多种沉积岩。2003 年以来小柴旦湖面积波动增大,自 2015 年以来面积持续增大,2019 年湖泊面积较 2003 年面积增大近 1 倍,水体扩张区域主要为沿湖北部和东部地区(图 3.18)。

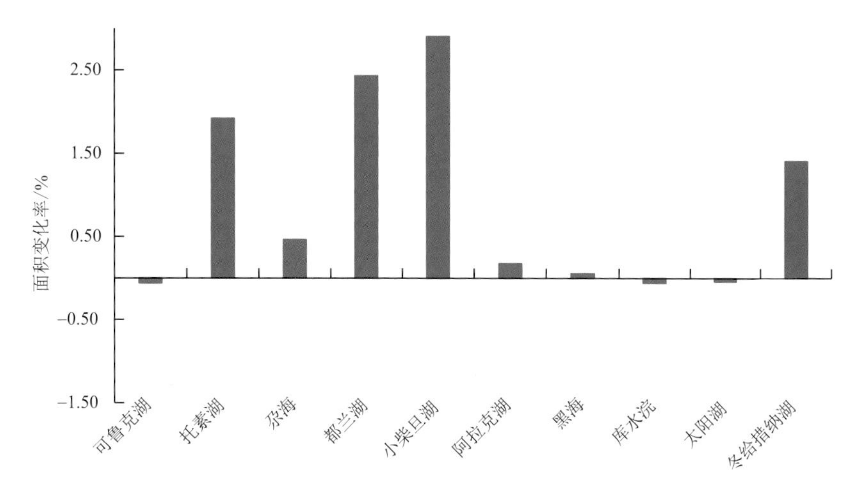

图 3.17　柴达木盆地典型湖泊 2003—2019 年面积变化率

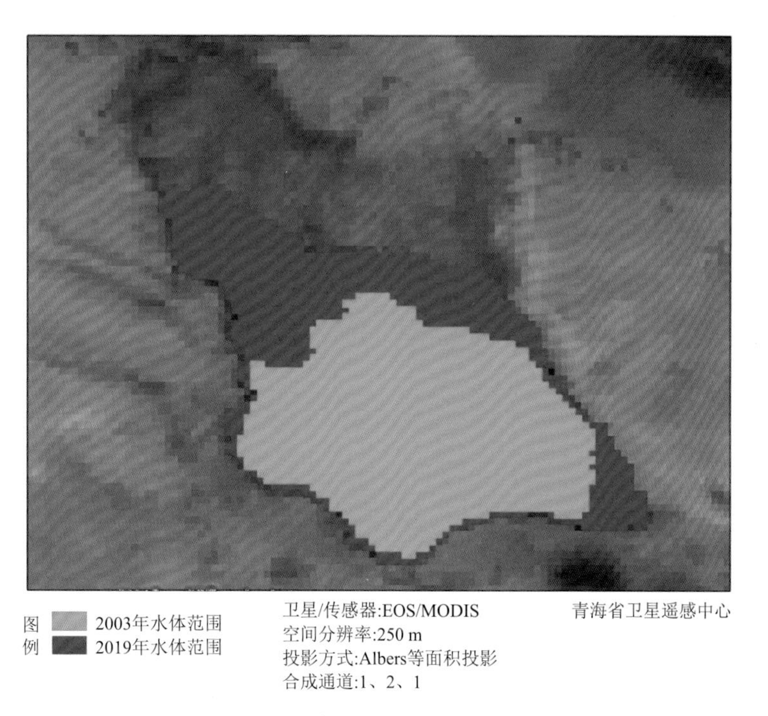

图 3.18　小柴旦湖 2003 年和 2019 年面积变化

3.2.4　青海湖面积变化

2003 年以来，青海湖枯水期（4 月）和丰水期（9 月）面积均呈波动增大趋势，平均每年分别增大 16.7 km^2 和 17.7 km^2，尤其 2016 年以来，面积持续增大（图 3.19）。青海湖水体扩张区域主要位于西部鸟岛和泉湾区域、北部沙柳河附近以及东部沙岛附近（图 3.20）。

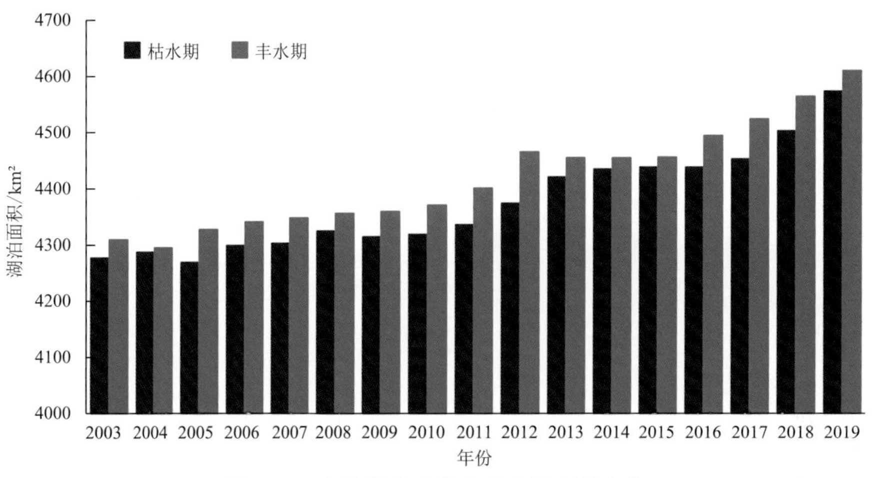

图 3.19　青海湖枯水期和丰水期面积变化

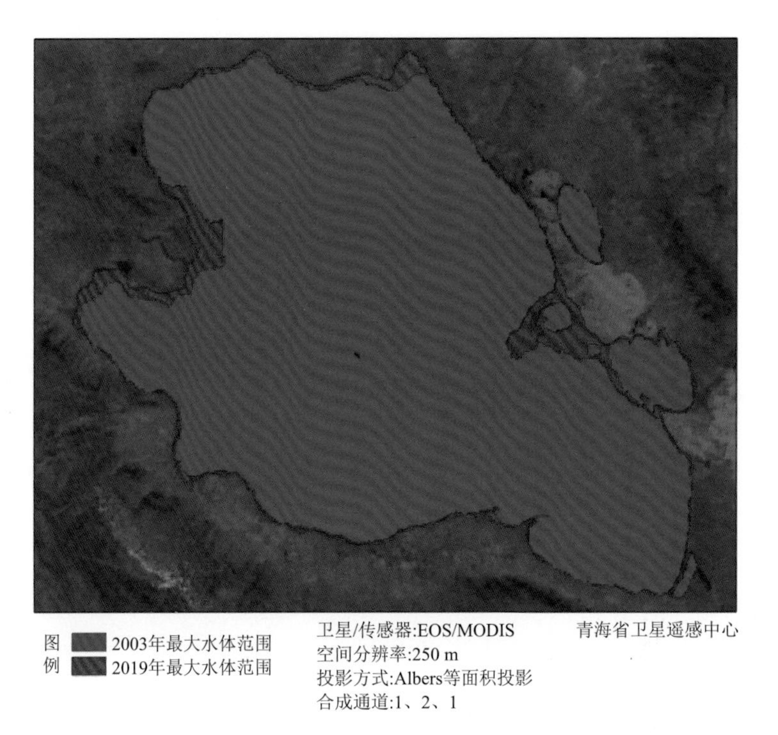

图 3.20　青海湖水体扩张遥感监测图

3.3　高原湖泊扩张风险

受青藏高原暖湿化趋势的影响，近年来高原湖泊水位普遍上涨，湖泊漫溢时有发生。利用青藏高原可可西里卓乃湖、库赛湖、海丁诺尔湖和盐湖所在区域的 TM(ETM＋)(Landsat 4 和 Landsat 5 卫星携带的传感器(Landsat 7 卫星携带的传感器))等历史文献数据和环境减灾卫星(HJ1A/B)CCD 数据，结合五道梁气象站气温、降水资料，分析了卓乃湖周边湖泊面积变化情况。结果表明：1961—2014 年的近 54 a 来，可可西里地区持续增加的降水是卓乃湖漫溢的基础，2011 年 8 月 22 日之前的两次强降水过程和之后的持续降水是导致卓乃湖湖水大量外泄并最终漫溢的主要原因；漫溢前的两次地震可能对卓乃湖的湖盆结构产生了一定的影响，从而加速了漫溢过程。漫溢导致湖岸线退缩，并产生大片的沙化土地，恶化了藏羚羊的产仔环境，对周边草地生态环境和重大工程设施产生了不利影响。

3.3.1 卓乃湖面积变化

1969—2011 年期间卓乃湖面积总体上呈现增大趋势（$R^2=0.666, P<0.05$），漫溢前的 2011 年较 1969 年增大了 19.17 km^2/a，年平均增幅 0.46 km^2/a。2011 年 9 月发生漫溢后，卓乃湖面积急剧减小，从漫溢前的 274.08 km^2，减小到漫溢后的 160.16 km^2，减幅为 113.92 km^2/a，其后随着决口处继续下切拉深，卓乃湖储水功能减小，其水体面积呈缓慢减小趋势，在 2012—2014 年期间湖面积减小了 11.04 km^2（图 3.21）。

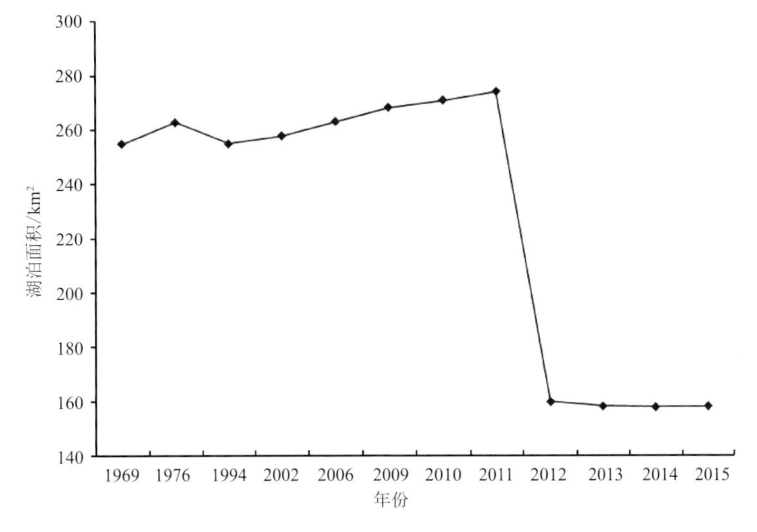

图 3.21　1969—2015 年卓乃湖水体面积变化

通过分析卓乃湖 2011 年 8 月 22 日、9 月 14 日、9 月 18 日和 10 月 12 日的湖泊面积数据（图 3.22）可知：卓乃湖水体面积在 8 月 22 日达到本年度监测最大值，之后开始减小，至 9 月 14 日（期间间隔 23 d），湖水外泄造成湖体面积减小 6.4 km^2，平均减小幅度为 0.28 km^2/d；9

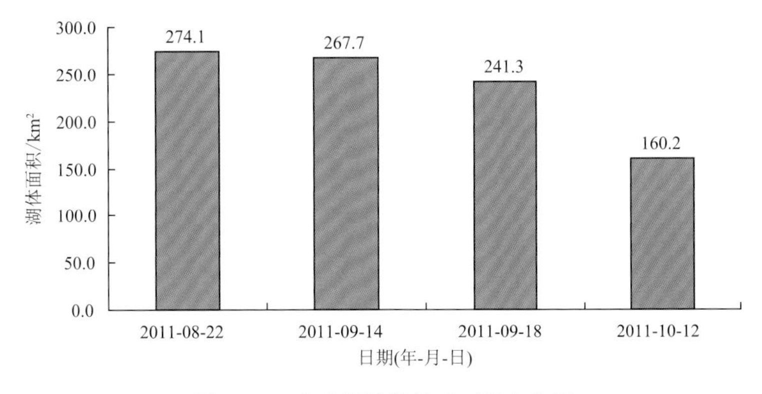

图 3.22　卓乃湖漫溢前后面积变化图

月 14 日后，外泄水流增大，至 9 月 18 日的 4 d 内湖体面积减小 26.4 km^2，平均减小幅度达到 6.6 km^2/a；9 月 18 日—10 月 12 日共 24 d 内，湖体面积又减小 81.1 km^2。由此推测，卓乃湖在 2011 年 8 月下旬开始外泄，9 月中旬漫溢。卓乃湖漫溢后湖体面积减小主要发生在湖泊的西部、南部和东部（图 3.23）。

另外，根据对可可西里自然保护区卓乃湖保护站的调查结果表明，卓乃湖于 9 月 15 日发生溃决，溃决后产生的决口宽 200 m，深达 16～20 m。

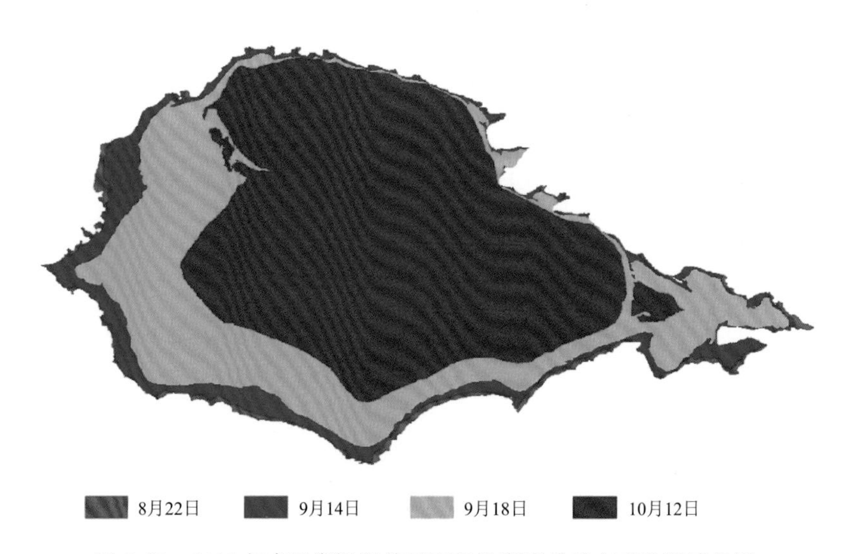

图 3.23　2011 年卓乃湖漫溢前后面积及湖岸线动态变化遥感监测

3.3.2　卓乃湖漫溢成因分析

3.3.2.1　气候变化

1961—2014 年期间，可可西里气温呈增加趋势，其中年平均气温和年平均最低气温增加趋势较为明显，增加速率分别为 0.32 ℃/(10 a)和 0.39 ℃/(10 a)，尤其是 1998 年以来增加速率较快。1998 年以来年平均气温为－4.5 ℃，较 1981—2010 年平均气温偏高 0.6 ℃。发生漫溢的 2011 年平均气温为－4.0 ℃，较 1981—2010 年平均气温偏高 1.0 ℃。1961—2014 年可可西里年平均降水量为 301.5 mm，呈不断增加趋势，降水量增加速率为 20.7 mm/(10 a)，其中 2003 年以来增加尤为显著，发生漫溢的 2011 年降水量为 367.4 mm，较 1981—2010 年平均偏多 20%（图 3.24）。由此可见，1961—2014 年期间，可可西里地区气候总体上呈现暖湿化趋势。

3.3.2.2　漫溢前后的持续降水

根据五道梁气象站 2011 年 1—12 月的日降水资料观测，2011 年五道梁气象站的降水主要发生在 5—9 月。其中，8 月 14—21 日期间的持续降水，尤其是发生在 17 日和 21 日两次强降水，导致卓乃湖水位快速上升，直至 8 月 22 日湖水开始外溢流出，再加上 9 月 1 日之后的持续降水，外溢处水流的冲刷和下切拉深作用最终导致漫溢（图 3.25）。

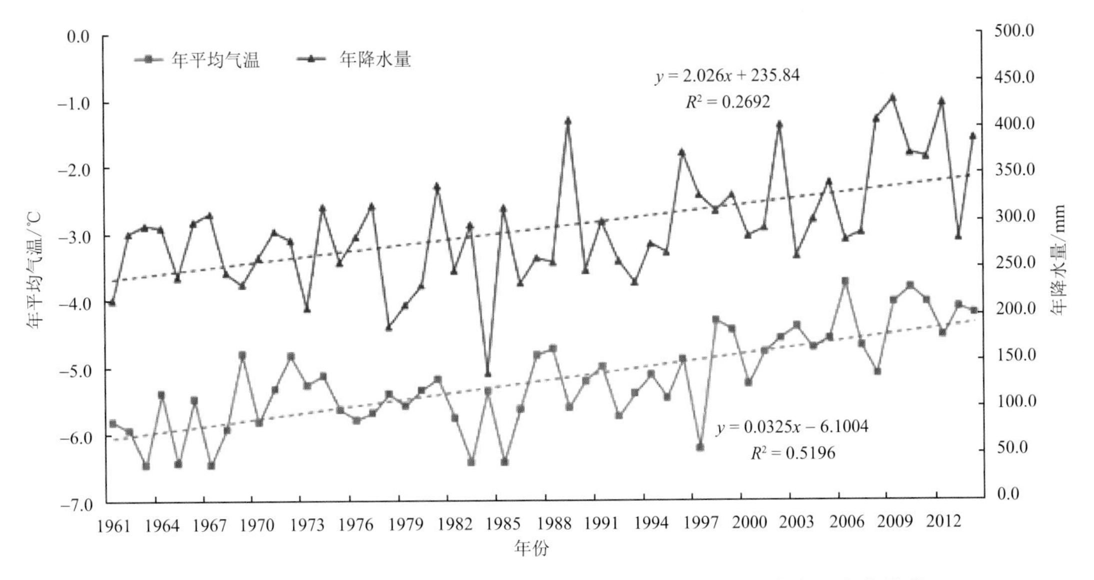

图 3.24　1961—2014 年可可西里五道梁站年平均气温和年降水量变化曲线

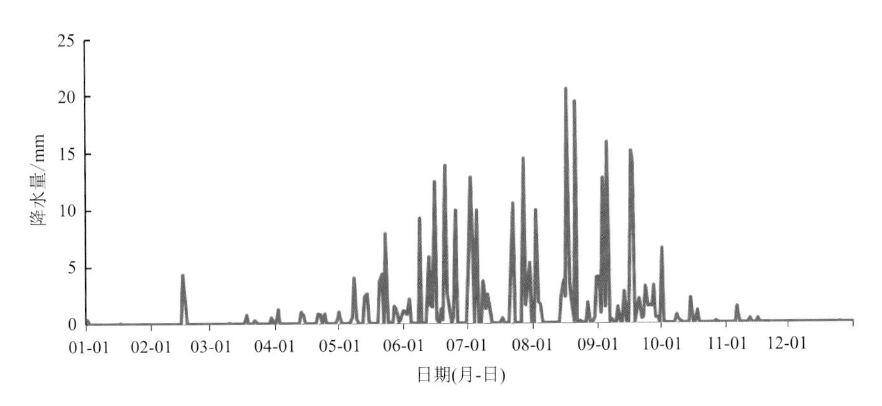

图 3.25　2011 年卓乃湖漫溢前后五道梁气象站 1—12 月日降水量动态

3.3.2.3　地震影响

据中国地震网报道(http://www.ceic.ac.cn),2011 年 7 月 27 日 07:42(北京时,以下未标注世界时的均为北京时)青海玉树藏族自治州治多县发生 4.0 级地震,震源深度 6 km,震中距卓乃湖约 62 km;2011 年 8 月 22 日 05:05 青海玉树藏族自治州治多县发生 3.1 级地震,震源深度 10 km,震中距卓乃湖约 57 km。发生在卓乃湖周边的上述两次地震虽然未直接导致卓乃湖漫溢,但可能对卓乃湖的湖盆结构产生了一定的影响,从而加速了漫溢过程。

3.3.3　卓乃湖漫溢产生的影响分析

3.3.3.1　对下游湖泊的影响

利用 2009—2014 年期间的环境减灾卫星对卓乃湖及其下游相连的库赛湖和盐湖进行遥感监测(海丁诺尔湖湖岸过于破碎未予提取)的结果表明:库赛湖水体面积在 2011 年卓乃湖漫溢后快速增长,2011 年 8 月 22 日面积为 288.43 km^2,2012 年 8 月 19 日面积为 340.49 km^2,

2011 年前及 2012 年后变化趋势并不明显；盐湖水体面积 2009—2011 年保持较小幅度的增加，2011—2012 年水体面积急剧增大，2012—2014 年呈缓慢增大趋势(图 3.26)。

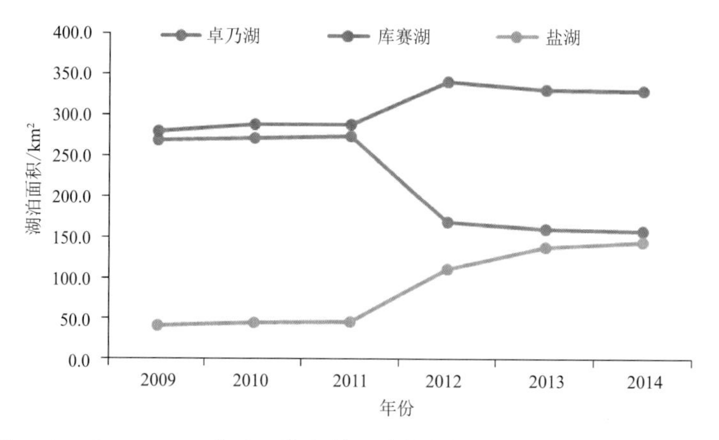

图 3.26　2009—2014 年卓乃湖和其下游库赛湖及盐湖湖泊面积年际动态

盐湖面积在 2009—2013 年总体上呈持续增大趋势，从 2009 年 8 月 30 日的 40.9 km^2 增大到 2011 年 10 月 12 日的 46.8 km^2，3 a 间总共增加约 6 km^2，增加幅度较小。但自 2011 年 10 月以来，其面积从 46.8 km^2 突增到 100 km^2(2012 年 5 月未完全解冻前)，呈显著增大趋势；湖泊完全解冻后，水体面积进一步增大，至 2012 年 8 月 19 日达到 111.19 km^2。2013 年 7 月 6 日监测显示，盐湖面积已达到 140.05 km^2。经过对比分析 2011 年 10—11 月的环境减灾卫星影像，盐湖面积显著增大发生在 11 月初。据此推断，卓乃湖漫溢后外泄的水流经过库赛湖、海丁诺尔湖蓄积和分流，最终大部分注入盐湖，使盐湖及周围中小湖泊融为一体，并快速向四周扩大，尤以南部扩张速度较快(图 3.27)。

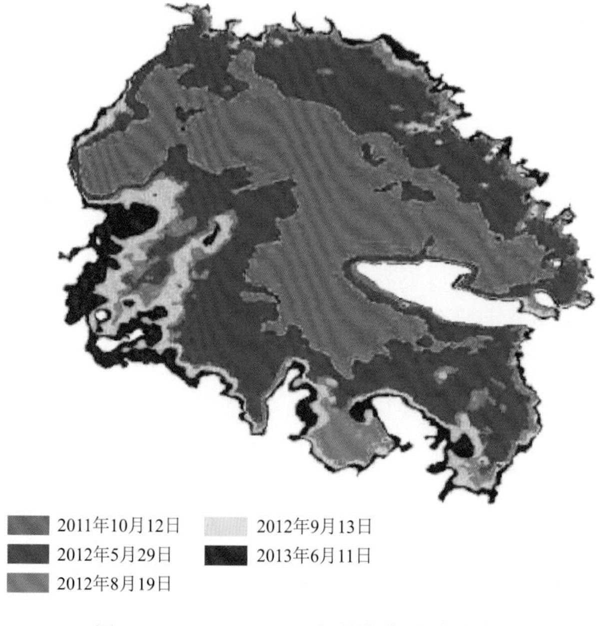

图 3.27　2011—2013 年盐湖湖岸线变化

3.3.3.2 对周边生态环境及重大工程设施的影响

卓乃湖漫溢后，其西部、南部和东部湖岸线大幅退缩，湖岸附近土地大片沙化，同时在其北部和东部形成数十个子湖；决堤产生的洪水的冲刷作用形成的新河床影响三江源区藏羚羊前往卓乃湖南岸产仔的迁徙路径，据位于卓乃湖南岸的可可西里自然保护区卓乃湖保护站工作人员介绍，自卓乃湖漫溢后，在其下游形成了宽约 600 m、深约 10 m 的新河床，受其影响，2012 年 6 月开始，部分藏羚羊开始在卓乃湖下游的库赛湖周边产仔，同时卓乃湖湖岸线退缩，增大了藏羚羊饮水的距离；高浓度盐分的海丁诺尔湖和盐湖面积扩大会破坏周边草地植被，而且对附近的输油管线等周边设施产生破坏作用，威胁青藏铁路和青藏公路的运行安全。2011 年 9 月—2014 年 7 月期间，盐湖湖岸线向东南方向推进了 4 km，距离青藏铁路和青藏公路约 10 km，并且有继续逼近的趋势。若未来库赛湖发生漫溢，盐湖水位快速上升，面积迅速增大，其东部湖岸将可能扩大至青藏铁路，对其周边环境及重大工程设施产生不利影响。

3.4 青海湖水位变化及气候变化响应

气候变化直接影响着人类生活，IPCC（政府间气候变化专门委员会）第五次报告（The Fifth Assessment Report，简称 IPCC-AR5）明确提出，气候变化将导致地表径流量减少、旱涝灾害频发和冰川退缩和消失，将进一步加剧水资源供需矛盾。由于青海湖湖盆封闭，又位于西北气候和环境变化最为敏感的青藏高原腹地，气候短期和长期的振荡变化和人类活动将对青海湖水位和湖体面积产生直接和间接的影响。降水量的增加和减少会直接导致入湖河流径流量的多寡，而入湖河流径流量直接影响着湖泊水位和面积的变化。从 20 世纪 60 年代开始，许多内陆湖泊开始萎缩或干涸（咸海、伊塞克湖、艾比湖和博斯腾湖），甚至有部分湖泊已经消失（玛纳斯湖、台特玛湖），并且随着湖水位的下降和湖面积的缩小，又引起了一系列的环境问题。另外，流域的气候变化对该地区农牧业生产具有重要的影响，而分布在青海湖流域的高寒草地是农牧业生产中最重要的基础，也是受气候变化影响最为显著的植被类型之一。因此，开展青海湖流域气候变化对水位变化和农牧业的影响以及水位变化各要素的定量分析具有重要意义。

青海湖地处青藏高原东北部，流域气候主要受亚洲季风、西风环流和青藏高原季风的影响，对全球变化和气候变化异常敏感。由于其独特的地理位置和湖盆封闭等特征，导致其是研究气候及水文过程的理想场所。在过去的几十年间，受气候变化的影响，青海湖流域内入湖河流有一半已经干涸，湖水位也从 1959 年的 3196.55 m 下降到了 2012 年的 3194.26 m，下降速率达 4.75 cm/a。这些影响直接导致青海湖面积的萎缩，并且分离出了一些大小不一的湖泊。另外，湖水面积和水位的变化引起了一系列的环境变化，包括沙漠化加剧、土壤侵蚀严重、草地退化以及水资源等问题。这些变化使得青海湖受到更多学者的关注和研究，相继开展了包括湖水位变化、水量平衡以及水文化学等各方面的研究，也有学者利用卫星遥感技术对湖面积的变化进行了研究。这些工作主要关注青海湖面积变化、湖岸形态及周边环境演变等问题，对于青海湖水位变化机理的定量评估研究相对较少。

基于上述关于青海湖水体和流域环境等方面的研究背景，开展气候及水位变化特征的研究和定量评估水位变化的影响机理等工作至关重要。因此，本节通过采用 1959—2012 年的气象要素资料、水文观测资料，建立较长时间序列的青海湖湖水位动态变化数据库，分析青海湖流域气候变化和湖水位变化的趋势以及其后变化对流域植被 NDVI 的影响，利用多元回归方法计算并定量评估引起水位变化主要因子的贡献率，并对该地区就影响青海湖水位变化的因素进行细致的探讨，以期为青海湖流域的生态环境和水资源保护和利用提供科学依据和数据支撑。

3.4.1 青海湖流域气候变化概况

从近 55 a(1961—2015 年)青海湖流域的气候要素年际变化曲线可以看出，青海湖流域降水量总体上呈现弱的增加态势但不显著(图 3.28a)，气候倾向率为 10.8 mm/(10 a)；青海湖流域降水量以 2001 年为界，前后均呈增加态势；年降水量在 2001—2015 年的近 15 a 增加显著，气候倾向率达 55.5 mm/(10 a)，降水量从 2001 年的 283.5 mm 增加到了 2015 年的 398.5 mm，增加的幅度远远超过了 1961—2000 年和 1961—2015 年间的增加幅度($P<0.05$)。1961—2015 年的 55 a 间，年降水量在 1967 年和 1989 年均超过了 500 mm。从降水量累积距平变化图可以看出(图 3.28b)，2004—2015 年降水量累积距平均呈正距平变化态势，是近 55 a 来降水量增加幅度最为明显的 10 a($P<0.05$)。此外，从年降水量的 M-K(Mann-Kendall，一种气候诊断与预测技术，可判断气候序列中是否存在气候突变)突变检验结果图也可以看出(图 3.28c)，青海湖流域年降水量从 2001 年呈现持续增加趋势，并在 2003 发生突变。

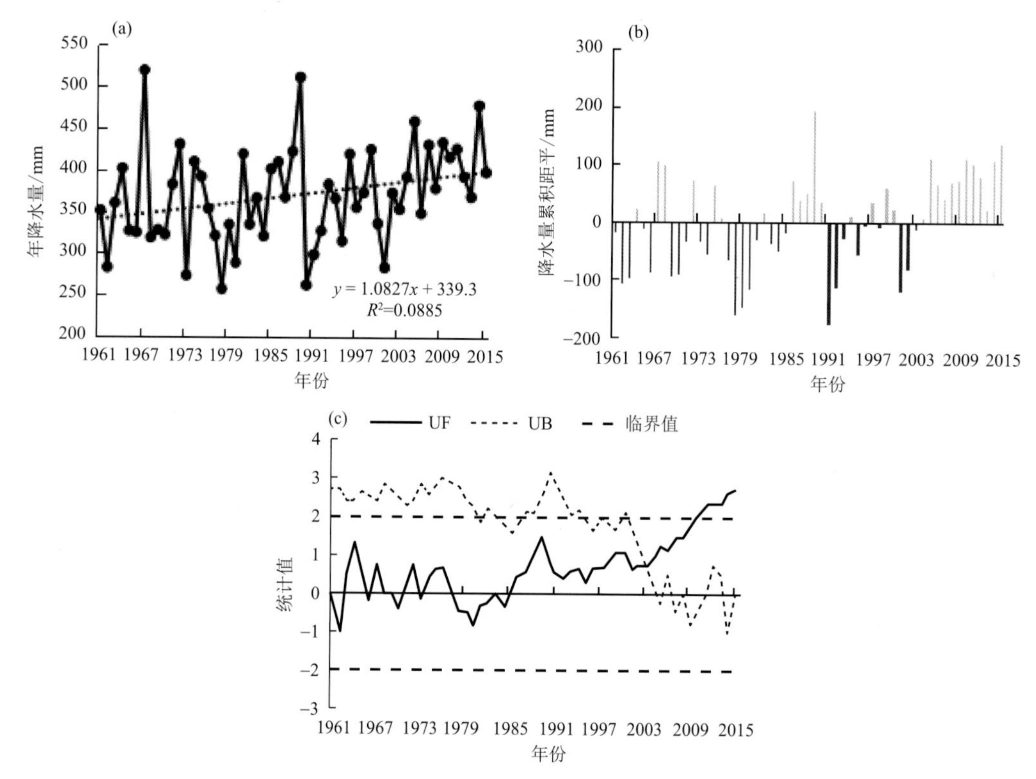

图 3.28 青海湖流域降水量变化特征(UF 为时间顺序统计量，UB 为时间逆序统计量，下同)
(a)年降水量；(b)降水量累积距平；(c)年降水量的 M-K 突变检验结果

从近 55 a(1961—2015 年)青海湖流域平均气温、最低气温和最高气温变化图(图 3.29)可以看出，青海湖流域增温趋势明显，从 1961 年起的近 55 a，流域内平均气温、最低气温和最高气温均呈显著的升高趋势($P<0.01$)。其中，最低气温的气候倾向率最大达 0.58 ℃/(10 a)

(图3.29b),平均气温的气候倾向率居中为0.37 ℃/(10 a)(图3.29a),最高气温的气候倾向率最小仅为0.29 ℃/(10 a)(图3.29c)。2001—2015年间平均气温、最高气温以及最低气温增加的幅度明显,其中平均气温、最高气温以及最低气温在2001—2015年的近15 a分别增加了0.64 ℃、0.32 ℃以及1.68 ℃,且近15 a的平均气温比近55 a的平均气温增加了1.18 ℃,增加的幅度明显高于20世纪60年代、70年代、80年代及90年代($P<0.01$)。此外,对于气温的M-K突变检验仅是最高气温突变较为明显,最高气温从1986年持续升高且在1997年发生了突变(见图3.29d)。

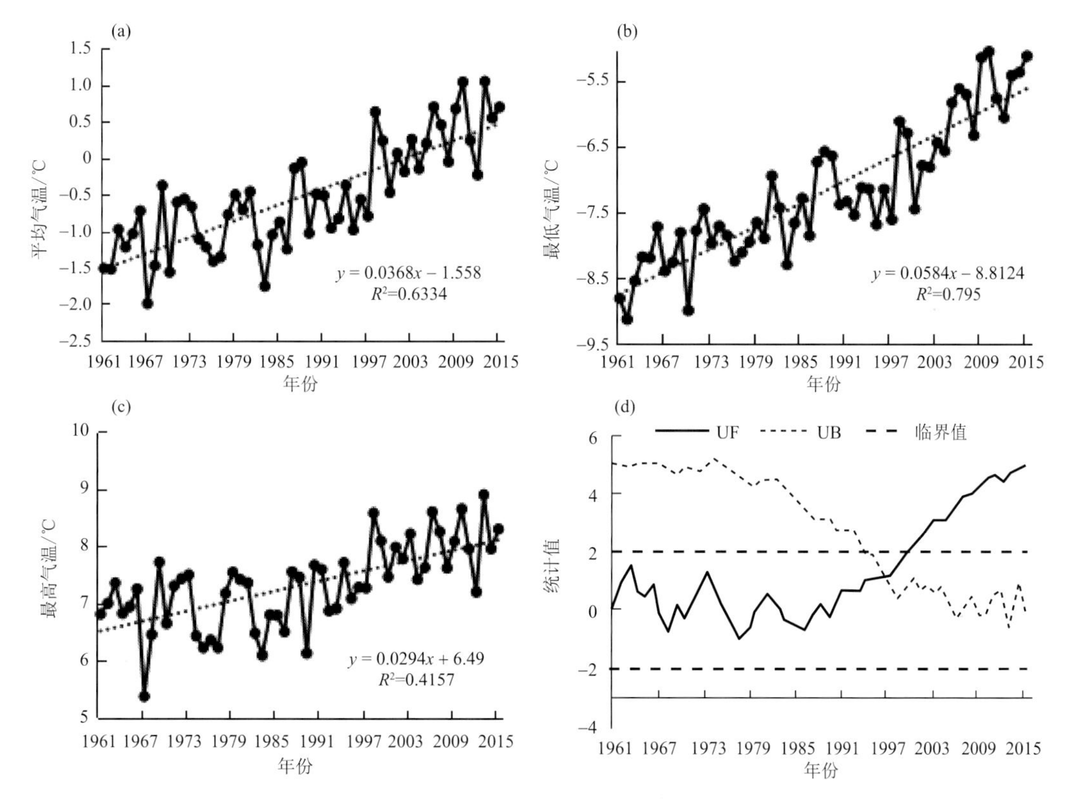

图3.29 青海湖流域平均气温(a)、最低气温(b)、最高气温(c)及统计值(d)变化特征

3.4.2 青海湖水位及河流径流变化特征

从1961—2015年青海湖水位变化特征图(图3.30)可以明显看出,青海湖水位从1961年开始呈现显著的下降趋势,变化倾向率为−0.762 m/(10 a)($P<0.01$),湖水位从1961年的3196.08 m开始下降,到2004年达到湖水位最低值仅为3192.87 m,而在2015年又上涨至3194.44 m(见图3.30a)。湖水位从2004年开始连续上升12 a,变化倾向率达143.7 cm/(10 a)($P<0.01$),且在2013年、2014年和2015年均超过了多年平均值,是近55 a来连续上升时间持续最长的一次,并且2012年水位增幅最大,相对前一年上升35.6 cm(图3.30b)。从湖水位差也可以看出,从2005年起湖水位差均为正值,说明水位每年都在增加且超过了前一年。此外,从湖水位差的M-K突变检验结果也得出,湖水位从2004年开始持续上涨,并在当年水位发生了从下降到上升的突变(图3.30c)。

1961—2015 年青海湖入湖河流流量的分析结果表明(图 3.30d),近 55 a 青海湖入湖河流流量呈现弱的增加态势,变化倾向率为 5.94 m^3/(s·(10 a));和降水量的变化相似的是,青海湖入湖河流流量从 1961—2000 年呈下降趋势但不显著,变化倾向率为−11.832 m^3/(s·(10 a)),而从 2001 年开始入湖河流流量呈并不显著的增加态势,变化倾向率为 36.211 m^3/(s·(10 a))。入湖河流流量在 1989 年达最大 471.9 m^3/s,2012 年次大为 430.8 m^3/s,1973 年最低仅为 72.6 m^3/s。从流域降水量和入湖河流流量的变化来看,近 15 a 降水量增加及其导致的入湖河流流量增加可能是青海湖水位上涨的主要原因之一。

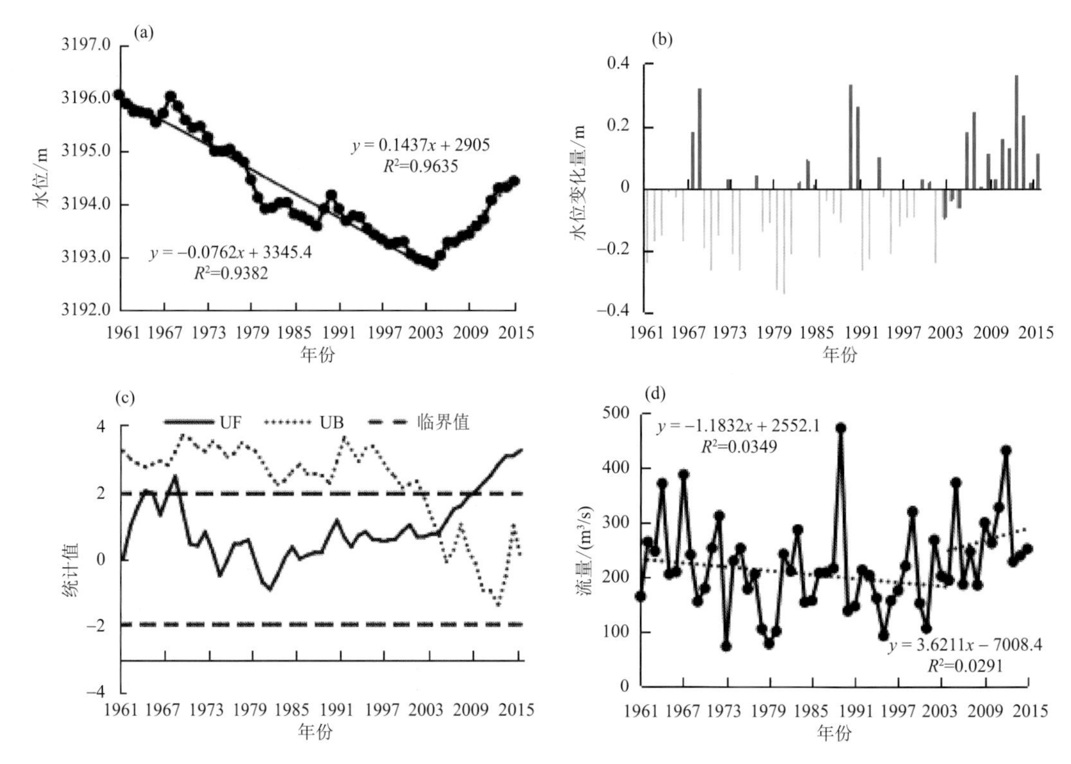

图 3.30 青海湖水位变化特征

(a)水位;(b)水位变化量;(c)统计值;(d)流量

3.4.3 青海湖流域 NDVI 与水文过程的关系

河流流量和植被生长状况之间也存在着一定的内在联系,植被生长的优劣对农牧业产生一定的影响。根据青海湖流域反映植被生长状况的指标 NDVI 与流量和水位之间的关系可以看出,入湖河流的流量与流域 NDVI 的变化关系密切,呈显著的正相关关系($P<0.01$),相关系数达 0.725(图 3.31a)。湖泊水位变化量与 NDVI 也存在着一定的联系,湖泊水位与 NDVI 关系紧密,呈显著的正相关关系,相关系数达 0.654(图 3.31b)。随着流域内河流流量逐步增加,流域草地 NDVI 增加速度较快;河流流量增加到 50 m^3/s 后,NDVI 增加的幅度逐步变缓基本保持不变。流域气候暖湿化导致流量的增加,流域内 NDVI 也呈现增大的态势。流域草地 NDVI 的增加一方面有助于整个流域水土保持和水源涵养,从而对湖泊水位的变化产生正反馈效应;另一方面,也有助于该地区草地的生长,从而对该地区草地畜牧业的发展起到一

定的促进作用。

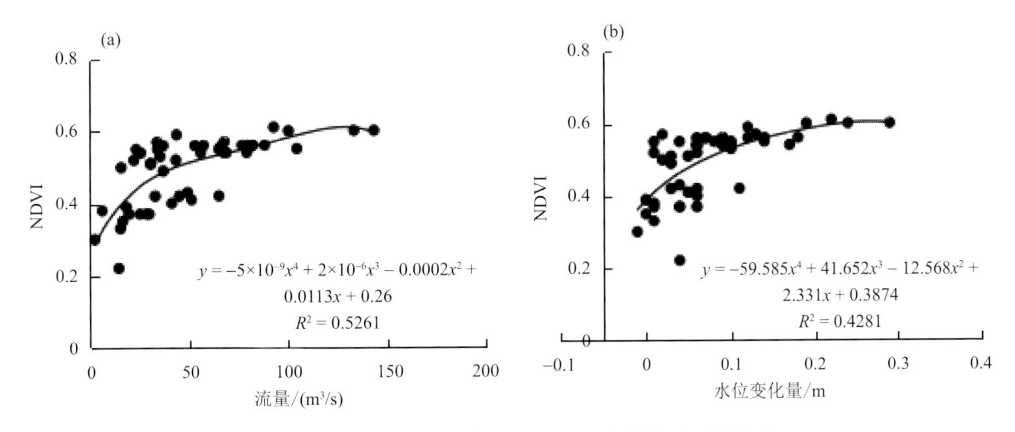

图 3.31　流域 NDVI 与流量(a)以及水位(b)的关系

3.4.4　基于水平衡的水位评估模型构建

考虑前一年降水量和径流量对湖水位变化的影响，通过公式对标准化后的各要素进行回归建立湖水位模型，建立的湖水位模型见式(3.1)：

$$\Delta h_i = 0.1 + 0.199r_i + 0.348q_i + 0.326r_{i-1} + 0.394q_{i-1} + 0.007e_i - 0.071e_{i-1} \tag{3.1}$$

式中，Δh_i、r_i、q_i、e_i 分别代表当年水位差、降水量、径流量以及蒸发量的标准化值，r_{i-1}、q_{i-1}、e_{i-1} 分别代表前一年降水量、径流量、蒸发量的标准化值。多元线性回归模型的相关系数为 0.919，$F=42.289$，达到了置信度为 99.9%的显著性水平。通过对多元线性模型进行评估分析可以得出，模型中降水量和径流量作为输入量系数为正，而蒸发量作为输出量系数为负，物理意义明确；模型中各要素的系数从大到小依次为径流量、降水量、蒸发量，反映了各要素对湖水位变化的贡献量的大小；模型中各要素前一年系数大于后一年，说明各要素前一年的变化对水位差的变化更为重要；模型中蒸发量系数前一年和当年相差一个量级，前一年蒸发量的系数相比降水量和径流量的系数又相差一个量级，说明相对于降水量和径流量，蒸发量对水文变化的贡献并不明显。通过式(3.1)计算各要素对湖泊水位变化的贡献率也可以表明，当年降水量、径流量和蒸发量的贡献率分别为 14.8%、25.9%和 0.5%；而前一年降水量、径流量和蒸发量的贡献率分别为 24.2%、29.3%和 5.3%，相比较而言，前一年各要素贡献率均大于当年，贡献率的大小依次为径流量、降水量和蒸发量。

通过青海湖水位评估模型可以对青海湖水位的影响进行定量化的评估，模拟后的水位差能较好地反映青海湖水位的年际变化(图 3.32a)，模拟值和实测值的相关系数达 0.92(见图 3.32b)，通过检验说明该评估模型能较好地模拟青海湖水位变化。此外，通过模型的建立和模拟得知，对于青海湖水位的模拟研究应当考虑前一年气候变化的情况。

通过上述研究和分析表明，青海湖流域降水量总体上呈现弱的增加态势但不显著，降水量以 2001 年为界，前后均呈增加态势。年降水量在 2001—2015 年的近 15 a 增加显著并在 2003 发生突变。青海湖流域增温趋势明显，从 1961 年起的近 55 a，流域内平均气温、最低气温和最高气温均呈显著的升高趋势($P<0.01$)。其中，最低气温升温速率最快，最高气温升温速率最慢，平均气温居中。2001—2015 年间平均气温、最高气温以及最低气温增加的幅度明显，且最

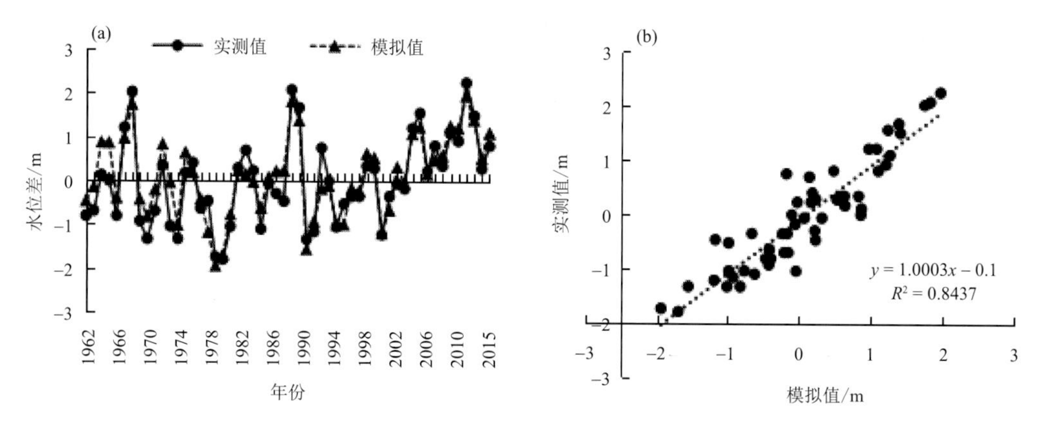

图 3.32 水位差实测值和模拟值(a)及水位差实测值和模拟值相关关系(b)

高气温在 1997 年发生了突变。青海湖水位从 1961 年开始呈现显著的下降趋势,在 2004 年发生了从下降到上升的突变,从 2004 年开始连续上升 12 a,2012 年水位增幅最大。从 1962—2015 年青海湖入湖河流径流量呈现弱的增加态势,青海湖入湖河流径流量从 1961—2000 年呈下降趋势但不显著,而从 2001 年开始入湖河流径流量呈增加态势。通过水位评估模型和贡献率分析看出,各要素前一年的变化对水位的影响更大,各要素对湖泊水位变化的贡献率大小依次为径流量、降水量和蒸发量。从流域降水量和入湖河流径流量的变化来看,2001—2015 年降水量增加及其导致的入湖河流径流量的增加可能是青海湖湖水位上涨的主要原因。

青海湖流域气候呈暖湿化特征,且最近 15 a(2001—2015 年)增加幅度明显。早前对中国西北气候的研究(施雅风 等,2003)指出,西北地区气候由暖干型转向暖湿型,最终会造成气温升高、降水增加这种暖湿化的气候变化特征。刘宝康(2016)对青海湖流域 1961 年以来的气温和降水的研究指出,青海湖流域气温升高和降水量增加是流域气候暖湿化的主要原因。一些研究(刘育红 等,2009;Wang et al.,2010;王敏 等,2013)也认为,青海北部的一些地区降水增多或者气候变湿很可能是气候转型的一种信号,而暖湿化的这种气候特征最终极有可能会使流域入湖河流径流量增加,最终导致水位的抬升。结果显示,1961 年开始湖水位逐年下降,从 2004 年开始逐年增加,增加趋势明显且水位达到了 20 世纪 70 年代末的水平,也是近 55 a 首次出现水位持续 11 a 上升的趋势。对于青海湖水位的研究(伊万娟 等,2010;马维伟 等,2017)发现,湖水位在 2004 年之前呈明显的下降趋势,但在 2004 年以后水位出现连续上升的趋势,并指出降水量的增加是水位呈现回升的主要原因。而范建华等(1992)通过湖泊水量收入变化得出,青海湖水位年际波动变化主要受降水的影响,这些研究结果均与本研究的结论一致。而对青海湖流域植被特征的研究,高雪峰等(2007)对青海湖流域遥感监测结果表明,近 14 a 来流域中覆盖草地快速增大,高覆盖草地也呈波动增加;流域草地生物量也呈现增加态势且降水量对草地生物量具有一定的促进作用。草地产量以及 NDVI 的增加对流域内草场资源增加以及促进畜牧业发展提供了良好的条件。

本研究指出,径流量、降水量以及蒸发量等要素前一年的变化对水位的影响较大,而其他相关研究(郭武,1997;李凤霞 等,2008;舒卫先 等,2008;李林 等,2010)均指出,青海湖水位及面积动态变化的主要原因是流域降水量以及河流径流量增加所致,但是这些研究均未细致详尽地探索降水量和径流量的时滞性差异。对于封闭的青海湖而言,径流量和降水量的前一年变化对湖泊水位的影响更大，这对后续的青海湖水文过程及水量平衡等研究提供了可借鉴的思路。而本研究的结论和方法在高寒地区无冰川融水补给的封闭湖泊研究具有较强的适用性，对于内陆湖泊以及具有出水河流湖泊的研究可能存在很大的不确定性和限制因素，在利用本研究的方法和结论等开展相关研究应注意方法和结论的适宜性。本研究对于青海湖流域气候暖湿化、水位动态变化以及 NDVI 等特征的研究，虽然显示 2005—2015 年降水量、径流量和水位呈增加态势，这有可能是气候变化中短期的振荡周期所引起的，并不能代表长期甚至未来的气候和水位的变化趋势。因此，对于青海湖流域气候、植被以及水位等的研究应该更加关注青海湖地区周边环境变化对湖区的影响等方面，并且需要加强青海湖地区的环境保护和治理及减缓人类活动对青海湖流域的影响，对青海湖流域的生态环境保护以及农牧业经济的可持续发展具有重要的意义。

3.5 黄河源区河流流量变化

气候变化对气象和水文水资源的影响引起了水文和气象界的高度关注。黄河源作为青藏高原的“启动区”和全球气候变化的“放大器”，源区内人类活动稀少，气象和水文要素相对真实地保持了天然状态，成为气候变化及其效应研究的主要区域。利用黄河源区国家基本气象站点、水文站点数据和遥感数据，分析近年来黄河源区气象水文特征是重要的基础工作，为研究水文过程对气候变化的响应提供基础。

3.5.1 黄河源区流量年际变化

在气候变化等因素的驱动下，同时受人类活动影响，1961—2019 年，黄河上游地区唐乃亥水文站流量呈减少趋势，平均每 10 a 减少 13.1 m^3/s，1961—2019 年黄河上游唐乃亥水文站年平均流量为 648 m^3/s，其中 1989 年流量最高，为 1035.7 m^3/s；2002 年流量最低，仅为 334.1 m^3/s。黄河上游年平均流量在 20 世纪 90 年代减少最为明显，1991—2002 年黄河上游年平均流量仅为 523.3 m^3/s，较 1961—1990 年减少 174.7 m^3/s。自 2003 年开始，黄河上游流量持续增加，2003—2019 年黄河上游年平均流量达 512 m^3/s，较 1991—2002 年增加 102.9 m^3/s。2019 年是自 1990 年以来流量最多的一年，达到 980.7 m^3/s(图 3.33)。

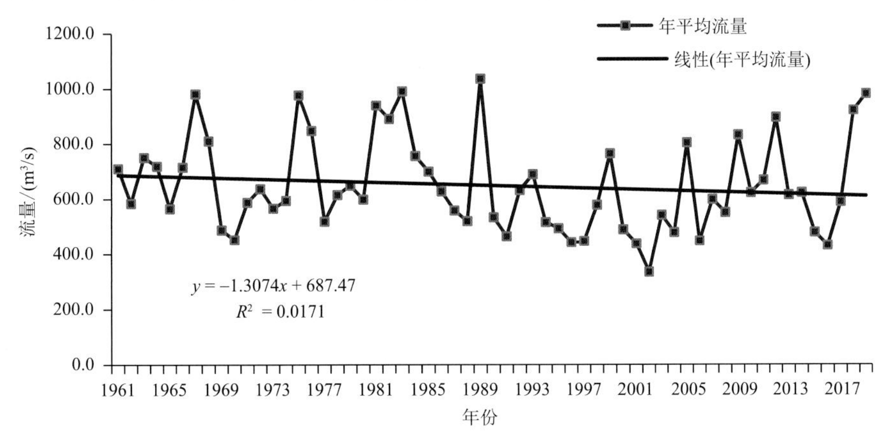

图 3.33　1961—2019 年黄河上游唐乃亥水文站年平均流量

1961—2019 年，黄河上游年平均流量丰、枯交替比较频繁，流量持续偏丰时段主要出现在 20 世纪 60 年代、20 世纪 70 年代中期—80 年代末，其中 1967 年、1975—1976 年、1981—1983 年、1989 年达到丰年标准；进入 21 世纪后，2009 年、2012 年、2018 年和 2019 年达到丰年标准，1989 年为偏丰年。持续偏枯时段出现在 20 世纪 60 年代末—70 年代初、20 世纪 90 年代初—21 世纪前期，偏枯时段要明显长于偏丰时段，其中 2002 年、2006 年和 2016 年达到枯年标准。流量自 1993 年前后出现了由多向少的转折，1961—1993 年平均流量出现负距平的年份为 17 a，正负年基本相当，而 1994—2019 年平均流量出现负距平的年份达 19 a，正距平年仅为 7 a，负距平年远远高于正距平年，年平均流量从此转入一个相对稳定的低值阶段（图 3.34）。

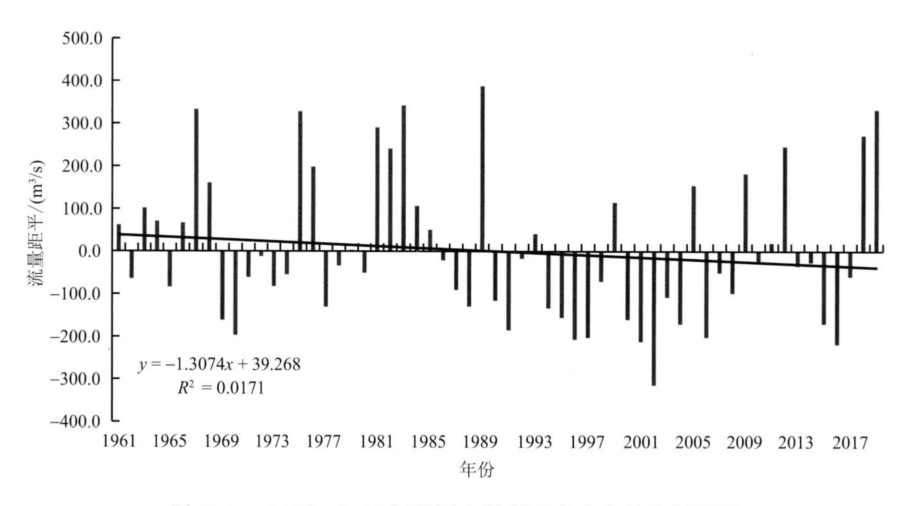

图 3.34　1961—2019 年黄河上游唐乃亥水文站流量距平

3.5.2　黄河源区流量过程的年内分配

青藏高原第二次科学考察发现，黄河源区冻土发育较频繁，分布较广，鉴于收集到的水文资料选择唐乃亥流域为研究流域（后期加强小流域观测来分析冻土特征），全年流量主要集中在 5—11 月，占全年总流量的 83%（图 3.35—图 3.37）；降水主要集中在 5—9 月，占全年降水量的 87%。年径流变化过程在 6 月和 9 月存在两个峰值，即存在一个春汛和夏汛过程，且春汛洪峰值明显高于夏汛。流域位于青藏高原多年冻土区，5、6 月气温迅速升高，地表的积雪及多年冻土活动层在较短时间内融化，产生大量的地表径流，形成春汛；8 月受夏季西南季风影响，降水量急剧增加，从而形成夏汛。春汛过后有一个明显的枯水期，夏汛过后河道流量逐渐减小（图 3.35、图 3.36）。

3.5.3　黄河源区径流模数、径流系数变化特征

2015—2019 年研究流域内平均径流系数为 0.35，径流模数为 5.2 L/(s·km²)。每年径流系数变化幅度较大。就月径流系数而言，5—9 月径流系数为 0.63，5 月和 6 月径流系数相对月平均值较高，可能由于冬季很大一部分降水以固态形式存储在流域内且土壤中冻结了大量的固态水，春季升温后这部分固态水大量融化，同时该时段内冻结融化深度较浅，在冻结锋面处形成了较高的隔水层，使得水分很难下渗，同时 5 月和 6 月极端降水量事件较多，使得径

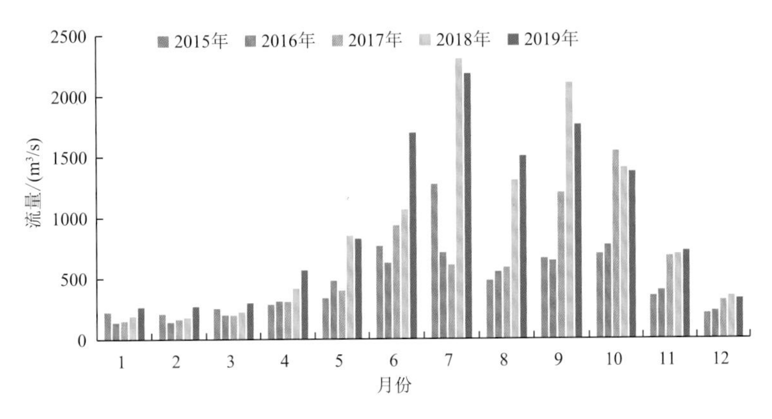

图3.35　黄河源区各月流量

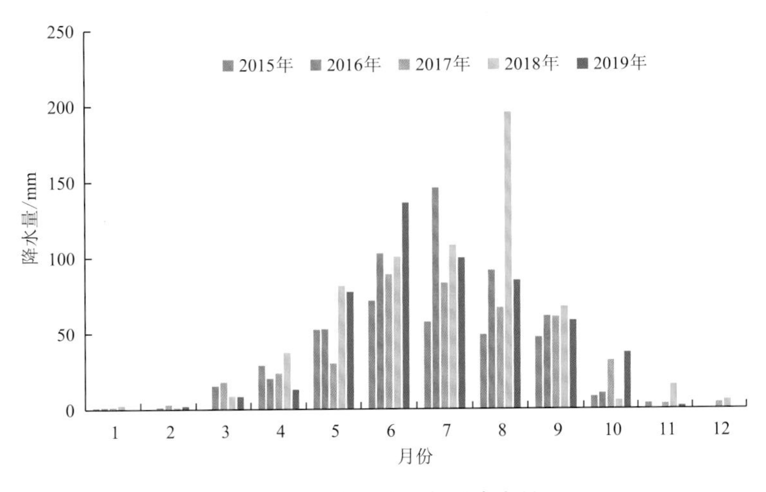

图3.36　黄河源区各月降水量

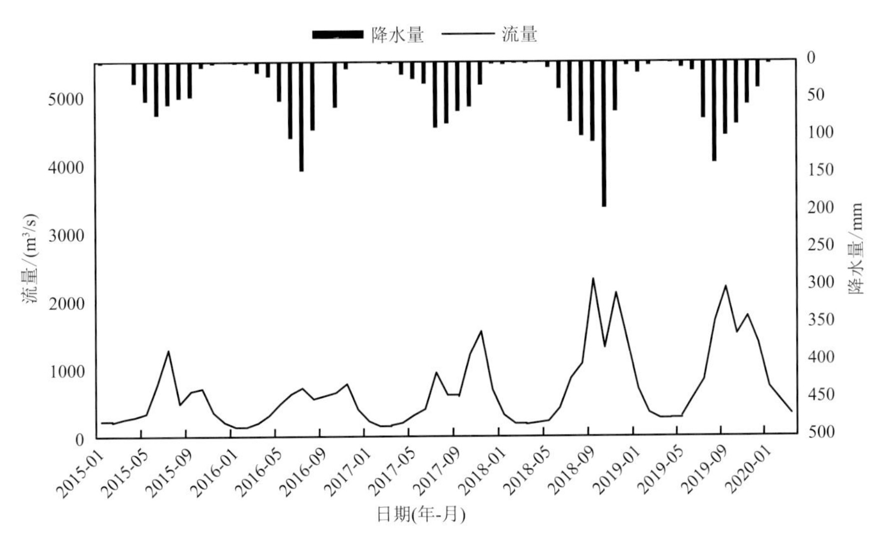

图3.37　黄河源区降水量和流量关系

流系数明显偏大;7 月和 8 月的径流系数小于月平均值,而在高原上这俩月的降水量较大,前一时段土壤中的水分由于蒸发及产流不断流失,土壤中的水分一直处于“透支”的状态,该时期的降水很大一部分用来补充土壤水分的亏缺,同时该时段内气温和辐射持续升高,蒸散发量增大,导致径流系数明显偏小。9 月和 10 月的径流系数较高,该时段内气温和土壤温度开始降低,蒸发量减少,水分在土壤中运移受到阻碍且由于土壤水分在前一时段得到了水分的补给,降水入渗量减少,地表径流比重增大,径流系数明显增大。

通过将每月的径流系数和径流模数进行比较,5 月的径流模数和径流系数都小于 6 月,但径流模数的增大比率明显大于径流系数,由于 6 月后研究流域的气温急剧升高,土壤活动层开始迅速融化,使得浅层的土壤水分含量迅速增大,土壤冻结的固态水被释放出来,使得径流模数增大;7 月的径流模数的变化幅度小于径流系数,由于这段时间土壤融化到了深处,土壤中存储的固态水量在上一阶段中被释放且没有得到明显的补给,深层融化的水量既要补充上层土壤中缺失的水分,又要向河道中补充部分水量,这也是导致径流系数明显减小的原因之一。8 月的径流模数和径流系数略微减小,但是这个时段的降水量却很大,究其原因,一是因为该时段为研究区的植物生长旺盛期,地表的蒸散发明显增大,二是降雨要补充土壤中缺失的水分,使得向河道汇流的水量减小。9、10 月的径流模数较小,即单位面积径流量较小,但径流系数却很大,主要是因为这个时段气温降低,导致土壤温度降低,水分在土壤中的运移受到阻碍,水分不能充分向下渗透,使得向河道汇流的比重增大。

在多年冻土区,径流过程存在两个明显的汛期,即春汛和夏汛,春汛峰值和水量小于夏汛,且两个汛期的径流成分是不一致的,春汛由降水、积雪融化和冻土活动层融化水组成,而夏汛主要由降雨组成。径流系数各月差异较大,有些月份甚至超过了 1,而夏季径流系数较小。冻土的特殊环境下,降水、气温和地温在不同时期对径流的影响呈现不同的规律。

黄河源区孕育了大量的冰川和冻土,在未来气候变暖下,冰川消融以及冻土融化可能在未来几十年内径流量增加,湖泊水位上升,部分区域类似的溃决型洪水发生概率可能增加,给流域水资源的调控和利用带来新的问题。为应对气候变化对青藏高原冰冻圈影响,应开展冰川融水对地表水和冰川融水补给河流的水文过程与预测研究,科学规划水资源的利用与开发,正确认识水资源和区域气候的调控作用。

3.6 本章小结

针对高原典型湖泊和河流,以地面调研、卫星遥感数据解译、模型模拟为主要手段,开展高原水体变化分析、影响分析和风险评估,主要结论如下。

通过对柴达木盆地 14 个盐湖及河流开展实地调研,发现盆地大部分湖泊呈现面积扩张、水位上涨状态。一方面,湖泊和河流水资源增加,有效改善了湖区周边土壤水分,有利于周边植被的生长,湖滨草甸化湿地面积增加,改善了周边野生动植物和鸟类栖息环境;另一方面,从调查柴达木盆地的自然环境来看,盆地湖盆相对较浅,湖泊蓄洪承灾能力有限,已经对生产设施、交通基建、旅游设施产生不同程度影响,需要防范溃决等灾害发生风险。

利用卫星遥感资料,对祁连山地区湖泊、三江源区湖泊、柴达木盆地湖泊和青海湖进行长时间序列变化分析,湖泊水体年最大面积总体呈分段式扩张趋势,其中三江源区湖泊扩张已形成高原湖链。

受青藏高原暖湿化趋势的影响，近年来高原湖泊水位普遍上涨，湖泊漫溢时有发生。利用多源卫星资料和气象数据分析了卓乃湖周边湖泊面积变化情况，发现1961—2014年持续增加的降水是卓乃湖漫溢的基础，2011年8月22日之前的两次强降水过程和之后的持续降水是导致卓乃湖漫溢的主要原因；发生在卓乃湖漫溢前的两次地震可能对卓乃湖的湖盆结构产生了一定的影响，从而加速了漫溢过程。卓乃湖漫溢导致西部、南部和东部湖岸线大幅退缩，退缩后产生的大片沙化土地影响从三江源区前往卓乃湖南岸产仔的藏羚羊的迁徙路径；海丁诺尔湖和盐湖面积显著增大后，对其周边的重大工程设施可能产生不利影响。

青藏高原多年冻土和季节冻土中存在大量的地下冰对区域的水资源和水文过程有着重要影响。利用气象数据和水文数据分析黄河源区流域的径流量变化，发现1961—2019年，黄河上游地区唐乃亥流量呈减少趋势，年平均流量丰、枯交替比较频繁。从冻土区流量过程的年内分配来看，全年流量主要集中在5—11月，占全年径流总量的83%，在多年冻土区，径流过程存在两个明显的汛期，即春汛和夏汛，春汛峰值和水量小于夏汛，且两个汛期的径流成分不一致，春汛由降水、积雪融化和冻土活动层融化水组成，而夏汛主要由降雨组成。冰川消融以及冻土融化可能导致在未来几十年内径流量增加，湖泊水位上升，部分区域类似的溃决型洪水发生概率可能增加，给流域水资源的调控和利用带来新的问题。

以1961—2015年的气象要素资料、水文观测资料为基础，分析表明，青海湖流域增温趋势明显，青海湖流域降水量总体上呈现弱的增加态势但不显著，青海湖入湖河流流量呈现弱的增加态势。近15 a(2001—2015年)降水量增加及其导致的入湖河流径流量增加可能是青海湖湖水位上涨的主要原因，同时，径流量、降水量以及蒸发等要素前一年的变化对水位的影响较大。河流流量、湖泊水位均与流域归一化植被指数NDVI呈显著的正相关关系，流域草地NDVI的增加一方面有助于整个流域水土保持和水源涵养，从而对湖泊水位的变化产生正反馈效应；另一方面，也有助于该地区草地的生长，从而对该地区草地畜牧业的发展起到一定的促进作用。对于青海湖流域气候、植被以及水位等的研究应该更加关注青海湖地区周边环境变化对湖区的影响方面，并且需要加强青海湖地区的环境保护和治理及减缓人类活动对青海湖流域的影响，对青海湖流域的生态环境保护以及农牧业经济的可持续发展具有重要的意义。

第4章 高寒湿地生态气象

4.1 三江源隆宝高寒湿地群落特征

湿地是植被、水和土壤等要素在空间结构上的有机耦合系统，被称为“地球之肾”。湿地植被作为长期进化过程中形成的适应湿生环境的独特物种，是保持湿地结构与功能的重要屏障。在湿地退化过程中，植被变化是主要的特征之一，主要表现为植物群落结构特征、功能群组成、物种多样性等的变化，这些植被指标是反映湿地生态系统时间和空间演替规律的重要指标(肖德荣 等，2006)。因此，研究湿地退化过程中植被变化的特征、过程与规律，并建立湿地植被评价指标体系，不仅可以很好地认识湿地退化过程，还对了解湿地的健康状况具有重要意义(Burnside et al.，2007；马维伟 等，2016)。湿地退化是自然和人类活动共同影响下的多因素、多层次的生态变化过程(Seilheimer et al.，2009)，选取最敏感、最具代表性的生态和环境要素指标，以构建湿地退化评价指标体系，是当前湿地评价研究的主要方法和发展趋势(Niemi et al.，2007)。

三江源位于青藏高原腹地，分布有大面积的高寒湿地(刘敏超 等，2006)。近年来，由于自然和人类活动的干扰，尤其是气候变化的影响(Pan et al.，2011)，三江源高寒湿地萎缩退化严重，退化湿地的植物群落结构和功能已经发生了明显的改变，弱化了湿地的生态功能。目前，已有研究主要报道了高寒湿地退化过程中植被特征的变化及可能的原因(后源 等，2009；韦翠珍 等，2011；马维伟 等，2016)，以及湿地退化的机制和保护措施(王根绪 等，2007)，而高寒湿地评价研究多采用宏观性指标对湿地进行功能和服务价值评价(张晓云 等，2008；Xi et al.，2010)，或是利用单个指标阈值评价湿地退化程度(李宁云 等，2012)，这种宏观性指标不能定量地评价湿地的健康状况，植物群落的某一单一指标对整个湿地环境及其功能的指示作用不够全面(Lebauer et al.，2008)，在综合评价指标选取方面还需要深入的探讨(杨波，2004)。随着近年来高寒湿地面积的持续减少，保护高寒湿地资源刻不容缓，而建立高寒湿地退化评价指标体系是湿地保护和恢复工程实践的重大需求问题(韩大勇 等，2012)。为此，本研究以三江源隆宝高寒沼泽湿地为研究区，详细分析了湿地退化过程中植物群落组成、物种多样性和生物量的变化特征，并对湿地退化的敏感性植被指标和湿地退化植被评价指标体系进行了研究，以期为高寒沼泽湿地退化评价体系的建立提供科学依据，也为高寒沼泽湿地的保护与恢复提供基础资料。

4.1.1 湿地退化过程中物种重要值及多样性变化

统计分析发现，调查的9个样地共有植物种24种，隶属13科21属(表4.1)。在湿地退化过程中，未退化阶段植物群落以小苔草（*Carex Parva*）为最大优势种，重要值为 0.51，主要伴生种为湿生植物藏嵩草（*Kobresia Tibetica*）以及沼生植物黑褐苔草（*Carex Atrofusca*）和水麦冬（*Triglochin Palustre*）等。在轻度退化阶段植物群落虽仍以小苔草为最大优势种，但重要值相对未退化阶段有所降低，重要值为 0.40，藏嵩草的重要值相对未退化阶段变化不大，群落中出现了小米草（*Euphrasia Pectinata*）、钝叶银莲花（*Anemone Obtusiloba*）和风毛菊（*Saussurea Japonica*）等中生植物。在重度退化阶段植物群落以藏嵩草为最大优势种，重要值为 0.39，黑褐苔草和水麦冬等沼生植物消失，出现了草玉梅（*Anemone Rivularis*）、圆穗蓼（*Polygonum Macrophyllum*）和火绒草（*Leontopodium Leontopodioides*）等多种中生植物。

表 4.1　9 个样地 24 种物种的重要值

物种	功能群	未退化			轻度退化			重度退化		
		1	2	3	4	5	6	7	8	9
小苔草	HE	0.44	0.52	0.57	0.39	0.43	0.39	0.24	0.23	0.22
黑褐苔草	HE	0.13	0.09	0	0	0.09	0	0	0	0
水麦冬	HE	0.08	0	0	0	0.05	0	0	0	0
藏嵩草	HY	0.23	0.29	0.26	0.27	0.22	0.31	0.39	0.44	0.35
花葶驴蹄草	HY	0.02	0.04	0.06	0	0	0	0.02	0.03	0.02
报春花	ME	0.02	0.02	0.04	0	0.01	0.01	0.02	0.02	0.02
紫菀	ME	0.02	0.03	0	0	0.01	0.02	0	0	0.01
碱毛茛	HY	0.01	0	0	0	0	0	0	0	0
鹅绒委陵菜	ME	0.04	0	0.04	0.03	0.02	0	0.04	0.05	0
漆姑草	ME	0	0.02	0.03	0	0.01	0.02	0.04	0.03	0.02
斑唇马先蒿	HE	0	0	0	0.02	0.04	0.04	0	0	0.02
小米草	ME	0	0	0	0.03	0.02	0.03	0	0	0
钝叶银莲花	ME	0	0	0	0.10	0.07	0.14	0.06	0.09	0.07
早熟禾	ME	0	0	0	0.07	0	0	0	0	0.11
赖草	ME	0	0	0	0.08	0	0	0	0	0
华丽龙胆	ME	0	0	0	0.02	0	0	0	0	0
风毛菊	ME	0	0	0	0	0.03	0.03	0.04	0	0.02
草玉梅	ME	0	0	0	0	0	0	0.03	0.04	0.04
圆穗蓼	ME	0	0	0	0	0	0	0.02	0.03	0
火绒草	ME	0	0	0	0	0	0	0.06	0	0.02
兰石草	ME	0	0	0	0	0	0	0.05	0	0.01
莓叶委陵菜	ME	0	0	0	0	0	0	0	0.04	0.03
老鹳草	ME	0	0		0	0	0	0	0	0.02
黄花棘豆	ME	0	0	0	0	0	0	0	0	0.02

注：HE 为沼生植物；HY 为湿生植物；ME 为中生植物

随着湿地植物群落的逆向演替，物种多样性指数、均匀度指数和丰富度均呈逐渐增大趋势（表 4.2）。这 3 个指数重度退化阶段均显著高于未退化阶段（$P<0.05$）。在轻度退化阶段，沼

生植物小苔草虽然仍为最大优势种，但群落中物种增多，出现了多种中生植物。在重度退化阶段，中生植物进一步增多，一些沼生植物消失，同时，小苔草重要值显著减小，藏嵩草成为最大优势种。

表 4.2　不同退化阶段植物群落多样性指数(*H*)、均匀度指数(*P*)和物种丰富度(*S*)的变化

退化阶段	*H*	*P*	*S*
未退化	1.34 ± 0.21^{b}	0.68 ± 0.04^{b}	7 ± 2^{b}
轻度退化	1.67 ± 0.01^{ab}	0.73 ± 0.03^{ab}	10 ± 2^{ab}
重度退化	1.90 ± 0.18^{a}	0.76 ± 0.02^{a}	13 ± 3^{a}

注：表中数据为平均值±标准差，同列不同小写字母表示不同退化阶段植物群落差异显著($P<0.05$)

4.1.2　湿地退化过程中地上和地下生物量变化

湿地退化显著影响地上生物量和地下生物量的变化(图 4.1)。地上生物量表现为轻度退化阶段显著低于未退化阶段($P<0.05$)，降低了 33.93%；重度退化阶段显著低于轻度退化阶段($P<0.05$)，降低了 48.84%。3 个土层地下生物量随着湿地退化均呈先增加后降低的变化趋势，其中，0～10 cm 土层各退化阶段间无显著差异，10～20 cm 和 20～30 cm 土层重度退化阶段均显著低于轻度退化阶段($P<0.05$)，这说明湿地退化对地上生物量的影响较地下生物量明显；在轻度退化阶段，地下生物量具有增加的特征；湿地退化越严重，对地下生物量的影响越显著。

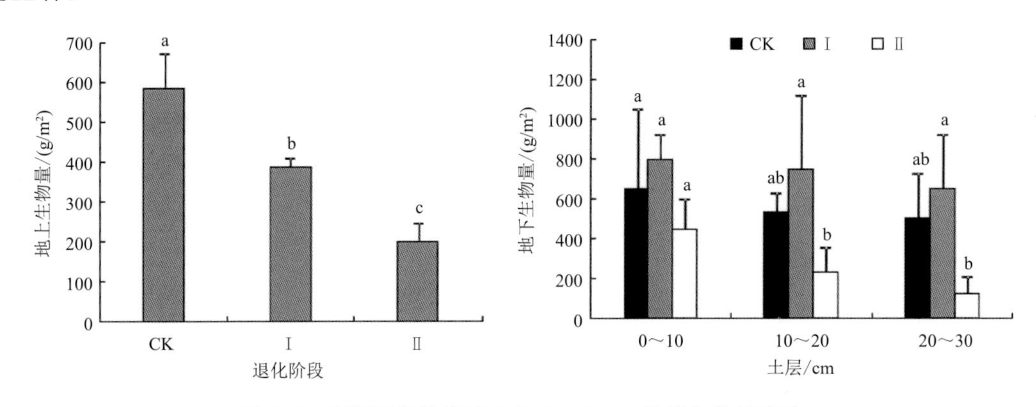

图 4.1　不同退化阶段地上和 0～30 cm 地下生物量变化

(CK：未退化；Ⅰ：轻度退化；Ⅱ：重度退化；不同小写字母表示不同退化阶段差异显著($P<0.05$))

4.1.3　高寒沼泽湿地植被评价指标

通过主成分分析，9 个植物群落指标简化为第一和第二主成分，累积解释量达 91.7%，涵盖了指标的大部分信息，可以代表 9 个植物群落指标信息(表 4.3)。第一主成分上盖度、地上生物量、沼生植物重要值和中生植物重要值具有较高载荷，达 0.9 以上，对于湿地退化的指示性较好(表 4.4)。以 2 个主成分的解释量占累积解释量的比值确定因子分值 FA_1(第一主成分因子分值)和 FA_2(第二主成分因子分值)的权重，建立了 SVEI 线性回归方程：

$$SVEI_j = 0.876 \times FA_{1j} + 0.124 \times FA_{2j}$$

式中，SVEI 为高寒湿地植被评价指数，j 为样方编号。

表 4.3　植被指标主成分特征值及其解释量

主成分	特征值	解释量/%	累积解释量/%
1	7.23	80.3	80.3
2	1.03	11.4	91.7

表 4.4　植被指标与主成分间的相关系数

植被指标	第一主成分	第二主成分
盖度	−0.986	0.031
高度	−0.841	0.432
地上生物量	−0.973	−0.196
沼生植物重要值	−0.945	0.278
湿生植物重要值	0.765	−0.574
中生植物重要值	0.936	−0.029
H	0.889	0.439
P	0.849	0.304
S	0.859	0.33

湿地退化的 SVEI 变化规律如图 4.2 所示，未退化阶段的 3 个样地 SVEI 的范围为−3.23～−1.98，轻度退化阶段的 3 个样地 SVEI 的范围为−0.54～0.51，重度退化阶段的 3 个样地 SVEI 的范围为 2.15～3.26。根据 9 个样地的 SVEI 值综合分析，不同退化阶段湿地植被评价指数的范围可划分为：未退化阶段 SVEI＜−1，轻度退化阶段−1≤SVEI≤1，重度退化阶段 SVEI＞1。

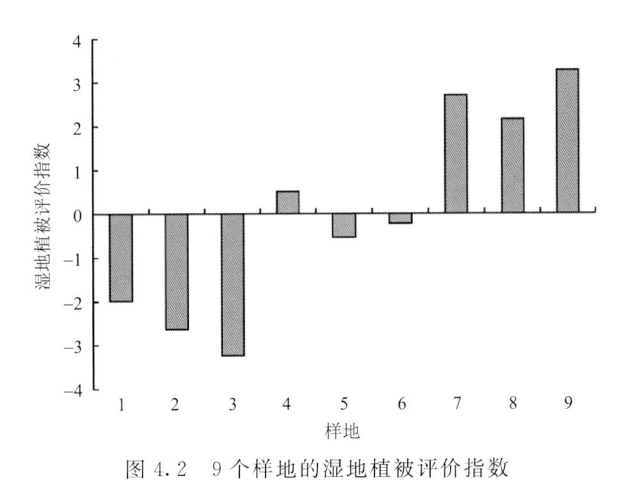

图 4.2　9 个样地的湿地植被评价指数

4.1.4　湿地退化对植物群落特征的影响

湿地生态系统退化是当前的一个普遍现象，近年来青藏高原高寒湿地持续退化，其面积已经锐减了 10%（王根绪 等，2007）。在高寒湿地退化过程中，群落内物种发生的更替不仅影响群落结构和多样性特征，而且影响群落生产力的变化（Wang et al.，2010）。本研究表明，随着湿地退化，植物优势种发生明显变化，未退化阶段到重度退化阶段，优势种由小苔草逐渐转变为藏嵩草。同时，与未退化阶段相比，退化阶段部分沼生植物种因不适应环境而消失，出现多种中生植物，植物群落中中生植物种的比例有很大的增加，尤其是重度退化阶段。物种多样性指数、均匀度指数和丰富度均随着湿地退化而增大，这与尕海湿地和黄河首曲湿地退化过程中植物群落多样性的变化趋势相同（后源 等，2009；马维伟 等，2016），主要是因为适应高寒环境的沼生植物种类较中生植物种类少，湿地退化土壤水分降低，生境干旱化，为中生植物的生长创造了有利条件，致使退化湿地中出现较多的中生植物，导致其物种多样性和丰富度增加（后源 等，2009）。

植物生物量是评估生态系统生产力、结构和功能的重要参数，近年来受气候变暖和过度放牧的影响，隆宝湿地出现一定程度的退化，湿地植物地上生物量下降显著（马宗泰 等，2009）。本研究显示，随着湿地退化，植被地上生物量显著降低（$P<0.05$），主要原因如下：一方面随着湿地退化，沼生植物种重要值减小，而中生植物种重要值增大，由于中生植物具有较高蒸腾失水的特点（李宏林 等，2012），在同样的降水条件下，降低了土壤水分的有效性，增加了物种间对水资源的竞争，导致群落生物量降低；另一方面过度放牧导致湿地植被生物量降低，而这一现象在水资源短缺、土壤退化的湿地尤为明显（高雪峰 等，2007）。在隆宝湿地，地下生物量未退化阶段低于轻度退化阶段，未退化阶段和轻度退化阶段明显高于重度退化阶段，在10～30 cm土层轻度退化与重度退化间差异显著（$P<0.05$）。前者主要是因为随着湿地退化，土壤水分降低，而在轻度退化阶段沼生植物仍为优势种，由于土壤水分降低的影响，沼生植物种会分配更多的生物量给地下部分以维持水分的吸收（王敏 等，2013），导致群落地下生物量增多。后者主要是因为随着湿地退化加剧，地上生物量减少严重，致使植物光合面积减小，其光合产物不能满足自身生长发育，需要根系提供营养物质，这限制了植物根系的生长发育（马维伟 等，2017），加之根系发达的小苔草重要值减小，导致群落地下生物量减少，同时随着深度的增加，重度退化阶段地下生物量减少明显，垂直分布呈“T”形分布，这与草原地下生物量在土壤剖面上的分布特征相似（李凯辉 等，2008）。

4.1.5 湿地退化植被评价指标体系

植被退化是湿地退化最主要的表现之一（杨永兴 等，2013），植被的生态特征可以作为环境指标，对湿地退化特征、过程与规律进行定量描述，选择湿地退化最敏感、最具代表性的植被指标，建立湿地植被评价指标体系，可以定量地、准确地评价湿地退化的状态（Toogood et al.，2009）。本研究利用植物群落指标、物种的个体数量指标、物种的综合数量指标评价高寒沼泽湿地的退化，发现构建的植被评价指数可以很好地指示湿地退化的程度，评价效果较好。研究结果表明，不同退化阶段湿地植物群落的沼生、湿生和中生植物重要值、Shannon多样性指数、Pielou均匀度指数和物种丰富度都存在较大差异，其中，沼生和中生植物重要值对湿地群落类型演替的反应最为敏感。植物群落盖度、高度和地上生物量可以反映群落对环境资源的利用能力，随着退化加剧，变化也较明显。因此，本研究选用了上述植被指标建立了高寒沼泽湿地植被评价指数，这些指标均是湿地植被生态观测的常规指标，这种方法具有成本低、效率高、实用性强、可综合定量评价等特点。不同退化阶段湿地的SVEI值表明，未退化阶段的SVEI的范围为－3.23～－1.98，轻度退化阶段的SVEI的范围为－0.54～0.51，重度退化阶段的SVEI的范围为2.15～3.26。表明SVEI值可以很好地区分湿地退化的程度，可以作为定量评价湿地退化程度的综合指标。

4.2 三江源隆宝高寒湿地时空变化与气候驱动力

湿地作为一种水陆相互作用形成的兼具土壤、水分、空气和生物等组分的独特复合型生态系统，对环境变化具有较高的敏感性，是世界上生产力最高的生态系统之一(Buckley,2011;宋长春,2003)。中国湿地类型多样且分布较广，面积位居亚洲之首，其中在青藏高原江河源区发育的具有高寒气候背景的高寒湿地群最为独特(陈桂琛 等,2002)。目前，全球气候系统变暖已成为学术界公认的事实，在此背景下青藏高原作为气候变化的启动区和敏感区，高寒湿地生态系统如何响应高原气候变化是亟待解决的重大科学问题(何方杰 等,2019)。近年来针对该问题学者们开展了大量研究工作：如罗磊(2005)研究指出，气候变化在青藏高原地区的凸显将使高寒湿地生态系统相对其他区域承受更大的胁迫，并且中小尺度区域内气象特征的改变和关键气象要素时空分配状况的变化可能是湿地退化的直接驱动力；王根绪等(2007)揭示了1970—2010年青藏高原湿地退化具有普遍性且与气温升高显著相关；燕云鹏等(2015)研究表明，1975—2007年三江源区湿地均呈现退化趋势，且长江、黄河和澜沧江源区气候的差异性致使湿地演变规律不一致；赵峰等(2012)的研究进一步指出，气温、蒸发量和相对湿度等气候因素是三江源区湿地变化的主要驱动因子；杜际增等(2015)指出，长江、黄河源区湿地退化与气候暖干化趋势具有显著同步性，且气温升高是导致湿地退化的主要气候因子；李林等(2008b)更进一步指出，21世纪以来黄河源区湿地萎缩对气温、降水和蒸发量等气候因子以及冻土环境的改变具有显著响应；李凤霞等(2011)分析认为，在导致长江源区湿地消长状况的气候因子中，蒸发量和降水更具有主导性。综上所述，青藏高原地区的高寒湿地生态系统存在明显的退化，且湿地演变对气候变化响应较为敏感。

三江源区地处青藏高原核心腹地，分布有大量湖泊湿地和沼泽湿地。作为青藏高原高寒湿地的主要分布区，三江源湿地群对全球气候变化的响应主要通过其特殊的水文变化和碳循环变化表征(Mcguire et al.,2003)。具体来看，长江源区为全国人口密度最小的地区，人口密度不足每平方千米1人(罗磊,2005)，相较于黄河源区受人为干扰因素更少，因而能更加真实反映湿地演变与气候变化间的响应关系。近年来，针对长江源区湿地开展动态变化监测与气候驱动力的研究中，受观测资料时序短、遥感数据源不丰富、湿地提取方法精度差等因素影响，鲜有研究能够全面地揭示长江源区高寒湿地演变规律及其与气候变化间的响应机制。鉴于此，本研究选取长江源头典型湿地——隆宝高寒湿地作为研究对象，利用长时序高分辨率影像，采用定量化的湿地提取技术获取湿地变化信息，并尝试从时空变化角度分析隆宝湿地的演变规律，最后对气候变化与高寒湿地演变的响应规律进行探讨，以期为高寒湿地保护与修复提供技术支撑和理论指导。

4.2.1 高寒湿地分类方法

4.2.1.1 高寒湿地遥感分类体系

参考我国湿地等级式分类系统以及青海省地方标准《高寒湿地遥感分类技术指南》(DB63/T 1746—2019)，建立了隆宝保护区土地覆被遥感分类体系，其中保护区内湿地类型主要以沼泽湿地和湖泊湿地为主并且分布少量河流湿地。本研究将上述3种湿地类型归为一类，并将其总面积定义为隆宝高寒湿地面积，同时在保护区内还存在裸岩、裸土、高寒草甸和城乡/工矿/居民用地（建设用地），隆宝保护区土地覆被分类体系和影像特征如表 4.5 所示。

表 4.5 土地覆被分类体系与影像特征

类型		影像与分布特征			
		真彩色合成	假彩色合成	野外照片	分布与影像特征
高寒湿地	沼泽湿地				真彩色中为墨绿色，在假彩色为呈暗红色，形状不规则，连片状分布，色调不均一。在保护区内广泛分布在常年性/季节性积水与过湿区域
	湖泊湿地				真彩色中为黑色、深蓝色和褐色，假彩色中为黑色和墨绿色，形状呈多边形，其主要分布在隆宝湿地的核心区域，如隆宝湖以及周边小湖泊
	河流湿地				真彩色中为黑色和褐色，假彩色中为墨绿色，条带状，其主要分布在湿地西北部与益曲河交汇地带，并在河流两侧泛洪处形成湿地
裸岩					真彩色中为灰色、青灰色，假彩色中为灰绿色，形状不规则，呈斑块状，主要分布在湿地北部和西北部高山山顶和山坡
裸土			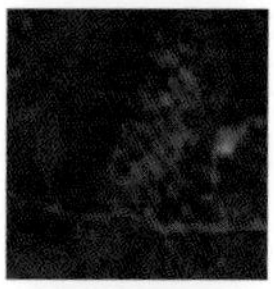	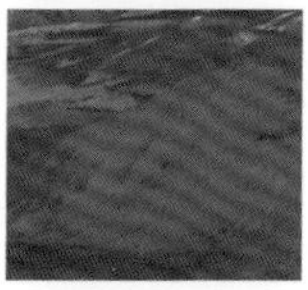	真彩色中为土黄色，假彩色中为青绿色，形状不规则，连片状，主要分布在湿地南北部高山的山顶和山坡
高寒草甸					真彩色中为深绿色，假彩色中为鲜红色，斑块内部色调均匀，主要分布在隆宝湖两侧高山、山坡和山谷地等地，分布范围广
城乡/工矿/居民用地（建设用地）					真彩色中为灰色和灰白色，假彩色中为青绿色，形状为一定宽度条状分布，主要为修建在湿地北部的公路与少量居民点

4.2.1.2 地物分类特征选取

用于湿地信息提取的分类特征主要包括：光谱波段、特征指数和辅助分类数据。首先，影像光谱波段选取 Landsat 8/OLI 与 Landsat 5/TM 光谱波段相近的红、绿、蓝、近红外和短波红外波段；其次，挑选能够表征湿地植被、土壤水分和水文信息的特征指数，包括归一化植被指数(NDVI)和归一化差分水体指数(NDWI),计算方法见式(4.1)和(4.2);最后,研究区为高山区地形较为复杂,有效提高分类精度,在分类特征中也融入与地形因子相关的辅助分类数据,如数字高程、坡度和坡向数据。

$$\mathrm{NDVI}=\frac{\rho_{\mathrm{NIR}}-\rho_{\mathrm{red}}}{\rho_{\mathrm{NIR}}+\rho_{\mathrm{red}}} \tag{4.1}$$

$$\mathrm{NDWI}=\frac{\rho_{\mathrm{green}}-\rho_{\mathrm{NIR}}}{\rho_{\mathrm{green}}+\rho_{\mathrm{NIR}}} \tag{4.2}$$

式中,ρ_{NIR}、ρ_{red}和ρ_{green}分别代表近红外、红光和绿光波段,NDVI和NDWI值范围均为-1~1。

4.2.1.3 地物信息分类算法

选取随机森林(Random Forests)机器学习方法用于隆宝地类信息的提取,该方法最早于2001年由Leo Breiman和Adele Cutler提出,是一种基于bagging框架下的决策树模型,有较好的分类效率和精度(谷晓天 等,2019)。本研究通过多次试验获取模型参数,其中将参数中决策树数量设定为120,特征数量选取为Square Root,停止分裂的最少样本数设定为1,不纯度函数选择基尼系数,而其阈值设定为0。在分类过程中需输入训练样本和验证样本,但针对部分历史时期影像进行分类的过程中,较难获取同时期的野外实地调查样点以作为训练和验证样本。因此,尝试利用ArcGIS10.3软件中的Create Random Points工具创建随机样点,其中每一时期影像数据的随机样点分别为200个,并通过人工目视经验判识获取各样点的实际地类属性,最后依据各样点编号采用创建随机数方法按2∶1抽取训练样本和验证样本。

4.2.2 隆宝高寒湿地演变时空特征分析

4.2.2.1 提取结果与精度评价

隆宝湿地1986—2017年共16期影像数据进行土地覆被分类(图4.3),对各个时期土地分类的结果通过构建混淆矩阵后进行精度验证,其模型总体分类精度均高于88%,Kappa系数大于0.86,表明上述分类结果具有很好的准确性。

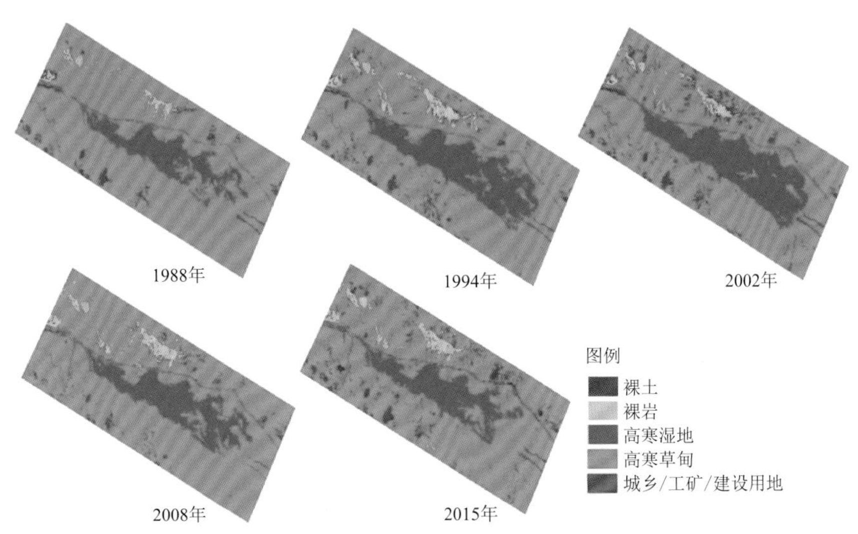

图4.3 隆宝湿地土地覆被分类结果

4.2.2.2 湿地面积与时空变化特征

从空间上看，1986—2017年隆宝湿地空间变化存在不均一性(图4.4)，在湿地核心区东南部为明显的湿地消长区，湿地边界变化幅度明显快于中部和西部，其原因可能为地形因子对于湿地的演变具有一定影响，具体表现为湿地核心区东部在地势上高于中西部，伴随地势山区降水往往由东南向西北方向汇聚，而地势的不均一将导致湿地核心区内总体水分条件东部要明显劣于中西部地区，因而在气候特征发生较大变化时东部的湿地更易遭受波动，从而发生演变；在时间尺度上，32 a来隆宝湿地面积总体呈下降趋势(图4.5)，期间共减少11.66 km^2，年平均减少速率0.40 km^2/a，在2000—2002期间湿地面积出现由增到减的关键转折，2002年前湿地面积在波动中呈现逐步增加趋势，17 a共增加7.60 km^2，增加速率0.88 km^2/a，2002年后隆宝湿地面积呈持续下降趋势，15 a共减少了11.28 km^2，减少速率1.36 km^2/a，后期湿地面积的退化速率明显高于前期湿地面积的增加速率。

图4.4 1986—2017年隆宝湿地空间分布范围

4.2.3 隆宝高寒湿地土地利用结构演变与动态变化度分析

根据保护区内地表类型发生较大变化的年份将研究时段划分为4段(1986—1994年、1994—2002年、2002—2008年和2008—2017年)，其综合土地利用动态变化度指数分别为0.44%、0.42%、0.75%和0.01%，表明随着时间推移保护区内地表类型的变化程度趋于减弱。其中在1986—1994年建设用地和裸土的土地利用变换强度较大，分别达到36.67%和9.73%，利用转移矩阵分析发现，该时段因保护区修建道路，土地利用类型转换为建设用地的面积达到了0.11 km^2，而裸土的转入面积也达到2.89 km^2，高寒草甸面积转出5.60 km^2，而且主要转换为湿地(转入3.39 km^2)和裸土(转入2.23 km^2)两种类型。在1994—2002年裸土

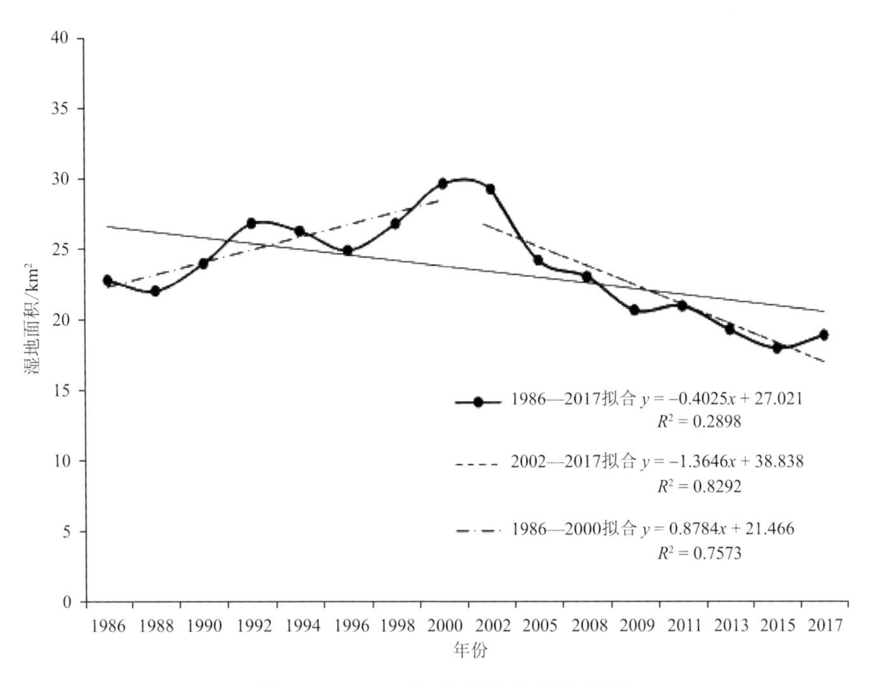

图 4.5 1986—2017 年隆宝湿地面积

和建设用地的土地利用动态变化强度较大，依次为 7.16% 和 2.78%，高寒草甸的转出面积达到了 12.01 km^2，其转化为裸土、湿地和建设用地的面积分别达到了 4.52 km^2、4.01 km^2 和 0.10 km^2，湿地类型的转出面积为 4.16 km^2，其主要转化为高寒草甸，面积约 4.01 km^2。在 2002—2008 年建设用地、裸土和湿地的年变化强度大于 2%，湿地的转出面积较大，达到 10.28 km^2，而且主要转换为高寒草甸。在 2008—2017 年各地表类型动态变化均趋于平稳，动态变化度均小于 2%，呈现湿地面积减小而高寒草甸面积增大，约有 3.42 km^2 湿度面积转换为了高寒草甸。总体分析，隆宝保护区地表各类型中，建设用地在 1986—1994 年和 2002—2008 年具有较大变化度，其主要原因与区域道路扩建有关，裸土在 1986—2002 年具有较大变化度，该期间主要存在裸土与高寒草甸间的相互转换，湿地和高寒草甸是保护区内主要的地表覆盖类型，并在 1986—2017 年 4 个时期中两种类型间存在普遍的相互转换，其年平均转换率为 2.0% 和 0.76%，各个时期的土地利用转移矩阵和动态变化度情况如表 4.6 和表 4.7 所示。

表 4.6 1986—2017 年隆宝土地利用变化转移矩阵 单位：km^2

时间	类型	建设用地	裸岩	裸土	高寒草甸	湿地	转出面积
1986—1994 年	建设用地	0.05	0.00	0.00	0.00	0.00	0.00
	裸岩	0.05	0.51	0.00	0.00	0.00	0.05
	裸土	0.06	0.05	3.46	0.42	0.02	0.55
	高寒草甸	0.00	0.00	2.23	110.20	3.37	5.60
	湿地	0.00	0.06	0.66	0.70	22.81	1.42
	转入面积	0.11	0.11	2.89	1.12	3.39	7.62

续表

时间	类型	建设用地	裸岩	裸土	高寒草甸	湿地	转出面积
1994—2002年	建设用地	0.09	0.00	0.00	0.07	0.00	0.07
	裸岩	0.00	0.57	0.19	0.05	−0.19	0.05
	裸土	0.01	0.00	5.61	0.72	0.01	0.74
	高寒草甸	0.10	0.00	4.52	99.31	7.39	12.01
	湿地	0.00	0.03	0.12	4.01	22.04	4.16
	转入面积	0.11	0.03	4.83	4.85	7.21	17.03
2002—2008年	建设用地	0.10	0.03	0.07	0.00	0.00	0.10
	裸岩	0.00	0.58	0.01	0.01	0.00	0.02
	裸土	0.10	0.02	7.93	2.39	0.00	2.51
	高寒草甸	0.11	0.03	0.34	101.99	1.69	2.17
	湿地	0.00	0.01	0.00	10.27	18.97	10.28
	转入面积	0.21	0.09	0.42	12.67	1.69	15.08
2008—2017年	建设用地	0.18	0.01	0.02	0.05	0.06	0.14
	裸岩	0.00	0.60	0.02	0.03	0.01	0.07
	裸土	0.09	0.00	7.75	0.45	0.05	0.59
	高寒草甸	0.10	0.02	0.49	110.64	3.42	4.02
	湿地	0.00	0.00	0.40	6.12	14.14	6.51
	转入面积	0.19	0.03	0.92	6.64	3.55	11.33

表 4.7 1986—2017 年隆宝土地利用动态变化度 %

土地利用类型	1986—1994年	1994—2002年	2002—2008年	2008—2017年
建设用地	36.67	2.78	7.86	1.7
裸岩	1.79	−0.36	1.67	−0.55
裸土	9.73	7.16	−2.86	0.4
高寒草甸	−0.64	−0.71	1.44	0.23
湿地	1.36	1.29	−4.2	−1.44
综合土地利用	0.44	0.42	0.75	0.01

4.2.4 隆宝高寒湿地气候变化特征

湿地生态系统对气候变化较为敏感，并且以气温、降水和蒸发等气候因子对于湿地的影响最为明显，本研究针对隆宝保护区 1986—2017 年的气温、降水等关键因子的变化趋势和气候突变状况予以分析，其中年平均气温整体呈现显著上升趋势（图 4.6a），气候倾向率为 0.56 ℃/(10 a)，且通过 $\alpha=0.01$ 的显著性水平，由 M-K 方法分析在 1986—2001 年间气温呈现波动上升但并不显著，而在 2001 年后气温上升显著，超过 $\alpha=0.05$ 的显著性水平临界线，根据

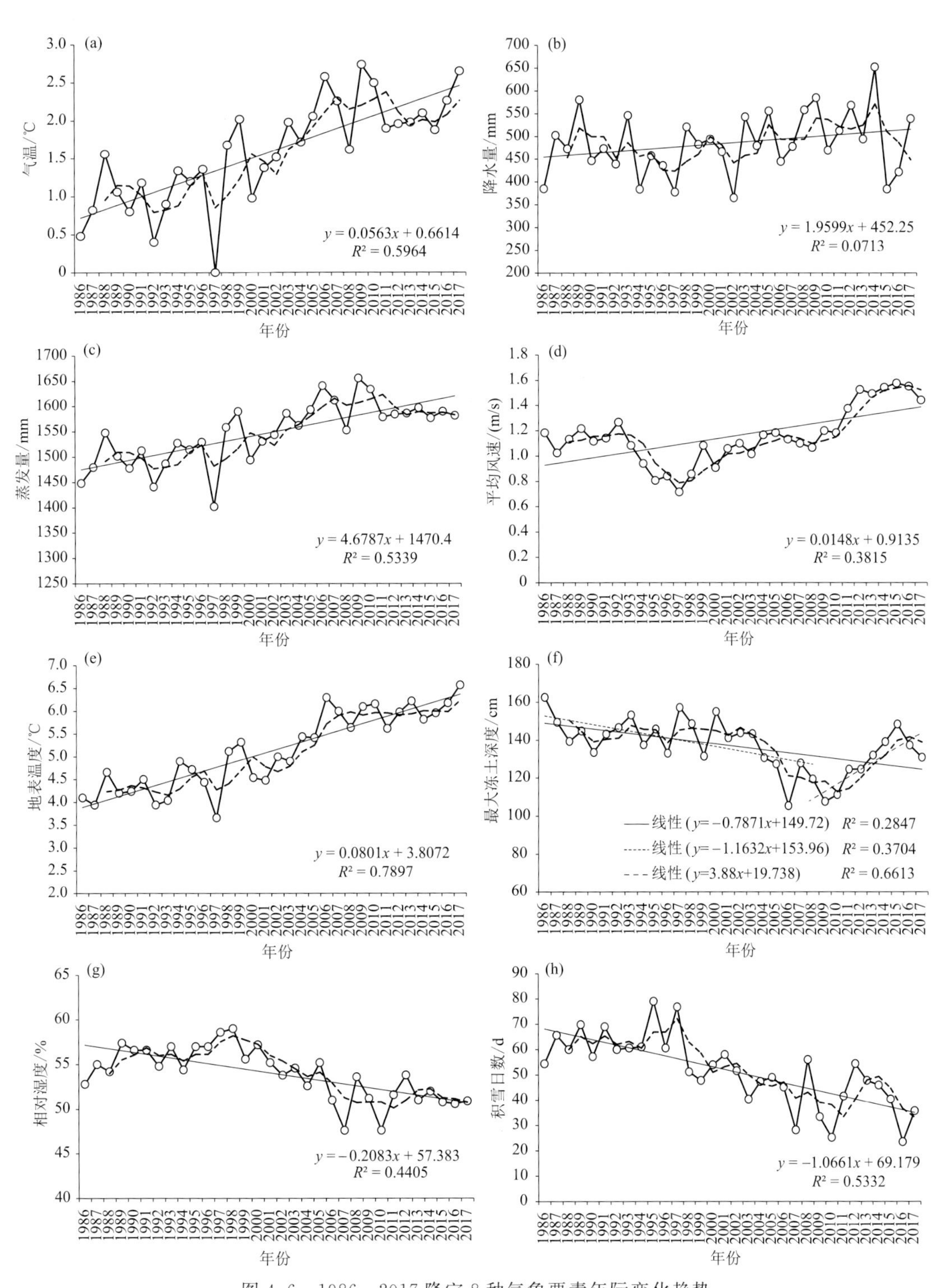

图 4.6　1986—2017 隆宝 8 种气象要素年际变化趋势

(a)全年平均气温;(b)全年降水量;(c)全年蒸发量;(d)全年平均风速;(e)全年平均地表温度;(f)全年最大冻土深度[①];(g)全年平均相对湿度;(h)全年积雪日数

① 最大冻土深度在本书中指的是季节冻土最大冻结深度。

UF 和 UB 曲线的交点确定其突变年为 2001 年(图 4.7a);年降水量总体呈现不显著性增加趋势(图 4.6b),其中 1989—1997 年降水量在波动中总体呈现减少趋势,而在 1997 年后呈现波动增加趋势,但上述变化趋势均不显著,由 M-K 方法确定了降水突变年为 1989 年和 2004 年(图 4.7b);年蒸发量整体呈显著增大趋势(图 4.6c),其气候倾向率达到 46.79 mm/(10 a),且通过 $\alpha=0.01$ 的显著性水平检验,M-K 方法分析在 2000 年后蒸发量增大趋势显著,其突变年为 1998 年和 2000 年(图 4.7c);平均风速整体呈现显著增大趋势(图 4.6d),其气候倾向率达到了 0.15 m/(s·(10 a)),且通过 $\alpha=0.01$ 的显著性水平检验,而由 M-K 方法分析 1998 年之前风速总体呈现减小趋势,在 1998 年后风速呈持续增大,并且在 2012 年后风速增大趋势显著,确定其突变年为 2011 年(图 4.7d);年平均地表温度整体呈现显著升高趋势(图 4.6e),其气候倾向率达到 0.80 ℃/(10 a),并通过 $\alpha=0.01$ 的显著性水平检验,经 M-K 方法进一步分析表明,在 2001 年后地表温度升温显著,其突变年为 2002 年(图 4.7e);年最大冻土深度整体表现为逐步变浅趋势,其中 1986—2008 年呈现变浅趋势,其变化率为 −11.63 cm/(10 a),而在 2008 年后年最大冻土深度逐步加深,其变化率达到了 38.80 cm/(10 a)(图 4.6f),经 M-K 方法分析在 2005—2011 年下降趋势显著,而 2011 年后呈显著上升趋势,并确定其突变年为 2002 年(图 4.7f);平均相对湿度整体呈现显著下降趋势(图 4.6g),其气候倾向率达到 −2.08 %/(10 a),并通过 $\alpha=0.01$ 的显著性水平,经 M-K 方法分析在 1986—2001 年呈现波动上升,而在 2001 年后呈持续下降趋势,并在 2009 年后下降趋势显著,确定突变年为 2006 年(图 4.7g);年积雪日数整体呈现下降趋势(图 4.6h),其气候倾向率达到 −10.66 d/(10 a),且通过 $\alpha=0.01$ 的显著性水平,经 M-K 方法分析在 1986—1998 年呈波动增大,而 1998 年后持续减少,并在 2004 年后积雪日数减少趋势显著,确定了突变年为 2002 年(图 4.7h)。

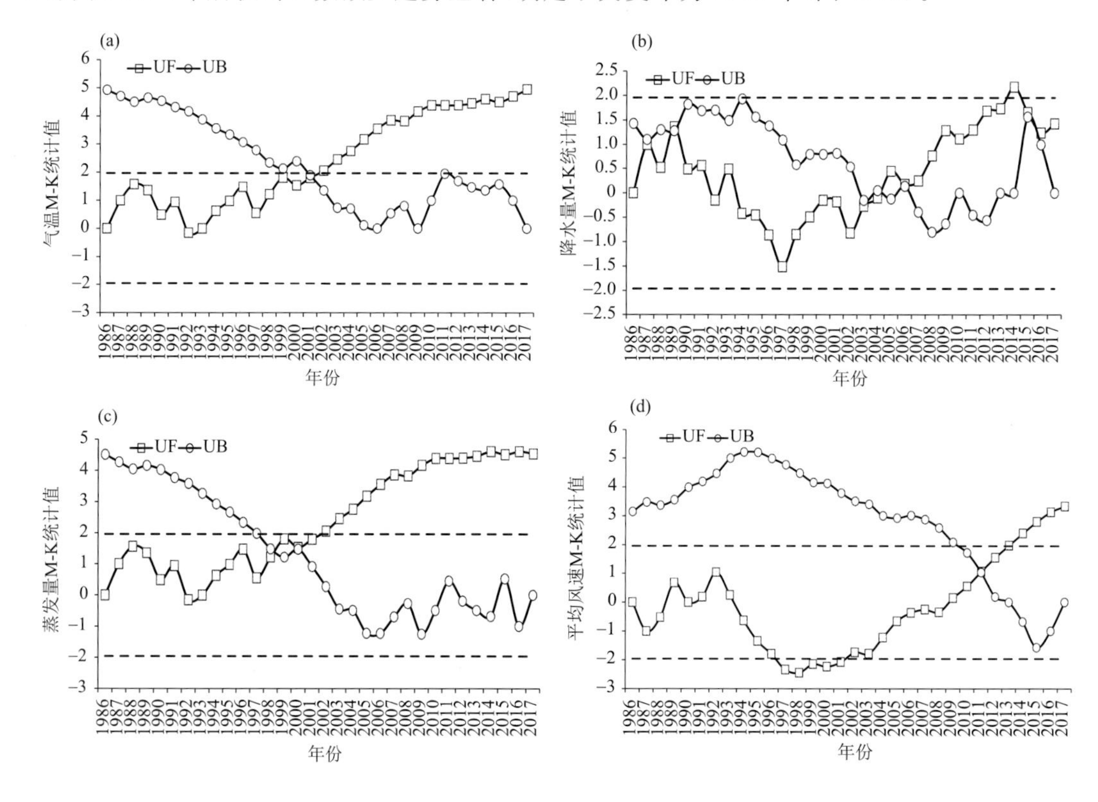

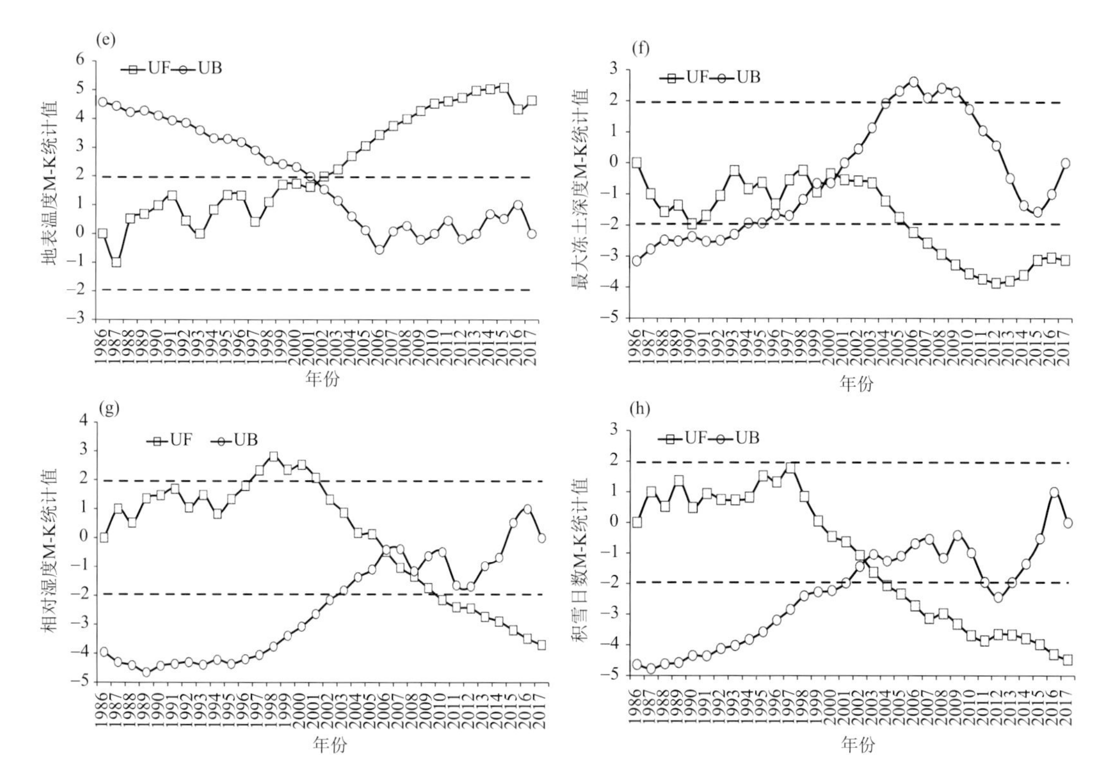

图4.7　1986—2017隆宝8种气象要素M-K突变检验

(a)气温M-K统计;(b)降水量M-K统计;(c)蒸发量M-K统计;(d)风速M-K统计;
(e)地表温度M-K统计;(f)最大冻土深度M-K统计;(g)相对湿度M-K统计;(h)积雪日数M-K统计

4.2.5　隆宝高寒湿地面积与气候驱动因子相关分析

4.2.5.1　湿地面积与气候驱动因子相关性分析

将1986—2017年隆宝湿地的面积与气温、降水、相对湿度等8个气象要素的3 a滑动平均数据进行相关性分析,考虑到隆宝湿地面积的演变往往是多种气象因素共同作用结果,并且气象要素间也存在相互影响。为准确判识各个气象要素与湿地演变的相关程度,在计算相关系数的同时也计算了偏相关系数,其中湿地面积与相对湿度、积雪日数、风速和地表温度具有极显著相关关系(通过0.01显著性水平),其相关系数和偏相关系数分别达到了0.8和0.7以上,与气温、最大冻土深度和降水量也达到了显著相关关系(通过0.05显著性水平),其相关系数和偏相关系数均达到0.5以上。而蒸发量与湿地面积间的偏相关系数仅为0.4左右,其相关关系并不显著。

4.2.5.2　湿地退化与气候驱动因子响应程度分析

对湿地退化过程中的气候驱动因子进行定量判识,在8种气象要素中选取与之存在显著相关关系的7个因子进行因子分析。首先,模型适宜性检验KMO(Kaiser-Meyer-Olkin)检测值为0.74(KMO值≥0.6),Bartlett球度检验相伴概率为0.00,低于显著性水平0.05,因此,适合进行因子分析,采用主成分分析方法提取主成分分量,并利用最大正交旋转法对因子载荷矩阵进行旋转,以简化结构,便于因子解释。利用主成分分析方法提取了三种主成分,其特征值分别为4.6、1.0和0.6,选取特征值≥1的前两个主成分,方差累积贡献率达到了86.2%。在第一主成分中年平均地表温度、年平均气温和年最大冻土深度的载荷绝对值在0.77以上,具体见表4.8。综合可以看出第一主成分主要与环境热量有关。在第二主成分中年平均相对湿度、年积雪日数和年平均风速的载荷绝对值在0.74以上,主要与蒸发量和固态降水有关(表4.8)。

表4.8 气候因素与湿地退化主成分因子载荷

原始变量	第一主成分	第二主成分	第三主成分
年平均气温	−0.79	0.52	0.21
年降水量	−0.17	0.08	0.98
年平均相对湿度	0.60	−0.76	0.08
年积雪日数	0.62	−0.74	−0.11
年平均地表温度	−0.77	0.55	0.22
年最大冻土深度	0.91	−0.20	−0.15
年平均风速	−0.22	0.93	0.13
方差贡献率/%	74.34	86.22	94.1

4.2.5.3 湿地变化与气候驱动因子响应模型建立与检验

为进一步明确各个变量与湿地变化间的响应程度,利用提取的前两个主成分因子进行多元线性回归,其回归方程为:

$$Z_s = 0.546Z_1 - 0.721Z_2 \tag{4.3}$$

式中,Z_s为标准化后的湿地面积;Z_1和Z_2为第一、第二主成分因子,经检验,相关系数R为0.90,R^2为0.81,F值为26.86(F为采用F检验公式得到的一个具体数值),伴随概率值$P<0.001$,常数项近似为0,表明自变量与因变量间存在显著线性回归关系且模型的拟合优度较好,将回归方程中的Z_1和Z_2主成分因子利用因子得分矩阵,同时根据因变量和自变量的标准化方程$Y'=(Y-$均值$)/$标准差$,X'=(X-$均值$)/$标准差,将回归方程还原到原始各个气候变量,并将方程进一步展开为:

$$Y = 5.064 - 0.621X_1 + 0.006X_2 + 0.357X_3 + 0.061X_4 - 0.503X_5 + 0.010X_6 - 3.287X_7 \tag{4.4}$$

式中,Y为遥感提取的湿地面积;X_1、X_2、X_3、X_4、X_5、X_6和X_7分别代表年平均气温(℃)、年降水量(mm)、年平均相对湿度(%)、年积雪日数(d)、年平均地表温度(℃)、年最大冻土深度(cm)和年平均风速(m/s)。通过对回归方程分析可得,湿地面积变化响应程度由高到低依次为年平均风速、年平均气温、年平均地表温度和年平均相对湿度,其回归系数相对较大,并且根据方程可以看出,湿地面积会随着气温和地表温度升高、风速加大以及相对湿度降低而萎缩,物理意义较为合理清晰。

将遥感提取的隆宝湿地面积作为真实值,经计算,模型预测值与真实值间相对误差在0~8.84%,平均相对误差为4.44%,绝对误差为0.00~2.41 km²,平均绝对误差为1.02 km²,均方根误差为1.21,与响应模型预测的湿地面积进行验证发现,预测模型的相关系数达到0.90,通过0.001水平显著检验,表明模型中各个气候因子对于模型贡献显著,且准确度较高(图4.8)。

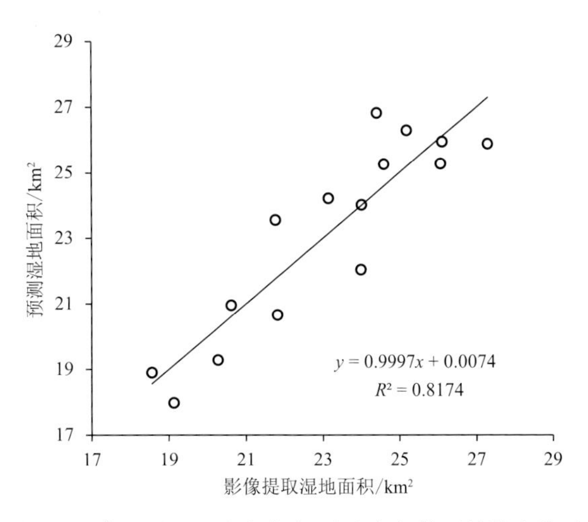

图 4.8 隆宝湿地面积与气候因子响应模型的精度检验

隆宝保护区内湿地面积在时间尺度上的变化趋势，与 1990—2004 年长江源区内湿地面积遥感监测结果（常国刚 等，2005；李凤霞 等，2011）相比，2000 年以前长江源区内湿地面积整体呈增长态势，而之后湿地面积开始退缩，隆宝湿地作为长江源区重要的湿地之一，该区域湿地面积在时间尺度的变化特征能与长江源区整体湿地演变特征保持较好的一致性。在空间尺度上隆宝湿地核心区域的东南部湿地范围变化相较于中西部更明显。一般认为，地形对湿地的形成具有重要作用，湿地植被分布及演变与地形因子间存在较好的响应程度（栗云召 等，2011；侯明行 等，2013），而隆宝湿地区域内海拔差异导致水分条件在空间上的不均，进而可能造成隆宝湿地演变特征在空间上的不一致性。目前，在青藏高原主体增温显著，而年总降水量呈不显著增加趋势，并且年总降水量在空间分布不均，东南多而西北少，高原整体风速减小，积雪深度和积雪日数缓慢下降，高原东部正在逐步变暖变干（徐丽娇 等，2019；许建伟 等，2020）。燕云鹏等（2015）对长江源区 1975—2007 气候特征研究指出，2000 年前长江源区呈现暖湿特征而在 2000 年后逐渐暖干化，文中研究发现隆宝湿地气候变化特征与长江源区整体气候变化背景较为一致，并且自 2002 年以来隆宝湿地区域气候仍呈现暖干化趋势；前人研究多指出，长江源区湿地退化的主要气候响应因子为蒸发量、降水量和气温，文中对湿地面积消长与气候驱动因子进行相关性辨识，结果表明隆宝湿地演变与气温、风速、地表温度和相对湿度响应程度高。当前青藏高原气候变暖已不可避免地对湿地生态系统产生重大影响，而隆宝地区气温与湿地面积间存在极显著负相关关系，这与燕云鹏等（2015）的研究结果保持一致。文中相对湿度和风速与湿地面积间也存在极显著相关关系，高寒湿地水分消耗的主要途径为蒸散发，风速加大以及相对湿度的降低能够直接导致湿地环境蒸发量的加大，同时能够加剧湿地植物的蒸腾作用，进而导致湿地水分状况恶化引发湿地退化（罗磊，2005），本研究也间接证实蒸散发状况的确是隆宝湿地演变的重要影响因子。在青藏高原冻土区之上广泛分布着高寒湿地，一般冻土层能够阻止地表水向地下渗透，致使活动层长期饱和从而形成湿地（孙广友 等，2008），在青藏高原冻土整体呈现退化背景下，1986—2017 年隆宝地区冻土整体也表现出退化趋势，引发冻土退化原因较多，而玉树地区地表温度的升高是冻土退化的最大驱动力（赵全宁 等，2018），文中隆宝湿地面积与地表温度存在极显著负相关关系与最大冻土深度呈显著正相关关系，因而可以推测 2002 年后隆宝湿地面积的消减可能与该地区地表温度升高引发的冻土退化有关。

4.3 黄河源区玛多县高寒湿地分布

湿地是丰富的生物资源，为全球巨大的人口提供了生态安全的重要保障(Meena et al.，2019)，天然湿地在污染治理中起着重要的作用(Aguinaga et al.，2018)，能够维持河流流域内生态系统的健康(Evenson et al.，2018)，被誉为“地球之肾”。青藏高原独特的地理特征及气候特征孕育了世界上最具特点的湿地类型——高寒湿地，面积占中国总湿地面积的五分之一，其中湖泊的面积占中国总湖泊面积的57%，数量达全国湖泊总数量的41%，使其成为“中国最大的水乡”(田坤 等，2018)。由于高寒湿地是基于地貌、水文、生物及土壤等基本因素而形成的，并受到高寒生物群落及气候相互作用的影响，使其具有调节高原气候、补给生态水源等极其重要的生态功能。青藏高原蕴含了典型、多样的湿地类型，具有举足轻重的经济价值、无可替代的生态价值及非常重要的社会价值，对全球气候变化和全球水资源危机起到了响应和预警的重要作用(刘志伟 等，2019)。

青海省位于“世界屋脊”的青藏高原东北部，是我国高寒湿地分布面积最广的省(王启基等，1995；李英年，2006)，行政区内的高寒湿地既是多个大江和大河的发源地，也是国家珍稀生物物种及候鸟的栖息和迁徙地，对高寒生态具有蓄水和调节等重要功能(孙鸿烈 等，1998)。高寒湿地的生态功能在青海省生态立省战略、生态文明建设及国家公园建设等重大工程中占据着举足轻重的地位。但受气候变暖、人类活动等方面的影响，青海省高寒湿地面积减小明显，湿地生态功能退化严重，玛多县为典型的高寒湿地退化区域。国家针对这些问题，进行了一系列生态保护及恢复工程的建设，如退耕还林还草工程、三江源自然保护区生态保护工程、湿地生态补偿工程，使得青海省高寒湿地面积明显提升(宋昌素 等，2019)。

受全球气候变化的影响，1986—2017年青藏高原黄河源区气温呈增长趋势，降水量则无明显增长(吴晗 等，2018)，而黄河源区的降水主要来源于其自身的蒸发(朱丽 等，2019)，由于气温的持续上升使得源区内降水量的补给作用无法弥补径流和蒸散发的损耗，因此，径流量减少，未来气候变化可能对黄河源区水资源的影响不利(刘彩红 等，2012)。玛多县内干涸的小湖泊数量巨大，也有部分消失的沼泽湿地，水体面积减小并向盐碱和内流化发展，湿地中旱生植被逐渐替代为水生植被，较严重地影响了生物多样性及人类用水。获取高寒湿地的分布及面积等信息有利于研究高寒湿地退化及恢复面积等信息，对研究高寒湿地生态功能具有重要的意义。以往研究中，由于尺度范围及研究区地域性差异，高寒湿地的定义不尽相同，类别的判识也不同，各湿地类型分布及面积大小也存在很大差异，并且国内对高寒湿地的分布研究仅限于川西高原、西藏高原、黄河源区的一部分区域(曹生奎 等，2005；武慧智 等，2007；潘竟虎等，2007；李林 等，2006)。21世纪以来，遥感技术对水资源的研究已成为热点，湿地信息的提取、类型的识别、反演参数等都有较全面的研究(李建平 等，2007)。遥感的不同传感器及不同来源的数据，使得遥感具有了商业化高分辨率发展的特点。早期，湿地研究一般采用分辨率较低的NOAA/AVHRR、Landsat以及SPOT卫星影像，用于湿地类型的信息提取(Hubert-Moy et al.，2006；Johnston et al.，2012)、时空动态变化监测(Munyati，2000)、精度增强(杜红艳 等，2004；牛振国 等，2009)等。随着遥感技术的发展，影像分辨率显著增强，学者们开始使用较高分辨率的卫星影像数据进行湿地类型的提取，根据主要的提取方法按照不同的算法，可分为监督分类、非监督分类、决策树分类、人工神经元网络分类、面向对象分类及支持向量机等方法(方朝阳 等,2016;姚红岩 等,2017;成淑艳 等,2018)。但这些方法在高寒地区的应用并不是很多,主要受到高寒地区独特地理环境的限制,数据分辨率也影响了分类精度。本研究选择高分一号多光谱生长季及非生长季的遥感影像资料,利用先进的分层分类方法(吴薇 等,2019;何鸿杰 等,2019),综合利用影像分割及高寒湿地的各类信息提取方法,建立分层分类决策树,获取各个高寒湿地类型的高精度信息,最后得到玛多县高寒湿地分类信息结果。

4.3.1 高寒湿地遥感分类系统

根据青海省地方标准《高寒遥感湿地分类标准》(DB63/T 1746—2019)对高寒湿地的分类系统的规定,按四级标准进行提取(表4.9)。本研究中,除湿地外的其余地物统一为一类,不再做细分。由于受研究区地域及海拔的影响,本研究对研究区的湿地类别提取至分类系统的第Ⅲ级。

表4.9 高寒湿地遥感分类系统

Ⅰ级	Ⅱ级	Ⅲ级	Ⅳ级
河流湿地	永久性河流	永久性河/溪	
	季节性河流	间歇性河/溪	
		洪泛湿地	
湖泊湿地	永久性湖泊	淡水湖	
		咸水湖	
	季节性湖泊	季节性淡水湖	
		季节性咸水湖	
沼泽湿地	淡水沼泽	泥炭沼泽	苔藓沼泽
		草本沼泽	嵩草-苔草沼泽草甸
			芦苇沼泽
			杂类草沼泽
		灌丛沼泽	金露梅灌丛沼泽
	咸水沼泽	内陆盐沼	山生柳灌丛沼泽
冰川湿地	冰川积雪		

4.3.2 遥感数据获取及预处理

本研究选用高分一号多光谱相机(GF1-WFV)获取卫星影像(表4.10),在中国资源卫星应用中心分别获取了2015—2018年的玛多县界范围的高分一号影像数据,为了类别信息的精度提取,获取数据时分别选择了生长季(图4.9)和非生长季(图4.10)两个对比季节的影像,考虑到高原气候及地理环境对植被生长的特殊影响,生长季界定为6—9月,非生长季界定为12月—次年2月,云遮盖面积≤5,分辨率为16 m。GF1-WFV卫星共有4个波段,蓝光波段(B_1,第1波段):0.45～0.52 μm,能穿透水体,可分辨植被、土壤类型等;绿光波段(B_2,第2波段):0.52～0.59 μm,可监测植被长势及病虫害影响,可区分水体中的含沙量;红光波段(B_3,第3波段):0.63～0.69 μm,用于植被类型的区分,对叶绿素吸收率、悬浮泥沙及水体边界和城市轮廓的判识有主要贡献;近红外波段(B_4,第4波段):0.77～0.89 μm,可用于区分水体与陆地的边界,道路、水系、居民点及植被类型的区分。

表 4.10 GF1-WFV 影像信息

序号	传感器类型	中心经纬度	获取时间（年-月-日）
生长季 1	WFV1	99.0°E,34.7°N	2016-06-16
生长季 2	WFV1	99.4°E,36.3°N	2016-06-16
生长季 3	WFV1	96.7°E,34.7°N	2015-08-14
非生长季 1	WFV2	96.9°E,34.3°N	2018-01-20
非生长季 2	WFV3	98.8°E,33.9°N	2018-01-20
非生长季 3	WFV4	98.4°E,35.1°N	2017-12-27

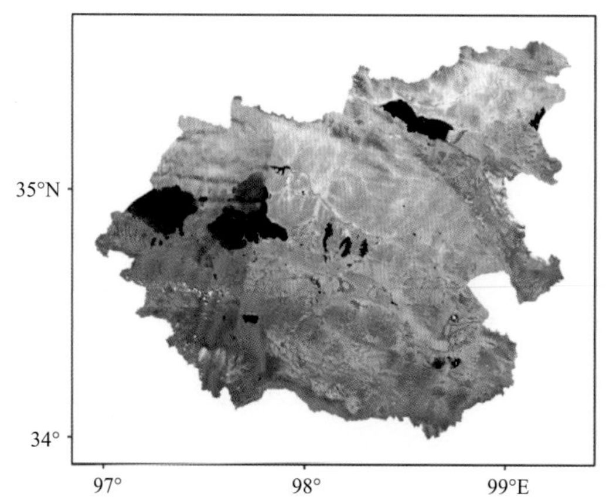

图 4.9 GF1-WFV 玛多县生长季真彩色合成影像

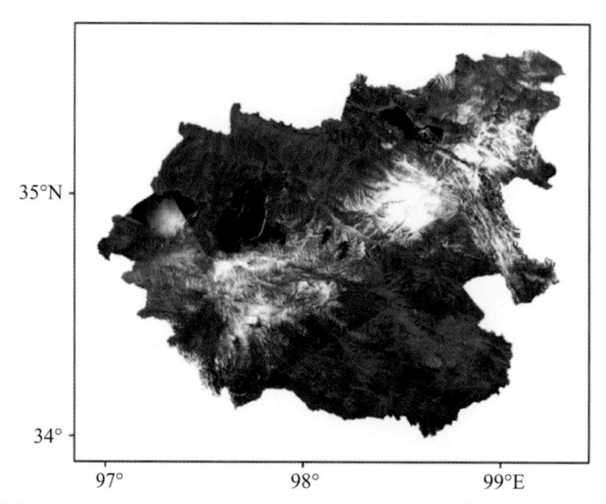

图 4.10 GF1-WFV 玛多县非生长季真彩色合成影像

为精确获取各类高寒湿地类型信息，本研究收集了以下数据进行湿地分类和验证时的辅助数据，包括：青海省 30 m ASTER GDEM（先进星载热发射和反射辐射仪全球数字高程模型）数据及利用该数据计算的坡度信息；玛多县1∶10000 地形图；玛多县 Landsat 8 卫星影像数据；青海省土地利用数据。

为了降低遥感影像获取中的误差，在实际进行遥感分析之前，本研究对原始 GF1-WFV 遥感影像进行了辐射定标、大气校正及几何校正等预处理，其中，辐射定标 Gains 参数选择了中国资源卫星应用中心网站下载页面中获取的 2015 年 GF1-WFV 传感器的绝对辐射定标参数

(表 4.11)。本研究选择 ENVI5.2 软件中的各预处理模块进行遥感影像的预处理过程。

表 4.11　2015 年国产陆地观测卫星 GF1-WFV 外场绝对辐射定标系数

卫星传感器	B_1	B_2	B_3	B_4
WFV1	0.1816	0.1560	0.1412	0.1368
WFV2	0.1684	0.1527	0.1373	0.1263
WFV3	0.1770	0.1589	0.1385	0.1344
WFV4	0.1886	0.1645	0.1467	0.1378

4.3.3　高寒湿地信息提取方法

(1)单波段阈值法

高分一号卫星的近红外波段范围内,湿地因吸收全部入射光,对光谱的反射率非常低,但地物在该波段内的反射率较高,可以用于区分湿地与非湿地地物。根据近红外波段的灰度值范围,对数据重采样后确定阈值并提取湿地信息。基于单波段阈值法的 GF1-WFV 卫星影像提取模型如式(4.5),其中 NIR 和 Red 分别表示近红外和红光波段灰度值,L 为湿地提取灰度阈值:

$$NIR < L \text{ , } Red < L \tag{4.5}$$

(2)波谱关系法

波谱关系法是根据影像各波段的特征曲线判断湿地与地物信息的差异,经过多种波段组合,总结出适合湿地波谱关系模型,如式(4.6),Blue、Green、Red 和 NIR 分别为 GF1-WFV 影像的四个波段的灰度值:

$$Blue + NIR > Green + Red \tag{4.6}$$

(3)混合水体指数法

混合水体指数(CIWI)是根据近红外和红光波段的灰度比值构成的无量纲参数,并与无量纲参数 NDVI 相加,从而达到增强水体与植被及城镇的灰度值差异。混合水体指数模型如式(4.7),NIR 和 Red 分别为 GF1-WFV 的近红外和红光波段的灰度值:

$$CIWI = (NIR - Red)/(NIR + Red) + NIR/\overline{NIR} \tag{4.7}$$

(4)归一化差异水体指数法

归一化差异水体指数(NDWI_B)是水体指数的升级版,如式(4.8),可以在一定程度上抑制与水体无关的背景信息,增强水体信息,对鉴别内陆盐沼有较好的作用,Blue 和 Red 分别为 GF1-WFV 的蓝光波段和红光波段的灰度值:

$$NDWI\_B = (Blue - Red)/(Blue + Red) \tag{4.8}$$

(5)归一化植被指数法

归一化植被指数利用红光波段与近红外波段的比值关系如式(4.9),使植被与水域的响应能力增强,在有效避免内外因引起的辐射偏差的同时,能够提高高寒湿地的分类精度。式中,NIR 和 Red 分别为 GF1-WFV 的近红外和红光波段的灰度值:

$$NDVI = (NIR - Red)/(NIR + Red) \tag{4.9}$$

4.3.4　高寒湿地特征分析

4.3.4.1　光谱特征

GF1-WFV 遥感影像在对高寒湿地的光谱显示中多为单一的青绿色,且与地物呈现出的光谱信息有很大差异，可以用近红外的单波段阈值来提取，在湿地的光谱特征显示中，归一化差异水体指数结合 NDVI 对沼泽湿地的判别较好；波谱关系法及混合水体指数结合季节性影像数据对季节性湿地的信息提取较准确；结合 DEM（数字高程模型）数据及坡度等辅助数据可以提取出各湿地类型的地理信息。

4.3.4.2　纹理特征

纹理是一种由很多的相似度不同的单元或者模式所组成的结构。图像的纹理特征就是这些相似度单元与图像的灰度值关系形成的，包括大小和形状等，利用纹理特征对提高分类精度非常重要（郭文婷 等，2019）。本节利用河流和湖泊的显著纹理特征来区分湿地类型。

4.3.4.3　GF1-WFV 遥感影像分割

遥感影像信息提取方法中最主要的步骤就是影像分割，它是将一景影像划分为相互无重叠且具有某种相似属性的多区域过程。分割尺度的选择直接影响分类精度，本研究选取了三个分割尺度，分别是 80、50 和 30，当分割尺度过大时（80），分割信息不完整，混合像元问题较明显；当分割尺度过小时（30），分割的结果太过于细致，不易于分类，分割尺度 50 则对研究区的湿地类型、植被分布、局部细节及空间的几何变化显示较为有利（图 4.11）。本研究选择 50 作为分割尺度，其中形状的权重设为 0.25，紧密度设为 0.65。

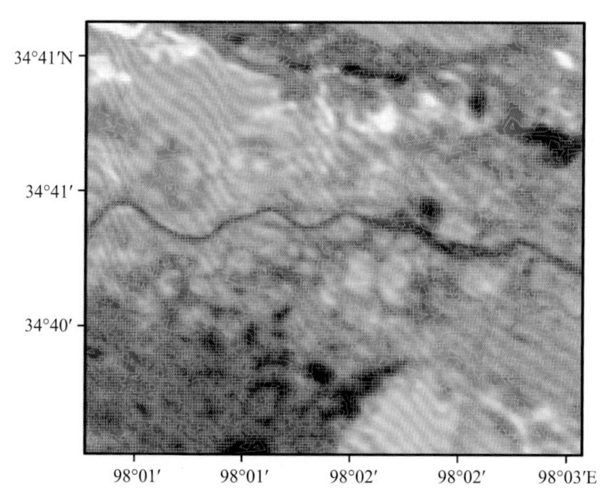

图 4.11　分割尺度为 50 的 GF1-WFV 遥感影像分割结果

4.3.4.4　高寒湿地分层分类

分层分类技术是湿地分类方法中较为新颖和全面的一种，主要步骤是根据湿地信息特征建立的分类决策树（图 4.12），从分类决策树的分级逐层将各类型目标一一区分，按照目标的区分、掩膜及提取的步骤完成各类别高精度信息的提取。

本研究主要利用 GF1-WFV 影像的生长季影像，在 ENVI5.2 软件下，利用 50 的分割尺度对影像进行分割，然后利用单波段阈值法及坡度阈值对湿地进行判识，再结合非生长季影像，综合利用波谱关系法、混合水体指数法、归一化差异水体指数法及单波段阈值法对玛多县的高寒湿地分类系统的Ⅲ级类别进行逐一提取，最后得到玛多县高寒湿地类型的分类结果。

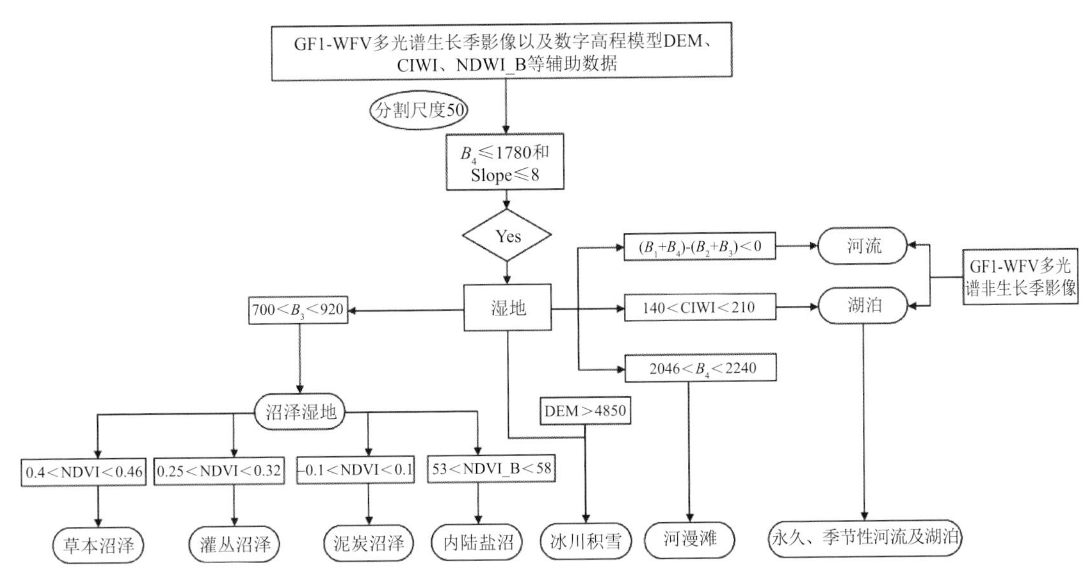

图 4.12　分层分类技术流程图（B_1、B_2、B_3、B_4 分别为第 1、2、3、4 波段的影像亮度值）

4.3.5　黄河源区玛多县高寒湿地分类精度

利用玛多县 Landsat 8 卫星影像数据及青海省土地利用数据作为参考影像，在 ENVI5.2 软件下的监督分类模块下随机选取研究区内各高寒湿地类型的 900 个检验样点，采用混淆矩阵的方法对 GF1-WFV 提取的高寒湿地分类影像进行精度分析和评价（表 4.12）。

表 4.12　青海省玛多县高寒湿地分类精度检验

精度评价指标		分类影像												
		永久性河/溪	间歇性河/溪	洪泛湿地	永久性淡水湖	永久性咸水湖	季节性淡水湖	季节性咸水湖	泥炭沼泽	灌丛沼泽	草本沼泽	内陆盐沼	冰川积雪	总计
参考影像	永久性河/溪	49	1	0	3	0	0		0	0	1	0	0	54
	间歇性河/溪	1	77	0	0	0	0	0	0	0	2	0	0	80
	洪泛湿地	3	5	61	0	0	0	0	1	0	2	0	0	72
	永久性淡水湖	0	0	1	139	0	0	0	0	0	3	0	0	143
	永久性咸水湖	0	0	0	0	27	0	2	0	0	0	0	0	29
	季节性淡水湖	0	0	0	9	0	47	1	0	0	0	0	0	57
	季节性咸水湖	0	0	0	0	0	0	23	0	0	0	2	0	25
	泥炭沼泽	0	0	0	0	0	0	0	35	0	4	0	1	40
	灌丛沼泽	0	0	0	0	0	3	2	3	97	13	0	1	119
	草本沼泽	0	0	6	0	0	0	0	1	16	147	0	0	170
	内陆盐沼	0	1	2	0	6	0	0	1	2	6	75	0	93
	冰川积雪	0	0	1	0	0	0	0	0	0	0	0	17	18
	总计	53	84	71	151	33	50	28	41	115	178	77	19	900
产品精度/%		90.7	96.3	84.7	97.2	93.1	82.5	92.0	87.5	81.5	86.5	807	94.4	
用户精度/%		92.5	91.7	85.9	92.1	81.8	94.0	82.1	85.4	84.4	82.6	97.4	89.5	

总精度：88.59% Kappa 系数：0.8637

从表 4.12 中可知，GF1-WFV 遥感影像提取的高寒湿地分层分类精度达到 88.59%，Kappa 系数为 0.8637，说明利用 GF1-WFV 遥感影像在青藏高原高寒湿地信息提取具有较高的可行性，分层分类方法在高寒湿地分类的精度通过了检验。

4.3.6 黄河源区玛多县高寒湿地分布信息特征分析

根据分类结果(图 4.13)可知，玛多县的湿地资源丰富，高寒湿地类型复杂，包含了Ⅲ级类别中的所有湿地类型，境内高寒湿地面积呈东多西少、北多南少的趋势分布，主要湿地类型集中在中北部地区，尤其是海拔相对较低、地势较平坦的河谷地区，这主要与玛多县的地势地形有较大的关系。洪泛湿地主要分布在河流周边，尤其与季节性河流的分布有着较密切的关系；泥炭沼泽主要分布在地势平坦的草本沼泽周围；生长季的雨水较多，泥炭沼泽的面积相对非生长季而言较大；永久性与季节性的湿地主要利用生长季及非生长季影像的湿地信息提取进行区分，相对永久性湿地信息，季节性湿地信息的提取较复杂；NDWI_B 指数在内陆盐沼的提取中发挥重要作用；NDVI 指数主要用于分辨草本沼泽、灌丛沼泽和泥炭沼泽；波谱关系法及 CI-WI 指数则用于区分河流及湖泊，加之非季节性影像的参与，永久性与季节性的湿地类型得以区分和辨识。

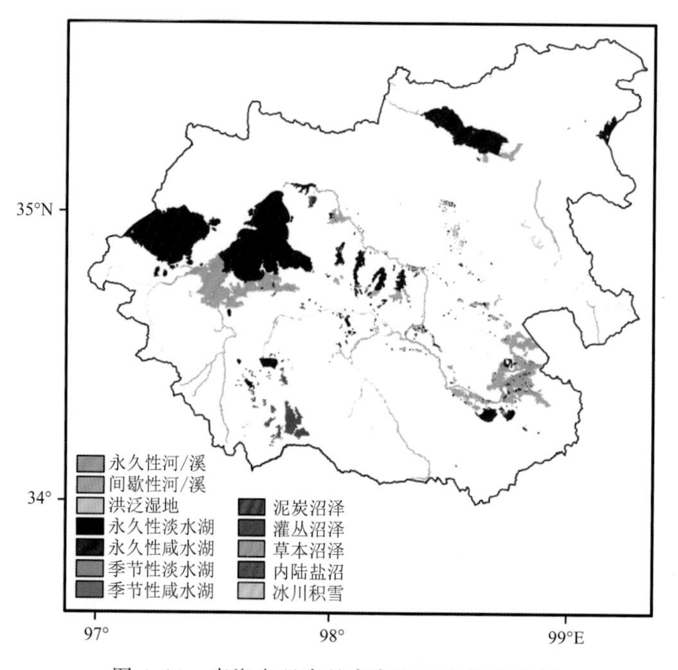

图 4.13　青海省玛多县高寒湿地类型分布图

对提取的玛多县各类高寒湿地类型进行面积统计(表 4.13)，永久性淡水湖的面积最大为 1685.58 km²，占玛多县总高寒湿地面积的 69.05%；其次是草本沼泽和永久性河/溪，面积分别为 495.56 km² 和 94.81 km²，占比分别为 20.34% 和 3.88%；季节性咸水湖、季节性淡水湖、间歇性河/溪、洪泛湿地、泥潭沼泽、灌丛沼泽、内陆盐沼及冰川积雪的面积在 1.25～73.23 km² 之间，所占比例不足 1%，其中面积最少的是季节性咸水湖和季节性淡水湖。

表4.13 青海省玛多县高寒湿地各类型面积及比例

湿地类型	面积/km²	所占比例/%
永久性河/溪	94.81	3.88
间歇性河/溪	8.60	0.35
洪泛湿地	16.95	0.69
永久性淡水湖	1685.58	69.05
永久性咸水湖	22.74	0.93
季节性淡水湖	2.80	0.11
季节性咸水湖	1.25	0.05
泥炭沼泽	16.95	0.69
灌丛沼泽	73.23	3.00
草本沼泽	496.56	20.34
内陆盐沼	11.04	0.45
冰川积雪	10.55	0.43
总面积	2441.06	

本小节通过对高寒湿地分类技术的研究,利用综合了各种湿地判别指数而建立的分层分类技术,选取生长季和非生长季 GF1-WFV 数据,按照高寒湿地遥感分类系统Ⅲ级类别标准,对青海省玛多县高寒湿地信息进行提取和分析,并得到以下结论。

基于分层分类技术的高寒湿地信息提取方法优于监督分类、非监督分类、决策树分类、人工神经元网络分类、面向对象分类及支持向量机等方法,原因是传统的方法仅考虑了影像的光谱特征,而分层分类方法可以将影像的纹理特征与光谱特征相结合,通过影像分割及几种主要的湿地判识方法的综合使用,可以实现高寒湿地类型的精细化信息的提取与分析,分类精度较高。

高分卫星数据在青藏高原高寒湿地信息提取中,具有不受高海拔影响分辨率及分类精度的特点,因此具有更强的可行性和应用性,应用 GF1-WFV 遥感数据的各波段组合及各类指数的计算可以判识高寒湿地地理信息及类型,选择时间分辨率不同的生长季及非生长季的影像,在获取季节性高寒湿地类型信息方面具有更好的优势。

分类结果显示:玛多县高寒湿地类型中,永久性淡水湖的面积最大,其次是草本沼泽和永久性河/溪,面积最小的是季节性湖泊,境内高寒湿地面积呈东多西少、北多南少的趋势分布,主要湿地类型集中在中北部地区,与地势有密切的关系。与2013年的研究结果(薛在坡 等,2015)相比,湖泊面积有增加的趋势,河流和洪泛湿地的面积有减小的趋势,有研究表明(李凤霞 等,2009),这种趋势是由于高寒湿地类型中,湖泊处于较稳定且较小转移的状态,而沼泽湿地与河流湿地状态极不稳定,转移为土地类型的概率非常大;并且,玛多县生态系统在前期的基础并不好,多年来处于亚健康的状态,湿地面积减小明显,同时,黄河的断流影响了玛多县高寒湿地的蓄水量(赵串串 等,2017)。因此,如果不采取及时、有效的保护措施,玛多县的湿地有可能继续退化。

4.4 长江源头湿地消长对气候变化的响应

湿地生态系统位于水域生态系统和陆地生态系统之间的过渡区域,特定的水文条件是湿地形成与维持的驱动力(宋长春,2003),水文特征的微小变化会导致湿地生态系统的变化。湿地具有独特的水文过程与效应、物质源汇过程与效应、生物生产过程与效应等特征，在维护区域/流域生态平衡和环境稳定方面发挥着巨大作用（余国营，2001；刘红玉 等，2003）。发生在湿地能量转换中的大气、植被和土壤表面之间的辐射过程、感热和潜热交换、土壤中热传导和土壤孔隙的热量传输；发生在水文过程中的大气降水和地表地下径流的输入，湿地表面的水汽蒸发、植被的蒸腾、水汽在地表和近地面大气的凝结、液态水的流动与渗透、冰雪的融化和冻结等，都直接或间接地受到气候与环境的影响，也直接或间接地影响气候与环境（孟宪民，1999；孙广友，2000）。因此，湿地作为地球上一种重要生态系统，其组成、结构、分布和功能等都与气候因子休戚相关，全球变暖必将对湿地生态系统造成深刻影响（傅国斌 等，2001）；而湿地的消长也将影响大气中温室气体的含量变化，进而影响全球气候变化的态势与速度（杨永兴，2002）。

Burkett(2000)认为，相对较小的降水、蒸发及蒸腾变化只要改变地表水或地下水位几厘米就足以让湿地萎缩或扩展，或者将湿地转变为旱地，或从一种类型转变到另一种类型；Brock等(1992)对欧洲南部半干旱地区湿地生态系统对气候变化响应研究的结果表明，气温升高3～4 ℃，湿地面积在5 a之内将减少70％～80％；Stockton等(1979)建立了降水、气温和径流之间的关系，用来评价气温、降水变化对水文因子的影响；Nash等(1990)用修正的水平衡模型研究了水文系统对气候变化的响应；Gleick(1986)针对美国加州的萨克拉门托流域，根据8种不同的GCMS模型模拟输出的气温和降水的结果，应用水量平衡模型研究气候变化对流域水文情势的影响；王根绪等(2007)认为青藏高原湿地系统在20世纪80年代中期后退化加剧，主要与当时区域增温幅度升高到过去的2.3倍有关；张继承等(2007)认为，柴达木盆地中西部湿地萎缩主要受到温度升高、人类活动加剧等因素影响，而盆地边缘湿地面积少量增加主要受到降水量增加的影响；张树清等(2001)发现，三江平原湿地的变化与气温变化呈负相关关系，与降水、湿度变化成正相关；罗磊(2005)认为，年度内降水不均匀性的增加、日照时数的延长及气温与地温的升高对青藏高原湿地水分丧失和退化有着重要的影响。以上研究结果证明，区域湿地水文特征及面积消长对气候变化极为敏感。

青藏高原湿地多为高寒沼泽、高寒沼泽化草甸和高寒湖泊，具有生态蓄水、水源补给、气候调节等重要的生态功能，在防止全球水危机方面起着关键的作用（陈桂琛 等，2002；白军红等，2004）。地处青藏高原的长江源头地域广阔，人口稀少，是地球表面上很少受人类活动干扰的区域之一。因此，从气候与湿地关系的强弱程度上可以看出其中的关键信息，能够更真实地反映气候对湿地变化的影响。由于观测资料的限制，目前关于长江源头地区湿地变化与气候关系的研究尚属空白，尤其针对单个湿地或若干湿地的研究较少，而且在区域尺度上认识长江源头湿地与气候变化关系的研究更加有限。有鉴于此，本研究在不同区域典型湿地研究的基础上，结合遥感数据，在区域尺度上研究长江源头湿地消长对气候变化的响应。

4.4.1 长江源头不同湿地类型动态变化

利用美国Landsat TM卫星影像资料，通过对遥感资料的处理和判译，获得了长江源头1990、2000、2004年3个时期不同湿地类型的动态情况（表4.14）。长江源头的湿地以沼泽湿地为主，占湿地总面积的平均比例为59.06％，湖泊湿地和河流湿地的平均比例分别为26.03％和14.91％（图4.14）。在1990—2004年间，长江源头的湿地面积呈增加的态势，14 a间共增加332.65 km^2，年平均增加速率为23.76 km^2/a；其中前10 a(1990—2000年)湿地面积增加了 353.23 km²,增加速率为 35.32 km²/a,后 4 a(2000—2004 年)湿地面积减小 20.57 km²,减小速率为 5.14 km²/a。在各湿地类型中,沼泽湿地面积呈持续增加态势,面积增加 451.95 km²,前 10 a 和后 4 a 增加速率分别为 33.22 km²/a 和 29.93 km²/a;湖泊湿地面积增加 69.87 km²,其中 1990—2000 年面积减小 16.66 km²,减小速率为 1.67 km²/a,2000—2004 年湖泊面积增加 86.53 km²,增加速率为 21.63 km²/a;河流湿地面积 1990—2004 年面积减小了 189.16 km²,其中前 10 a 面积增加 37.67 km²,增加速率为 3.77 km²/a,后 4 a 面积减小幅度较大,达 226.83 km²,减小速率为 56.71 km²/a (表 4.15)。单位面积上斑块的数目反映了景观的完整性和破碎化。1990—2004 年,湿地的总斑块数由 1990 年的 5090 块增加了 451 块,增幅为 8.86%;在 3 种湿地类型中,斑块数均为增加趋势,其中以沼泽湿地的变化量最大,增加 362 块,河流湿地和湖泊湿地分别增加 25 块和 64 块。由于受自然因素的干扰,同时,景观元素的剧烈变化,导致长江源头各湿地类型破碎度增大,从而导致斑块数增加。长江源头不同时期不同类型湿地分布见图 4.15。

表 4.14　1990—2004 年长江源头湿地面积及斑块数

类型	1990 年		2000 年		2004 年	
	面积/km²	斑块数/个	面积/km²	斑块数/个	面积/km²	斑块数/个
沼泽	3167.54	4132	3499.76	4585	3619.48	4494
湖泊	913.99	264	951.65	273	724.83	289
河流	1491.57	694	1474.91	751	1561.44	758
合计	5573.10	5090	5926.32	5609	5905.75	5541

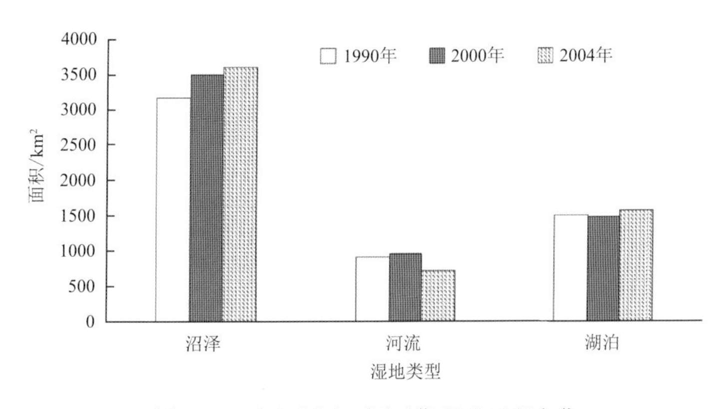

图 4.14　长江源头不同时期湿地面积变化

表 4.15　长江源头不同时期湿地动态变化

类型	1990—2000 年		2000—2004 年		1990—2004 年	
	面积/km²	斑块数/个	面积/km²	斑块数/个	面积/km²	斑块数/个
沼泽	+332.22	+453	+119.73	−91	+451.95	+362
湖泊	−16.66	+57	+86.53	+7	+69.87	+64
河流	+37.67	+9	−226.83	+16	−189.16	+25
合计	+353.23		−20.57		+332.66	

注:“+”表示动态增加;“−”表示动态减少

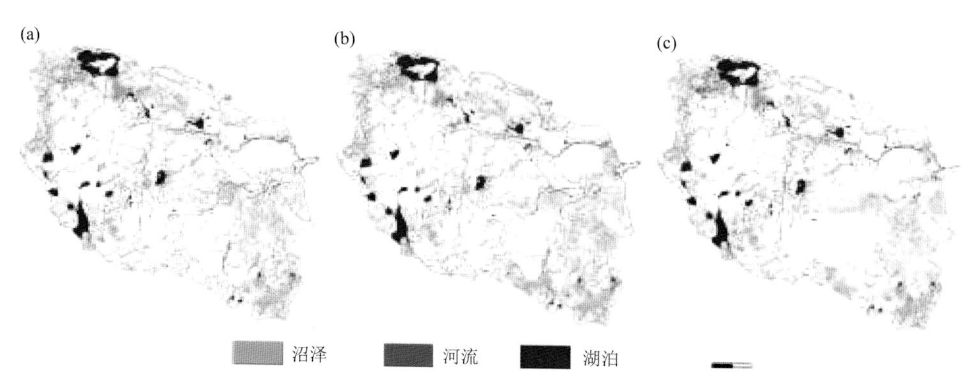

图 4.15 长江源头不同时期不同类型湿地分布图
(a)1990 年;(b)2000 年;(c)2004 年

4.4.2 长江源头气候变化趋势分析

4.4.2.1 气温变化

根据长江源头 1962—2004 年四季及年平均气温变化趋势(图 4.16),1962—2004 年长江源头气候呈增暖趋势,四季及年平均气温总体上均在升高,其中年平均气温气候倾向率达 0.18 ℃/(10 a),明显低于整个三江源区 0.27 ℃/(10 a)的年平均气温变幅。就四季及年平均气温升幅而言,夏季气温升幅要明显高于其他三季及年平均气温,其气候倾向率为 0.25 ℃/(10 a),43 a 累计上升了约 1.5 ℃。但就显著性水平来讲,夏季气温的增暖最为显著,通过了 0.01 信度的显著性检验,春季和年平均气温均达到了 0.1 信度的显著性水平,而冬、秋两季最不显著,说明年平均气温的升高主要是由夏、春两季引起的。由 6 阶多项式拟合的阶段性变化结果来看,自 1990 年以来,四季及年平均气温总体上均呈持续增暖趋势,其中以春、夏两季气温上升趋势比较明显,且波动幅度比较稳定。年平均气温在 1998、2003 年两次突破历史极值。

4.4.2.2 降水量变化

根据长江源头 1962—2004 年四季及年降水量变化趋势(图 4.17),1962—2004 年以来长江源头年降水量总体上呈略微减少趋势,气候倾向率为 1.71 mm/(10 a),但并未达到显著水平。但就四季降水量的变化趋势来看,除夏季降水量以 4.20 mm/(10 a)倾向率在减少外,冬、春、秋三季降水量呈现出增加趋势,其气候倾向率分别为 0.79 mm/(10 a)、1.42 mm/(10 a)、2.49 mm/(10 a),秋季增幅较大,但显著性检验结果只有冬季达到了 0.1 的信度水平。值得关注的是,由 6 阶多项式拟合的降水量阶段性变化趋势来看,尽管自 1990 年以来年降水量总体上是增加的,但进入 21 世纪以来年降水量呈下降趋势,这一趋势在春、夏、秋三季表现得尤为明显,而冬季降水量自 1990 年以来呈逐年减少趋势。

4.4.2.3 蒸发量变化

根据长江源头 1962—2004 年四季及年蒸发量变化趋势(图 4.18),1962—2004 年长江源头年蒸发量呈减少趋势,其气候倾向率为 10.4 mm/(10 a),但没有通过显著性检验。就四季蒸发量的变化趋势来看,除夏季蒸发量以 4.90 mm/(10 a)气候倾向率在增加外,冬、春、秋三季的蒸发量均呈现出减少趋势,其气候倾向率分别为 9.78 mm/(10 a)、2.58 mm/(10 a)、2.75

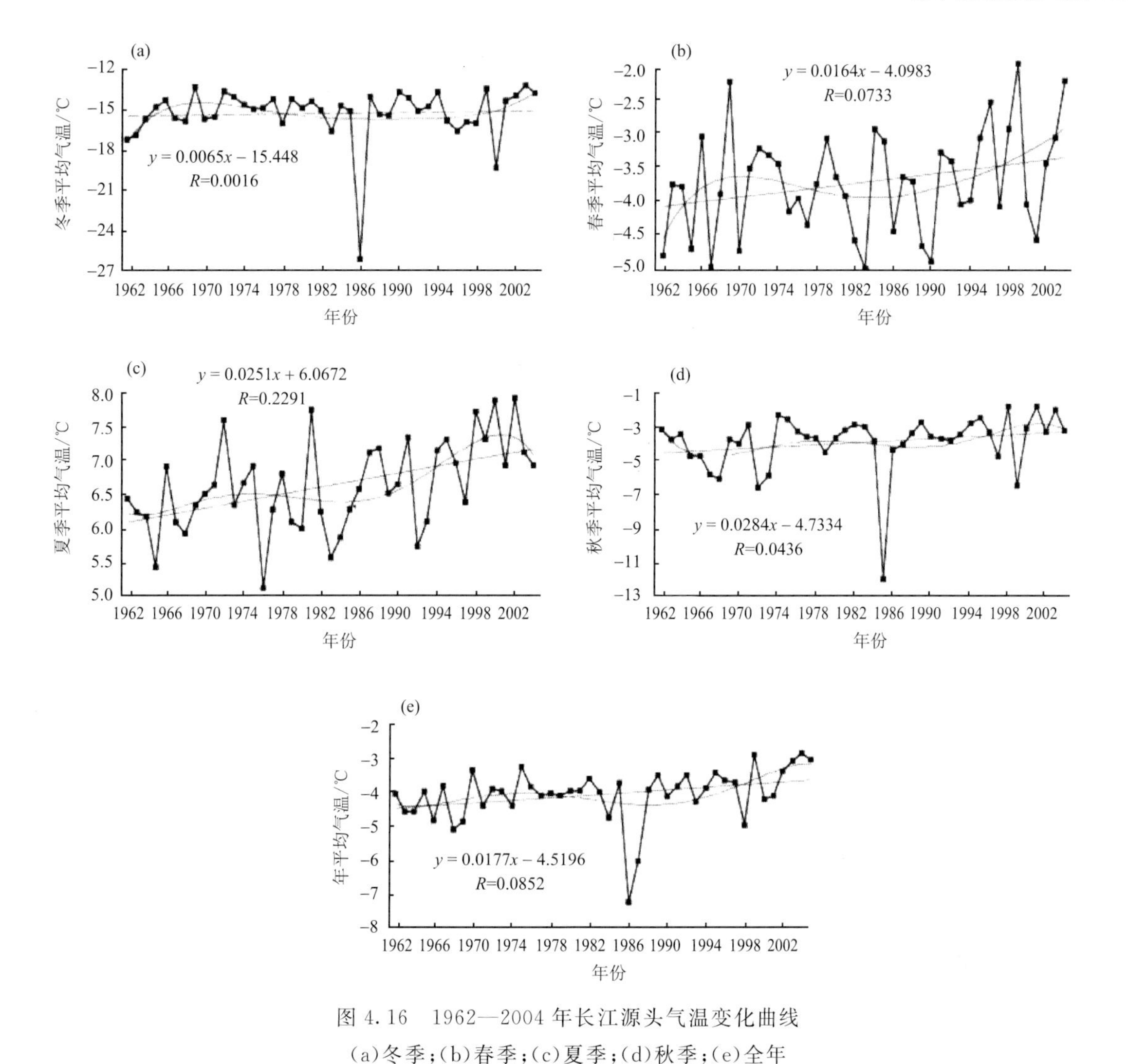

图 4.16　1962—2004 年长江源头气温变化曲线

(a)冬季;(b)春季;(c)夏季;(d)秋季;(e)全年

mm/(10 a),冬季的降幅最大,且显著性检验结果只有冬季达到了 0.05 的信度水平。值得关注的是,由 6 阶多项式拟合的蒸发量阶段性变化趋势来看,进入 1990 年后四季与年蒸发量都呈减少趋势,而进入 21 世纪以来冬、春、秋三季与年蒸发量呈现出增加的趋势,但夏季降水量一直保持减少的趋势,与降水量的变化是密切相关的。

4.4.3　长江源头湿地面积消长与气候因子的关系

在进行气候因素与各类湿地关联度分析时,对所选取的气候因子与各类湿地面积变化的原始数据进行标准化处理,对标准化数据进行灰色关联度分析,求出湖泊、河流和沼泽等湿地面积以及湿地总面积消长与年平均气温、年降水量、年蒸发量、年径流量及四季的气温、降水、蒸发的关联度(表 4.16)。从表 4.16 可以看出,不同类型的湿地面积及总面积的消长与多项气候因子变化有较好的相关关系,其中:湿地总面积与年蒸发量具有最大的负相关关系,其关联度为 0.9719,其中与夏季蒸发量关联度最大,为 0.8572,与冬季蒸发量相对较小,为

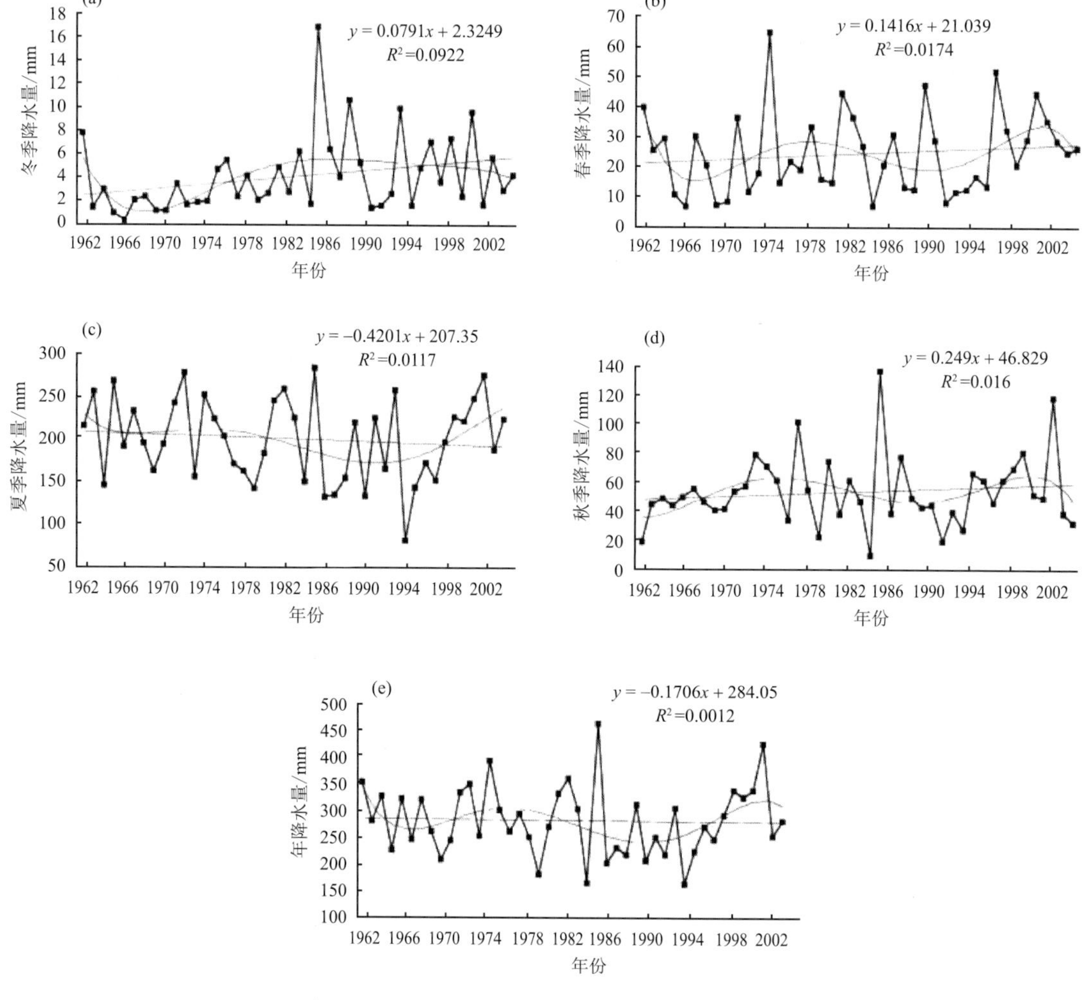

图 4.17　1962—2004 年长江源头降水量变化曲线

(a)冬季;(b)春季;(c)夏季;(d)秋季;(e)全年

0.8132;与降水量具有正相关关系,其关联度为 0.8240,其中与春、夏、秋降水量的关联度均在 0.80 以上;与年平均气温呈负相关关系,关联度为 0.7985,与四季气温的关联度均在 0.80 左右;与长江源头的径流量呈正相关,关联度为 0.7997。对于沼泽湿地,其作为长江源头河流的主要涵养源,年蒸发量对其面积消长的作用最为显著,其次是年降水量、年径流量、年平均气温;就季节影响,同样是夏季蒸发量、降水量、气温与其关联度最大;对于湖泊湿地,年蒸发量依然是与其面积的消长关联度最大,但与其他因子以及四季的气候因子关联度均在 0.50 以下;对于河流湿地,年降水量与其面积的变化关联度最大,其次是年蒸发量、年径流量、年平均气温,说明降水量对河流湿地水量收支影响占着重要的地位。就季节影响,夏季蒸发与其关联度最大,为 0.8687,占主导作用,其次为春、秋季蒸发量,夏季降水量与其关联度为 0.5665,而其余季节降水及气温与河流湿地的关联度均在 0.50 以下,影响不显著。

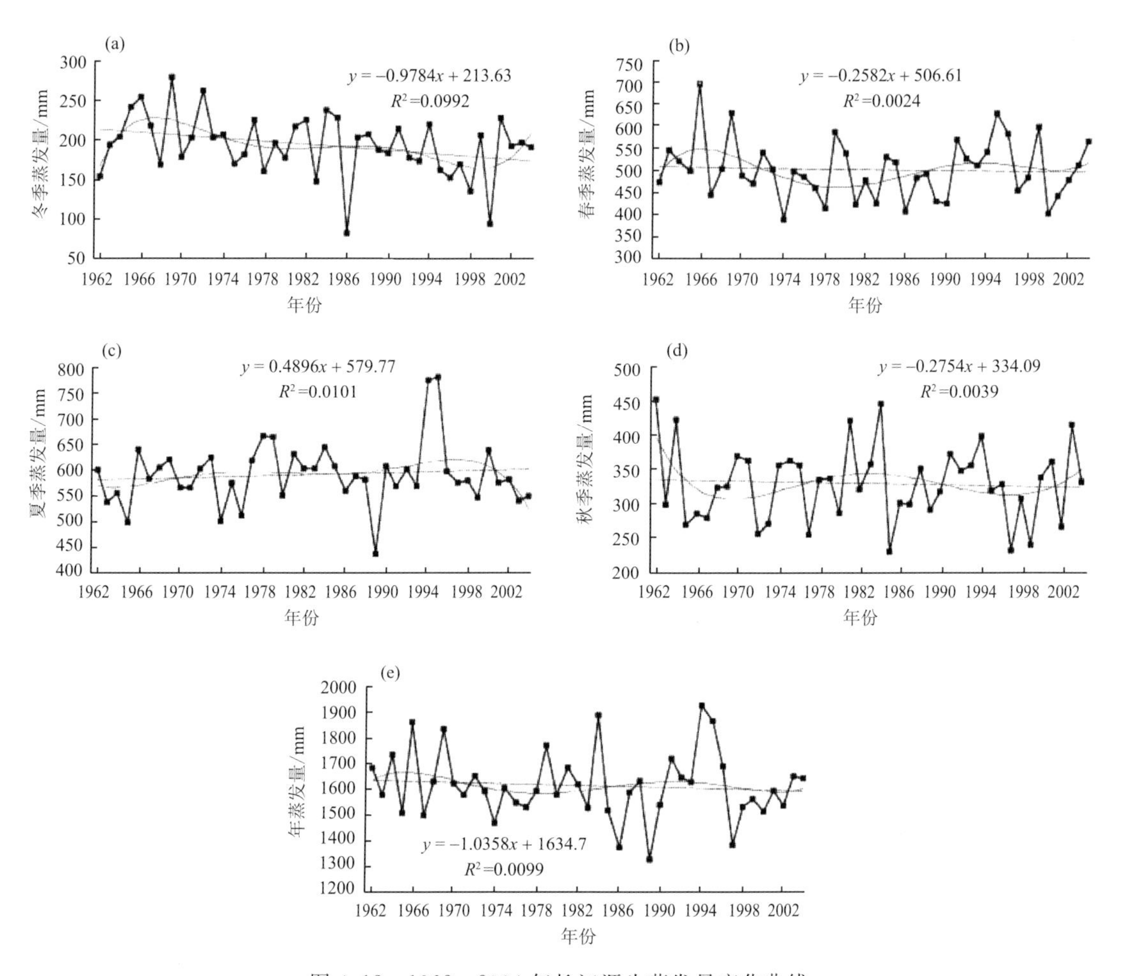

图 4.18　1962—2004 年长江源头蒸发量变化曲线
(a)冬季;(b)春季;(c)夏季;(d)秋季;(e)全年

表 4.16　长江源头湿地面积与自然因素的灰色关联度

因子	季节或年度	关联度			
		沼泽面积	湖泊面积	河流面积	湿地面积
降水量	冬季	0.6583	0.3593	0.4851	0.7993
	春季	0.6618	0.3637	0.4953	0.8018
	夏季	0.6822	0.3911	0.5665	0.8165
	秋季	0.6629	0.3651	0.4983	0.8026
	年度	0.6930	0.4064	0.6072	0.8240
气温	冬季	0.6557	0.3561	0.4778	0.7974
	春季	0.6572	0.3579	0.4820	0.7985
	夏季	0.6586	0.3596	0.4859	0.7995
	秋季	0.6572	0.3579	0.4821	0.7985
	年度	0.6572	0.3579	0.4820	0.7985

续表

因子	季节或年度	关联度			
		沼泽面积	湖泊面积	河流面积	湿地面积
蒸发量	冬季	0.6778	0.3843	0.5497	0.8132
	春季	0.7211	0.4489	0.7635	0.8433
	夏季	0.7426	0.4851	0.8687	0.8572
	秋季	0.7015	0.4182	0.6414	0.8298
	年度	0.9372	0.9806	0.5564	0.9719
径流量	年度	0.6588	0.3600	0.4867	0.7997

4.5 青海湖水陆交错带湿地植被群落特征及光谱信息

青海湖流域属高原半干旱大陆性气候，处于我国西北部干旱区、青藏高寒区和东部季风区的交汇地带，植被类型有高寒灌丛、沙生灌丛、温性草原、高寒草原、高寒草甸、沼泽草甸等。青海湖流域为封闭的内陆盆地，地貌以湖滨滩地、丘陵和山地为主。流域内大小河流共40多条，多靠雨雪和冰川融水补给，最终均汇入青海湖(图4.19)。沙柳河是青海湖的第二主要入湖河流，其中上游河段又名伊克乌兰河，流域面积1679.28 km^2。行政区划上沙柳河流域位于青海省海北藏族自治州的刚察县境内，主要涉及刚察县的吉尔孟乡、泉吉乡、伊克乌兰乡和沙柳河镇(图4.20)。

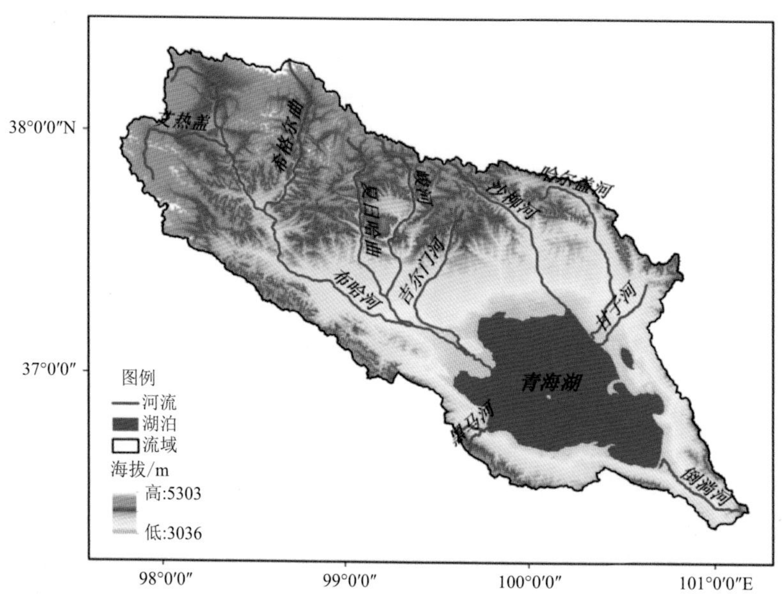

图4.19 青海湖流域示意图

青海湖水陆交错带的湖岸类型多样，包括沙质湖岸、基岩湖岸、淤泥沼泽湖岸等。青海湖湖岸线提取一直是制约遥感监测质量的技术难题，究其原因是青海湖水陆交错带土地覆被类型复杂，对沼泽湿地植被信息缺乏本底认知，因而造成了青海湖水域面积遥感影像判读和提取时，难以精准区分是水域面积或是陆域湖滨带湿地，这严重影响了青海湖水体面积遥感监测的

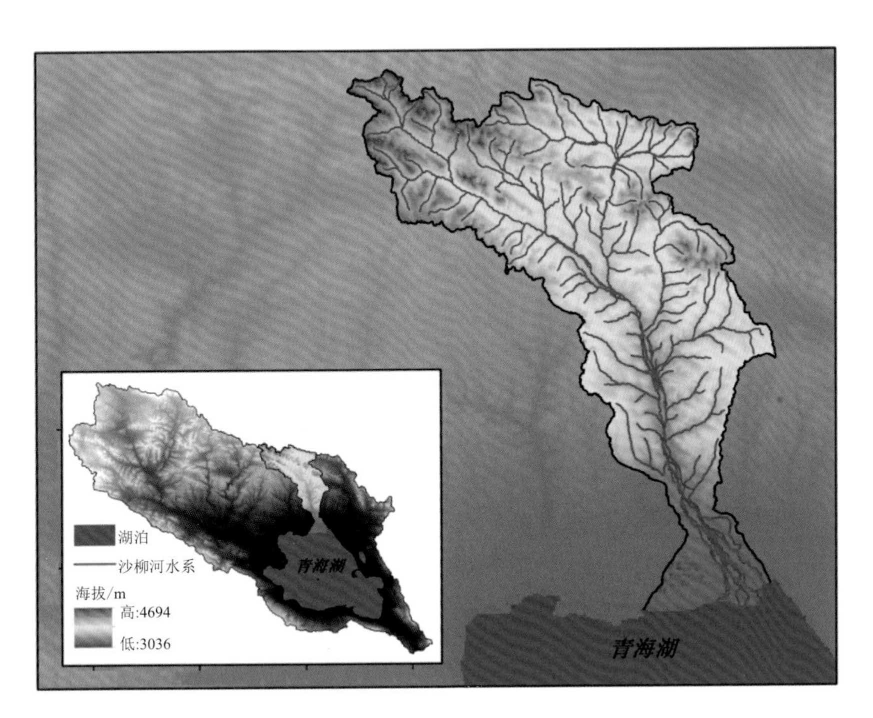

图 4.20 沙柳河流域示意图

质量控制。特别是在入湖口三角洲湖岸线遥感提取时，沼泽湿地和湖泊湿地的判识难度较大，较难区分是入湖口沼泽湿地或是湖泊湿地。

高寒湿地生态系统是青藏高原独具特色的生态资源之一，生态系统服务功能和资产价值潜力巨大。高寒湿地生态系统极其脆弱，环境承载压力较大，对气候变化的响应敏感，一旦遭受破坏很难在短期内得以恢复，并可能导致湿地退化，从而影响生态系统服务的有序供给。气候变化背景下，高寒沼泽湿地生态系统对气候变化异常敏感和脆弱。目前，关于高寒湿地生态系统高光谱识别分类技术缺乏系统综合研究，沙柳河沼泽湿地作为青海湖流域高寒湿地的典型代表，从群落生态学视角出发探究其生态系统结构和功能具有可行性和必要性。

因此，以青海湖水陆交错带的沙柳河入湖口沼泽湿地为抓手，意图摸底调查沙柳河入湖口沼泽湿地植被现状，度量典型入湖口沼泽湿地植被的光谱遥感波段特征，建立典型沼泽湿地植被光谱特征数据库，探索典型沼泽湿地植被高光谱识别分类技术，为青海湖水体面积边缘提取提供技术支撑，为提升高寒生态气象特色品牌业务提供坚实保障。

4.5.1 青海湖水陆交错带湿地植被调查与生境划分

4.5.1.1 水陆交错带植被调查

2019 年 6 月 3 日、2019 年 9 月 27—29 日、2020 年 1 月 11—12 日、2020 年 9 月 22—24 日、2021 年 1 月 1—2 日先后 5 次赴沙柳河入湖口开展水陆交错带生态环境状况及周边草场淹没状况调查。项目组成员通过 GPS 定位、植被光谱信息测定、植被群落样方调查、土壤样品采集等手段对沙柳河入湖口形状、植被特征进行调查，获取了青海湖沙柳河入湖口本底信息。图 4.21 为沙柳河入湖口采样点示意图。

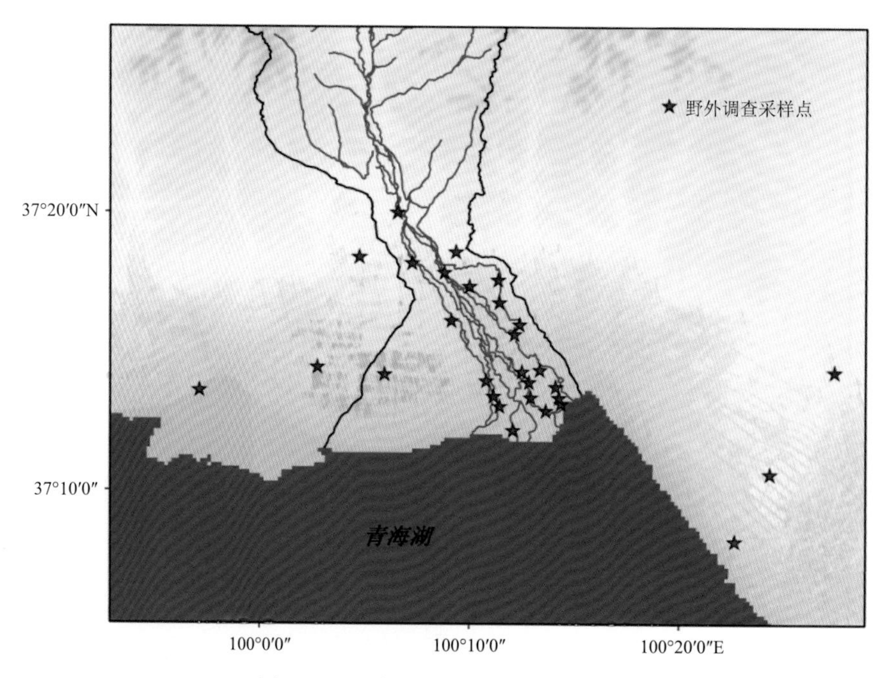

图 4.21　沙柳河入湖口采样点示意图

4.5.1.2　生境类型划分

水陆交错带单元主要包括了湖滩地、沼泽湿地、高寒草地、灌丛林地等土地覆被类型。湖滩地、草地、灌丛林地的生态质量调查主要以植被群落类型为主，通过群落多样性指数来表征，其中湖滩地土壤盐碱度也在生态质量调查之列。

根据水陆交错带地理位置、土地利用类型、植物群落生态序列梯度等选择沙柳河入湖口具有代表性的生境类型作为研究对象，采用样线法、断面采样法，具体操作是从青海湖湖区水域向湖岸线、陆地方向延伸，按照生境类型梯度在断面上布点，从陆域、湖滨带、消落带、水域生境梯度上依次选取 A 区、B 区、C 区和 D 区 4 个样区分别对应为不同生境梯度类型(图 4.22、图 4.23、表 4.17)。

2019 年 9 月 27—29 日和 2020 年 9 月 22—24 日针对不同生境梯度开展群落样方调查和生境土壤理化性质调查。分别选取不同生境群落斑块作为样地，草本植物群落的样方尺寸为 1 m × 1 m，每个群落都在样方邻近地段作 2～3 个重复。在样方调查中，主要记录植物名称、数量(多度)、高度、盖度、生活型等。在不同生境群落斑块样方调查中，各样地用土钻分别取 0～10 cm、10～20 cm、20～30 cm、30～40 cm 共 4 个土层的土壤。取土样时将同一层土样混匀后装入自封袋中带回实验室，每层 3 个重复。此外，季节性淹没生境、水域生境也采取了 0～10 cm、10～20 cm、20～30 cm、30～40 cm 共 4 个土层的土壤。

4.5.1.3　湿地群落多样性指数选取

群落生物多样性是生物丰富度和均匀度的函数，有关群落生物多样性的计算模型很多，它们的差别在于对丰富度和均匀度这 2 个变量所赋予的权重不同。本研究选用了 Margalef 丰富度指数、Shannon-wiener 指数、Simpson 优势度指数、Pielou 均匀度指数。计算公式如下：

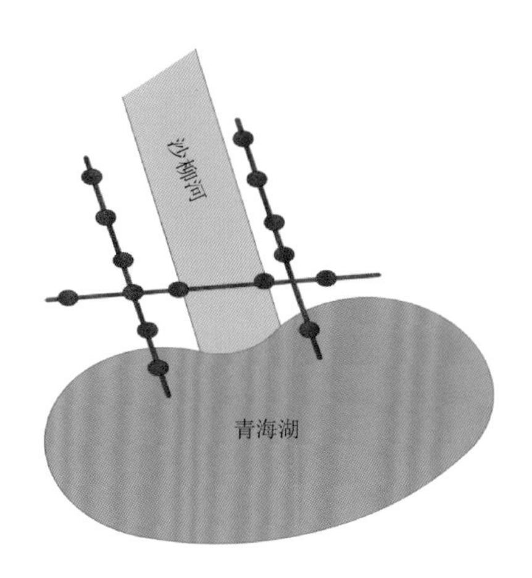

图 4.22　沙柳河入湖口水陆交错带生境梯度采样点设置示意图

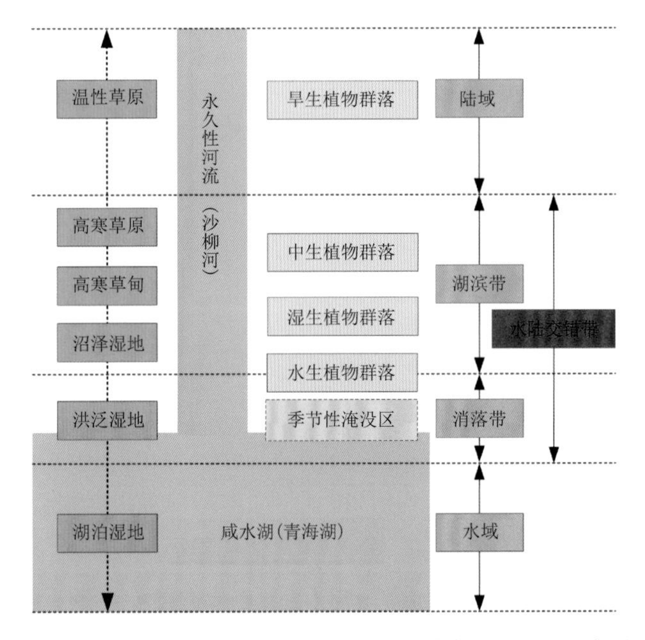

图 4.23　沙柳河入湖口水陆交错带生境梯度设置平面示意图

表 4.17　沙柳河入湖口水陆交错带生境梯度

样区	地理位置	生境梯度	覆被类型	土地利用类型	土壤含水量/%
A 区	陆域	旱生植物群落	温性草原	温性草原（地带性植被）	13.26±2.53
B 区	湖滨带Ⅲ	中生植物群落	高寒草原	高寒草地（地带性植被）	18.55±6.57
	湖滨带Ⅱ	湿生植物群落	高寒草甸（湖滨带Ⅱ-①型）		21.36±3.54
			高寒沼泽草甸（湖滨带Ⅱ-②型）	高寒湿地（隐域性植被）	25.41±1.39
	湖滨带Ⅰ	水生植物群落	高寒沼泽草甸		29.88±6.89

续表

样区	地理位置	生境梯度	覆被类型	土地利用类型	土壤含水量/%
C区	消落带	季节性淹没区	—	洪泛湿地（泛滥地）	饱和含水量
D区	水域	水深 20 cm	—	河流湿地（永久性河流）	—
		水深 20 cm	—	湖泊湿地（咸水湖）	—
		水深 30 cm			
		水深 40 cm			
		水深 50 cm			
		刚毛藻生境			

Margalef 丰富度指数：

$$R=(S-1)/\ln N \tag{4.10}$$

Shannon-wiener 指数：

$$H=-\sum_{i=1}^{S} P_i \ln P_i \tag{4.11}$$

Simpson 优势度指数：

$$D=1-\sum_{i=1}^{S} P_i^2 \tag{4.12}$$

Pielou 均匀度指数：

$$D=1-\sum_{i=1}^{S} P_i^2 \tag{4.13}$$

以上各式中，S 代表样方内物种总数，N 为植物物种数，P_i 为样方内某一物种的相对重要值，P_i =（相对多度＋相对频度＋相对盖度＋相对高度）/4。在计算出每块样地的多样性指数后，按照其所属群落类型，分别相加后求取平均值，得到不同群落的多样性指数。

4.5.1.4 湿地群落土壤生境调查及化验

取土样时，将同一层土样混匀后装入自封袋中带回实验室，每层 2～3 个重复。同时用铝盒盛装土样带回实验室，用烘干法测土壤水分含量。用自封袋盛装土壤样品带回实验室后，放在通风处自然风干，研磨后过 2 mm 的筛备用。准确称量 5 g 土壤样品放置于三角瓶中，加入 25 mL 蒸馏水，将三角瓶封口后置于振荡器上振荡 30 min，然后静置 30 min 获得的上清液过滤后装入容量瓶中，用于测试（水土比为 5∶1）。用 pH 计测土壤 pH，用电导率仪测土壤全盐含量，用 $K_2Cr_2O_7$-H_2SO_4 外加热法测土壤有机碳（SOC）含量，用半微量凯氏定氮法测土壤全氮（TN）含量，用 NaOH 碱熔-钼锑抗比色法测定土壤全磷（TP）含量，用碱熔-火焰光度计法测定土壤全钾（TK）含量。

4.5.2 高光谱数据实测与预处理

高光谱遥感技术具有光谱分辨率高、波段数目多、数量丰富等特点，可为沙柳河入湖口沼泽湿地植被精细化分类提供有效技术保障。青海省气象科学研究所现有美国 ASD 公司 Field-SpecR4 型地物波谱仪一套，为土地覆被定量遥感监测提供了可能，图 4.24 为光谱测量流程。

在开展沙柳河流域影像分类工作的前期，获取区域内不同生境梯度土地覆被类型光谱曲线，能够更加精细地对沙柳河水陆交错带光谱特征进行定量化分析，为实现在遥感影像中提取青海湖湿地信息奠定理论基础。此次不同生境梯度土地覆被类型反射率光谱数据采集使用美国 ASD 公司 FieldSpecR4 型地物光谱仪（图 4.25），该仪器测量光谱范围为 350～2500 nm，通道数 2151 个，光纤探头视场角 25°。在利用遥感数据进行青海湖边界信息提取时，需要获取一定数量的野外调查样点，从而用作水陆交错带光谱信息提取过程中的训练样本和精度验证样本，其中获取野外调查样点的地理位置信息我们将用到 GARMIN10GPSmap 621sc，该手持式 GPS 的定位精度能够达到 3 m，并用照相机记录周围调查环境（图 4.26）。

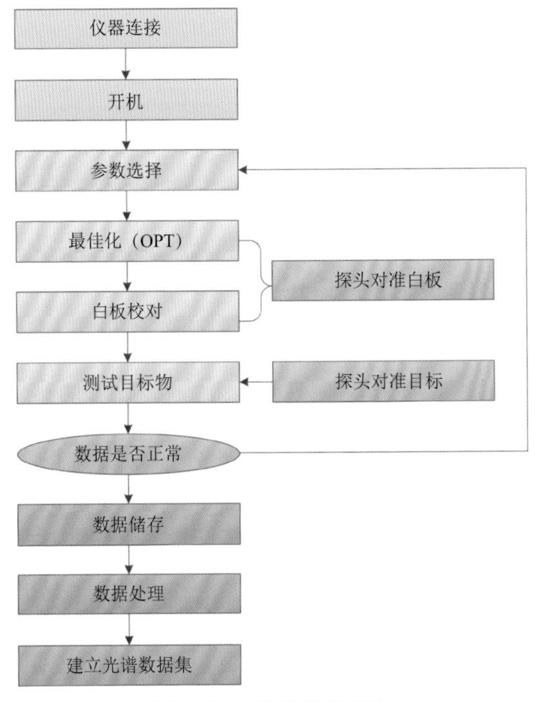

图 4.24　光谱测量流程

图 4.25　FieldSpecR4 型地物光谱仪

图 4.26　GARMIN10GPSmap 621sc 手持 GPS 定位仪

4.5.2.1 湿地光谱数据采集方案设计

在进行沙柳河水陆交错带光谱信息提取过程中，需要采集研究区不同生境梯度土地覆被类型反射率光谱数据，同时还需获得一定数量的野外调查样点。2019 年 6 月 3 日、2019 年 9 月 27—29 日、2020 年 1 月 11—12 日、2020 年 9 月 22—24 日、2021 年 1 月 1—2 日先后 5 次在沙柳河入湖口开展野外实验，其中野外光谱采集使用美国 ASD 公司 FieldSpecR4 型地物光谱仪，观测选择在晴朗、风力小的天气，测量时间为 11:00—15:30，其中测定时光纤探头垂直向下，距离不同土地覆被类型 0.4 m，仪器每 15 min 白板校正一次，每次记录 20 条光谱，最后利用数码相机于典型土地覆被类型正上方 0.4 m 处拍摄植被冠层图像，利用 GPS 获取地理坐标和海拔高度。

4.5.2.2 湿地光谱数据处理

在光谱数据入库之前，为了保证光谱数据的准确性，野外采集的典型地物光谱曲线往往需要在 ViewSpecPro 软件下进行预处理，步骤如下所示。

(1)逐条加载典型土地覆被类型光谱曲线，正常光谱曲线的反射率值为 0～1，删去具有异常值的光谱曲线。

(2)野外光谱测量时每个样点均采集 20 条光谱，因此需对 20 条光谱曲线求取平均值，最后将平均后的光谱导出为 .txt 文本文件。

(3)对平均后的光谱曲线仔细检查发现，在 350～400 nm 处光谱曲线出现了短幅快频振动，即“毛刺”，其主要是由测量环境和机器影响所致，因而需对光谱数据进行平滑去噪。本研究选用 SG(Savitzky-Golay，SG)方法，该方法相比于小波变换、九点加权移动平均等方法在光谱的特征保持度方面较优。其原理为选用连续的 $2N+1$ 个波段作为一个平滑窗口，利用多项式对窗口内光谱反射率值进行最小二乘拟合，并将窗口在全波段范围内移动。

$$f_i = b_{n0} + b_{n1} i + b_{n2} i^2 + b_{n3} i^3 \tag{4.14}$$

式中，f_i为第 i 个点的多项式拟合值；b_{n0}、b_{n1}、b_{n2}、b_{n3}为多项式系数，可通过查阅卷积系数表求得 $i=0$，±1，±2，±3。本研究通过多次尝试发现，选用窗口为 7 的三次多项式进行平滑去噪处理效果较好。

4.5.2.3 湿地光谱数据处理方法

(1)光谱数据变换

研究表明光谱变换方法能有效放大差异性。本研究采用 4 种光谱变换方法，分别为 d(R)(一阶微分变换)、log(R)(对数变换)、N(R)(归一化变换)、1/R(倒数变换)。

(2)光谱特征变量选取

光谱信息中一些显著的反射和吸收特征，常采用光谱指数、光谱导数、光谱重排等方法进行提取，本研究采用光谱微分法和连续统去除法进行光谱特征变量提取，运用相关性分析和主成分分析选取光谱特征变量，最后利用单因素方差进行分析，对选定的光谱特征变量进行区分度验证。

(3)光谱微分法

光谱微分通过数学模拟反射光谱和求取不同阶数微分值，以迅速确定光谱弯曲点，提取反射和吸收峰参数。在实际应用中，低阶微分对噪声敏感性较低，使用更为广泛。

(4)光谱的对数变化

光谱的对数通过数学模拟反射光谱的对数值，数值小的部分差异敏感程度比数值大的部分的差异敏感程度更高，以将光谱数值的差距凸显出来。本研究采用 ViewSpec Pro 计算出各类光谱数据的对数值，导出后进行后续分析。

4.5.3 青海湖流域土地资源现状

4.5.3.1 湿地资源

青海湖流域湿地类型多样，有河流湿地、湖泊湿地、沼泽湿地和人工湿地4类9型。天然湿地包括河流湿地、湖泊湿地、沼泽湿地3类7型，人工湿地包括水库和运河、输水河2型。青海湖流域湿地资源类型及面积如表4.18、图4.27所示。

表4.18 青海湖流域湿地类型、面积统计表 单位：km²

湿地类	湿地型	天峻县	刚察县	海晏县	共和县	合计
河流湿地	永久性河流	136.40	129.02	12.29	26.37	304.08
	季节性或间接性河流	137.92	2.61	0	0	140.53
	泛洪湿地	0	9.37	0.06	3.38	12.81
	小计	274.32	141.00	12.35	29.75	457.42
湖泊湿地	永久性淡水湖	11.77	0	2.87	2.07	16.71
	永久性咸水湖	0	1545.41	638.76	2394.18	4578.35
	永久性内陆盐湖	0	1.91	0	0.31	2.22
	小计	11.77	1547.32	641.63	2396.56	4597.28
沼泽湿地	沼泽化草甸	702.89	409.62	31.78	61.18	1205.47
	小计	702.89	409.62	31.78	61.18	1205.47
人工湿地	2.87 水库	0	0	0	0.11	0.11
	运河、输水河	0	2.76	0	0	2.76
	小计	0	2.76	0	0.11	2.87
合计		988.98	2100.70	685.76	2487.60	6263.05

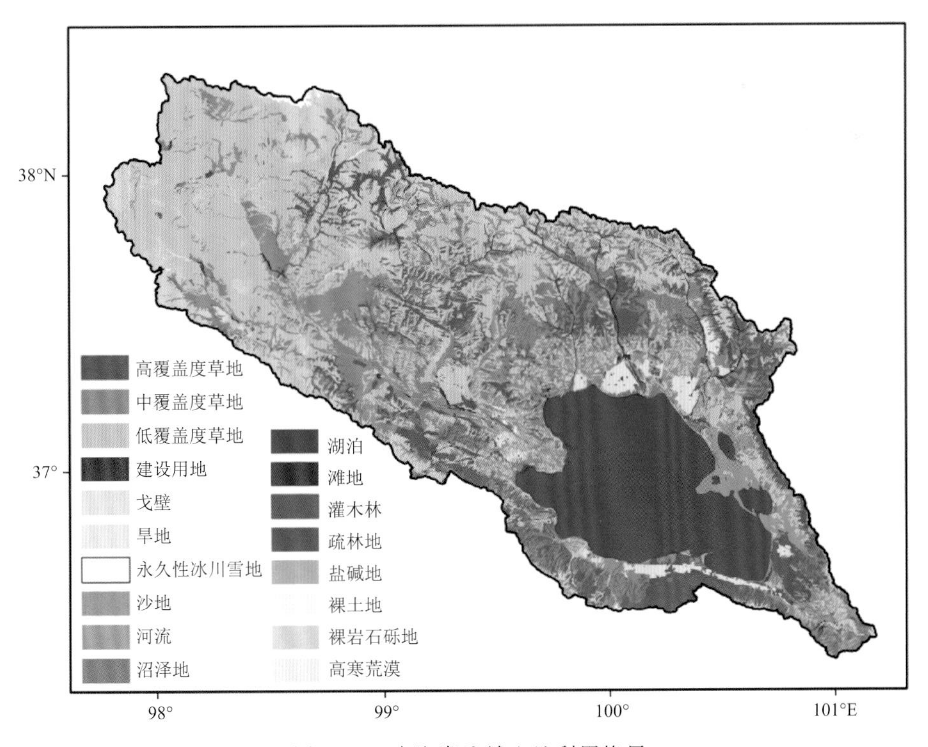

图4.27 青海湖流域土地利用格局

4.5.3.2 草地资源

由于青海湖流域普遍海拔较高，气候寒冷，多数区域不符合宜林、宜耕条件，因而草地是青海湖流域最主要的土地利用类型，其面积 20840.96 km^2，占青海湖流域土地总面积的 70.26%。青海湖流域涵盖了青海省七大草原类，是草原类型集中分布区域，具体分布如表 4.19、图 4.28 所示。

表 4.19 青海湖流域草地资源按草地类统计表

单位：km^2

草地类	天峻县	刚察县	海晏县	共和县	合计
高寒草甸类	8140.21	3754.48	527.74	1947.21	14369.63
山地草甸类	18.63	5.83	0	0	24.46
低地草甸类	0	99.98	13.55	123.01	236.54
高寒草原类	1515.89	894.77	258.73	603.24	3272.63
温性草原类	3.08	647.01	330.87	435.87	1416.83
高寒荒草类	1519.57	0	0	0	1519.57
温性荒草类	0.50	0	0.80	0	1.30
合计	11197.87	5402.07	1131.69	3109.32	20840.96

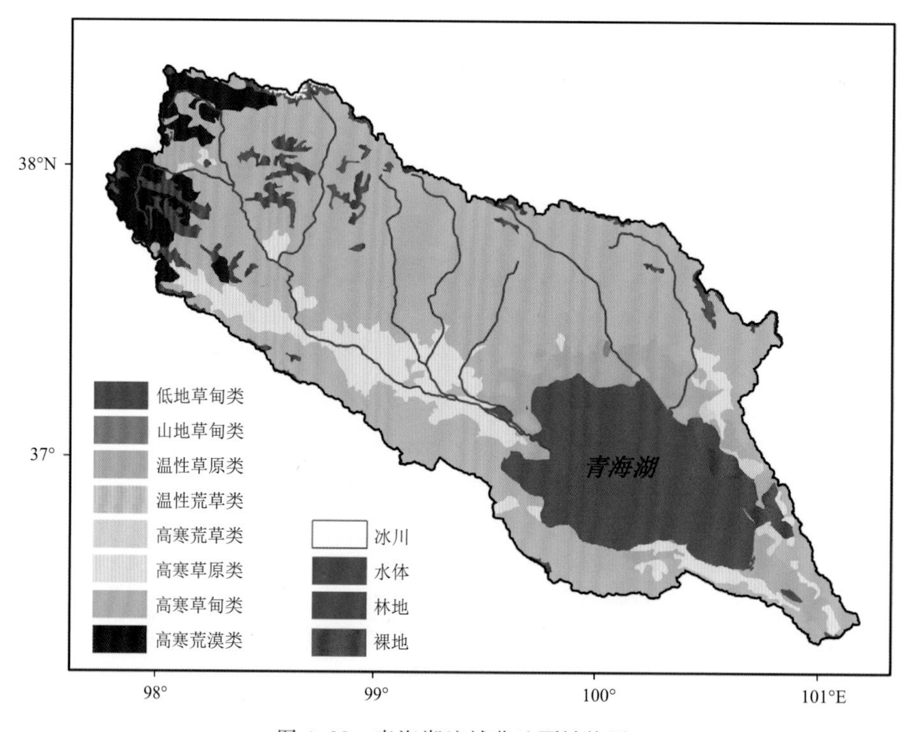

图 4.28 青海湖流域草地覆被格局

4.5.4 青海湖水陆交错带湿地类型现状

青海湖水陆交错带湿地植被类型复杂多样，湖岸线遥感提取时识别难度较大，较难区分是入湖口沼泽湿地还是湖泊湿地(图4.29)。首先，布哈河、沙柳河、哈尔盖河、泉吉河、甘子河、倒淌河、黑马河等入湖口三角洲地区的湖岸线遥感识别难度系数最高。其次，青海湖东部湖滨地带的洱海、沙岛、沙岛湖、甘子河湿地、倒淌河湿地、尕海、海晏湾等区域遥感识别难度系数较高(图4.30)。

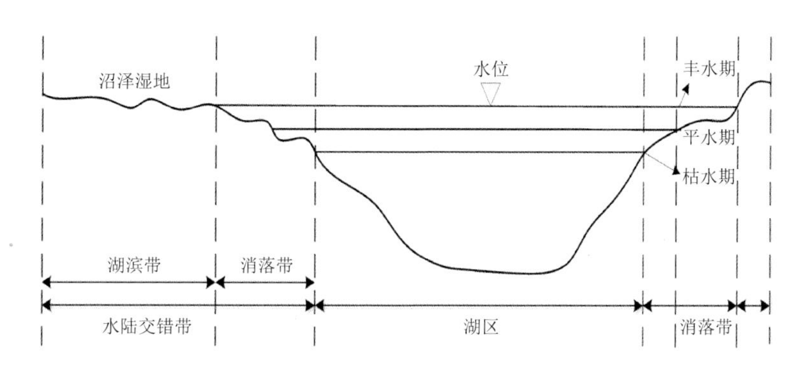

图4.29 青海湖水陆交错带示意图

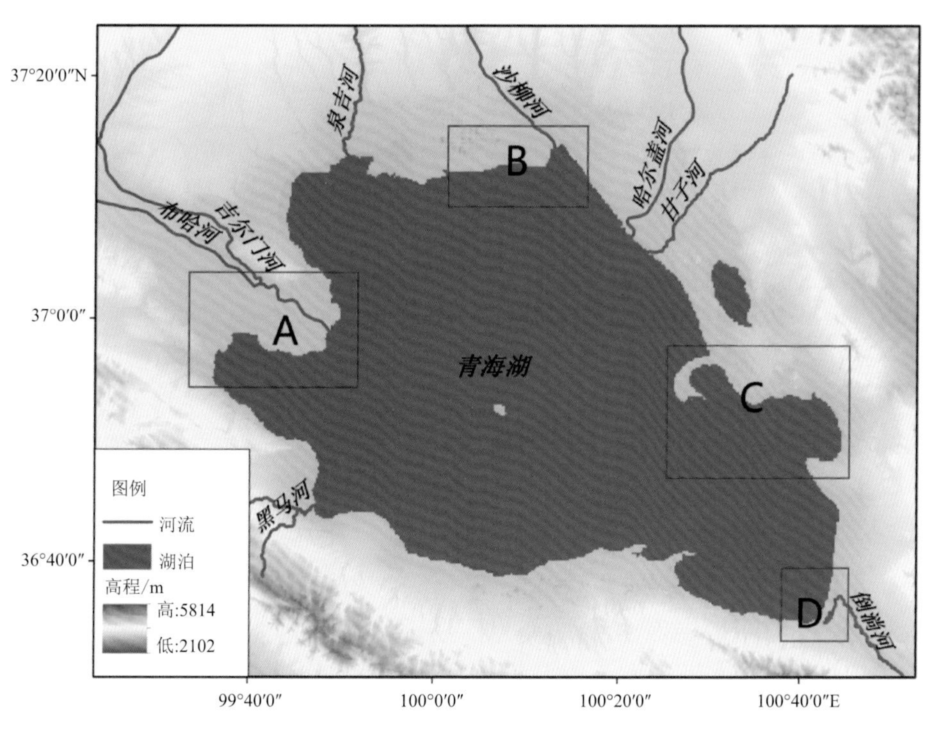

图4.30 青海湖流域湖滨地带

青海湖流域主要湿地类型如表4.20所示。

表4.20　青海湖流域主要湿地类型

大类	国际湿地分类	代表地点	说明
天然湿地——内陆湿地	永久性河流	布哈河、沙柳河、泉吉河、黑马河、哈尔盖河、倒淌河、甘子河等	包括河流及其支流
	永久性淡水湖泊	洱海、沙岛、甘子河湿地、倒淌河湿地	面积大于8 hm^2 永久性淡水湖，大、小牛轭湖
	盐湖	青海湖、夏日脑湖、尕海	永久性的咸水、半咸水碱水湖
	泛滥	泉湾湿地、黑马河湿地、尕日拉湿地、那仁湿地、小泊湖、鸟岛、哈达滩、仙女湾	季节性、间歇性洪泛地，湿草甸和面积小于8 hm^2 的泡沼
	时令碱、咸水盐沼	达赖泉及湖滨沿线状分布的湿地	季节性、间歇性的咸水、半咸水、碱性沼泽、泡沼

4.5.5　沙柳河入湖口生态环境特征分析

4.5.5.1　沙柳河入湖口生态环境现状

通过对哈尔盖河入湖口、沙柳河入湖口、黑马河入湖口等入湖口形状、植被特征的调查，获取了青海湖主要河流入湖口本底信息。利用便携式地物波谱仪测定了湖冰、入湖口、湖岸草地、沙地等地物类型的光谱数据，全方位了解沙柳河入湖口现状，为沙柳河入湖口湖岸线提取提供科学客观的地面验证。

根据水陆交错带生态环境特征设置了不同水深梯度、不同生境类型梯度，采集了洪泛湿地、沼泽湿地、河流湿地、湖泊湿地、沙质湖岸等不同土地覆被类型的光谱信息。通过实地调查发现，沙柳河入湖口草地长势一般，青海湖面积的扩大淹没了部分草甸，个别区域存在牧草稀疏低矮、毒草较多情况。由于旅游经营活动的禁止，沙岛周边植被恢复效果显著。总之，青海湖面积持续扩大，一方面，淹没了湖滨低洼地带草场，不同程度地影响了牧民转移草场和人畜通行。草场淹没致使遗留在湖岸低洼地带的牛羊粪溶解，增加了湖水养分，这可能也是造成环湖水路交错带刚毛藻大面积增长的重要原因。另一方面，显著增加了湖滨地带土壤水分，有利于周边植被生长，改善了周边野生动植物和鸟类栖息环境。

通过多次调查，初步了解了沙柳河入湖口、沙岛等区域湿地现状，掌握了青海湖主要入湖口湿地水陆交错地植被覆被特征，为环青海湖水陆交错带遥感监测提供了精细化的数据支撑，也为青海湖水体面积边缘提取提供了验证参考。图4.31为青海湖沙柳河入湖口调查景观。

4.5.5.2　沙柳河水陆交错带高寒湿地植被群落特征

根据样方调查，沙柳河入湖口共出现了41种植物，隶属于15科，其中禾本科、莎草科和菊科为优势科，分别占植物总数的17.07%、14.63%和14.63%。41种物种中，剔除8种偶见种，分别形成了以芦苇、高山嵩草、紫花针茅、芨芨草为优势种，其余物种交错伴生的镶嵌型群落斑块分布格局。沿湖岸线向陆地植物群落生境依次呈现水生、湿生、中生、旱生的演替格局，土壤含水量呈现由高到低的生态梯度，植物群落依次为芦苇群落、高山嵩草群落、紫花针茅群落和芨芨草群落，分别属于高寒沼泽草甸、高寒草甸、高寒草原和温性草原。

消落带-Ⅰ

消落带-Ⅱ

沙柳河-Ⅰ

沙柳河-Ⅱ

沙柳河入湖口-Ⅰ

沙柳河入湖口-Ⅱ

芦苇群落　　柽柳群落

芨芨草群落　　马兰群落

湖岸线　　湖冰

刚毛藻　　刚毛藻

图 4.31　沙柳河入湖口野外调查景观

4种生境植被类型群落特征见表4.21,其中,温性草原植被覆盖度在40%～70%之间,群落物种数较为繁杂,群落垂直结构明显,优势种芨芨草的重要值为0.34±0.14,常见伴生物种多达10种;高寒草原植被覆盖度在35%～80%之间,生境多样,物种组成丰富,群落高度为15.89±3.72,优势种紫花针茅的重要值为0.62±0.37,植被类型的过渡性特征明显;高寒草甸植被覆盖度在70%～95%之间,生长密集,植被覆盖度较大,群落垂直结构不明显,群落组成中含有多种中生、旱生禾草或杂草类;高寒沼泽湿地植被覆盖度在70%～100%之间,芦苇种群的重要值为0.90±0.12,伴生种常见有海韭菜、大花嵩草、鳞叶龙胆等,作为多年生根茎型禾本科植物,其是高寒沼泽湿地植物群落常见的重要建群种,在沙柳河湖滨生境中为单优群落。

在垂直湖岸线或河岸线方向上,随着离湖岸或河岸距离的增加,海拔高程也逐渐增加,土壤含水量依次降低。土壤含水量从青海湖湖岸带到环湖地区呈环带状分布,植被类型呈带状分布格局,土壤含水量和土壤含盐量是造成植物群落空间地理分布格局的主要驱动力,是解释和描述群落和生境环境关系的重要维度。

表4.21 沙柳河河口植物群落特征调查表

草地类型	植被覆盖度/%	群落高度/cm	重要值	主要优势种	常见伴生物种
温性草原	40～70	180.50 ± 63.35^{a}	0.34 ± 0.14^{b}	芨芨草	赖草、阿尔泰狗娃花、纤杆蒿、披针叶黄华、狼毒、紫羊茅、高原毛茛沙生、冰草、垂穗披碱草、鹅绒委陵菜
高寒草原	35～80	15.89 ± 3.72^{c}	0.62 ± 0.37^{a}	紫花针茅	马兰、黄花棘豆、披针叶黄华、火绒草、西北针茅、小叶黄芪、甘肃马先蒿、垂穗披碱草、异叶青兰、猪毛菜
高寒草甸	70～95	23.92 ± 15.67^{b}	0.73 ± 0.18^{a}	高山嵩草	矮嵩草、黑褐薹草、圆穗蓼、洽草、小钩苔草、蒲公英、美丽风毛菊、二裂委陵菜、甘肃棘豆、垂穗披碱草
高寒沼泽湿地	70～100	44.67 ± 6.10^{b}	0.90 ± 0.12^{a}	芦苇	海韭菜、大花嵩草、斑唇马先蒿、鳞叶龙胆、麻花艽、华扁穗草、马先蒿、早熟禾、水毛茛、珠芽蓼、车前、灰绿藜、海乳草

注:同列不同小写字母表示不同植物群落之间差异显著($P<0.05$)

研究区4种生境植被类型群落多样性指数结果如图4.32—图4.35所示。其中,Margalef丰富度指数为高寒草甸>温性草原>高寒草原>高寒沼泽湿地,分别为1.936、1.105、0.901和0.787,高寒草甸的Margalef丰富度指数最高,植被覆盖度较大;4种生境植被类型的Shannon-wiener指数、Simpson优势度指数变化趋势基本一致,说明二者作用相近,为高寒沼泽草甸和高寒草甸较大、高寒草原和温性草原较小,为高寒沼泽草甸和高寒草甸土壤生境土壤水热条件组合适宜、土壤盐分和肥力较高所致;Pielou均匀度指数为温性草原最高,高寒草甸、高寒草原次之,高寒沼泽草甸最小,分别是1.763、1.596、1.366和0.821,温性草原均匀度指数最大,说明植物间的竞争不激烈,有利于不同生活习性的植物生长,高寒沼泽草甸均匀度指数最小,主要是因为土样含水量高,植物以芦苇为单优群落且占主导地位,抑制了部分植物的生长。

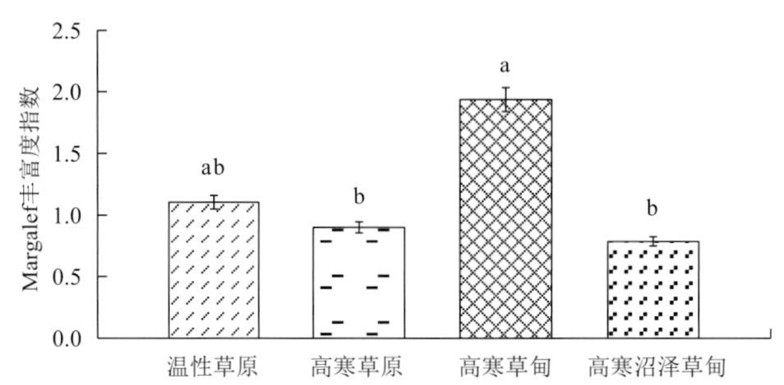

图 4.32 不同生境植被类型 Margalef 丰富度指数

(不同小写字母表示不同生境植被类型之间差异显著($P<0.05$))

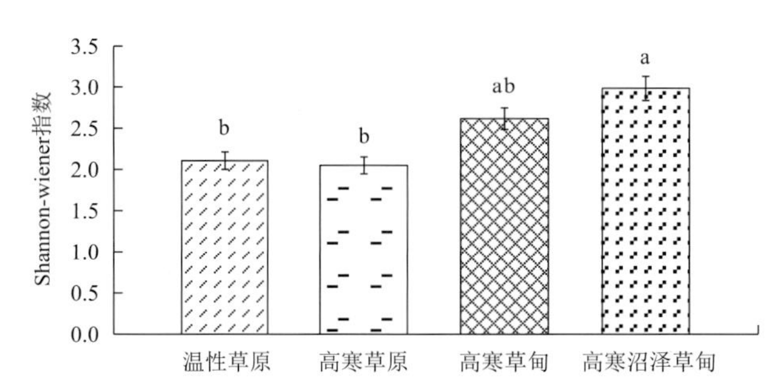

图 4.33 不同生境植被类型 Shannon-wiener 指数(小写字母含义同图 4.32)

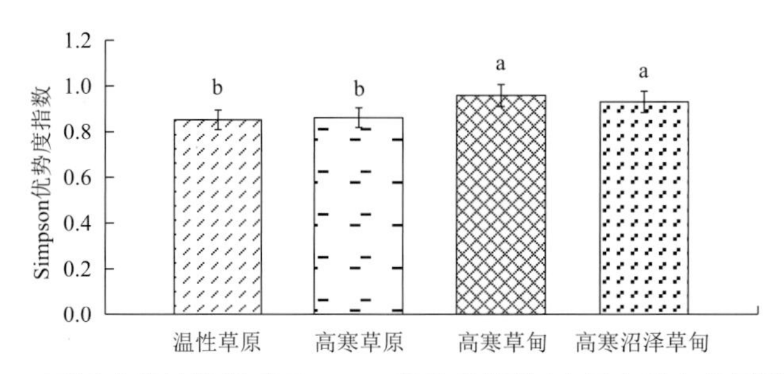

图 4.34 不同生境植被类型 Simpson 优势度指数(小写字母含义同图 4.32)

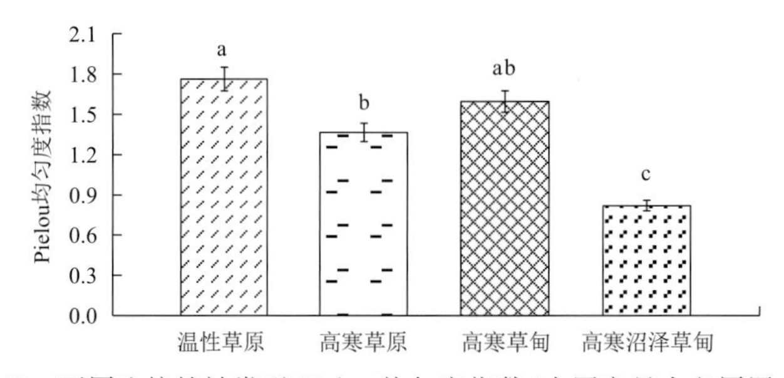

图 4.35 不同生境植被类型 Pielou 均匀度指数(小写字母含义同图 4.32)

4.5.5.3 沙柳河水陆交错带高寒湿地土壤生境特征

选择沙柳河水陆交错带的典型生境梯度,进一步了解土壤理化性状空间特征和垂直变化特征,主要生境梯度设置为水域、消落带、湖滨带Ⅰ、湖滨带Ⅱ、湖滨带Ⅲ、陆域,其中消落带对应洪泛湿地，湖滨带Ⅰ对应高寒沼泽草甸，湖滨带Ⅱ对应高寒草甸，湖滨带Ⅲ对应高寒草原，陆域对应温性草原。土壤理化性状空间特征垂直变化特征详见图 4.36—图 4.41。

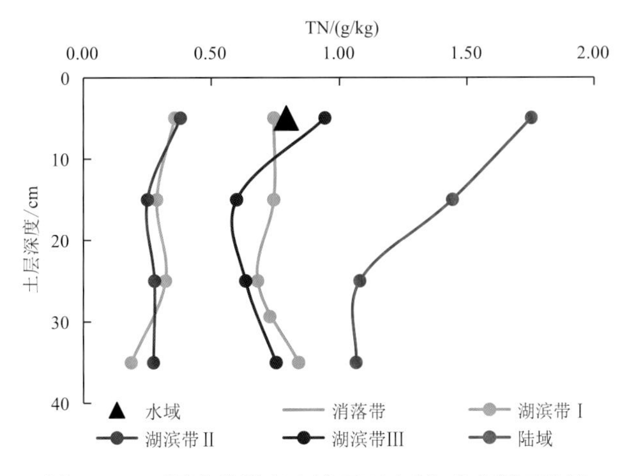

图 4.36　不同生境梯度土壤 TN(全氮)垂直剖面特征

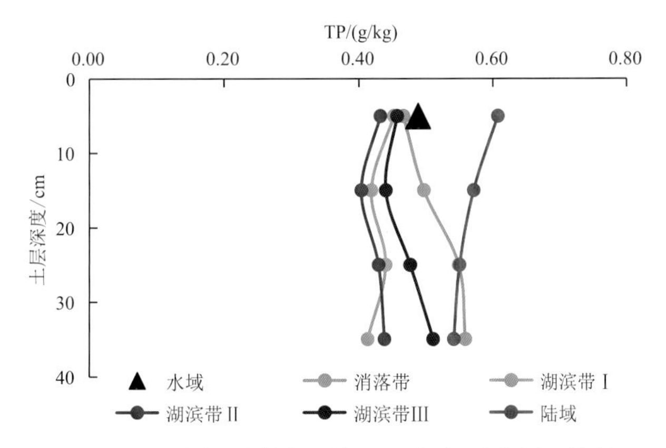

图 4.37　不同生境梯度土壤 TP(全磷)垂直剖面特征

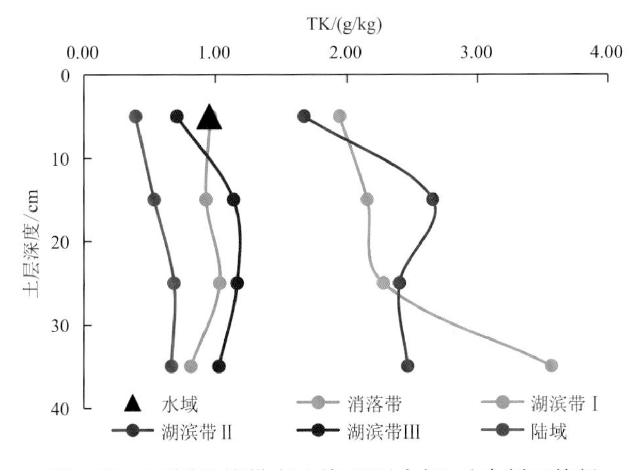

图 4.38　不同生境梯度土壤 TK(全钾)垂直剖面特征

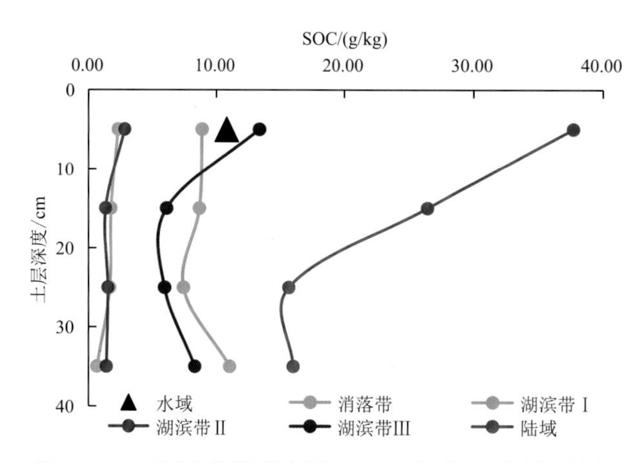

图 4.39 不同生境梯度土壤 SOC(有机碳)垂直剖面特征

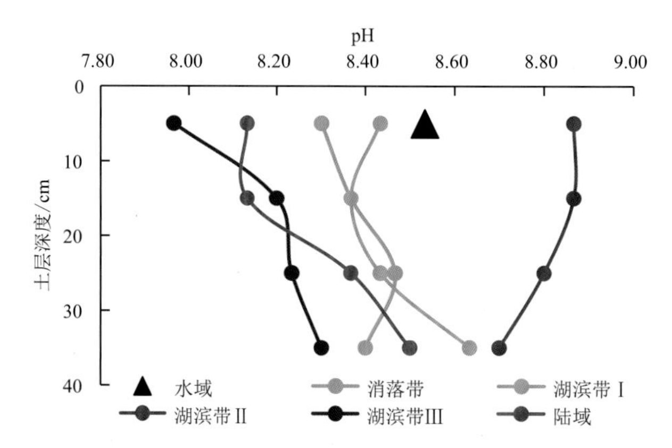

图 4.40 不同生境梯度土壤 pH(酸碱度)垂直剖面特征

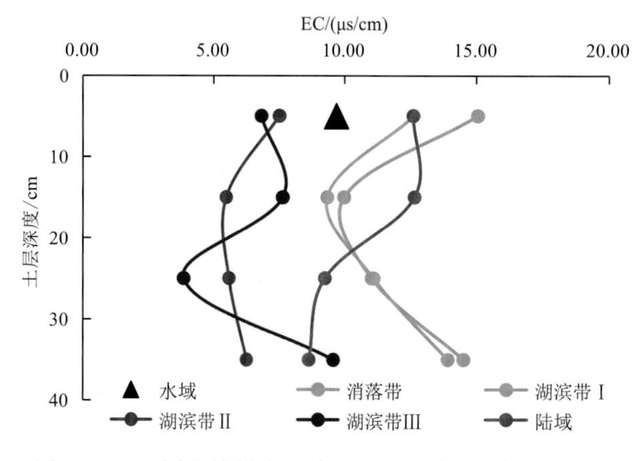

图 4.41 不同生境梯度土壤 EC(电导率)垂直剖面特征

土壤全氮(TN)呈现为3个梯度量级变化规律,其中陆域土壤TN含量属于第1梯度,表现为先迅速降低,后基本不变趋势,最大土壤TN出现在0～10 cm,土壤TN含量为1.75 g/kg;消落带、湖滨带Ⅲ的土壤TN含量属于第2梯度,表现为随土层加深土壤TN含量逐渐降低,30～40 cm土层略有增加趋于接近;湖滨带Ⅰ、湖滨带Ⅱ的土壤TN属于第3梯度,土壤TN垂直变化趋势基本一致且不剧烈,其中,0～10 cm土层TN含量最高,分别为0.36 g/kg、0.38 g/kg;水域土壤TN含量为0.79 g/kg,与消落带0～10 cm土层TN含量接近。

沙柳河水陆交错带不同生境梯度土壤全磷(TP)含量空间分布规律表现基本一致。具体来说,各土层基本表现为陆域＞消落带＞湖滨带Ⅲ＞湖滨带Ⅰ＞湖滨带Ⅱ。陆域TP在0.54～0.61 g/kg之间波动;消落带TP在0.47～0.56 g/kg之间波动;湖滨带Ⅰ、湖滨带Ⅱ和湖滨带Ⅲ的土壤TP分别表现为0.41～0.45 g/kg、0.40～0.44 g/kg和0.44～0.51 g/kg;水域土壤TP含量为0.49 g/kg。

不同生境梯度土壤全钾(TK)含量空间分布规律表现各异。具体来说,陆域土壤TK含量最小,垂直变化不明显,在0.39～0.69 g/kg之间波动;消落带、湖滨带Ⅲ土壤TK垂直变化也不显著,分别为0.82～1.03 g/kg和0.71～1.17 g/kg;湖滨带Ⅱ土壤TK垂直变化较明显,0～10 cm土层TK含量最小,为1.67 g/kg,10～20 cm、20～30 cm和30～40 cm土层TK含量变化幅度较小,分别是2.66 g/kg、2.40 g/kg和2.46 g/kg;0～10 cm、10～20 cm、20～30 cm和30～40 cm湖滨带Ⅰ土壤TK含量分别是1.94 g/kg、2.15 g/kg、2.28 g/kg和3.57g/kg;水域土壤TK含量为0.95g/kg。

不同生境梯度土壤有机碳(SOC)呈现为3个梯度量级变化规律,其中陆域土壤SOC含量属于第1梯度,土壤SOC垂直变化剧烈,随土壤加深依次降低后趋于稳定,0～10 cm土壤SOC为37.71 g/kg,10～20 cm土壤SOC含量是26.45 g/kg, 20～30 cm、30～40 cm土壤SOC含量分别15.66 g/kg、16.00 g/kg;消落带、湖滨带Ⅲ土壤SOC含量属于第2梯度,土壤SOC垂直差异较为显著,表现为0～10 cm和30～40 cm土壤SOC含量较高,20～30 cm、30～40 cm土壤SOC含量较低;湖滨带Ⅰ和湖滨带Ⅱ土壤SOC含量属于第3梯度,土壤SOC垂直变化不明显,分别是0.65～2.31 g/kg和1.33～2.85 g/kg之间波动;水域土壤SOC含量为10.82 g/kg。

6种生境梯度土壤酸碱度(pH)表现各异,陆域土壤pH随土层加深依次增加,pH最高值出现在30～40 cm,为8.50;消落带土壤pH随土层加深先增大后略有降低,pH最高值出现在20～30 cm土层;湖滨带Ⅰ的pH则随土层加深先减小后迅速增加,30～40 cm的pH最大;湖滨带Ⅱ的pH随土层加深依次降低,pH最高值出现在0～10 cm土层;湖滨带Ⅲ的pH随土层加深依次增加,高值出现在30～40 cm,为8.30;水域土壤pH为8.53。表层土壤pH表现为湖滨带Ⅱ＞水域＞湖滨带Ⅰ＞消落带＞陆域＞湖滨带Ⅲ。

不同生境梯度土壤电导率(EC)垂直分布差异显著,6种生境梯度土壤EC值在0～10 cm较大,表聚效应较为显著;表层土壤EC为消落带＞陆域＞湖滨带Ⅰ＞水域＞湖滨带Ⅱ＞湖滨带Ⅲ,土壤EC分别在9.98～15.05 μs/cm、8.64～12.66 μs/cm、9.32～13.91 μs/cm、9.69 μs/cm、5.48～7.52 μs/cm和3.85～9.56 μs/cm之间;消落带、湖滨带Ⅰ和湖滨带Ⅱ的土壤EC均随土层加深表现为先降低后增加趋势;陆域土壤EC随土层加深表现为先逐渐降低后基本维持不变趋势;湖滨带Ⅲ的土壤EC表现为"S"形变化趋势,垂直变化剧烈。

4.5.6 沙柳河入湖口水陆交错带原始光谱曲线及其特征

4.5.6.1 沙柳河入湖口消落带光谱基本特征

青海湖沙柳河入湖口消落带的反射光谱是植被、土壤、大气、水分等多因子作用形成的综合反射光谱。反射率大小受草地类型、种群成分、植被覆盖度、植物水分、土壤状况和大气状况等多种因素的影响。将野外获取的沙柳河入湖口消落带不同水深梯度、不同水域面积大小的光谱曲线进行比较,结果如图 4.42 所示。

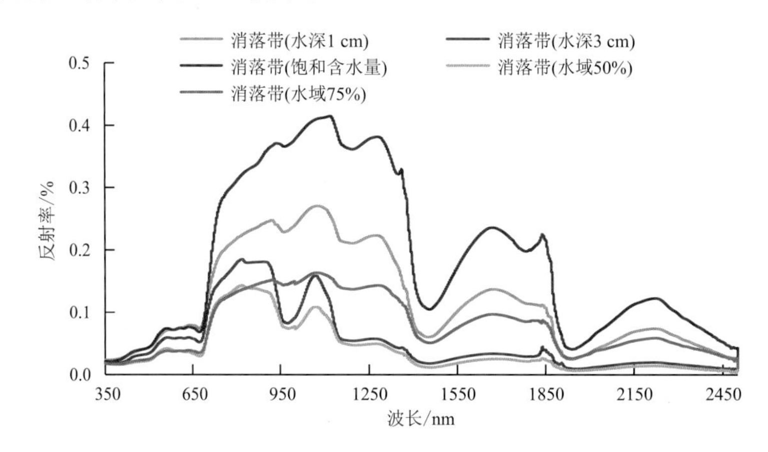

图 4.42 消落带不同生境梯度的光谱曲线

(1)沙柳河入湖口消落带不同生境梯度光谱曲线表现出较为相似的光谱特征,即总体上在 350～2500 nm 波段范围内在相同或邻近的波长处均表现出一致的"峰谷"特征。

(2)在 1100 nm 处,消落带(饱和含水量)、消落带(水深 1 cm)、消落带(水深 3 cm)处均出现明显的反射峰,反射率值为消落带(饱和含水量)>消落带(水深 1 cm)>消落带(水深 3 cm),说明消落带水域越深,1100 nm 处的反射率越低。

(3)在可见光波段范围(350～700 nm)内,消落带(水域 50%)、消落带(水域 75%)光谱特征基本一致,在 700～2500 nm 波段范围,光谱反射率为消落带(水域 75%)显著高于消落带(水域 50%)。

综上所述,在不同消落带生境中,由于水深、水域面积的差异,光谱特征曲线表现出细微的差异,通过诊断识别细小差异,可以实现消落带不同生境差异的精细化判识。

4.5.6.2 沙柳河入湖口水域光谱基本特征

在光谱的可见光波段内,水体中的能量与物质相互作用比较复杂,光谱反射特征主要包括来自 3 方面的贡献,即水的表面反射、水体底部物质的反射和水中悬浮物质的反射,而光谱吸收和投射特性不仅与水体本身性质有关,而且还明显受到水中各类型和大小的物质(有机质和无机质)的影响。在光谱的近红外和中红外波段,水几乎吸收了其全部能量,几乎趋近于零。水体中的悬浮泥沙、叶绿素浓度也是影响水体光谱曲线的重要因素。

青海湖沙柳河入湖口水域光谱的反射特征如下。

(1)在可见光(350～800 nm)波段范围内,水体的光谱特征差异显著,水深 5 cm、水深 10 cm、水深 15 cm 均出现 2 次反射峰和 1 次反射谷,其中第 1 次反射峰反射率在 0.20%左右波动，第2次反射峰的反射值在0.15%～0.30%之间波动，反射谷反射率在0.05%～0.15%之间波动。

(2)在短波近红外(800～1100 nm)波段范围内，反射率快速降低，不同水深梯度反射率值在960 nm处均出现1次反射谷，在1100nm处均出现1次反射峰。

(3) 在长波近红外(1100～2500 nm)波段范围内，水几乎吸收了其全部能量，反射率值均趋近于零。

总之，不同水深梯度的水体光谱特征均在可见光(350～800 nm)和近红外(800～1100 nm)波段范围存在不规则的显著差异，在长波近红外(1100～2500 nm)波段范围反射率值基本一致，不存在显著差异(图4.43)。

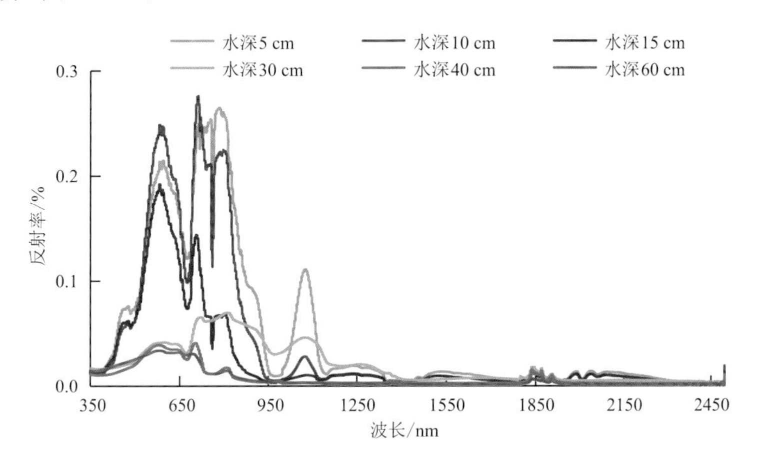

图4.43 水域不同水深梯度的光谱曲线

4.5.6.3 沙柳河入湖口湖滨带光谱基本特征

不同于土壤、水体和其他典型地物，植被高光谱特征是由其组织结构、生物化学成分和形态学特征决定的，而这些特征与植被的发育、健康状况以及生长环境等密切相关。不同植被类型的光谱曲线均呈现明显的“峰”和“谷”的特征，青海湖沙柳河入湖口典型植被类型包括高寒沼泽湿地、高寒草甸、高寒草原、温性草原。

青海湖沙柳河入湖口不同植被类型光谱的反射特征如下。

(1)在550 nm处4种植被类型均出现第一个反射峰，该处的反射峰是由于叶绿素强吸收红光和蓝光而反射绿光所致，即称为“绿峰”。高寒沼泽草甸(10 cm)绿峰幅值最低，其次是高寒草甸(5 cm)、高寒草甸(25 cm)的绿峰幅值，高寒草原(10 cm)的绿峰幅值最高。

(2)第二个反射峰出现在950 nm处，高寒草甸、高寒草原的反射率值显著高于高寒沼泽草甸。在1050 nm处出现第三个反射峰，高寒草甸的反射率值最高，高寒草原的反射率值适中，高寒沼泽湿地的反射率值最低，且区分度显著，可作为不同植被类型光谱曲线的识别区。

(3)在1650 nm波长处，不同植被类型均呈现第五个反射峰，反射率值为高寒草甸(5 cm)＞高寒草原(5 cm)＞高寒草甸(25 cm)＞高寒沼泽草甸(10 cm)。

(4)在2200 nm波长范围处为第六个反射峰，该处峰值两侧坡度较陡，高寒草甸(5 cm)和高寒草原(5 cm)反射率几乎一致且最高，其次是高寒草甸(25 cm)，最低是高寒沼泽草甸(10 cm)，此波段可作为不同植被类型高度要素的识别区。

综上所述，青海湖沙柳河入湖口典型植被类型的光谱曲线呈现明显的“峰”和“谷”的特征，高寒沼泽草甸反射率显著低于高寒草甸和高寒草原。1050 nm 波段处可作为不同植被类型光谱曲线的识别区，2200 nm 波段处可作为不同植被类型高度要素的识别区(图 4.44)。

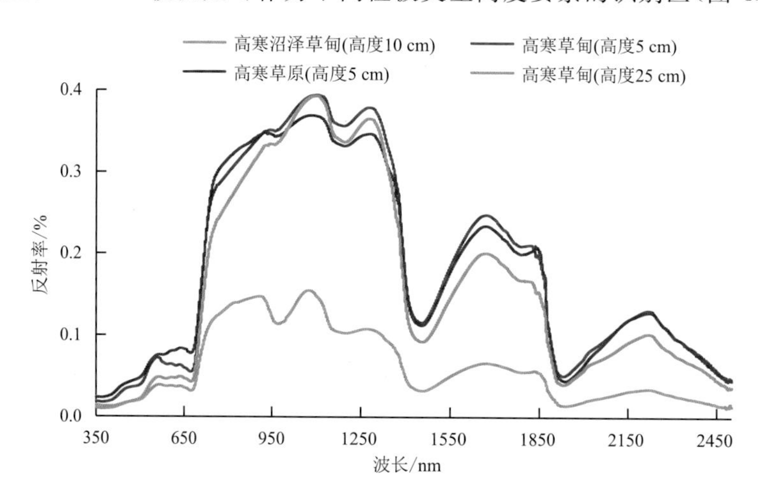

图 4.44　湖滨带不同植被类型的光谱曲线

4.5.6.4　沙柳河入湖口刚毛藻光谱基本特征

近年来青海湖湖面的不断上升以及周边人类活动影响的加剧，刚毛藻在青海湖近岸水域大量繁殖并形成水华，且刚毛藻水华覆盖的面积呈逐年增加的趋势。在沙柳河入湖口区域大量漂浮着的刚毛藻，并堆积成“绿色的堤岸”，厚达 0.5 m 以上，宽度至 1 m，长达 100 m 以上。总体来看，刚毛藻水华主要聚集在较为严重的入湖口处，为了减少入湖口湿地、水域与刚毛藻水华的混淆，提高水体、沼泽湿地、刚毛藻水华的辨识度，掌握刚毛藻水华的光谱特征可为区分河流入湖口湿地、水域提供科学支撑。

不同生境梯度刚毛藻的反射特征如下。

(1)在 350～2500 nm 波段范围内共出现了 6 次反射峰，分别出现在 550 nm、750 nm、1100 nm、1250 nm、1550 nm 和 2000 nm 波段处，前 4 次反射峰两侧光谱曲线陡峭，后两 2 次反射峰两侧光谱曲线较为平缓，其中 750 nm 波段处均呈现出“M”形峰值特征。

(2)刚毛藻盖度 100%(水深 5 cm)、刚毛藻盖度 100%(水深 10 cm)、刚毛藻盖度 100%(水深 20 cm)的光谱曲线变化基本一致，且与刚毛藻盖度 50%(水深 10 cm)差异显著。

综上所述，刚毛藻透光性较差，不同水深梯度光谱曲线差异不显著，刚毛藻盖度差异可能是影响光谱特征的主导因子(图 4.45)。

4.5.6.5　沙柳河入湖口湖冰光谱基本特征

青海湖湖冰与水体的光谱特征截然不同，不同生境梯度湖冰及相关地物光谱的反射特征如下。

(1)在可见光(350～800 nm)波段范围内，湖冰、湖冰(含杂质)在 500 nm 波长处和 600 nm 波长处出现两次反射峰，反射峰两侧光谱曲线陡峭，湖冰反射率值大于湖冰(含杂质)反射率值。在短波近红外(800～1100 nm)波段范围内，出现第三次反射峰，与前两次反射峰相比，反射率值较低且反射峰两次光谱曲线较为平缓。在长波近红外(1100～2500 nm)波段范围内湖

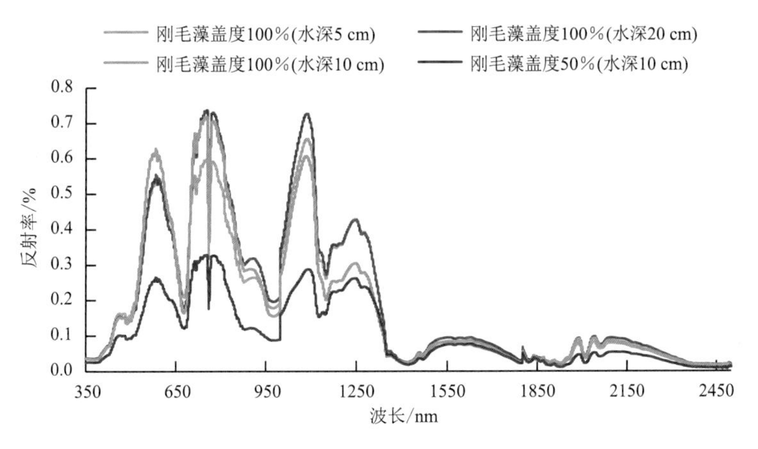

图 4.45　不同生境梯度刚毛藻的光谱曲线

冰、湖冰(含杂质)的反射率值较低且趋近于零。

(2)在可见光(350～800 nm)波段和短波近红外(800～1100 nm)波段,湖冰的光谱反射率值大于湖冰沙地过渡带的光谱反射率值,均出现了3次反射峰。在长波近红外(1100～2500 nm)波段,湖冰沙地过渡带的光谱反射率值大于湖冰的光谱反射率值。

(3)在350～2500 nm波段范围,沙地的反射率值均高于滩地的反射率值,值得注意的是,在500 nm波长处不同生境的地物类型均呈现反射峰,表现为湖冰＞湖冰沙地过渡带＞湖冰(含杂质)＞沙地＞滩地(含冰)＞滩地。

综上所述,湖冰、湖冰(含杂质)在500 nm波长处和600 nm波长处出现两次反射峰。在可见光(350～800 nm)波段范围内反射率值表现为湖冰＞沙地＞滩地,在长波近红外(1100～2500 nm)波段范围内反射率值表现为沙地＞滩地＞湖冰(图4.46)。

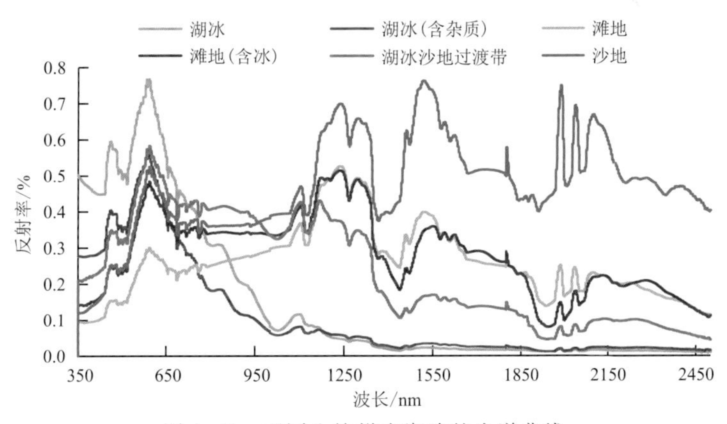

图 4.46　不同生境梯度湖冰的光谱曲线

4.5.6.6　沙柳河入湖口典型地物光谱基本特征

地物光谱特征分析与敏感波段选择是光谱提取与光谱反演建模的基础。青海湖沙柳河入湖口典型地物的光谱反射特征如下。

(1)湖泊湿地在可见光(350～800 nm)波段范围内出现2次反射峰和1次反射谷,在短波近红外(800～1100 nm)波段范围内反射率快速降低。其中,在960 nm处均出现1次反射谷,在

1100 nm 处均出现 1 次反射峰，在长波近红外(1100～2500 nm)波段范围内反射率值接近于零。

(2)洪泛湿地、高寒沼泽湿地、高寒草甸的光谱曲线均呈现明显的“峰”和“谷”的特征，反射率值呈现高寒草甸＞洪泛湿地＞高寒沼泽湿地，在 670～800 nm 波段范围内光谱反射率急剧增长形成“爬升脊”。

(3)刚毛藻在 350～2500 nm 波段范围内共出现了 6 次反射峰，其中 750 nm 波段处呈现出“M” 形峰值特征。

(4)沙地在 350～2500 nm 波段范围内共出现了 8 次反射峰，在 1100～1350 nm 波段处呈现“M” 形峰值特征，在 1900～2200 nm 波段处形成“反射峰链”，3 次反射峰两侧均非常陡峭。

(5)滩地与沙地的反射率曲线变化趋势基本一致，但在 350～2500 nm 波段范围反射率值均呈现沙地＞滩地。

(6)湖冰在可见光(350～800 nm)波段范围内出现两次反射峰，反射峰两侧光谱曲线陡峭，在短波近红外(800～1100 nm)波段范围内出现第三次反射峰，反射率值较低且反射峰两次光谱曲线较为平缓，在长波近红外(1100～2500 nm)波段范围内反射率值接近于零。

综上所述，沙柳河河口典型地物在不同波段上呈现差异化的光谱响应，地物光谱特征与地物本身的物理化学性质相关，为水陆交错带遥感识别提供了可靠的技术基础(图 4.47)。

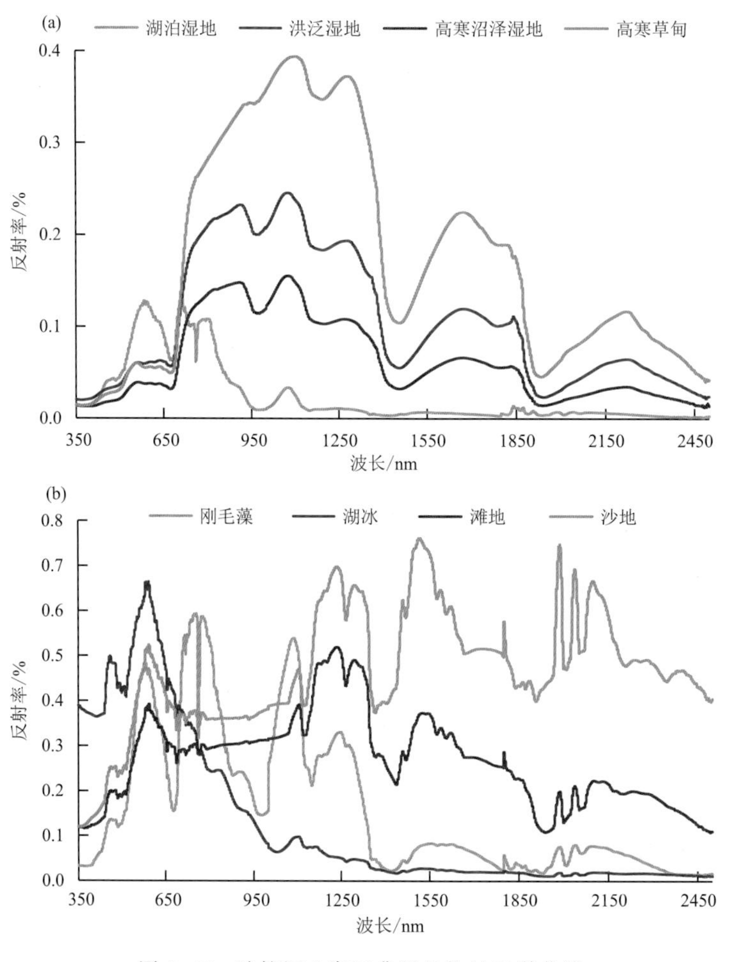

图 4.47　沙柳河入湖口典型地物的光谱曲线

4.5.7 沙柳河入湖口水陆交错带光谱变换的光谱特征

为了增强沙柳河入湖口水陆交错带典型地物光谱曲线特征间的差异，突出各类地物光谱细节与差异性，采用了一阶微分变换、对数变换、倒数变换、归一化变换 4 种方法对原始光谱曲线进行光谱增强处理，以便进一步探讨和区分沙柳河入湖口水陆交错带不同地物间的光谱差异性。

4.5.7.1 一阶微分变换 d(*R*)

沙柳河入湖口典型地物光谱的光谱曲线经一阶微分变换后的结果如图 4.48 所示，分析发现一阶微分变换后将主要体现光谱曲线的变化速率，能够限制低频背景噪声，但也增强了植被光谱首尾范围高阶噪声的扰动。8 类地物光谱曲线在 720 nm 处反射率正变换速率达到极大值，720 nm 附近为植被光谱的“红边”特征区域，该处反射率导数的最大值称为红边幅值，红边幅值可用于描述 670～800 nm 范围内光谱反射率急剧增长所形成“爬升脊”的陡峭程度，是进行植被类型识别的有效特征参量之一。

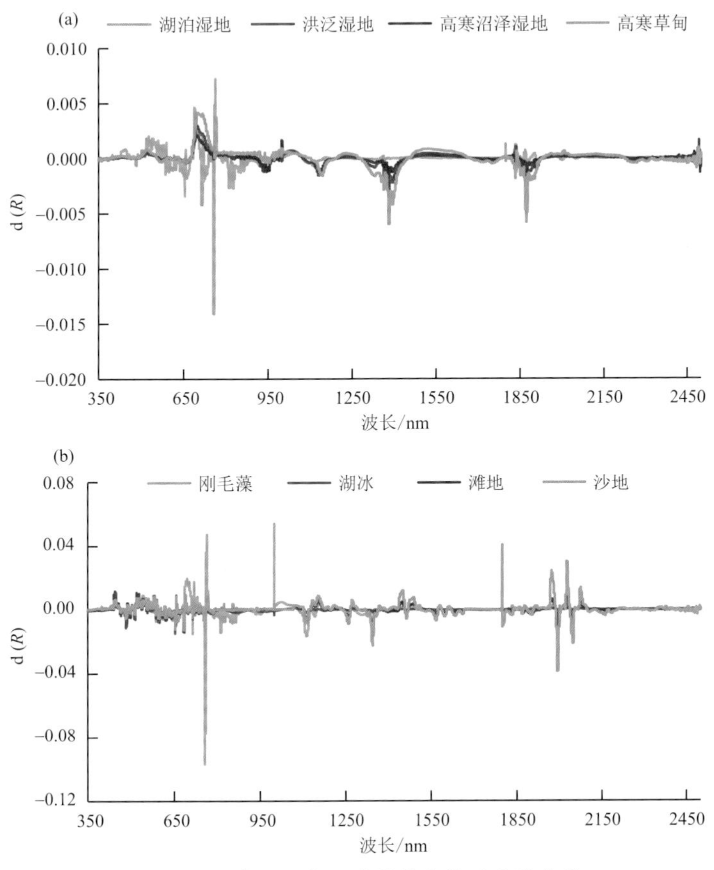

图 4.48 典型地物一阶微分变换后光谱曲线

4.5.7.2 对数变换 lg(*R*)

将野外采集的植被光谱经对数变换后的结果如图 4.49 所示，通过将变换后的光谱与原光谱进行对比分析发现，对数变换增强了可见光范围内光谱间的差异性。8 类地物光谱经对数变换后，在可见光波谱范围内植被间光谱的可分性显著增强，其中在 510～550 nm 绿峰特征处，光谱反射率值差异显著。原始光谱经对数变换后，在可见光区间内利于进行地物类型区分的特征区间明显增多。

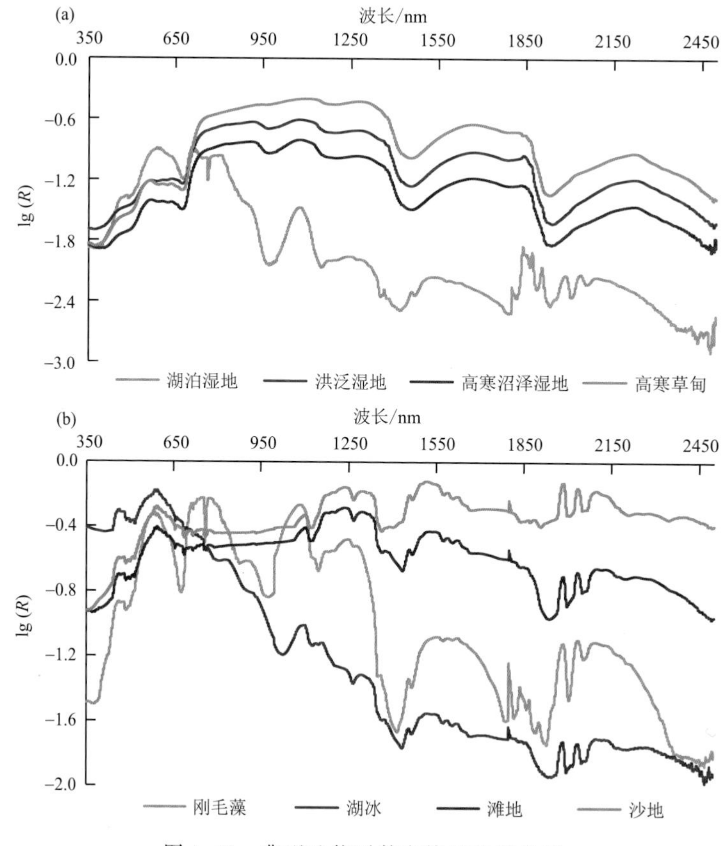

图 4.49　典型地物对数变换后光谱曲线

4.5.7.3　倒数变换 $1/R$

野外获取的 8 类地物光谱经倒数变换后的结果如图 4.50 所示，将倒数变换后的光谱与原始光谱进行对比分析发现，倒数变换将原始光谱中反射峰转换成吸收谷，将反射率高值均转换为低值，这样有利于放大原始光谱中吸收谷和反射率低值区域的光谱特征，同时，倒数变换对光谱中水汽吸收强烈区域内的噪声具有一定的抑制作用。对倒数光谱进一步具体分析发现，在 1450 nm 和 1950 nm 处原始光谱中的水汽吸收谷被转换为反射峰，湖泊湿地、湖冰、刚毛藻均具有较好的可分性。总体分析表明，倒数光谱主要放大了原始光谱中吸收谷和反射率低值区域，可以发现隐含的一些光谱特征信息，但同时对原始光谱中一些反射率高值区域和一些光谱特征区域如红边特征区域存在过分压制。

4.5.7.4　归一化变换 $N(R)$

野外获取的 8 类地物光谱经归一化变换后结果如图 4.51 所示，归一化变换后，各类光谱都发生了一定的变化。在 520 nm 绿峰处的光谱反射率较原始反射率被放大和拉伸开，湖泊湿地与洪泛湿地的光谱差异明显。可见，归一化变换的光谱结果在可见光、红边及近红外波段的表现上，放大了高低值的差异，但对一些光谱特征也有些压制和抵消。

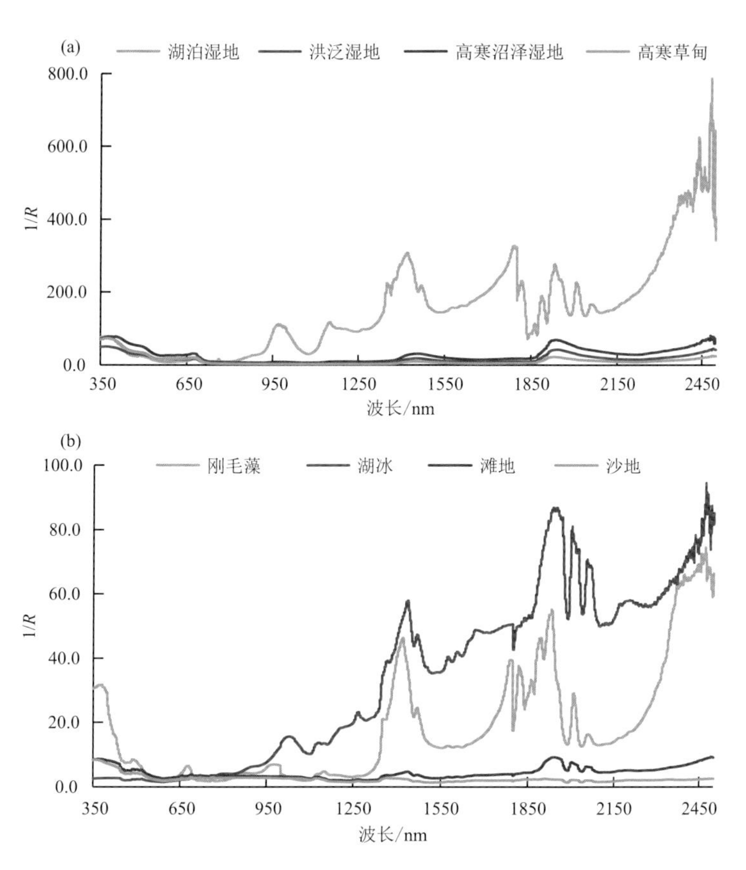

图 4.50 典型地物倒数变换后光谱曲线

通过与原始反射率光谱对比结果分析表明：①d(R)变换凸显了光谱曲线变化速率，限制了低频背景噪声，但也增强了植被光谱首尾范围高阶噪声的扰动；②lg(R)变换增强了可见光范围内光谱的差异性，在可见光区间内有利于地物类型区分；③$1/R$ 变换放大了可见光区光谱差异，削弱了光谱中的水分吸收强烈带，光谱形态改变较大；④N(R)变换消除了光照条件差异对光谱的影响，使不同地物光谱变换后光谱形态与原数据极为相似。

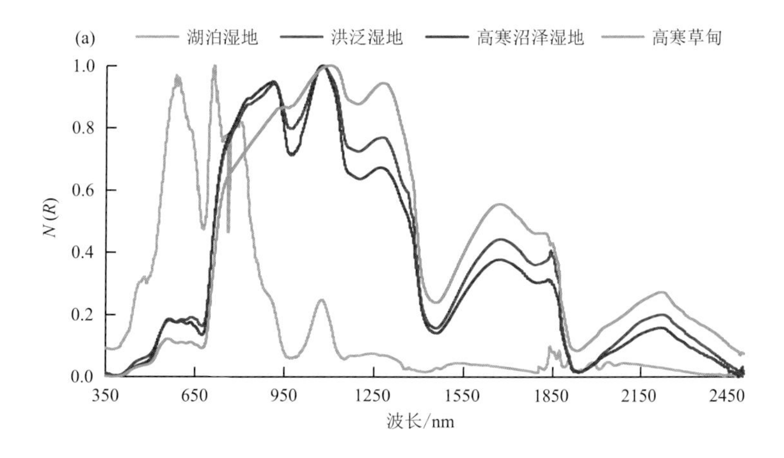

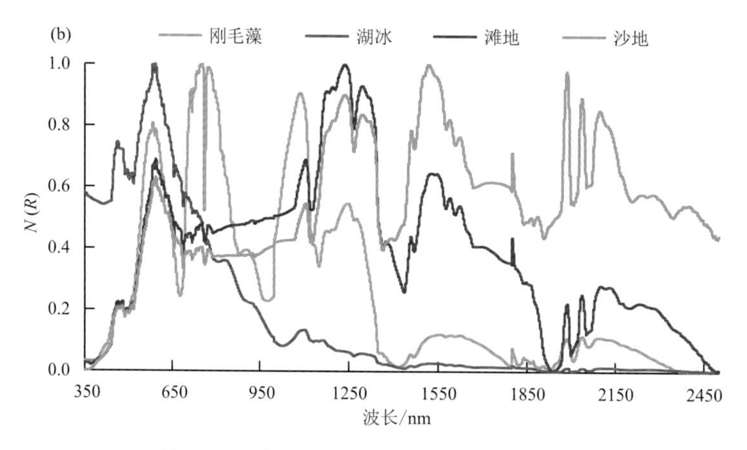

图 4.51　典型地物归一化变换后光谱曲线

4.5.8　沙柳河入湖口水陆交错带湿地植被光谱数据库

4.5.8.1　光谱数据库构建

该研究以 ENVI 遥感软件为平台，基于该软件内嵌的波谱库创建功能构建波谱数据库。该方法除了构建波谱库简单快捷、周期短外，其光谱库文件格式可在常用遥感软件间通用，提升数据的应用能力。利用 ENVI 5.1 软件完成植被光谱库构建主要包括以下步骤。

(1)首先对 ASD 公司 FieldSpecR4 型地物光谱仪所采集的地物光谱进行光谱平均，剔除异常和平滑预处理。

(2)设置波长范围，在 ENVI 5.1 软件中利用 Spectral Library Builder 模块(如图 4.52)。波谱库波长范围和 FWHM 值选择，以 First Input Spectrum 为准，即以第一次输入波谱曲线的波长信息为准。

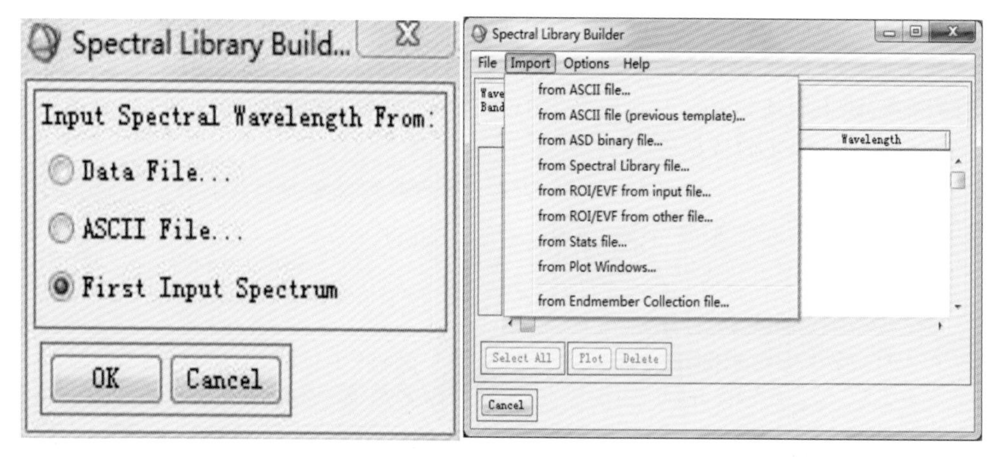

图 4.52　波谱库构建示意图

(3)波谱收集，在 Spectral Library Builder 模块中，点击 Import 出现了 9 种光谱数据收集的方法。由于我们的野外光谱数据预处理后转换为 .txt 文件格式，因而野外测取的植被光谱曲线导入方式选择 from ASCII file。完成光谱导入，并在列表中逐一修改每条光谱的名称

(Spectrum Name)和颜色(Color)等属性。其导入结果可以图形方式浏览(图4.53、图4.54)。

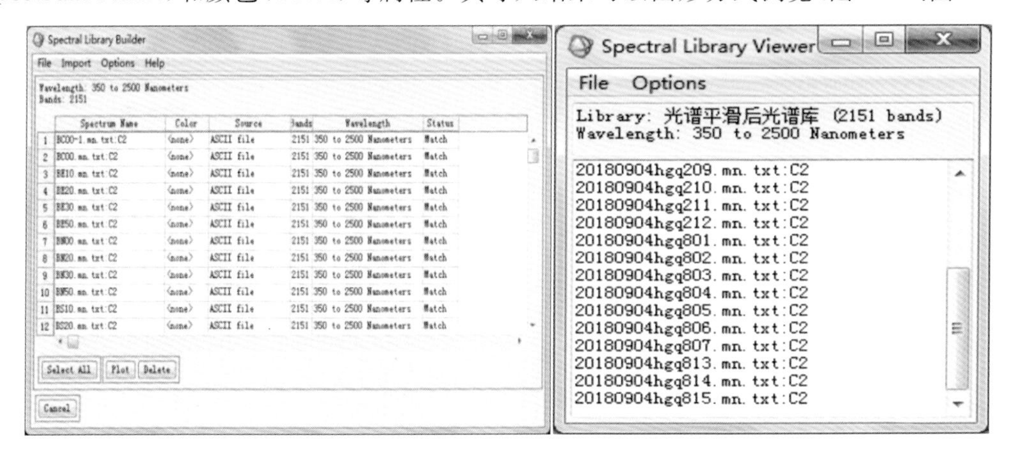

图4.53 波谱库浏览对话框及光谱数据浏览图示

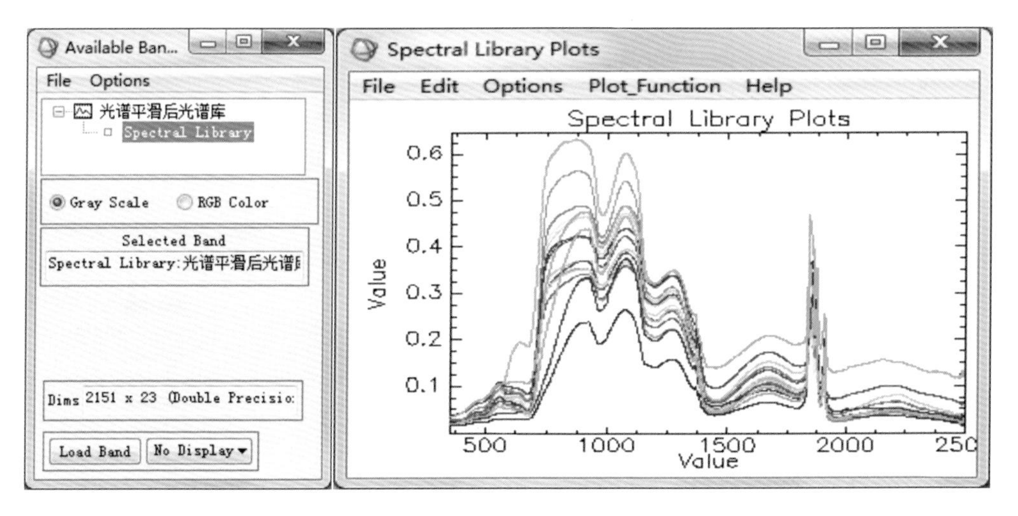

图4.54 沙柳河入湖口典型地物光谱数据库构建

4.5.8.2 水陆交错带光谱数据库

本研究在2019—2020年间,共测得沙柳河入湖口典型地物的1000多条原始光谱数据。在光谱数据入库之前,为了保证光谱数据的准确性,将野外采集的光谱曲线在ViewSpecPro软件下进行如下预处理。

(1)逐条加载植被光谱曲线,正常光谱曲线的反射率值为0~1,删去具有异常值的光谱曲线。

(2)野外光谱测量时,不同生境梯度地物选择多个测点,每个样点均采集15~20条光谱,因此,需对每个样点光谱曲线求取平均值,最后将平均后的光谱导出。

(3)在每次野外测量时,根据不同地物进行测量光谱的分类编号,详细记录测量点的经纬度,并对被测量样方拍照,记录采样典型地物生境环境状况特征。

(4)整理收集所有光谱,将采样点、光谱数据、地物照片等详细分类记录,方便后续查看使用。将所有光谱数据整理归纳,合并在一个文件夹中,形成青海湖沙柳河入湖口水陆交错带典型地物光谱数据库(图4.55)。

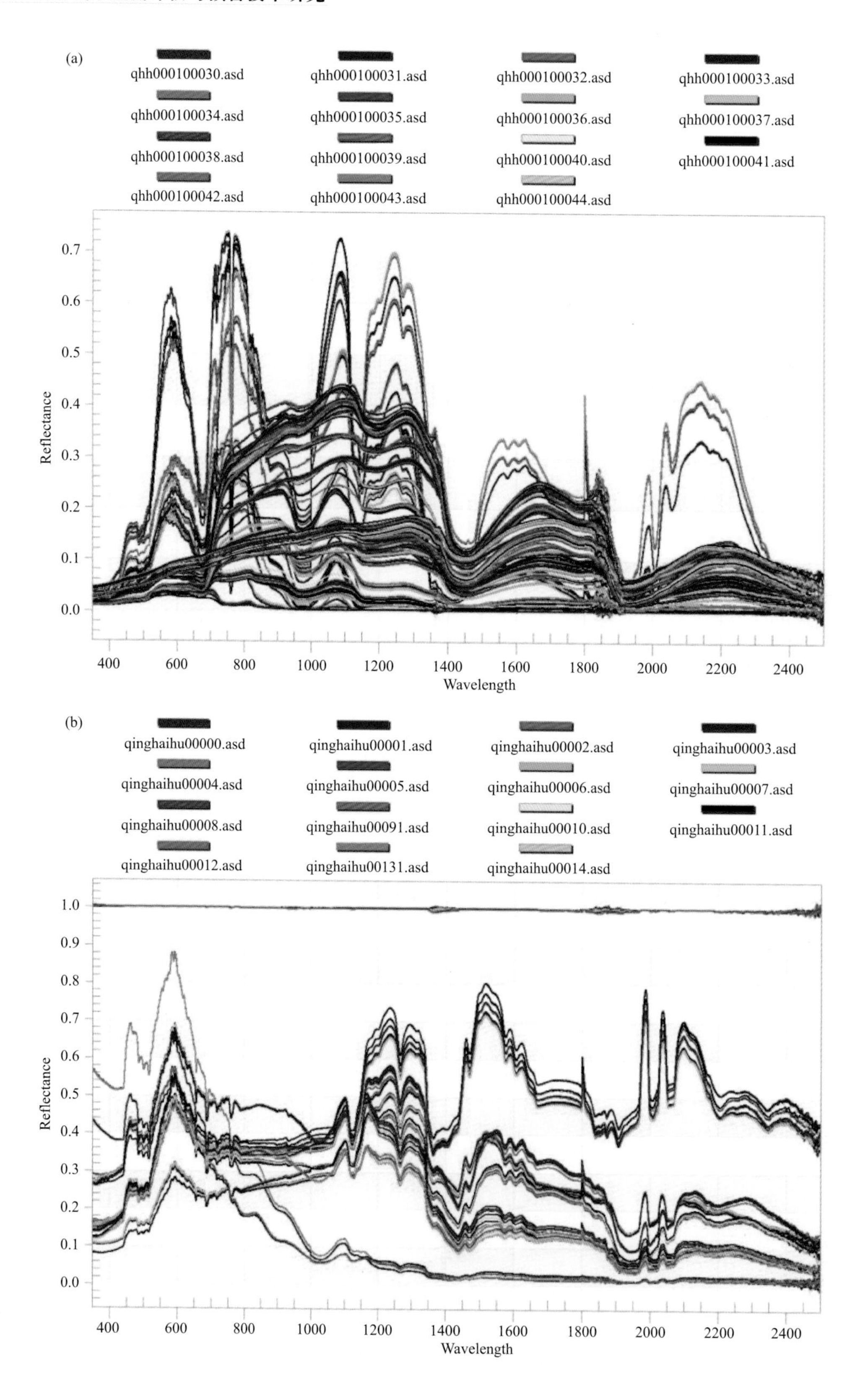
(a)
qhh000100030.asd
qhh000100031.asd
qhh000100032.asd
qhh000100033.asd
qhh000100034.asd
qhh000100035.asd
qhh000100036.asd
qhh000100037.asd
qhh000100038.asd
qhh000100039.asd
qhh000100040.asd
qhh000100041.asd
qhh000100042.asd
qhh000100043.asd
qhh000100044.asd
Reflectance
Wavelength
(b)
qinghaihu00000.asd
qinghaihu00001.asd
qinghaihu00002.asd
qinghaihu00003.asd
qinghaihu00004.asd
qinghaihu00005.asd
qinghaihu00006.asd
qinghaihu00007.asd
qinghaihu00008.asd
qinghaihu00091.asd
qinghaihu00010.asd
qinghaihu00011.asd
qinghaihu00012.asd
qinghaihu00131.asd
qinghaihu00014.asd
Reflectance
Wavelength

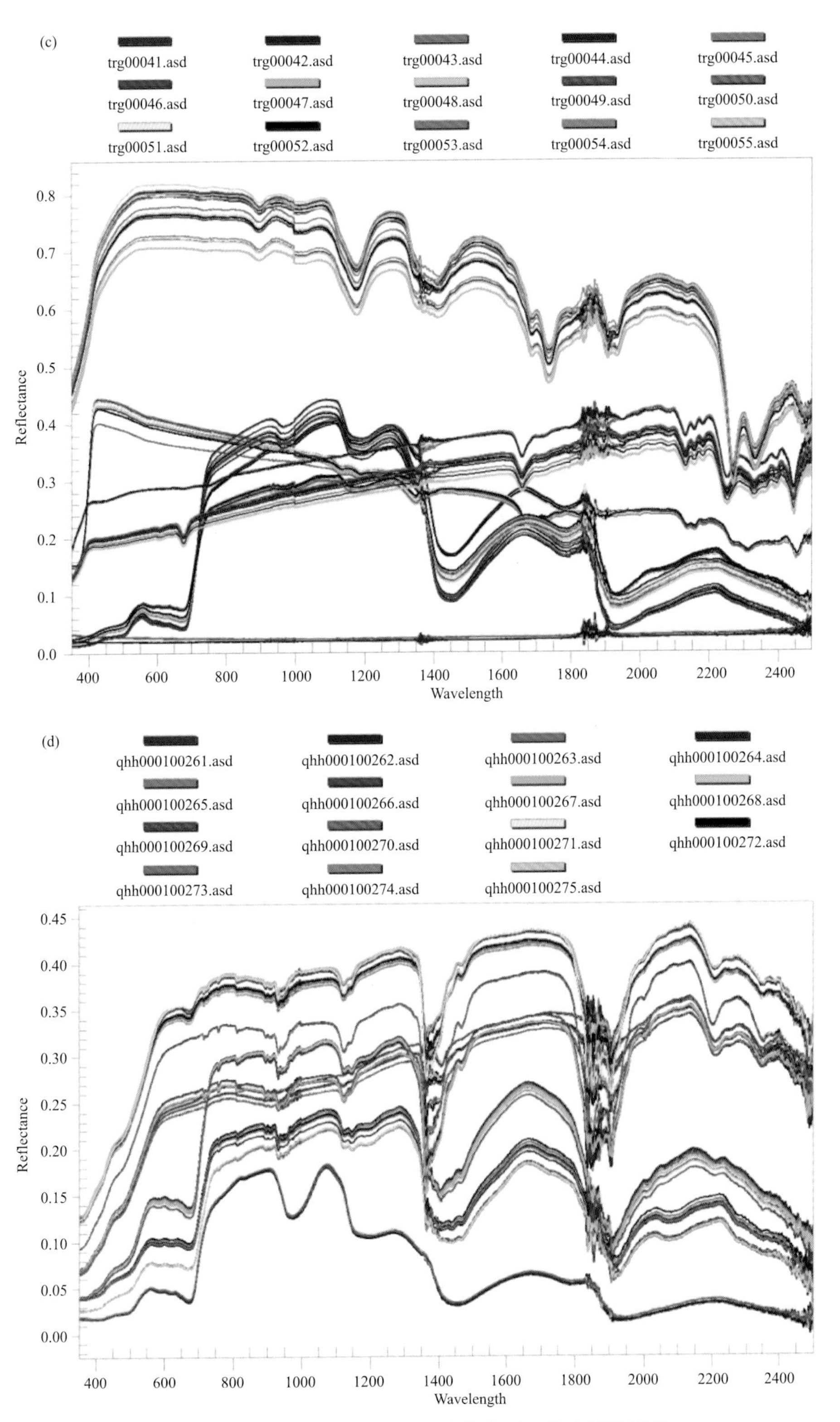

图 4.55 沙柳河入湖口水陆交错带典型地物光谱数据库

(a)光谱数据库-1;(b)光谱数据库-2;(c)光谱数据库-3;(d)光谱数据库-4

4.5.9 沙柳河入湖口湖岸线提取及应用

4.5.9.1 基于 MODIS 数据的沙柳河入湖口湖岸线提取

青海湖作为维系青藏高原东北部生态安全的重要屏障，加强其生态遥感监测意义深远。根据 EOS/MODIS 卫星遥感监测显示，青海湖沙柳河入湖口湖岸线变化显著，2004—2019 年青海湖沙柳河入湖口水域面积持续向北延伸扩张。2004 年为湖泊面积和水位的最小年份，以此为转折点，从 2005 年开始持续呈阶梯式增加，尤其 2016 年之后增速加快，至 2020 年湖泊面积突破 4600 km^2(图 4.56)。

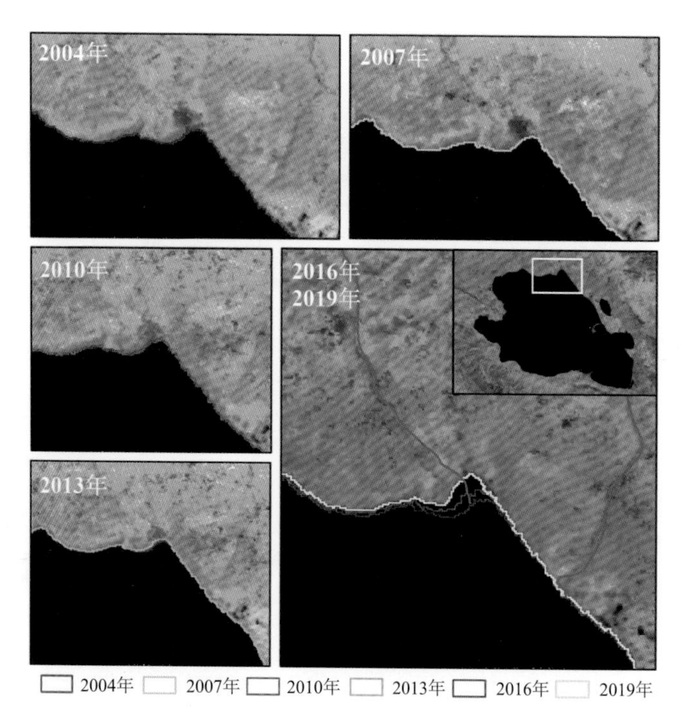

图 4.56 MODIS 数据沙柳河入湖口湖岸线判识

4.5.9.2 基于 GF1-WFV 数据的沙柳河入湖口湖岸线提取

利用 GF1-WFV 高分辨率卫星数据分析青海湖 2013—2020 年丰水期(9 月)湖体呈现扩张特征，结果显示：湖体水域主要扩张区域为沙岛、布哈河入湖口、鸟岛、泉湾、沙柳河入湖口等；青海湖主体湖(不包括尕海、洱海等附属湖泊)面积呈现阶梯式增加态势。2013—2020 年丰水期青海湖主体湖(不包括尕海、洱海等附属湖泊)面积呈阶梯式增加态势；湖体水域主要的扩张区域为沙岛、布哈河入湖口、鸟岛、泉湾、沙柳河入湖口等区域(图 4.57)。

4.5.9.3 沙柳河流域土地利用类型时空变化特征

在青海湖流域范围内，从海拔最高处 5291 m 的岗格尔肖合力山到海拔 3194 m 的青海湖，高度差 2097 m，依次分布着冰川、积雪、高寒苔原、草甸生态系统、草原、森林灌丛、高原河流及湖泊湿地生态系统。其中，沙柳河流域生态系统垂直带谱连续完整，是青海湖流域陆域和水域生态系统的集成，在我国西部内流区极具典型性和代表性。从 2005—2015 年沙柳河流域

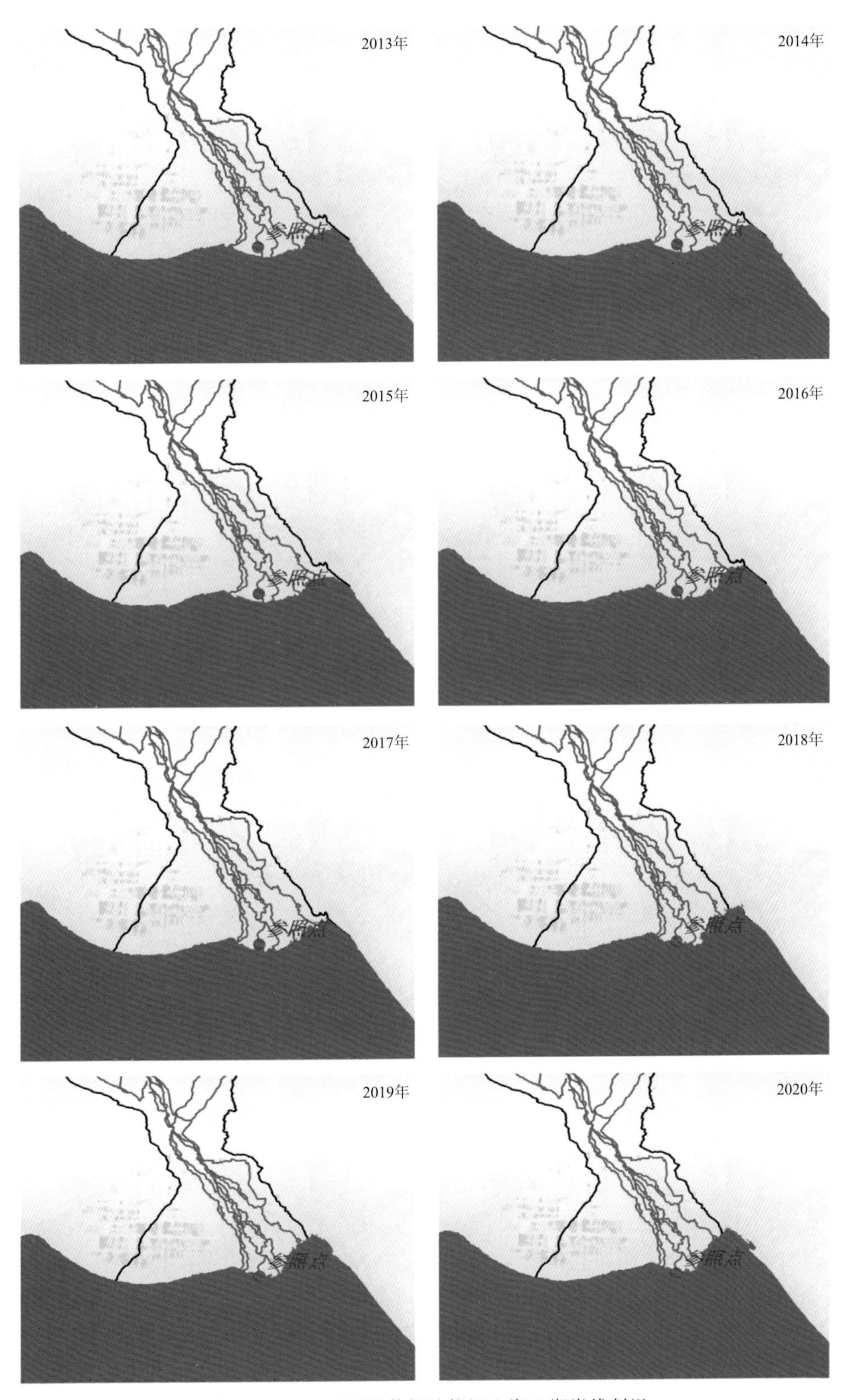

图4.57　GF1-WFV数据沙柳河入湖口湖岸线判识

土地利用分布格局来看，草原植被是流域的基带植被，垂直分布以青海湖为中心，由低海拔向高海拔大致表现为高寒湿地带、低地草甸/温性草原/高寒灌丛带、山地草甸带、高寒荒漠带(高山流石坡稀疏植被带)、积雪冰川带。

2005—2015 年沙柳河流域土地利用空间格局特征如下。

(1)林地主要包括灌木林和疏林地，面积呈现降低趋势，10 a 间林地面积减少 18.85 km^2。

(2)沙柳河流域地处青海，受自然海拔、气候因子的影响，草地是主要的土地利用类型，构成了高寒植被生态系统的主体。其中高覆盖度草地呈现显著上升趋势，10 a 间增加 314.54 km^2，中覆盖度草地、低覆盖度草地面积呈现明显减少趋势，10 a 间分别减少 122.38 km^2 和 43.93 km^2。

(3)河流面积呈现略微减少趋势，主要是湖泊面积扩大所致，永久性冰川积雪、沙地面积呈现减少趋势，滩地面积基本在 11.71～11.76 km^2 之间波动，沼泽地、裸岩石砾地、平原旱地均呈现不同程度降低趋势，其中山区旱地主要分布在沙柳河三角洲西岸。

(4)沙柳河流域湖泊面积呈现显著增加趋势，青海湖、尕海、洱海等附属湖泊均呈现增加趋势(表 4.22、图 4.58)。

表 4.22 沙柳河流域土地利用面积统计

单位：km^2

土地利用类型	2005 年	2010 年	2015 年
灌木林	99.59	82.08	82.37
疏林地	3.89	2.26	2.26
高覆盖度草地	441.99	755.81	756.53
中覆盖度草地	305.69	184.59	183.31
低覆盖度草地	244.34	205.37	200.41
河流	40.70	37.79	37.68
永久性冰川积雪	0.39	—	—
滩地	11.76	11.71	11.72
建设用地	8.68	6.38	7.91
沙地	12.67	—	—
沼泽地	269.90	228.06	225.07
裸岩石砾地	178.62	111.99	109.96
平原旱地	64.71	53.88	53.98
湖泊	4278.66	4356.05	4930.71

总的来说，一方面，沙柳河流域受多重因素的影响，湖泊面积扩张，从而改善了流域湖区周边土壤墒情，为植被的生长提供了良好的水分环境，有利于植被的生长。另一方面，青海湖及其沙柳河沿岸周边环境共同构成了一个“人口-资源-环境”的综合生态系统。近年来，由于湖泊水域面积扩张，湖泊水位上升，已造成环湖沿岸部分农牧业生产设施受损。青海湖面积增大、水位上升对周边牧民生产生活、农牧业生产设施、交通基建设施等造成的影响和潜在影响不可忽视。

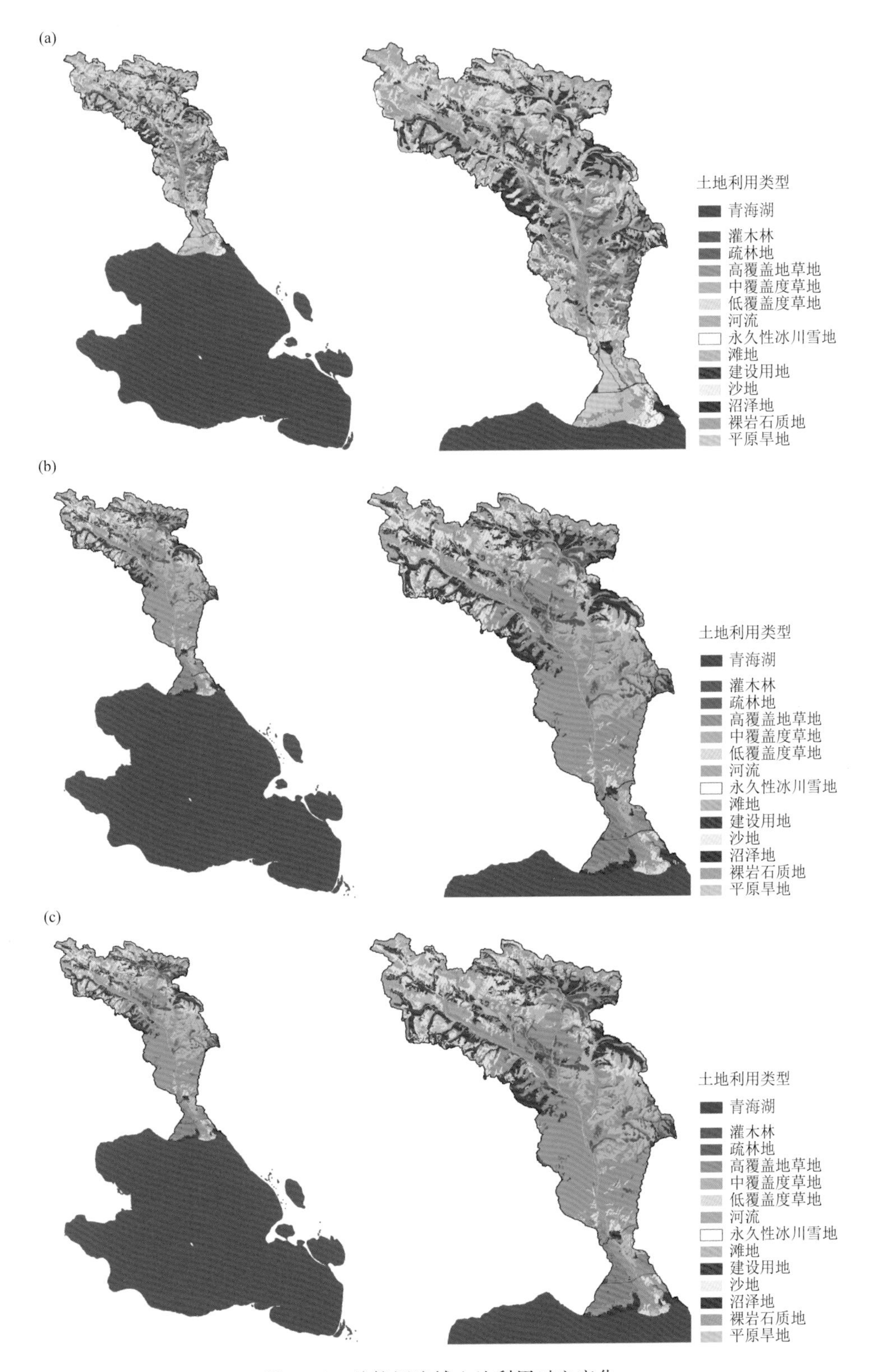

图 4.58　沙柳河流域土地利用时空变化

(a)2005 年;(b)2010 年;(c)2015 年

4.6 本章小结

高寒湿地生态系统是青藏高原独具特色的生态资源之一，生态系统服务功能和资产价值潜力巨大。高寒湿地生态系统极其脆弱，环境承载压力较大，对气候变化的响应敏感，一旦遭受破坏很难在短期内得以恢复，并可能导致湿地退化，从而影响生态系统服务功能的有序供给。气候变化背景下，高寒沼泽湿地生态系统对气候变化异常敏感和脆弱。本章以三江源隆宝湿地、黄河源湿地、长江源湿地、青海湖湿地为典型区，从景观尺度梳理了高寒湿地时空演化及气候响应，从群落尺度分析了高寒湿地群落特征，为提升高寒生态气象特色品牌研究型业务提供坚实保障，主要结论如下。

三江源区隆宝湿地随着退化程度加剧，沼生植物重要值减小，湿中生植物重要值增大，植物群落由小苔草群落向藏嵩草群落演替。随着湿地退化程度加剧，物种多样性指数、均匀度指数和丰富度均逐渐增大。利用多个植被指标构建的湿地退化植被评价指数可以很好地指示隆宝湿地的退化程度，且湿地植被评价指数值越大，湿地退化越严重。1986—2017 年三江源区隆宝湿地演变特征受地势影响在空间上存在非均一性，在时间上湿地面积总体呈下降趋势，在 2002 年前后出现由增至减的转折，高寒湿地逐渐向高寒草甸平稳演替，隆宝湿地面积演变依次与风速、气温、地表温度和相对湿度的响应程度较高。

玛多县高寒湿地面积呈东多西少、北多南少分布，其中永久性淡水湖的面积最大为 1685.58 km^2，占玛多县总高寒湿地面积的 69.05%；其次是草本沼泽和永久性河/溪，面积分别为 495.56 km^2 和 94.81 km^2，占比分别为 20.34%和 3.88%。季节性咸水湖、季节性淡水湖、间歇性河/溪、洪泛湿地、泥潭沼泽、灌丛沼泽、内陆盐沼及冰川积雪的湿地类型面积为 1.25～73.23 km^2，所占比例不足 1%。玛多县高寒湿地类型中，湖泊面积有增加的趋势，但河流和洪泛湿地面积有减少的趋势，如果不采取及时、有效的保护措施，玛多县湿地有可能继续退化。1990—2000 年长江源头的湿地总面积共增加 353.23 km^2，年平均增加速率为 35.32 km^2/a，而 2000—2004 年减少 20.57 km^2，这两个阶段湿地的消长与相应的气候变化特征有着很好的响应规律。1990 年以来长江源头呈现出气温升高、降水量增加和蒸发量减少的暖湿化趋势，但进入 21 世纪以来年降水量呈下降以及年蒸发量呈增加的趋势，对于湿地的消长具有明显驱动作用。

青海湖水陆交错带湿地类型主要包括永久性河流、永久性淡水湖泊、盐湖、泛滥地和时令碱咸水盐沼等。河流湿地、湖泊湿地、沼泽湿地和人工湿地的面积分别为 457.42 km^2、4597.29 km^2、1205.47 km^2 和 2.87 km^2。从青海湖湖区水域向湖岸线再向陆地方向延伸，植物群落生境依次呈现水生、湿生、中生、旱生的演替格局，土壤含水量呈现由高到低的生态梯度，植物群落依次为芦苇群落、高山嵩草群落、紫花针茅群落、芨芨草群落，分别属于高寒沼泽草甸、高寒草甸、高寒草原和温性草原。在垂直湖岸线或河岸线方向上随着离湖岸或河岸距离的增加，海拔高度也逐渐增加，土壤含水量依次降低。土壤含水量在青海湖湖岸带向环湖地区呈环带状分布，植被类型呈带状分布格局，土壤含水量和土壤含盐量是造成植物群落空间地理分布格局的主要驱动力。沙柳河流域草原植被是流域的基带植被，垂直分布以青海湖为中心，由低海拔向高海拔大致表现为高寒湿地带、低地草甸/温性草原/高寒灌丛带、山地草甸带、高寒荒漠带(高山流石坡稀疏植被带)、积雪冰川带。受自然海拔、气候因子的影响，草地是主要的土地利用类型，构成了高寒植被生态系统的主体。

第 5 章
冰川冻土监测评估

5.1 典型冰川时空变化分析

5.1.1 典型冰川监测模型

选择长江源头各拉丹东冰川、黄河源头阿尼玛卿雪山为研究区(图 5.1),基于卫星数据按照有无红外短波近红外通道分别建立冰川监测算法,实现了冰川的自动判识,充分考虑云、雪、湖冰区对冰川监测影响,提高了监测精度。

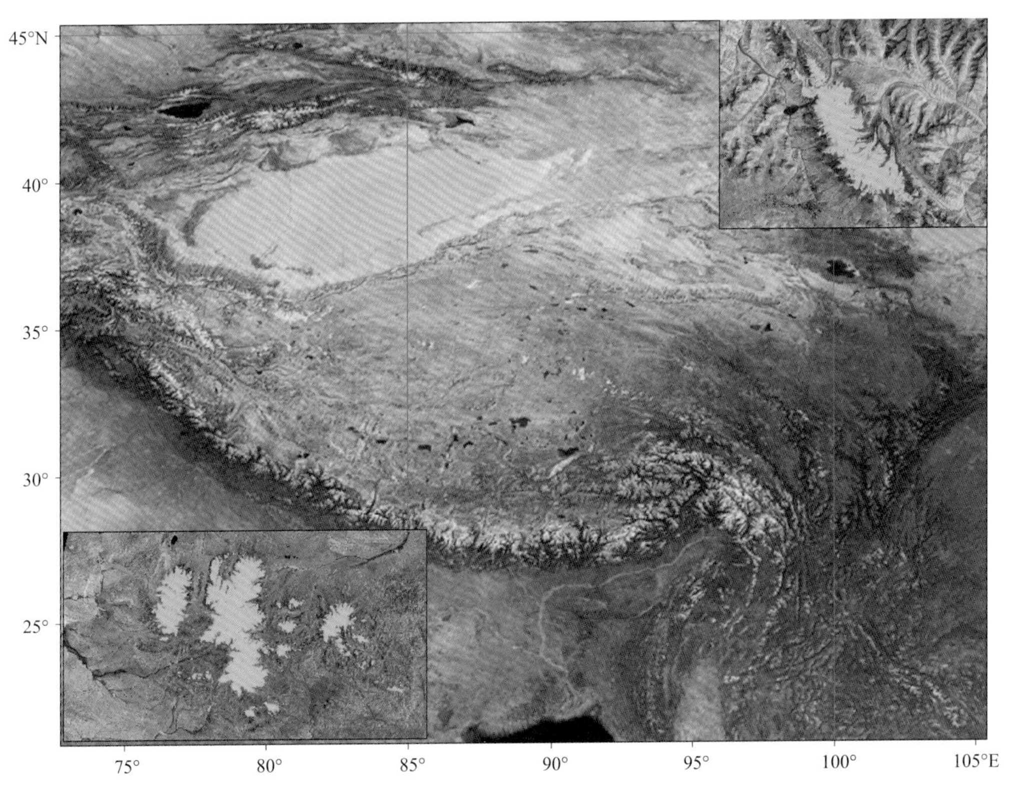

图 5.1 研究区地形地貌图

5.1.1.1　冰川监测原理

冰川在可见光和近红外波段具有较高的反射率，而在短波红外波段处于低反射率，即具有高吸收率，利用这两个波段构造归一化积雪指数，可以有效地提取冰川信息。试验结果证明该模式是分辨冰川与地表的一种有效方法，而对于积雪与冰川，很难将二者区分开来。对于有积雪和冰川同时存在的地区，考虑到冰川本身具有较固定空间位置，采用冰川缓冲区有效判别，对于冰湖判别采用地形坡度判别，地形阴影采用渲晕图像元值剔除。当同时满足条件时我们判识为冰川，而夏季的面积最小，因此，在选取监测冰川的时间上，尽量选取夏季时相并以1∶10万中国冰川目录成果图作为对比目标母图，用于检验提取的冰川信息。

5.1.1.2　GF5冰川监测模拟算法

冰雪在可见光波段（CH_2（0.52～0.60 μm）、CH_3（0.63～0.69 μm）、CH_4（0.76～0.90 μm））具有较高的光谱反射值，而在短波红外（CH_5（1.55～1.75 μm））的光谱反射值很低，由这两个波谱段的遥感数据结合构成的NDSI可以有效地提取冰雪范围。CH_2、CH_3 和 CH_4 分别与 CH_5 构成NDSI不同形式的组合，选择适合的阈值，这些组合均可以有效地提取出冰雪范围。

$$NDSI = (CH_2 - CH_5)/(CH_2 + CH_5) \tag{5.1}$$

式中，NDSI为归一化积雪指数；CH_2 和 CH_5 分别为GF5第2通道和第5通道的反照率。通过在北美的验证，该算法设定NDSI阈值为0.4，当像元NDSI≥0.4时，该像元被定义为积雪。但积雪和水体在可见光和短波红外波段的反射特征相似，该阈值识别出的积雪中有水体存在。为了进一步识别积雪，利用近红外波段水体强吸收而积雪吸收弱于水体的特点，并加入积雪识别的另外一个判别因子，$CH_4 \geq 0.11$，其中 CH_4 为GF4的第4通道（近红外波段，0.76～0.90 μm）的反射率。这样，当满足NDSI≥0.4且 $CH_4 \geq 0.11$ 时，该像元被识别为积雪。考虑到湖冰以及地形阴影的影响，引入坡度和渲晕数据，云的判别根据NDSI可以很好地判识，当同时满足下列条件时，则认为是冰川/积雪：

$$NDSI > 0.4 \tag{5.2}$$

$$CH4 > 0.11 \tag{5.3}$$

$$DEM_{Slope} = 0 \tag{5.4}$$

Value(Shade Relief)＝0（太阳高度角、方位角从遥感图像中获取）

式中，CH_2、CH_4、CH_5 为GF5第2、4、5通道的反射率。DEM_{Slope} 表示根据高程（DEM）数据计算的坡度数据，Value(Shade Relief)表示根据遥感图像太阳高度角、方位角结合高程数据计算获取的渲晕值。

5.1.1.3　GF1冰川监测模拟算法

GF1影像受波段限制，冰川提取的规则和GF5影像有所不同，而整个提取的流程和方法是一致的。由于GF1影像仅有4个波段，缺少判别冰川低反射特性的短波红外波段，NDSI算法受到局限。然而，湖泊/冰湖和冰雪在可见光波段相对近红外波段有较高的反射率，差值植被指数为负值，因而差值植被指数（DVI）可以有效提取冰雪信息。本研究发现，DVI较NDVI能更好地反映冰川的范围，最后采用DVI、NDWI作为关键参数，构建模型提取冰川信息。

当同时满足下列条件时，则认为是冰川/积雪：

$$NDWI = (B_2 - B_4)/(B_2 + B_4) \tag{5.5}$$

$$DVI = CH_2 - CH_4 \tag{5.6}$$

$$DVI > -0.05 \tag{5.7}$$

$$CH_4 > 0.11 \tag{5.8}$$

$$CH_2 > 0.4 \tag{5.9}$$

$$DEM_{Slope} = 0 \tag{5.10}$$

Value(Shade Relief)＝0(太阳高度角、方位角从遥感图像中获取)

式中，CH_2、CH_4 为 GF1 第 2、4 通道的反射率，DEM_{Slope} 表示根据高程(DEM)数据计算的坡度数据；Value(Shade Relief)表示根据遥感图像太阳高度角、方位角结合高程数据计算获取的渲晕值。

然而，初步提取的冰川数据仍存在一些混分，校验结果表明利用上述模式可以有效地将冰川与地表类型识别出来，但对于积雪、湖冰边缘与冰川很难区分开来(根据定义，永久性积雪属于冰川的范畴)。对于有积雪和冰川同时存在的地区，考虑到冰川本身有一定厚度的永久积雪存在，有待于进一步解决。

对于有冰湖和冰川同时存在的地区，考虑到冰川本身具有固定空间位置信息同时结合坡度信息(湖泊坡度基本为0)，能较好区分冰川与冰湖信息(图5.2)，对于大量积雪存在地区，目前很难通过积雪深度来有效剔除积雪信息。

各拉丹东地区 GF5 模拟冰川自动判别结果如图 5.2 所示。从图 5.2 可以看出，基于本模式，冰川判识结果较为理想，可以有效将冰川与地表类型识别出来，无明显漏判和误判之处。同时，可有效剔除云、冰湖、地形阴影对冰川信息影响。图 5.2(左)左上角处冰川上方可以明显看到薄云的存在，但判识结果很好地消除了云的影响。图 5.2(右)中有大片的冰湖存在，模式在正确识别冰川信息的同时，没有将冰湖判识为冰川，证明其较强的湖/冰区分能力，说明模式具有较强的抗干扰能力。

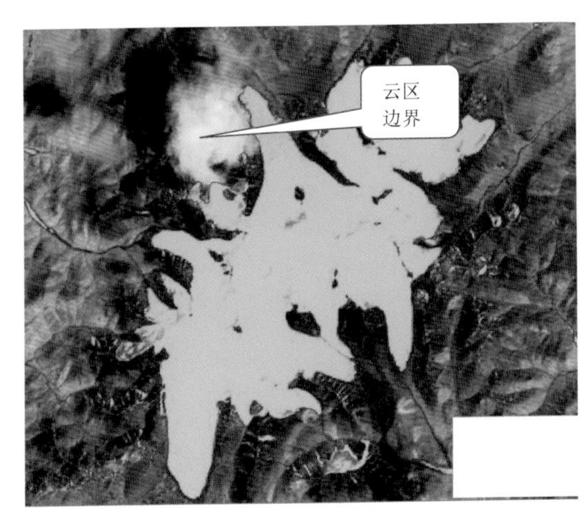

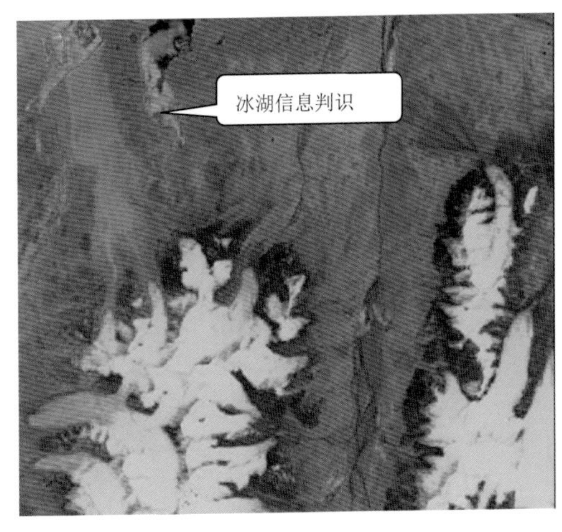

图 5.2　各拉丹东冰川模拟算法 GF5 判识结果示例

试验结果表明，利用上述模式可以有效地将冰川与地表类型识别出来，但对于积雪与冰川，很难将二者区分开来(根据定义，永久性积雪属于冰川的范畴)。对于有积雪和冰川同时存在的地区，考虑到冰川本身空间位置相对固定，可以建立冰川缓冲区，对积雪进行有效的剔除。

5.1.2 典型冰川监测模型验证

通过获得同时相的高精度冰川提取信息，分别计算模式与高精度遥感数据提取的冰川矢量的混淆矩阵，进行模式判识精度和准确性的验证。

验证过程中，共利用了3个不同地区或来源的数据，作为对比验证所建模拟算法的假定"真值"。为尽早对所建算法的精度做出评估，在中科院对地观测中心尚未获得高光谱航拍扎当冰川影像时，先以TM影像的目视解译结果作为假定真值。目视屏幕解译数据为2008年8月11日各拉丹东地区(138/37)与2007年8月1日羊八井地区(138/39)TM影像。用于解译的TM影像除经过几何精校正等处理外，解译中按5、4、3通道合成了假彩色图像，冰川判识误差控制以人工勾勒矢量线位置不超出冰川两个像元的距离为标准。其详细的图像处理及技术流程在此不作进一步介绍。用于验证的羊八井地区TM影像及目视解译结果如图5.3所示。

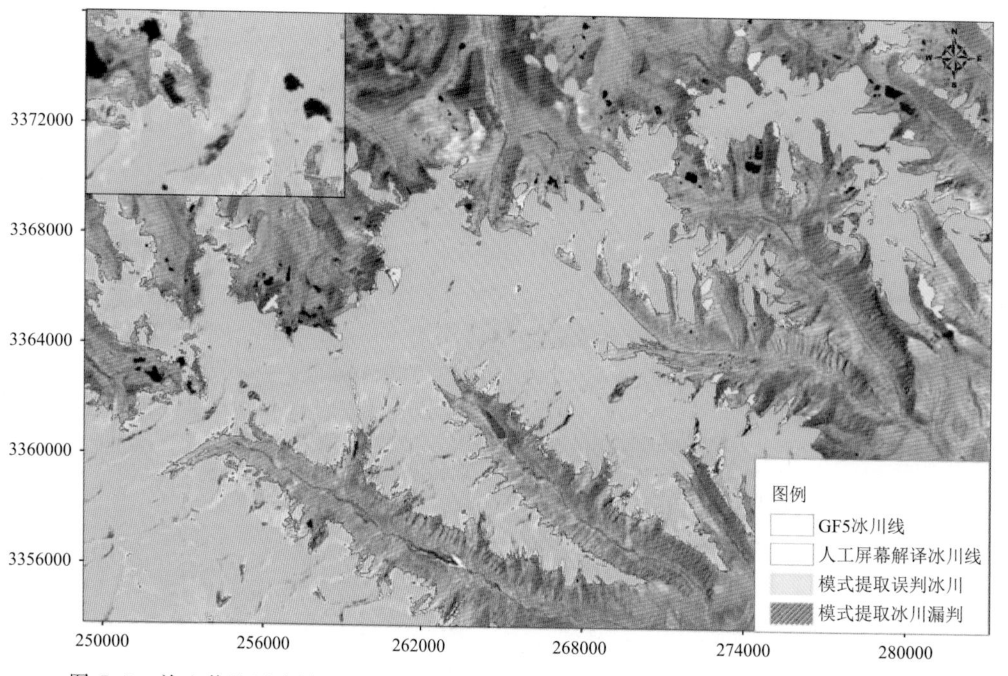

图5.3 羊八井地区冰川TM影像及目视解译矢量线与GF1模式冰川误判与漏判检验
(横纵坐标表示地理坐标)

用于验证的高精度数据来自于中国科学院对地观测中心提供的羊八井地区扎当冰川的航拍遥感影像，其时相为2011年8月11日。图5.4为67、27、43三波段合成的扎当冰川区域高光谱影像及所提取到的冰川分类矢量。

然而，由于2011年8月11日及其夏季时相没有晴空TM影像，而所得高光谱数据明显偏离冰川主体，且冰川上空还存在大量云的影响，算法检验只能利用该景一角的局部区域开展，这使得基于航拍高光谱数据的验证工作存在两个难以回避的问题：一是所验证的同区域TM影像为2007年7月1日，时相上相差4 a；二是所验证的区域面积过小。显然，这两个问题将直接明显影响到验证的可靠性。

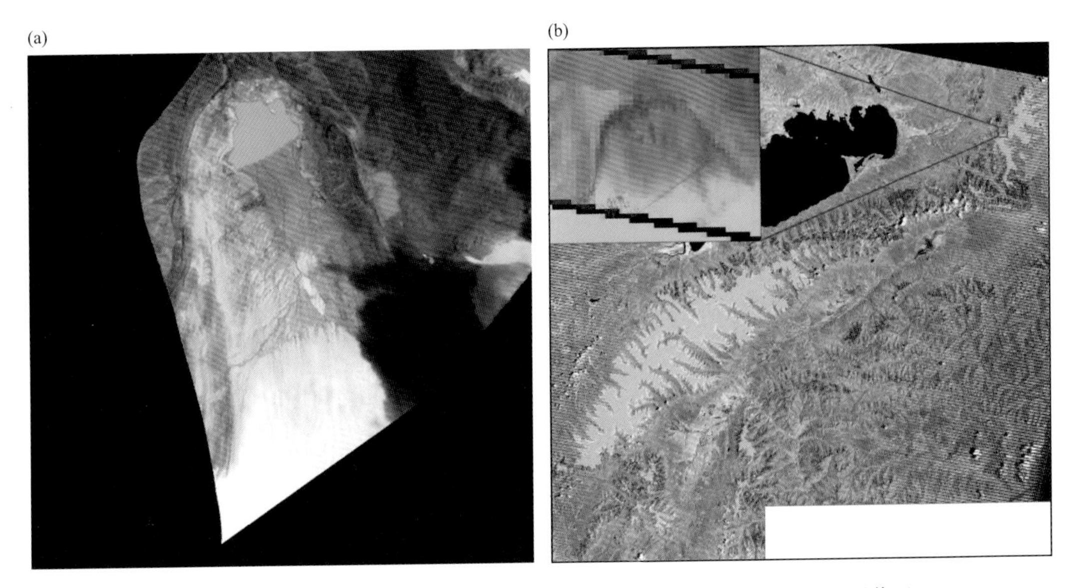

图 5.4 扎当冰川航拍高光谱影像(a)及高光谱冰川分类矢量与 TM 影像(b)

5.1.2.1 GF1 模式验证

从表 5.1 可以看到,基于羊八井冰川区目视解译为真值进行冰川判别过程中,在由解译得到的 694956 个冰川真值中,被模式正确识别 659349 个,漏判 35607 个,漏判率为 5.12%。模式判出冰川像元共有 684154 个,其中将非冰川误判为冰川 24805 个,错判率为 3.63%。模式总计判识冰川有 684154 个,而冰川真值则为 659349 个,因此,得到该模式判别冰川的用户精度为 96.37%,生产精度为 94.88%,这证明本模式在冰川的监测中,对冰川的识别非常准确,具有较强的实际应用能力。总体而言,其总体精度达到 99.90%, Kappa 系数达到 0.96,与实际业务应用能力密切相关的用户精度也远超过 0.80 的判定标准。说明模式的冰川监测结果与真值高度一致,基于扎当冰川的目视解译与模式判别二者间结果相同。

表 5.1 GF1 模拟算法冰川判识结果与不同真值的混淆矩阵及精度检验系数

真值来源	模式判识	真值			生产精度/%	用户精度/%	总体精度/%	Kappa系数
		非冰川/个	冰川/个	合计/个				
扎当高光谱	非冰川	60853977	14	60853991	100.00	100.00	99.99	0.89
	冰川	75	375	450	96.40	83.33		
羊八井目视解译	非冰川	60134680	35607	60170287	99.96	99.94	99.90	0.96
	冰川	24805	659349	684154	94.88	96.37		
各拉丹东目视解译	非冰川	11938179	108998	12047177	99.81	99.10	99.00	0.94
	冰川	22296	1030090	1052386	90.43	97.88		

在各拉丹东地区进行的同样验证,其结果也与以上计算验证十分相近,其总体精度和 Kappa 系数分别为 99.00%和 0.94。总之,就目视解译的判别结果而言,GF1 的冰川模拟模式的判识能力与识别精度均超过预期,具有良好的实际监测应用能力。但由于用于检验的真值数据与模式数据均基于同一空间分辨率,此类的检验更多地证明了模式在冰川识别中的准确

性，而不能用于证实其所具有的精度。

由高光谱冰川识别得到的冰川真值共有389个像元，被模式正确识别375个，漏判14个，漏判率为3.60%。模式判出冰川像元共有450个，其中将非冰川误判为冰川75个，错判率为16.67%。从其用户精度(83.33%)可以看出，模式在高精度数据验证条件下，其识别精度虽然比同源数据的目视解译明显偏低，但两图的判识结果仍处于较高的一致性水平。其Kappa系数达到0.89，判别精度超过0.80的期望阈值。

需要指出的是，在可验证数据量偏小、时相严重不一致、两时相冰川自身本来就存在较大差别的情况下，模式的判识也达到了较为满意的结果。如果在高精度数据覆盖区域较广、同一时相情况下，模式判别结果的准确性和精度参数将一定会有明显的提高。

5.1.2.2　GF5模式验证

目视解译与高光谱航拍和GF5模式提取得到冰川矢量，并计算得到三个混淆矩阵及相关检验参数。从表5.2中可以看到，基于羊八井冰川区目视解译为真值进行冰川判别过程中，由解译得到的冰川真值共有694956个，而被模式正确识别681154个，漏判13802个，漏判率为1.99%。模式判出冰川像元共有721522个，其中将非冰川误判为冰川40368个，错判率为5.59%。在模式总计判识的冰川像元中实际冰川真值为681154个，因此，得到该模式判别冰川的用户精度为94.41%，生产精度为98.01%。总体而言，其总体精度达到99.91%，Kappa系数达到0.96，远超过0.80的判定标准。说明模式的冰川监测结果与真值非常近似，基于扎当冰川的目视解译与模式判别，二者间结果高度一致。同样在各拉丹东地区进行的验证，其结果与羊八井地区相似，其总体精度和Kappa系数分别为99.40%和0.96。说明模式冰川与非冰川的区别判识能力较强，识别精度超过预期，具有良好的实际监测应用能力。与GF1模式检验过程中的问题相似，以上的检验更多地证明了模式在冰川识别中具有非常好的准确性，但不能验证其所具有的精度。

表5.2　GF5模拟算法冰川判识结果与不同真值的混淆矩阵及精度检验系数

真值来源	模式判识	真值			生产精度/%	用户精度/%	总体精度/%	Kappa系数
		非冰川/个	冰川/个	合计/个				
扎当高光谱	非冰川	7298	21	7319	99.44	99.71	99.20	0.92
	冰川	45	368	413	94.60	89.98		
扎当目视解译	非冰川	60119117	13802	60132919	99.93	99.98	99.91	0.96
	冰川	40368	681154	721522	98.01	94.41		
各拉丹东目视解译	非冰川	11934540	51238	11985778	99.78	99.57	99.40	0.96
	冰川	25935	1087850	1113785	95.50	97.67		

由高光谱冰川识别所得冰川真值共有389个像元，被模式正确识别368个，漏判21个，漏判率为5.40%。模式判出冰川像元共有409个，其中将非冰川误判为冰川41个，错判率为10.02%。从其用户精度(89.98%)可以看出，模式在高精度数据验证条件下，其识别能力与实际业务应用能力也达到相当高的水平。

总体而言，在可验证数据量偏小、时相严重不一致、两时相冰川自身本来就存在较大差别的情况下，Kappa系数达到0.96，用户精度接近90%，总体精度达到99.91%，证明所建立模式具有很强的判识能力，并可保证非常高的判识准确性和精度。其判别精度不仅远超0.80的期望阈值，也表现出很强的实际业务应用能力与可靠性。

5.1.3 GF1与GF5冰川监测能力对比

从GF1和GF5冰川监测模拟算法精度验证结果的对比表明，两种方式的冰川监测结果均具有很高的准确性，其生产精度和总体精度均超过95%，远超过课题设定的80%精度目标。比较而言，由于GF5卫星中红外通道的存在，使其在云的区分和判识过程中比GF1具有更显著的优势，在区别云、水体和冰冻水体等方面，GF5具有较强的判识能力，很容易就可以实现冰川信息的准确提取。反映在精度验证过程中，同一区域GF5模式判别的用户精度和Kappa系数要比GF1的略高。但在冰川监测需要高质量晴空图像的前提要求下，二者间的这种优势差别趋于缩小，同时，由于在GF1模式中也设计了滤云与水体区分的环节，使两种光谱特征数据之间的优劣对比更趋于不明显。

总之，GF1和GF5卫星在冰川的监测方面具有很高的精度和准确性，也具有很强的监测能力和应用前景，并且二者间在冰川监测的能力与精度方面差别不大。

5.2 长江源头各拉丹东冰川遥感动态监测

5.2.1 冰川信息提取

利用青海省气象科学研究所所建TM卫星和GF1号卫星冰川监测模型，收集1973—2013年6—9月卫星遥感影像，对其质量进行严格检视，受云量或降雪影响明显的图像视为无效并舍弃，最终选用近40 a中7个时相数据，经影像预处理和冰川模式判别获取各年各拉丹东冰川面积信息，建立7个时相的冰川时间序列。

图5.5为各拉丹东2013年8月13日GF1号卫星遥感及所提取的冰川线，图斑边缘矢量线为模式识别的冰川区域。从图中可以看出，遥感影像冰川线纹理清晰、判识结果准确。为便于分析，将图中冰川三处面积较大的冰川主体自西至东分别编号为1#、2#和3#冰川。从2013年提取得到的3个冰川主体总面积达805.34 km^2，其中1#冰川面积为180.73 km^2，2#冰川面积为557.60 km^2，是各拉丹东冰川面积最大的一个区域，3号冰川面积最小，为67.01 km^2。

同理，采用以上方法对1973、1986、1999、2006、2008、2009年夏季TM影像分别进行冰川信息判识，并得到各年冰川识别矢量线，7个时相冰川面积判识结果如图5.6所示。

5.2.2 1973—2013年冰川面积年际变化

根据建立的1973—2013年面积时间序列可知(表5.3)，1973—2013年，各主体冰川面积均出现了显著退缩趋势，总面积也呈一致的变化特征。其中面积较小的2#冰川退缩趋势最为显著。2#冰川由面积最大时的1973年的668.55 km^2至面积最小时的2013年，共缩减了110.95 km^2，占总面积的16.60%。1#冰川面积与1973年相比减少了17.34 km^2，占总面积的8.75%；而面积最小的3#冰川，其缩减量达到14.75 km^2，占总面积的18.04%。

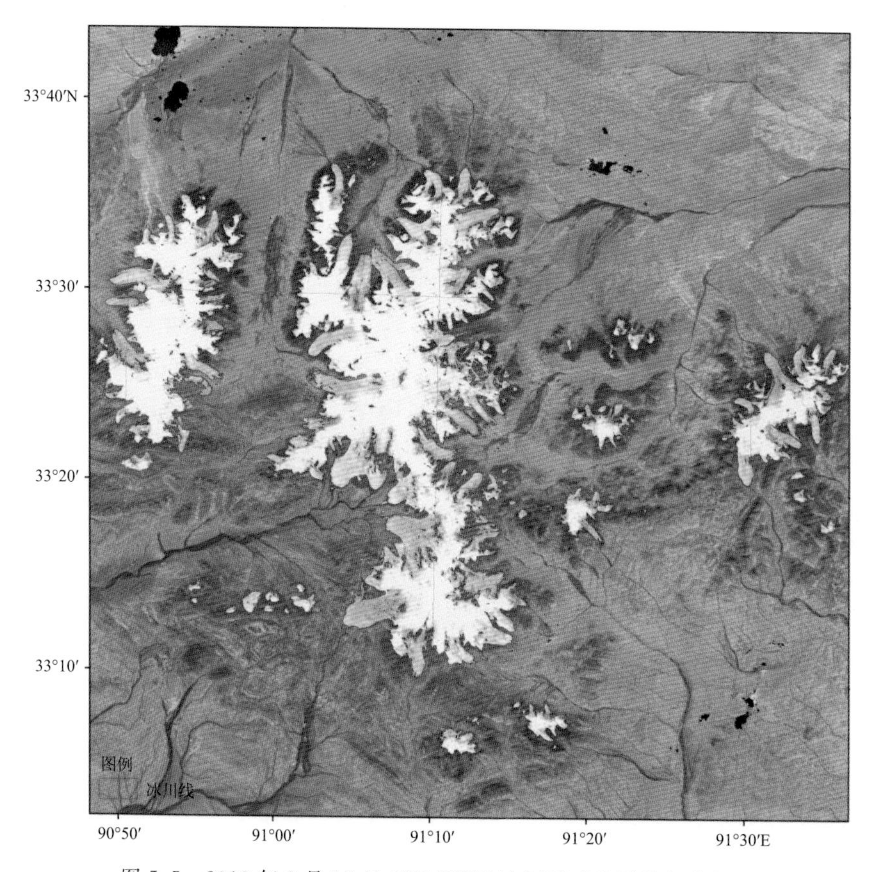

图 5.5 2013 年 8 月 13 日 GF1-WFV 冰川遥感监测叠加分析图

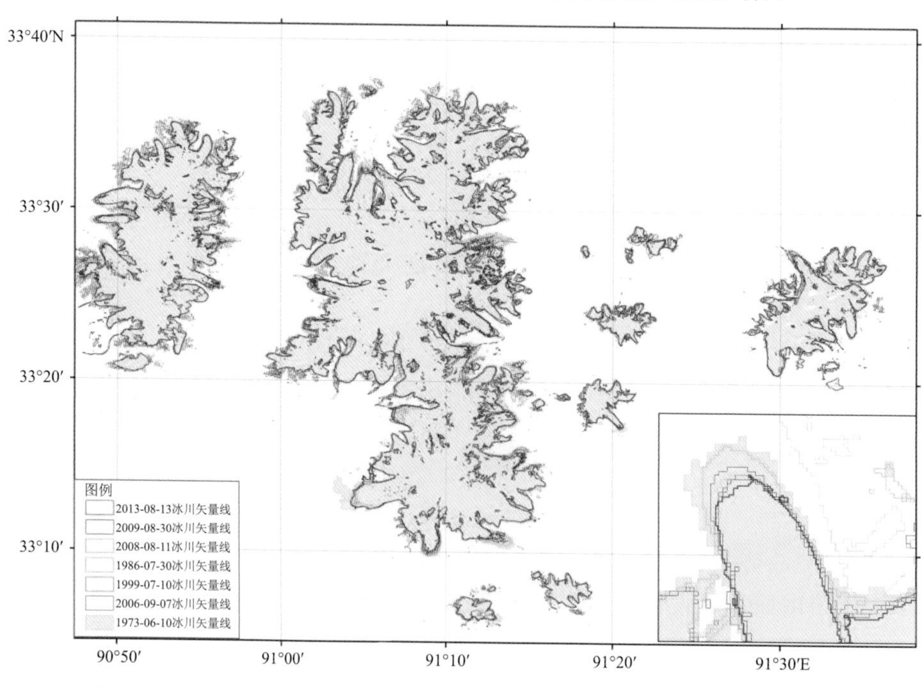

图 5.6 1973—2013 年 7 个时相 TM、GF1 影像各拉丹东冰川判识矢量叠加图

表 5.3 1973—2013 年 7 个时相各拉丹冬各冰川主体 TM、GF1 影像提取的冰川面积 单位：km^2

日期(年-月-日)	1#冰川面积	2#冰川面积	3#冰川面积	总冰川面积
1973-06-10	198.07	668.55	81.76	948.38
1986-07-30	194.06	664.90	75.85	934.81
1999-07-10	188.45	640.76	79.19	908.40
2006-09-07	185.40	615.63	73.77	874.79
2008-08-11	202.67	644.96	76.86	924.49
2009-08-30	185.41	614.43	74.20	874.04
2013-08-13	180.73	557.60	67.01	805.34

从表 5.3 中可以看出，2008 年各拉丹东冰川面积出现了明显的增加，这与总体变化趋势不一致，为了验证这一年冰川面积的代表性和客观性，进一步，将由 TM 得到的冰川序列与高时间分辨率的 MODIS 所建立的逐年时间序列进行对比，两类来源数据序列如图 5.7 所示。MODIS 逐年冰川面积是由各年热月(7—8 月)逐日数据提取而来的，在对 7—8 月总共 62 d 冰川面积比较之后，得出的当年面积最小值作为该年冰川面积。因此，可以从 MODIS 数据的动态变化过程中判断各年面积在整个序列中所处水平的高低。从图中可以看出，TM 所建时间序列与 2001—2011 年 MODIS 时间序列基本保持一致的变化趋势，总体呈较明显的退缩趋势。而 2008 年则为进入 21 世纪后面积相对偏高的一年，这证实了 TM 影像判别的准确性，说明冰川的变化呈现出总体下降趋势中存在明显的年际波动特征。

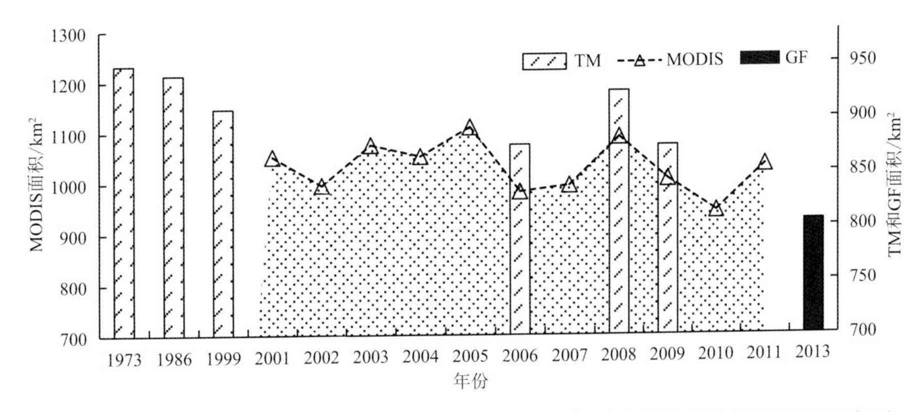

图 5.7 1973 年以来各拉丹东 TM 影像与 MODIS 逐年动态提取的冰川面积时间序列

5.3 三江源区季节冻土时空变化特征

冻土，一般是指温度低于或等于 0 ℃，并含有冰的各种岩土和土壤。由于冻土独特的水热特性使其成为地球陆地表面水热过程中一个非常重要的因子。气候变化作为冻土分布的主导因素会影响冻土的深度和分布范围(符传博 等，2013)，而冻土的变化又反作用于生态与气候系统(陈博 等，2008)。众多学者在青藏高原冻土研究方面取得了一些有意义的成果，许多研究(李林 等,2005;高荣 等,2008;李韧 等,2009)揭示了青藏高原冻土总体上退化的事实;张国胜等(2007)研究青海季节冻土退化的驱动因素时得出,人类活动对季节冻土退化的贡献率要远大于气候变化的贡献率,且气候变暖是造成季节冻土退化的主导气候因素,汪青春等(2005)研究得出,气候变暖已引起高原多年冻土面积的减少和下界的升高;叶殿秀等(2011)指出,1973—2013 年青海玉树最大冻土深度呈显著的阶段性变化特征,没有明显的线性变化趋势。上述研究成果表明,青藏高原冻土整体呈退化趋势,但区域变化特征空间差异性比较明显。

在气候持续变暖的影响下,全球面临的冻土退化趋势日益显著,引发的冻融灾害也逐渐增多,比如加剧高寒沼泽湿地萎缩、草地沙漠化和荒漠化、引起高寒地区建筑工程稳定性下降等。影响季节冻土的因素很多,比如地形、坡向、植被、水体、含水量等地形因子以及降水、云量、日照、积雪等气候因子,这些因子都积极参与大气与地面间的热交换,影响地面和地中温度状况,进而影响冻土的分布变化,本研究仅从海拔高度和温度方面对该地区季节冻土的影响进行探讨,其他因子的影响有待于进一步研究。加强冻土退化规律及其对生态环境影响机制的研究将对生态环境和区域发展带来积极影响,这也是今后我们要深入研究和努力的方向。

5.3.1 三江源区最大冻土深度时间变化特征

1980—2013 年三江源区最大冻土深度总体呈明显减小的趋势,平均最大冻土深度为 59.03 cm,在 1980 年达到最大(88.23 cm),2018 年为最小值(41.21 cm)(图 5.8)。温度数据是计算冻融指数的基础,对三江源区同时期(1980—2019 年)气温和地温的变化趋势分析发现(图 5.9),年平均气温呈逐年上升的趋势,气候倾向率为 0.53 ℃/(10 a),多年平均值为 1.18 ℃,变化范围在−0.42~2.42 ℃之间;年平均地温也呈上升的趋势,气候倾向率为 0.71 ℃·d/(10 a),多年平均值为 4.66 ℃,范围在 2.98~6.07 ℃之间。

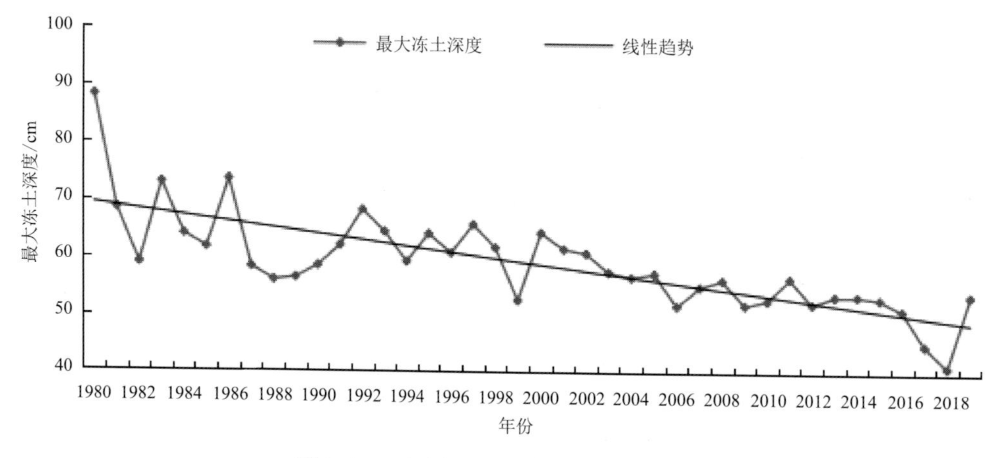

图 5.8 三江源区最大冻土深度年际变化

5.3.2 三江源区最大冻土深度空间变化特征

根据图 5.10 分析可知,三江源区各站最大冻土深度总体呈“西北部大于东南部”的特点,东部的贵德、尖扎和同仁,南部的班玛,以及囊谦最大冻土深度较浅(均小于 30 cm),清水河、玛多和曲麻莱由于海拔较高,受到温度影响,最大冻土深度较深(均大于 100 cm)。除三江源东部的贵南、尖扎呈增加趋势外，各站气候倾向率均为负，即逐年减少，其中曲麻莱、泽库和玛沁减小趋势较为明显。

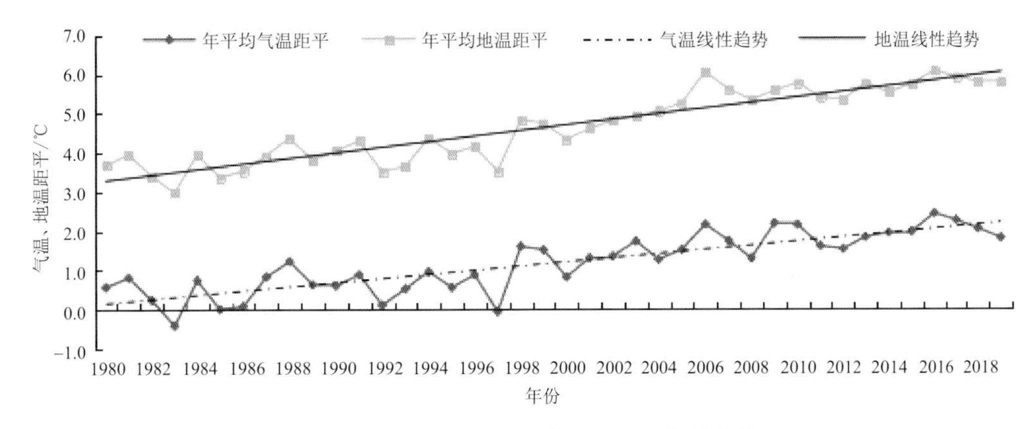

图 5.9　三江源区年平均气温与地温年际变化

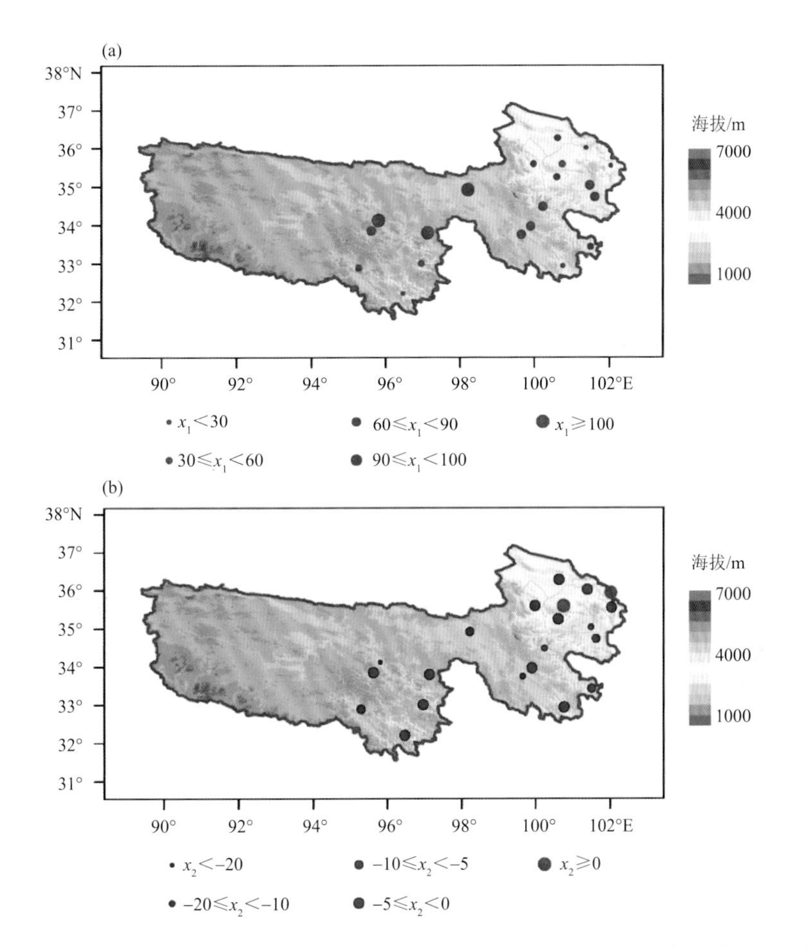

图 5.10　三江源区最大冻土深度(x_1)空间分布(a，单位：cm)和最大冻土深度气候倾向率(x_2)空间分布(b，%)

5.4 玉树地区季节冻土变化对气候变暖的响应

5.4.1 玉树地区最大冻土深度的时空变化

5.4.1.1 最大冻土深度的年际变化

玉树地区最大冻土深度的年际变化如图 5.11 所示，从图中可以看出，1980—2017 年玉树地区年最大冻土深度整体上表现为减少趋势，其倾向率为 10 cm/(10 a)(通过 0.001 显著性检验)。最大冻土深度最大值出现在 1986 年，为 163 cm，到 2006 年出现了最小值，为 105 cm，最大值和最小值相差 58 cm，最大冻土深度最小值较常年平均值减少 35 cm。2003 年以前玉树地区最大冻土深度大多处在多年平均值以上，而 2003 年之后均处在平均值以下，其中 2003 年后减少的尤为明显，2004—2017 年最大冻土深度与 1980—2003 年相比则减少了 24 cm。同时，玉树地区最大冻土深度的年代际波动也较明显，20 世纪 80 年代处于下降阶段，20 世纪 90 年代初至 20 世纪 90 年代中后期处于上升阶段，20 世纪 90 年代中后期至 21 世纪前 10 a 处于先明显下降后又上升趋势，年代际间表现出“减—增—减—增”阶段性变化特征，但总体下降趋势仍较明显。值得关注的是近几年该地区最大冻土深度略有增加，这可能与该地区实施的环境保护工程有关。

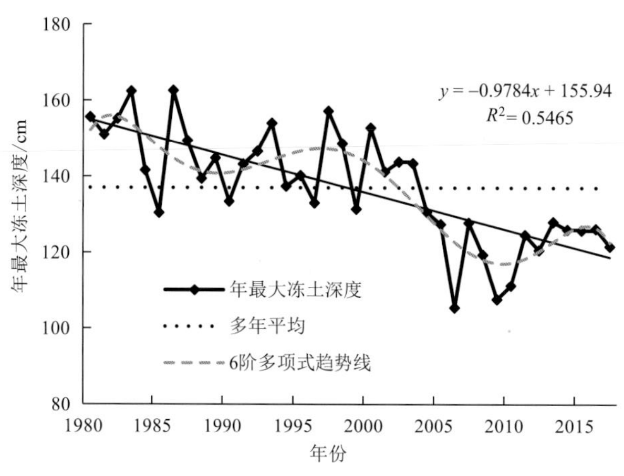

图 5.11 1980—2017 年玉树地区最大冻土深度年际变化

5.4.1.2 最大冻土深度的年内变化

由图 5.12 可知，玉树地区季节冻土具有显著的年内变化特征，季节性变化明显。进入 9 月后随着温度降低土壤开始冻结，10 月—次年 1 月冻土深度显著增加，2 月冻土深度达到最大值。玉树地区气温最低值和地表温度最低值出现在 1 月(−17.2 ℃和−21.8 ℃)，而冻土深度最大值出现在 2 月，其深度为 134 cm，治多和曲麻莱站气温最低值和地表温度最低值均出现在 1 月，而季节冻土最大冻土深度则出现在 3 月，这与陆气热量交换过程中热量自近地层大气和地表向地表深层传递相对缓慢的过程有关，也反映出最大冻土深度的变化相对于温度的变化存在一定的滞后现象，说明温度对季节冻土的影响是连续的变化过程，并且存在一个过渡阶段。4 月治多、杂多、曲麻莱站点仍有超过 130 cm 季节冻土存在，这主要与该地区海拔较高，常年温度较低有关,也与高海拔地区由于冬春季积雪长期存在,使得积雪增加了对大气辐射的反射,致使温度降低,反而有利于季节冻土的继续维持有关(高荣 等,2010;符传博 等,2011)。5—6 月随着太阳辐射增强,地面的热量收入大于热量支出,地温上升使土壤表层开始融化并向深层逐渐发展,导致最大冻土深度明显地减少。7—8 月由于地表吸收太阳辐射能量达到最大值,故无冻土存在。

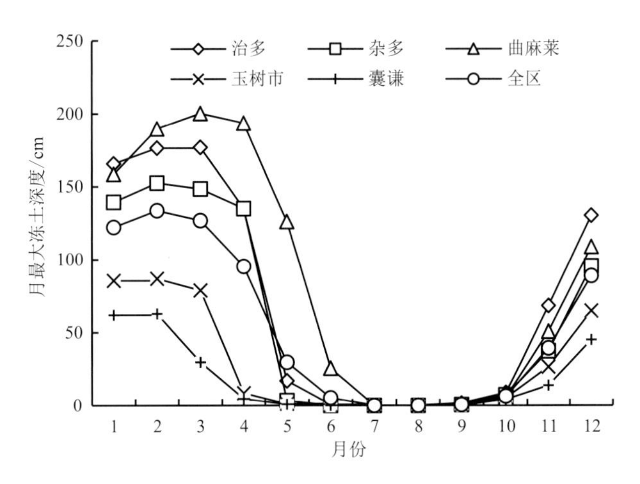

图 5.12　1980—2017 年玉树地区最大冻土深度年内变化

5.4.1.3　最大冻土深度的空间变化

1980—2017 年玉树地区各站点最大冻土深度均呈下降趋势(图 5.13),其中减少速率最大属北部曲麻莱,为 16 cm/(10 a),西部杂多站次之,为 14 cm/(10 a),中部治多的减少最慢,仅为 3 cm/(10 a)(治多未通过显著性检验,其余均通过 0.001 显著性检验),这表明在气候变暖背景下,玉树地区最大冻土深度均呈显著或极显著的减少趋势,并呈现出“西北快、东南慢”变化特征。经分析,1980—2017 年玉树地区各站点最大冻土深度出现的时间都在 20 世纪 80 年代和 90 年代初,曲麻莱、治多、杂多、玉树和囊谦站最大冻土深度值依次为 257 cm(1986 年)、207 cm(1993 年)、202 cm(1983 年)、104 cm(1987 年)和 85 cm(1993 年),而最小值出现的时间均在 21 世纪,其值依次为 136 cm(2010 年)、112 cm(2006 年)、140 cm(2006 年)、59 cm(2006 年)和 49 cm(2004 年)。最大冻土深度平均值空间分布显示为北部曲麻莱(208 cm)最大,其次为中部治多(178 cm),南部囊谦最小为(66 cm),空间分布上呈“西北高、东南低”特征。

5.4.2　最大冻土深度与海拔的关系

从表 5.4 可以看出,玉树地区 1980—2017 年各站点年最大冻土深度平均值在 64～202 cm 之间,其中以曲麻莱为最大,其深度为 202 cm,治多次之,为 178 cm,囊谦最小,仅为 64 cm。另对表 5.4 数据进行相关性分析,结果表明冻土深度与海拔高度之间存在明显的线性相关,两者间相关系数高达 0.987,通过 0.01 显著性检验,海拔高度平均每升高 100 m,最大冻土深度将增加 25 cm。表 5.4 表明,玉树地区受高海拔特殊地形和严酷的气候条件的共同影响,季节冻土深度较大且与海拔之间存在显著的线性相关,随海拔高度增加而增大,最大冻土深度具有明显的垂直地带性地域分布特征。

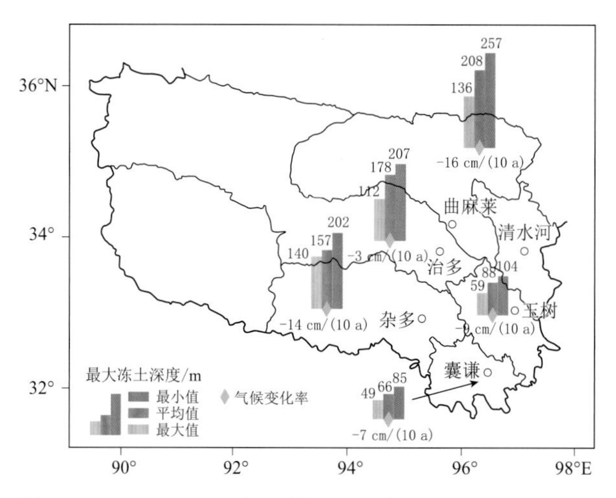

图 5.13　1980—2017 年玉树地区最大冻土深度空间变化

表 5.4　1980—2017 玉树地区最大冻土深度与海拔高度的关系

站点	曲麻莱	治多	杂多	玉树市	囊谦
海拔高度/m	4175.0	4079.1	4066.7	3716.9	3643.7
平均最大冻土深度/cm	202	178	153	87	64

5.4.3　最大冻土深度对气候变暖的响应

降水、云量、日照以及积雪等气候因素都会对地表的辐射和热量交换产生影响，从而影响到冻土的变化(李林 等，2005；张国胜 等，2007)，而年平均气温升高，导致多年冻土厚度减小(徐晓明 等，2017)。本研究选取气温和地表温度作为气候变暖的指示因子。经分析，1980—2017 年玉树地区年平均气温、最高气温和最低气温分别以 0.56 ℃/(10 a)、0.51 ℃/(10 a) 和 0.62 ℃/(10 a)的速率显著上升，均通过了 0.001 显著性检验。就全区而言，平均最大冻土深度与气温因子之间相关系数分别达到了－0.822、－0.726 和－0.826(表 5.5)，年平均最大冻土深度变化与气温之间呈反相的变化关系，两者在年际波动间具有较好的反向性，即气温较高的年最大冻土深度较浅，气温较低的年则对应的最大冻土深度较深，说明平均气温越低，最大冻土深度越大。从表 5.5 还可以看出，各站平均气温与最大冻土深度之间反相关系数在－0.807～－0.356 之间，平均气温和最低气温与最大冻土深度之间反相关系数均高于最高气温与最大冻土深度之间反相关系数，这种相关性正好说明该地区季节冻土退化与气温升高有直接关系。换言之，1980—2017 年玉树地区气温的显著升高是导致该地区季节冻土最大冻土深度减小的主要原因之一。

程国栋等(1982)认为，年平均地表温度能较好地反映冻土地带性和区域性因素的综合影响，土壤温度的变化与气温的变化紧密相关，尤其是地表温度随着气温的变化而同步变化(石亚亚 等，2017)，地表温度可直接影响地表的感热和潜热能量，进而间接影响陆气之间的能量平衡与水热平衡(杜军 等，2012)。线性趋势分析表明，该地区 1980—2017 年平均地表温度、最高地表温度和最低地表温度升温速率分别为 0.75 ℃/(10 a)、0.31 ℃/(10 a)和 1.28 ℃/(10 a)(图略)，其中年平均地表温度和最低地表温度通过 0.001 显著性检验，年最高地表温度通过 0.05

表 5.5 最大冻土深度与温度各因子的反相关系数

地区	平均气温	最高气温	最低气温	平均地表温度	最高地表温度	最低地表温度
治多	−0.356*	−0.320	−0.364*	−0.315	−0.032	−0.359*
杂多	−0.807**	−0.708**	−0.799**	−0.761**	−0.042	−0.680**
曲麻莱	−0.668**	−0.658**	−0.613**	−0.754**	−0.046	−0.747**
玉树市	−0.706**	−0.579**	−0.710**	−0.708**	−0.208	−0.740**
囊谦	−0.693**	−0.613**	−0.678**	−0.669**	−0.558**	−0.622**
全区	−0.822**	−0.726**	−0.826**	−0.833**	−0.292	−0.814**

注：*、** 分别表示相关性在 0.05 和 0.01 水平(双侧)上显著相关

显著性检验。从各站点来看(表 5.5)，平均地表温度、最高地表温度和最低地表温度与最大冻土深度之间反相关系数分别为−0.761～−0.315、−0.558～−0.032 和−0.747～−0.359 之间，各站点最大冻土深度对地表温度因子响应关系是一致的(除囊谦站外)。囊谦站最高地表温度与最大冻土深度间的反相关系数高达 0.558，说明季节冻土变化对局地温度的响应具有一定地域差异性，也可能与所处地理位置的土壤特性有关，有待进一步研究。就全区最大冻土深度与地表温度各因子间相关系数来看，地表温度的升温是导致最大冻土深度减少的另一主要原因，季节冻土对地表温度升高的响应呈现为退化状态，年平均地表温度和最低地表温度与最大冻土深度之间反相关系数要小于最高地表温度与最大冻土深度之间反相关系数，表明在影响玉树地区最大冻土深度变化的因子中，影响最大的是平均地表温度，其次为最低地表温度，最高地表温度与季节冻土之间的反相关系数较小且未通过相关性检验，但对季节冻土的影响作用也不可忽视。

5.4.4 季节冻土对温度变化的响应

5.4.4.1 温度对季节冻土的影响

从表 5.5 看出，在温度因子中除了年平均最高地表温度外，其余各因子与最大冻土深度之间存在显著的负相关关系，说明气温和地表温度作为影响季节冻土最主要的气候因子对地表面的辐射和热量交换产生影响，从而影响季节冻土的变化，这与杜军等(2012)研究西藏季节冻土对气候变化的响应时的部分结论相一致。运用 SPSS 统计分析软件进行温度因子的主成分分析时，得到各主成分的方差贡献率和载荷矩阵(表 5.6)。主成分分析结果表明，第一和第二主成分的特征值分别为 4.641 和 1.090，且前两个主成分的累积贡献率已达 95%以上，说明前两个主成分可以解释原始因子的大部分信息，完全符合主成分分析的要求。第一主成分 Z_1 和第二主成分 Z_2 表达式如下：

$$Z_1=\frac{0.984}{\sqrt{4.641}}Z_{X_1}+\frac{0.926}{\sqrt{4.641}}Z_{X_2}+\frac{0.931}{\sqrt{4.641}}Z_{X_3}+\frac{0.977}{\sqrt{4.641}}Z_{X_4}+\frac{0.477}{\sqrt{4.641}}Z_{X_5}+\frac{0.876}{\sqrt{4.641}}Z_{X_6} \tag{5.11}$$

$$Z_2=\frac{0.010}{\sqrt{1.090}}Z_{X_1}+\frac{0.288}{\sqrt{1.090}}Z_{X_2}+\frac{-0.287}{\sqrt{1.090}}Z_{X_3}+\frac{-0.047}{\sqrt{1.090}}Z_{X_4}+\frac{0.860}{\sqrt{1.090}}Z_{X_5}+\frac{-0.427}{\sqrt{1.090}}Z_{X_6} \tag{5.12}$$

式中，Z_{X_1}、Z_{X_2}、Z_{X_3}、Z_{X_4}、Z_{X_5} 和 Z_{X_6} 分别为标准化后的平均气温、最高气温、最低气温、平均地

表温度、最高地表温度和最低地表温度。由表5.6可知，第一主成分的年平均气温、平均最高气温、平均最低气温、平均地表温度和最低地表温度五个因子载荷较高，第一主成分主要反映了年平均气温、平均最高气温、平均最低气温、平均地表温度和最低地表温度包含的信息；第二主成分里平均最高地表温度因子载荷较高，第二主成分主要反映了年平均最高地表温度包含的信息。

表5.6　主成分方差贡献率和载荷矩阵

成分	初始特征值			提取平方和载入			主成分载荷矩阵		
	合计	方差/%	累积/%	合计	方差/%	累积/%	变量	第一主成分	第二主成分
1	4.641	77.352	77.352	4.641	77.352	77.352	Zx_1	0.984	0.010
2	1.090	18.163	95.514	1.090	18.163	95.514	Zx_2	0.926	0.288
3	0.163	2.720	98.234	0.163	2.720	98.234	Zx_3	0.931	−0.287
4	0.083	1.383	99.618				Zx_4	0.977	−0.047
5	0.018	0.303	99.921				Zx_5	0.477	0.860
6	0.005	0.079	100.000				Zx_6	0.876	−0.427

5.4.4.2　最大冻土深度变化对温度因子响应模型

为了进一步明确平均最大冻土深度对温度变化的响应特征，建立定量描述冻土对温度因子变化的响应方程，利用所提取的两个主成分进行逐步回归分析，并给出了第一主成分和第二主成分对因变量 Z_Y 的回归方程：

$$Z_Y = -1.530 \times 10^{-16} - 0.392\,Z_1 \tag{5.13}$$

式中，Z_Y 为因变量；Z_1 为第一主成分，第二主成分未进入回归方程。经检验，上式复相关系数 R^2 为0.711，F 值为88.761，常数项近似为零。方程和复相关系数通过0.001显著性水平检验，说明模型的拟合程度较好。根据因变量和自变量标准化方程 $y'=(y-\text{均值})/\text{标准差}$，$x'=(x-\text{均值})/\text{标准差}$，还原到原始变量得到方程：

$$Y = 191.8 - 3.5T_0 - 3.1T_1 - 3.1T_2 - 2.9T_3 - 1.0T_4 - 1.4T_5 \tag{5.14}$$

式中，Y 为平均最大冻土深度(cm)，T_0 为年平均气温(℃)，T_1 为年平均最高气温(℃)，T_2 为年平均最低气温(℃)，T_3 为年平均地表温度(℃)，T_4 为年平均最高地表温度(℃)，T_5 为年平均最低地表温度(℃)。

5.4.4.3　最大冻土深度变化对温度因子响应模型检验

经计算，实测值与模型拟合值绝对误差在0.0～24.7之间，平均绝对误差为5.8%，相对误差在0.0～19.0之间，平均相对误差为4.4%。将1980—2017年温度数据带入建立的最终模型中，采用实测值与预测值1∶1作图法进行检验，从图5.14可以看出，玉树地区1980—2017年最大冻土深度实测值与拟合值的相关系数为0.84，通过了0.001显著性检验，表明温度各因子对方程贡献是显著的，该方程在未来气候变暖背景下用于估算玉树地区平均最大冻土深度的变化具有较高的可信度。

在全球变暖背景下，时间上，玉树地区1980—2017年平均气温和平均地表温度分别以0.56 ℃/(10 a)、0.76 ℃/(10 a)速率上升，最大冻土深度整体则以10 cm/(10 a)速率显著下降。最大冻土深度年代际变化呈“减—增—减—增”阶段性波动特征。空间上，最大冻土深度呈“西北高、东南低”分布特征，北部减少的速率大于南部，其与海拔高度存在显著的线性相关

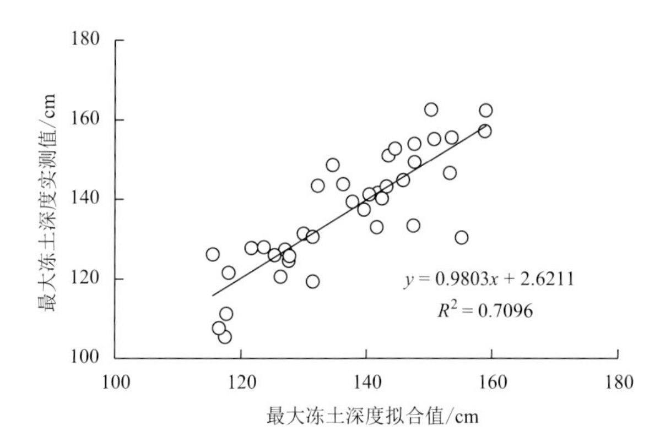

图 5.14　玉树地区最大冻土深度变化对温度因子响应模型检验

且随海拔高度升高而增大，具有明显的垂直地带性分布。

玉树地区季节冻土具有显著的年内变化特征，季节性变化明显，冻土深度最大值出现在 2—3 月，随着太阳辐射增强和地面热量增加，致使 5—8 月冻土深度明显减少。由于陆气热量交换过程使季节性最大冻土深度对温度的响应变化存在一定的滞后。

玉树地区季节冻土对气候变暖的响应呈现为退化状态，除平均最高地表温度外，其余各因子与最大冻土深度变化有良好的相关性，对冻土影响最大的是平均地表温度，其次为平均最低气温和平均气温。各站点最大冻土深度对气温因子响应关系的结果是一致的，但其程度及其显著性不同，表明了局地温度变化对季节冻土的影响有一定差异性。随着气候变暖，冻土的预估模型可为玉树地区冻土变化定量预估和预警提供参考依据。

5.5　三江源区季节冻土时空格局及影响因子分析

三江源区位于青海省南部、青藏高原中部，作为青藏高原的腹地和主体，是长江、黄河和澜沧江三大河流的源头，面积达 3.3×10^5 km²（贺福全 等，2020）。其地理位置特殊、自然资源丰富、生态功能重要，是天气系统的上游区、气候变化的敏感区及生态环境的脆弱区，是我国生态环境安全和区域可持续发展的重要生态屏障（刘世梁 等，2021；祁艳 等，2019）。三江源区孕育着非常丰富的冻土资源，按地理位置划分属于青藏高原冻土区，该冻土区是世界中、低纬度地带海拔最高、面积最大的冻土区，其范围北起昆仑山，南至喜马拉雅山，西抵国界，东缘横断山脉西部、巴颜喀拉山和阿尼马卿山东南部（周幼吾 等，1982）。近年来，在全球气候变暖的大背景下，冻土的变化显得越来越重要，冻土的研究也越来越受到广大学者的关注。

季节冻土被定义为冬天冻结而夏天融化的岩土层，它包括多年冻土区的活动层和非多年冻土区的土壤季节冻结层（秦大河 等，2014）。学者们利用遥感数据和数值模拟的方法估计了青藏高原季节冻土面积约为 1.45×10^6 km²，占高原面积的 56%～57.5%，其主要分布在34°N 以南地区（罗栋梁 等，2014b；南卓铜 等，2013）。季节冻土最大冻土深度是一个既响应土壤又响应大气的独特指标（Evans et al.，2017），其冻融过程也影响着地表能量和水分交换（田晓晖 等，2020）。大量研究表明（Zou et al.，2017；Li et al.，2010；林笠 等，2017），近年来青藏高原气温升高、降水增多，向暖湿化发展，尤其温度的变化较大，其增温水平是全球平均水平的 2 倍

(冬季高达 0.3～0.5 ℃/(10 a))。在青藏高原暖湿化的大背景下,季节冻土的变化主要呈现出最大冻土深度变浅、冻结日数缩短、冻结期缩短、融化期延长等变化特征(程国栋 等,2019;吴吉春 等,2009;Luo et al.,2020;李林 等,2008a),这些变化无疑会对地下水循环、生态系统、岩土工程、基础建设乃至区域的可持续发展产生重要影响(Qin et al.,2018)。冻土变化造成的这些影响结果之间相互作用,改变了区域的水文地质和水文条件,使植被逆向演替植物群落组成发生相当大的变化,而这种改变经常会导致草地生态系统结构和功能的改变,从而影响整个区域的生态过程(郭正刚 等,2007)。此外,多年冻土退化使活动层厚度增大、融区形成,使原来冻结在多年冻土中的碳暴露在陆气间碳循环过程,经微生物降解而释放温室气体到大气,从而使大气中的温室气体增加,进而使气候进一步变暖,形成这样一种正反馈的机制(张廷军 等,2012;Zimov et al.,2006;蔡林彤 等,2021)。

以往的研究中,学者们多聚焦于多年冻土变化及分布,对于长时间序列、区域性的季节冻土的变化特征关注较少,并且在探讨研究季节冻土和气候因子时,只考虑了温度和降水或者单一因子的影响,对其他气候因子有所忽视(蔡林彤 等,2021;高思如 等,2018;黄义强 等,2020),也未曾从大尺度天气背景场出发探讨大气-冻土之间的相互关系。季节冻土的变化是一个复杂的过程,受局地因子的影响较大(王生廷 等,2015),研究从三江源区 1981—2020 年 40 a 季节冻土的时空分布特征出发,在温度、降水、湿润指数、≤0 ℃负积温、≤0 ℃负温日数、地表感热通量、地表潜热通量 7 个影响土壤、大气热力状况因子中寻找最能影响三江源季节冻土最大深度变化的气候因子,揭示土壤-大气互相影响的机制,为合理配置三江源区资源进行农业生产、牧业发展和经济建设提供依据。

5.5.1 三江源区季节冻土的时空分布特征

为分析季节冻土的空间分布特征,图 5.15 给出了 1981—2020 年 40 a 平均季节冻土 MFSD(最大冻土深度)的空间分布图,由图可以看出,季节冻土 MFSD 在 200 cm 以上的站点有 2 个,占总站数的 9.5%,MFSD 在 100～200 cm 的站点有 13 个,占总站数的 61.9%,MFSD 在 100 cm 以下的站点仅有 6 个,占总站数的 28.6%,即三江源区的大部分站点的最大冻土深度都在 100 cm 以上,21 站平均 MFSD 为 136.66 cm。黄河源区 MFSD 随海拔高度的减小递减,表现出较好的海拔高度特征,长江源和澜沧江源区更多地表现出纬度特征,即随纬度的较小,MFSD 随之减小。

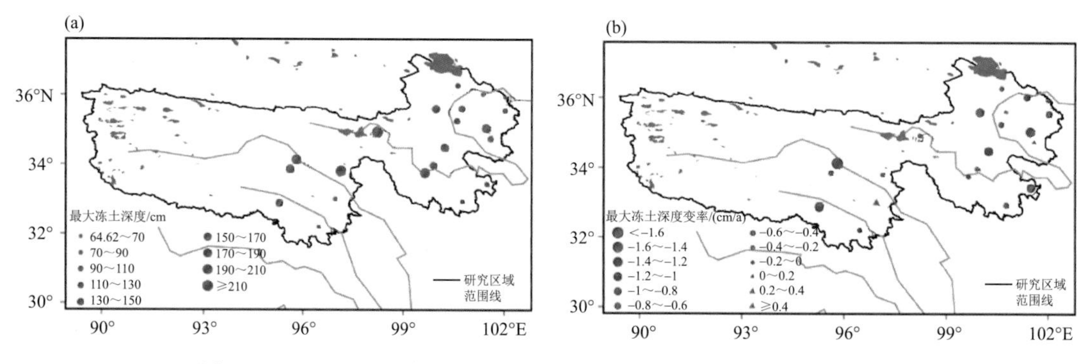

图 5.15 1981—2020 年三江源区季节冻土最大冻土深度(a)和季节冻土最大冻土深度变率(b)示意图

从三江源区季节冻土 MFSD 变率空间分布图中可以看出，三江源区季节冻土 MFSD 近 40 a 整体呈不同程度的减小趋势，即最大冻土深度减小，其递减率最高的站为曲麻莱站，其递减率高达 1.67 cm/a。仅 3 个站出现最大冻土深度增加的情况，这 3 个站分别是贵南、玉树、河南站，其中河南站有过迁站历史，对季节冻土深度的研究造成一定的影响，其结果需要进一步讨论，但这 3 个站正变率值都较小。21 站平均 MFSD 递减率为 0.51 cm/a，可以与之比较的是在已有的研究中，黄河源区从 1961—2014 年季节冻土最大冻土深度的递减率为 0.31 cm/a，略微低于三江源区最大冻土深度的递减率(李林 等，2008b)。

对青藏高原站点季节冻土(标准化)进行旋转经验正交函数分解，由于前两个载荷向量(Rotated Load Vector，RLV1 和 RLV2)所占的方差贡献较大(解释方差分别为 33.89%和 10.02%)，图 5.16 给出了旋转经验正交函数分解(Rotated Empirical Orthogond Function，REOF)前两个载荷向量的空间分布特征，第一载荷向量在三江源区的特征值均为负，表现出明显的全区一致型，代表整个三江源地区季节冻土变化的一致性特点，这也是三江源季节冻土的主要分布型，由于已对原始数据做了标准化处理，其值大小反映了空间上季节冻土最大冻土深度的相对大小，重点反映出中部和北部的变化特征：即出现两个大值中心，分别是三江源中部长江源中段和三江源东北部黄河源后段。结合第一载荷向量时间系数(Rotated Principal Component，RPC1)，RPC1 表现出明显的下降趋势，最大冻土深度逐年减小，这与图 5.15 所得出的结果也非常吻合：对三江源地区 21 站做 1981—2020 年平均，其与 RPC1 的相关系数高达 0.89，并且从时间系数的变化图中(图 5.17)中可以看到，以 2003 年为界，2003 年前(不包括 2003)RPC1 为正值，2003 年后(包括 2003)RPC1 为负值，可以解释为季节冻土最大冻土深度在 2003 前减小，但最大冻土深度在其 40 a 均值以上，2003 年后继续减小，在 40 a 均值以下，减小的趋势在近 4 a 表现得尤为明显。

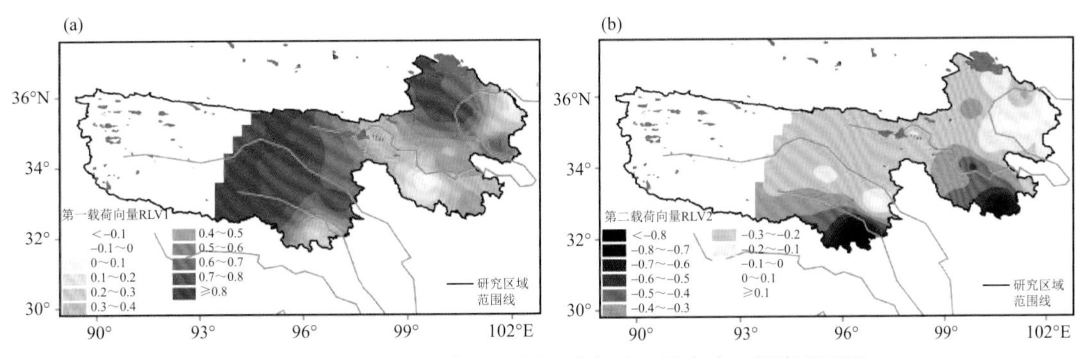

图 5.16　1981—2020 年三江源区季节冻土最大冻土深度 REOF
(a)第一载荷向量；(b)第二载荷向量

第二载荷向量空间分布特征依旧为全区一致性，全区基本保持负位相，但在东部表现出小范围的正位相特征，整体呈现从南向北依次递减的特点，反映了南部的变化特征。第二特征向量时间系数 RPC2 虽然也表现出下降趋势，但是这种下降趋势并没有第一特征向量时间系数明显，其趋势系数只有-0.002，所以 RPC2 更多反映的是季节冻土在不同时间段内发生的变化，从 RPC2 的 SG 五点平滑(多项式五点平滑)函数来看，RPC2 经历了正—负—正—负—正交替变化，结合第二载荷向量空间分布，在三江源区季节冻土最大冻土深度表现出负—正—负—正—负的波动变化的特征。

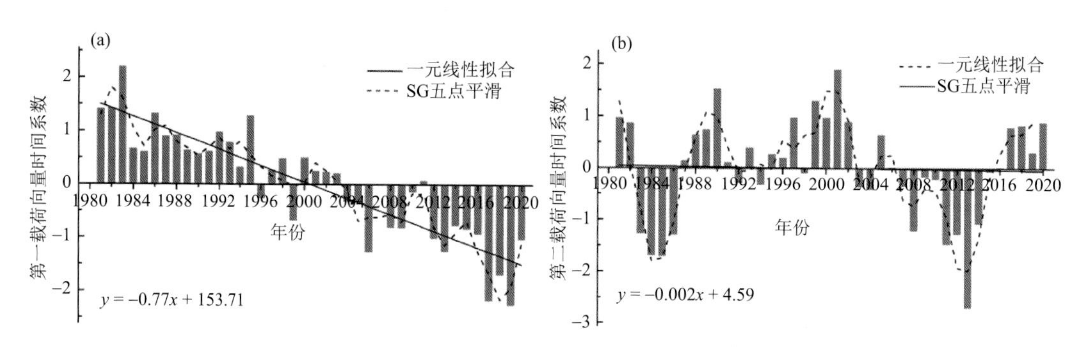

图 5.17　1981—2020 年三江源区季节冻土最大冻土深度旋转正交分解第一载荷向量(a)、第二载荷向量(b)时间系数

5.5.2　三江源区季节冻土气候因子分析

从季节冻土的时空分布中可以看出，三江源地区季节冻土层厚度减小，大量的研究表明冻土退化是由于下垫面的热力状况变化所引起的，这也是最主要的影响因素，但季节冻土的变化受到包括气候、植被、水文、人类活动等许多因素的影响(罗栋梁 等，2014b；Guglielmin et al.，2012)，就单单气候因素而言就有气温、降水、积雪、蒸发等，这些因素间还有互相的影响及反馈，造成冻土变化研究的复杂性，本研究单从气候角度寻找了 7 个表征热力状况的气候因子进行验证，这 7 个因子中有 4 个单因子：温度、降水、地表感热通量，地表潜热通量；3 个复合因子：湿润指数、负积温、负温日数。湿润指数是一个既包含了温度又包含了降水，也考虑了蒸发又能反映土壤湿润程度的一个综合性指标，对研究冻土的变化有非常好的指示作用；考虑选择负积温和负温日数则是为了验证“冰冻三尺，非一日之寒”，季节冻土最大冻土深度变化是否与之确实相关？

图 5.18 给出了各因子近 40 a 空间分布图，温度的空间分布特征与最大冻土深度的分布特征非常类似，温度的最低值点与最大冻土深度的极大值点位置相同，其空间分布也表现出从中部向四周扩散的逐渐升高的特点，三江源区近 40 a 平均气温 1.83 ℃，温度最高站点尖扎站与温度最低站清水河平均温度相差 12.63 ℃，表现出三江源区气温分布的差异性，其主要受地形影响。三江源区降水分布呈现出从西北向东南依次递增的特点，且三江源区的降水量在整个青藏高原明显偏少(秦小静 等，2015)。最大降水量出现在三江源区东南角久治站。作为表征下垫面热力状况的重要因素(张浩鑫 等，2017)，三江源区地表感热通量和地表潜热通量的空间分布均表现出从东向西依次递减的空间分布特征，不同的是，地表感热通量的最大值在三江源区东北部，这与气温的最高值位置相同，而地表潜热通量的最大值位于三江源区的东南部，这与降水的最大值的位置是相同的。这是因为感热通量本身就是指由于温度变化而引起大气与下垫面发生的湍流形式的热交换，地表或大气在加热过程中，其相态没有发生变化，故温度和地表感热通量的关系密切，而地表潜热通量主要由水的相变产生，也被定义为大气与下垫面水分的热交换，因此降水和地表潜热通量的关系更为密切，这一点许多研究都有印证(祁艳 等，2019；Cui et al.，2009；竺夏英 等，2012；杨莲梅 等，2007；胡雪 等，2015；沈晗 等，2012)。

三江源区湿润指数的最大值中心分别是清水河站和久治站，这里比较有意思的是，这两个站一个是温度的最低值中心，一个是降水的最大值中心。并且在黄河源的后段是湿润指数的低值区，表明该地气候干燥。负积温和负温日数二者在空间分布及极大值中心的位置都非常类似，极大值中心位于中部的清水河站和南部的杂多和囊谦站，二者的相关系数高达 0.98，即说明负温日数的增加就能造成负积温的增大。三江源区负积温和负温日数具有巨大的差异性，其最高值达 −2209 ℃、218 d，最低值低至 −346 ℃、91 d，造成巨大差异，三江源区平均值为 −1076 ℃、156 d，平均负温日数占全年的 42.7%。

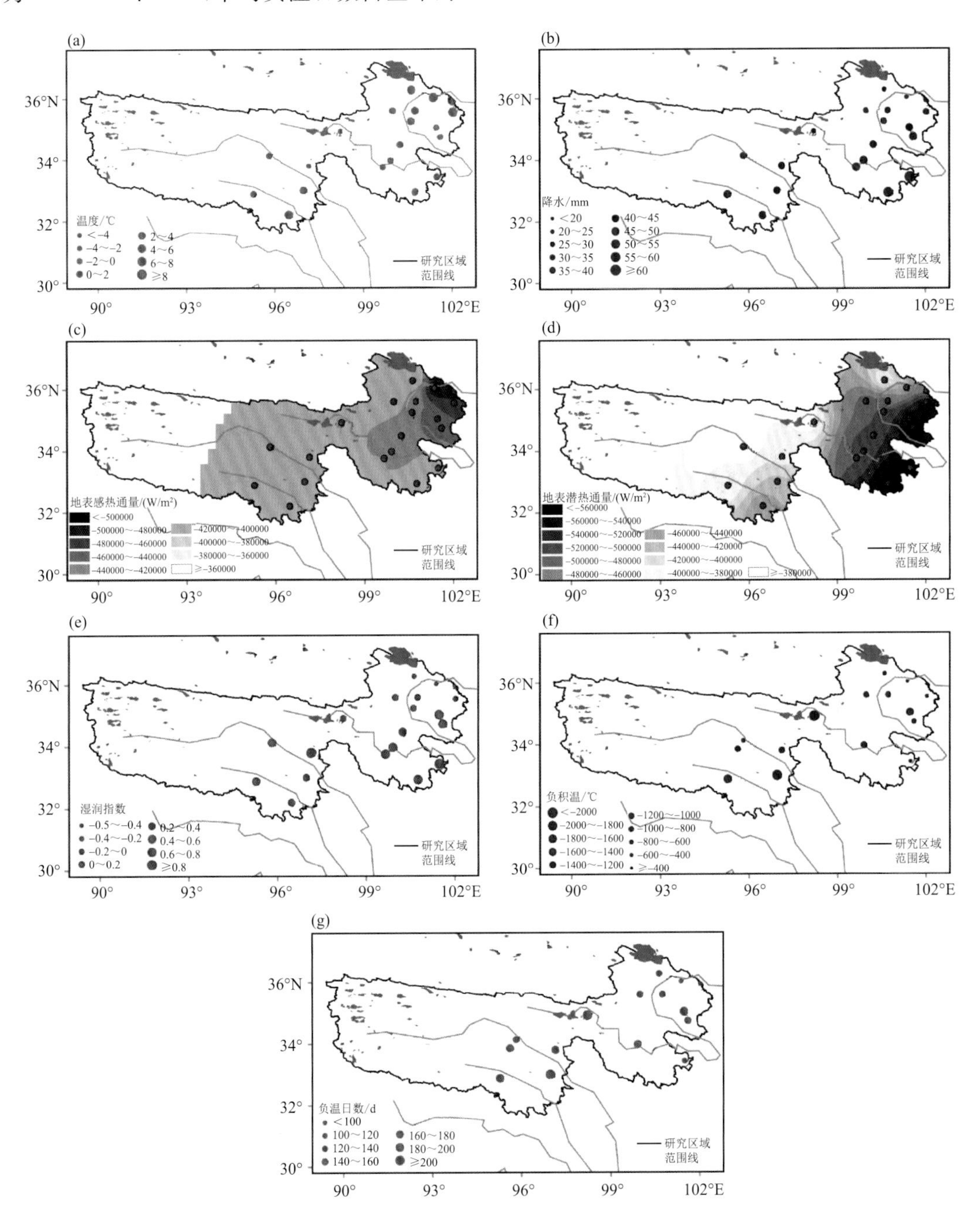

图 5.18　年平均温度(a)、降水(b)、地表感热通量(c)、地表潜热通量(d)、湿润指数(e)、负积温(f)、负温日数(g)空间分布

上述的7个与大气和土壤相关的热力因子中哪些是最能影响季节冻土最大冻土深度的因子呢？将MFSD作为因变量，其他7个因子作为自变量，通过比较回归方程因子的标准化系数的贡献率及偏相关系数，确定影响最大冻土深度的高影响因子。最终结果如表5.7所示，其中湿润指数的标准化系数贡献率最大，由大到小依次为：湿润指数＞降水＞气温＞负积温＞地表潜热通量＞负温日数＞地表感热通量。排前三位的因子系数的贡献值比较大，三者累积可达到86.23％，且偏相关系数绝对值的大小也可进一步证明，故认为湿润指数、温度、降水是影响季节冻土最大冻土深度的主要因子。负温日数和负积温之所以剔除，可以解释为：最大冻土深度取决于进入土壤的年度能量收支，所以可能导致单独负积温关系不好。因而，很明显看出，温度才是影响季节冻土的最主要的因子。将地表感热通量和地表潜热通量剔除是因为二者不是MFSD的直接影响因子，在上文中也提到，地表感热通量是先与温度相互影响，地表潜热通量是先与降水相互影响，因而，热通量的变化对MFSD具有一定的滞后性，因而，这两个因子被剔除。

表5.7　多元回归标准化系数、贡献率及偏相关系数

影响因子	多元回归标准化系数	标准化回归系数贡献率/％	偏相关系数
气温	−0.94	19.35	−0.268
降水	1.54	31.69	0.260
湿润指数	−1.71	35.41	−0.286
负积温	−0.34	6.99	−0.161
负温日数	−0.14	2.88	−0.077
地表感热通量	0.039	0.59	0.045
地表潜热通量	0.15	3.09	0.078

图5.19给出了最大冻土深度第一载荷向量时间系数与三个所选出的最能影响三江源区季节冻土最大冻土深度因子的相关系数分布场，由图可得，RPC1与温度的相关系数分布呈现出东部和西部较大、中部地区较小的分布特征，但三江源区均通过了$\alpha=0.1$的显著性检验，表明整个三江源区MFSD与温度的相关关系都非常好。RPC1与降水的相关系数分布基本是负相关，东北部为通过$\alpha=0.1$的显著性检验的区域。RPC1与湿润指数的相关系数场的分布与降水的分布类似，但在值上略有差异，通过$\alpha=0.1$的显著性检验的区域比较少，只有三个站点包含其中。将三个因子相关系数分布通过显著性检验的区域叠加，得到高影响因子的关键区，但在叠加的过程中，湿润指数通过显著性检验的站点较少，为后续寻找典型的高低值年份带来不利的影响，故将其范围调整至大于−0.15的区域，最终得到如图关键区，关键区中包含7个站点。

对关键区7个站点MFSD做平均处理后得到1981—2020年的时间序列，并对其做标准化处理(图5.20)。以±1标准差(σ)为依据，挑选出关键区季节冻土的典型高值年和典型低值年，其结果如表5.8所示。典型高值年份有1983、1984、1986、1993；典型低值年份有1988、1994、1999、2010、2013、2017、2019。并且从图中可以看到，1986—1988年最大冻土深度下降剧烈(两年间下降了近30 cm)，从前文的分析中可知，气温和降水是影响季节冻土最大冻土深度最主要的因子，且与最大冻土深度呈负相关，因而在1986—1988年，温度、降水、湿润度三者均呈现上升趋势，在温湿协同作用下这两年的最大冻土深度呈现出明显的下降趋势。

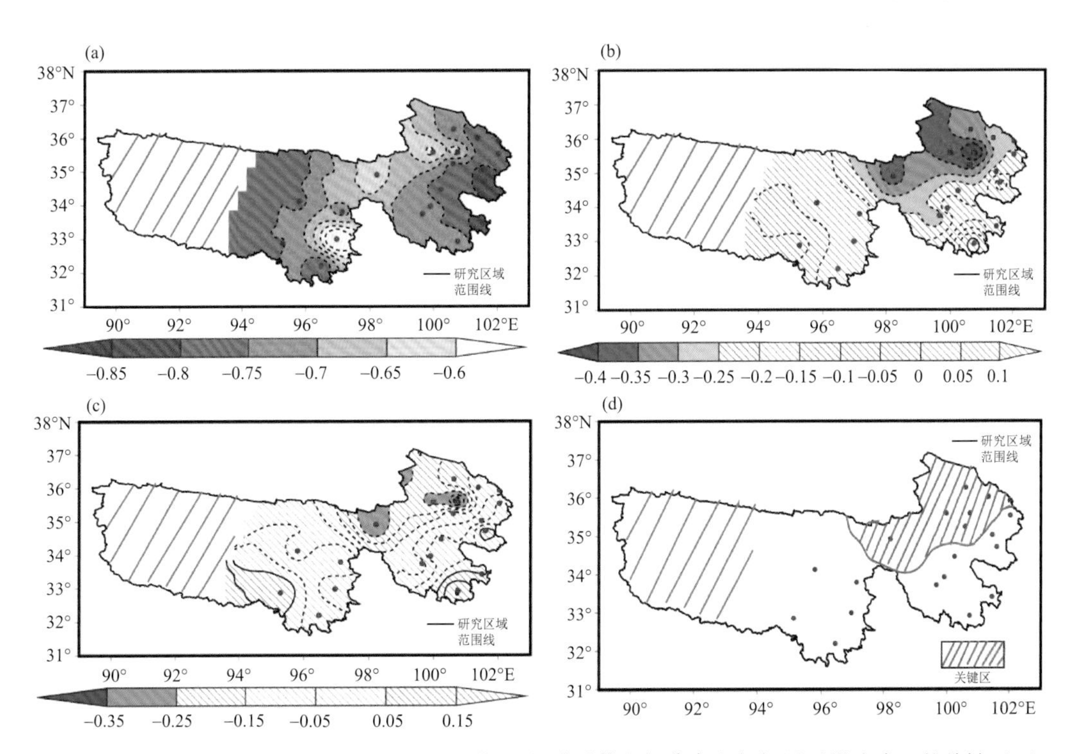

图 5.19　RPC1 与温度(a)、降水(b)、湿润指数(c)相关系数空间分布和气候因子影响冻土的关键区(d)

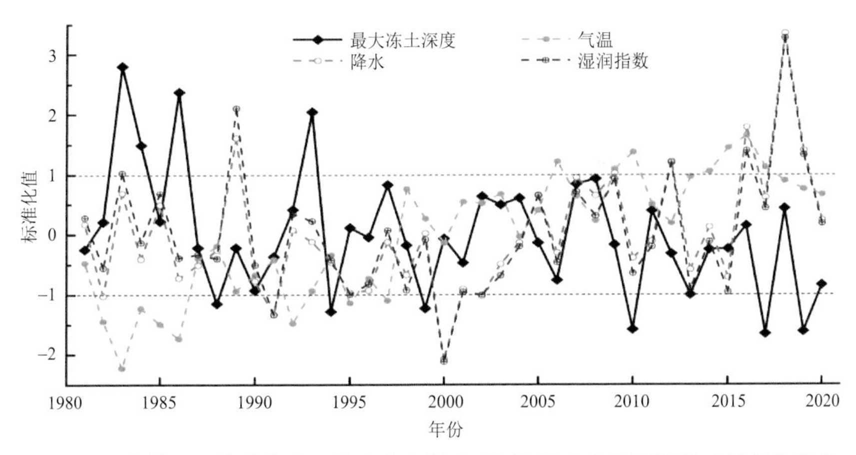

图 5.20　关键区 7 站季节冻土最大冻土深度、温度、降水和湿润指数时间变化特征

表 5.8　季节冻土最大冻土深度典型高值年、低值年

项目	年份
典型高值年	1983、1984、1986、1993
典型低值年	1988、1994、1999、2010、2013、2017、2019

5.5.3　大尺度天气背景对季节冻土的影响机制

从以上分析中可以看出，温度和降水是影响季节冻土最直接的因子，那么大尺度天气背景

又是如何影响到温度和降水的分布的呢？本研究将从极涡和南亚高压两方面出发进行讨论。

极涡是影响我国乃至全球天气气候最主要的环流实体之一，也是冷空气活动的最主要标志，且该系统在 500 hPa 等压面上最为强盛（马骥 等，2020）。因此，图 5.21 给出了典型高值年和典型低值年北半球 500 hPa 位势高度场平均场和距平场的合成图。由图可以看出，在典型高（低）值年，其距平场表现为负（正）距平，对应季节冻土更厚（薄）。关于极涡对我国温度和降水影响的相关研究很多，张恒德等（2006）研究指出，极涡面积的大小与我国温度呈显著负相关，且与春夏秋冬四季相比较，全年的平均温度与极涡的相关性最好，即当极涡面积较大（小）时，温度较低（高）。也有研究指出（尼玛吉 等，2018），北半球极涡面积指数与青海降水具有较好的负相关关系，即当极涡面积指数较大（小）时，青海省降水偏少（多），对应季节冻土较厚（薄）。

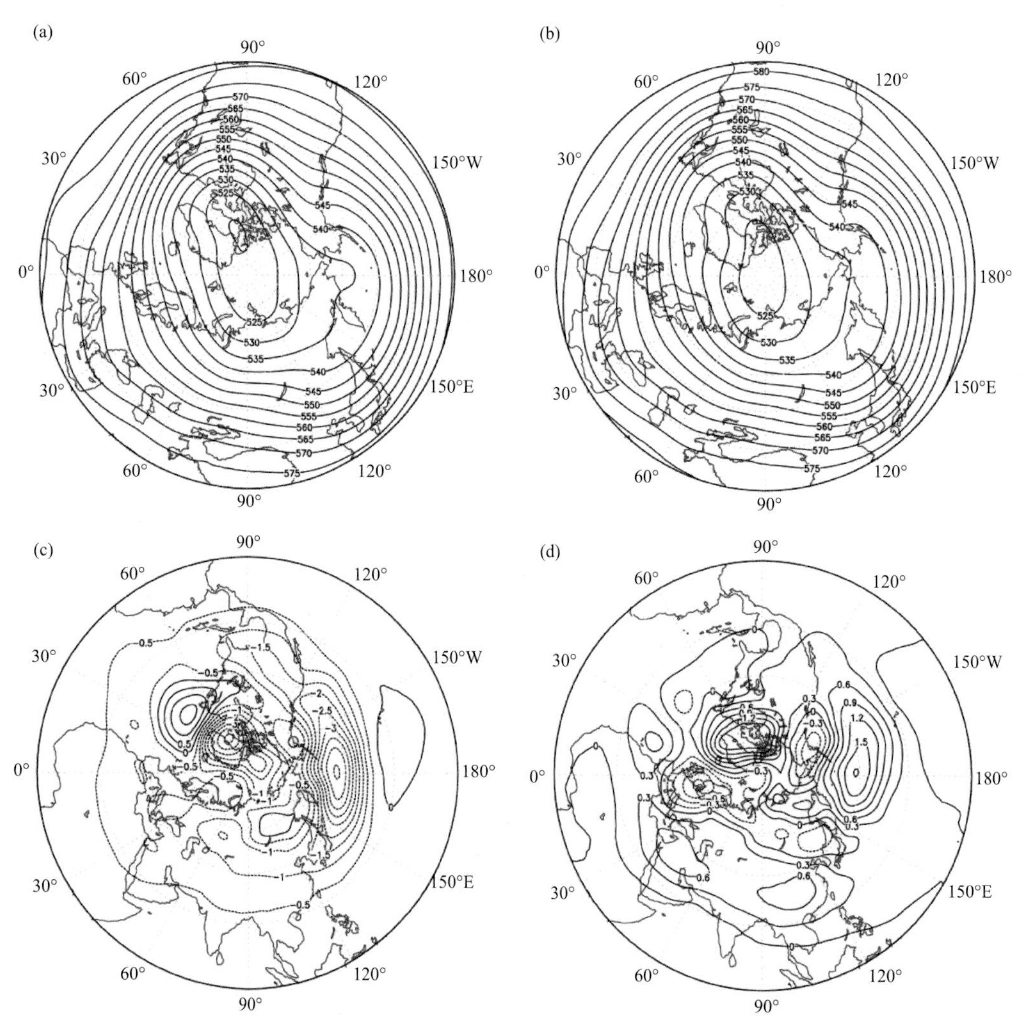

图 5.21　典型高值年和典型低值年 500 hPa 位势高度场平均场、距平场（单位：dagpm）合成
（a）典型高值年 500 hPa 位势高度场平均场；（b）典型低值年 500 hPa 位势高度场平均场；
（c）典型高值年 500 hPa 位势高度场距平场；（d）典型低值年 500 hPa 位势高度场距平场

南亚高压是长期活动在青藏高原上空最稳定的、最强大的高压系统，并与青藏高原发生强烈的陆气相互作用（苏东玉 等，2006），其活动对北半球大气环流具有重要作用。大量研究表明，南亚高压的强度和位置对我国的旱涝分布有着显著影响。图5.22给出了季节冻土最大冻土深度典型高值年和典型低值年100 hPa高度场和300 hPa温度场的平均场和距平场合成。从图中可以看出，二者的南亚高压的中心强度均为1660 dagpm，但在典型高值年，其范围极小，南亚高压的主体位势高度以1655 dagpm为主；而典型低值年其范围较大，几乎包含了南亚的大部分地区，包括青藏高原在内。除此之外，从温度场的合成中可以发现，在高层300 hPa，南亚高压中心与温度的大值中心相配合，在典型高(低)值年，温度场的大值中心温度更低(高)，分别是−32 ℃和−30 ℃，这与之前的关键区与温度的相关性分析的研究也比较吻合，即温度越低(高)，季节冻土就越厚(薄)。其距平场也显示出，在最大冻土深度典型高值年，南亚高压表现为负异常，同时对应300 hPa的温度更低，青藏高原地区温度负异常值为−0.6～−0.5 ℃；在最大冻土深度典型低值年，南亚高压表现为明显的正异常，并且与300 hPa温度场的正异常中心相吻合。李跃清(2000)指出，南亚高压的负(正)异常对应青藏高原东侧的干旱(洪涝)年，马振锋(2003)等与之有较为类似的结论。本研究也充分说明了该结论，在典型高(低)值年，南亚高压偏弱(强)，高原东侧三江源地区偏于干旱，降水偏少，而在典型区域的相关分析中，关键区最大冻土深度与降水呈现反相关的关系，即降水偏少，季节冻土较厚。

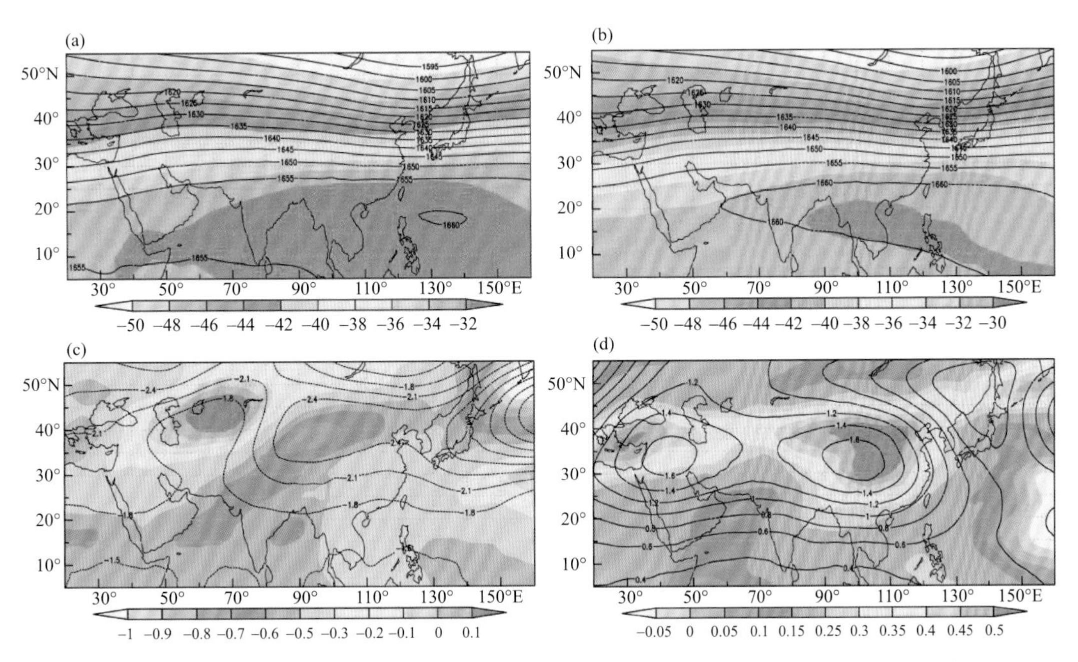

图5.22　典型高值年和典型低值年100 hPa位势高度场(单位：dagpm)、300 hPa温度场(单位：℃)平均场及距平场合成

(a)典型高值年100 hPa位势高度场、300 hPa温度场平均场；(b)典型低值年100 hPa位势高度场、300 hPa温度场平均场；(c)典型高值年100 hPa位势高度场、300 hPa温度场距平场；(d)典型低值年100 hPa位势高度场、300 hPa温度场距平场

5.6　本章小结

冰川在可见光波段和近红外具有较高的反射率，而在短波红外波段处于低反射率，即具有

高吸收率，利用这两个波段构造归一化积雪指数可以有效地提取冰川信息的原理，选择长江源头各拉丹东冰川、黄河源头阿尼玛卿雪山为试验区，基于 10 m 级卫星数据分别有无红外短波近红外通道分别建立冰川监测算法，实现了冰川的自动判识，充分考虑云、雪、湖冰区对冰川监测影响，提高了监测精度。通过 GF1 和 GF5 监测模型的验证及对比，两种方式的冰川监测结果均具有很高的准确性，其生产精度和总体精度均超过 95%。比较而言，由于 GF5 卫星中红外通道的存在，使其在云的区分和判识过程中比 GF1 具有更显著的优势，在区别云、水体和冰冻水体等方面，GF5 具有较强的判识能力，很容易就可以实现冰川信息的准确提取，反映在精度验证过程中，同一区域 GF5 模式判别的用户精度和 Kappa 系数要比 GF1 略高。但在冰川监测需要高质量晴空图像的前提要求下，二者间的这种优势差别趋于缩小，同时，由于在 GF1 模式中也设计了滤云与水体区分的环节，使两种光谱特性数据之间的优劣对比更趋于不明显。

利用青海省气象科学研究所所建 TM 卫星和 GF1 号卫星冰川监测模型，收集 1973—2013 年 6—9 月卫遥感影像，对其质量进行严格检视，受云量或降雪影响明显的图像视为无效并舍弃。最终选用近 40 a 中 7 个时相数据，经影像预处理和冰川模式判别获取各年各拉丹东冰川面积信息，建立 7 个时相的冰川时间序列。1973—2013 年来，各主体冰川面积均出现了显著退缩趋势，总面积也呈一致的变化特征。

季节冻土为冬天冻结而夏天融化的岩土层，它包括多年冻土区的活动层和非多年冻土区的土壤季节冻结层。青藏高原季节冻土面积约为 1.45×10^6 km^2，占高原面积的 56%～57.5%，其主要分布在 34°N 以南地区。季节冻土最大冻土深度是一个既响应土壤又响应大气的独特指标，其冻融过程也影响着地表能量和水分交换。近年来青藏高原气温升高、降水增多，向暖湿化发展。在青藏高原暖湿化的大背景下，季节冻土的变化主要呈现出最大冻土深度变浅、冻结日数缩短、冻结期缩短、融化期延长等变化特征，这些变化无疑会对地下水循环、生态系统、岩土工程、基础建设乃至区域的可持续发展产生重要影响。

40 a 来三江源区平均最大冻土深度为 136.66 cm，空间分布呈现出以玛多站最大中心值(218.85 cm)向四周递减的分布特征。三江源区最大冻土深度呈现明显下降趋势，季节冻土层厚度明显减小，平均递减率为 0.51 cm/a。表征热力状况的气候因子中，湿润指数、气温和降水是影响三江源区季节冻土较为重要的气候因子。最大冻土深度变化与气温之间呈现明显的反相变化关系，且季节冻土最大冻土深度的变化相对于温度的变化存在一定的滞后现象，说明温度对季节冻土的影响是连续的变化过程，并且存在一个过渡阶段。玉树地区受高海拔特殊地形和严酷的气候条件的共同影响，季节冻土冻结深度较大且与海拔之间存在显著的线性相关，随海拔高度增加而增大，具有明显的垂直地带性地域分布特征。通过对 500 hPa 位势高度场典型高值年、低值年合成分析，季节冻土典型高(低)值年，北半球 500 hPa 位势高度场负(正)异常；同时，南亚高压负(正)异常，其范围偏小(大)，强度偏弱(强)，温度场中心温度更低(高)，对应三江源区季节冻土更厚(薄)；研究结果可为三江源区开展冻土保育、退化湿地修复、退化草地近自然恢复等生态环境保护治理技术研发和示范提供气象支撑，为揭示土壤-大气互相影响的机制、应对气候变化、建设三江源国家公园提供理论依据。

第 6 章
高原地区人工增雨生态修复

6.1 生态修复人工增雨原理及方法

6.1.1 云水资源评估

6.1.1.1 理论方法

以大气水物质变化方程为基础，对于一定时段、一定区域，综合考虑大气水物质的变化，包括水汽和水凝物的瞬时变化和平流输送，水汽垂直方向的抬升、凝结/凝华成云，降水粒子落出及地面蒸发等过程，提出包括大气水物质收支平衡方程、云水资源总量及其各种特征量的物理概念和计算方法。在此基础上建立云水资源监测评估方法（Cloud Water Resource-Monitoring and Evaluation Method，CWR-MEM）。

水物质变化过程如图 6.1 所示，对于任意时段和区域，水物质的变化包括水汽和水凝物的瞬时变化和平流输送、水汽垂直方向的抬升凝结/凝华成云、云内粒子蒸发/升华为水汽、降水粒子的下落和地表蒸发等物理过程。

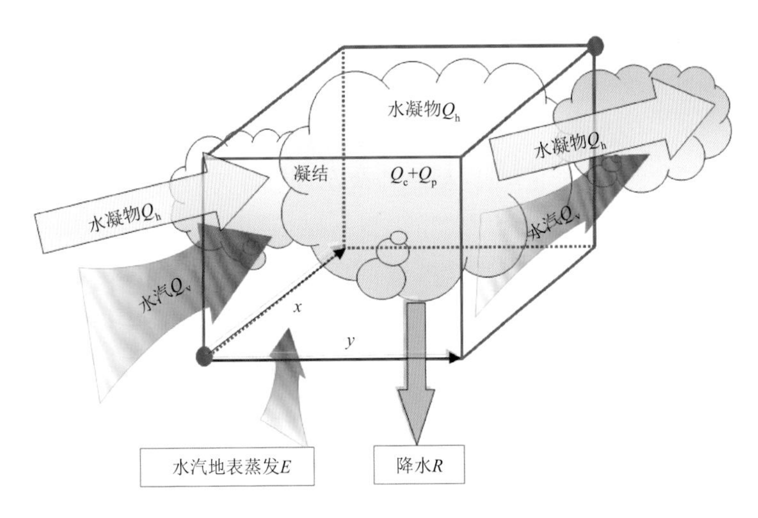

图 6.1　一定时段和区域的云水资源评估示意图

根据大气水分收支平衡理论，归纳得到 0～T 时段内，任意区域内的水汽和水凝物的平衡方程：

水汽终值 − 水汽初值 = 水汽输入 − 水汽输出 + 蒸发 − 凝结 + 地面蒸发　(6.1)

水凝物终值 − 水凝物初值 = 水凝物输入 − 水凝物输出 + 凝结 − 蒸发 − 降水　(6.2)

式中,各物理量的单位和计算方法如下。

水汽初值和水汽终值:瞬时量,单位为 kg,分别为 $T=0$ 和 T' 时刻的格点柱垂直积分水汽量。

水凝物初值和水凝物终值:瞬时量,单位为 kg,分别为 $T=0$ 和 T' 时刻的格点柱垂直积分水凝物量。

水汽输入和水汽输出:时间积分量,单位为 kg,分别为单位时段内 T,通过格点各边界垂直各层流入和流出的水汽量,需要结合风场计算得到。在任一边界 u、v 的方向、水汽的平流均可有正、负两种符号,即输入或输出。

水凝物输入和水凝物输出:时间积分量,单位为 kg,分别为单位时段内 T,通过格点各边界垂直各层流入和流出的水凝物量,格点柱 Q_c 的输入和输出可分别由云水含量结合风场求得。

地面蒸发:时间积分量,单位为 kg,单位时段 T 内从地面蒸发进入格点柱的水汽量。

地面降水:时间积分量,单位为 kg,单位时段 T 内降落到地表的液态和固态水量。

凝结和蒸发:时间积分量,单位为 kg,单位时段 T 内格点柱内空中水汽凝结为云水或云水蒸发为水汽的那部分。

由于云内蒸发和凝结难以监测和计算,因此,在本研究中,(凝结−蒸发)作为整体,由水凝物平衡方程(6.2)求得。计算方法为:

凝结−蒸发=水凝物终值+水凝物输出+降水−水凝物初值−水凝物输出　(6.3)

当凝结−蒸发大于 0 时,凝结量大于蒸发量,定义该数值为该格点柱单位时间内的凝结量,反之为蒸发量(这种估算方法会导致凝结和蒸发量在数值上低估)。

6.1.1.2 技术流程

大气水分收支平衡和云水资源计算评估的总体思路如图 6.2 所示。其中,四维时变水凝物场 Q_h 的监测诊断是空中云水资源监测评估方案的重点和难点。水凝物场由小云粒子 Q_c 和大降水粒子 Q_p 两部分组成,其中云粒子 Q_c 可通过卫星监测和相对湿度诊断出来,大降水粒子 Q_p 可通过天气雷达监测得到。由于我国雷达站点分布不均匀,目前不能达到无缝隙全部覆盖,因此本研究中对于大范围水凝物的评估优先考虑卫星监测的 Q_c 部分,对于主要由雷达监测获得的 Q_p 部分的考虑待进一步完善。

在进行云水资源评估时,首先要确定评估的时空尺度,即评估的区域和评估的时段。

6.1.1.3 计算方法

(1)区域边界处理方法

为了提高云水资源评估精度,首先将区域划分为由若干个 1°×1°的格点组成的不规则多边形,确定多边形的每个边界,以便进行每个格点的处理和边界上输入和输出的计算。任意区域边界和格点处理方法如图 6.3 所示。

对于一定时段、一定区域的云水资源评估,基本物理量对空间和时间的积分方法和规定如下。

(2)空间积分方法

适宜的评估区域可以是中国任意中尺度区域或省域等。

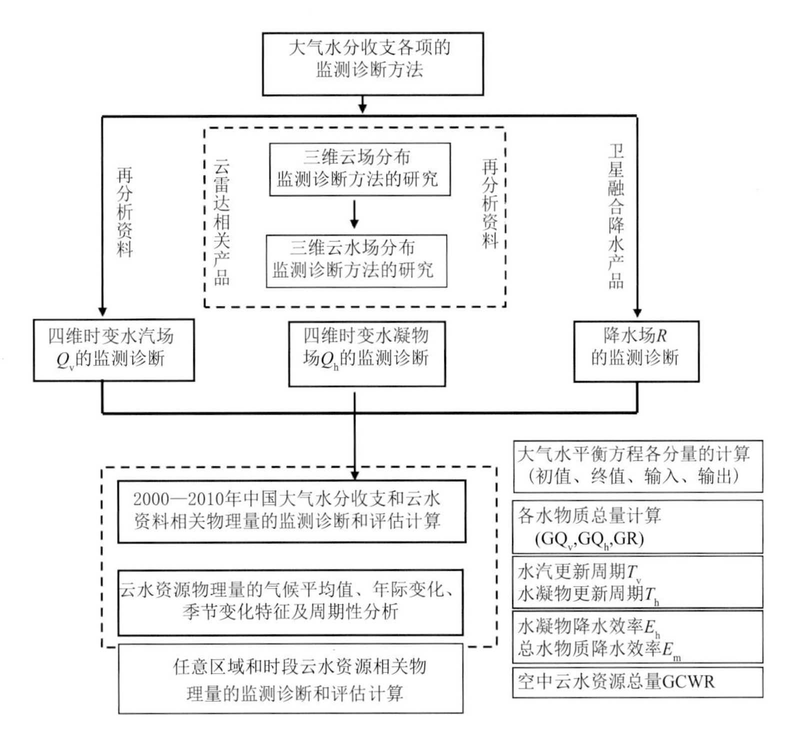

图 6.2　云水资源计算评估流程图

对于指定的评估区域，各物理量的空间积分方法为：

水凝物初值和终值：初始和最终时刻，评估区域内所有格点的柱云水量累加，即可得到该评估区域的水凝物初值和终值。

水汽初值和终值：初始和最终时刻，评估区域内所有格点的柱水汽量累加，即可得到该评估区域的水凝物初值和终值。

水凝物输入和输出：对于单位时段，按图 6.3 的边界处理方法，将评估区域内边界上每个格点对应的输入(输出)量累加，即可得到单位时段内该评估区域的水凝物输入总量(输出总量)。

水汽输入和输出：对于单位时段，按图 6.3 的边界处理方法，将评估区域内边界上每个格点对应的输入(输出)量累加，即可得到单位时段内该评估区域的水汽输入总量(输出总量)。

凝结和蒸发：对于单位时段，将评估区域内所有格点的凝结量(蒸发量)累加，即可得到该评估区域单位时段内的凝结总量(蒸发总量)。

地面降水：对于单位时段，将评估区域内所有格点的降水量累加，即可得到该评估区域单位时段内的降水总量。

(3)时间积分方法

评估时段包括月、季和年。本研究中所用的大气再分析资料为逐 6 h 的瞬时值，这里定义每个时刻的瞬时值代表前后各 3 h 的平均状况。对于上述任意评估区域，在对各物理量空间积分后，针对不同的评估时段，以月为例，各物理量时间积分方法如下。

水凝物初值和终值：评估月内第一个时刻和最后一个时刻对应的区域水凝物量即为该区域在评估月内的水凝物初值和终值。

水汽初值和终值：评估月内第一个时刻和最后一个时刻对应的区域水汽总量即为该评估

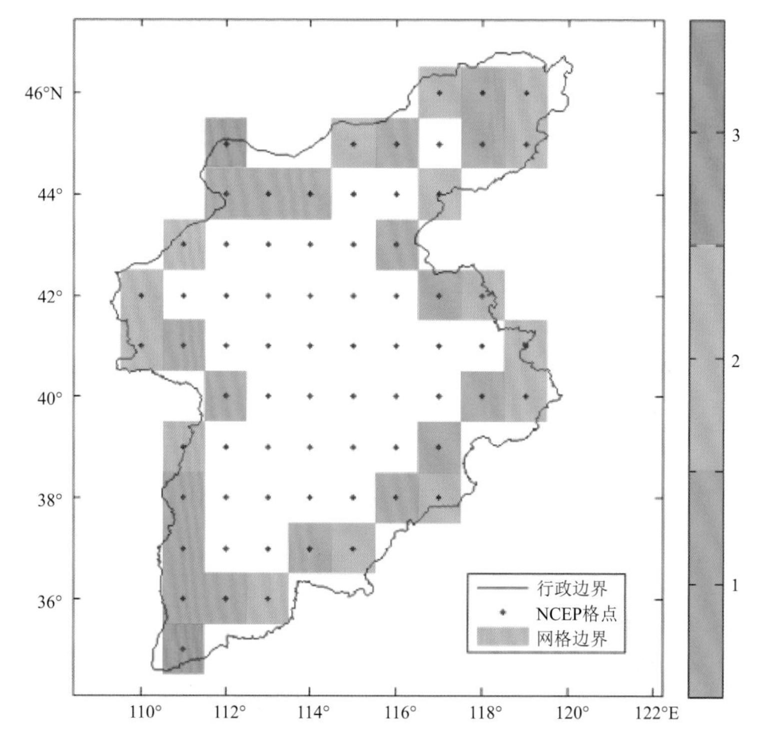

图 6.3 任意区域边界处理示意图(图中绿色、蓝色和红色分别表示经该格点的1条、2条或3条边界有水凝物的平流输送)

区域在评估月内的水汽初值和终值。

水凝物输入和输出:将评估区域内的每条边界的逐 6 h 的输入量(输出量)累加,即可得到该格点评估月内的水凝物输入总量(输出总量)。

水凝物输入和输出:将评估区域内的每条边界的逐 6 h 的输入量(输出量)累加,即可得到该格点评估月内的水汽输入总量(输出总量)。

凝结和蒸发:对于每个格点,将评估月内逐 6 h 的凝结量(蒸发量)累加,即可得到该格点评估月内的凝结总量(蒸发总量)。

地面降水:对于每个格点,将评估月内逐小时的降水量累加,即可得到该格点评估月内的降水总量。

6.1.2 作业效果检验技术

人工影响天气活动的可持续发展取决于其实际播云作业的效果。实践证明,人们对云降水物理过程的有意识影响可能出现正效应,也可能出现负效应或无效应。在旱区实施人工播云是否可以增加降水、缓解旱情?在库区开展人工降水是否可以增加水库蓄水量?这些是人们极为关注的问题。很显然,人为影响效果的准确评估是社会和公众对这项活动支持和投入的依据。同时,人工影响天气理论和方法是否正确,只有通过评估的效果来检验,所以,作业效果的科学检验又可以促进人工影响天气理论和方法的发展。综上所述,科学、客观的效果检验对于推动人工影响天气事业的发展和进步具有极其重要的意义。

一般来说,现有的人工增雨作业效果检验方法主要有统计检验、物理检验和数值模拟检验。其中，统计检验关注的是可被检测和定量分析的降水增量(间接效果)，运用概率论与数理统计理论定量地检验出作业效果并指明其显著性水平；物理检验主要分析作业前后云的宏微观物理特征的变化，根据云降水形成及其催化作业的物理机制，找出相应的物理响应(微物理响应或宏观动力响应等)，定性或定量分析作业效果；数值模拟检验是根据云和降水形成的热力过程、动力过程和微物理过程等，并结合人工增雨催化作业原理，建立一套描写云和降水过程以及人工催化增雨过程的数值模式，定量预报催化与不催化情况下云的发展和降水量，并与实测结果比较，从而判断作业效果。

6.1.2.1 统计检验方法

统计检验的主要评估对象是地面降水量，比较未进行作业的自然降水量和作业后的降水量的差值并分析差值的显著性。设作业后的降水量为 R，自然降水量为 R'，它们的差值 $E=R-R'$ 即为增雨作业效果。作业后的 R 是可以测量的，R' 通常可以通过统计方法来估计。如果两者之间存在差异，则还要对这个差值进行显著性检验，指出由于降水的自然起伏和估计值的随机误差引起这种差异的可能性有多大。这种方法能在一定显著性水平上得出定量的增雨效果，便于评价作业的有效性，估算开支和效益比，所以统计检验是人工增雨效果检验的基本方法。目前常用的统计检验方案主要有序列分析、区域对比分析、双比分析和区域历史回归分析等，统计变量选择区域降水量，除了序列分析，利用其余三种方案进行作业效果统计检验时，均需事先确定作业影响区(即目标区)和对比区。

对增雨作业效果(E)进行显著性检验是指在降水量指标满足正态分布的前提下，增雨效果的显著性检验通常采用参量性检验如 u-检验法和 t-检验法。当正态总体标准差已知，样本平均值与总体平均值的比较以及两样本所在总体平均值比较的这类问题可用 u-检验法；当样本容量足够大(如>30)，即使总体不服从正态分布，仍可近似用 u-检验法；当正态总体标准差未知，对于大样本，以样本标准差近似代替总体标准差，仍可近似用 u-检验法；但对小样本，在总体是正态分布的前提下，可用 t-检验法根据样本平均值和标准差对总体平均值进行统计检验，分为单样本的 t-检验法和成对样本的 t-检验法。

当降水量指标分布形式未知或没有特定分布形式时，增雨效果的显著性检验常用非参量性检验，该类方法的比较是在分布之间而不是在参数之间，如柯尔莫哥洛夫分布函数拟合度检验法(主要用来检验总体是否为正态分布)、符号检验法(用于检验两个成对样本之间差异的显著性)、秩和检验法(分为成对、非成对样本的秩和检验法)。对于正态总体，t-检验法比秩和检验的精度要高，即要达到相同的效率，秩和检验比 t-检验法需要更多的观测资料，因此，符合正态分布条件时还是用 t-检验法较好。

6.1.2.2 物理检验方法

物理检验为人工增雨作业效果提供物理证据，所以国际上许多人工影响天气试验将其作为效果检验的重要组成部分。物理检验是根据云和降水形成原理和人工影响的机制，利用直接探测、遥感探测和示踪技术等各种探测技术，测量催化导致的宏观动力效应和微观物理效应等播云的直接效果，制定相应的指标，检验人工影响是否显著地改变这些指标。

物理检验通常有以下几个方面。

(1)云微物理参数的观测分析

云微物理参数观测的目的是用于检验增雨作业的微物理基础是否合理，以及所采取的催化方法是否有效的最直观的响应参数。根据这类参数的观测分析结果判断人工影响是否产生了预期的物理变化，如作业前后云中的过冷水含量、冰晶数浓度、云滴谱或雨滴谱的变化，以此判断催化作业直接的物理响应效果。

机载云物理探测仪器可以随作业飞机直接进入云中探测云的微物理参量，通过分析云滴谱、雨滴谱、云水含量、冰晶数浓度等微物理参量的变化，得到人工增雨作业的直接效果。例如，通过分析 2005 年 3 月 21 日河南省层状云飞机播云试验的探测资料，小云粒子数浓度和云液态水含量在催化后均减小，播撒层下方变化较之播撒层变化更加显著，通过对比分析作业前后微观物理量的变化得到人工催化层状云的物理响应。

各地近年来布设的 X 波段雷达和双偏振雷达，同常规天气雷达相比，还可获得云中粒子相态、谱宽等微观物理量，应用于作业效果的物理检验中。此外，也可以利用雨滴谱仪等对地面降水特征进行连续观测，包括地面降水粒子谱、降水粒子形态的变化等。

(2)云宏观动力学特征的观测分析

动力学响应参数是催化作业后反映云体宏观物理特征变化的参数，如层状云的云顶特征或对流云体的回波顶高、回波体积、云的色调变化、回波持续时间等。

天气雷达作为一种全天候的探测设备，时间分辨率较高，探测范围较广，雷达回波产品丰富，而且新一代多普勒天气雷达在我国已基本实现业务布网，现已成为人工影响作业条件判别及作业后分析作业效果的强有力工具。

气象卫星探测可以实现对大范围天气状况的连续观测，提供天气形势分析、水汽分布等产品，可以提供较大范围人工增雨物理响应的证据。例如，利用极轨气象卫星遥感探测资料对陕西省 2000 年 3 月 14 日飞机人工增雨作业进行监测分析，发现飞机作业在云迹上有明显反应，卫星探测云迹图像提供了人工增雨物理响应的证据。

6.1.2.3 数值模拟检验方法

根据云和降水的宏观动力学和微物理学过程以及人工增雨原理，针对人工增雨催化作业问题，建立一套描述云和降水以及人工增雨过程的数值模式，然后求其数值解。用同一数值模式，在同样的初始、边界条件下，对比催化和不催化的计算结果，就可以定量地了解实施催化的效果。

云数值模式不仅能够模拟云和降水的主要过程，而且能够描述云的多种宏、微观物理过程相互作用的整体演变过程，为人工增雨催化试验提供预期的效果。目前，国内外建立和发展的一维、二维和三维云降水数值模式，尽管尚不十分完善，但通过人工催化模拟试验，不但可以了解云和降水过程是否因催化而改变，而且可以了解在这一过程中哪个环节(链)的变化。这对提高人工增雨效果检验的科学性和客观性都是非常重要的，并在人工增雨科学研究和效果检验中发挥出越来越重要的作用。

6.2 人工增雨型退化高寒湿地修复技术

6.2.1 增雨区基本情况

隆宝湿地位于青海省玉树藏族自治州玉树市的结古镇境内，地处青藏高原主体的中心位置，是长江源头一级支流解曲河的发源地，地理位置介于东经 96°26′40″～96°37′00″，北纬

33°07′50″～33°13′15″之间。区域内平均海拔 4500 m。境内地形平缓，山脉绵亘，影响该地区的水汽来源主要有 3 股，一股是由孟加拉湾经西藏到达三江源区的西南气流，由南边界输送到该地区；一股是来自中亚咸海、里海经高原西部到达的偏西气流，由西边界进入；还有一股是来自高纬地区的西风带，经新疆和青海北部到达的西北气流，从北边界进入。这 3 股气流与大尺度环流的天气系统有关，西南气流源自副热带高压西部和印度热低压东北部的偏南气流，偏西气流来自中东高压的西北部，西北气流来自西风带，3 种不同性质的气流汇集在高原的 35°N 附近。其中南边界的水汽输入量最大，季节变化特征显著，冬、春季水汽输入量小，夏、秋季水汽输入量大，9 月达到全年的最大值。西边界的水汽输入量季节变化特征不明显，一年四季均有水汽输入，水汽输入量比较稳定。北边界的水汽输入量季节变化特征明显，冬、春季水汽输入量小，夏、秋季水汽输入量大，6 月达到全年净水汽输入量的最大值。因此，6—9 月该地区水汽丰富，降水频繁产生，这时是该地区进行人工增雨作业的最佳作业期。

6.2.2 作业方案研究

6.2.2.1 目标区与对比区的选取

人工增雨作业区、对比区的选取主要按照试验区地形地貌、主要天气系统盛行的高空风风向以及水汽条件等因素进行的。试验区两面高山耸峙，平行延伸，中间为沟谷地带，主导风向为偏西风。根据催化剂反应时间、水汽条件、动力特征等方面的因素影响，试验目标区主要为作业点下游 10～20 km 范围内，因此，玉树隆宝地区主要作业点位置应布设在该区域的西部区域。

作业及影响区范围确定后，可根据以下原则选择对比区：①对比区通常选在作业影响区的上风方或侧风方，要求不受催化作业影响；②对比区的地形、面积与作业影响区大体相仿；③对比区和作业影响区受相同或相似天气系统影响；④对比区与作业影响区的降水量相关性较好。

根据上述的对比区选择原则，拟选取处于试验区上风方向、不受催化影响、面积相近的区域作为对比区(具体位置详见图 6.4)。

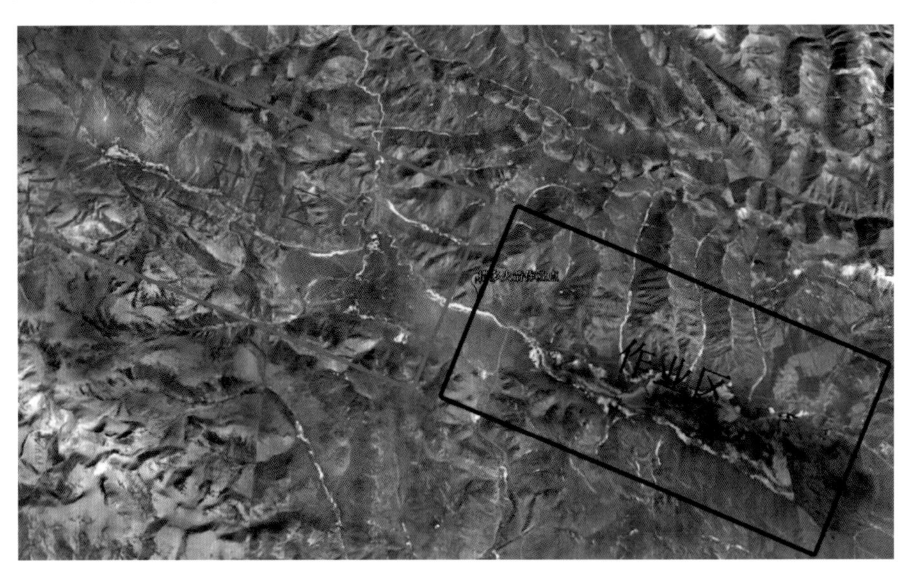

图 6.4 玉树隆宝试验区增雨作业区、对比区分布图

6.2.2.2 人工增雨效果检验方法

(1)双比分析

双比分析假设自然降水情况下,作业期作业影响区与对比区的降水量比值和非作业期的对应比值是相同的,以非作业期作业影响区与对比区自然降水量的比值代替作业期二区自然降水量的比值,求出作业影响区作业期自然降水量的估计值,然后与其实测值比较,得到人工增雨效果(姚展予 等,2016)。

相对增雨率 R_{DR}:作业期作业影响区实测降水量 Y_2 与对比区实测降水量 X_2 的比值比上非作业期作业影响区实测降水量 Y_1 与对比区实测降水量 X_1 的比值减去 1 再乘以 100%,具体公式为:

$$R_{DR} = (\frac{Y_2/X_2}{Y_1/X_1} - 1) \times 100\% \tag{6.4}$$

绝对增雨量 Q_{DR}:作业期作业影响区实测降水量 Y_2 与雨量期望值(雨量期望值指计算出的假定未进行人工增雨作业的情况下作业影响区的降水量)的差值,公式为:

$$O_{DR} = Y_2 \times \left(\frac{R_{DR}}{1 + R_{DR}}\right) \tag{6.5}$$

(2)物理检验

物理检验主要利用 X 双偏振雷达观测资料,将扫描范围内的回波强度从 0~60 dBZ 分为 12 段,并分析作业前后各段回波的体积累积量和组合反射率变化情况。

(3)资料选取

2018 年、2019 年玉树隆宝滩湿地恢复型人工增雨作业共开展 5 次,耗用火箭弹 21 枚。因此选取 5 次作业与非作业期目标区、对比区降水量资料,以及作业前后雷达资料。

6.2.3 个例分析一

6.2.3.1 天气背景分析

根据 2018 年 7 月 31 日 20:00 500 hPa 高空分析图和降水预报情况,8 月 1 日受副高东退,玉树南部切变影响,玉树南部有明显降水,预计有中雨产生(图 6.5)。

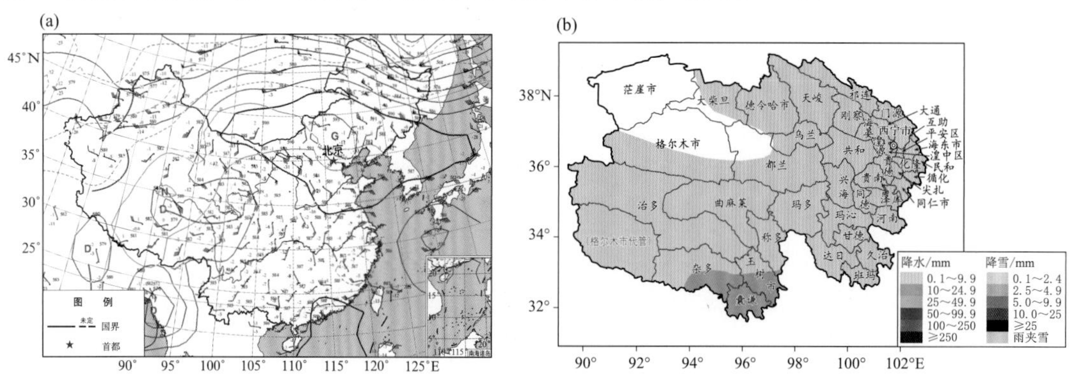

图 6.5 2018 年 7 月 31 日 20:00 高空分析(a)和 8 月 1 日 07:00 降水预报(b)

6.2.3.2 探空资料分析

从探空资料可以看出,此次天气过程云由多层云转变成为单层云,主要为冷云降水。云中相对湿度大，水汽含量高，存在饱和湿区。08:00，0 ℃层位于 5289 m，云层基本位于 0 ℃层之上，发展较为深厚，垂直方向上可达 9000 m。综合判断，具有较好的人工增雨作业条件（图 6.6）。

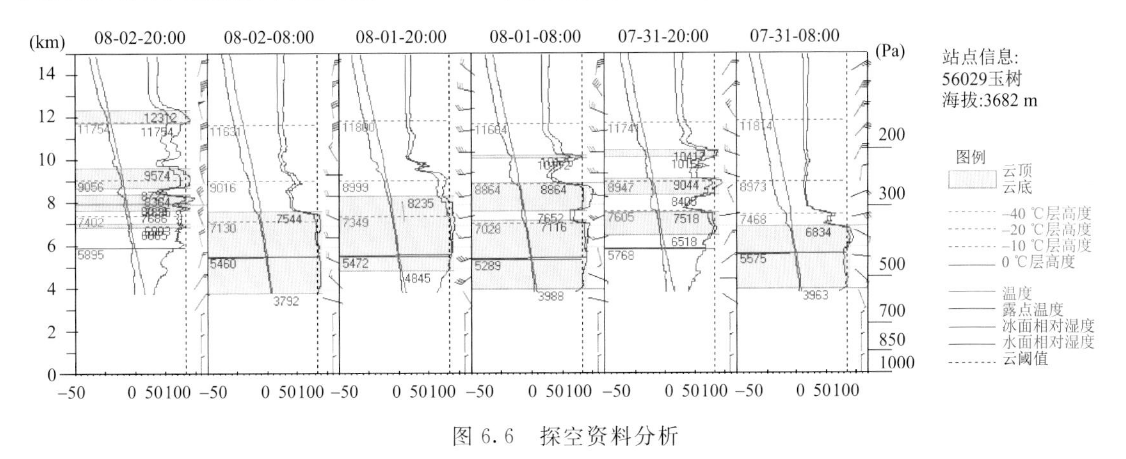

图 6.6　探空资料分析

6.2.3.3　云宏微观及垂直结构分析

根据 2018 年 8 月 1 日 08:00 CPEFS 模式预报云带可以看出，09:00—17:00，青海省玉树地区均有降水云系覆盖，具有较大的增雨潜力（图 6.7）。

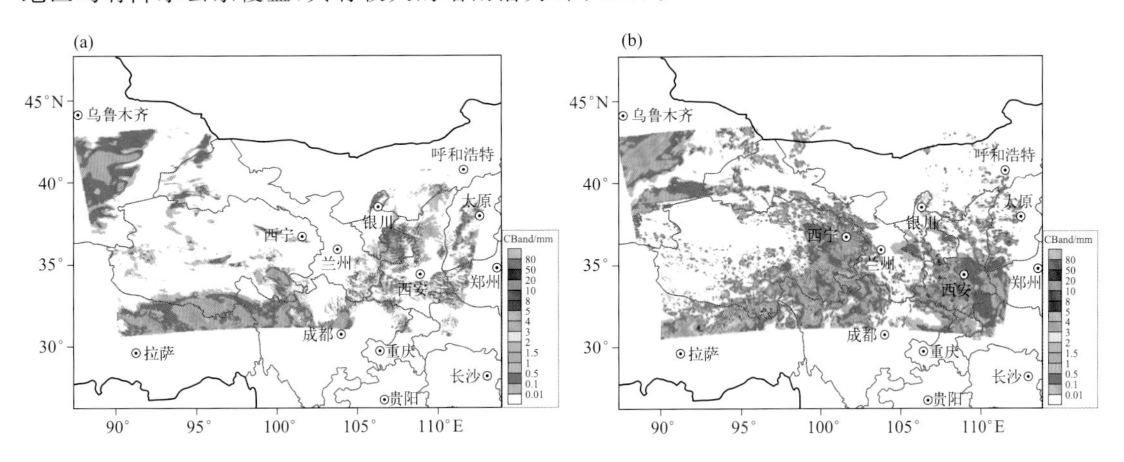

图 6.7　2018 年 8 月 1 日 08:00 模式预报云带（CBand）产品
(a)2018 年 8 月 1 日 09:00;(b)2018 年 8 月 1 日 17:00

综合模式云宏观场 7 h 预报结果：8 月 1 日 15:00，玉树有降水云系覆盖，雷达组合反射率达 35 dBZ，云中含有较分散过冷水，该区域上空云系发展较为旺盛（图 6.8）。

根据 2018 年 8 月 1 日 08:00 模式 7 h 预报云微观及垂直结构结果：15:00，玉树上空有发展较为旺盛的降水云系，过冷水主要位于 0～－10 ℃层（6000～8000 m），过冷水含量达 0.001 g/kg，冰晶数浓度小于 50 个/L，地面水成物含量丰富，有一定的增雨潜力。0 ℃层和－10 ℃层高度分别位于 6000 m 和 8000 m（图 6.9 和图 6.10）。

6.2.3.4　双偏振雷达探测资料分析

对扫描范围内的回波强度进行分段体积累积，将回波强度从 0～60 dBZ 分为 12 段，从分段回波体积量看，回波强度所占体积量较高主要集中在 5～20 dBZ 段（图 6.11）。作业前 25～

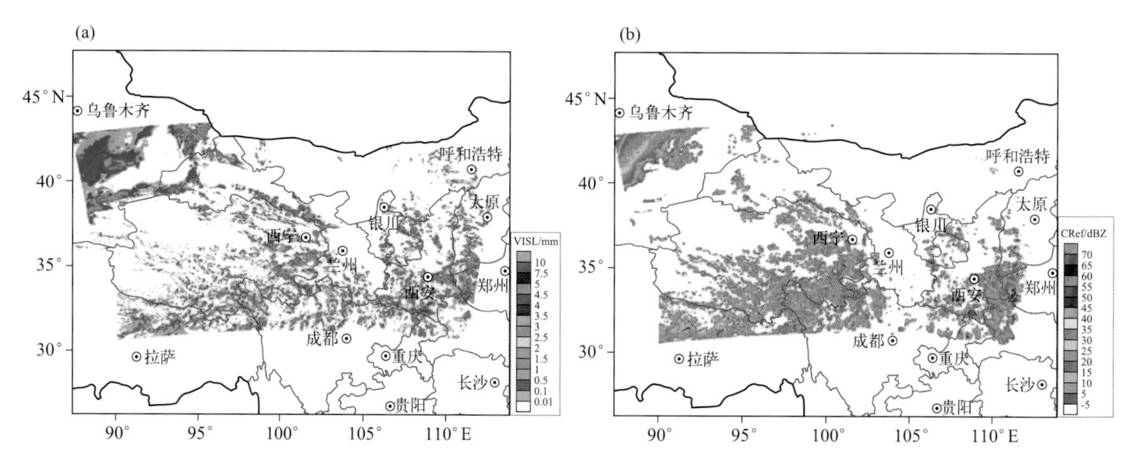

图 6.8　2018 年 8 月 1 日 08:00 模式 7 h 预报云宏观产品

(a)垂直累积过冷水(VISL);(b)雷达组合反射率(CRef)

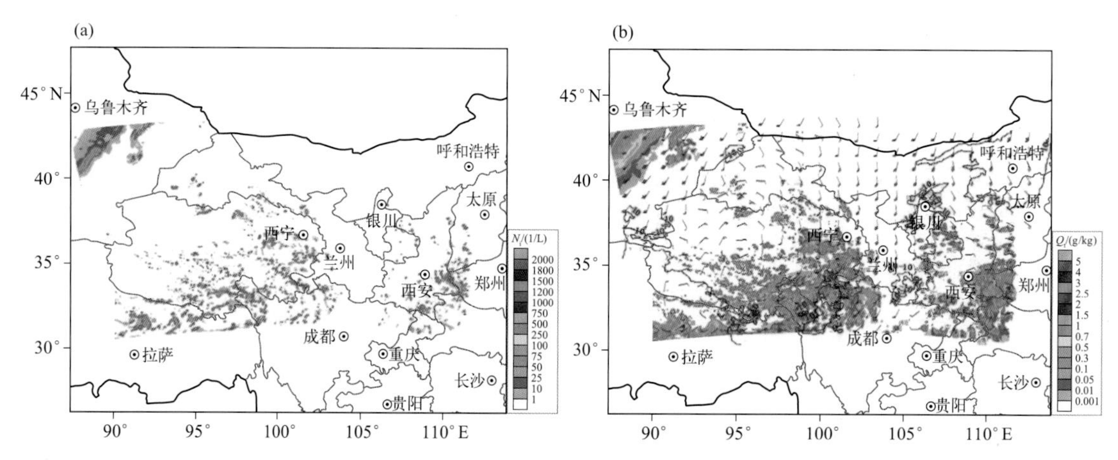

图 6.9　2018 年 8 月 1 日 08:00 模式 7 h 预报云微观产品

(a)冰晶数浓度(N_i);(b)总水成物(Q_t)

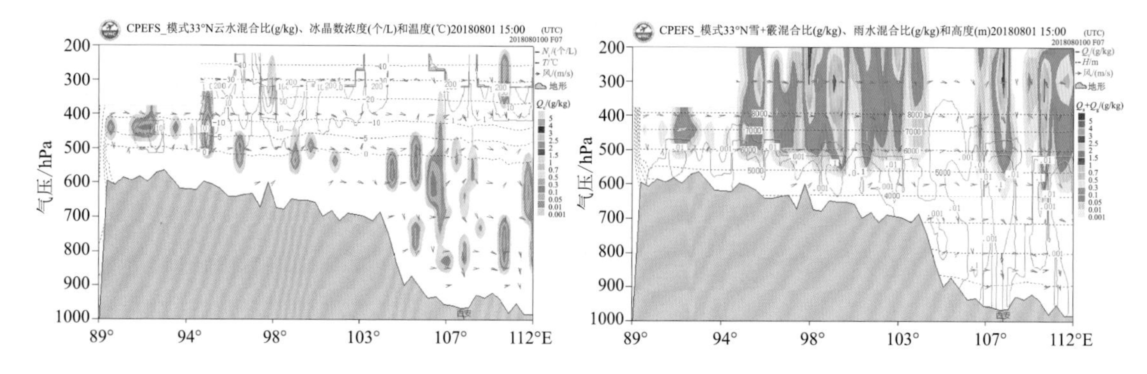

图 6.10　2018 年 8 月 1 日 08:00 模式预报 33°N 剖面玉树云系垂直结构

(左图:云水(填色阴影),冰晶(红色等值线),等温线(紫色等值线)

右图:雪+霰(填色阴影),雨(红色等值线),等高线(紫色等值线))

35 dBZ 段回波体积量有减小趋势，随着 15:21 人工增雨催化作业的进行，25～35 dBZ 段回波体积量又出现增加趋势。结合雷达组合反射率也可以看出，作业前雷达回波强度有减弱趋势，随着作业的进行，试验区内雷达回波又出现增强趋势。说明随着人工增雨催化的进行，增强了云体的发展，延长了云体的生命期(图 6.11)。

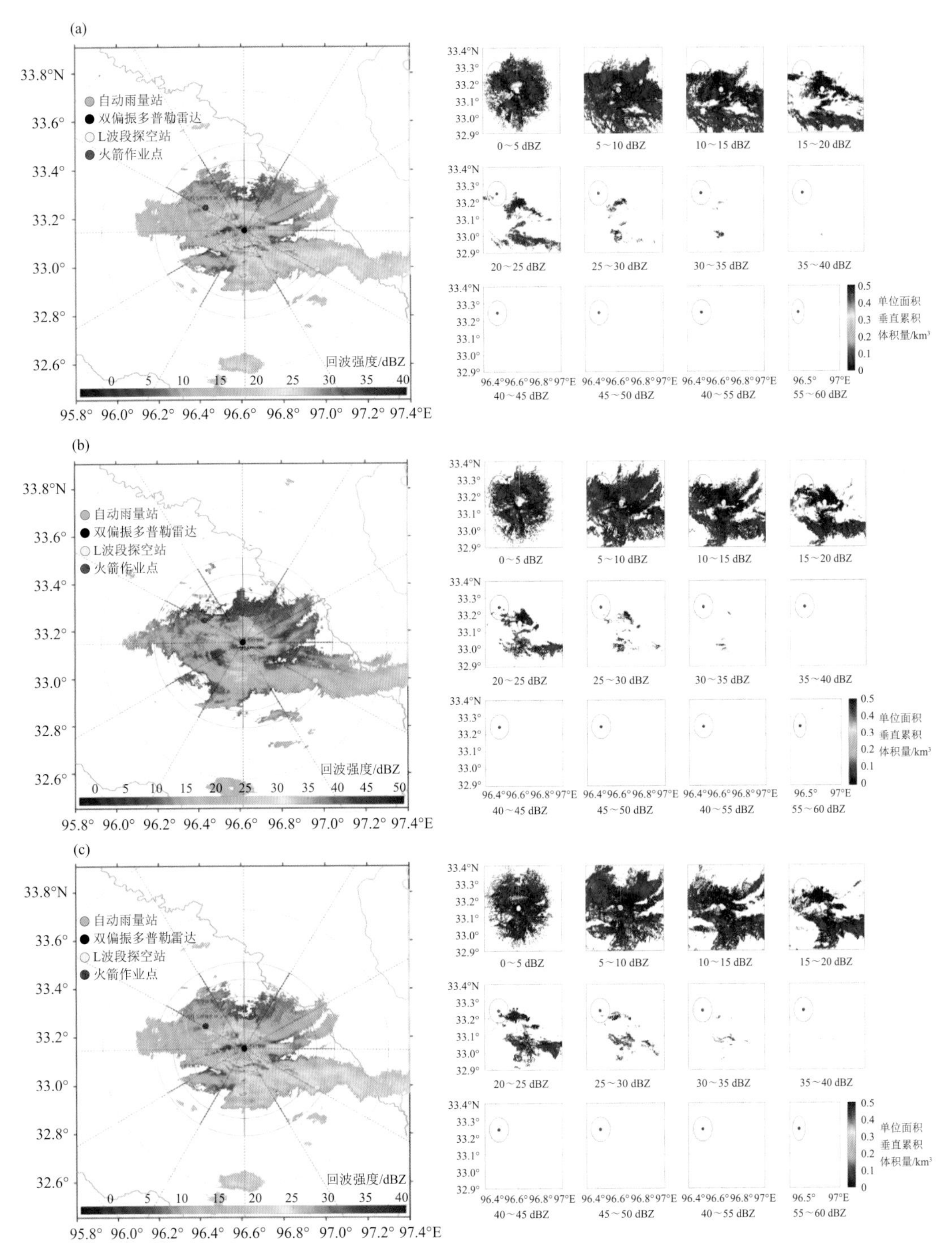

图 6.11　8 月 1 日 15:01(a)、15:21(b)和 15:41(c)雷达资料分析

6.2.4 个例分析二

6.2.4.1 天气背景分析

根据 2018 年 8 月 11 日 08:00 500 hPa 高空分析图和降水预报情况，8 月 11 日受高空冷空气与低空切变共同影响，玉树大部将出现明显降水天气过程，预计有中雨产生(图 6.12)。

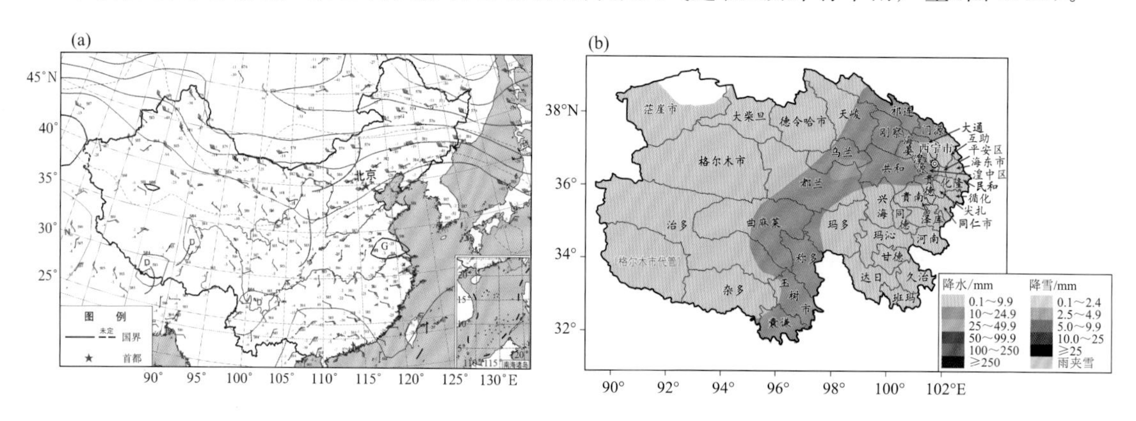

图 6.12　2018 年 8 月 11 日 08:00 高空分析(a)和降水预报(b)

6.2.4.2 能量分析

根据模式中尺度分析：11 日 14:00，500 hPa 玉树位于比湿≥6 g/kg 的高湿区中；700 hPa 玉树大部位于比湿≥8 g/kg 的高湿区中，地面与高空水汽配合较好(图 6.13)。

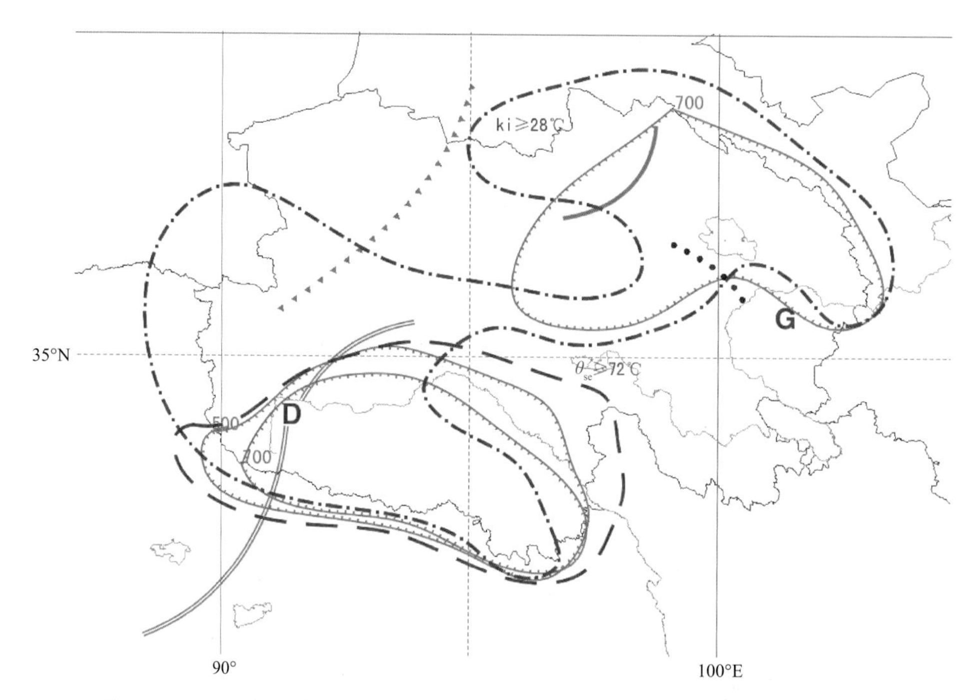

图 6.13　2018 年 8 月 11 日 14:00 中尺度分析(ki 为 K 指数，θ_{se} 为假相当位温)

6.2.4.3 探空资料分析

从探空资料可以看出(图 6.14),此次天气过程云由多层云转变成为单层云,主要为冷云降水。云中相对湿度大,水汽含量高,存在饱和湿区。08:00,0 ℃层位于 5628 m,云层基本位于 0 ℃层之上,发展较为深厚,垂直方向上可达 10000 m。综合判断,具有较好的人工增雨作业条件(图 6.14)。

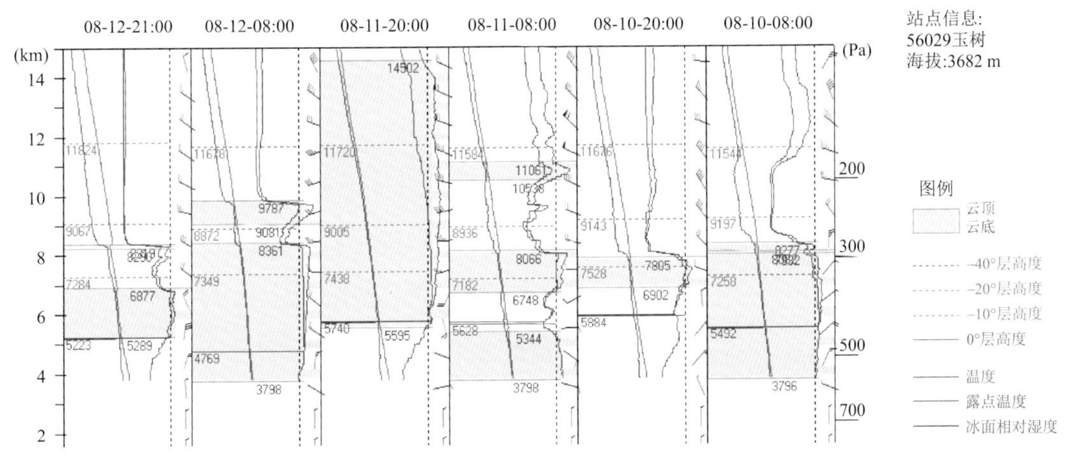

图 6.14 探空资料分析

6.2.4.4 云宏微观及垂直结构分析

根据 2018 年 8 月 11 日 08:00 CPEFS 模式预报云带可以看出,从 18:00 开始,玉树大部分地区有降水云系覆盖,随着云系的发展演变,该地区上空云系在一定时段内发展旺盛,云区局部过冷水较丰富,具有较大的增雨潜力(图 6.15)。

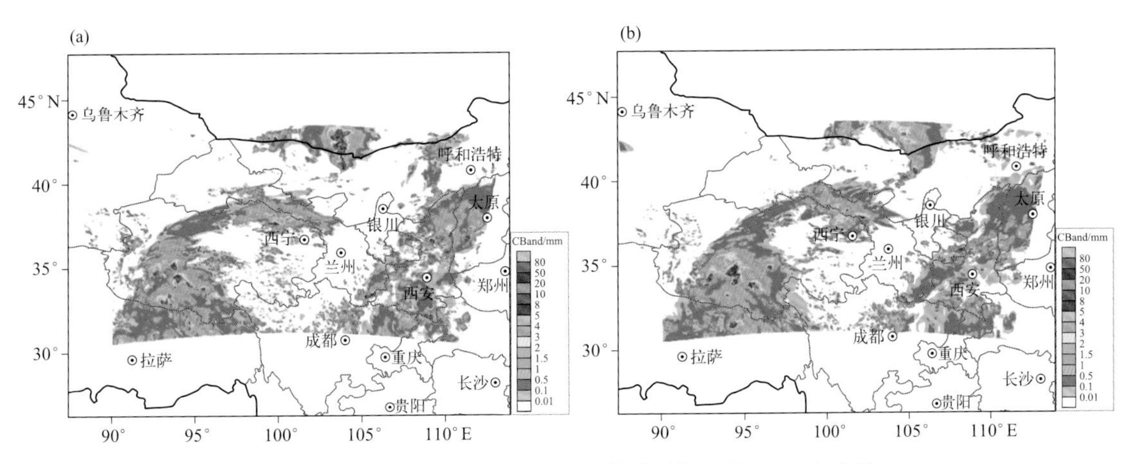

图 6.15 2018 年 8 月 11 日 08:00 模式预报云带(CBand)产品
(a)2018 年 8 月 11 日 18:00;(b)2018 年 8 月 11 日 20:00

综合模式云宏观场 10 h 预报结果可知,2018 年 8 月 11 日 18:00,玉树有降水云系覆盖,雷达组合反射率达 35 dBZ,云中含有较分散过冷水,该区域上空云系发展较为旺盛(图 6.16)。

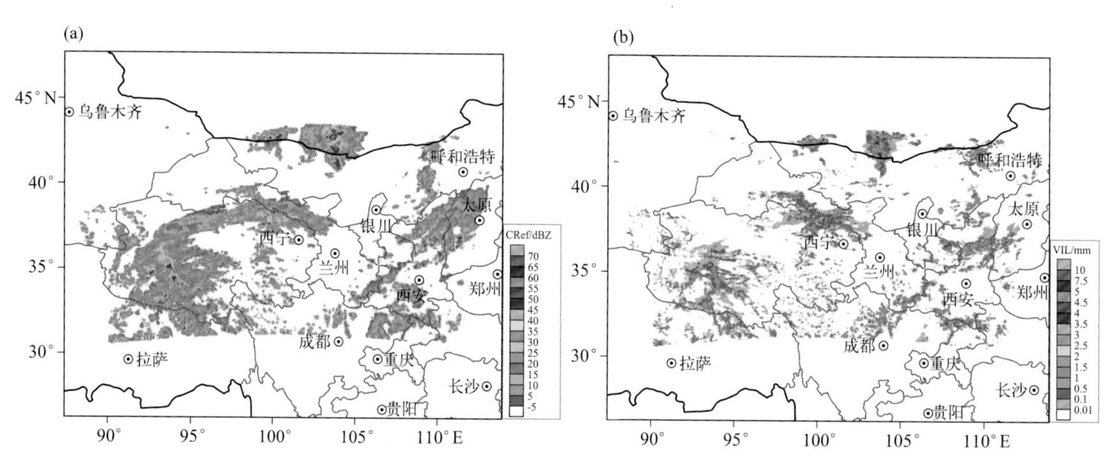

图 6.16　2018 年 8 月 11 日 08:00 模式 10 h 预报云宏观产品

(a)雷达组合反射率(CRef);(b)垂直累积液态水(VIL)

根据 2018 年 8 月 11 日 08:00 模式 10 h 预报云微观及垂直结构结果可以看出,18:00,玉树上空有发展较为旺盛的冷云结构降水云系,过冷水主要位于 0～−20 ℃层(6000～8700 m),过冷水含量达 0.005 g/kg,冰晶数浓度小于 50 个/L,云水配合较好,具有一定的增雨潜力。0 ℃层和−10 ℃层高度分别位于 6000 m 和 8000 m(图 6.17、图 6.18)。

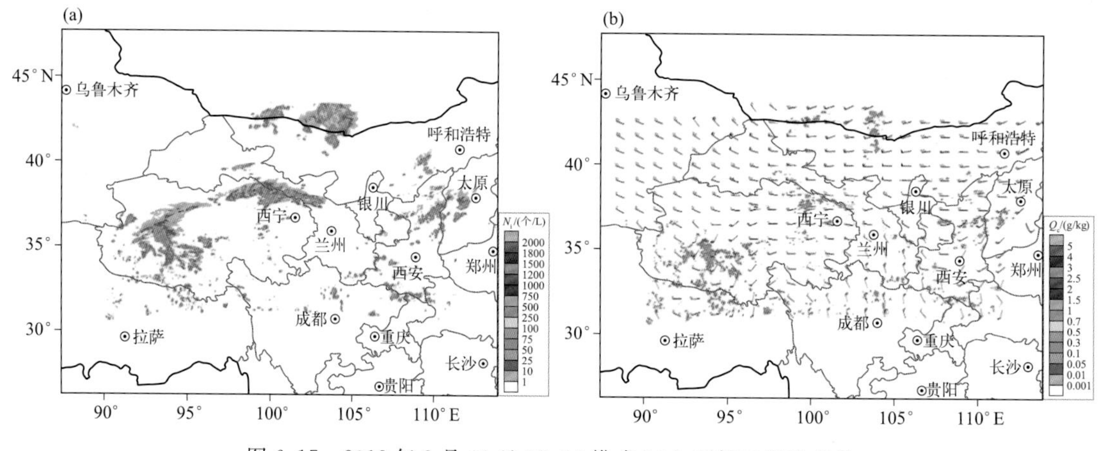

图 6.17　2018 年 8 月 11 日 08:00 模式 10 h 预报云微观产品

(a)冰晶数浓度(N_i);(b)云水混合比(Q_c)

6.2.4.5　双偏振雷达探测资料分析

对扫描范围内的回波强度进行分段体积累积,将回波强度从 0～60 dBZ 分为 12 段,从分段回波体积量看,回波强度所占体积量较高的主要集中在 5～20 dBZ 段。作业前整体回波体积量有减小趋势,随着 18:15 人工增雨催化作业的进行,作业点附近 5～20 dBZ 段回波体积量出现增加趋势。结合雷达组合反射率也可以看出,作业前雷达回波强度有减弱趋势,随着作业的进行,试验区内雷达回波又出现增强趋势。说明随着人工增雨催化的进行,增强了云体的发展,延长了云体的生命期(图 6.19)。

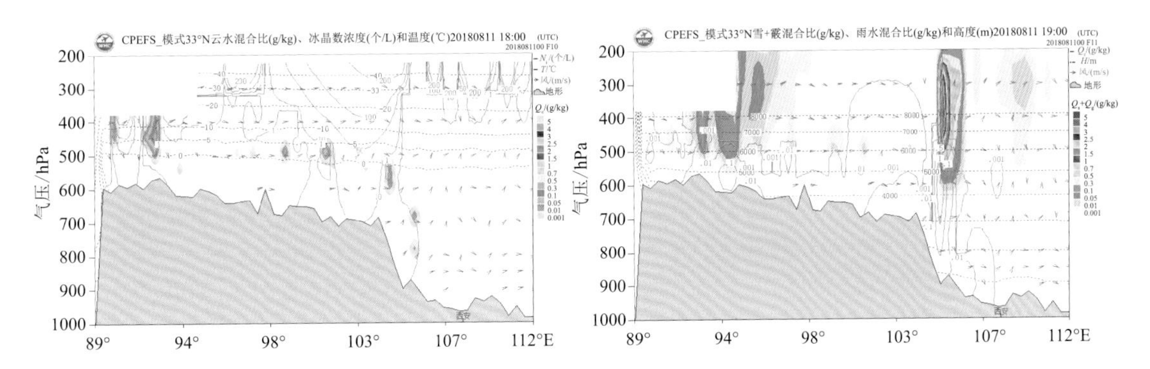

图 6.18　2018 年 8 月 11 日 08:00 模式预报 33°N 剖面玉树云系垂直结构
（左图:云水(填色阴影),冰晶(红色等值线),等温线(紫色等值线);
右图:雪+霰（填色阴影),雨(红色等值线),等高线(紫色等值线))

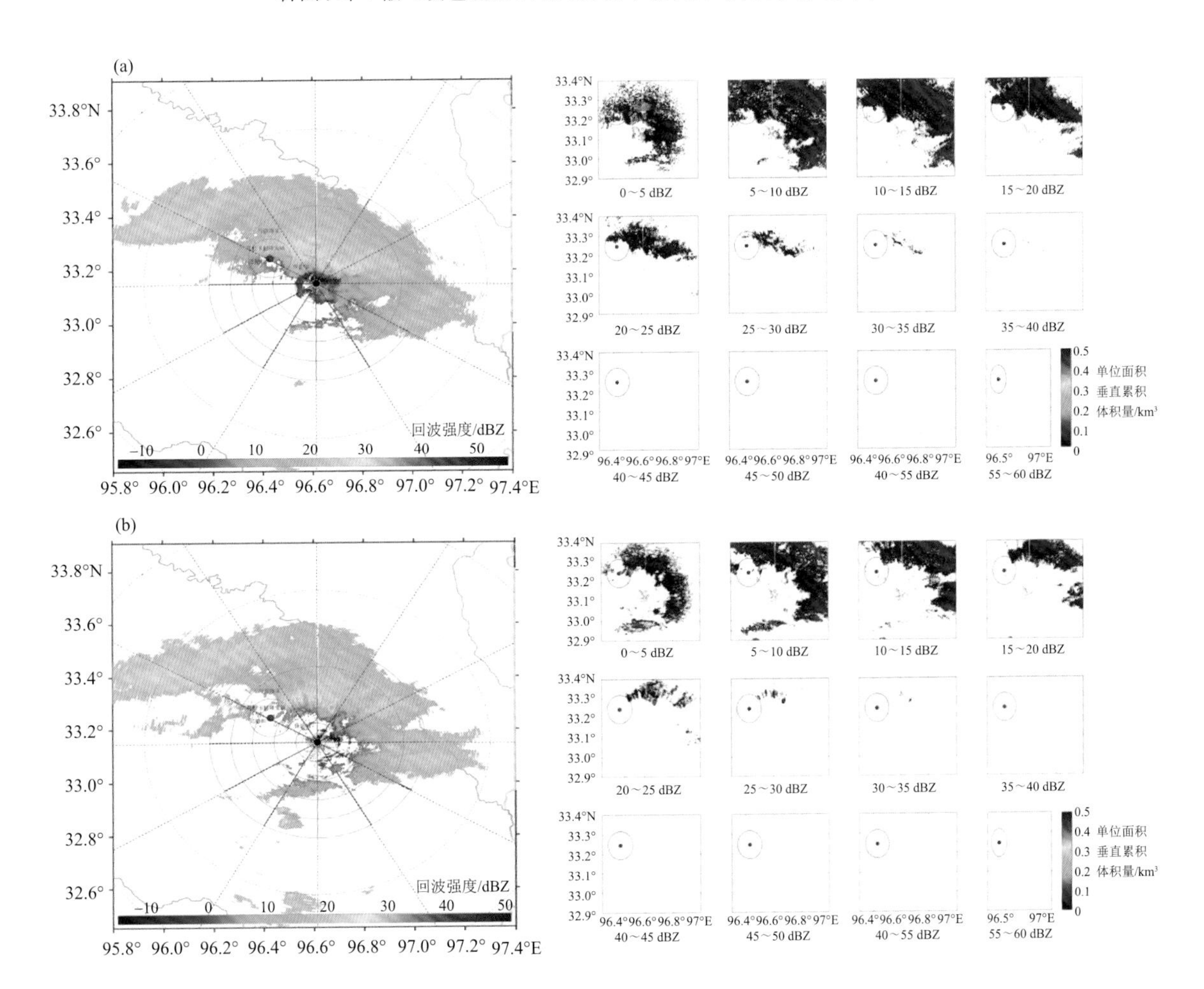

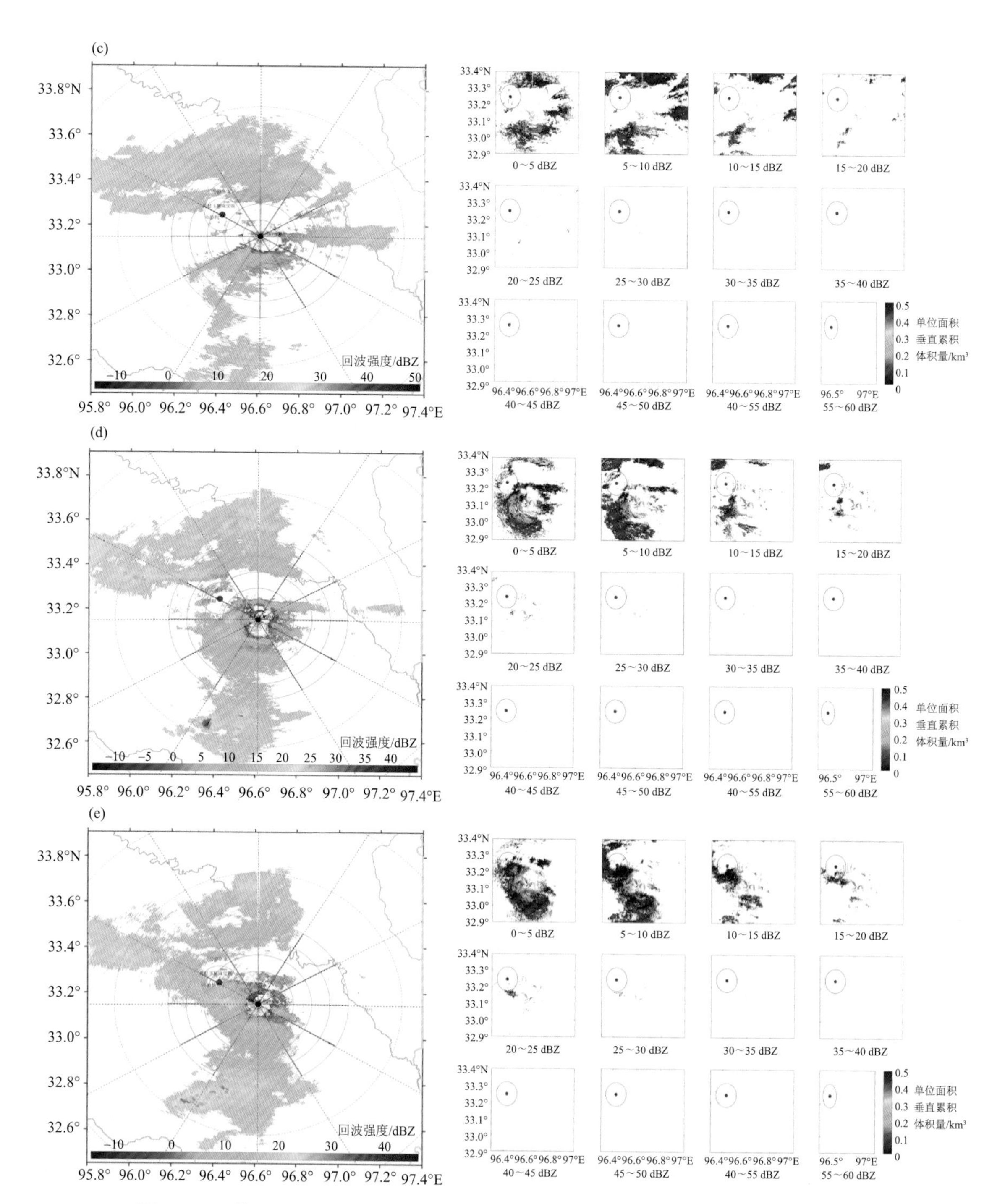

图 6.19　8 月 11 日 17:31(a)、17:51(b)、18:12(c)、18:32(d)和 18:52(e)雷达资料分析

6.2.5 个例分析三

6.2.5.1 天气背景分析

根据2019年8月17日20:00 500 hPa高空分析图和降水预报情况,8月18日,玉树南部受低涡切变影响,玉树南部有明显降水,预计有小雨产生(图6.20)。

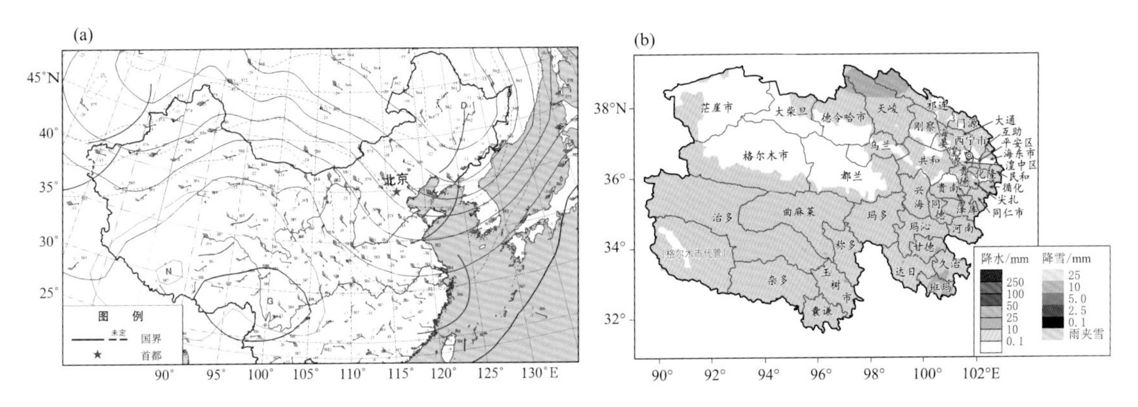

图6.20 2019年8月17日20:00高空分析(a)和8月18日07:00降水预报(b)

6.2.5.2 探空资料与能量分析

从探空资料可以看出,此次天气过程主要为冷云降水,云中相对湿度大,水汽含量高,存在饱和湿区。2019年8月18日08:00,0 ℃层位于5754 m,云层基本位于0 ℃层之上,发展较为深厚,垂直方向上可达10000 m以上。综合判断,具有较好的人工增雨作业条件。根据模式中尺度分析可知,2019年8月18日14:00,500 hPa、600 hPa玉树大部位于高湿区中,水汽条件较好(图6.21)。

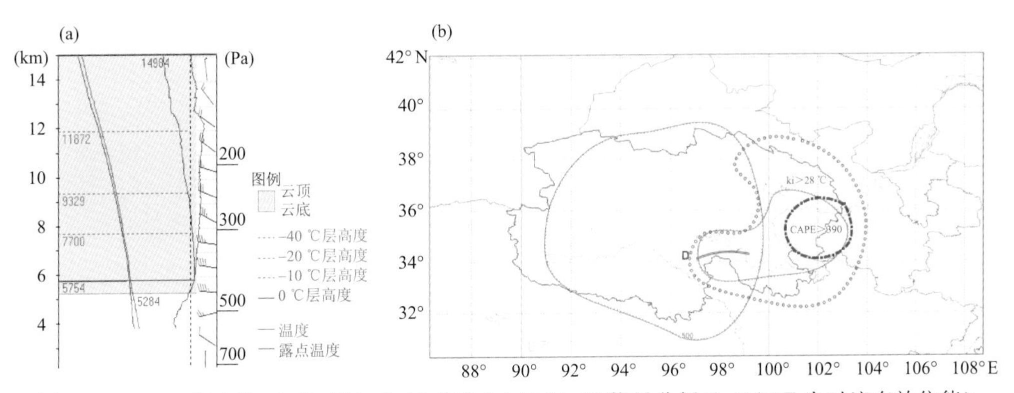

图6.21 2019年8月18日玉树08:00探空(a)与14:00能量分析(b,CAPE为对流有效位能)

6.2.5.3 云宏微观及垂直结构分析

根据2019年8月18日08:00 CPEFS模式预报云带可以看出,10:00—11:00,青海省玉树地区均有降水云系覆盖,具有较大的增雨潜力(图6.22)。

综合模式云宏观场预报结果可知,2019年8月18日10:00,玉树有降水云系覆盖,雷达组合反射率达40 dBZ,云中含有较分散过冷水,该区域上空云系发展较为旺盛(图6.23)。

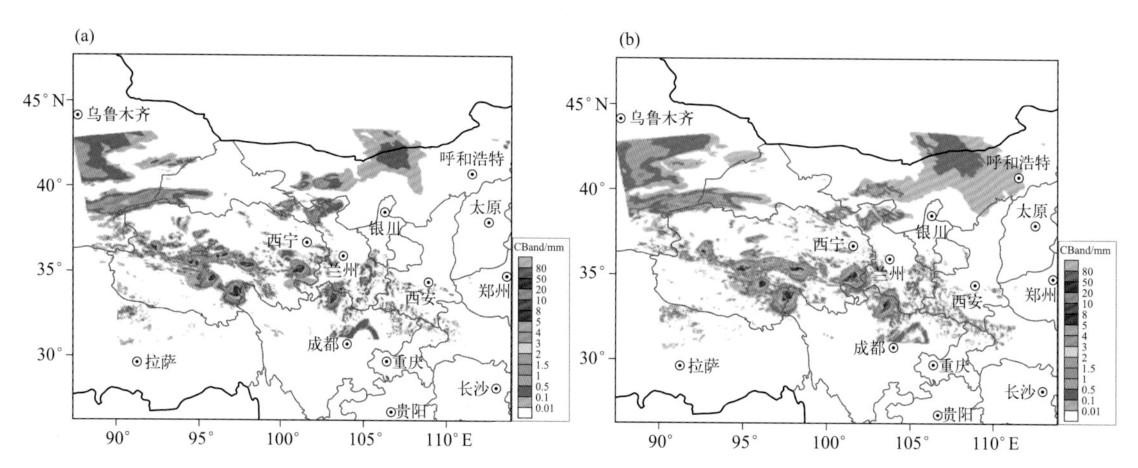

图 6.22　2019 年 8 月 18 日 08:00 模式预报云带(CBand)产品
(a)2019 年 8 月 18 日 10:00;(b)2019 年 8 月 18 日 11:00

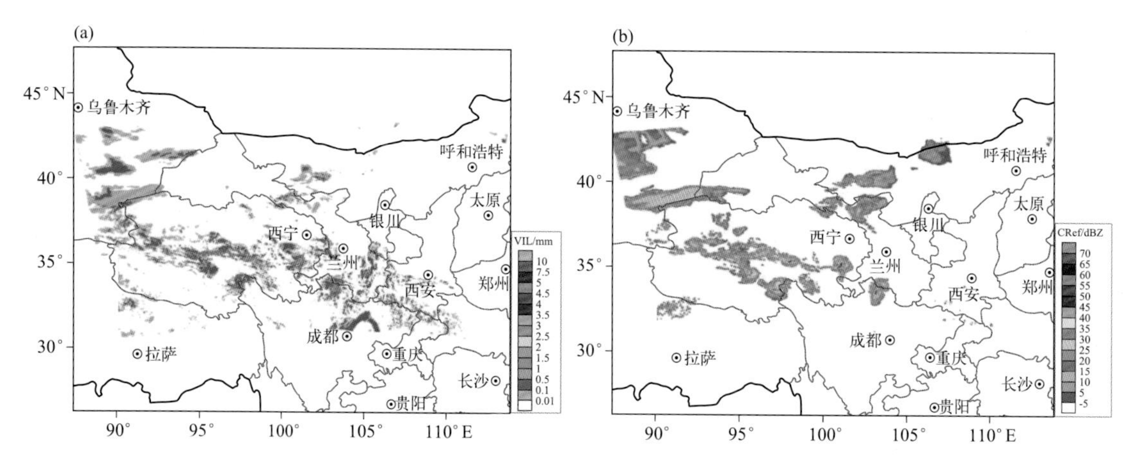

图 6.23　2019 年 8 月 18 日 08:00 模式 2 h 预报云宏观产品
(a)垂直累积液态水(VIL);(b)雷达组合反射率(CRef)

根据 2019 年 8 月 18 日 08:00 模式云微观及垂直结构结果可以看出,10:00,玉树上空有发展较为旺盛的降水云系,过冷水主要位于 0～−10 ℃层(6000～8000 m),过冷水含量达 0.001 g/kg,冰晶数浓度小于 50 个/L,地面水成物含量丰富,有一定的增雨潜力。0 ℃层和 −10 ℃层高度分别位于 6000 m 和 8000 m(图 6.24 和图 6.25)。

6.2.6　个例分析四

6.2.6.1　天气背景分析

根据 2019 年 8 月 20 日 20:00 500 hPa 高空分析图和降水预报情况,8 月 21 日受低涡切变影响,玉树大部将出现明显降水天气过程,预计有小雨产生(图 6.26)。

6.2.6.2　能量分析

根据模式中尺度分析:21 日 14:00,500 hPa 玉树大部水汽条件较好;600 hPa 玉树处于高湿区,地面与高空水汽配合较好(图 6.27)。

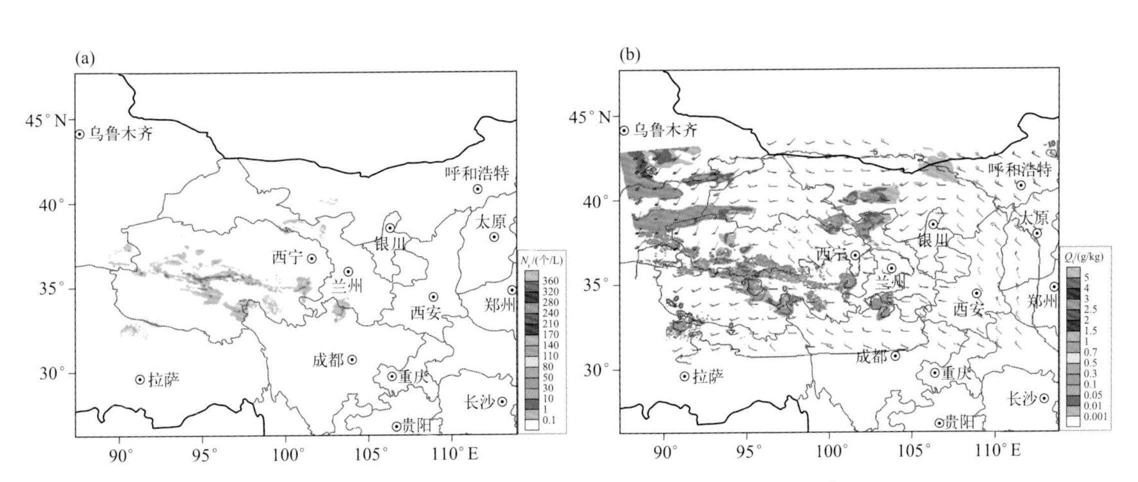

图 6.24　2019 年 8 月 18 日 08:00 模式 2 h 预报云微观产品

(a)雨滴数浓度(N_r);(b)总水成物(Q_t)

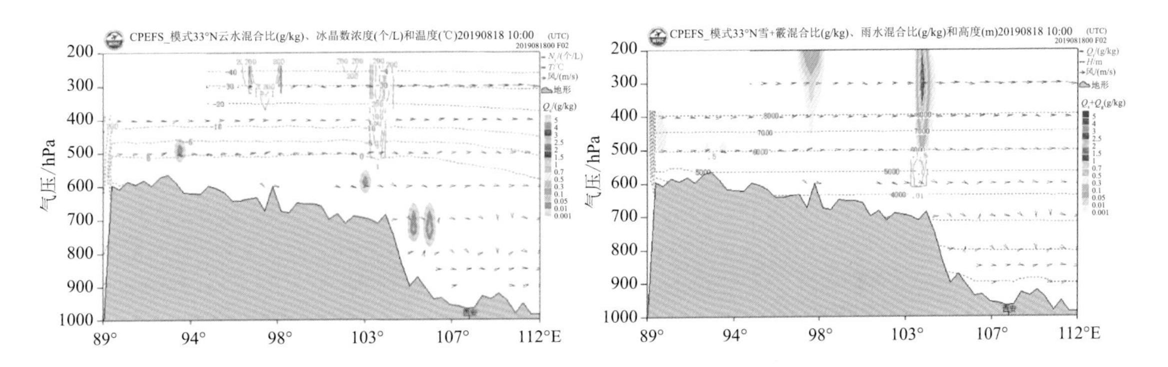

图 6.25　2019 年 8 月 18 日 08:00 模式预报 33°N 剖面玉树云系垂直结构

(左图:云水(填色阴影),冰晶(红色等值线),等温线(紫色等值线)

右图:雪+霰(填色阴影),雨(红色等值线),等高线(紫色等值线))

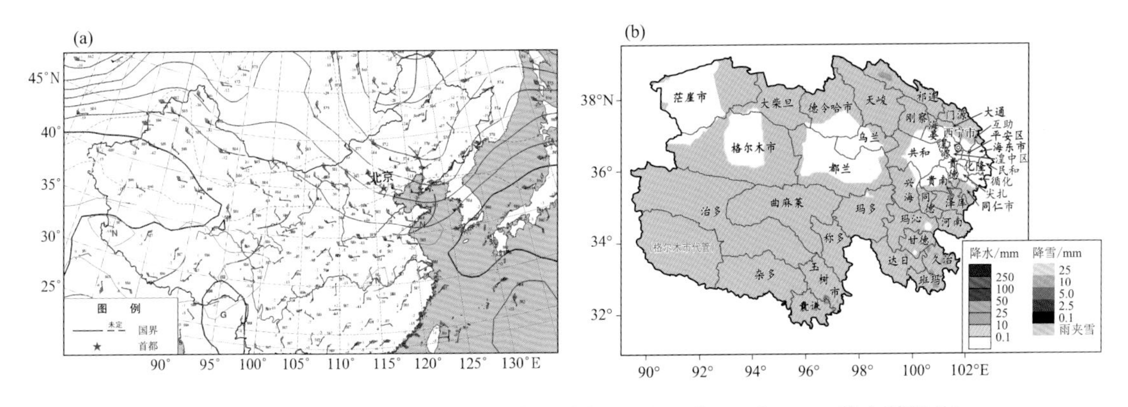

图 6.26　2019 年 8 月 20 日 20:00 高空分析(a)和 8 月 21 日 07:00 降水预报(b)

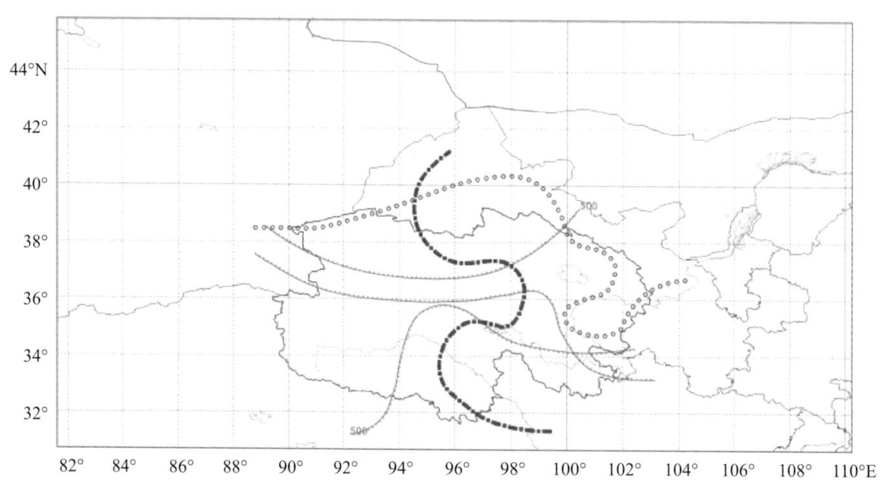

图 6.27　2019 年 8 月 21 日玉树 14:00 能量分析

6.2.6.3　云宏微观及垂直结构分析

根据 2019 年 8 月 21 日 08:00 CPEFS 模式预报云带可以看出，从 12:00 开始，玉树大部分地区有降水云系覆盖，随着云系的发展演变，该地区上空云系在一定时段内发展旺盛，云区局部过冷水较丰富，具有较大的增雨潜力(图 6.28)。

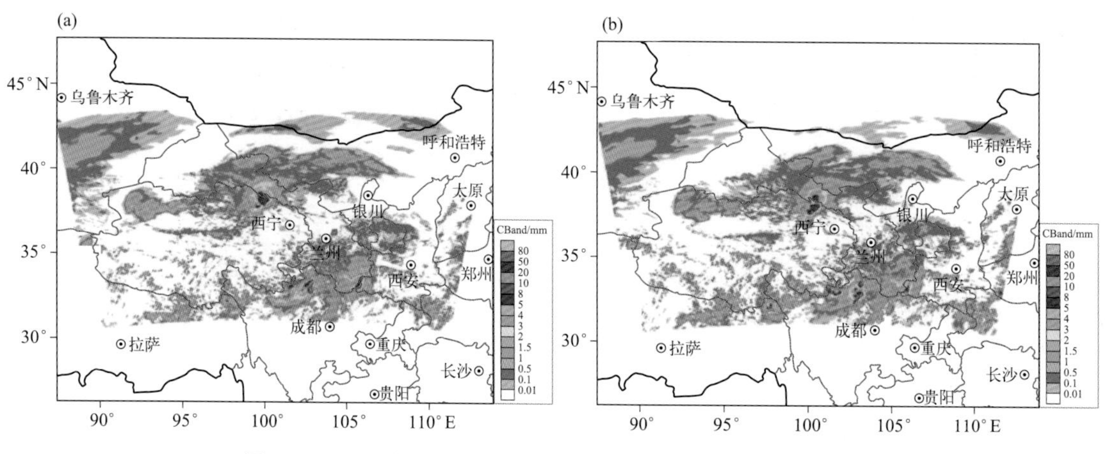

图 6.28　2019 年 8 月 21 日 08:00 模式预报云带(CBand)产品

(a)2019 年 8 月 21 日 12:00;(b)2019 年 8 月 21 日 13:00

综合模式云宏观场预报结果可知，2019 年 8 月 21 日 12:00，玉树有降水云系覆盖，雷达组合反射率达 40 dBZ，云中含有较分散过冷水，该区域上空云系发展较为旺盛(图 6.29)。

根据 2019 年 8 月 21 日 08:00 模式预报云微观及垂直结构结果可知，12:00，玉树上空有发展较为旺盛的冷云结构降水云系，过冷水主要位于 0～－20 ℃层(6000～8700 m)，过冷水含量达 0.3 g/kg，冰晶数浓度小于 50 个/L，水汽条件较好，具有一定的增雨潜力。0 ℃层和－10 ℃层高度分别位于 6000 m 和 7800 m(图 6.30、图 6.31)。

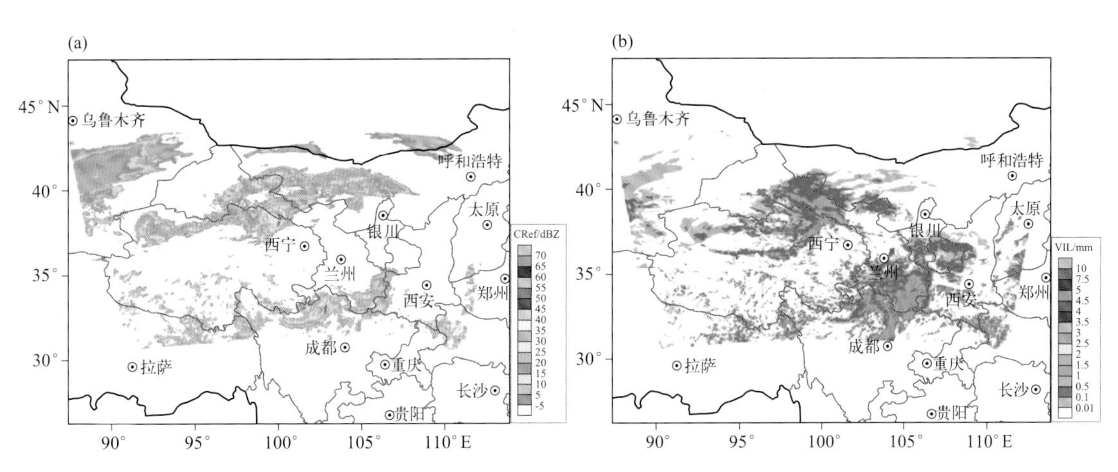

图 6.29 2019 年 8 月 21 日 08:00 模式 4 h 预报云宏观产品

(a)雷达组合反射率(CRef);(b)垂直累积液态水(VIL)

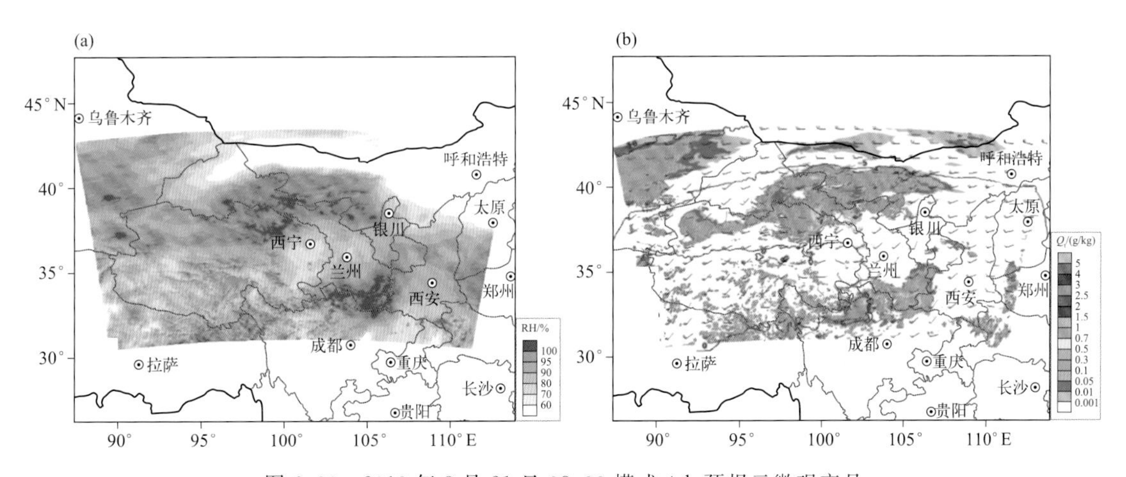

图 6.30 2019 年 8 月 21 日 08:00 模式 4 h 预报云微观产品

(a)相对湿度(RH);(b)总水成物(Q_t)

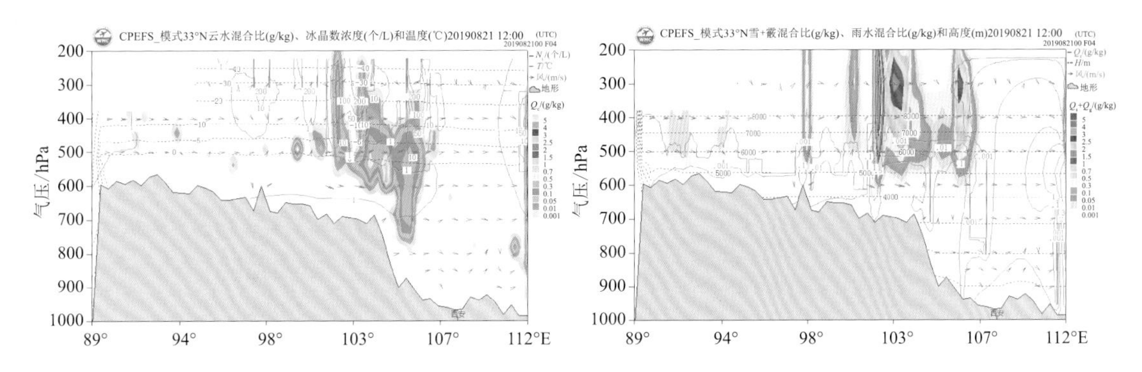

图 6.31 2019 年 8 月 21 日 08:00 模式预报 33°N 剖面玉树云系垂直结构

(左图:云水(填色阴影),冰晶(红色等值线),等温线(紫色等值线);

右图:雪+霰(填色阴影),雨(红色等值线),等高线(紫色等值线))

6.2.7 个例分析五

6.2.7.1 天气背景分析

根据 2019 年 9 月 2 日 20:00 500 hPa 高空分析图和降水预报情况，9 月 3 日受低涡切变影响，玉树大部将出现明显降水天气过程，预计有小到中雨产生(图 6.32)。

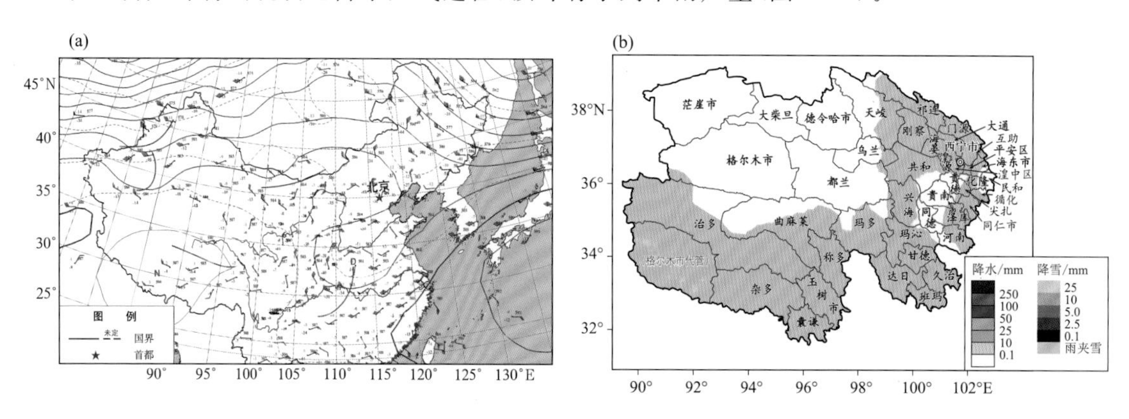

图 6.32 2019 年 9 月 2 日 20:00 高空分析(a)和 9 月 3 日 05:00 降水预报(b)

6.2.7.2 探空资料及能量分析

从探空资料可以看出，此次天气过程云层较厚，且主要为冷云降水。云中相对湿度大，水汽含量高，存在饱和湿区。2019 年 9 月 3 日 08:00，玉树 0 ℃层位于 5317 m，云层基本位于 0 ℃层之上，发展较为深厚，垂直方向上可达 9752 m。综合判断，具有较好的人工增雨作业条件。根据模式中尺度分析可知，3 日 14:00，500 hPa 玉树大部处于高湿区；600 hPa 玉树南部水汽条件较好，地面与高空水汽配合较好(图 6.33)。

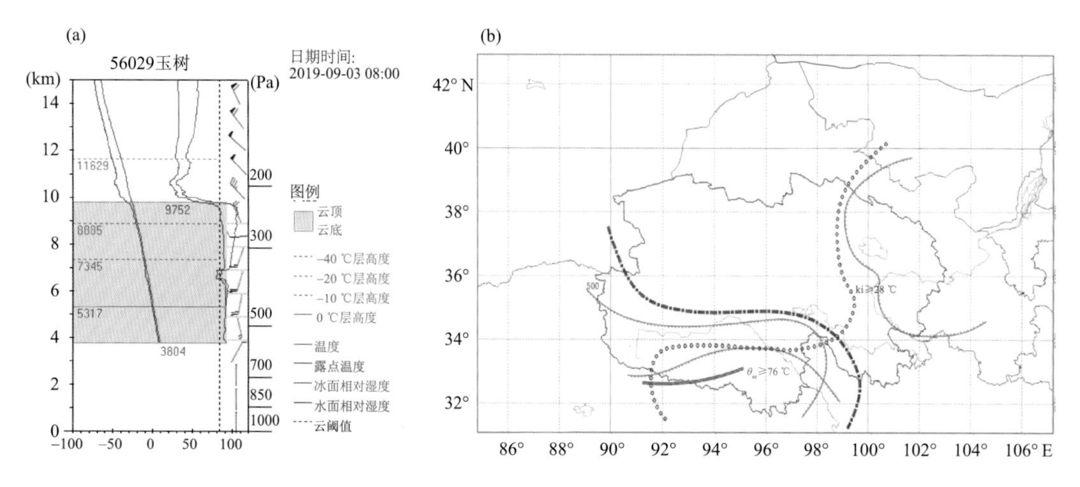

图 6.33 2019 年 9 月 3 日玉树 08:00 探空(a)与 14:00 能量分析(b)

6.2.7.3 云宏微观及垂直结构分析

根据 2019 年 9 月 3 日 08:00 CPEFS 模式预报云带可以看出，从 11:00 开始，玉树大部分地区有降水云系覆盖，随着云系的发展演变，该地区上空云系在一定时段内发展旺盛，云区局部过冷水较丰富，具有较大的增雨潜力(图 6.34)。

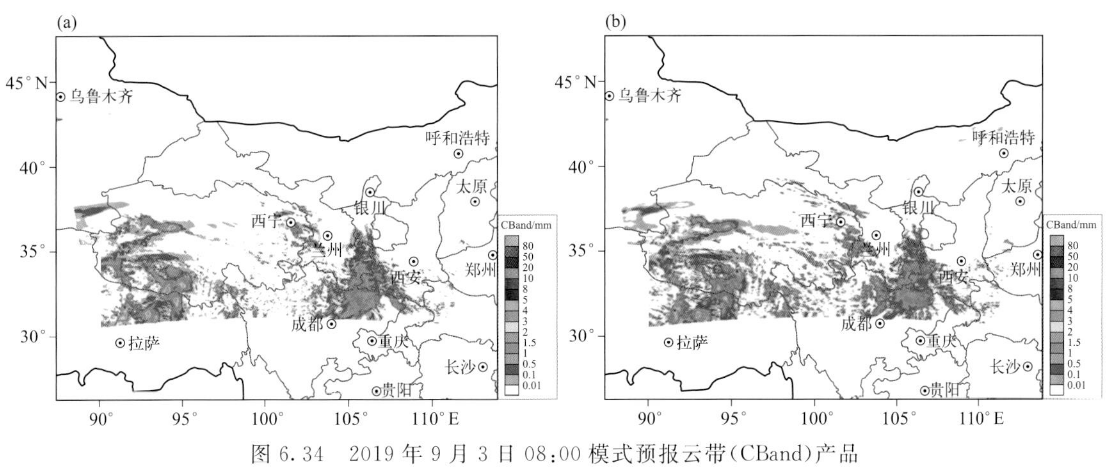

图 6.34 2019 年 9 月 3 日 08:00 模式预报云带(CBand)产品
(a)2019 年 9 月 3 日 11:00；(b)2019 年 9 月 3 日 12:00

综合模式云宏观场预报结果可知，2019 年 9 月 3 日 11:00，玉树有降水云系覆盖，雷达组合反射率达 35 dBZ，云中含有较分散过冷水，该区域上空云系发展较为旺盛(图 6.35)。

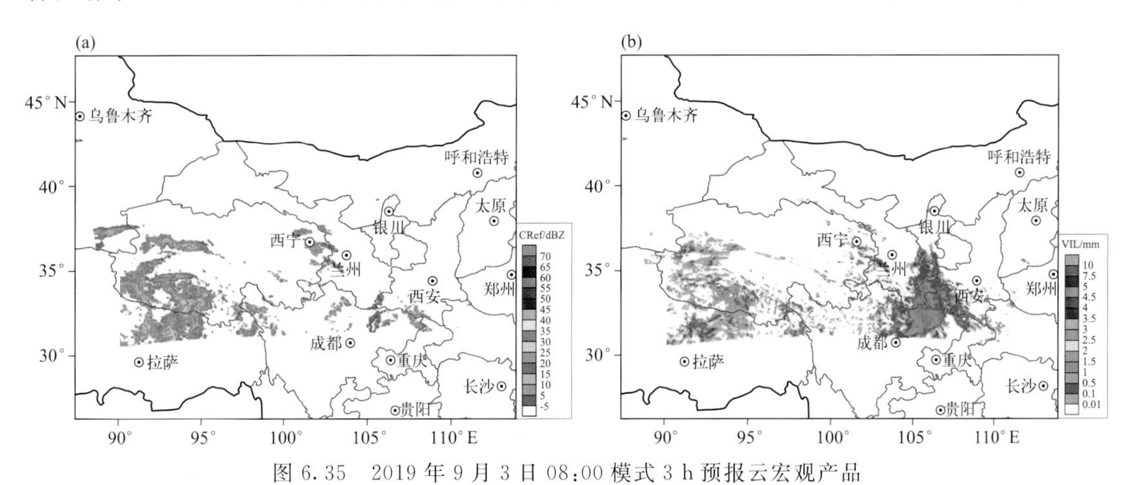

图 6.35 2019 年 9 月 3 日 08:00 模式 3 h 预报云宏观产品
(a)雷达组合反射率(CRef)；(b)垂直累积液态水(VIL)

根据 2019 年 9 月 3 日 08:00 模式预报云微观及垂直结构结果可知，11:00，玉树上空有发展较为旺盛的冷云结构降水云系，过冷水主要位于 0～－15 ℃层(5000～8000 m)，过冷水含量达 0.005 g/kg，冰晶数浓度小于 50 个/L，云水配合较好，具有一定的增雨潜力。0 ℃层和－10 ℃层高度分别位于 5000 m 和 7500 m(图 6.36、图 6.37)。

6.2.8 人工增雨效果检验结果

根据前期试验设计中作业点及雨量站点的布设，作业点主要位于试验区的东部，对比区位于作业上风方向，即试验区西部。收集布设于作业区和对比区的雨量观测点逐 3 h 的降水量数据用于效果分析(详见表 6.1—表 6.4)。

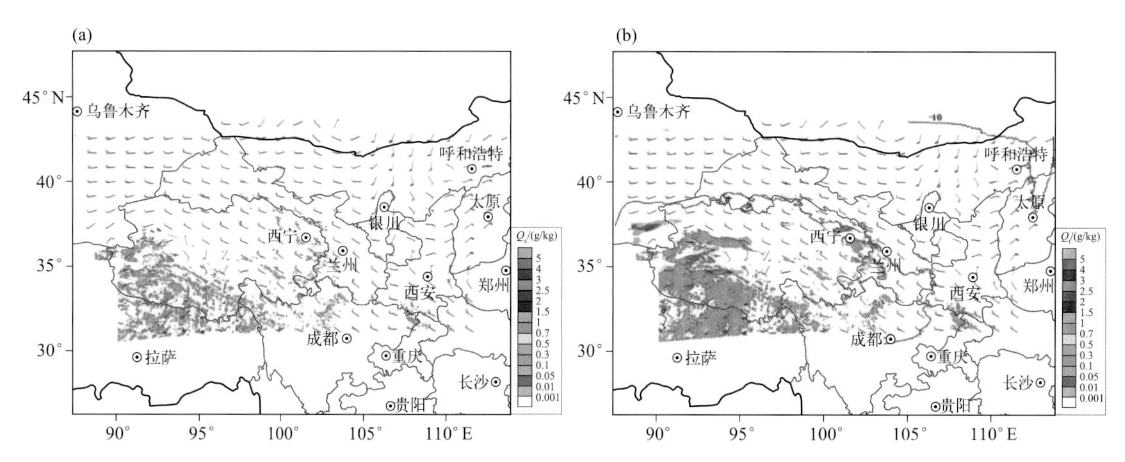

图 6.36　2019 年 9 月 3 日 08:00 模式 3 h 预报云微观产品

(a)500 hPa 云水混合比(Q_c);(b)500 hPa 总水成物场(Q_t)

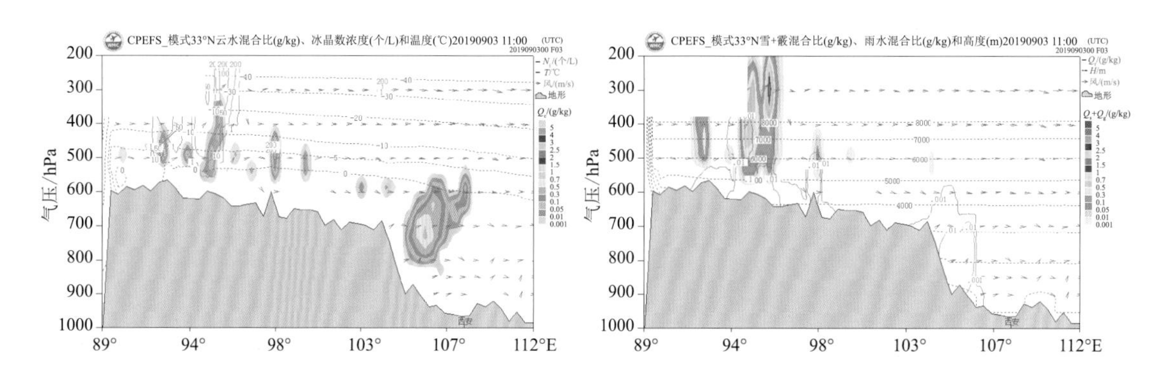

图 6.37　2019 年 9 月 3 日 08:00 模式预报 33°N 剖面玉树云系垂直结构

(左图:云水(填色阴影),冰晶(红色等值线),等温线(紫色等值线);

右图:雪+霰(填色阴影),雨(红色等值线),等高线(紫色等值线))

表 6.1　2018 年作业过程对应作业影响区和对比区的累积 3 h 降水量

日期	作业影响区	对比区
8 月 1 日	2.3 mm	0 mm
	0.3 mm	0 mm
	0.2 mm	0 mm
	0.2 mm	0.4 mm
平均降水量	0.8 mm	0.1 mm
8 月 11 日	7.1 mm	2.0 mm
	0.6 mm	0.8 mm
	2.2 mm	0.6 mm
	1.8 mm	2.6 mm
平均降水量	2.9 mm	1.5 mm

表 6.2　2018 年对比样本对应作业影响区和对比区的逐 3 h 降水量

日期	作业影响区 逐 3 h 降水量(未作业)	对比区 逐 3 h 降水量
7 月 22 日	2.80 mm	3.20 mm
8 月 5 日	3.10 mm	0.23 mm
8 月 12 日	0.75 mm	0.10 mm
平均降水量	2.22 mm	1.18 mm

采用双比分析方法，对 2018 年 2 次过程的整体作业效果进行统计分析，作业期影响区平均逐 3 h 降水量为 1.85 mm，对比区平均逐 3 h 降水量为 0.80 mm；未作业期影响区平均逐 3 h 降水量为 2.22 mm，对比区平均逐 3 h 降水量为 1.18 mm；代入式(6.3)和式(6.4)计算相对增雨率：

$$R_{\mathrm{DR}} = \left(\frac{1.85/0.80}{2.22/1.18} - 1\right) \times 100\% = 22.9\% \tag{6.6}$$

绝对增雨量：

$$O_{\mathrm{DR}} = 1.85 \times \left(\frac{0.23}{1 + 0.23}\right) = 0.35\ \mathrm{mm} \tag{6.7}$$

综上所述，隆宝试验区 2 次增雨作业过程的平均作业效果为每 3 h 增加降水量 0.35 mm，相对增加降水量 22.9%，作业效果较明显(详见表 6.1、表 6.2)。

表 6.3　2019 年作业过程对应作业影响区和对比区的累积 3 h 降水量

日期	作业影响区 3 h 降水量	对比区 3 h 降水量
8 月 18 日	0.2 mm	0 mm
	0.7 mm	0 mm
	0.7 mm	0.4 mm
	0.2 mm	0 mm
平均降水量	0.5 mm	0.1 mm
8 月 21 日	0.1 mm	0 mm
	0.5 mm	0 mm
	0 mm	0 mm
	0.1 mm	0.4 mm
平均降水量	0.2 mm	0.1 mm
9 月 3 日	0.1 mm	0 mm
	0.9 mm	0.2 mm
	0 mm	0 mm
	0.1 mm	0 mm
平均降水量	0.3 mm	0.1 mm

表 6.4　2019 年对比样本对应作业影响区和对比区的累积 3 h 降水量

日期	作业影响区 3 h 降水量(未作业)	对比区 3 h 降水量
8 月 7 日	0.55 mm	0.20 mm
9 月 9 日	0.45 mm	0.15 mm
平均降水量	0.50 mm	0.18 mm

采用双比分析方法,对 2019 年 3 次过程的整体作业效果进行统计分析,作业影响区平均 3 h 降水量为 0.30 mm,对比区平均 3 h 降水量为 0.08 mm;未作业影响区平均 3 h 降水量为 0.50 mm,对比区平均 3 h 降水量为 0.18 mm;代入公式计算相对增雨率:

$$R_{DR} = \left(\frac{0.30/0.08}{0.50/0.18} - 1\right) \times 100\% = 34.9\% \tag{6.8}$$

绝对增雨量:

$$O_{DR} = 0.30 \times \left(\frac{0.35}{1 + 0.35}\right) = 0.08\ \text{mm} \tag{6.9}$$

综上所述,隆宝试验区 3 次增雨作业过程的平均作业效果为 3 h 增加降水量 0.08 mm,相对增加降水量 34.9%,作业效果较明显(详见表 6.3、表 6.4)。但由于样本数量有限,未能进行显著性检验。

6.3　人工增雨生态修复技术效果评估

近年来,由于气候变暖导致玉树州隆宝滩地区湿地土壤温度升高,使该区域湿地冰雪覆盖和季节冻土冻结时间缩短,导致水位下降。而水位及积水面积变化影响湿地生态系统、温室气体排放强度及相应气候效应等,致使该区域降水减少,干旱加剧,这些因素明显影响了湿地生态系统及生物群落演替,增大湿地的脆弱性,更加易于受到人类活动的干扰(董锁成 等,2002;郑丙辉 等,2004;闫玉春 等,2007;张静 等,2008)。研究表明,20 世纪 90 年代以来,三江源区湿地动态变化总体上呈现出退化特征,河流、湖泊、沼泽三类湿地面积萎缩,湖泊水位下降、面积缩减,河流断流,沼泽湿地向滩涂湿地转化(王建华,1998;郭彦军 等,2001;王根绪 等,2001;范青慈 等,2002;李凤霞 等,2004;Evans et al.,2004;俞文政 等,2006;刘林山,2006;周景春 等,2007;朱宝文 等,2008)。根据研究数据,1990—2004 年间仅黄河源区湿地面积减小了近 200 km^2,以湖泊的减少最为突出。三江源区湿地退化严重,必须寻找保护湿地和湿地修复的方法。

目前,国内对于湿地修复与重建工作的研究仍处于初步研究阶段。运用景观生态学、农业生态学的理论与方法,中国三江平原首创的"稻-苇-鱼"、珠江三角洲建设的"桑基鱼塘"等湿地农业生态工程就是湿地修复生态工程模式与技术研究最突出研究成果之一,取得了显著的经济、社会和生态效益。国际湿地学术界、有关国际组织和各国政府都开始重视湿地保护与管理,对湿地的研究也日益丰富化和深入化,其中,对于湿地退化机制、退化湿地恢复与重建和人工湿地构建的研究中,最为成功的是美国和澳大利亚人工湿地构建和佛罗里达大沼泽地退化湿地恢复与重建研究。

纵观来说，不同的湿地类型，其退化有不同的原因。只有找到这些湿地退化原因，针对其退化机理，因地制宜，选择恰当的修复技术，才能有效地修复和重建湿地。针对玉树州隆宝滩地区湿地退化原因，选择人工增雨作为湿地恢复技术。

人工增雨是目前获取水资源最直接的途径之一，国内外对于缺水性湿地退化，采取了人工增雨增加湿地摄水量之后，通过水环境的改变，影响植物、动物、微生物的生存环境，湿地的健康状况均有显著的改变，取得了显著的效益。在玉树州隆宝滩地区实施人工增雨技术，充分利用空中水资源和人工增加的降水量，增加湿地水源，改变湿地动植物的生存环境，促使湿地生态的恢复。

6.3.1 概况

人工增雨作业和自记雨量站的布设主要按照隆宝滩试验区地形地貌和气候这两个主要因素进行。试验区共布设6个观测点，1号观测点为实验对照点，布设在试验区最西面（上风方）；2～6号观测点为人工增雨影响点，6号观测点同时作为作业点，布设在1号观测点东面（下风方）距离30 km处，2～5号观测点以扇面布设在人工增雨影响区内，相互间隔5～8 km左右。

作业点主要以地面作业为主，设置增雨火箭发射架1部（针对系统云）。地面碘化银焚烧炉1个（针对地形云）。各观测点布设自动雨量站1个；同时监测每旬牧草产量，土壤含水量（5层）和种群结构等资料；在作业点设置雨滴谱观测点1个，在有降水的作业过程中进行观测（图6.38）。

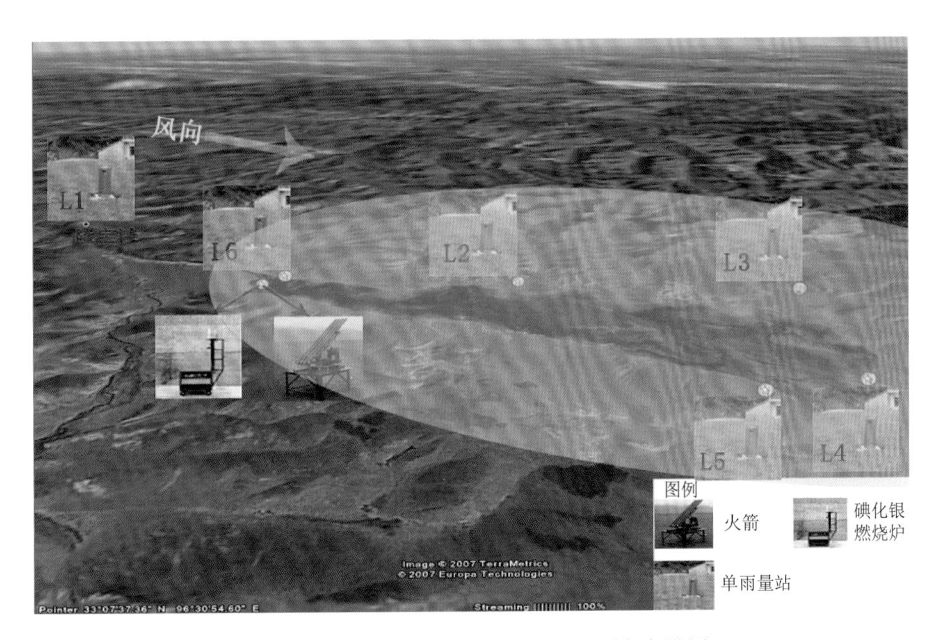

图6.38 人工增雨作业点和雨量观测点布设图

2007年5—9月，共计作业19次，作业用火箭弹49枚。同时监测旬牧草产量12期，土壤含水量（5层）12期。

6.3.2 增雨效果

图 6.39 是 2007 年 6—9 月 6 个观测点雨量站自记旬雨量值比较图(图 6.39),从图中可以看出,该区域整个夏季降水平均达到 340 mm,对照点(1 号观测点)整个夏季降水为 315 mm 左右,观测点(人工增雨影响点)降水量都高于对照点,平均高出 33.8 mm 左右,增水效率达到 10%以上。

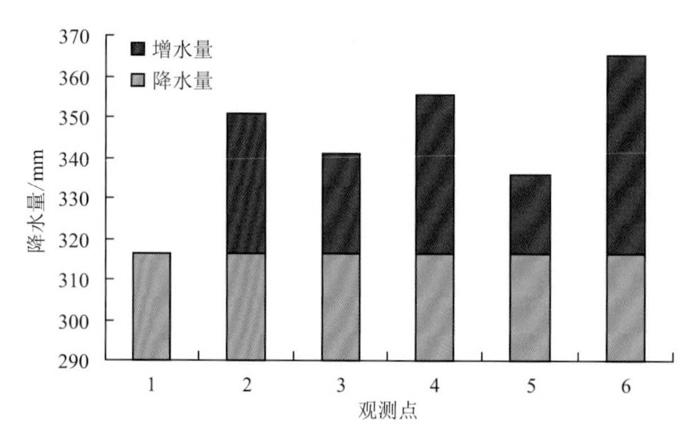

图 6.39　2007 年 6—9 月 6 个观测点降水量比较图

6.3.3 牧草产量资料

图 6.40 是 6 个观测点牧草产量比较图,其中 1 号观测点为实验对照点,其牧草产量的变化(6—9 月)总体呈现先上升后下降的趋势。8 月上旬前 1 号点的牧草产量在 6 个观测点中是比较高的,平均高出测量点近 35 g/m^2,8 月中旬后其牧草产量在 6 个测量点中最低,平均低于测量点近 30 g/m^2。2～6 号观测点为人工增雨影响点,其牧草产量的变化(6—9 月)总体呈现上升趋势,8 月上旬前的牧草产量总体偏低于 1 号观测点 35 g/m^2,8 月中旬后其牧草产量均高于 1 号观测点 30 g/m^2。范青慈等(2002)研究发现,影响牧草产量的气候影响因子中,气温和降水为最主要的影响因子,而对于同一区域,由于气温相差无几,降水量则成为影响牧草产量的主要影响因子。

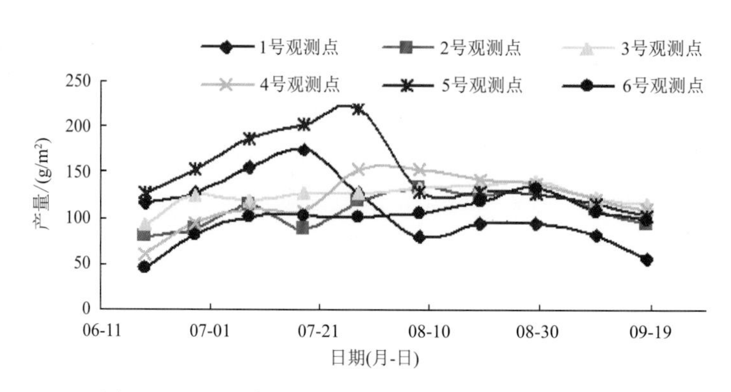

图 6.40　2007 年 6—9 月 6 个观测点牧草产量比较图

6.3.4 土壤水分效应

隆宝滩土壤水分资料共分为5层土层来分析，分别分析0～10 cm、10～20 cm、20～30 cm、30～40 cm和40～50 cm土壤重量含水率(%)。分别绘制各层6个观测点土壤重量含水率图，如图6.41所示。

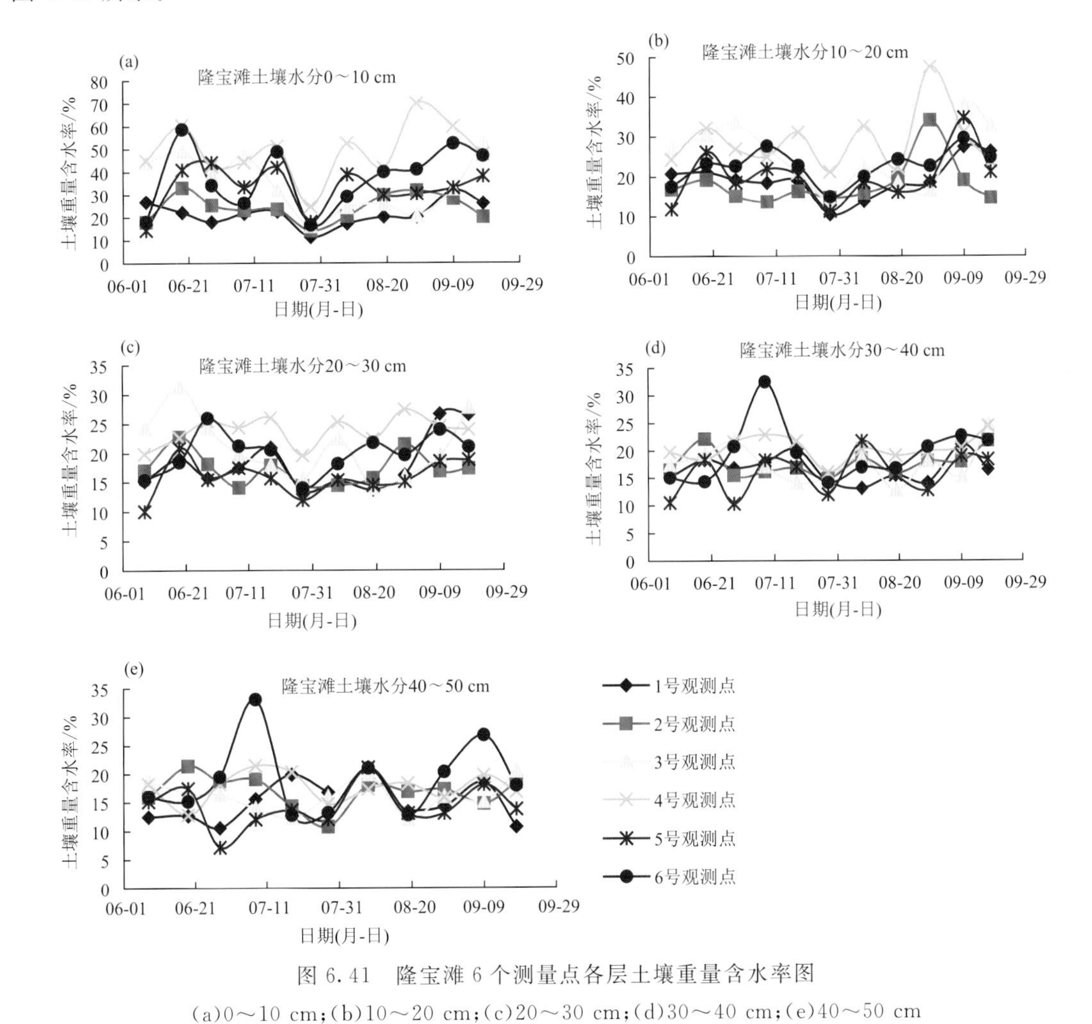

图6.41 隆宝滩6个测量点各层土壤重量含水率图

(a)0～10 cm;(b)10～20 cm;(c)20～30 cm;(d)30～40 cm;(e)40～50 cm

从图6.41可以看出，对照点(1号观测点)0～10 cm和10～20 cm土壤重量含水率(%)相对其他观测点是比较小的，0～10 cm土壤重量含水率(%)其值低于平均值约15%，10～20 cm土壤重量含水率(%)其值低于平均值约7.8%。而对照点(1号观测点)20～30 cm、30～40 cm和40～50 cm土壤重量含水率(%)与5个观测点相差不大，仅低于平均值1%～2%，这个结果与周景春等(2007)研究结果基本一致。

6.3.5 增雨与牧草产量之间的关系分析

分析2007年降水与牧草资料，考虑了人工增雨产生的降水对牧草的影响时效，将牧草产量划分为两阶段，7月中旬前不受人工增雨影响的产量，7月中旬后为受人工增雨影响的产量。

自记降水量采用6—9月资料(如表6.5所示)。

从表6.5中可以看出,人工增雨效果明显,2～6号观测点(人工增雨影响点)降水量均高于1号观测点(对照点),最高的6号观测点高出1号观测点近50 mm,最低的5号观测点也高出1号观测点19.7 mm,2～6号观测点(人工增雨影响点)平均高出对照点33.8 mm。

表6.5 人工增雨前后牧草产量变化

观测点	自记降水量/mm	增水量/mm	牧草产量/(g/m^2)		增产量/(g/m^2)
			7月中旬以前	7月中旬以后	7月中旬以后
1号观测点	316.2	—	175.3	94.3	—
2号观测点	350.9	34.7	113.3	134.2	39.9
3号观测点	341.1	24.9	128.1	139.6	45.3
4号观测点	355.6	39.4	152.7	152.5	58.2
5号观测点	335.9	19.7	202.9	128.6	34.3
6号观测点	366.5	50.3	104.4	153.1	58.8

对牧草产量的影响。7月中旬以前,仅5号观测点牧草产量高于1号观测点,其他观测点牧草产量均低于1号观测点。7月中旬以后,2～6号观测点牧草产量均高于1号观测点,产量最高的6号观测点高出58.8 g/m^2,最低的5号观测点也高出34.3 g/m^2,平均增产47.3 g/m^2。以此建立增水量与牧草增产量关系(图6.42)。

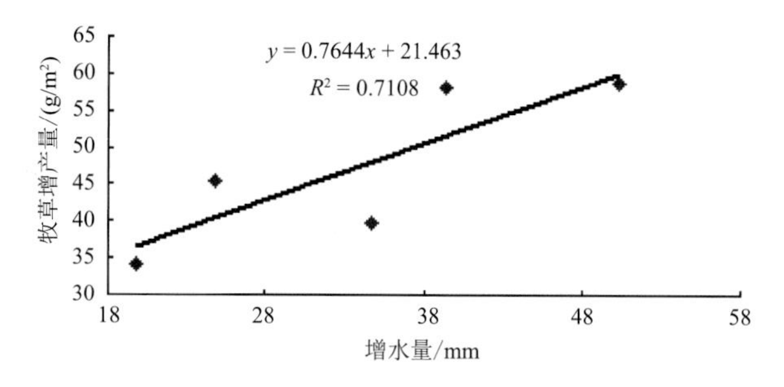

图6.42 增水量与牧草增产量关系图

6.3.6 降水与土壤重量含水率之间的关系分析

分析1号观测点土壤重量含水率与观测点(2～6号)平均土壤重量含水率关系(图6.43)。

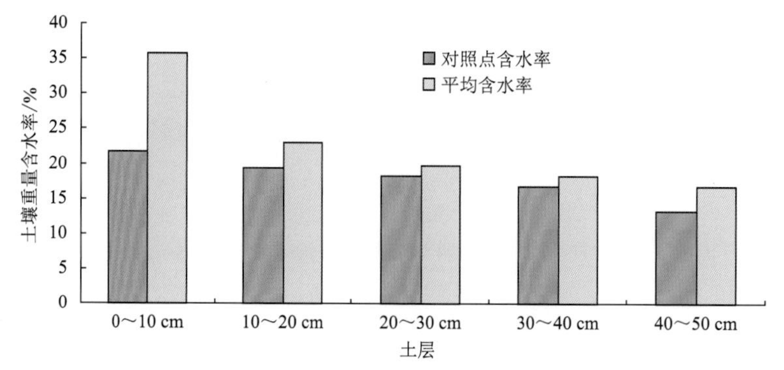

图6.43 对照点土壤重量含水率与平均土壤重量含水率比较图

从图 6.43 可以看出，1 号观测点各层的土壤重量含水率均低于 2～6 号观测点各层的平均土壤重量含水率，平均低 5%左右，尤其是 0～10 cm 层，人工增雨点平均值比对照点高出近 15%。20 cm、30 cm、40 cm、50 cm 的土壤重量含水量分别提高 7.8%、4.5%、5%、3.8%。

0～10 cm 层的土壤重量含水率与降水有着直接的关系，以此建立降水量与 0～10 cm 层土壤重量含水率关系(图 6.44)。

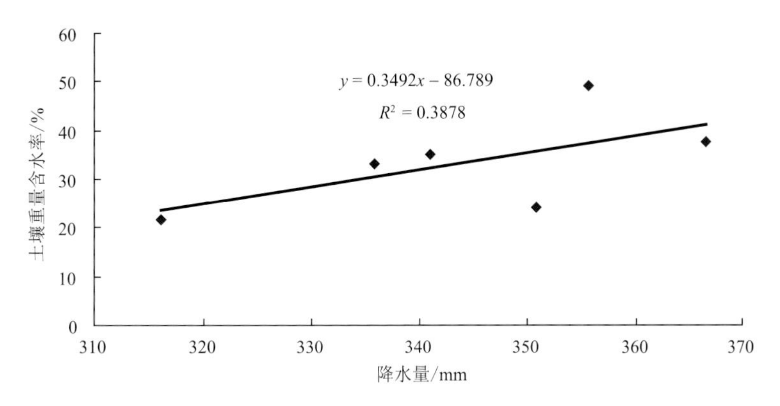

图 6.44 降水量与 0～10 cm 层土壤重量含水率关系图

6.4 本章小结

本章系统阐述了生态修复型人工增雨原理及方法，以退化高寒湿地隆宝湿地为作业区，开展了人工增雨效果个例分析。人工影响天气活动的健康持续发展取决于其实际播云作业的效果。作业效果的科学检验又可以促进人工影响天气理论和方法的发展。针对高寒湿地退化机理，因地适宜，选择恰当的修复技术，才能有效地修复和重建湿地。

2007 年 5—9 月在玉树隆宝滩地区实施人工增雨共计作业 19 次，作业用火箭弹 49 枚。同时监测旬牧草产量 12 期，土壤含水量(5 层)12 期。2007 年 6—9 月人工增雨影响点降水量都高于对照点，平均高出 33.8 mm 左右，增水效率达到 10%以上。在玉树隆宝滩地区实施人工增雨技术，充分利用空中水资源和人工增加的降水量，增加湿地水源，改变湿地动植物的生存环境，促使湿地生态的恢复，采取人工增雨增加湿地摄水量后，改变了湿地水环境，影响了植物、动物、微生物的生存环境，湿地的健康状况均有显著的改变，取得了显著的效益。

第7章 高寒草地蒸散发研究

7.1 三江源区潜在蒸散发时空分异特征及气候归因

潜在蒸散量是实际蒸散量的理论上限，通常也是计算实际蒸散量的基础，广泛应用于气候干湿状况分析(严中伟 等,2000;杨建平 等,2002)、水资源合理利用和评价、生态环境如荒漠化等研究中。潜在蒸散量是水分循环的重要参量之一(曹雯 等,2012)。在我国开展的第二次全国水资源综合评价中，潜在蒸散量是水资源评价关注的主要内容之一(高歌 等,2006)。蒸散发是水文循环的重要组成部分，也是水文模型的关键输入因子(左德鹏 等,2011)。就气候变化对水循环的影响而言，蒸散发的变化也是一个不可忽视的影响因子。根据 IPCC 第五次评估报告，1880—2012 年，全球海陆表面平均温度升高了 0.85 ℃，全球暖化会影响大气中的水汽含量和大气环流(张雪芹 等,2008)。受气候变化的影响，降水、蒸散发等水循环系统也发生了明显变化。潜在蒸散发(Potential Evapotranspiration，ET_0)既是水分循环的重要组成部分，也是能量平衡的重要部分，它表示在一定气象条件下水分供应不受限制时，某一固定下垫面可能达到的最大蒸发蒸腾量(左大康,1990;尹云鹤 等,2005)，也称为参考作物蒸散发。潜在蒸散发在地球的大气圈-水圈-生物圈中发挥着重要的作用，与降水共同决定区域干湿状况，并且是估算生态需水和农业灌溉的关键因子(尹云鹤 等,2010)。

三江源区位于世界屋脊——青藏高原的腹地、青海省南部，为孕育中华民族、中南半岛悠久文明历史的世界著名江河——长江、黄河和澜沧江的源头汇水区(马致远,2004)。长江总水量的 25%、黄河总水量的 49%和澜沧江总水量的 15%都来自于三江源区，使这里成为我国乃至亚洲的重要水源地，素有“江河源”“中华水塔”“亚洲水塔”之称。世界著名的三条江河集中发源于一个较小区域内在世界上绝无仅有，青海省也由此闻名于世。近年来，三江源区的生态环境急剧恶化，出现草场退化、土地沙漠化、冰川消退、湿地萎缩等一系列以水资源变化和植被退化为核心的生态问题，不仅影响和制约了本地区社会经济的发展，同时也严重影响到江河中下游地区的经济发展、人民生活、社会安定和民族团结(马致远,2004)。因此，三江源区潜在蒸散发时空变化分异特征及其对气候归因的分析，对于探寻该区域水分平衡规律、三江水资源的供给量，保持下游水安全以及该区域草地退化的驱动机制、生态平衡研究等具有重要的意义。

对于潜在蒸散发的气候归因，Chattopadhyay 等(1997)认为，美国、苏联和印度等地区潜在蒸散下降的主要原因是北半球相对湿度的增加及辐射的减少；尹云鹤等(2010)对中国潜在蒸散发的研究表明，1971—2008 年我国年平均潜在蒸散发整体呈下降趋势，但 20 世纪 90 年代以来有所增加，主要归因于风速和日照时数；相对湿度和温度变化对潜在蒸散发变化的贡献较小。风速减小是影响我国北方温带和青藏高原地区年潜在蒸散发降低的主要原因。

7.1.1 Penman-Monteith公式(彭曼公式)有效性检验

三江源区无潜在蒸散发的观测站，确定潜在蒸散发的真实值有一定难度，为了检验Penman-Monteith潜在蒸散发模型的有效性，采用蒸发皿法来确定潜在蒸散发。已有研究表明，根据蒸发皿蒸发量乘系数 K_p 得到的 ET_0 在较长时间尺度上与测定的 ET_0 接近。樊军等(2006)用蒸发皿观测结果可以很准确地计算 ET_0，并给出了 K_p 的确定方程：

$$K_p = 0.482 - 0.000376U_2 + 0.024\ln F + 0.0045H \tag{7.1}$$

式中，U_2 为2 m高度处风速(m/s)；F 为上风方向缓冲带的宽度(m)；H 为相对湿度(%)。由于Class-A型蒸发皿在欧洲一些地区广泛使用，因此，根据 U_2、F 与 H 确定 K_p 方程被广泛应用。中国的蒸发皿安置与Class-A型蒸发皿不同，其距地面距离显著大于Class-A型，因此，受 F 的影响较小，以10 m高处的风速代替2 m高风速，中国干旱区 K_p 为：

$$K_p = 0.387 - 0.025U_{10} + 0.004H \tag{7.2}$$

在三江源区18个站中选取了蒸发皿观测数据较完整的6个气象站，应用此系数将蒸发皿观测蒸发数据订正后作为潜在蒸散发的准观测值，与模拟值进行比对，分析Penman-Monteith公式在高原地区应用的有效性及模型中参数的准确性。三江源区玛沁、五道梁、达日、泽库、兴海、玉树6站Penman-Monteith公式模拟潜在蒸散量和利用蒸发皿观测值得到的潜在蒸散量散点图如图7.1所示，各站数据点基本靠近 $y=x$，相关系数在0.95左右，模拟值和准观测值具有很好的相关性，说明用Penman-Monteith公式和改进的总辐射计算公式模拟三江源潜在蒸散量是可行的。

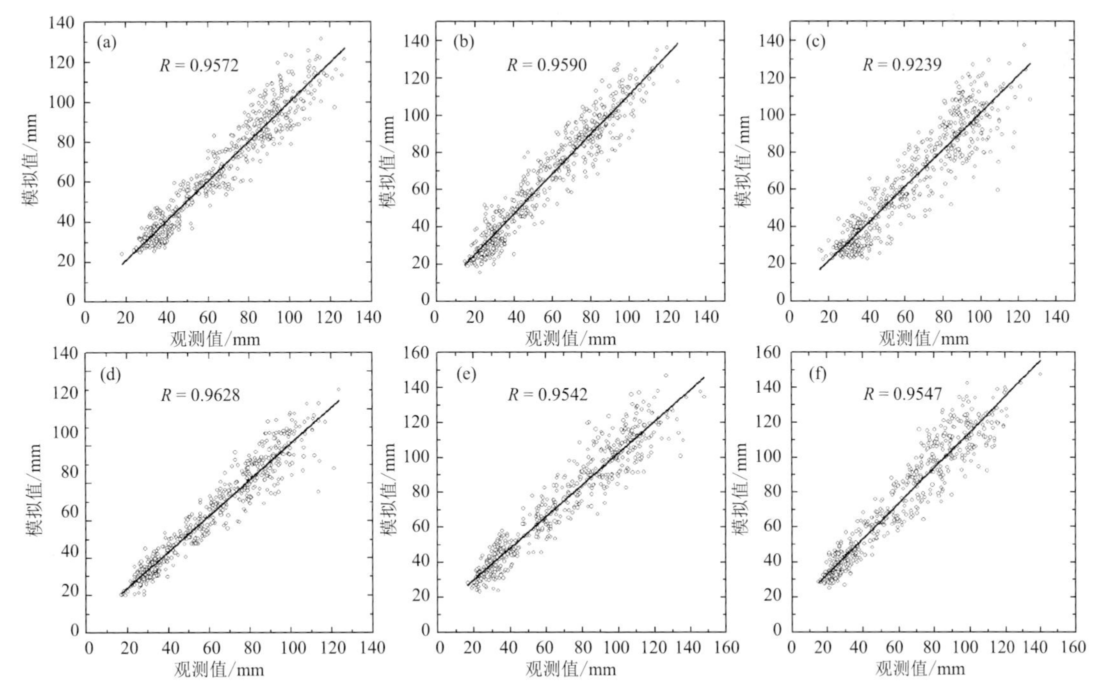

图7.1 三江源区6个气象站Penman-Monteith公式模拟值与经 K_p 系数订正后的潜在蒸散发值

(a)玛沁；(b)五道梁；(c)达日；(d)泽库；(e)兴海；(f)玉树

7.1.2 三江源区潜在蒸散发的空间分布格局

三江源区气候属于青藏高原气候系统，为典型的高原大陆性气候，表现为冷热两季交替，干湿两季分明。经模型估算全区域多年平均潜在蒸散量为 836.9 mm，其空间分布格局具有明显的地区性差异，总体趋势是：东北、西南高，中部低，范围在 732.0（甘德）～961.1 mm（囊谦）之间，最高值和最低值比值为 1.3。多年潜在蒸散量较高的区域为玉树州的囊谦、玉树市、杂多和海南的兴海、同德地区，其值均在 850 mm 以上，较低的区域为果洛州的久治、玛多及玉树州的称多地区，在 750 mm 左右。潜在蒸散量多年平均值与空间分布与王素萍（2009）计算的江河源区潜在蒸散量的结果有差异，出现差异的原因可能在于辐射模型和气象台站的选择上（图 7.2）。

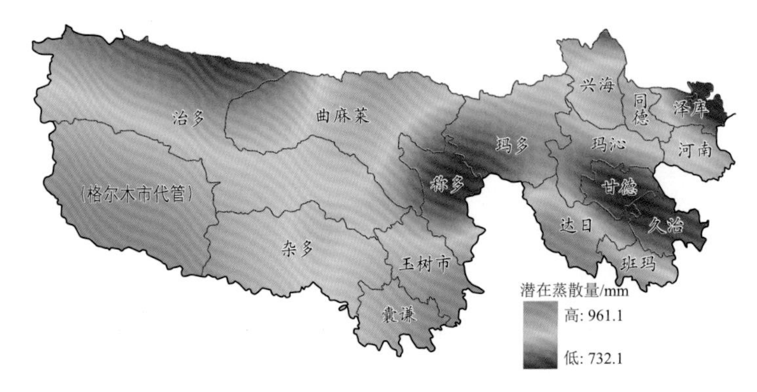

图 7.2 三江源区多年平均年潜在蒸散量空间分布

区域全年潜在蒸散发最高月为 7 月，最低月为 1 月，全区二者月平均值分别为 108.6 mm 和 30.5 mm，选择 1、4、7、10 月作为冬、春、夏、秋季代表月，分析三江源区多年平均潜在蒸散发的分布格局。夏、秋季分布格局非常相似，三江源的东部区域，西部的称多、治多地区为低潜在蒸散发区，果洛的达日和班玛、玉树的曲麻莱和杂多、小唐古拉山地区（格尔木代管区）为潜在蒸散发高值区，海南的兴海、同德位于中间。冬季，三江源北部大部分地区及海南的兴海和同德、黄南的泽库和河南为潜在蒸散发低值区，南部地区为高值区。春季分布形式较为复杂，高值区有兴海、同德、达日、班玛、囊谦、玉树，低值区有甘德、久治、玛多、称多、治多、杂多。夏秋季的潜在蒸散发与全年的潜在蒸散发分布格局相似（图 7.3）。

7.1.3 三江源区潜在蒸散发的时间变化

1961—2012 年，三江源区年平均潜在蒸散发整体上以 0.69 mm/a 的速率增加，变化趋势通过 0.01 的显著性检验（图 7.4），上升最为明显的阶段是 1961—1970 年，其后开始振荡下降，直到 20 世纪 90 年代末，又逐渐开始上升，20 世纪 90 年代前后为该区域潜在蒸散发低值区间。三江源区潜在蒸散发整体上升的变化趋势和全国、西北地区潜在蒸散发下降的变化趋势不一致，但均呈现 20 世纪 90 年代左右为低值区的现象。其变化原因可能与对潜在蒸散发起主导作用的气象因素在各个区域的变化趋势有关。20 世纪 90 年代期间三江源区潜在蒸散发大幅减少说明太阳总辐射对三江源区的潜在蒸散发有较强的影响作用。李晓文等（1998）研究认为，20 世纪 90 年代全国范围内潜在蒸散发的减少可能与大气混浊度的增加和气溶胶的增多而导致的太阳总辐射和直接辐射减少有关。

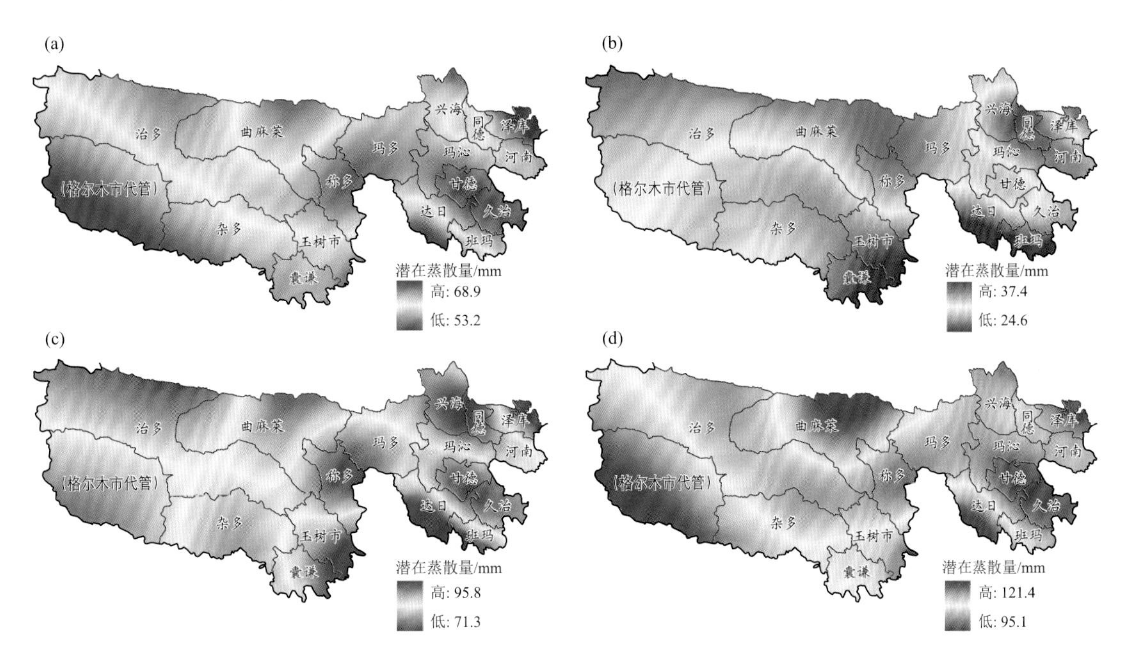

图 7.3　三江源区四季潜在蒸散发多年平均值空间分布
(a)冬季 1 月;(b)春季 4 月;(c)夏季 7 月;(d)秋季 10 月

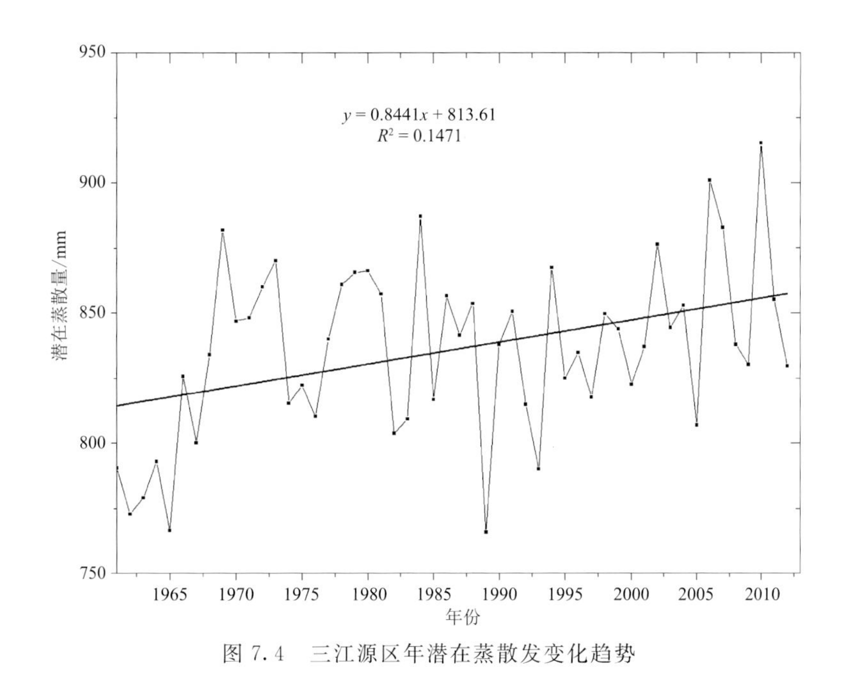

图 7.4　三江源区年潜在蒸散发变化趋势

分析三江源区四个季节潜在蒸散发变化趋势,春季、秋季、冬季的潜在蒸散发缓慢上升,但不显著。值得注意的是,20 世纪 90 年代前后冬季的潜在蒸散发也相应地出现了低谷现象,年潜在蒸散发在本时段减少主要是冬季潜在蒸散发减少引起的。四季中,仅仅夏季以 0.17 mm/a 的速率上升,变化趋势通过 0.1 的显著性检验。三江源区年蒸散发的增加主要体现在夏季,夏季蒸散发的增加对年潜在蒸散发的贡献最大(图 7.5)。

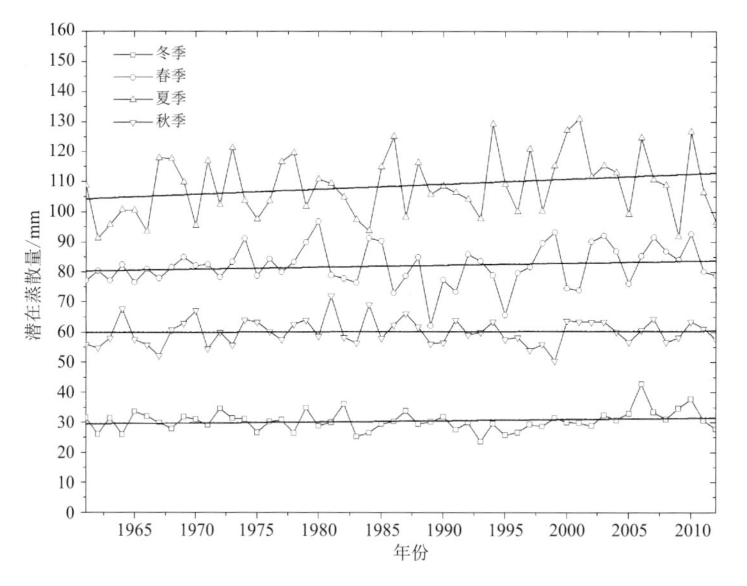

图 7.5　三江源区四季潜在蒸散发年际变化趋势

三江源不同地区潜在蒸散发多年变化速率空间分布差异明显，但总体特征表现为多年潜在蒸散发呈显著增加趋势。18 个站中，10 个站潜在蒸散发表现出显著增加趋势，通过 0.01 的显著性检验。其中，玛多、同德、达日地区通过 0.001 的极显著检验，分别以 2.02、1.67、1.66 mm/a 的速率增加。泽库、久治、玛沁、称多、治多北部、玉树、格尔木代管区也以 0.68～1.34 mm/a 的速率呈增加趋势。杂多、囊谦、曲麻莱、甘德、河南及班玛地区虽呈增加趋势，但未通过显著性检验。治多南部和兴海地区潜在蒸散发表现为减少趋势，未通过显著性检验(图 7.6)。

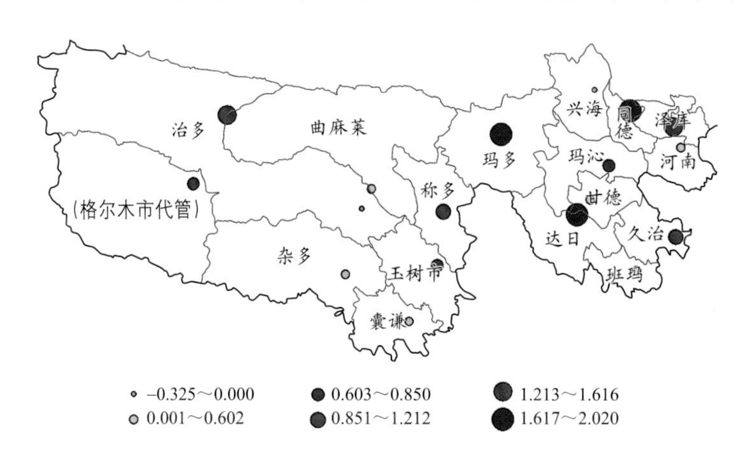

图 7.6　1961—2012 年潜在蒸散发多年变化速率(单位:mm/a)的空间分布

7.1.4　三江源区潜在蒸散发时间变化影响因子分析

利用 Panmen-Montieth 公式估算三江源区月潜在蒸散发时，涉及的气象因子有月平均气温、月最高气温、月最低气温、日照百分率、风速、相对湿度、总辐射，地理因子有纬度和海拔高度。分析以上因子对三江源区年潜在蒸散发随时间变化的影响程度，9 个气象要素中相对湿度、总辐射、最高气温为主导因子(表 7.1)。最高气温贡献率为 56.9%,是影响年潜在蒸散发增加最主要的主导因子,每上升 1 ℃,年潜在蒸散发增加 19.7 mm/a;第二主导因子为总辐射,贡献率是 35.7%,年总辐射每增加 100 MJ,年潜在蒸散发增加 18.1 mm/a,第三主导因子是相对湿度,年相对湿度增加 1%,蒸散发减少 3.6 mm/a,上述三项因子可解释年潜在蒸散发变化的 97.439%。从三江源区域整体来分析,最高气温的上升、总辐射的增加和相对湿度的降低是三江源地区年潜在蒸散发呈增加趋势的主要原因。

表 7.1　三江源区年潜在蒸散发时间变化影响因子

因子	偏相关系数	偏回归系数
最高气温	0.5690	19.6981
总辐射	0.3559	0.1805
相对湿度	0.0270	−3.6414
日照百分率	0.0164	−6.8249
风速	0.0077	11.4218
平均气温	0.0023	5.8181

但三江源不同区域影响年潜在蒸散发的因子组合和贡献率有一定差异(表 7.2)。三江源北部、西部地区以相对湿度和总辐射为主导,如兴海、五道梁、同德地区;南部的玉树、河南、甘德等区域以最高气温和总辐射为潜在蒸散发的主导因子,南部的囊谦地区则以总辐射和相对湿度为主导,其中总辐射的贡献率达到了 69.4%。治多地区则以最高气温为主导因素,贡献率达到 88.7%。在此基础上,分析同德、玛多、达日三地区年潜在蒸散发以较快趋势增加的原因,同德年潜在蒸散发增加的主导因子是相对湿度,其贡献率达到 78.3%,为负贡献,表现在年变化上是年相对湿度降低,引起该地区年潜在蒸散发的增加;玛多地区是相对湿度的降低和总辐射的增加引起了年潜在蒸散发的增加,二者贡献之和为 86%;达日地区总辐射的增加和最高气温的上升导致年潜在蒸散发的增加。三江源区影响年潜在蒸散发的主要因子有相对湿度、总辐射、最高气温,而最低气温、日照百分率、风速对年潜在蒸散发的影响较小。而国内大部分地区风速和日照百分率为影响潜在蒸散发的主导因子(高歌 等,2006;尹云鹤 等,2010;曹雯 等,2012),这也是三江源区潜在蒸散发变化的显著特征之一。

表 7.2　三江源不同地区潜在蒸散发影响因子偏相关系数

因子	五道梁	兴海	同德	泽库	沱沱河	治多	杂多	曲麻莱	玉树
相对湿度/%	0.5712	0.6518	0.7829	0.6809	0.4756	0.0111	0.0179	0.2946	0.0109
总辐射/MJ	0.2945	0.1552	0.1220	0.1634	0.3917	0.0815	0.5048	0.5299	0.3849
平均气温/℃	0.0030	0.0843	0.0072				0.0031	0.0959	
最高气温/℃	0.0977	0.0068	0.0176	0.1168	0.0804	0.8870	0.3906		0.4905
最低气温/℃				0.0041					0.0019
风速/(m/s)		0.0788	0.0534	0.0031	0.0046	0.0053	0.0420	0.0192	0.0699
日照百分率/%	0.0138	0.0060	0.0022	0.0187	0.0080	0.0019	0.0224		0.0231
潜在蒸散发趋势	增加***	减少	增加***	增加***	增加*	减少	增加	增加	增加***

续表

因子	玛多	清水河	玛沁	甘德	达日	河南	久治	囊谦	班玛
相对湿度/%	0.6148	0.0405	0.0893	0.1211	0.0159	0.0073	0.0112	0.1975	
总辐射/MJ	0.2466	0.385	0.4192	0.6527	0.5974	0.7327	0.6196	0.6936	0.5407
平均气温/℃			0.004			0.003		0.0247	0.005
最高气温/℃	0.093	0.523	0.4165	0.2064	0.3486	0.2255	0.3256	0.0021	0.1792
最低气温/℃				0.0052	0.0027		0.0139		
风速/(m/s)	0.0025		0.0241		0.0142	0.0078	0.006	0.0634	0.2325
日照百分率/%	0.0158	0.0157	0.0312	0.0035	0.0058	0.0119	0.0067	0.0058	0.0109
潜在蒸散发趋势	增加***	增加***	增加**	增加	增加***	增加	增加***	增加	增加

注：* 通过 $\alpha=0.1$ 的显著性水平检验；** 通过 $\alpha=0.05$ 的显著性水平检验；*** 通过 $\alpha=0.01$ 的显著性水平检验

对 18 个站 52 a 的潜在蒸散发值进行平均，滤去时间变化影响，分析三江源区年潜在蒸散发空间变化的影响因子，结果如表 7.3 所示。7 个气象要素中相对湿度、最高气温和总辐射是影响潜在蒸散发空间变化的主导因子，与影响年潜在蒸散发时间变化的因子相同，但贡献和重要程度不同。空间分布影响因子中相对湿度为第一主导因子，其贡献率为 59.8%，相对湿度每升高 1%，区域年潜在蒸散发可增加 20.7 mm，最高气温为第二主导因子，贡献率为 22.2%，第三主导因子为总辐射。三江源区各地区相对湿度、最高气温和总辐射的差异导致了年潜在蒸散发分布的空间差异。

表 7.3　三江源区年潜在蒸散发空间分布主导因子

因子	偏相关系数	偏回归系数
相对湿度	0.5983	−3.7321
最高气温	0.2216	20.6891
总辐射	0.1440	0.1403

利用偏回归系数和偏相关系数分析法对三江源区月潜在蒸散发主要影响因子及贡献率进行分析(表 7.4)。在未引入总辐射的情况下，平均气温对潜在蒸散发的贡献率达到 80.6%，对潜在蒸散发月变化的贡献是 4.94 mm/月，相对湿度为负贡献，即月相对湿度增加 1%，月潜在蒸散发减少 0.21 mm/月，日照百分率的贡献是 0.58 mm/月，二者贡献率较小。海拔和纬度的贡献很小，不到 1%。引入总辐射后，总辐射成为对潜在蒸散发的第一影响因子，贡献率达到 83.77%，其次为平均气温，两者贡献率之和为 97.0%。总辐射和平均气温是影响三江源区月潜在蒸散发的主导因子，其次为风速和日照百分率，即三江源区月际间潜在蒸散发的差异主要是由总辐射和平均气温的差异引起的。

表 7.4　三江源区月潜在蒸散发影响因子

因子	平均气温	相对湿度	风速	日照百分率	纬度	海拔	截距
偏回归系数	4.1894	−0.2101	4.8652	0.5780	−0.5730	0.0099	19.6815
偏相关系数	0.8059	0.0457	0.0323	0.0121	0.0056	0.0002	
因子	平均气温	相对湿度	风速	日照百分率	总辐射	海拔	截距
偏回归系数	2.2571	−0.1764	0.7285	0.1127	0.1105	0.0019	7.5982
偏相关系数	0.1324	0.0043	0.0004	0.0006	0.8377	0.0005	

注：表中上下部分为不同的两组因子，上部分中未引入总辐射，而下部分中引入了总辐射

本节基于FAO推荐的Penman-Monteith公式和气象资料，通过修订Penman-Monteith公式中总辐射计算模型，估算了三江源区的潜在蒸散量，在对潜在蒸散量的空间分布特征和时间演变规律进行分析的基础上，定量探讨了三江源区影响潜在蒸散发变化的时间变化和空间分布的主导因素。

利用Penman-Monteith公式和修订的三江源区辐射模型估算的三江源区潜在蒸散发结果是可信的。三江源区多年潜在蒸散发的空间分布为：东北、西南高，中部低，多年平均潜在蒸散发的范围在732.0(甘德)～961.1 mm(囊谦)之间，平均为836.9 mm。全年潜在蒸散发最高月为7月，最低月为1月，四季潜在蒸散发的分布格局不尽一致，夏秋季的潜在蒸散发与全年的潜在蒸散发分布格局相似。

1961—2012年，三江源区年平均潜在蒸散发整体上以0.69 mm/a的速率增加。四季中，春季、秋季、冬季的潜在蒸散发缓慢上升，但不显著，夏季以0.17 mm/a的速率上升，三江源区年蒸散发的增加主要体现在夏季，夏季潜在蒸散发的上升对年潜在蒸散发上升的贡献最大。同德、玛多、达日三地区年潜在蒸散发以较快趋势增加。

最高气温上升、总辐射增加和相对湿度降低是三江源区年潜在蒸散发呈增加趋势的主要原因。最高气温贡献率为56.9%，是年潜在蒸散发增加最主要的主导因子，总辐射贡献率为35.6%。这与国内其他区域影响潜在蒸散发的主导因子有所不同，国内大部分地区风速和相对湿度是影响潜在蒸散发的主导因子，而最高气温和总辐射的作用不是很明显(尹云鹤 等，2010；左德鹏 等，2011；曹雯 等，2012)。影响潜在蒸散发月际间变化的主导因子为总辐射，贡献率达到83.8%，其次为平均气温。

本研究利用修订后的Penman-Monteith公式，计算了气象台站的潜在蒸散发值。但对本区域潜在蒸散发更进一步的研究，如区域格点上的估算、潜在蒸散发日变化的研究等等，尚需要对公式中的有些参数做进一步的修订，以提高模式的模拟精度。另外，分析影响潜在蒸散发的气象要素时，直接选取了Penman-Monteith公式中的平均气温、辐射、相对湿度等7个因子进行了分析，然而还有很多其他因子可以间接影响潜在蒸散发，如云量、气溶胶浓度等，还需做深入分析。

7.2 三江源区高寒沼泽草甸日蒸散发估算模型研究

青藏高原被誉为“世界屋脊”，通过独特的地形力和热效应对东亚和全球大气水循环产生了深刻影响，成为全球气候变化的关键敏感地区(Kutzbach et al.，1993；Dupont-nivet et al.，2007；王同美 等，2008)。三江源区位于青藏高原腹地，属青藏高原的重要组成部分和生态功能核心区。三江源区面积达3.9×10^5 km^2，约占青藏高原总面积的1/7。三江源区下垫面类型复杂多样，主要包括高寒湿地、高寒草原、高寒草甸、冰川雪山、湖泊等类型，是陆地-大气相互作用的关键区域之一(刘纪远 等，2008)，也是地表过程模型的重要组成部分，对准确估算青藏高原地表潜热和蒸散发具有重要作用。

湿地实际蒸散发的许多估算方法和模型已经得到了广泛的应用，大多数研究几乎都是在美国或欧洲进行的。如Jensen-Haise和Makkink方程得出的月尺度蒸散发值与美国中北部的能量预算值相当吻合(Winter et al.，1995)。Rosenberry等(2004)在美国北达科他州中东部半永久沼泽湿地用能量平衡蒸散发估算法与其他12种方法进行了比较，得到了较好的效果。这些研究中，许多是基于参考蒸散发的估计，利用理论原理、经验关系以及理论与经验相结合的方法推导得出参考蒸散发，然后用试验方法建立参考蒸散发(ET_r)和实际蒸散发(ET_a)之间的经验模型，主要方法包括 lysimeter 法、eddy covariance 法、hydrology 法和波文比能量平衡法(Drexler et al.，2004)。国内也有不少学者采用不同的模型方法对草地、农田、森林等不同下垫面蒸散量的估算进行了研究(张建君，2009；刘可 等，2018)。但由于数据资料时序较短、模型的精度差异不一致、研究区域不同及其气候条件的差异性，所获结果也不尽相同。目前，国内外学者对地理位置极为特殊的青藏高原地区蒸散量的研究相对较少，尤其对高寒沼泽草甸的实际蒸散发的研究尚未见报道。为此，本研究通过青藏高原腹地的三江源区辐射模型的比较、波文比系统观测，构建基于常规气象要素的高寒沼泽草甸实际蒸散发模型，以期为高寒区域沼泽草甸大范围蒸散发估算提供科学依据。

7.2.1 土壤水分和常规气象条件

土壤水分分析数据表明，试验期间 10 cm 土层及以上土壤容重为 0.59 g/cm³，土壤体积含水率大于 60%，各生育期接近饱和(图 7.7)。生长季 2 m 高日平均气温为 5.80 ℃，最高为 14.00 ℃，最低为－9.00 ℃。总降水量为 167.30 mm。2 m 高度的平均风速为 2.30 m/s，风速范围为 1.00～6.90 m/s。平均相对湿度为 70%，最大值为 92%，最小值为 40%。日最低平均相对湿度为 35%。日平均净辐射 115.60 W/m²，在－35.00～224.80 W/m² 范围内变动(图 7.8)。

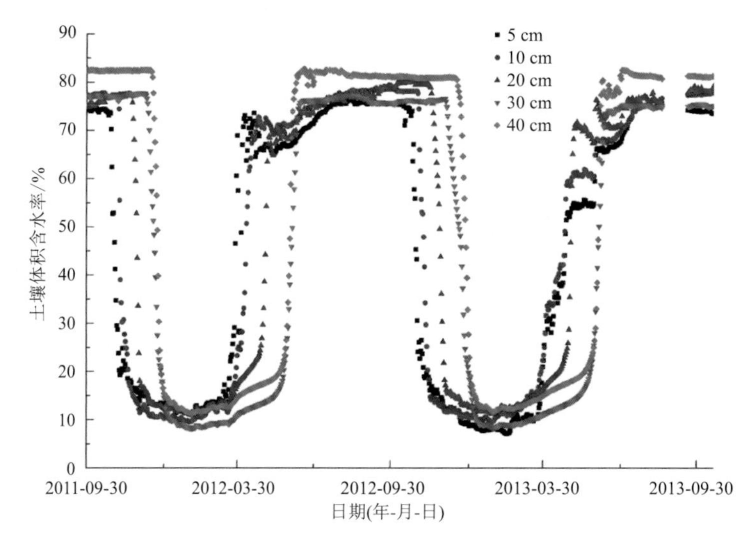

图 7.7 试验期间土壤体积含水率

7.2.2 辐射估算

净辐射是净短波辐射减去净长波辐射。基于 FAO-56 和左大康模型的净辐射与净辐射观测值之间的决定系数 R^2 为 0.81 和 0.80，但左大康模型 RMSE(均方根误差)＝5.17 MJ/(d·m²)，MAE(平均绝对误差)＝1.73 MJ/(d·m²)，优于 FAO-56 P-M 模式的 RMSE＝7.01 MJ/(d·m²)和 MAE＝2.13 MJ/(d·m²)，选用左大康模式能达到更好的效果(图 7.9)。

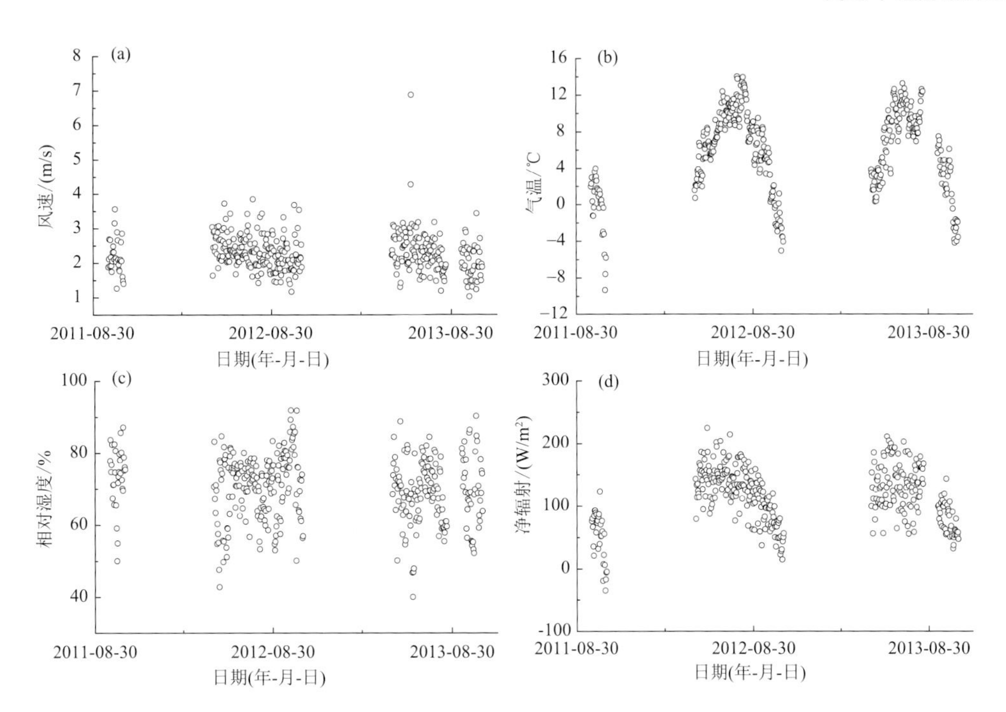

图 7.8 试验期间气象条件

(a)风速;(b)气温;(c)相对湿度;(d)净辐射

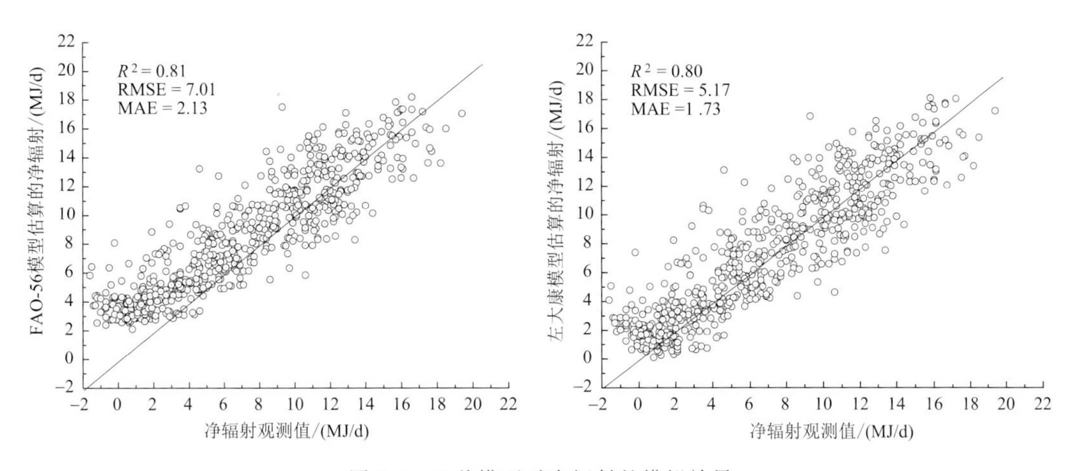

图 7.9 2 种模型对净辐射的模拟效果

7.2.3 日 ET_a 计算

波文比能量平衡(BREB)法是一种间接估计 ET_a 实际蒸散发的方法，许多学者对其精度进行了分析(Fuchs et al.,1970;Sinclair et al.,1975;Heilman et al.,1989)。BREB 法已经在各种野外试验条件下被广泛应用，且在没有涡度相关设备条件下，已经被认为是一种非常精确的方法(Fuchs et al.,1970)。有代表性的观点认为，由 BREB 法计算得到的潜热通量误差小于 10% (Fuchs et al.,1970)。BREB 法也有一定的局限性，在仪器设备较高的情况下，需要至少 2 个高度的气象观测数据。

图 7.10 为采用 BREB 法计算的高寒沼泽草甸 ET_a 值。2012 年 5—10 月各月份日平均 ET_a 分别为 4.20、3.70、3.90、3.90、3.10 和 1.50 mm。日平均 ET_a 为 3.40 mm，最大值为 8.90 mm，最小值为 0 mm。

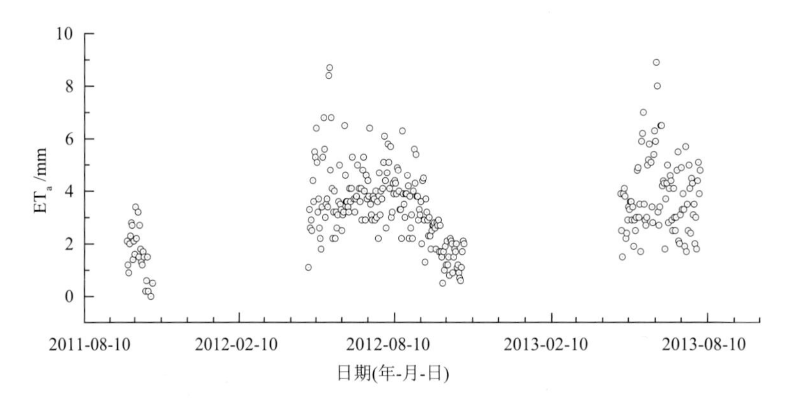

图 7.10　基于 BREB 法的高寒沼泽草甸实际蒸散发

基于 BREB 法的 ET_a 与 FAO-56 P-M、Priestley-Taylor、Hargreaves 和 Makkink 方法对 ET_r 的回归结果如图 7.11 所示。4 种方法的决定系数（R^2）都大于 0.63，这表明通过 BREB 法计算得到的日 ET_a 与 4 种模型得到的 ET_r 之间具有较好的相关性。

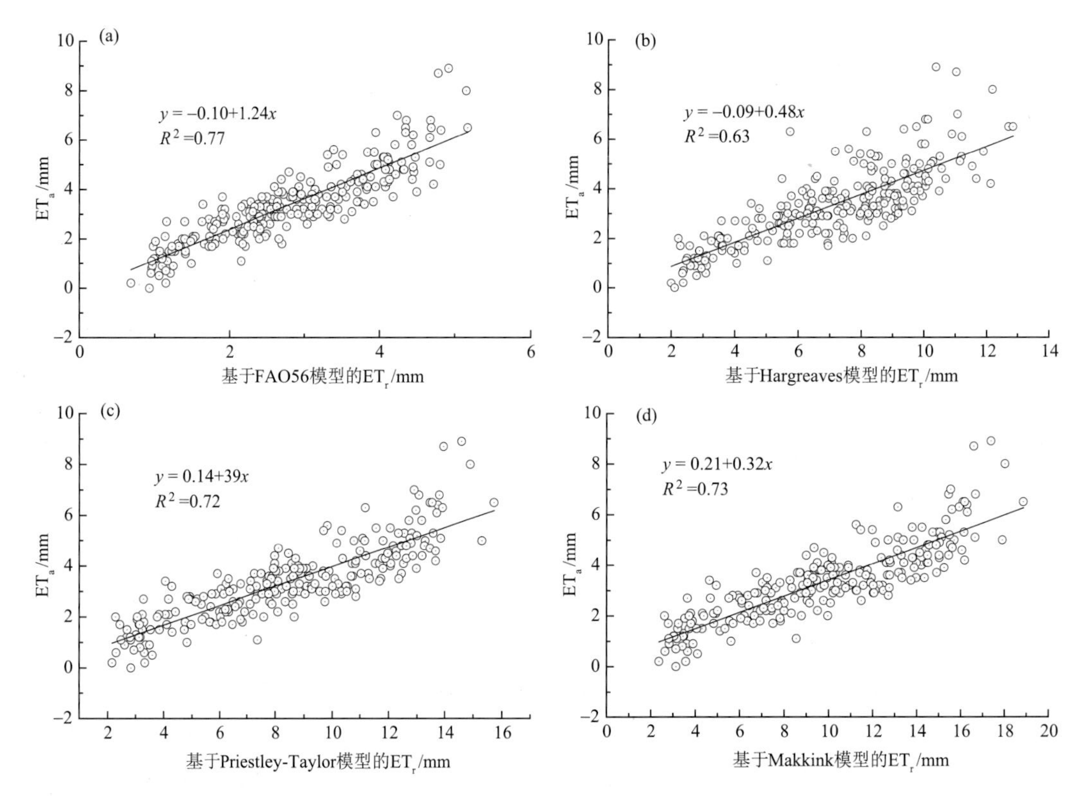

图 7.11　基于 BREB 法的 ET_a 与 4 种方法的 ET_r 间的回归结果

(a)FAO-56 P-M；(b)Hargreaves；(c)Priestley-Taylor；(d)Makkink

7.2.4 四种模型的模拟效果

为了获得回归模型参数，将有效数据分为2组：回归数据集(a)和验证数据集(b)。将整个301 d数据随机以每5 d为1组进行了分组，初步挑选了244 d数据用于回归；其余57 d数据用于验证。即选取301 d每5 d中的最后1 d进行验证，其余4 d进行回归，得到回归方程的参数a、b和R^2(a为斜率，b为截距)(图7.12)。研究表明，FAO-56 P-M、Priestley-Taylor和Makkink经验模型的AI(拟合指数)均大于0.80(刘安花 等，2010)，而模型的MAE＜50％(Willmott，1982)，说明3种模型都具有良好的表现。与AI仅为0.68、RMES为1.14的Hargreaves法相比，这3种方法均有较好的效果。因此，如果获得常规的气象数据，利用这些模型就可以估算出高寒沼泽草甸的日平均ET_a。

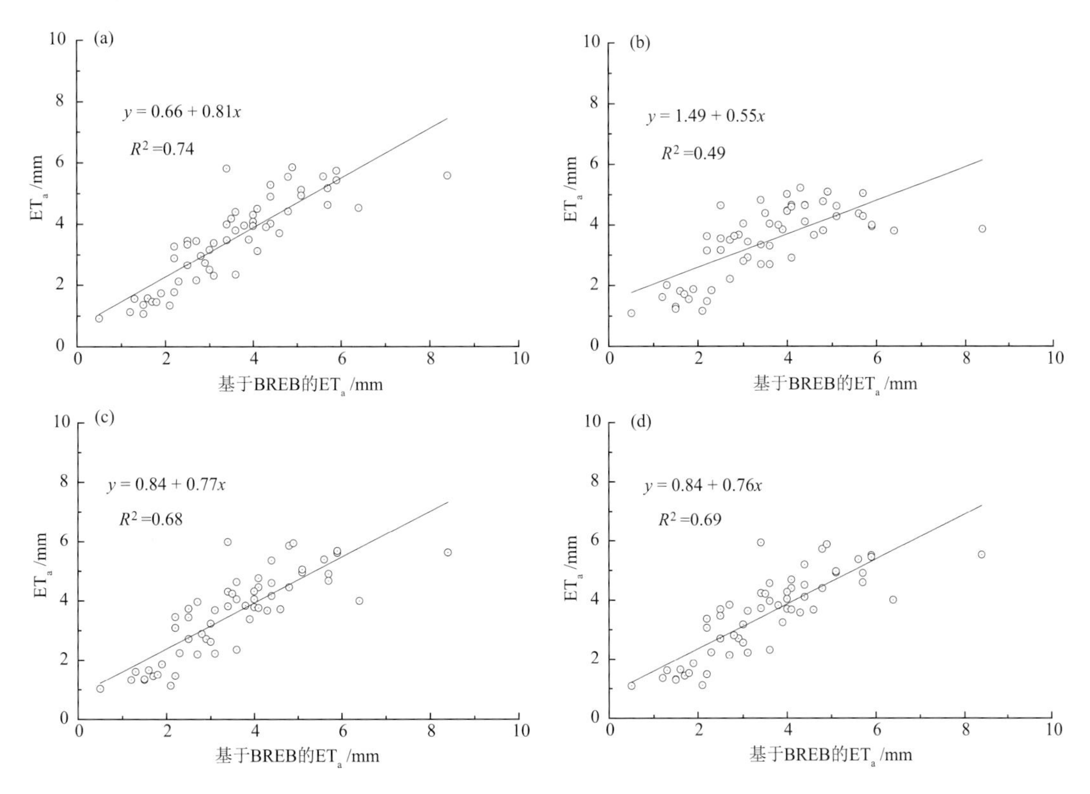

图7.12 基于56 d BREB的ET_a与4种方法的ET_a间的比较

(a)FAO-56 P-M；(b)Hargreaves；(c)Priestley-Taylor；(d)Makkink

近年来，随着全球气候变化的进一步加剧，三江源区的水资源平衡在高寒草甸和湿地生态系统功能中发挥着重要作用。干旱变化趋势影响了三江源区湖泊和湿地的补给，主要包括温度持续上升、冰川和积雪面积减小、降水趋于减少以及蒸散量逐年增加(Liu et al.，2012)。

蒸散发是陆地生态系统向大气输送水汽，并伴有大量水分损失的现象，蒸散发是主要地表能量损耗过程之一(李林 等，2004)。以往研究发现，全球气候变化是蒸散发年际波动的主要驱动因素之一(Gu et al.，2008；Liu et al.，2009；Li et al.，2013)。三江源区独特的气候条件如太阳辐射和温度对其蒸散发有显著的影响(Li et al.，2013)。蒸散发不仅显著影响水资源平衡，而且对能量分配也有很大的影响。净辐射是蒸散发的主要驱动因素，主要由短波和长波辐射决定，也与不同下垫面的植被类型有关(Li et al.，2013)。本研究基于2种模型的净辐射值与实际观测值进行模拟，发现FAO-56和左大康模型都能较好地反映净辐射，二者的决定系数比较接近，但从2种模型的RMES和MAE来看，左大康模型对净辐射的模拟效果明显好于FAO-56。因此，左大康模型是估算三江源区高寒沼泽草甸净辐射的最佳模型。波文比作为解释能量交换的重要参数，已被广泛用于描述地表能量平衡中潜热和感热通量的分布(刘帅 等，2010)。有研究(刘安花 等，2010)表明，青藏高原高寒草甸生长季的日平均ET_a为2.8 mm。而本研究发现高寒沼泽草甸植被生长季日平均ET_a为3.4 mm，不难发现高寒沼泽草甸的ET_a值高于高寒草甸，这主要因为高寒沼泽草甸土壤水分含量高于高寒草甸，土壤水分不是限制高寒沼泽草甸蒸散发的主导因子。另外，高寒沼泽草甸表层土壤水分基本处于饱和状态，对自然降水的敏感性较弱，通常以蒸散发的方式输送至大气圈或产生地表径流；高寒草甸表层土壤水分含量较低，质地松软，对降水的敏感性较高，从而削弱了土壤水分的蒸散发。为满足植被良好的生长发育，水分便自上而下运移至植被根系层，短期内不会出现明显的径流现象。此外，本研究还发现，无论是从基于BREB法的ET_a与FAO-56 P-M、Priestley-Taylor、Hargreaves和Makkink法对ET_r的回归结果，还是基于BREB法的ET_a与FAO-56 P-M、Priestley-Taylor、Hargreaves和Makkink法对ET_a的模拟效果来看，基于上述4种模型的高寒沼泽草甸ET_a和ET_r与BREB法获得的实际蒸散发ET_a间均有较好的相关性，但通过比较其RMSE、MAE、AI以及R^2值之后，可以发现Hargreaves模型的模拟效果较其余3种模型差。何奇瑾等(2006)采用BREB和涡度相关法(Eddy Covariance，EC)对盘锦芦苇湿地CO_2通量交换及其模拟进行了研究，发现能量平衡比为0.92，而涡度相关法在夜间出现了低估现象。另外，BREB和EC法对感热通量和潜热通量的估计具有一致性。因此，采用BREB法估算高寒沼泽生态系统的潜热通量和感热通量仍较为可靠。Burba等(1999)利用BREB法研究了内布拉斯加州沙丘湿地生长季节的地表能量通量。结果表明，6月日蒸散发在5～8 mm/d的范围内变化，7—8月日蒸散发减少，9月日蒸散发量变化范围为2～5 mm/d，与本研究结果一致。

波文比能量平衡法作为一种传统的蒸散发计算方法，既有优点也有缺点。BREB法是一种间接估算蒸散发的方法，许多学者(Sinclair et al.，1975；Heilman et al.，1989；刘安花 等，2010)对其精度进行了分析研究。BREB法已在多种野外条件下得到了广泛的研究，并被证明是一种非常准确的方法(刘安花 等，2010)；Monji等(2002)提出了一种改进的梯度法，研究了泰国南部红树林干湿季节水汽和CO_2通量的变化特征，发现基于BREB法的温度和湿度测量精度明显提高，其中BREB(CSI)温度和水气压测量精度可达0.006 ℃和0.1 hPa，除此之外，BREB法具有成本低、要素少、计算方法简单且运用效果好。Bausch等(1992)也比较了BREB法和lysimeter的观测数据，BREB法较lysimeter法低8%，且一天中06:30—18:45期间的蒸散发仅为0.2%。因此，在没有lysimeter的情况下，BREB法仍是一种获取蒸散发观测数据的可靠方法。但BREB法也有其局限性，需要在较高精度的仪器设备条件下，至少需要2种气象观测数据。此外，当波文比为−1时，其通量结果可能不稳定(何奇瑾 等，2006)。

通过比较左大康模型和FAO-56模型的辐射效果，发现左大康模型是估算青藏高原辐射的最佳模型。然后选取4种方法建立青藏高原高寒沼泽草甸ET_a估算的经验模型，采用BREB系统测定ET_a和数据收集。研究表明FAO-56 P-M、Makkink、Priestley-Taylor和Hargreaves的经验模型都可以很好的估算ET_a。FAO-56 P-M、Priestley-Taylor和Makkink经验模型的模拟效果优于Hargreaves经验模型。

7.3 长江源区高寒退化湿地地表蒸散发特征研究

蒸散发是除太阳辐射和大气环流之外的第三种重要的气候因子,控制着地球生态系统和大气的能量和质量交换,从而影响生态系统的水分平衡(Chen et al.,2006)。在自然界中,水汽的蒸散发是海洋和陆地水分进入大气的唯一途径,陆地上的降水量有60%~70%通过蒸腾和蒸发返回大气,因此,蒸散发是地球水文循环的主要环节之一。蒸散发是降水径流形成的主要过程之一,是流域水量平衡计算中的重要项目。蒸散发过程还包括能量的转化,没有能量的交换就不可能发生蒸散发,这就构成了自然地理过程中物质与能量交换的一种普遍现象。蒸散发的计算域研究是水资源评价基础作物灌溉的基本依据。蒸散发的抑制和调控对改变全球和区域的水文循环具有重要意义(徐宗学,2009)。

青藏高原被称为“世界屋脊”,它通过特殊的大地形动力、热力作用深刻地影响着东亚与全球大气水分循环分布,成为全球天气气候变化关键敏感区(王同美 等,2008)。而且作为“世界水塔”,具有非常丰富的水资源储量,其上的湿地分布面积可达13.3×10^4 km^2,且多为高寒沼泽、高寒沼泽化草甸和高寒湖泊(白军红 等,2004),是一种介于陆生生态系统和水生生态系统之间的一种复合型生态系统,对于全球变化具有较高的敏感性(罗磊,2005;宋长春,2003)。随着全球气候变暖,青藏高原生态环境恶化,湿地发生了明显的退化,表现为湿地面积快速萎缩、湿地生态功能减弱和生物多样性的丧失(罗磊,2005)。湿地的退化同水分的输入与输出以及湿地生态系统的蒸散发有密切的联系(贾志军 等,2007),而蒸散发作为湿地系统的重要水文特征,是能量和水分的主要消耗途径,直接影响着相邻生态系统的物质、能量循环(梁丽乔 等,2005)。同时,青藏高原是被公认的受人类活动影响最少的地方之一,其上分布的大量湿地受人为干扰很少,基本上符合原始的生态系统特征,其中牧草的类型、生长发育都属于自然生长,外部环境对其影响较小,是研究高寒退化湿地蒸散发的天然实验室,对它的深入研究具有重要的科学意义。

20世纪90年代,中日合作的“全球能量水循环之亚洲季风青藏高原实验”(GAME/Tibet)将青藏高原地表与大气之间能量交换作为首要的科学目标(马耀明 等,2006)。近年来,该方面的研究依然是科研人员研究的重点。杨健等(2012)对高原地表土壤热状况进行了研究,周秉荣等(2013)分析了黄河源区高寒草甸能量平衡特征,李甫等(2015)对高寒湿地近地面能量收支状况进行了研究。对于蒸散发方面的研究,贾志军等(2007)利用涡度相关技术对三江平原典型沼泽湿地的蒸散发进行了研究,吴锦奎等(2005)对黑河中游地区湿草地蒸散发进行了研究。目前对于蒸散发特征的研究主要是利用常规气象台站的资料来计算潜在蒸散量时空变化(Chen et al.,2006;尹云鹤 等,2010),如对高原牧草或人工草地的蒸散发的研究(冯承彬 等,2008;赵双喜 等,2008;范晓梅 等,2009)等。然而,由于高原腹地的高寒地区条件极为艰苦,观测难度大,系统的观测资料十分缺乏。利用国家级自然保护区——玉树隆宝滩自然保护区长达一年的波文比全自动观测系统资料,拟通过每十分钟各个气象要素的观测资料,分析蒸散量的月、季变化,并探讨实际蒸散量的季节变化与不同深度土壤温度、湿度以及气象要素之间的关系。

7.3.1 草地潜在蒸散量 ET_0 的日变化特征

通过 2012 年 6—9 月的观测数据，计算得到了玉树隆宝滩高寒退化湿地生态系统的每十分钟的潜在蒸散量数据，按月计算了潜在蒸散量的日变化(图 7.13)。从图中可以看出，高寒退化湿地的潜在蒸散量从早晨 07:00 左右由于太阳辐射加强而开始逐步增加；下午 14:00 左右达到最大值，此时辐射以及其他因素对蒸散发的影响最大；在夜晚 20:00 左右又回落到较低的水平，日落之后地表仍有大量热量散发，致使蒸散发一直持续很长时间。从图 7.13 中也可以明显地看出，潜在蒸散量在牧草生长期 6—9 月日变化在中午时段都能超过 2.0 mm/d，这可能是由于在牧草生长期，太阳辐射的增加致使地表温度以及环境因子改变，使得地表蒸发加快，蒸散发总量提升。另外，从图 7.13 中也可以看到，6、7、8 月潜在蒸散量最大值逐渐升高，9 月回落，与潜在蒸散量的月变化相吻合。潜在蒸散量在冬季的 12 月和 1 月最低，不足 10 mm/月，自 2 月开始上升，至 8 月最大，其后逐渐下降。

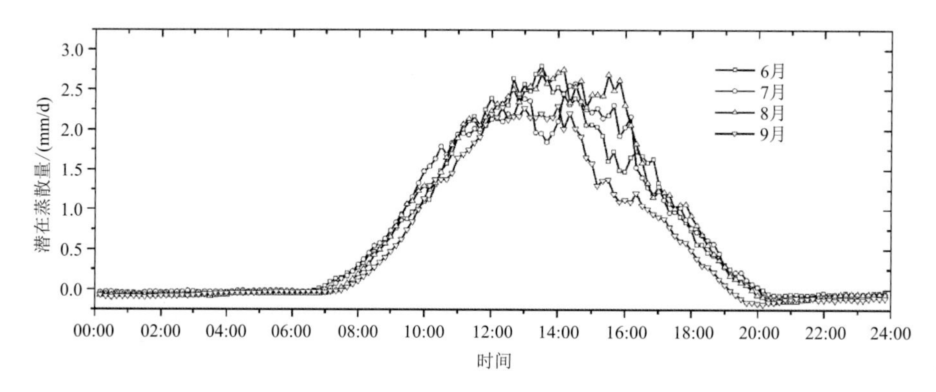

图 7.13　6—9 月潜在蒸散量的日变化特征

7.3.2 实际蒸散量 ET_c 的季节变化特征

地表与大气之间的陆气水汽交换的两个过程就是降水和蒸散发，降水使得水汽从大气圈降落到地表，而蒸散发作用又使得水汽从地表传输到大气层，从而形成了水分的循环。图 7.14 为玉树隆宝滩湿地的实际蒸散量与降水量的全年变化，实际蒸散量整体表现为冬季小、夏季大。在牧草生长期，湿地的实际蒸散量平均值约在 3 mm/d，在此期间的总蒸散量约占到

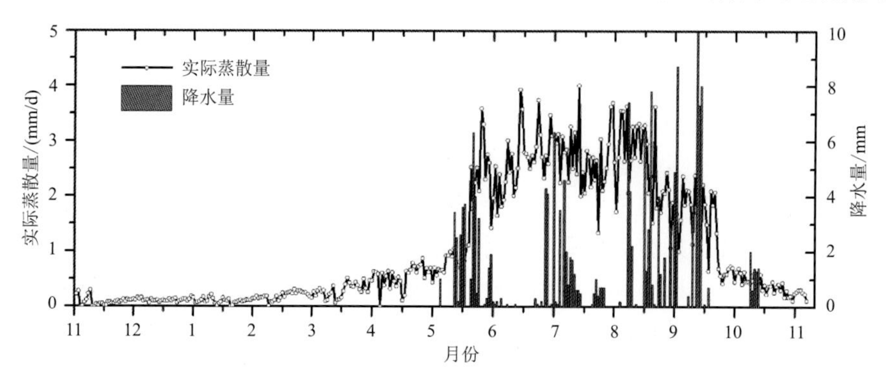

图 7.14　实际蒸散量与降水量的全年变化

全年实际蒸散量的65.7%。这可能的原因是:一方面,由于太阳辐射的增加致使地表和大气温度升高,加剧了陆气之间水分的循环;另一方面,牧草的光合作用也极大地增加了植被中的水汽向大气中散发。

观测期间,5—10月总降水量约为167.4 mm,总蒸散量为337.4 mm。蒸散量远大于降水量,这可以从很大程度上说明高寒湿地水分收入小于支出,使得湿地水分损失,加剧了湿地的退化状况。对水分盈亏的分析发现(图7.15),地表水分收大于支的情况主要集中出现在5月中旬、7月初以及8月下旬和9月初三个时段,同时5—9月也是水分亏损最为严重的时期。在11月—次年5月之间,由于降水量资料缺乏而未进行分析。另外,从图7.14中也可以看到,夏季5—10月,蒸散量保持着较大值,这与降水发生在同一时期。蒸散量的最大值在7月左右,而降水则在9月左右达到最大值,可以看出降水最大值出现的时间要稍微落后于蒸散发的极大值出现的时间。这也是夏季陆气之间水分循环加速的反映,降水极大值落后于蒸散发的极大值也从一定的程度上说明蒸散发为降水提供了大量的水汽,从而佐证了杨梅学等(2002b)根据GAME-Tibet加强观测期间所取得的降水和$\delta^{18}O$资料,认为青藏高原腹地(安多)夏季局地蒸散发的水汽所形成的降水量至少占总降水量的46.9%。可见局地的蒸散发作用对高原水汽交换的贡献之大。

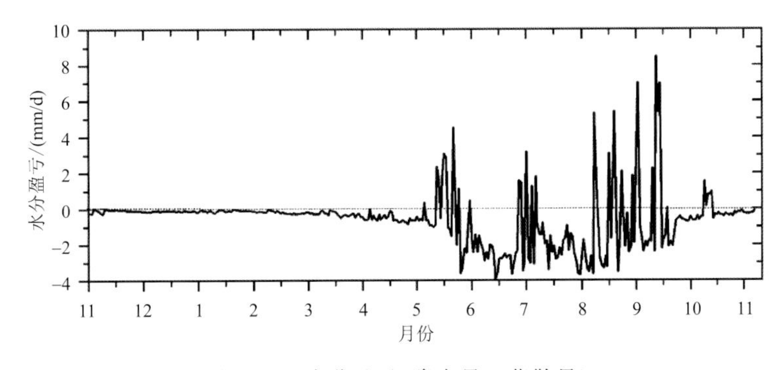

图7.15 水分盈亏(降水量−蒸散量)

7.4 地表参量对实际蒸散量的影响

7.4.1 不同深度地温的影响

土壤温湿状况是路面过程参数化方案中一个重要依据,它会改变地表物理属性,进而影响陆气间的能量水分交换(杨健 等,2012)。地表及植被的蒸散发受到土壤温度的影响较大,土壤温度的增加将会使得土壤中水分温度升高,从而提升植被的蒸腾作用。土壤温度的变化主要决定于土壤热收支和土壤热属性。由于地表下方是植被根系水分的吸收来源,因此,不同深度的地温对植被的蒸腾也具有重要影响。本实验中,讨论了5 cm、40 cm两层地温与实际蒸散量之间的相关性。图7.16a为5 cm处地温与实际蒸散量之间的拟合关系,呈指数关系,相关系数为0.89,通过了0.01的显著性检验。5 cm层离地表最近,能够更多地参与植被蒸腾过程。该层受辐射、降水、植被的影响最大,因此,其相关性最好。从图7.16a中可以看出,当该层地温低于0 ℃时,实际蒸散量维持在较低的水平,基本不超过1 mm/d,这可能是由于土壤处于冻结状态，水分子难以达到活化温度而无法参与蒸散过程。图 7.16b 是 40 cm 处地温与实际蒸散量的相关关系，同样为指数关系，相关系数为 0.84，亦通过了 0.01 的显著性检验。王长庭等(2012)对三江源区植被群落根系的研究发现，0～10 cm 是植被根系量最多的一层，随深度逐渐减少，因此，从 5 到 40 cm 地温与实际蒸散量相关性变差。

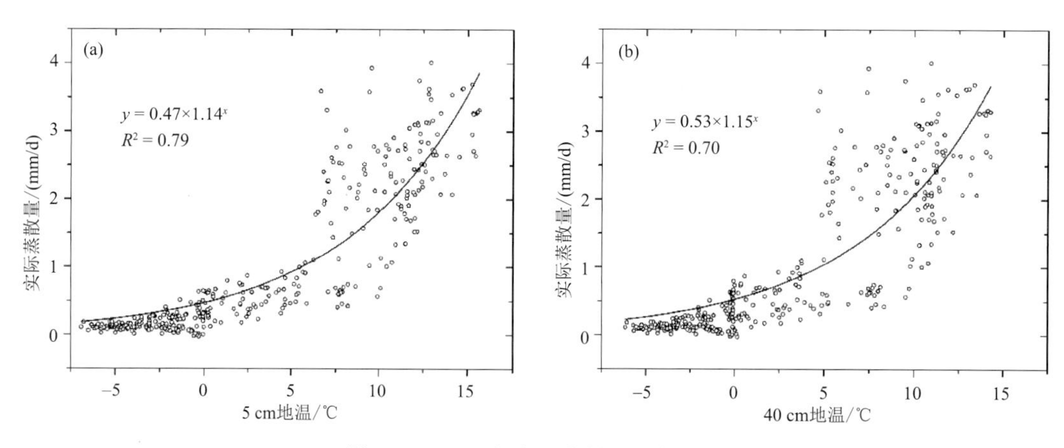

图 7.16 地温与实际蒸散量拟合关系

(a)5 cm；(b)40 cm

7.4.2 土壤水分的影响

土壤湿度是决定不同植被蒸散量的关键因素(Rodriguez-Lturbe，2000)，土壤水分也是连接气候变化和植被覆盖动态的关键因子(王根绪 等，2003)。对于高寒沼泽湿地，土壤水分的流失会直接打破能水平衡，从而导致沼泽湿地退化成沼泽化草甸，甚至成为荒漠(杨永兴，1999)。图 7.17 是 5 cm、20 cm、40 cm 含水量与实际蒸散量逐月变化曲线，其中 1 月之前的 11 月、12 月是 2011 年数据。首先，从该图中可以看出，各层含水量均存在季节性变化，整体上为夏季偏高，冬季偏低。其次，各层含水量之间逐月变化又明显不同，5 cm 含水量在 3 月底—10 月底较高，20 cm 含水量高值在 5—11 月底。这种不同的原因是，土壤的冻融过程先从地表开始逐渐向下层进行。相对于实际蒸散量来看，各层含水量在 6—9 月蒸散量较大时均处于较高水平，为植被的蒸腾过程提供了充足的水分。最上层地表(5 cm)从 4 月开始就保持在较高值，此时正好是该地区牧草的初始生长期，为牧草发芽提供水分。

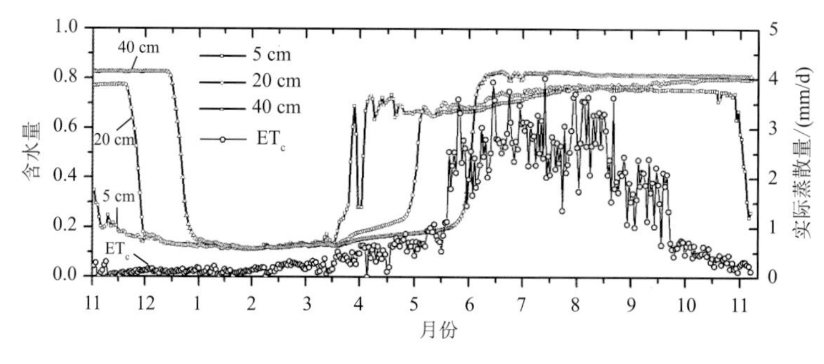

图 7.17 不同深度土壤含水量与实际蒸散量逐月变化

7.4.3 净辐射与实际蒸散量

净辐射(R_n)是由短波净辐射和长波净辐射相加所得,太阳辐射是蒸散发过程中最重要的热力来源,为陆气系统的能量和物质交换提供能源。地表接收的净辐射越强,意味着地表吸收的能量就越大,从而影响地面表层温度,促进能水交换过程。图 7.18a 为全年净辐射和实际蒸散量的拟合关系,相关系数为 0.82。二者拟合关系存在明显的两个分支,可能是辐射对蒸散发在 1 mm/d 处影响机制不同造成的。图 7.19a 为净辐射与实际蒸散量日变化特征(时间为北京时间),从该图中可以明显地看出,实际蒸散量与净辐射变化几乎重合。由于当地时间要比北京时间晚近两个小时,因此,在中午时分太阳高度角最大,净辐射量达到 700 W/m^2 时,实际蒸散量也达到了 4 mm/d 的高值。可以说,在一天当中,净辐射的变化趋势几乎可以代表实际蒸散发的变化。

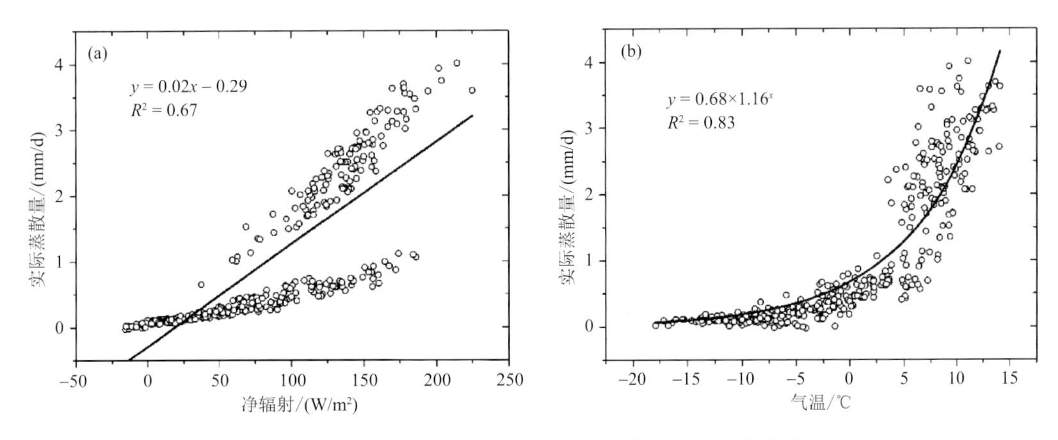

图 7.18 实际蒸散量与净辐射(a)和气温(b)拟合关系

7.4.4 近地面气温与实际蒸散量

近地面气温(T)对植被蒸腾尤为关键,其直接作用于植被茎叶,参与植被的蒸腾作用及光合作用。1951—2011 年,青藏高原气温升温明显(林振耀 等,1996;蔡英 等,2003),对蒸散量的变化将会起到一定的影响。图 7.18b 是实际蒸散量与气温全年变化的拟合关系,呈指数关系,相关系数为 0.91。说明在一年当中,近地面气温对蒸散发的影响要比辐射大。图 7.19b 为近地表 1 m 处气温与实际蒸散量之间的日变化特征,从图 7.18b 可以看出:早晨温度逐渐升高,植被由于受热而开始蒸腾作用,由于太阳辐射增强,气温逐渐升高,蒸散发过程越强;中午 15:00 左右植被蒸散量达到最大,此时也是一天中最热的时间;下午蒸散发过程迅速减弱,而温度缓慢降低。说明一天当中,气温对蒸散发过程有一定的作用,但不是主要因素,气温促进了植被的蒸散发过程。

7.4.5 近地面相对湿度与实际蒸散量

植被的蒸腾过程中水分由植被散出进入大气,使得空气相对湿度增加,相反,水分由外界进入植物,则会带走空气水分,使空气变干。图 7.19c 中 1 m 处相对湿度与实际蒸散量之间的日变化曲线显示出,夜晚相对湿度较大,可以达到 90% 以上,白天相对湿度较小,最低可至

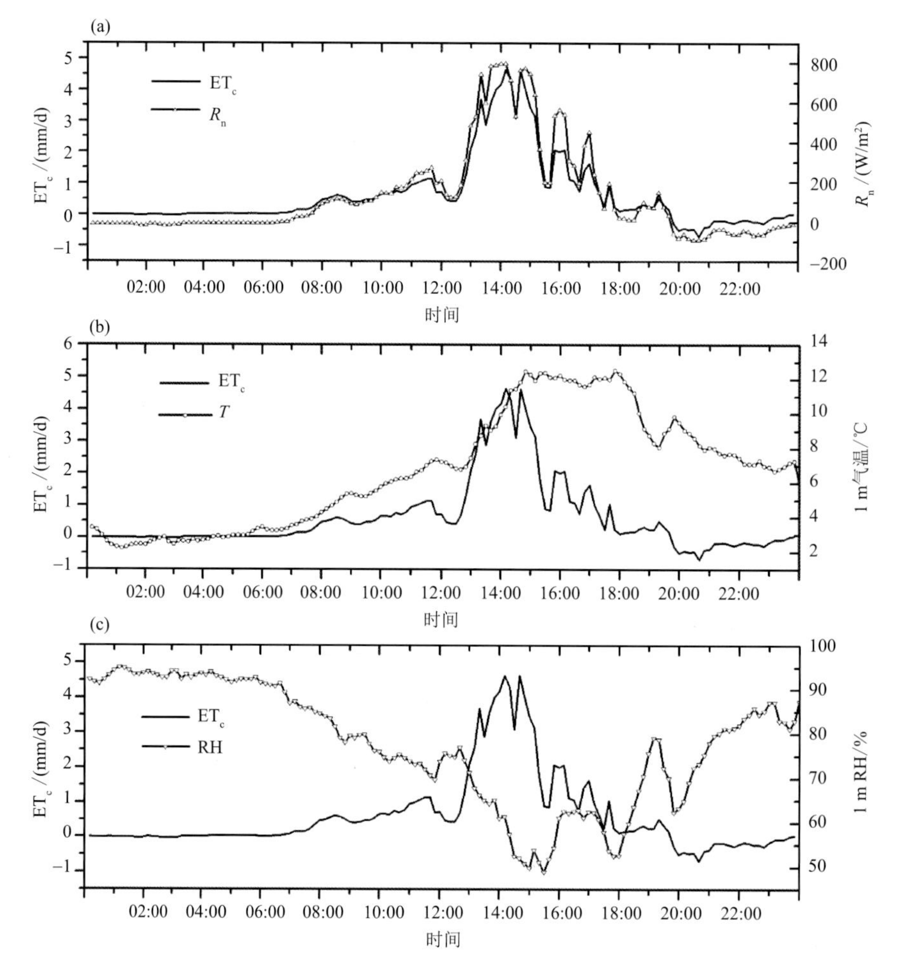

图 7.19 净辐射(a)、1 m 气温(b)及 1 m 相对湿度(c)与实际蒸散量日变化特征

50%。实际蒸散量则相反，夜晚由于无法从外部获得能量而停止蒸发过程，白天受外部环境影响植被进行能水交换，蒸散量变大。可见，二者之间是一种反相关的关系，当白天相对湿度最低时，蒸散量达到最大，夜晚相对湿度增加，而蒸散量却减小。因此，相对湿度在一定程度上抑制了蒸散发过程，或者说蒸散发过程通过水分交换在一定程度上改变了空气湿度。另外，风速对蒸散发的影响经分析不显著而未讨论。

本节通过长江源区玉树隆宝自然保护区高寒退化湿地的自动气象站所观测的气象资料来分析蒸散量的特征，主要有以下几点结论。

牧草生长期，高寒退化湿地的潜在蒸散量的日变化为：早晨 06:00 左右开始逐步增加，在中午 15:00 左右达到最大值，在晚上 00:00 左右又回落到较低的水平，在早晨 05:00 左右降到最低值；6、7、8 月潜在蒸散量最大值逐渐升高，9 月回落，与潜在蒸散量的月变化相吻合。实际蒸散量月变化为冬季小、夏季大。牧草生长期间，实际蒸散量均值都在 3 mm/d，且在此期间的总蒸散量占全年蒸散量的 65.7%，这是由牧草的光合作用以及辐射、温度、空气湿度和风速等气候因子的共同作用所导致。

对蒸散量与降水量之间水分的盈亏分析，发现蒸散量远大于降水量，水分亏损严重，仅有很短的时间内水分收大于支，这加剧了高寒湿地的退化状况。另外，蒸散量的极大值位于降水量极大值出现之前，说明了局地蒸散发对夏末秋初的降水提供了大量的水汽。

通过对实际蒸散量与不同深度土壤温、湿度关系分析发现：土壤温度与实际蒸散量之间存在指数关系，尤其是 5 cm 处地温，二者相关系数为 0.89；土壤湿度为蒸散发过程提供了充足的水汽。

全年变化中，温度对实际蒸散发的影响较大，相关系数达到 0.91，是主要因素。然而，在某一晴天中，实际蒸散量与辐射变化趋势基本一致，可以说，净辐射是影响实际蒸散发的主要因子。实际蒸散量与相对湿度呈现显著的反相关，说明相对湿度在一定程度上抑制了蒸散发过程，或者说蒸散发过程通过水分交换在一定程度上改变了空气湿度。

由于观测条件有限，对高原各类湿地的蒸散发特征只能利用单站点进行研究，而且观测时间较短，蒸散发对气候的影响未能进行深入探讨。

7.5 本章小结

潜在蒸散发既是水分循环的重要组成部分，也是能量平衡的重要部分，它表示在一定气象条件下，水分供应不受限制时，某一固定下垫面可能达到的最大蒸发蒸腾量，也称为参考作物蒸散。潜在蒸散发在地球的大气圈-水圈-生物圈中发挥着重要的作用，与降水共同决定区域干湿状况，并且是估算生态需水和农业灌溉的关键因子。高寒地区潜在蒸散时空变化分异特征及其对气候归因的分析，对于探寻该区域水分平衡规律、三江源区水资源的供给量、保持下游水安全以及该区域草地退化的驱动机制、生态平衡研究等具有重要的意义，主要结论如下。

1961—2012 年三江源区年平均潜在蒸散发整体上以 0.69 mm/a 的速率增加，空间分布为：东北、西南高，中部低，多年平均潜在蒸散发的范围在 732.0（甘德）～961.1 mm（囊谦）之间，平均为 836.9 mm。全年潜在蒸散发最高月为 7 月，最低月为 1 月，四季潜在蒸散发的分布格局不尽一致，春季、秋季、冬季的潜在蒸散发缓慢上升，但不显著，夏季以 0.17 mm/a 的速率上升，三江源区年蒸散发的增加主要体现在夏季，夏季潜在蒸散发的上升对年潜在蒸散发上升的贡献最大。最高气温上升、总辐射增加和相对湿度降低是三江源区年潜在蒸散发呈增加趋势的主要原因。最高气温贡献率为 56.9%，是年潜在蒸散发增加最主要的主导因子，总辐射贡献率为 35.6%。这与国内其他区域影响潜在蒸散发的主导因子有所不同，国内大部分地区风速和相对湿度是影响潜在蒸散发的主导因子，而最高气温和总辐射的作用不是很明显。影响潜在蒸散发月际间变化的主导因子为总辐射，贡献率达到 83.8%，其次为平均气温。

基于 2 种模型的净辐射值与实际观测值进行模拟，发现 FAO-56 和左大康（ZUO）模型都能较好地反映净辐射，二者的决定系数比较接近，但从 2 种模型的 RMES 和 MAE 来看，左大康（ZUO）模型对净辐射的模拟效果明显好于 FAO-56。因此，左大康（ZUO）模型是估算三江源区高寒沼泽草甸净辐射的最佳模型。

第8章 高原干旱遥感监测技术与风险

8.1 高原干旱时空分异特征及发生风险研究

干旱是世界上绝大部分国家和地区最常见的自然灾害，是指由水分的收支不平衡而形成的缺水现象。全球有45%以上的土地受干旱灾害威胁（李克让 等，1996），干旱灾害每年给世界造成的经济损失逾数千亿美元。历史上，干旱灾害曾给人类造成了巨大危害。我国气象灾害中的50%为干旱灾害，干旱灾害在所有气象灾害中的影响面最广，最为严重（于琪洋，2003）。旱灾对农业的影响最突出，我国每年因旱灾粮食损失量高达30亿kg，占所有自然灾害损失总量的60%。干旱灾害不仅造成农业生产的大幅度减产，影响粮食安全，与此同时，人类的生存环境、生态环境和经济发展环境受干旱的影响也较为严重，我国贫困县的分布和旱灾的分布基本相同（姚玉璧 等，2007）。政府间气候变化专门委员会（IPCC）第四次评估报告指出（IPCC Climate Change，2007），近百年来地球正经历以全球变暖为特征的显著变化，随着全球温室效应的加剧，我国旱灾发生频率有逐渐增加的趋势（孙鸿烈，2011），并且干旱灾害及其风险形成过程也表现出一些新的特征（Bohle et al.，1994；Wilhite，2000；Feyen et al.，2009）。许多地区发生的特大干旱不仅持续时间长而且影响范围广，导致经济损失更为严重，人类的生存环境和生态环境进一步恶化。青海省地处内陆腹地、青藏高原东北部，大部分地区处于干旱、半干旱带，干旱灾害具有发生频繁、影响范围较大、持续时间长的特点，其对农牧业的影响较大（秦大河 等，2002）。据史料记载，青海地区从公元1世纪至1949年，共发生过53次大旱，中小旱灾不计其数。1926—1928年西宁及海东地区大旱，灾后哀鸿遍野，民不聊生（杨芳等，2012）。随着经济社会的发展，干旱对农牧业生产以外的社会经济方面造成的影响日益凸现出来，干旱缺水造成的灾害损失也越来越严重。

史津梅等（2007）利用帕默尔（Palmer）干旱指数分析了1959—2003年青海省5个气候区不同季节的干湿变化情况。认为青海省的干旱以轻度干旱为主，秋季干旱化倾向最为严重。赵璐（2010）对青海省东部农业区18个县的降水、蒸发及干旱变化趋势及原因进行了分析，认为青海省东部农业区春季和春夏连季是季节性干旱的主要发生季节，降水量是影响春季和春夏连季农业气象干旱的主要气象因素。杨芳等（2012）对青海东部农业区的降水、气温、干旱情况作了概述性的分析。戴升等（2012）对青海省夏季干旱的研究认为，青海省非干旱区（柴达木盆地除外）、东部农业区夏季发生干旱的年概率为31.3%、37.5%，东部农业区发生干旱的概率较大，中、轻度干旱发生概率大于特大、重度干旱。刘义花等（2012）以灾害学分析方法对干旱承灾体春小麦、牧草为研究对象，给出了不同作物不同发育期阶段的干旱发生概率（刘义花等，2012，2013）。以上诸研究从不同角度、不同区域给出了青海省干旱的发生特征。但存在以下问题：①时间序列较短，或者是仅仅分析了某些年度的干旱特征；②缺少对青海省全区范围内干旱灾害发生概率、风险的研究。

本节通过修正 Penman-Monteith 公式中辐射计算模型，定义青海省干燥度干旱指标，将干旱划分为重旱、中旱、轻旱、无旱四级。以月为时间单位，对青海省 1960—2010 年的干旱年际变化趋势、空间分布特征进行分析，并构造月干旱发生风险指数，对青海省干旱发生的风险进行了分析，其结果可为农作物种植结构调整、生产管理、水利工程规划提供参考。

8.1.1 青海省干旱发生趋势

从 20 世纪 60 年代到 21 世纪的 2010 年，按照干燥度干旱指标，青海省全省(50 个站)出现重旱、中旱、轻旱、无旱分别是 13661、5899、4275、6165 月站次，分别占总月站次数的 45.5%、19.7%、14.3%、20.5%，中旱以上达到 65.2%，表明青海省干旱程度以重旱、中旱为主。50 a 来重旱次数呈现极显著减少趋势，气候倾向率为 10.7 月站次/(10 a)。同时，无旱次数表现为显著的增加趋势，气候倾向率为 5.9 月站次/(10 a)。轻旱和中旱无明显变化趋势(图 8.1)。冬季，青海省各级干旱出现次数无明显趋势性变化，1989 年出现 197 月站次的重旱低值，本年度为 1950—2010 年冬季干旱出现月站次数最低年，同时该年度为无旱月站次数最高年，其值为 199 月站次。冬季干旱总体特征表现为重旱出现次数远远高于其他级别干旱，出现月站次数占所有级别干旱总月站次数百分比为 79.5%，无旱百分比仅为 0.4%。冬季青海省全省水分基本是入不敷出，干旱特征是以重旱为主。春季，重旱表现出极显著减少趋势($P<0.01$)，气候倾向率为 4.01 月站次/(10 a)，轻旱则表现出显著的增加趋势($P<0.05$)，气候倾向率为 2.04 月站次/(10 a)，表明春季重旱在减弱，但轻旱呈增加趋势。夏季，无旱次数占总次数的 49.5%，以无旱为主，同时无旱次数呈显著增加趋势，气候倾向率为 3.70 月站次/(10 a)($P<0.05$)，而夏季重旱以 4.00 月站次/(10 a)为气候倾向率呈显著减少趋势($P<0.01$)，气候倾向率为 3.70 月站次/(10 a)，总体来看，青海省夏季干旱在减弱。秋季，重、中、轻、无旱出现百分比分别为 43.1%、19.1%、14.9%、22.8%，除重旱外，其余三种级别干旱出现概率较为接近，重旱在 20 世纪出现次数较为离散，进入 21 世纪后，逐渐稳定在 60 月站次附近，秋季重旱呈现次数趋稳的态势(图略)。

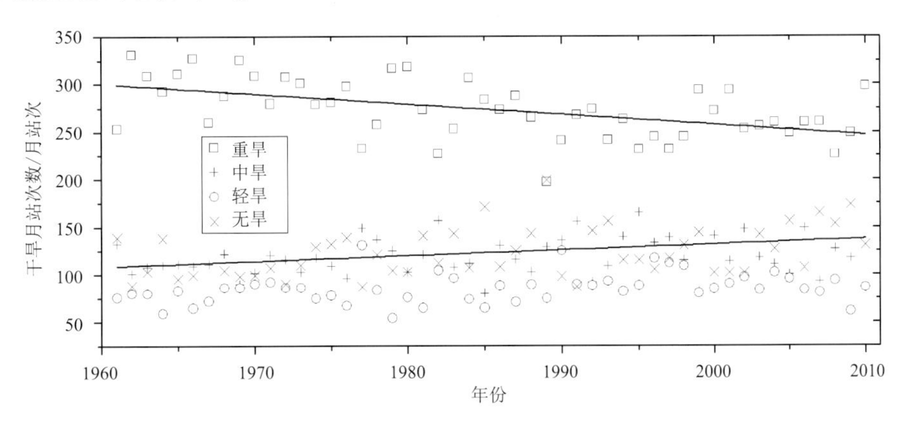

图 8.1　1961—2010 年青海省各级干旱月站次数

8.1.2 青海省干旱空间分布

图 8.2 所示为青海省各级干旱月站次数空间分布情况。柴达木盆地是重旱高发区，1961—2010 年 50 a 的 600 个月中，该区域重旱发生月站次数在 535 月站次以上。重旱月站次数较少的区域位于青南地区的班玛、达日、久治、称多、河南，祁连山区的门源及东部农业区的大通、湟中等区域，50 a 重旱发生月站次数低于 154 月站次(图 8.2a)。都兰为中旱高风险中心，玛多、德令哈为中旱较高风险区，50 a 中发生次数在 150 月站次以上。柴达木盆地则为中旱发生低值区，低于 26 月站次(图 8.2b)。轻旱的分布中心主要在青海省东部农业区、环青海湖区、祁连山区以及青海南部的玛多、称多、达日、玉树等区域，发生月站次数在 75～134 月站次之间，柴达木盆地同样为低值区(图 8.2c)。无旱高值区是青海南部的河南、久治，在 269～301 月站次之间，次高值区有东部农业区的大通、互助、湟中及三江源东南部区域及祁连山区(图 8.2d)。从以上分析可以看出，由于青海复杂的地形，造就了区域各级干旱分布的不一致性，柴达木盆地接近亚洲大陆腹地中心，南部为青藏高原，北部山体阻隔，年降水量远远小于蒸

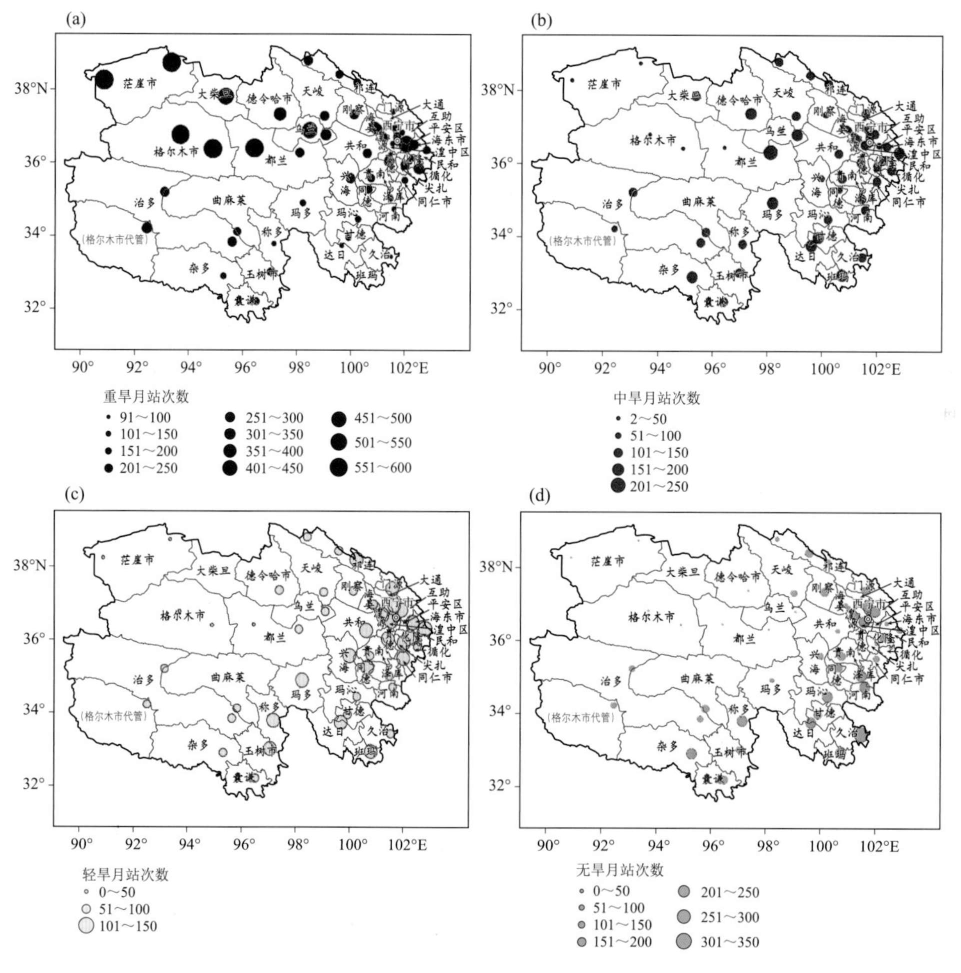

图 8.2 1961—2010 年青海省各级干旱月站次数空间分布(单位:月站次)

(a)重旱;(b)中旱;(c)轻旱;(d)无旱

散量,属于全年度重旱区。青海省东南部地区由于青藏高原南部水汽的影响,降水较多,基本能满足蒸散发的需求,表现为无旱或轻旱区。全省其余地区受重旱影响较小,但降水又达不到潜在蒸散发,因此,这些区域受重旱的影响较小,而受轻旱、中旱的影响较大。

8.1.3 青海省干旱发生风险分析

干旱发生风险研究有别于干旱风险区划,通常干旱风险区划需要考虑致灾因子的危险性、承灾体的暴露性和脆弱性多个要素,主要根据作物减产或者历史干旱灾情统计资料,确定干旱发生的强度或者频率,以及干旱对某种作物的影响程度即承灾体的脆弱性。而干旱风险研究是对不同等级干旱某段时间内出现的概率、发生的可能程度进行分析,给出定量的结论。具体应用于某种作物干旱风险区划时,可根据作物的具体发育期、干旱对作物的影响以及该类作物对干旱的承受能力等要素进行综合分析。构建青海省月干旱发生风险指数模型:

$$\mathrm{DI}_{ij}=\frac{f_{ij}}{\mathrm{CV}_{\mathrm{AI}}}=\frac{f_{ij}S_{\mathrm{AI}}}{\overline{X}_{\mathrm{AI}}} \tag{8.1}$$

式中,CV 是干燥度指数的变异系数,定义为干燥度指数标准偏差(S)和均值(X)的比值,表示该级干旱出现的不稳定性。f 为干旱出现频数。i 为月,j 表示重、中、轻、无四级干旱。CV 指数越高表示出现某级干旱的风险越大,可能性越高,反之,亦然。因篇幅问题,本研究以青海省5月干旱风险指数分布为例,分析青海省该月各级干旱出现的风险,之所以选择该月,是因为5月青海省大部分牧区牧草开始返青,农业区农作物正处于生长初期,是农牧业生产的关键月之一。俗称的"卡脖子旱"即指发生在本月的干旱,对青海省农牧业生产影响较大。

从青海省5月干旱发生风险空间分布(图8.3)可以看出,重旱在柴达木盆地冷湖、茫崖及都兰地区出现的可能性最高,而在三江源区的东南部、祁连山区、环青海湖区、东部农业区出现的可能性低(图8.3a)。中旱高风险区位于柴达木盆地的大柴旦、德令哈、乌兰、都兰及三江源区的小唐古拉山(格尔木代管)、治多等地区,而柴达木盆地的冷湖和格尔木、三江源区东南部及大通、门源为风险低值区(图8.3b)。轻旱高风险区域较大,包括天峻、祁连、环湖区域大部分、东部农业区大部分地区及三江源区的杂多、玉树、兴海等地,低风险区在柴达木盆地、三江源区久治,但这两部分地区风险的意义有所不同,柴达木盆地因重、中旱的高风险性而降低了轻旱的风险,久治由于降水丰富,降低了轻旱出现的风险(图8.3c)。无旱出现风险最低的是三江源区东南部的久治、河南、班玛、泽库及青海东部区的大通、互助、湟中、门源等地,即无旱的概率较低,而东部由于5月降水增多,大大降低了干旱出现的风险,提高了无旱风险指数(图8.3d)。总体分析,5月,柴达木盆地是重旱出现的高风险区,轻旱高风险区多分布在青海省主要农牧业区,是5月青海省农牧业生产影响最大的干旱级别。

本节修订了 Penman-Monteith 公式中辐射计算模型,应用干燥度指数对青海省干旱进行了分级,定义了青海省各级干旱发生风险指数,分析了青海省干旱分布的时空分异特征,以5月各级干旱在青海省出现的风险指数空间分布为例,分析了青海省在该月各级干旱出现的风险性,主要结论如下。

(1)从20世纪60年代到21世纪的2010年,青海省年干旱程度以重、中旱为主。50 a来重旱次数呈现极显著减少趋势,气候倾向率为10.7月站次/(10 a)。无旱次数表现为显著的增加趋势,气候倾向率为5.9月站次/(10 a),轻旱和中旱无明显变化趋势。青海省冬季干旱特征是以重旱为主,春季重度干旱在减弱,但轻旱呈增加趋势,夏季重旱呈显著减少趋势,无旱

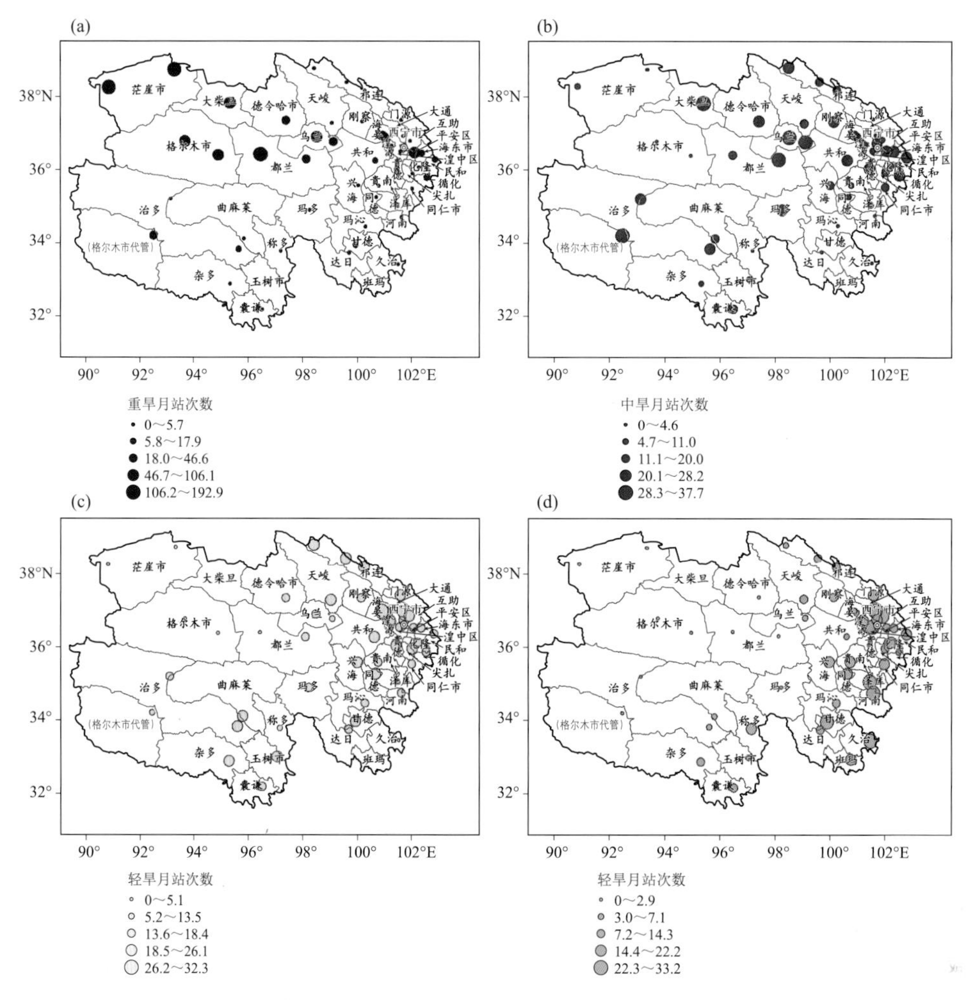

图 8.3　青海省 5 月干旱发生风险空间分布(单位:月站次)

(a)重旱;(b)中旱;(c)轻旱;(d)无旱

次数显著增加,夏季干旱在减弱,秋季重旱出现次数趋稳的态势。

(2)在青海省干旱分布的空间格局中,柴达木盆地是重旱高发区,青南东南的大部分地区、门源、大通、湟中等区域为重旱低发区;中旱以都兰、玛多、德令哈为较高发生区,轻旱的分布中心主要在青海省东部农业区、环青海湖区、祁连山区以及青海南部区域。柴达木盆地四季重旱;祁连山区以春季中旱,夏季无旱、轻旱为主;环青海湖区夏季轻旱、无旱,其余三季以中旱、重旱为主;东部农业区冬季重旱,夏季以无旱、轻旱为主;三江源区冬季重旱、中旱,夏季以无旱、轻旱为主。

(3)5 月,重旱在柴达木盆地冷湖、茫崖及都兰地区出现的可能性最高,三江源区的东南部、祁连山区、环青海湖区、东部农业区出现的可能性低;柴达木盆地的冷湖和格尔木、三江源区东南部及大通、门源出现中旱风险低,高风险区位于柴达木盆地的大柴旦、德令哈、乌兰、都兰及三江源区的小唐古拉山、治多等地区;轻旱高风险区域包括天峻、祁连、环湖区域大部分、东部农业区大部分及三江源区的杂多、玉树、兴海等地,低风险区在柴达木盆地和三江源区的久治；无旱出现风险最高的是三江源区东南部的久治、河南、班玛、泽库及青海东部的大通、互助、湟中、门源等地。

以气象干旱为研究对象，本节借鉴了气候类型的干湿划分标准与青海省地方标准，应用干燥度确定了各级干旱指标阈值，与采用实际灾情确定的旱情结果在干旱程度上有所差别。两种方法各有利弊，应用实际灾情确定的干旱指标，灾情结果易接受，但确定过程主观因素过多，而干燥度指标，确定过程较为客观，但干旱结果偏重。确定干旱等级、风险指数空间分布时，用站点值代替一定范围内的干旱情况（Zhai et al.，2005），未考虑地形、土壤类型等因素的影响，对空间干旱的刻画存在误差，较好的解决办法是对气象要素空间插值方法进行研究，以减少插值时的误差（Xu et al.，2009），或者直接应用格点数据（吴佳 等，2013），将在下一步工作中深入研究。另外，土壤湿度是表征农业干旱的客观指标 ，但由于缺乏长时间大范围尺度的观测数据，用土壤湿度进行旱情分析也具有局限性（孙力 等，2004）。因此，如何综合应用分析农业干旱、实际灾情、干燥度等干旱指标，使干旱指标的确定既能客观化又能反映实际灾情，尚需进一步进行研究。

8.2 青海高寒草原干旱遥感监测技术与方法

青海省地处青藏高原东北部，气候严寒干燥，干旱是其最主要的气象灾害之一，对农牧业生产和生态环境的健康持续发展造成十分不利的影响（王江山，2004）。如 2000 年春夏时期青海省北部旱象严重，部分地区出现人畜饮水困难甚至牲畜死亡、牧草提前干枯和青稞枯死现象，导致部分地区作物绝收，牧草减产在 50%以上（温克刚 等，2007）。据统计，尽管 1950—2000 年青海省干旱呈减少趋势，但干旱强度趋强，且大范围的干旱大多发生在夏季，对农牧业生产危害的程度加重（李林 等，2012；汪青春 等，2015）。由于卫星遥感能实时提供区域大面积干旱信息，在干旱实时监测和灾情评估方面具有不可替代的优势，因而国内许多学者利用卫星遥感资料结合地面观测反演土壤湿度（陈维英 等，1994；郭铌 等，1997；沙莎 等，2014），并利用混合像元分解（王丽娟 等，2016）、数据挖掘（张婧娴 等，2017）和多源数据融合（杜灵通 等，2014；胡蝶 等，2015；李耀辉 等，2017）等技术以提高遥感干旱监测精度。但由于各种遥感干旱指数的区域适用性和时间适用性差异很大，如何针对各地特点选用合适的遥感干旱指数仍是当前研究重点（李菁 等，2014；沙莎 等，2017）。在青海干旱遥感监测技术适用性研究方面，不少学者在不同地区使用了不同遥感干旱指数，如在东部农业区，冯蜀青等（2006）使用了温度植被干旱指数，周秉荣等（2007）使用了表观热惯量法，陈国茜等（2014）则使用了垂直干旱指数；在祁连山地区，王仑等（2017）研究发现温度植被干旱指数比较适合监测祁连山南坡植被生长季的干旱情况；也有学者将整个青海省作为一个研究范围，使用表观热惯量法（周秉荣，2007）、植被状况指数（郭铌 等，2007）和温度植被干旱指数（王君，2014）等监测全省干旱情况。但上述研究均为区域适用性研究，没有探讨遥感干旱指数的时间适用性问题，青海高寒草地夏季干旱监测仍缺乏有效的遥感监测技术。本节以青海南部典型高寒草地区曲麻莱县为研究区域，以 MODIS 为主要数据源，结合地面观测数据，探讨垂直干旱指数（PDI）、归一化植被水分指数（NDWI）和植被状况指数（VCI）在草地不同生育期的时间适用性，优选最佳土壤水分估算模型并再现 2015 年夏旱事件，为全省的遥感干旱指数适用性研究和夏季干旱的业务监测技术提供参考。

8.2.1 遥感干旱指数初选

依据研究区牧草生长发育特点:在5—6月返青生长缓慢、7—8月进入快速生长阶段进而产生最高产量、9月开始缓慢生长直至完全枯黄,划分牧草生育阶段为生育前期(即营养生长期,5—6月)、生育后期(即生殖生长期,7—9月)以初步分析各遥感干旱指数的适用性。表8.1列出曲麻莱县各遥感干旱指数在不同时段与0~20 cm土壤含水率的相关性。可以看出,在整个生育期(5—9月),0~20 cm土壤含水率与PDI、NDWI和VCI相关性均通过$\alpha=0.05$及以上的显著性水平检验,其中与VCI的相关系数最大(0.422);在不同生育期,0~20 cm土壤含水率与VCI的相关系数均为最大。

综上所述,曲麻莱县土壤水分监测可以考虑2种模型,模型1:单一VCI模型,即整个生育期使用VCI指数;模型2:VCI分段模型,即在生育前期与生育后期分别使用不同VCI模型。

表8.1 曲麻莱县各遥感干旱指数在不同时段与0~20 cm土壤含水率的相关性

生育期	PDI	NDWI	VCI
全生育期	−0.213*	0.279**	0.422**
生育前期	−0.143	0.251	0.495*
生育后期	−0.264*	0.297*	0.451**

注:*、** 分别表示在0.05、0.01水平(双侧)上显著相关

8.2.2 土壤含水率估算模型

将2种遥感干旱指数与0~20 cm土壤含水率进行回归分析,得到MODIS数据源下不同生育期的0~20 cm土壤含水率估算模型(表8.2)。可以看出,各模型相关系数均大于0.45,且通过$P<0.05$及以上的显著性检验。通过平均误差的计算发现,模型1、模型2平均相对误差分别为16.0%、16.4%,均方根误差均小于5.0%。

表8.2 曲麻莱县基于遥感干旱指数的0~20 cm土壤含水率估算模型及显著性检验

模型	生育期阶段	线性回归方程	相关系数 R	样本数 N	P
模型1	全生育期	$Y=0.067VCI+15.446$	0.486	98	<0.01
模型2	生育前期	$Y=0.0556VCI+15.552$	0.495	37	<0.05
	生育后期	$Y=0.067VCI+15.650$	0.451	62	<0.01

8.2.3 土壤水分估算与检验

利用2个土壤水分估算模型在2015年和2016年夏旱中进行应用验证。2015、2016年5—9月曲麻莱县0~20 cm土壤含水率的估测值及实测值如图8.4所示,从图中可以看出,2个模型在2015年夏旱的表现为:从第177 d(6月底7月初)开始土壤失墒加速,旱情初现并快速发展,至第201 d(7月下旬)达到土壤墒情最低值,旱情维持至第209 d(7月底8月初),而后土壤墒情缓慢恢复,至第249 d(9月上旬)恢复到15%左右,旱情缓解。在2016年夏旱的表现为:土壤墒情从第137 d(5月中下旬)开始缓慢减少,至第217 d(8月上旬)达到最低值,而后开

始逐步恢复。综上所述，2个模型所反映的旱情显现、发展、持续和缓解过程与实际干旱过程相一致，且2个模型对干旱过程的响应基本一致。

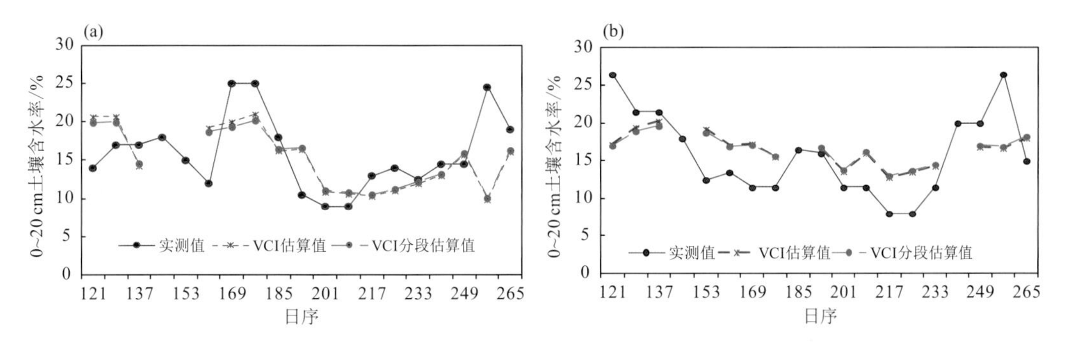

图8.4　2015和2016年5—9月曲麻莱县0～20 cm土壤含水率的实测值及2种模型的估测值
(a)2015年5—9月；(b)2016年5—9月

为进一步验证模型的准确性，对比分析2种模型估算值与实测值的相对误差(表8.3)发现，2个模型的估算结果50%以上相对误差均低于30%，75%以上相对误差均低于50%。

由于2种模型拟合效果和应用检验效果接近，从模型易用性角度出发，建议在牧草生育期土壤墒情遥感监测中使用单一VCI模型。

表8.3　2种模型反演曲麻莱县2015—2016年牧草生育期0～20 cm土壤含水率不同相对误差的百分比

模型	2015年相对误差				2016年相对误差			
	<10%	<20%	<30%	<50%	<10%	<20%	<30%	<50%
模型1	17.65%	52.94%	76.47%	82.35%	18.75%	31.25%	50.00%	75.00%
模型2	23.53%	58.82%	76.47%	82.35%	12.50%	25.00%	50.00%	87.50%

利用模型1反演曲麻莱县2015年夏季土壤水分变化，依据青海省地方标准《气象灾害标准》(DB63/T 372—2001)提供的0～20 cm土壤含水率划分阈值进行土壤干旱等级划分(简称"方法1"，见表8.4)；同时采用《高寒草地土壤墒情遥感监测规范》(DB63/T 1681—2018)提供的百分位法，分别以5%、15%、30%和65%作为重旱、中旱、轻旱和无旱4个土壤干旱等级出现的概率阈值，根据得到各土壤干旱等级对应的0～20 cm土壤含水率划分阈值进行土壤干旱等级划分(百分位法，简称"方法2"，表8.4)，评价土壤干旱状况。采用2015年各期NDVI与历年(2001—2010年)同期平均的距平百分率作为牧草长势好坏的判断标准(DB63/T 1564—2017)(表8.5)。

表8.4　干旱等级划分阈值

干旱等级	方法1/%	方法2/%
重旱	$0\leqslant W\leqslant 5$	$0\leqslant W\leqslant 13$
中旱	$5<W\leqslant 12$	$13<W\leqslant 15$
轻旱	$12<W\leqslant 15$	$15<W\leqslant 18$
无旱	$15<W\leqslant 100$	$18<W\leqslant 100$

注：W为0～20 cm土壤重量含水率

表 8.5 牧草长势评估方法

	牧草长势较差	牧草长势一般	牧草长势较好
距平百分率 Pa/%	Pa<－10%	－10%≤Pa≤10%	Pa>10%

2015 年 7—9 月曲麻莱县利用方法 1、方法 2 划分的土壤干旱等级和牧草长势的遥感监测如图 8.5 所示，从图中可以看出，7 月上旬，曲麻莱县各地土壤墒情较好，牧草长势好于或持平于历年；7 月中下旬曲麻莱县中部的秋智乡和东部的麻多乡南部等部分地区出现轻旱至中旱，这些地区牧草长势差于历年；8 月旱情持续发展，受旱地区范围扩大、旱情加重，研究区除西部的曲麻河乡西部、南部的约改镇和巴干乡中南部地区未发生干旱外，其余大部分地区均发生干旱，牧草长势差于历年；9 月上中旬，各地旱情逐步缓解，东北部地区旱情解除，牧草长势有所恢复。从 2 种土壤旱情评价方法来看，方法 1 划分的干旱等级和分布范围均小于实际情况，而方法 2 划分的干旱等级和分布范围与实际情况相符，干旱分布区域与牧草长势较差的分布区域基本一致，空间演变趋势相同。由于牧草生长旺盛期受持续干旱影响，曲麻莱县 8 月牧草产量仅为 270 kg/hm^2，较 2003—2014 年平均产量减产 81.6%。

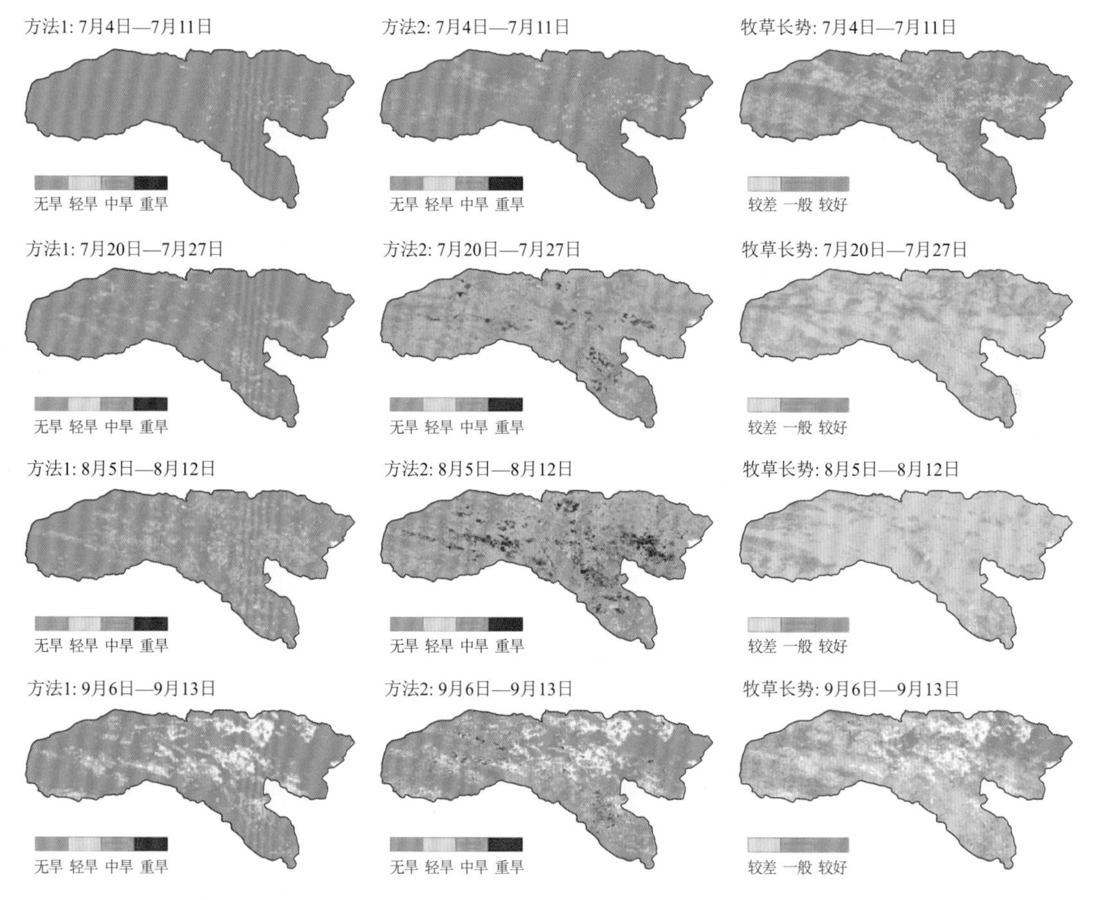

图 8.5 2015 年 7—9 月曲麻莱县用方法 1(左)、方法 2(中)划分的土壤干旱等级和牧草长势(右)遥感监测

本节根据前人研究结果和应用情况，结合曲麻莱县实际，初步选择可能适合的遥感干旱指数，与实测土壤水分数据做相关分析，以筛选相关性较高的遥感干旱指数和适用时段；再结合

典型干旱案例，确定最优遥感干旱指数和适用时段。这种遥感干旱指数适用性研究思路可行。植被状况指数 VCI 比较适合曲麻莱县的夏季干旱监测，模型拟合精度达到 83％，2015—2016 年土壤水分估算结果 50％以上相对误差低于 30％，75％以上相对误差低于 50％，且模型反演的干旱空间分布区域与牧草长势的空间分布区域相一致。在评价研究区土壤干旱状况时，依据青海省地方标准《气象灾害标准》(DB63/T 372—2001)得到的干旱等级和分布范围均小于实际情况，而依据百分位法划分的干旱等级和分布范围与实际情况相符，干旱分布区域与牧草长势较差的分布区域基本一致，空间演变趋势相同。由于干旱对牧草生长发育和产量的影响是逐步累积的过程，而研究中所使用的遥感干旱指数模型仅仅反映了当前土壤干旱状况，并没有考虑前期干旱的累积影响，在持续干旱情况下遥感干旱监测结果可能轻于实际干旱情况，存在着精度下降问题。发展基于过程的遥感干旱动态监测技术将有助于解决这个问题，进一步提高遥感干旱实时监测精度。

8.3 垂直干旱指数在高寒农区春旱监测中的应用研究

青海农业生产具有高寒特征，易受气象灾害影响，如干旱，就有“十年九旱”之说。而干旱中的春旱(3—5 月发生的干旱)，对青海东部农业区的影响更甚。该时期降水量稀少，加之入春后气温迅速回升，风力增大，土壤蒸发加剧，水分供不应求，影响农业区农作物的播种、出苗、分蘖，对农作物中后期生长和产量产生重大影响(王江山，2004)。虽然青海省建有的农业气象观测站(文中简称“农气站”)、生态站点和土壤水分自动站都进行了土壤水分观测，但农气站和生态站点的观测时次少，不能及时向有关部门提供土壤墒情，而土壤水分自动站的资料可用性差，且地面站点的土壤水分状况不能代表大面积的土壤水分状况。在地面观测资料不足的情况下，发展适用于大面积的旱情遥感监测技术，特别是春旱遥感监测技术，是青海省农业发展的迫切需求。

针对青海高寒农区的特点，冯蜀青等(2006)使用温度植被旱情指数对 2004 年 7 月上旬浅山地区的干旱进行了动态监测，周秉荣等(2007)则使用了表观热惯量法监测春播期的干旱。但由于春季青海植被覆盖度较低，而表观热惯量法需要反演昼夜温差，且昼夜两幅晴空图像很难获取，上述原因使得这些方法在青海省的春季干旱监测中难以业务化运行，也使得青海省至今仍缺乏有效的春季干旱遥感监测方法。

Ghulam 等(2007)提出的垂直干旱指数(Perpendicular Drought Index，PDI)，直接利用了光谱特征，避免了反射率和地表温度等的反演，简单有效，在裸地的应用中非常成功。本节在研究垂直干旱指数监测干旱的技术要点的基础上，尝试建立青海省东部农业区的春季干旱遥感监测模型，并对 2013 年青海西宁农区的春旱进行了动态遥感监测。

8.3.1 土壤线斜率

土壤线是指土壤在可见光红光波段与近红外波段反射率之间的线性关系(赵英时，2003)。土壤线的影响因素很多，不存在唯一的土壤线(刘焕军 等，2008)。土壤线的提取方法主要是基于地面实测的土壤光谱，或提取遥感图像上纯裸土像元光谱，从而通过线性拟合得到土壤线方程。秦其明等(2012)在 Fox 等迭代筛选思想的基础上，提出了一种土壤线自动提取算法。该算法的主要思想是先进行图像降采样，再绘制二维光谱特征空间，以减少参加运算的像元点数目；再将光谱特征空间分成若干组，将各组光谱特征空间中横坐标所对应的纵坐标值最小的点挑选出来，作为初始土壤点集；然后通过选取自适应区间和迭代筛选等方法，剔除初始土壤点集中的植被覆盖点，从而得到裸土像元点集；最后进行最小二乘拟合，得到土壤线方程(Fox et al.,2004;秦其明 等,2012)。本节采用了上述算法，并使用C#语言自动计算土壤线斜率。

由于青海省东部农业区的土壤类型比较一致，主要为栗钙土，且海拔大部在3200 m以下，所以本节在提取土壤线时，只提取海拔在3200 m以下的裸土像元点，这同时也能减少图像上地形云的影响。为了剔除云、雪、水体等对土壤线的影响，不仅在土壤线提取前，对图像进行去云、雪和水体等处理；还在提取土壤线后，对提取出来的像元点进行人工判识，进一步剔除非裸土点，经过上述处理得到了各时期的土壤线斜率(见表8.6)。

表 8.6　各时期的土壤线斜率

日期(年-月-日)	土壤线斜率
2011-03-28	0.8664
2011-04-18	0.8545
2012-04-28	1.0020
2013-03-31	0.9575
2013-04-09	0.6548
2013-04-11	0.8144
2013-04-26	0.5097
2013-05-12	0.7891

8.3.2　PDI与土壤水分关系模型

根据旬月报中农气站的土壤水分资料和现有的作物观测地段经纬度信息，在剔除遥感图像上云覆盖的站点后，得到16个点数据。提取2011年3月28日、2011年4月18日、2012年4月28日三个时期遥感图像的垂直干旱指数(PDI)，与对应点的0～10 cm、10～20 cm、0～20 cm三个土层深度的土壤相对湿度进行线性回归分析(图8.6)，得到PDI与不同土层深度土壤水分的关系模型(表8.7)。

从表8.7中可知，PDI与土壤水分具有负线性相关关系，即PDI值越高，土壤相对湿度越低，土壤干旱程度越高。从模型的拟合效果来看，PDI与各土层深度的土壤水分关系模型的无偏相关系数均大于0.7，拟合效果较好。其中，0～20 cm土层深度的拟合效果最好。

表 8.7　PDI与各土层深度的土壤水分的关系模型

土层深度	拟合方程	复相关系数(R^2)	无偏相关系数
0～10 cm	$y=-482.42x+176.79$	0.6057	0.7911
10～20 cm	$y=-495.57x+200.76$	0.5502	0.7557
0～20 cm	$y=-489.00x+188.78$	0.6178	0.7985

注：y是相应土层深度的土壤相对湿度(%)，x是PDI值

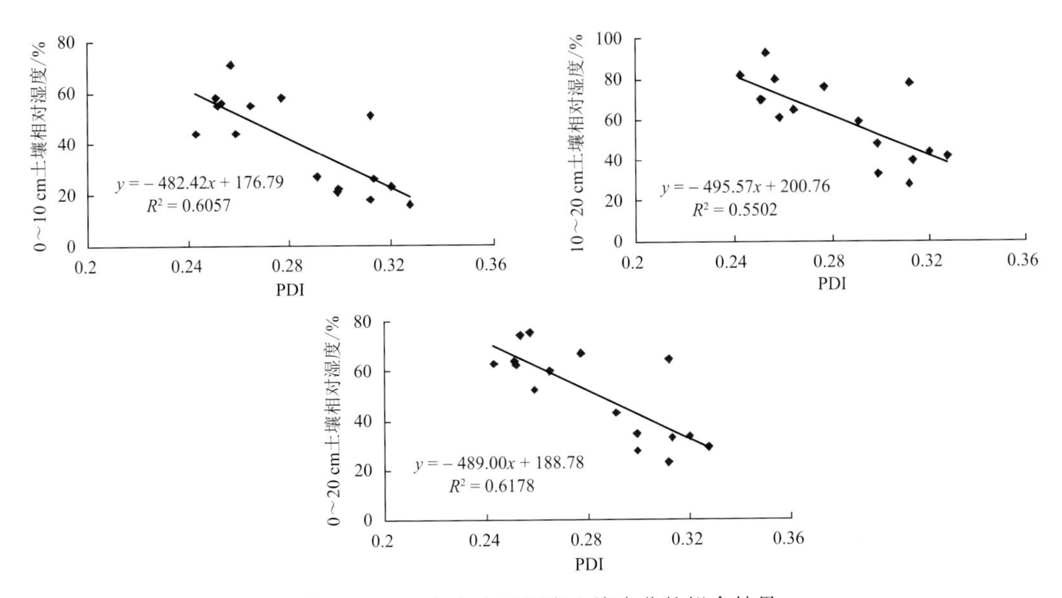

图 8.6　PDI 与各土层深度土壤水分的拟合结果

8.3.3　模型适用性分析

由于环境减灾卫星在青海省东部农业区的过境时间与农气站的人工观测时间不一致，故本节提取了春麦播种至出苗期间 0～20 cm 土层深度的湟源农气站固定段的土壤相对湿度与遥感图像反演的 0～20 cm 土层深度的土壤相对湿度，形成了人工测量值与遥感反演值的时间变化序列（见图 8.7）。结果显示，在 4 月，人工测量值的时间变化序列与遥感反演值的时间变化序列都出现了低值区；在 4 月底，人工测量值的时间变化序列出现幅度较大的上升，而遥感图像反演的土壤水分时间变化序列则表现为缓慢上升。结果表明，遥感图像反演的土壤水分时间变化序列与人工测量值的时间变化序列，在趋势变化上较为一致。

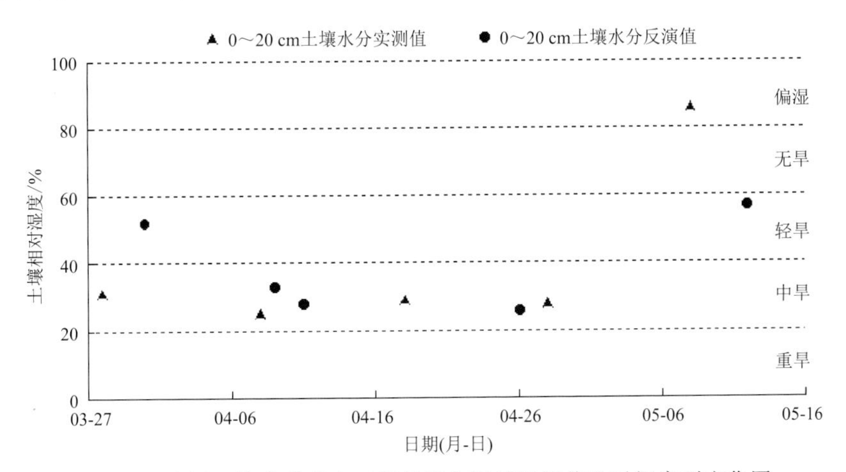

图 8.7　湟源土壤水分的人工测量值与遥感反演值的时间序列变化图

根据青海省《气象灾害分级指标》(DB63/T 372—2001) 的旱情划分标准（0～20 cm 土壤相对湿度 RH＜20％为重旱，20％≤RH≤40％为中旱，40％＜RH≤60％为轻旱，60％＜RH≤

80%为无旱,RH>80%为偏湿),遥感反演的湟源农气站固定段的旱情等级与实测资料一致,在4月均为中旱;而3月31日、5月12日0~20 cm土壤相对湿度反演值与人工测量值相差较大,主要是受到降水的影响导致的(3月31日湟源出现0.2 mm降水,4月28日湟源出现14.9 mm降水,5月7日湟源出现35.2 mm降水)。

8.3.4 模型应用

2013年春季,西宁地区出现了不同程度的干旱,其中湟源的旱情比较严重。虽然3月31日—4月4日、4月21—22日出现了两次降水过程,但由于降水量不足1 mm,不能缓解旱情。直到4月28日,西宁地区出现12.9~21.6 mm的降水,才有效地缓解了土壤干旱。为了从遥感图像上动态地反演西宁农区的旱情发展情况,本节挑选了2013年4月9日(春麦播种后)、2013年4月26日(未出现有效降水前)、2013年5月12日(出现有效降水后)这三个时期的西宁海东地区全境的遥感图像,采用了拟合效果最好的0~20 cm土层深度的反演模型来反演春麦播种至出苗期西宁农区的旱情情况(图8.8)。

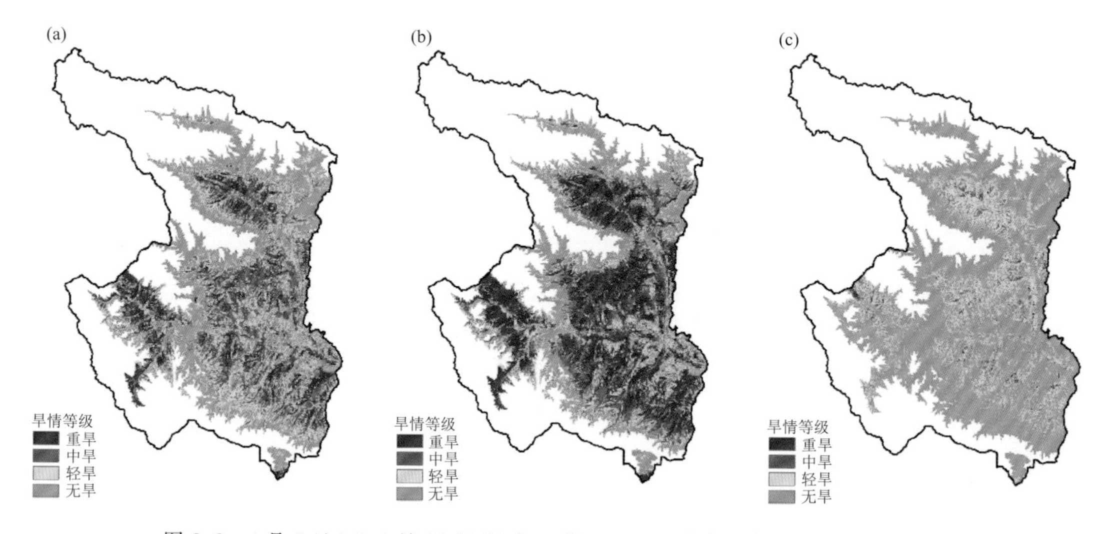

图8.8 4月9日(a)、4月26日(b)与5月12日(c)遥感反演的旱情等级分布图

从整个西宁农区看,4月9日,西宁农区的土壤旱情以中旱和轻旱为主,发生土壤干旱的地区主要分布在大通河谷地和湟水谷地,包括大通中部和南部、湟中中东部和湟源中部的河谷地带。这些地区的土地类型以旱地为主,部分为水浇地,其土壤水分情况主要取决于自然降水;若春季降水偏少,就会发生不同程度的干旱。4月26日,西宁农区的土壤旱情以中旱为主;与9日相比,研究区的土壤旱情持续发展,其中重旱面积占西宁农区面积比例由10.2%增加到22.9%,中旱面积比例也增加了3.8%。5月12日,西宁农区的土壤旱情解除。

从各县农区的土壤旱情情况来看,4月9日,湟中、湟源农区的土壤旱情以中旱和轻旱为主,西宁市以轻旱为主;4月26日,大通、湟中农区的土壤旱情以中旱为主,西宁市以中旱和轻旱为主,湟源以重旱为主。4月9—26日,各县农区的土壤旱情发展严重,其中湟源农区的土壤旱情发展尤其严重;各县农区的土壤旱情发展情况具体为:大通农区的土壤重旱面积占该县农区面积比例从6.5%增加到18.5%,中旱面积比例从27.6%增加到32.1%;湟中农区的土壤重旱面积占该县农区面积比例从9.6%增加到23.9%,中旱面积比例从34.6%增加到

39.1%；湟源农区的土壤重旱面积占该县农区面积比例从22.0%增加到34.0%；西宁市农区的土壤重旱面积占该县农区面积比例从8.6%增加到16.4%，中旱面积比例从27.3%增加到33.8%。

本节拟合的PDI与各土层深度的土壤水分关系模型的复相关系数均大于0.5，无偏相关系数均大于0.7，模型拟合效果较好。其中，0～20 cm土层深度的拟合效果最好（无偏相关系数为0.8）。而使用0～20 cm土层深度的PDI模型所反演的湟源农气站固定段土壤水分的时间变化序列，与人工测量值的时间变化序列在趋势变化上较为一致；反演的旱情等级也与实际较为一致。在此基础上，采用了0～20 cm土层深度的PDI模型对2013年西宁农区的春季干旱情况进行监测，结果显示：发生干旱的地区主要分布在大通河谷地和湟水谷地，与实际旱情分布地区一致；湟源农区的土壤旱情发展在整个西宁农区的土壤旱情发展中最为严重，与实际相吻合。

PDI模型是比较成熟的干旱监测方法，而土壤线斜率的提取则是模型应用的重点。初步研究发现，青海省东部农业区的土壤线斜率具有明显的空间差异性，下一步需要深入研究青海省东部农业区土壤线斜率的空间差异性，并考虑对不同地区分别建模。由于PDI模型主要利用地物在红光波段与近红外波段的反射差异来进行干旱监测，故环境减灾卫星的图像质量对模型反演结果的影响较大。若图像上存在薄云或烟雾，或需要拼接图像时，模型反演的结果与实际相差就会较大。

8.4 本章小结

干旱可划分为气象干旱、农业干旱、水文干旱和社会经济干旱四种类型。其中气象干旱是其他干旱类型的基础，且气象干旱研究的比较成熟，本章从气象干旱角度分析了1960—2010年青海省重旱、中旱、轻旱和无旱的年际变化趋势和空间分布特征，分析了青海省干旱发生的风险，并从农牧业干旱角度，基于光学遥感数据构建的遥感干旱指数对青海高寒草原和高寒农区的地表土壤水分进行估算，从而估算青海高寒草原干旱和高寒农区干旱情况，为青海省干旱监测业务提供技术支撑。

由于光学遥感受云雨影响严重，且基于植被状况的遥感干旱指数对作物受旱情况的反映存在着滞后现象，因此，需要使用微波遥感与光学遥感相结合的干旱遥感监测技术，综合考虑地理地形、土壤属性、气象因素及植被状况等因素发展综合干旱指数，跟进不同干旱类型之间转换机理研究进展并适时开展相关研究，提高高原干旱遥感监测精度及干旱影响评估预测能力。

第9章 高原雪灾风险与积雪监测

9.1 青海省雪灾综合风险评估

区域性气象灾害的评估在气象防灾减灾中具有极其重要的地位，目前，大多数有关气象灾害风险的系统评估模型研究是基于比较成熟的地质灾害风险评估模型的理论和方法（刘小艳等，2009）。另外，不同孕灾环境所酿成的气象灾害类型不同，故评估不同类型气象灾害的因素不完全相同，且不同因素在灾害风险评估中的作用大小和地位是不同的（王孝萌，2013）。近年来，我国地质灾害风险评估理论模型和方法已相当成熟，而气象灾害风险评估理论模型和方法仍处于起步阶段，虽取得了一些有效的成果（Yu et al.，2013）。但是，随着气象现代化建设的进一步实施，气象灾害防灾减灾、重大基础设施规划和建设等急需气象灾害风险评估和区划成果作为科技支撑，故有必要对其进行深入探讨。

青海省地处青藏高原东北部，具有境内山脉高耸、地形多样、河流纵横、湖泊棋布及草原辽阔等地域特点，草地面积为 3.65×10^{7} hm^{2}，其中可利用草地面积为 3.16×10^{7} hm^{2}，是我国重要畜牧业生产基地之一（张学通，2010）。雪灾是该区冬春季节的主要自然灾害之一，每年 10 月至次年 4 月，青南牧区和祁连山等地极易出现局地区域的强降雪天气过程，加之气温较低，积雪难以融化，时常造成大雪封山，致使大量牲畜因冻、饿而死亡，使牧区人民生命财产遭受巨大损失，故应用遥感技术动态监测积雪的覆盖面积和反演积雪深度对牧区雪灾监测与评估具有重要意义。截至目前，已有学者对青海雪灾风险区划与评估进行了大量研究，周秉荣等（2006，2007）研究了青海牧区积雪判别和雪灾监测预警模型，发现除积雪的直接致灾外，孕灾环境的不稳定性和承灾体的脆弱性在诱发雪灾过程中也具有极其重要的作用；郭晓宁等（2010）于 2010 年就青海近 50 a 雪灾时刻分布特征进行了研究，发现青海省境内特大雪灾发生次数不多，而其他等级雪灾发生的次数呈上升趋势；李红梅等（2013）探讨了青海雪灾风险区划与对策建议，指出青南牧区和祁连山等地雪灾致灾危险系数较高，而西北部的柴达木盆地和东部农业区危险系数较低。然而，以上研究所采用的雪深数据均来源于青海省境内 50 个人工观测气象站。由于受监测范围的限制性和人为因素的影响，研究所获结果虽在气象灾害评估和防灾减灾方面取得了一定成果，但与整个青海省雪灾发生的实际情况并不相符。为此，本研究基于 1980—2014 年格网尺度的累积积雪深度，同时考虑到孕灾环境脆弱性、雪灾发生的可能性以及承灾体的敏感性等因素，有针对性地选取了牲畜数量、可利用草场面积、累积积雪深度、牧草产量以及人均 GDP 等评价因子，利用 ArcGIS 空间分析方法对青海省区域雪灾综合风险等级与评估进行了系统研究，以期为青海积雪大范围监测精度和雪灾及时预警提供科学依据。

9.1.1 雪灾风险度模型

有关雪灾风险度模型的研究已有很多，有研究直接采用了联合国风险表达式（郝璐 等，2002；黄晓东 等，2005），也有采用单一因子权重加和法（张国胜 等，2009），还有利用灾害风险评价指标（FDRI）（梁天刚 等，2006）。本研究在周秉荣等（2016a）对雪灾风险度模型（式(9.1)）分析研究的基础上进行了改进。

$$E=\frac{X_{scsl}^{*}\times X_{xzcs}^{*}}{X_{mcmj}^{*}\times X_{rjGDP}^{*}\times X_{mccl}^{*}} \tag{9.1}$$

由于式(9.1)所涉及的风险度因子既有正向因子，又有逆向因子，式中 X_{scsl}^{*}（牲畜数量）和 X_{xzcs}^{*}（雪灾次数）为逆向因子，X_{mcmj}^{*}（牧草面积）、X_{rjGDP}^{*}（人均 GDP）和 X_{mccl}^{*}（牧草产量）为正向因子。正向因子与风险度成反比，其值越大，风险度（E）越小，而逆向因子则相反；该模型并未考虑各致灾因子在无穷大或无穷小的情况下其对风险度评价结果的影响。例如，当正向因子之积无穷小或逆向因子之积无穷大时，均会夸大风险度评价结果的准确性；反之，将缩小风险度评价结果的准确性；故采用以上模型对雪灾风险度进行评估时，可能会影响雪灾综合风险评估的精确性。因此，本研究以高程 2900 m 的农牧交错带为界限（周秉荣 等，2016a），根据专家打分法，采用各风险度因子与其权重之积再求和的雪灾风险度模型（式(9.2)），此模型不仅可以避免主观因素的影响，也能准确地反映各因子对风险度的贡献率，同时也省去了各风险度因子的同趋化处理过程。

$$E=(0.15X_{scsl}+0.5X_{jxsd}+0.1X_{mcmj}+0.05X_{rjGDP}+0.2X_{mccl})\times K \tag{9.2}$$

式中，$K=K_1=K_2$，K_1 表示高程≥2900 m 的牧业区，K_2 表示高程<2900 m 的农业区；X_{scsl}、X_{jxsd}、X_{mcmj}、X_{rjGDP} 和 X_{mccl} 分别表示牲畜数量、积雪深度、可利用草场面积、人均 GDP 和牧草产量，其中 X_{sxsl} 和 X_{jxsd} 为逆向因子，X_{mcmj}、X_{rjGDP} 和 X_{mccl} 为正向因子。

9.1.2 雪灾风险度分析

基于 ArcGIS 空间分析功能平台，将雪灾风险度各因子归一化后的数据赋予各县级行政区，作为空间属性值，并利用空间分析工具将其转为栅格文件，从而得出各风险度因子空间分布情况（图 9.1）。总体来看，除人均 GDP 和牲畜数量外，其余各风险度因子在西北部柴达木盆地均处于较低水平。从经济状况和牲畜数量可知，海西州的人均 GDP 和牲畜数量最高，德令哈、天峻、唐古拉及部分东部农业区人均 GDP 次之，其余地区人均 GDP 均处于较低水平；东部农业区的牲畜数量最低，而刚察、班玛、同德、河南及泽库次之，其余地区均处于中等偏高水平。从积雪深度监测来看，积雪深度较厚的地区主要集中于玉树和果洛州大部、海北州的门源和祁连以及德令哈等地；其中雪灾的可能高发区主要分布于玉树、杂多、称多、唐古拉、玛沁、达日、久治、甘德、都兰、德令哈、天峻、刚察、祁连和门源等地，而西北部的柴达木盆地和东部农业区积雪厚度较薄。从草畜平衡角度可以看出，可利用草场面积和牧草产量较高区主要分布于青南高原和中东部地区，西北部的柴达木盆地与西南部的唐古拉地区的可利用草场面积和牧草产量均处于较低水平。

9.1.3 雪灾风险度区划与评估

基于改进后的雪灾风险度公式（式(9.1)），结合 ArcGIS 栅格运算功能，得出研究区每一

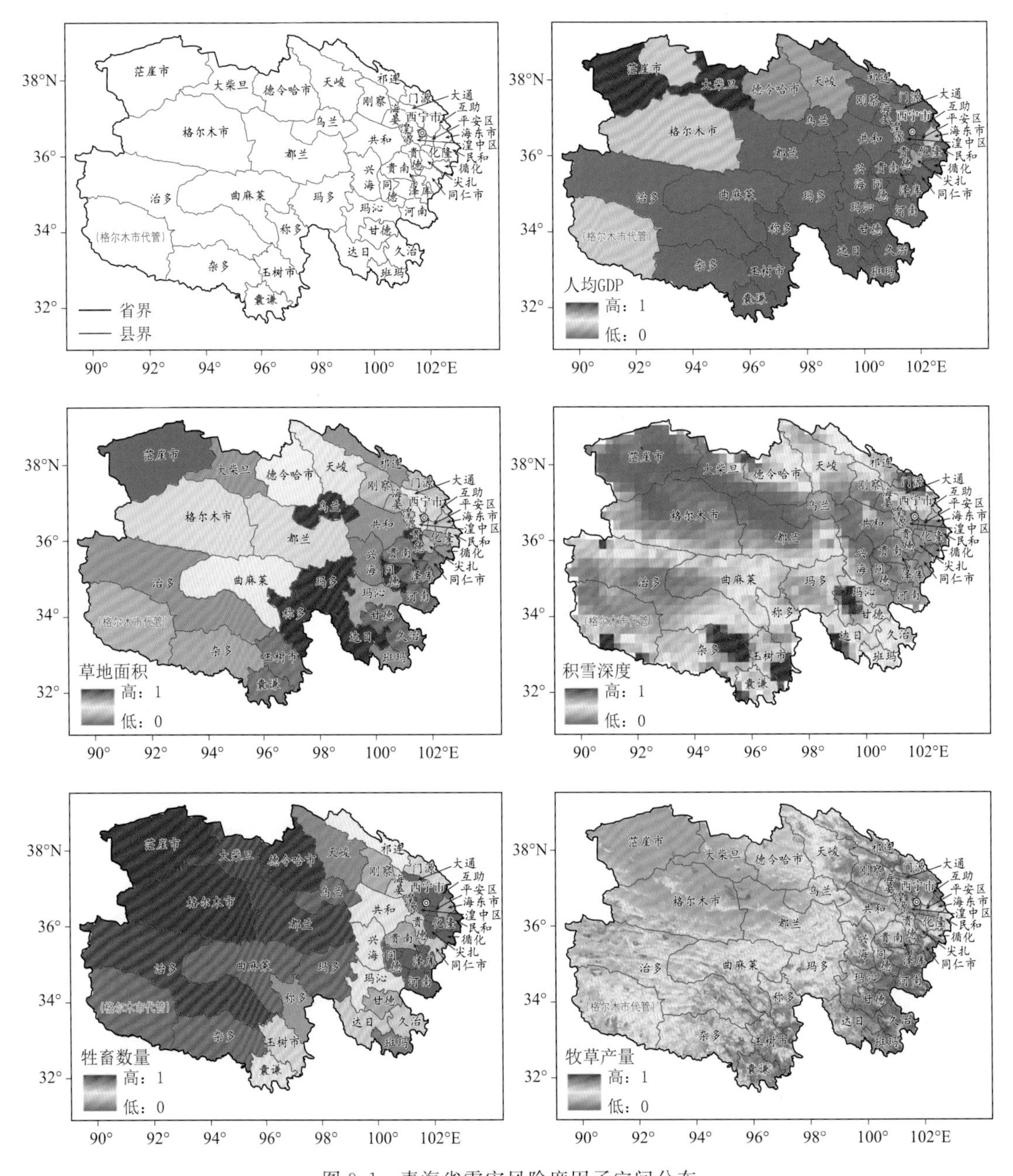

图 9.1　青海省雪灾风险度因子空间分布

像元单元(格点)雪灾综合风险度 E(图 9.2)，并通过统计学分位数分组法，初步确定了该区雪灾综合风险等级标准(表 9.1)。整体来看，青海省雪灾综合风险主要集中于青南高原牧区和东北部地区。从各县域地貌单元来看，雪灾易发高发区主要分布于青南的玉树、杂多、称多、囊谦、唐古拉、玛沁、达日、甘德以及海北的门源和祁连局地；德令哈、天峻、乌兰、刚察、祁连大部、兴海、共和、同德、泽库、河南、甘德、久治、班玛、曲麻莱和治多等地雪灾风险均处于中等水平，而西北部柴达木盆地和东部农业区雪灾风险最低。另外，由综合风险等级图 9.2 可知，1980—2014 青海省境内特大雪灾仅出现于青南的玉树和杂多局地，其他地区并未发生；此外，从地形地貌角度来看，雪灾风险高发区主要位于海拔 4000 m 以上的高原山区，即昆仑山、祁连山、唐古拉山、巴颜喀拉山以及阿尼玛卿山等地，而东部农业区和西北部柴达木盆地属雪灾低发区，其他地区处于雪灾发生中等水平。

表 9.1　青海省雪灾风险等级划分

E 值	E≤0.05	0.05<E≤0.25	0.25<E≤0.50	0.50<E≤0.75	0.75<E≤0.95	E>0.95
综合风险等级	极低	低	中	较高	高	极高

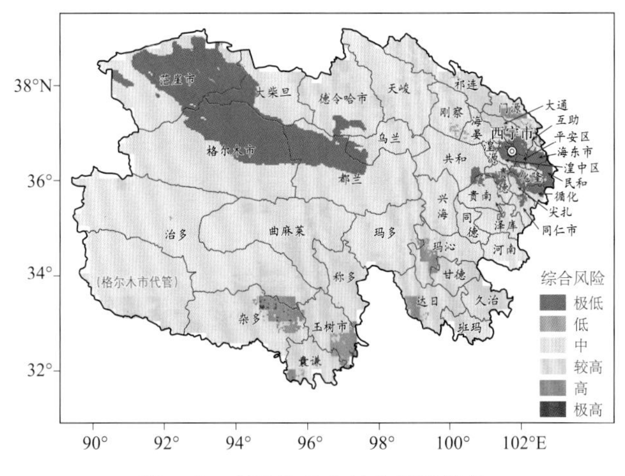

图 9.2　青海省雪灾综合风险等级

高海拔地区的季节性雪被对其水文过程和急剧气候变化具有极其重要的调控作用(Dai et al.,2015)。积雪覆盖面积的动态变化对水体和能量循环以及生态环境均具有重大影响，且积雪融化为干旱半干旱地区重要水源的补给提供了重要保障(Che et al.,2016)。然而，冬春季短时强降雪作为制约牧区畜牧业发展的主要因子，其发生不仅会掩埋天然草场，造成畜牧草料供应不足，而且还会形成冰壳刺伤家畜的蹄腕，致使大批家畜因受伤、冻饿而死亡。鉴于此，本研究借助 Matlab 和 ArcGIS 技术手段，并结合改进后的雪灾风险度模型，较为系统地研究了影响青海省雪灾发生的社会经济、畜牧和气象等因子的空间分布特征及雪灾综合风险等级与评估。研究结果显示，青海省雪灾易发高发区主要集中于青海南部和北部地区，即玉树、杂多、称多、囊谦、唐古拉、玛沁、门源及祁连局部地区，而西北部的柴达木盆地和东部农业区为雪灾低发区，这与周秉荣等(2007)、郭晓宁等(2010)、李红梅等(2013)、郝璐等(2002)等研究结果基本一致；另外，1980—2014 年，除青南局部地区发生特大雪灾外，青海省地区均无特大雪灾发生；这亦与已有的研究结果基本吻合(李红梅 等,2013；何永清 等,2010)；此外，有研究发现青海省海拔 4000 m 以上的山区地带雪灾风险较高(马晓芳 等,2017)，而本研究结果表明，该区发生雪灾的可能性处于中等水平，这可能与该区的可利用草场面积、牲畜数量以及牧草产量较低有关，虽然该区累积积雪深度较厚，但通过综合考虑各致灾因素，并未对该区雪灾的发生产生主导作用。造成青南和祁连地区雪灾风险高而东部农业区和柴达木盆地风险较低的原因，主要归因于青南地区平均海拔均在 4000 m 以上、气候寒冷、可利用草场面积大、天然草地再生能力强，同时受西伯利亚冷空气的入侵和高原低涡切变系统的共同影响，导致该区极易形成强降雪天气过程(伏洋 等,2010；马晓芳 等,2017)，使得该区降雪较多且维持时间较长(李生

辰 等，2009)，这是引起雪灾灾害发生的前提条件。从地形地貌角度来看，东部农业区位于海拔 2000 m 左右的地区，甚至有的地区达 1700 m，气温较高，昼夜温差较小，故在近地面很难形成积雪且持续时间较短(Dai et al.，2012)；而柴达木盆地地貌特征主要以戈壁和沙漠为主，且四周被高山环绕，气温较高，也难以形成积雪(马晓芳 等，2017)，故雪灾风险较低。

本节通过改进后的雪灾风险度模型并结合 GIS 空间分析，初步构建了青海省雪灾风险等级，虽取得了一定的成果，但这并不意味着该模型在全国地区也能取得较好的结果，应充分考虑当地的气候、地形地貌、生态环境、水文条件以及经济状况等特征，有针对性地选取影响雪灾的诱发因子。本研究主要选取了与青海省雪灾发生密切相关的社会经济、畜牧及气象等致灾因子，并结合网格和县域尺度来构建青海省雪灾综合风险，该研究结果虽较前人的研究有所创新，但与实际情况仍存在一定的差异。同时，本研究主要分析了青海省 1980—2014 年雪灾综合风险特征，虽能较好地反映该区局部范围内雪灾风险的空间分布特征，但仍不利于该区雪灾风险的进一步预警、监测和推广应用。因此，在接下来的研究中，以该区积雪为对象，积雪致灾分级标准为依据，通过软件程序方式来获取每一格点不同等级雪灾所发生的次数，进而在更小尺度上探讨该区雪灾的发生和风险等级特征。此外，以往研究中雪灾综合风险分级均采用 ArcGIS 自带的自然间断点分级方法(王勇 等，2006；李生辰 等，2009；Dai et al.，2012；王世金 等，2014)，所获得的雪灾风险等级标准均无可比性且无科学分级理论依据；而本研究以统计学中的分位数分组法为依据，初步确定了该区雪灾风险等级标准，然后，通过 ArcGIS 空间分析工具构建了青海省雪灾综合风险等级。有关该区雪灾科学、合理的分级方法还有待进一步深入研究，在今后的研究中需综合考虑各种雪灾致灾因子，以便找出符合当地雪灾综合风险的科学分级标准和方法。

9.2 三江源区动态融雪过程研究

积雪是冰冻圈的重要组成部分。对北半球 1978—2010 年积雪时空变化的研究结果表明，近 30 多年来北半球积雪面积整体呈现下降趋势(Li et al.，2012；Liu et al.，2013)；青藏高原是北半球积雪年际变率最为显著的区域之一(胡豪然 等，2013)。近 30 多年来青藏高原积雪变化年际波动较大，总体上没有明显的升降趋势(Tang et al.，2013；Li et al.，2014)，10 月—次年 4 月是青藏高原持续性积雪较多的月，其中 2 月持续性积雪面积最大(郭建平 等，2016)。高原东部积雪变化最显著且主导了整个高原积雪的年际变化(王顺久，2017)。杨志刚等(2017)的研究结果表明，2000—2014 年 15 a 间高原平均积雪面积减小趋势不明显，高原积雪覆盖率变化趋势的空间差异明显，青海南部至藏北羌塘高原北部及西南喜马拉雅山脉北麓增加趋势较明显，其中青海南部覆盖范围最广。高原上的积雪具有不可忽视的作用(周利敏 等，2016)，高原积雪变化引起的融雪径流水资源年际与年内分配变化影响区域水资源的重新分配，直接关系到当地和下游人们的生产和生活。另一方面，高原积雪通过改变地表辐射平衡和大气热状况，引起了大气环流变化，从而对区域气候产生重要影响(徐兴奎，2011；李栋梁 等，2011)。当雪深达到 20 cm 时，积雪具有保温作用(郝晓华 等，2009)。积雪带来了洪水、雪崩、雪灾等不利的影响(Amar et al.，2016)，雪灾是影响青藏高原经济社会发展最主要的灾害。气温持续偏低，积雪持续积存，易引发雪灾出现，反之，则灾情减轻甚至解除。因此，融雪变化过程的准确判别是提高雪灾预警能力的关键。积雪面积变化与同期气温之间存在负相关关系，且与最高气温的关系更为密切(杨志刚 等，2017)；郭玲鹏等(2012)的研究结果表明，气温增加对积雪消融有显著的影响,掌握了气温与积雪消融过程的关系,将有助于预测积雪消融,从而降低雪灾发生的程度。因此,全面准确地了解三江源区积雪融化特征,对于探究积雪与气温的相互作用、预测雪灾的发生、发展有着重要的意义。

目前常用于研究的青藏高原积雪的资料主要包括卫星遥感资料和地面气象站点观测资料,在气象情报不足,气候恶劣的山区和牧区,卫星遥感资料是唯一能为雪灾分析和气候研究提供雪情信息的手段(郑照军 等,2004)。早期研究青藏高原积雪的地面气象资料主要来自于气象站的观测(李小兰 等,2012),包括积雪深度、积雪日数以及气温资料(时兴合 等,2006),但由于气象台站在空间上存在不连续性和不均匀性的弱点(蔡迪花 等,2009),其资料的代表性受到限制。

青藏高原雪灾成灾标准指出,雪灾发生的程度取决于积雪深度和积雪持续时间两个因素。目前传统的雪深测量方法是人工观测法,将量雪尺插入平整雪中至地表面进行地面积雪深度的测量,而积雪持续时间的判断往往限于经验统计的预估方式,由于人工观测雪深比较费时、费力,近几年利用超声波传感器研发了雪深自动探测系统,它可以很好地测量雪深(Goodison et al.,1988)。在青藏高原三江源区,由于气象站点有限,地面积雪观测较为不足,且多位于山谷之中,代表性较差,针对积雪消融及其动态过程的研究不足(周扬 等,2017)。本研究用超声雪深传感器 SR-50A 在三江源区腹地开展积雪深度连续动态监测,并对积雪深度变化与同步气温的关系进行初步分析,以期对未来青藏高原三江源区地面积雪监测提供参考。

9.2.1 降雪过程

2014 年 2 月中旬—5 月下旬共出现 3 次降雪天气过程,第一次自 2014 年 2 月中旬开始出现降雪过程,在 3 月上旬积雪完全消融,整个积雪过程持续了 17 d,其中降雪持续了 3 d,融雪过程持续了 14 d(图 9.3);第二次自 3 月下旬开始出现降雪,但在 3 d 内消融;第三次自 4 月中旬开始直至 5 月下旬,积雪过程较长,但最大积雪深度为 4 cm,且积雪维持过程,出现多次重叠降雪过程,降雪、融雪相互交织,雪深曲线表现为"累积—消融—累积—消融"形态。

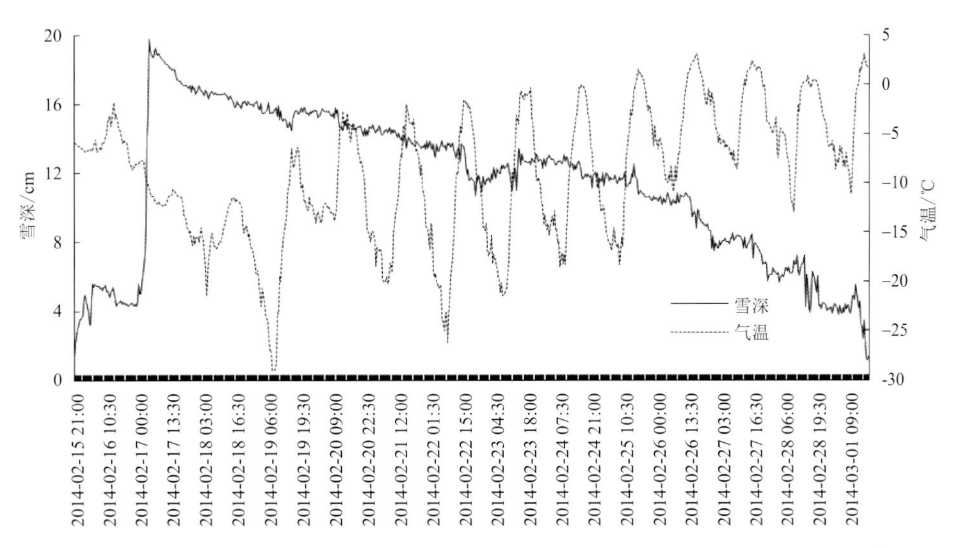

图 9.3 2014 年 2 月 15 日—3 月 1 日玉树隆宝每 30 min 积雪深度及同步气温观测序列

从三次降雪过程变化特征看，第一次积雪时间较长且积雪深度相对较深，适于融雪动态连续过程分析，第二、三次积雪时间较短或降雪与融雪过程多次重叠，不利于融雪过程的分析。因此，本研究以出现在 2014 年 2 月 13 日—3 月 1 日的第一次降雪、融雪过程的分析为主。

从 2014 年 2 月 16 日—3 月 2 日 30 min 雪深变化曲线（图 9.4）中可以看出，2 月 15 日出现降雪天气过程，直至 3 月 1 日积雪过程结束。在整个降雪过程中，雪深处于积累阶段，2 月 18 日累积积雪深度达到最大值 16.56 cm，之后积雪开始慢慢消融，进入持续融雪时段，至 3 月 1 日积雪完全消融。整个降雪过程持续了 17 d，其中降雪持续了3 d，融雪过程持续了 14 d。

图 9.4 为 2014 年 2 月 16 日—3 月 2 日玉树隆宝试验站每日 00:00 雪深曲线与同步气温数据序列。从图 9.4 中可以看出，总体雪深呈现“先升后降”而气温呈现“先降后升”的变化趋势。自 2 月 15 日出现降雪天气过程后，积雪深度开始积累，气温同步下降，2 月 18 日雪深达到最大值，降雪天气过程结束，随后 2 月 19 日雪深下降，进入融雪时段，气温回升。3 月 2 日积雪全部消融，积雪过程结束。

“降雪—积累—融化”整个过程中，雪深与同步气温曲线表现为相反的变化特征，即：随着气温的持续上升，雪深不断下降，直至完全融化；从融雪过程中可以看出，融雪总体上表现为“先慢后快”的变化特征，积雪在 10 cm 以上时，融雪相对缓慢，积雪在 10 cm 以下时，融雪迅速，积雪越薄，融雪越快。

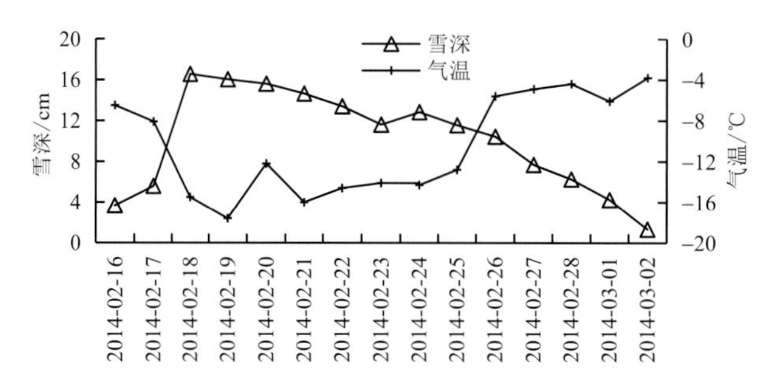

图 9.4　2014 年 2 月 16 日—3 月 2 日玉树隆宝每日 00:00 雪深数据与气温数据序列

9.2.2　融雪过程日变化特征

将 2 月 17 日—3 月 1 日融雪过程每日 00:00—24:00 的 30 min 雪深、气温数据进行平均，得到 00:00—24:00 每 30 min 的雪深、气温平均值即为日变化。气温呈现单峰变化趋势，08:00 左右气温开始上升，在 15:00 左右达到峰值，而后开始下降至最低值；雪深总体呈现“平稳—下降—平稳”的变化趋势，10:00 前雪深处于相对平稳变化趋势，而后随着气温的上升，积雪开始融化，雪深下降，21:00 左右雪深开始处于相对平稳的变化趋势。隆宝地区 10:00—19:00 为积雪消融时段，积雪消融持续时间约为 9 h。雪深快速下降阶段分别出现在 10:00—11:00 及 14:00—15:30（图 9.5a）。

从同步气温与雪深曲线（图 9.5a）可以发现，在积雪消融时段内，气温最高值为－2 ℃，最低值为－12 ℃，积雪在气温 0 ℃以下仍有雪深下降现象发生。在 10:00 以前和 20:00 以后的弱消融期内，雪深与气温的变化幅度很小。在 10:00—19:00 融雪时段，当气温在－12 ℃时，对应时段雪深出现下降过程。气温自 08:30 开始出现上升趋势，气温的积累对 10:00 以后的积雪消融存在一定的贡献，因此，积雪消融与气温之间可能存在超前滞后关系。

将前一时次雪深减去后一时次雪深得到逐时次雪深变化量 ΔS_d，对雪深变化量 ΔS_d 进行误差订正，剔除非正常值，得到 10：00—19：00 雪深变化量与气温变化特征（图 9.5b）。从图 9.5b 中可以看出，10：00—19：00 融雪阶段内，气温先升后降，融雪深度呈现波动变化趋势。在快速融雪阶段，14：00—14：30 之间融雪深度为 0.09 cm，其次 10：00—10：30 之间融雪深度最大为 0.08 cm。

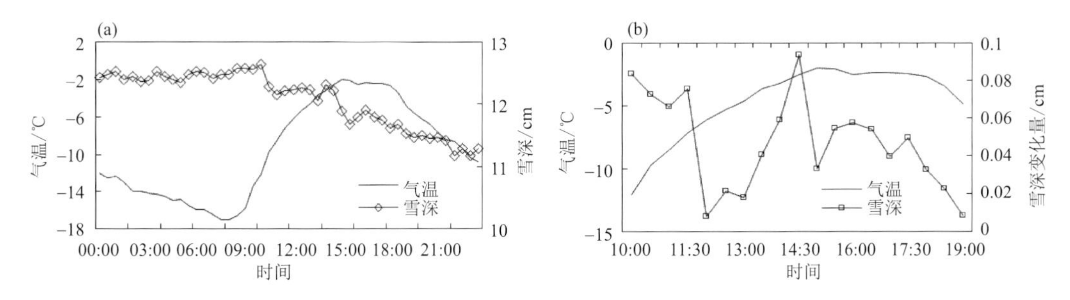

图 9.5 玉树隆宝地区典型融雪期多日平均每 30 min 雪深与气温(a)及 10：00—19：00 雪深变化量与气温变化特征(b)

从 2 月 18 日融雪开始至 2 月 28 日积雪完全消融的逐日雪深动态变化过程容易发现（图 9.6），进入融雪期后，日积雪消融总体呈现下降趋势，但在不同积雪深度条件下积雪消融特征存在明显差别。当积雪深度在 10 cm 以上时，日积雪消融速度较为缓慢，积雪深度在 10 cm 以下时，日积雪消融速度迅速，日消融量随着积雪的缓慢消融而逐渐增大，直至完全消融。

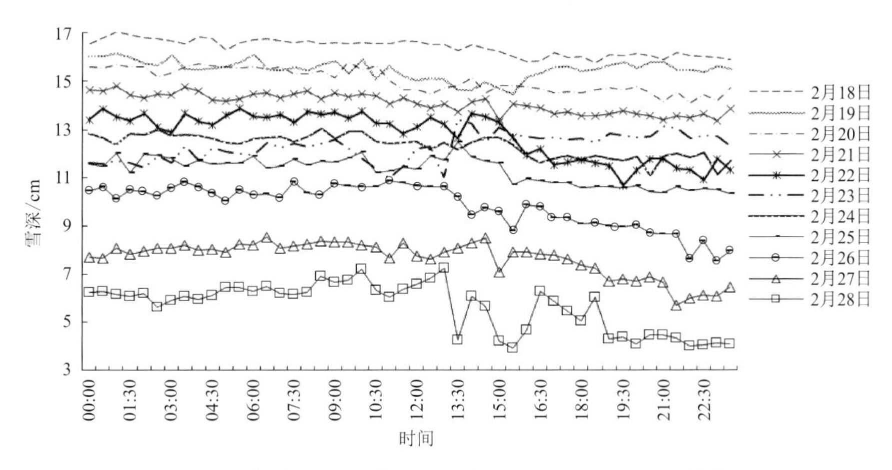

图 9.6 玉树隆宝地区典型融雪期逐日 30 min 雪深变化特征

9.2.3 雪深与气温关系

9.2.3.1 雪深与气温相关分析

由于积雪消融与气温的关系可能存在滞后效应，在分析气温与雪深相关关系时，这种超前滞后性必须加以考虑。玉树地区冬季日平均温度一般低于 0 ℃，夜间由于气温低、无日照，可以假设雪深不因温度变化而变化，即雪深的变化特别是与气温相关的变化主要发生在白天。

依据中国气象局颁发的《地面气象观测规范》(中国气象局,2003),玉树地区2月中下旬至3月初每日的日出时间为06:26—06:41,日落时间为17:52—18:05。因此,本研究假定日出之后的气温均有可能对雪深变化产生影响,在计算气温与雪深相关系数时,气温数据选取06:00—18:00,并逐一计算自06:00起至当前时刻每30 min观测气温与当前雪深Pearson相关系数,以考察雪深变化与同步及超前时段气温的滞后相关关系。雪深与同步及超前气温相关系数见表9.2。

由表9.2中可以看出,气温与雪深均呈现明显负相关关系,表明随着气温上升,积雪消融现象明显。总体来看,07:30—08:30的气温对雪深的影响不大,随着太阳升起,09:00的气温对雪深的影响开始增大,通过0.05的显著性水平检验,10:00以后气温对雪深的影响开始逐渐显著,通过0.01的显著性水平检验,13:00—14:00的气温对雪深贡献最大,通过0.001的显著性水平检验。从相关系数看出,10:00—18:00雪深与10:00—18:00的气温具有显著相关关系,13:00—18:00的雪深与13:00—14:00的气温相关关系更显著,表明热量条件与积雪深度变化存在直接联系。

从相关显著性在不同时段气温的响应水平上看,雪深变化与气温的关系存在一个非常清楚的现象,即09:00以后气温开始对雪深的变化产生比较明显的影响,这种相关性在10:00后明显增强。10:30以后的气温与其后雪深的相关显著性大多通过了0.01的显著性水平检验。这说明,玉树地区每日09:00以前,雪深的下降与气温的关系不明显,自09:00以后,热量条件才对积雪的消融产生较明显影响作用。热量条件对积雪消融的影响自10:30后明显增强达到显著水平,且可以一直持续到18:00。

从通过0.05显著性水平检验的相关系数来看,14:00雪深与06:00气温具有相关关系,即超前480 min的气温将对积雪深度的变化有影响。从通过0.01显著性水平检验的相关系数来看,13:00—13:30的雪深与10:00—12:30的气温相关性显著,15:00—16:30的雪深与10:00—16:30的气温相关性显著。从通过0.001的显著性水平检验的相关系数来看,10:30—11:00的气温与同步及超前半小时的雪深具有显著性关系,12:00—12:30的雪深与10:30—12:30的气温相关性显著,雪深与同步及超前90 min的气温相关最为显著,14:00—14:30雪深与10:30—14:30的气温相关性显著,雪深与同步及超前210 min的气温相关性最为显著,17:00—18:00雪深与11:30—18:00的气温相关性显著,雪深与同步及超前330 min的气温相关性最为显著。

从雪深对气温变化响应敏感的关系看,12:00—12:30、14:00—14:30和17:00—18:00是雪深变化对气温响应敏感的时段;从主要融雪时段(10:00—18:00)雪深与气温关系分析看,融雪期雪深变化与前期240 min的气温均具有显著相关关系,即融雪期之前240 min之内的气温都将显著影响到积雪雪深的变化。

9.2.3.2 雪深与气温关系模式

为进一步探讨雪深与气温的关系,选取主要融雪时段10:00—18:00每30 min平均雪深及气温数据,分别对雪深及其同步和超前30～300 min气温建立线性拟合方程,分析发现,雪深与超前240 min气温线性关系最好,于是进一步给出了融雪期雪深及其超前240 min气温散点分布(图9.7)。

从图9.7中可以看出,雪深与气温总体呈线性关系,相关性较好,相关系数为0.75,在0.01的水平上显著相关。当积雪厚度在7 cm以下时,积雪深度与气温线性关系减弱。玉树隆宝

表 9.2　融雪期逐 30 min 雪深与同步及超前至 06:00 气温相关系数

时间	08:30	09:00	09:30	10:00	10:30	11:00	11:30	12:00	12:30	13:00	13:30	14:00	14:30	15:00	15:30	16:00	16:30	17:00	17:30	18:00
06:00	-0.53	-0.54	-0.51	-0.53	-0.49	-0.51	-0.50	-0.52	-0.49	-0.51	-0.54	-0.56	-0.56	-0.57	-0.56	-0.55	-0.54	-0.47	-0.48	-0.50
06:30	-0.55	-0.56	-0.53	-0.55	-0.50	-0.53	-0.52	-0.54	-0.53	-0.52	-0.56	-0.58	-0.58	-0.59	-0.58	-0.57	-0.57	-0.47	-0.48	-0.49
07:00	-0.53	-0.54	-0.51	-0.53	-0.49	-0.51	-0.50	-0.52	-0.50	-0.52	-0.54	-0.56	-0.56	-0.57	-0.56	-0.55	-0.54	-0.48	-0.49	-0.50
07:30	-0.49	-0.50	-0.46	-0.50	-0.44	-0.46	-0.46	-0.48	-0.48	-0.51	-0.49	-0.52	-0.51	-0.52	-0.51	-0.51	-0.52	-0.42	-0.43	-0.44
08:00	-0.43	-0.44	-0.40	-0.44	-0.38	-0.41	-0.39	-0.42	-0.44	-0.40	-0.42	-0.46	-0.45	-0.46	-0.44	-0.43	-0.44	-0.39	-0.39	-0.41
08:30	-0.43	-0.40	-0.40	-0.44	-0.38	-0.41	-0.39	-0.41	-0.43	-0.40	-0.40	-0.45	-0.44	-0.45	-0.44	-0.43	-0.44	-0.41	-0.40	-0.42
09:00		-0.57	-0.54	-0.57	-0.52	-0.54	-0.53	-0.55	-0.56	-0.53	-0.54	-0.58	-0.57	-0.58	-0.57	-0.56	-0.56	-0.53	-0.54	-0.54
09:30			-0.66	-0.68	-0.64	-0.65	-0.64	-0.67	-0.68	-0.65	-0.65	-0.70	-0.68	-0.69	-0.68	-0.67	-0.67	-0.64	-0.64	-0.65
10:00				-0.75	-0.72	-0.73	-0.72	-0.73	-0.74	-0.72	-0.71	-0.75	-0.74	-0.74	-0.73	-0.73	-0.73	-0.72	-0.72	-0.73
10:30					-0.80	-0.81	-0.80	-0.82	-0.82	-0.80	-0.79	-0.83	-0.82	-0.82	-0.82	-0.81	-0.80	-0.82	-0.82	-0.83
11:00						-0.81	-0.80	-0.81	-0.81	-0.79	-0.76	-0.80	-0.80	-0.78	-0.78	-0.78	-0.79	-0.81	-0.81	-0.81
11:30							-0.80	-0.82	-0.81	-0.79	-0.77	-0.81	-0.80	-0.79	-0.79	-0.79	-0.79	-0.83	-0.83	-0.83
12:00								-0.85	-0.84	-0.82	-0.80	-0.84	-0.83	-0.82	-0.82	-0.82	-0.82	-0.86	-0.85	-0.85
12:30									-0.83	-0.81	-0.78	-0.82	-0.81	-0.80	-0.79	-0.79	-0.79	-0.83	-0.83	-0.83
13:00										-0.86	-0.81	-0.84	-0.84	-0.82	-0.82	-0.83	-0.8	-0.88	-0.88	-0.87
13:30											-0.80	-0.84	-0.83	-0.82	-0.82	-0.82	-0.83	-0.89	-0.88	-0.88
14:00												-0.85	-0.85	-0.82	-0.83	-0.83	-0.83	-0.88	-0.87	-0.87
14:30													-0.81	-0.78	-0.79	-0.80	-0.80	-0.88	-0.87	-0.86
15:00														-0.73	-0.74	-0.74	-0.75	-0.84	-0.83	-0.82
15:30															-0.76	-0.76	-0.76	-0.86	-0.84	-0.84
16:00																-0.77	-0.77	-0.87	-0.85	-0.85
16:30																	-0.75	-0.87	-0.85	-0.85
17:00																		-0.88	-0.86	-0.85
17:30																			-0.87	-0.86
18:00																				-0.85

注：相关系数 $R<-0.80$，通过 0.001 显著性水平检验；$-0.80\leqslant R<-0.68$，通过 0.01 显著性水平检验；$-0.68\leqslant R<-0.55$，通过 0.05 显著性水平检验

地区气温对雪深的影响主要发生在－15～2 ℃之间，2 ℃、－4 ℃及－12 ℃是雪深下降的主要温度临界值。

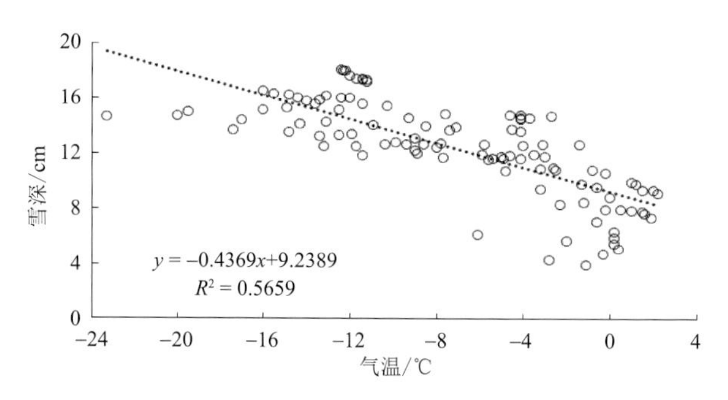

图 9.7　融雪期雪深及其超前 240 min 气温散点分布

9.2.4　积雪消融对气温、时间响应的区域差异性

周扬等(2017)的研究结果表明，沱沱河地区积雪消融在－13 ℃时发生，在－4～－2 ℃为该区积雪消融的主要温度区间；玛多地区 2013—2014 年冬季－12～－8 ℃是主要的积雪响应敏感区域，2014—2015 年冬季－4～－1 ℃是主要的积雪响应敏感区域；而玉树隆宝地区，积雪消融在－12 ℃时发生，2 ℃、－4 ℃及－12 ℃是积雪消融的主要温度临界值，不同地区对积雪消融的主要气温临界值存在差异性。

周扬等(2017)发现，沱沱河雪深与其超前 30 min 的气温具有显著响应关系，玛多地区(周扬 等，2017)两次冬季融雪发生之前 3 h 之内的气温都将显著影响到积雪雪深变化，融雪幅度主要决定于超前半小时和当时的温度条件，隆宝地区超前 240 min 的气温显著影响积雪深度的变化；隆宝地区雪深快速下降阶段分别出现在 10:00—11:00 与 14:00—15:30，沱沱河地区则出现在 12:00—13:30 与 16:30—18:00，隆宝地区明显超前沱沱河地区。不同地区雪深对气温响应的敏感时段也存在明显的区域差异性。

9.2.5　正变温对积雪消融更有利

利用融雪期气温与降雪量各时次的平均值，将前一时次雪深减去后一时次雪深得到逐时次雪深变化量 ΔS_d，后一时次气温减去前一时次气温得到逐时次气温变化量 ΔT_a，即可得到融雪期 30 min 变温与雪深变化量的平均日变化特征(图 9.8)。从图中可以看出，08:00 之前气温为负变化且在 0 ℃以下，此刻没有雪深下降现象发生，08:00 以后，气温为正变化且变温突破 0 ℃，08:00—09:00 之间，虽然气温上升，但是由于雪深下降与气温之间存在滞后关系，09:00 以后雪深才出现下降现象，09:00—10:30 为增温最大的时段，这一增温时段与雪深变化量较大时段相对应，之后，气温增幅缓慢。13:00—14:30 为雪深下降最大时段，此时的增温并不是最大时段，但此时增温仍为正变化，此后，变温出现负值变化。由此可见，融雪过程的发生与大于 0 ℃变温过程关系密切，升温的变化过程与积雪消融紧密，正变温对积雪消融更有利。

本节利用青藏高原腹地玉树隆宝地区野外观测试验站 2014 年冬季每 30 min 积雪深度和同步气温，对发生在 2 月中下旬的积雪动态融雪过程及其与气温的关系进行了分析，得到如下主要结论。

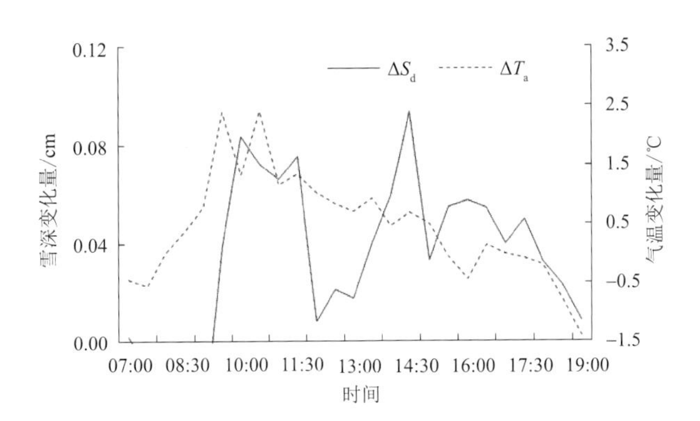

图 9.8 玉树隆宝地区融雪期 30 min 气温变化量(ΔT_a)与雪深变化量(ΔS_d)的平均日变化特征

(1)玉树隆宝地区的融雪过程表现为"先慢后快"的变化特征,积雪在 10 cm 以上时,融雪相对缓慢,积雪在 10 cm 以下时,融雪迅速,积雪越薄,融雪越快。10:00—19:00 为积雪消融的主要时段,雪深快速下降阶段分别出现在 10:00—11:00、14:00—15:30。

(2)气温与雪深变化关系紧密,09:00 以前,雪深的下降与气温的关系不明显,09:00 以后气温开始对雪深的变化产生比较明显的影响,这种相关性在 10:00 后明显增强。10:30 以后的气温与其后雪深的相关性大多通过了 0.01 的显著性水平检验,热量条件对积雪消融的影响自 10:30 后明显增强达到显著水平,且可以一直持续到 18:00;相对而言,13:00—14:00 气温对日积雪消融的贡献最大。

(3)超前滞后关系分析表明,积雪雪深开始出现下降之前 480 min 的气温可能影响到积雪的变化;从雪深对气温变化响应敏感的关系看,融雪期雪深变化与前期 240 min 的气温均具有显著相关关系,即融雪期之前 240 min 之内的气温都将显著影响到积雪雪深的变化。

(4)玉树隆宝地区积雪在气温−12 ℃时仍有下降现象发生,当积雪厚度在 7 cm 以下时,积雪深度与气温线性关系减弱。与不同地区的研究结果对比表明,积雪消融对气温响应存在一定的区域差异性;升温的变化过程与积雪消融关系紧密,正变温对积雪消融更有利。

9.3 三江源区积雪日数变化及地形分异

积雪在控制能量循环、全球水循环、物质循环等方面扮演着重要角色,对区域和全球社会经济、生态环境、气候变化产生重要影响(张欢 等,2016;易颖 等,2021;拉巴卓玛 等,2016;王建 等,2018)。积雪日数可以直接影响积雪储量及现代冰川的发育和维持,进而调节周边及下游江河湖泊的径流量,同时,积雪日数也会改变区域陆气系统的能量交换过程,对辐射和能量平衡也有深刻的影响(李茜 等,2020;陈鹏 等,2020;曹晓云,2018),因此,积雪日数是地球系统研究中重要的变量之一。准确掌握积雪日数的时空变化特征对全球和区域气候预测、水文模拟、水资源管理等具有重要科学意义。

三江源区平均海拔 4000 m 以上,是青藏高原的重要组成部分,由于高寒生物资源丰富、生态环境脆弱、气候变化敏感(靳铮 等,2020),在国家生态安全方面具有战略地位(Yao et al.,2012),全球气候变化问题在三江源区尤为突出(傅敏宁,2021)。研究表明,三江源区在过去 60 a 平均增暖速率为 0.37 ℃/(10 a),是全球平均水平 0.16 ℃/(10 a)的 2 倍以上,且明显高于同纬度 0.19 ℃/(10 a)及中国区域 0.28 ℃/(10 a)(靳铮 等,2020)。21 世纪以来,三江源地区降水量显著增加,各子源区降水显现增强信号(刘晓琼 等,2019;Deng et al.,2020)。这一背景下,气候变化对积雪的影响引起了国内外学者的广泛关注,通过野外调查、气象台站观测、遥感监测与模式模拟等方式取得了大量有价值的研究成果(易颖 等,2021;陈鹏 等,2020;车涛 等,2019;Zhong et al., 2018;白淑英 等,2015;郭建平 等,2016;除多 等,2017;沈鎏澄 等,2019)。研究发现,以 20 世纪 90 年代为转折期,青藏高原积雪日数年际变化呈先增加后减少的趋势,存在较大空间异质性,气温和降水量是影响积雪日数的主要气候因子。但是,现有研究一方面主要关注青藏高原整体的积雪时空变化,缺乏对三江源区等重点生态功能区的探讨。另一方面,多侧重于积雪时空演变格局和驱动因素,关于积雪日数与地形因子,特别是与海拔、坡向之间的研究尚且缺乏。高原复杂的地形必然会导致积雪日数分布格局和变化特征存在较大的差异,而且青藏高原地区气候变暖存在"海拔依赖性"(You et al.,2020;Guo et al., 2019),尤其在 3000～5000 m 之间存在海拔依赖性变暖,但青藏高原地区的积雪变化趋势是否也存在一定的海拔依赖性仍然不清楚,最新研究表明,随着全球变暖加剧,高海拔地区积雪深度显著下降,很大程度上存在一定的海拔依赖性(Guo et al.,2021),在三江源区是否也存在这一现象值得深入研究。

遥感技术以其多尺度、多时相、多谱段、多层次等特点为开展高海拔山区积雪研究提供了优质的数据源,NOAA-AVHRR、MODIS、TM、FY(风云气象卫星)等系列卫星数据是目前常用的积雪遥感数据源,尤其是 MODIS 积雪面积产品得到了广泛应用(张欢 等,2016;拉巴卓玛 等,2016;郭建平 等,2016;除多 等,2017;Hall et al., 1995;王宏伟 等,2014;赵文宇 等,2016)。光学遥感产品的优点是空间分辨率高,但受云影响无法识别云下积雪情况是积雪实时监测的一大障碍,尤其在青藏高原地区,受地形和混合像元的影响精度较差(Zhang et al.,2019;高扬 等,2019),因此,急需一套高精度的青藏高原 MODIS 积雪范围产品。中国 2001—2020 年积雪面积 500 m 逐日无云产品数据集有效提高了山区积雪面积精度,同时利用隐马尔科夫算法、多源数据融合方法实现了产品的完全去云(Zhao et al., 2020;Hao et al., 2022),在地形较为复杂的三江源区进行积雪日数研究具有很大的应用潜力。因此,基于积雪面积逐日无云遥感产品和气象观测资料,从积雪日数时空分布及演变特征、积雪日数分布及变化的地形分异、积雪日数对气候变化的响应 3 个方面分析了 2001—2020 年三江源区积雪日数对气候变化的响应及地形差异特征,以期为三江源区冰雪水资源合理利用、生态安全屏障和高质量绿色发展的需求服务提供科学依据。

9.3.1 数据获取与研究方法

9.3.1.1 积雪面积 500 m 逐日无云产品

中国 2001—2020 年积雪面积 500 m 逐日无云产品主要针对中国积雪特性,是基于 MODIS 反射率产品 MOD/MYD09GA,利用 Landsat TM 数据作为真值,结合 MODIS 土地覆盖分类产品 MCD12Q1,利用不同土地覆盖类型条件下发展的多指数结合积雪判别算法生成,有效提高了林区和山区积雪面积精度,同时利用隐马尔科夫算法、多源数据融合等方法实现了产品的完全去云。该数据集以 HDF5 文件格式存储,每个 HDF5 文件包含 18 个数据要素,其中包括数据值(0=陆地,1=积雪,2=雪水当量插补积雪,3=内陆水或海洋,4=冰川,255=填充值)、数据起始日期、经纬度等,从国家冰川冻土沙漠科学数据中心可免费获得(http://

www.ncdc.ac.cn/portal/metadata/be3a4134－2e5c－467f－8a5e－b1c0ed6cc341），精度满足科学研究需求。

9.3.1.2　数字高程模型(DEM)数据

DEM采用SRTM(Shuttle Radar Topography Mission)数据，为V.003版本，来源于美国地质勘探局(USGS;https://lpdaac.usgs.gov/products/srtmgl1v003/)，空间分辨率为90 m。本研究利用DEM数据研究不同地形因子和积雪日数空间分布及变化特征之间的关系，为进行叠加分析，将其重采样和重投影成与积雪数据一样的空间分辨率和投影，并利用ArcGIS软件生成海拔和坡向分布图，将海拔0～6.5 km按一定间隔划分为14级，将坡向按45°等间隔划分为8类(图9.9)。

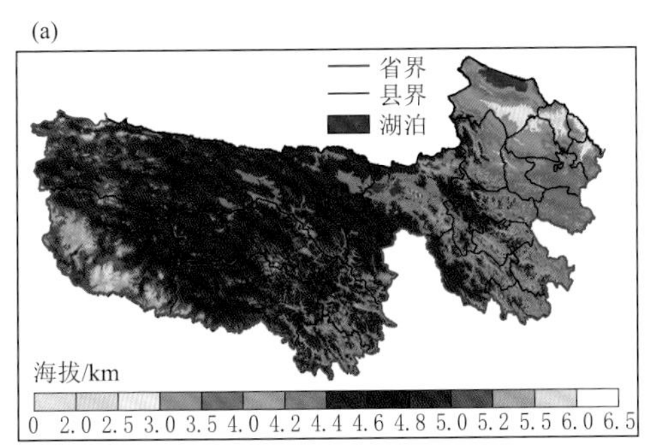

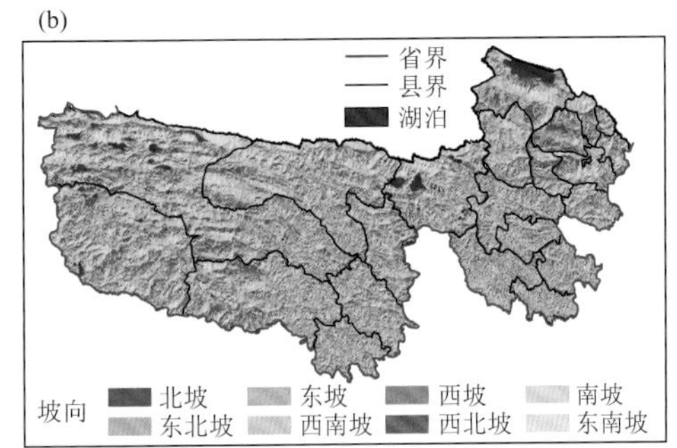

图9.9　三江源区海拔与坡向分布
(a)海拔分布；(b)坡向分布

9.3.1.3　气象数据

选取2001年1月1日—2020年12月31日三江源区周围134个气象站的逐日气温和降水数据，采用ANUSPLIN专用气候插值软件(刘志红 等，2008)的薄盘样条函数法实现气象数据空间插值，并以DEM数据为协变量提高插值准确性，获得空间分辨率为500 m×500 m的气象格点数据，最后裁出研究区范围。其中，三江源区气象台站数据来源于中国气象局综合气象信息共享平台(CIMISS;http://10.181.89.55/cimissapiweb/)，经过严格的质量控制，准确性及完整性满足科学研究需求。

9.3.1.4　研究方法

(1)趋势分析

基于最小二乘法(黄嘉佑 等，2015)逐像元进行积雪日数年际变化趋势计算，计算公式为：

$$\theta_{\mathrm{Slope}}=\frac{n\times\sum_{i=1}^{n}\mathrm{SCD}_i-\sum_{i=1}^{n}i\times\sum_{i=1}^{n}\mathrm{SCD}_i}{n\times\sum_{i=1}^{n}i^2-\left(\sum_{i=1}^{n}i\right)^2}\tag{9.3}$$

式中，θ_{Slope}为变化斜率；i为1～20的年序号；SCD_i为第i年的积雪日数。当$\theta_{\mathrm{Slope}}>0$时，表示20 a来该像元的积雪日数呈增加趋势，当$\theta_{\mathrm{Slope}}<0$时，表示积雪日数呈减少趋势，$\theta_{\mathrm{Slope}}$的绝对值越大，积雪日数的变化程度越大，最后采用$F$检验进行变化趋势的显著性检验。

(2)偏相关分析

采用偏相关系数(黄嘉佑 等,2015;黄葵 等,2019)分析积雪日数与气温和降水量之间的相关程度,研究气温(降水量)对积雪日数的影响且排除降水量(气温)的干扰。计算公式为:

$$R_{xy,z}=\frac{R_{xy}-R_{xz}R_{yz}}{\sqrt{(1-R_{xy}{}^{2})(1-R_{yz}{}^{2})}} \tag{9.4}$$

式中,$R_{xy,z}$表示气温不变,积雪日数和降水量的偏相关系数,即在分析积雪日数和降水量的相关性中排除了气温的影响;R_{xy}、R_{xz}、R_{yz}分别表示积雪日数和降水量、积雪日数和气温、气温和降水量的相关系数,最后采用 F 检验法进行显著性检验。

9.3.2 积雪日数时空分布及演变

2001—2020 年三江源区积雪日数分布的区域差异明显,突出表现为西高东低、高海拔山脉地区大于盆地平原的特征。可可西里山、唐古拉山脉、阿尼玛卿山脉、巴颜喀拉山、各拉丹东冰川等是积雪日数高值区,积雪日数均值普遍大于 200 d,部分地区甚至大于 300 d,而环青海湖南部、共和盆地以及可可西里中部地区积雪日数不到 100 d(图 9.10a)。这是由于三江源中西部地区冬春季受西北冷空气和西南印度洋和孟加拉湾暖湿气流的交汇,易形成有利于降雪的天气条件,同时高海拔引起的低温以及局地地形、环流影响有利于积雪的补给和保持,积雪日数较高(姜琪 等,2020)。而共和盆地和可可西里中部地区由于众多高山阻挡了水汽输送,季风影响减弱,同时海拔的高低也影响了气温以及降水量特征,这些因素共同导致积雪日数较低(沈鎏澄 等,2019;赵文宇 等,2016)。总体上,2001—2020 年三江源区积雪日数呈波动增加趋势,年际变化速率为 0.98 d/a($P<0.1$)(图 9.10b)。

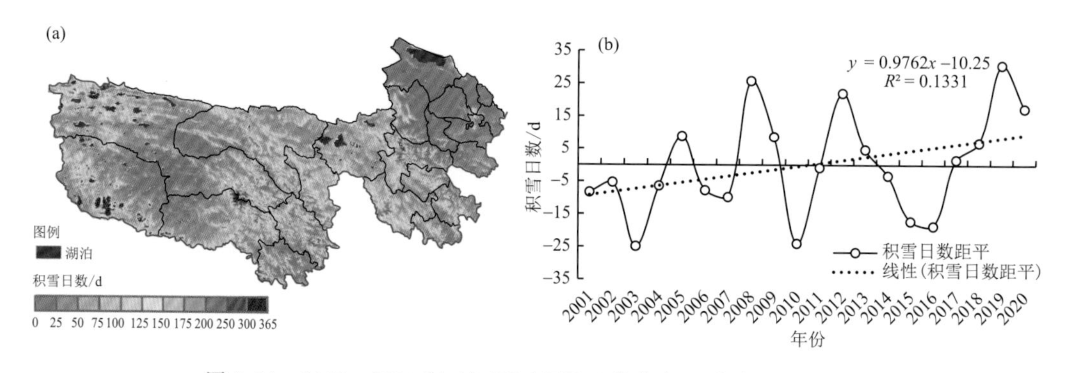

图 9.10 2001—2020 年三江源区积雪日数分布(a)与年际变化(b)

三江源区 85.48%的区域积雪日数年际变化速率大于 0,显著增多区域面积占比 16.59%,表明近 20 a 来三江源区积雪日数以增多趋势为主,黄河源玛多县积雪日数增多速率最快,平均增多速率为 2.03 d/a,其次是称多县、达日县、玉树市、曲麻莱县、玛沁县和久治县,平均积雪日数增多速率均超过 1.00 d/a。其中,玛多县中部、达日县中南部、曲麻莱县西北部、治多县东南部、玉树市北部、玛沁县北部和兴海县西南部等地区积雪日数增多趋势最为显著;而东北部的共和盆地、西部的唐古拉山镇、治多的中部及西北部、杂多的西南部地区积雪日数呈不显著减少趋势,各拉丹东冰川边缘地区以及部分高海拔山脉局部地区积雪日数呈显著减少趋势,显著减少区域占比为 0.44%,减少速率达 3.32 d/a(图 9.11)。研究表明,三江源区自西南方向的水汽输送在过去近 30 a 增强(Sun et al.,2018a,2018b),尤其是 21 世纪以来降水量显著增加(刘晓琼 等,2019),这可能是三江源中部地区积雪日数增多趋势显著的主要原因,而各拉丹东冰川边缘地区以及部分高海拔山脉局部地区积雪日数显著减少可能与气温升高具有较大的海拔依赖性以及降水量的空间格局差异性有关。

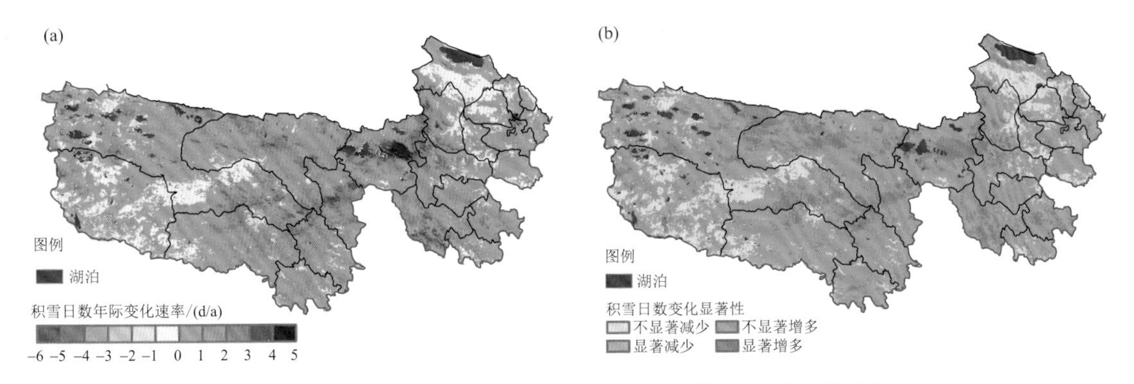

图 9.11　2001—2020 年三江源区积雪日数变化趋势(a)及其显著性检验(b)

9.3.3　积雪日数地形分异

三江源区积雪日数在不同海拔高度上具有较大的差异性。整体上,积雪日数随海拔上升呈指数型增加($R^2>0.92$),其中,海拔 3.0～5.2 km 地区为三江源区积雪日数主要分布区,面积占比为 93.67%,3 km 以下地区积雪日数<10 d,3.0～5.2 km 地区积雪日数为 11.71～107.27 d,呈阶梯式增多,5.2～5.5 km 地区积雪日数为 153.73 d,5.5～6.0 km 地区积雪日数为 284.74 d,6.0～6.5 km 地区积雪日数最高,为 328.01 d(图 9.12)。分析认为,较低海拔(<3.0 km)区域气温较高,不利于积雪的保存,积雪日数相对较少;海拔 3.0～5.5 km 地区气温较低且受高大山脉的地形作用、大气环流影响多降水,这些分布特点有利于积雪累积;而海拔>5.5 km 区域多雪山冰川,为永久或半永久积雪区,因此积雪日数最多。

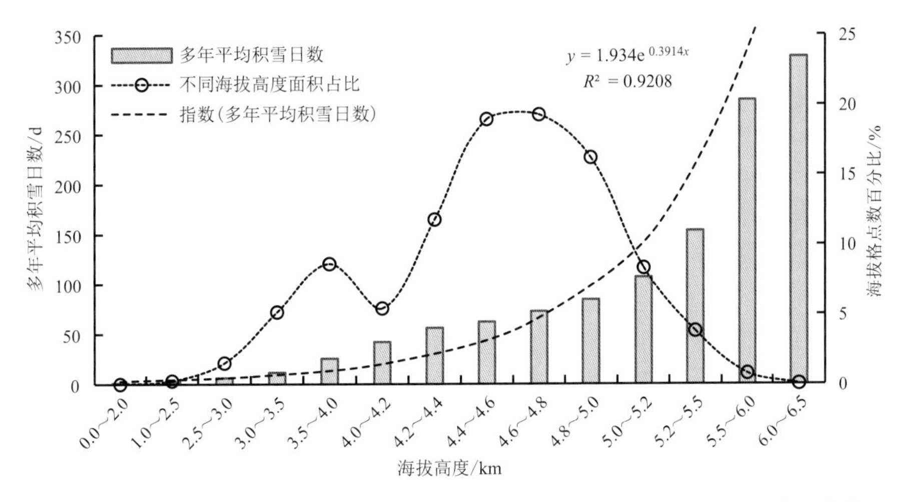

图 9.12　三江源区不同海拔高度多年平均积雪日数及不同海拔高度面积占比变化

从图 9.13 可以看出,2001—2020 年三江源区海拔<3.0 km 的区域年平均积雪日数基本呈减少趋势,减少速率随海拔高度上升而加快;2.5～3.0 km 地区积雪日数减少速率较快,为

0.09 d/a，显著减少的区域面积占比为4.70%；3.0～5.5 km地区积雪日数均呈增多趋势，其中，海拔≤4.4 km的地区平均积雪日数增多速率随海拔上升而加快；4.2～4.4 km地区增多速率达1.34 d/a，显著增多的区域面积占比为22.59%；海拔>4.4 km的地区平均积雪日数增多速率随海拔上升而减缓；5.5～6.0 km地区平均积雪日数呈减少趋势，减少速率为0.13 d/a，显著减少的区域面积占比为11.83%，表明高海拔地区积雪日数变化在一定程度上存在“海拔依赖性”；6.0～6.5 km地区平均积雪日数增多速率较快，为1.14 d/a，显著增多的区域面积占比为63.97%；5.5～6.0 km地区多为冰川和雪山边缘地区，说明在整体水汽充沛的条件下，受升温影响，冰川和雪山边缘地区仍有消融退缩趋势。

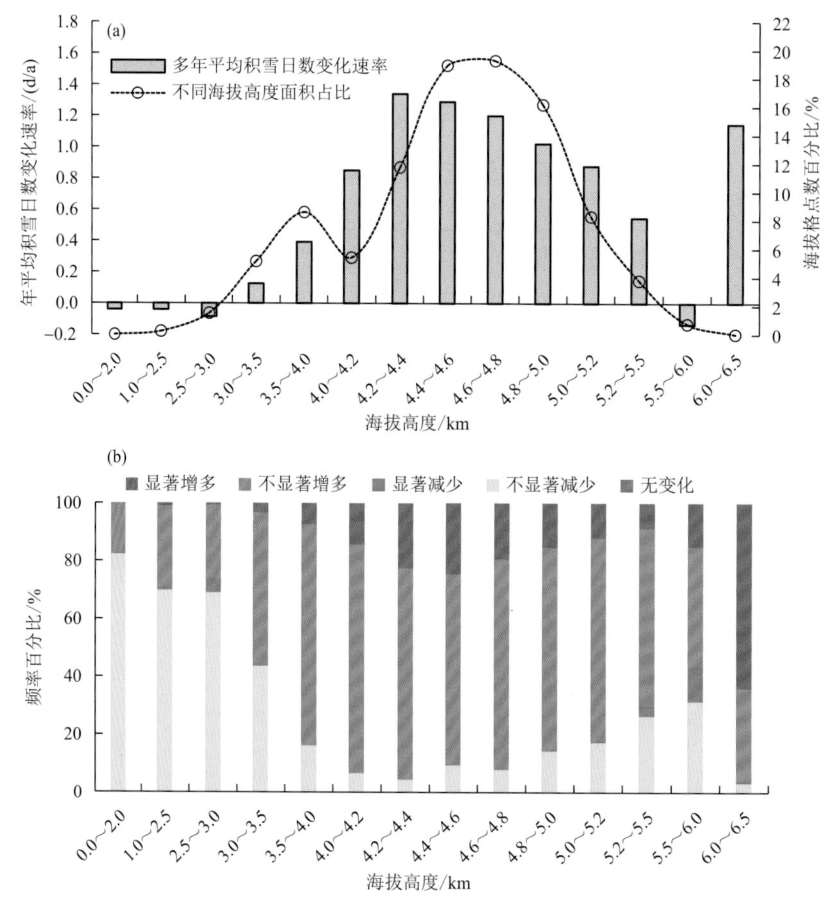

图 9.13 三江源区积雪日数变化趋势的海拔梯度分异

(a)积雪日数年际变化速率的海拔分异；(b)积雪日数年际变化的海拔分异

由三江源区不同坡向的面积占比及积雪日数可以看出，三江源区不同坡向的年平均积雪日数差异明显，虽然三江源区以北坡、南坡、东北坡和西南坡为主，其面积占比分别为16.53%、16.17%、15.28%和13.01%(图9.14a)，但多年平均积雪日数呈现北坡大于南坡、西坡大于东坡的分布格局，其中，西北坡积雪日数最多，为78.30 d，其次是北坡、东北坡、西坡、东坡、东南坡、西南坡，年平均积雪日数分别为76.84 d、73.98 d、71.14 d、70.61 d、62.94 d、59.62 d，南坡的最少，为55.68 d(图9.14b)。分析认为，积雪分布主要受温度、地形地势和水汽输送的影响，而坡向主要通过影响太阳辐射和气流的地形抬升而影响积雪分布。虽然三江源区主要受西北冷空气和西南印度洋、孟加拉湾暖湿气流的交汇影响，经地形抬升作用形成降雪，南坡是迎风坡，降雪较多，但相比于北坡，南坡为阳坡，可以吸收更多的太阳辐射，加之三江源区辐射强烈，会导致积雪快速消融，不利于积雪的累积，这是南坡和北坡的主要区别，也使得南坡的平均积雪日数最低；东坡和西坡接收的太阳辐射基本相同，但是西南方向的暖湿气流会使得西坡的降雪大于东坡，这是西坡积雪日数大于东坡的主要原因(郭建平 等，2016)。

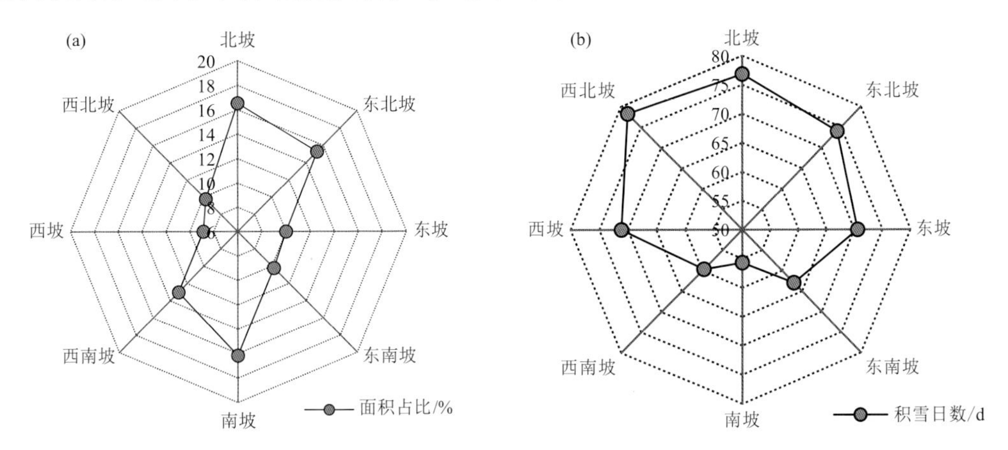

图 9.14　三江源区不同坡向的面积占比(a)及积雪日数(b)

2001—2020 年三江源区不同坡向的积雪日数均呈增多趋势，其中西坡的增多速率最快，为 1.04 d/a，其次是西北坡、东北坡、东坡、北坡、西南坡和东南坡，积雪日数增多速率分别为 1.02 d/a、1.01 d/a、1.00 d/a、0.99 d/a、0.95 d/a 和 0.92 d/a，南坡的增多速率最慢，为 0.89 d/a (图 9.15a)。由不同坡向积雪日数的变化方向及程度分析可知，不同坡向积雪日数均以不显著增多为主，面积占比为 68.25%～69.82%，显著增多区域面积占比为 15.83%～17.07%，差异较小(图 9.15b)。南坡受强烈的太阳辐射影响积雪消融较快，不利于积雪的积累，在西南方向的水汽输送增强的背景下积雪日数增多速率最慢，而相比于西北坡，西坡受西北冷空气的吹雪效应较小，因此，积雪日数增多速率最快(郭建平 等，2016；Sun et al.，2018a，2018b)。

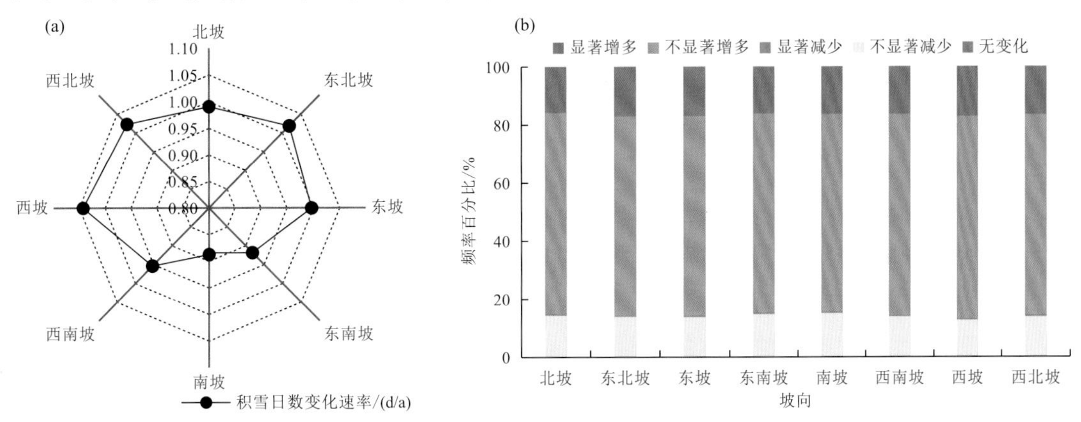

图 9.15　三江源区积雪日数变化趋势的坡向分异

(a)积雪日数变化速率；(b)积雪日数年际变化的坡向分异

9.3.4 积雪日数对气候变化的响应

2001—2020 年三江源区年平均气温为 0.74～1.59 ℃，年降水量为 383.04～608.07 mm；近 20 a 来，三江源区气候表现出明显的“暖湿化”，其中，平均气温以 0.35 ℃/(10 a)(P<0.01)的速率极显著升温，年降水量以 49.13 mm/(10 a)(P<0.05)的速率显著增多，年际波动较大。对比年积雪日数可以发现，通常“冷湿”年份(如 2008 年、2019 年和 2020 年等)积雪日数偏多，“暖干”年份(如 2010 年、2015 年和 2016 年等)积雪日数偏少(图 9.16)，表明三江源区明显的“暖湿化”气候特征是影响积雪日数变化的主要原因之一。

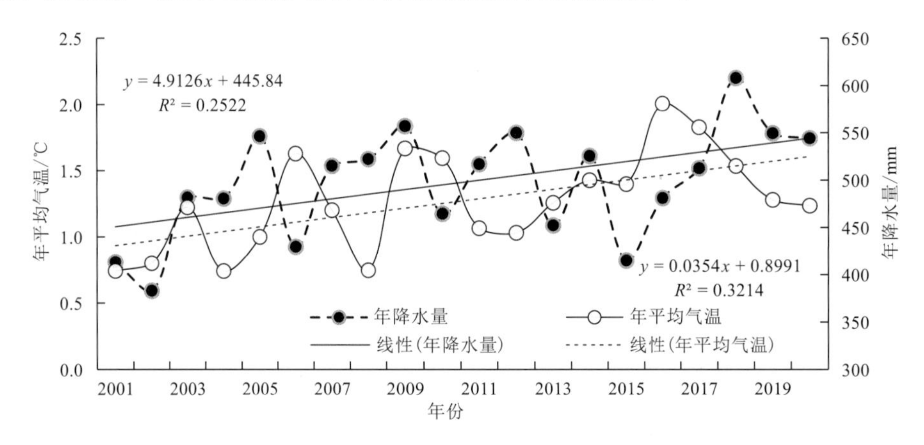

图 9.16 2001—2020 年三江源区年平均气温、年降水量年际变化趋势

进一步分析三江源区积雪日数与同期气温、降水量的偏相关系数及显著性分布发现，三江源区 86.18%的区域积雪日数与气温呈负相关，其中 36.38%呈显著负相关(P<0.1)，主要分布于三江源中部、东部地区，说明这些地区的气温对积雪日数的影响比较大，气温升高将导致积雪日数减少，而治多北部、唐古拉山镇、杂多西部、达日南部、久治和班玛的部分地区积雪日数与气温相关性较低(图 9.17)。降水方面，三江源区 95.71%的区域积雪日数与降水量呈正比，其中 60.18%呈显著正相关(P<0.1)，主要分布在除治多北部、唐古拉山镇、杂多西部、囊谦南部、达日南部、久治和班玛以外的大部地区，表明这些地区降水量的增加是积雪日数增多的主要原因(图 9.17c 和图 9.17d)。积雪日数与降水量的平均偏相关系数为 0.42(P<0.05)，偏相关系数随海拔高度上升而线性增大；积雪日数与气温的平均偏相关系数为−0.28，偏相关系数随海拔高度上升而线性减小(图 9.18)，说明降水量是三江源区积雪日数变化的主要驱动因素，近 20 a 来，三江源区积雪日数增多与降水量增多密切相关，且三江源区积雪日数与气温和降水量的相关性存在“海拔依赖性”，高海拔地区积雪日数对降水量的依赖性更强，低海拔地区对气温的依赖性更强。

本节基于积雪面积逐日无云遥感产品和气象观测资料，分析了 2001—2020 年三江源区积雪日数的水平、垂直分布特征和变化规律，并结合水热因子进行了积雪日数与气温和降水量的相关分析，主要结论如下。

(1)2001—2020 年三江源区积雪日数呈西高东低、高海拔山脉大于盆地平原的分布格局。积雪日数高值区主要集中在可可西里山、唐古拉山脉、阿尼玛卿山脉、巴颜喀拉山、各拉丹东冰川等高海拔地区，积雪日数均值普遍大于 200 d。85.48%的区域积雪日数呈波动增加趋势，显

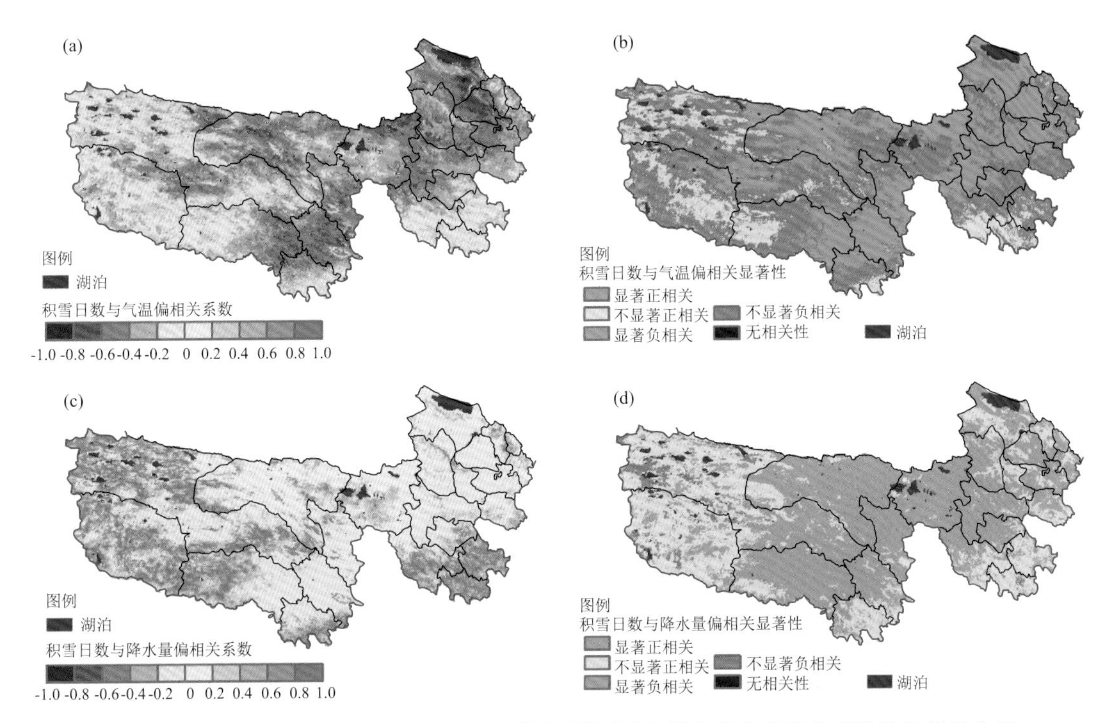

图 9.17 2001—2020 年三江源区积雪日数与同期气温、降水量的偏相关系数及显著性分布
(a)积雪日数与气温偏相关系数分布;(b)积雪日数与气温偏相关显著性分布;
(c)积雪日数与降水量偏相关系数分布;(d)积雪日数与降水量偏相关显著性分布

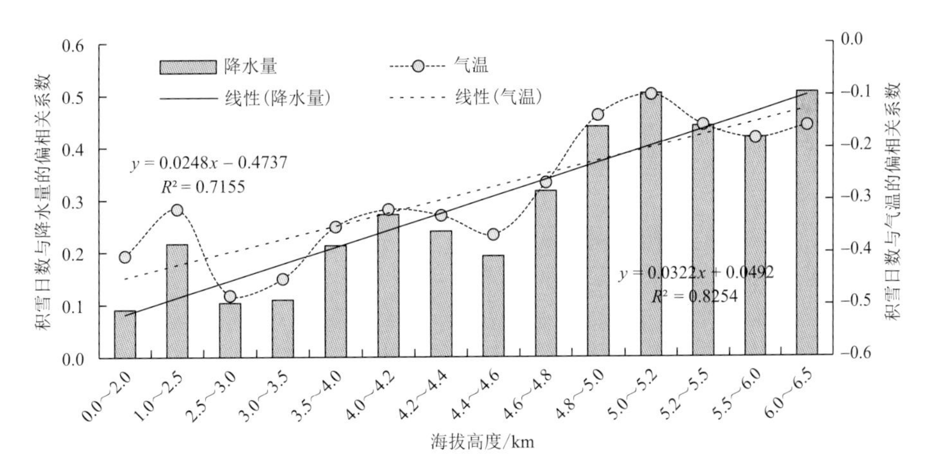

图 9.18 2001—2020 年三江源区不同海拔高度积雪日数与降水量、气温的偏相关系数的变化

著增加区域面积占比为 16.59%,平均增加速率为 0.98 d/a,其中,玛多中部、达日中南部、曲麻莱西北部等三江源中部地区积雪日数增加最为显著。

(2)2001—2020 年三江源区平均积雪日数及其变化趋势存在较明显的海拔和坡向分异。积雪日数整体上随海拔上升呈指数型增加,较低海拔(<3.0 km)区域积雪日数少,呈减少趋势且减少速率随海拔上升而加快,高海拔区域积雪日数较多且呈增多趋势,但大于 4.4 km 的地区平均积雪日数增多速率随海拔上升而减缓,且 5.5~6.0 km 地区积雪日数呈减少趋势,

高海拔地区积雪日数存在一定程度的"海拔依赖性"，在整体水汽充沛的条件下，受升温影响冰川和雪山边缘地区仍有消融退缩趋势。积雪日数呈北坡大于南坡、西坡大于东坡的分布格局，其中，西北坡积雪日数最多，为 78.30 d，不同坡向的积雪日数均呈增多趋势，西坡的增多速率最快，为 1.04 d/a，其次是西北坡、东北坡、东坡、北坡、西南坡和东南坡。

(3)2001—2020 年三江源区气温以 0.35 ℃/(10 a)的速率极显著升温，降水以 49.13 mm/(10 a)的速率显著增多，明显的"暖湿化"气候特征是影响积雪日数变化的主要原因之一。降水量是三江源区积雪日数变化的主要驱动因素，近 20 a 来三江源区积雪日数增多与降水量增多密切相关，且三江源区积雪日数与气温、降水量的相关性存在"海拔依赖性"，高海拔地区积雪日数对降水量的依赖性更强。

9.4 本章小结

积雪作为冰冻圈的重要组成部分以及气候系统的关键变量，历来是气候变化研究、农牧业生产和水资源管理等不可缺少的重要信息。青藏高原作为全球典型的高海拔积雪分布区以及周边诸多河流的发源地，积雪水储量、积雪分布及其变化将会对全球尺度的水循环、气候变化进程产生较大影响，因而准确分析高原积雪的时空变化状况及其影响因素具有十分重要的意义。截至目前，已有越来越多的研究表明，在全球气候变暖背景下，青藏高原积雪已经发生了显著而又独特的变化，但从气候变化视角下高原积雪变化的原因是什么？并受到哪些因素的影响？这些问题是目前学者们广泛热议的话题。

青海省作为青藏高原东部重要的省份之一，受整个高原气候变化的影响，冬季降雪量、积雪分布格局及其消融状况已悄然发生变化。在本章节中，首先，利用卫星积雪遥感监测产品分析了 2001—2020 年三江源区积雪日数对气候变化的响应及地形差异特征，结果表明：首先，三江源区有 85.48%的区域积雪日数呈波动增加趋势，并且积雪日数及其变化趋势也存在较明显的海拔和坡向分异，近 20 a 来，三江源区明显的"暖湿化"气候特征是影响积雪日数变化的主要原因之一；其次，利用地面积雪特性观测资料，开展积雪深度连续动态监测，并对积雪深度变化与同步气温的关系进行分析，发现玉树地区不同厚度的积雪其融雪过程存在差异，积雪消融对气温、时间响应存在一定的区域差异性；最后，利用雪灾风险度模型并结合空间分析，初步构建了青海省雪灾风险等级，较好地反映该区局部范围内雪灾风险的空间分布特征，为青海积雪大范围监测精度和雪灾及时预警提供科学依据。

第 10 章 高寒草地水热交换研究

10.1 高寒草地土壤冻融交替期水热交换

土壤冻融交替也称土壤冻融循环，是指土壤季节或昼夜间的热量变异在表层土壤及以下土层间反复冻融的现象(范继辉 等，2014)，这一现象普遍存在于高海拔地区。自全球气候变暖以来，北半球季节冻土覆盖面积减小了约 7%，冻土区融化范围和深度将进一步增加(秦赛赛，2014)。冻融交替作为冻土环境的主要组分，是陆气界面间物质和能量交换的一个主要过程，同时也是影响高寒草地生态系统演化的重要环境因素之一(李卫朋 等，2014)。土壤冻融作用使得陆气系统热交换量显著增加(李述训 等，2002)。冻融期间，大气通过地面与地层间热交换量的季节性收支平衡来改变地温的分布特征和时序性变化规律，同时也改变了土壤吸热和放热过程(李述训 等，2002)。张强等(2003)对西北干旱区定西陆面物理量变化规律进行了研究，发现不同剖面土壤温度随土层增加其日循环趋势逐渐削弱。另外，冻土层的不透水性使得冻土层与融化层之间的黏结力减弱，从而减小了土壤冻结期间的水分蒸散量，却增加了消融期土壤地表的水分蒸散量(李述训 等，2002)。土壤水热因子主要决定了冻融土壤的固相与液相之比，进而影响了土壤的田间持水量，故土壤含水率决定着季节性冻融区土壤水分入渗量的大小(刘亚红，2010)。另外，水热因子还对地表活动层中能量的平衡与水分再分配起着调控作用，最终影响了全球气候变化过程(李述训 等，1995；孙菽芬，2005)。

青南牧区地处青藏高原腹地，该区是世界上面积较大的高海拔冻土区之一，在一定程度上有效地驱动了全球气候变化，是我国主要的冰川分布地之一(冯松 等，1998)。在冬季主要受冷高压的控制，气温较低，土壤季节性冻融现象普遍存在(刘亚红，2010)。其物质和能量循环对亚洲季风气候的形成和演替产生积极作用(赵勇 等，2007)。近几十年以来，由于过度放牧、工程建设、滥采滥伐以及人类对自然资源的肆意掠夺等因素，致使青藏高原高寒草地生态系统大面积严重退化，进而导致其土壤物理属性和水热循环过程发生急剧变化(张金平 等，2016)。青南牧区作为高海拔典型冻土区，由于受降水限制和草地退化的威胁，其地表植被覆盖度、密度以及土壤水分分配格局发生改变(蔡延江 等，2013)，从而形成不均匀的土壤冻融格局(张爱莉 等，2013)。有研究资料显示，低覆盖度下的土壤冻结较高覆盖度提前，且冻结深度更深(李宗昊 等，2016)。由于受全球气候变化的影响，高纬度和高海拔地区土壤冻融过程变得更加复杂(程慧艳 等，2008)，进而影响次年植被返青和空间分布格局。为此，本研究以青南牧区草地为研究对象，结合当地气象观测资料，分析了青南牧区草地季节性冻融交替过程中土壤水热因子动态特征，以期为该区草地季节性土壤冻融监测提供科学依据，同时也为草地生态系统应对复杂气候变化奠定观测基础。

10.1.1 土壤发生冻结的临界温度划分

月间气温和降水量按日平均值统计，不同土层土壤温度的日变化按(08:00—次日 08:00)整点数据进行统计，土壤不同冻融期总变幅以小时平均值进行统计分析，日平均变幅以每日日平均值进行统计分析，土壤含水量是以土壤未冻水含量来表示；土壤冻结与否的温度划分依据标准(杨梅学 等，2002a)如表 10.1 所示。

表 10.1 土壤发生冻结的临界温度划分

临界气温	日最高气温 T_{max}<0 ℃	日最低气温 T_{min}>0 ℃	日最高气温 T_{max}>0 ℃且日最低气温 T_{min}<0 ℃
特征	表示土壤完全冻结	表示土壤未发生冻结	表示土壤发生日冻融交替过程

10.1.2 土壤冻融交替过程

土壤冻融交替是高海拔地区土壤发生的一种普遍现象，其发生过程直接改变了草地土壤含水量和通透性以及土壤微生物对养分的活化，间接促进了草地植被对水分和养分的需求，从而改变了天然草地植被的分布格局和整个生活史期。

10.1.2.1 土壤冻融期的划分

通过该区 1980—2011 年土壤剖面地温资料可知，冬春季草地在应对复杂气候变化的同时，其浅层土壤的冻结点和冻结强度发生明显的变化。以不同冻结期土壤特征为依据，将该区草地土壤的冻融过程划分为以下 4 个不同阶段(表 10.2)。

表 10.2 青南牧区草地土壤冻融阶段划分

冻融阶段	时间	主要特征
初冻期	11 月 1—25 日	土壤冻土层主要分布于浅层(0～10 cm)，且厚度较薄，冻结程度弱；具有昼融夜冻特点
稳定冻结中期	11 月 26 日—次年 2 月 11 日	气温骤速下降，冻结深度稳步增加；冻土层含水量显著增加，未冻水含量减少，最高气温均在 0 ℃以下
稳定冻结后期	2 月 12 日—3 月 1 日	气温整体有所回升；虽夜间土壤温度为负，但日均温度均>0 ℃，浅层土壤再次经历冻融交替循环过程
消融期	3 月 2 日—4 月 15 日	气温持续上升，浅层土壤融化程度增加，且消融层土壤含水量逐渐减少并趋于稳定

10.1.2.2 不同土层土壤冻融持续时间

通过统计分析不同土层土壤温度状况，发现青南牧区高寒草地土壤发生冻结的日数为 44～115 d，10～20 cm 土壤发生冻结的时间最长，为 115 d(表 10.3)；日冻融交替过程主要发生在 0～10 cm 和 10～20 cm 土层，且冻融日数分别为 37 d 和 24 d，而深层土壤基本处于融化状态。

表 10.3 不同土层土壤温度状况及相应日数 单位:d

土壤深度(cm)	T_{mean}<0 ℃	T_{max}<0 ℃	T_{min}>0 ℃	T_{max}>0 ℃ 和 T_{min}<0 ℃
0~10	143	98	212	37
10~20	138	115	228	24
20~40	112	110	234	11
40~80	97	83	256	6
80~160	55	44	271	4

注:T_{mean}表示土壤日均温,T_{max}表示日最高温度,T_{min}表示日最低温度;第 2~5 列为相应日数

10.1.3 气温变化特征

土壤温度的变异程度是决定土壤冻融强度和过程的主导因素,其变化与气温和太阳总辐射密切相关,故不同深度土壤温度随气温和太阳辐射的变化呈现出季节性和日变化特征。

气温的季节性周期变化近似"正弦曲线",与太阳辐射的年际变化一致(图 10.1)。年际间气温最大值出现在 8 月(17.8 ℃),而最低值出现在 1 月(−13.7 ℃)。

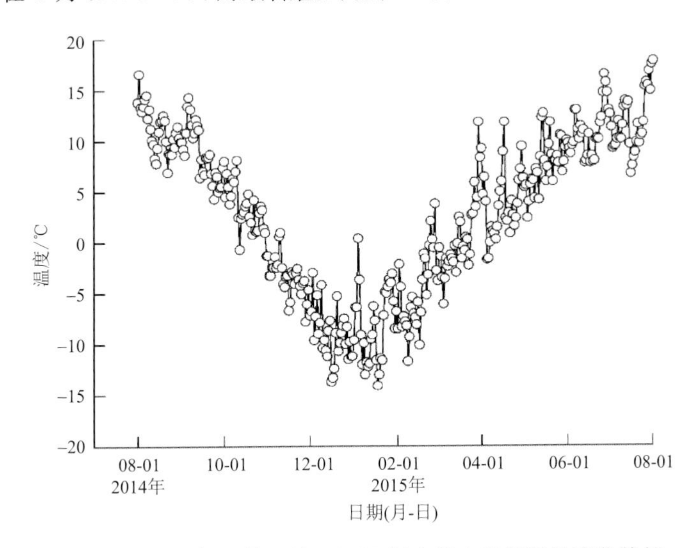

图 10.1 2014 年 8 月 1 日—2015 年 8 月 1 日气温的变化特征

10.1.4 不同土层土壤温度的变化特征

不同深度土壤温度的年变化与气温基本一致(图 10.2)。浅层土壤温度最大值出现于 8 月(15.6 ℃),土壤温度最小值为 1 月,且浅层土壤温度的波动幅度较其下各土层大。由于 3 月和 9 月是出现春分和秋分的时节,故土壤温度的变化出现了一个由气温不断地向土壤温度逐渐靠近的时期,即过渡期。9 月下旬—次年 3 月,土壤温度随土层深度的增加先降低后升高。

10.1.5 土壤剖面温度变化特征

气温变异程度大于各土层土壤温度,地表对外界环境因素(气温和太阳辐射等)的响应尤为显著(表 10.4)。无论是冻融期还是非冻融期,各土层土壤温度的变异程度随土壤深度的增加而减小,同时 80~160 cm 土壤的日均变幅相当且逐渐趋于 0。

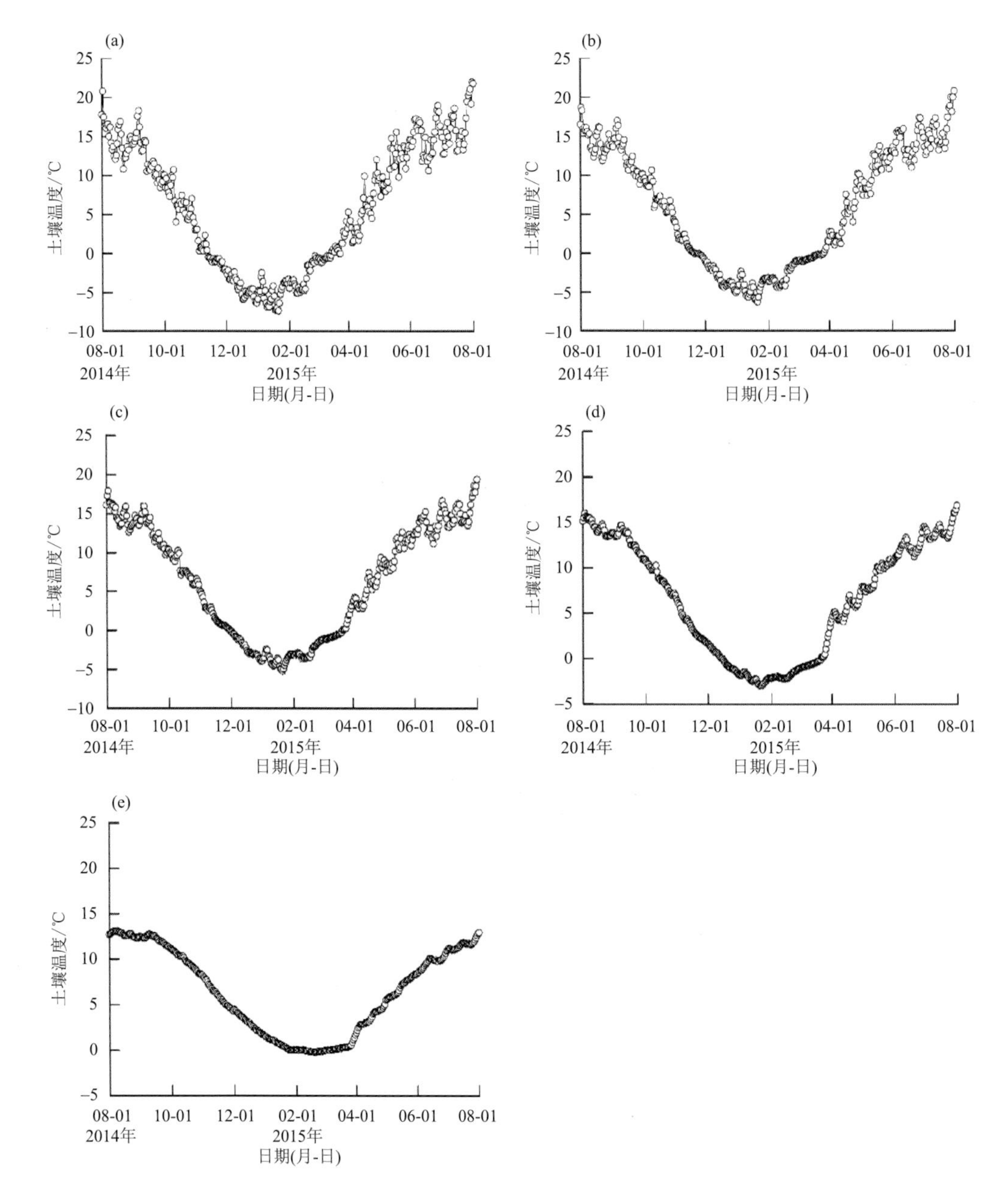

图 10.2 2014 年 8 月 1 日—2015 年 8 月 1 日不同土层土壤温度的变化特征

(a)0～10 cm;(b)10～20 cm;(c)20～40 cm;(d)40～80 cm;(e)80～160 cm

表 10.4 土壤剖面温度变幅 单位:℃

日期	变幅	气温	0～10 cm	10～20 cm	20～40 cm	40～80 cm	80～160 cm
冻融期	月均变幅	14.5	11.9	5.7	5.7	2.4	1.3
(11 月—次年 03 月)	日均变幅	9.6	7.1	3.6	1.1	0.4	0.2
非冻融期	月均变幅	23.3	13.7	9.4	8.5	4.3	1.5
(04—10 月)	日均变幅	14.7	10.9	6.3	1.6	0.7	0.2

10.1.6 不同冻融期土壤剖面温度的日变化

通过不同冻融期典型的土壤剖面温度日变化曲线可知，浅层地温日较差较大，随土壤深度的增加而减小，直至土壤深层趋于平缓。另外，日变化过程中浅层地温在日出后开始持续回升，达到一个最大值后开始逐渐下降，呈现出“低—高—低”的变化模式（图10.3）。冻结前期浅层地温波动较大，下面各土层温度受气温和太阳辐射的影响不大；不同冻融期0～10 cm地温的日较差最为显著；稳定冻结期不同深度土壤温度的变化规律与初冻期相近，但变化幅度小

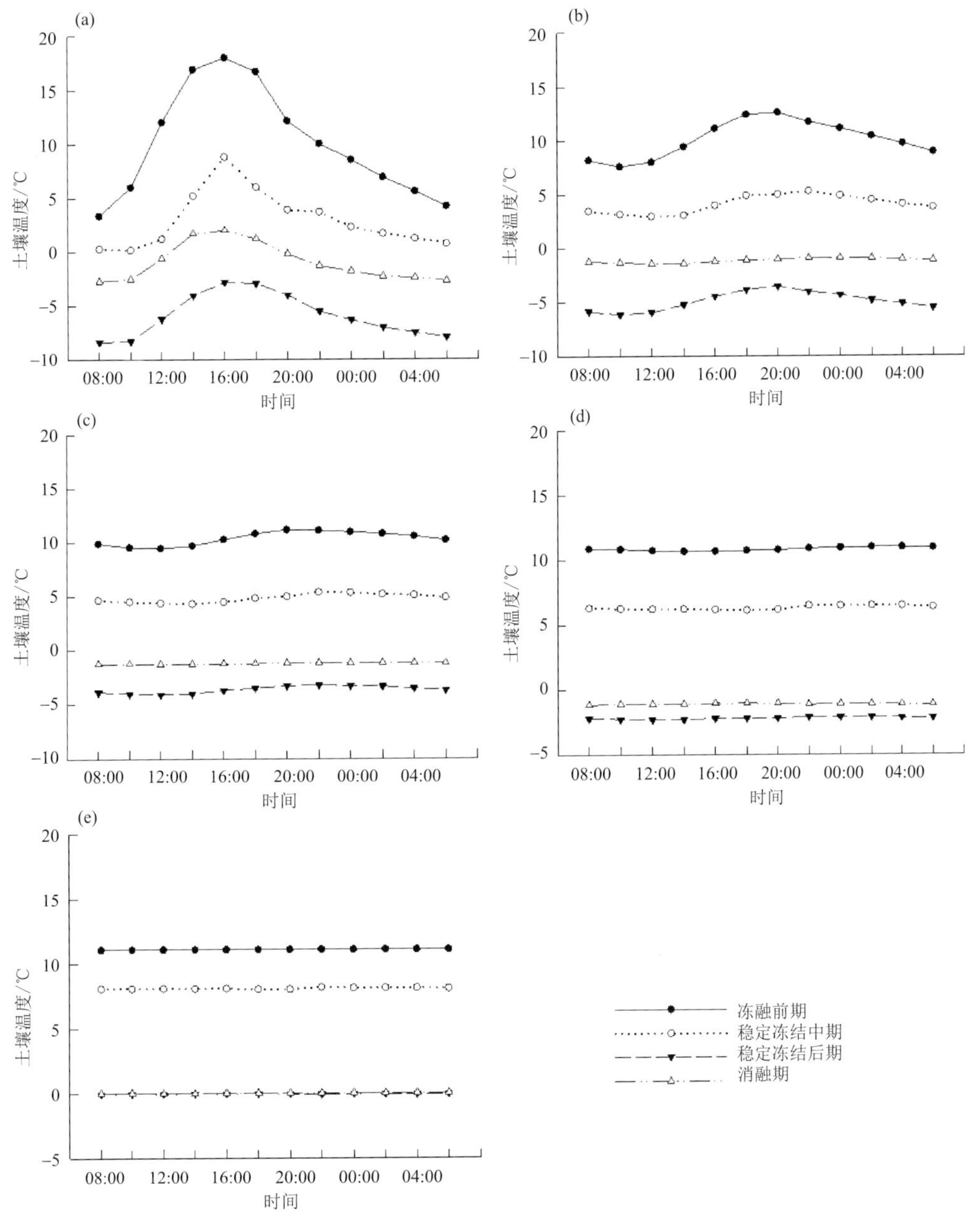

图10.3 不同冻融期土壤剖面温度日变化特征

(a)0～10 cm；(b)10～20 cm；(c)20～40 cm；(d)40～80 cm；(e)80～160 cm

而缓和；另外，稳定冻结期土壤温度变幅较消融期小，主要是由于消融期气温开始回升，而气温的变化则是直接影响土壤温度日变异程度的主导因素。

10.1.7 不同冻融期土壤温度垂直日变化

不同冻融期土壤温度垂直日变化规律不尽相同，其中除 15:00 的浅层地温变幅较大外，其余各土层土壤温度变幅较小(图 10.4)。冻结前期土壤温度垂直日较差较大，各土层土壤温度均大于 0 ℃(图 10.4a)；初冻期 0～5 cm 土壤温度在凌晨 03:00—次日上午 09:00 均处于 0 ℃以下，而其余各土层温度仍为 0 ℃以上(图 10.4b)；随着气温的骤速下降和太阳辐射量的减少，土壤冻融深度逐渐加深，冻结深度达 40 cm；但由于深层土壤对气温的敏感性较弱，故 160 cm 处的土壤温度仍在 0 ℃以上，土壤并未发生冻结(图 10.4c)；由于冻结后期外界气温逐步回升，故不同深度土壤温度也随之升高并接近于 0 ℃，土壤冻结深度为 5 cm(图 10.4d)。

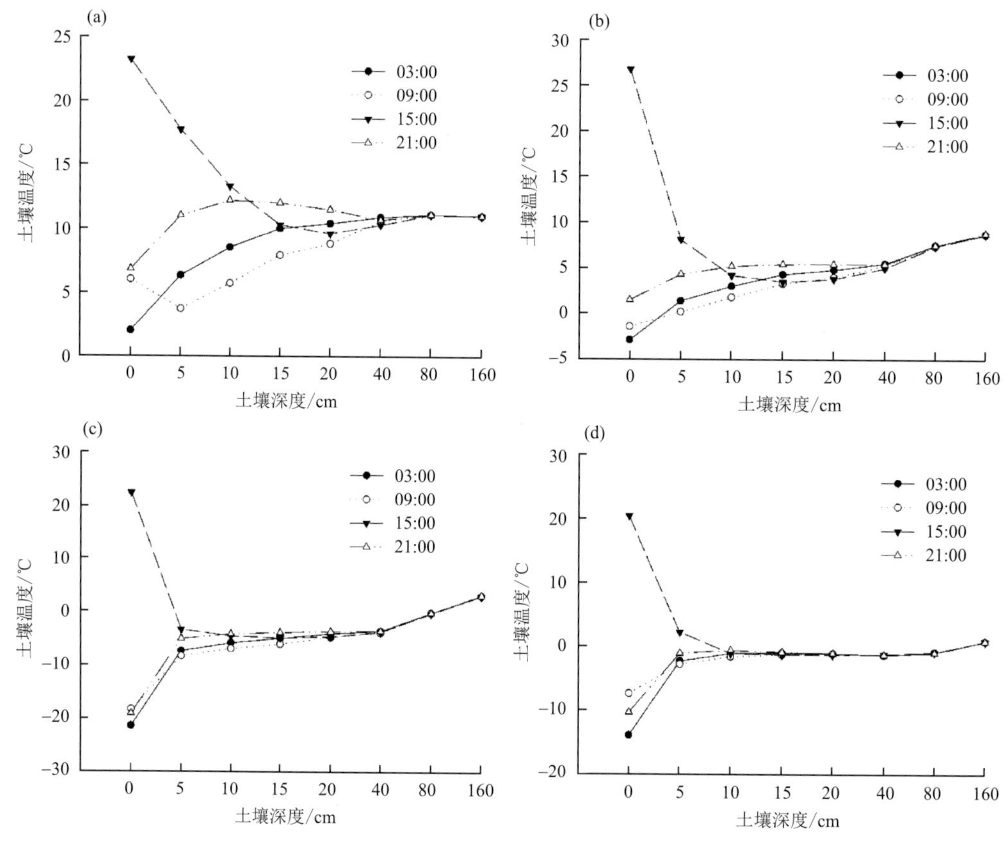

图 10.4 不同冻融期土壤剖面温度垂直日变化特征

(a)冻结前期；(b)初冻期；(c)稳定冻结期；(d)冻结后期

10.1.8 不同土层土壤含水量变化特征

研究区不同土层土壤含水量表现出的变化规律不尽相同(图 10.5)。其中表层 0～10 cm 的土壤含水量波动幅度较大，其次为亚表层 10～20 cm 土壤，深层土壤的波动幅度较小；另外，不同土层土壤含水量均表现出季节性变化规律，即夏秋季节多而冬春少；初冻期，土壤由上而下依次发生冻结，各土层土壤含水量迅速下降，表层和亚表层土壤含水量变化最为明显；消融期，由于外界气温逐步回升，各土层土壤含水量迅速增加并趋于稳定，由于受强烈辐射和蒸发的影响，表层 0～10 cm 土壤含水量显著低于其余各土层。

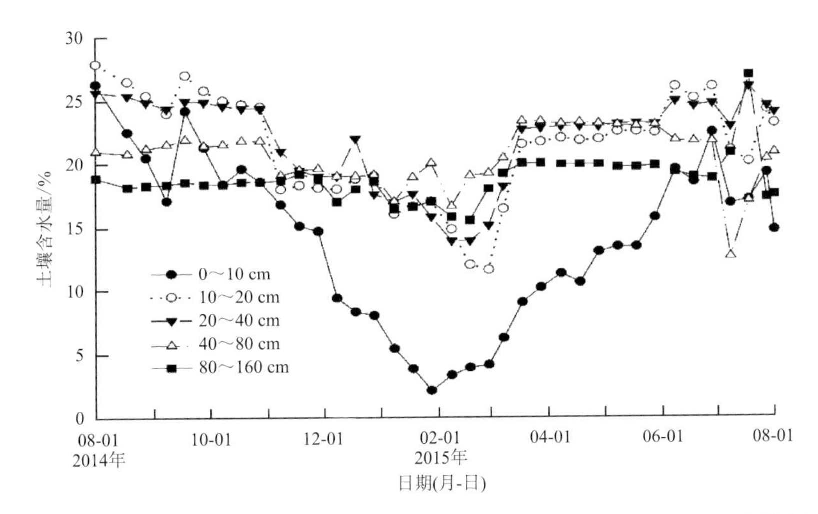

图 10.5　2014 年 8 月 1 日—2015 年 8 月 1 日不同土层土壤含水量的变化特征

高寒草地土壤冻融交替过程致使土壤水分相变不断发生转化，改变了土壤的物理结构属性和能量传递过程，进而影响了草地与大气界面间物质和能量的循环。本节利用兴海县 1 a 的气象资料，较为系统地探讨了青南牧区高寒草地冻融交替特征及其对水热因子的响应，主要得出如下结论。

(1)青南牧区高寒草地土壤基本于当年 11 月初开始冻结，次年 3 月初开始解冻，整个冻结期牧区达 120 d 左右。冻融期不同土层土壤含水量在时空上的变化规律不尽相同，这一现象主要以表层和亚表层土壤含水量的变化最为明显。不同深度土壤含水量在季节上虽表现出“高—低—高”的变化趋势，但表层和亚表层土壤含水量的波动幅度较大，而深层较小，且表层土壤含水量显著低于深层土壤，这与沈丹等(2015)的研究结果基本一致。

(2)土壤温度的变异程度是决定土壤冻融强度和过程的主导因素，浅层地温的波动幅度较深层大，且土壤温度的变异程度随土层深度的增加而减弱并趋于稳定；浅层地温日较差较大，且呈现出“低—高—低”的变化趋势，故青南高寒草地土壤冻融交替特征较内陆干旱地区明显(张强 等，2003；杨梅学 等，2006；张强 等，2011；王娇月 等，2011；李林 等，2011；Fan et al.，2012；赵显波 等，2015)。

(3)草地表层和亚表层土壤发生冻结的日数为 44～115 d；日冻融交替过程主要发生在表层和亚表层土壤，且持续时间分别为 37 d 和 24 d。草地冻融期表层和亚表层土壤含水量的波动幅度较大，而深层较小，土壤反复冻融交替增加了土壤的保水性。因此，水热因子是决定该区草地植被返青提前或推迟的先决条件。

高寒草地土壤冻融交替发生过程极其复杂，其发生不仅受海拔、陆气间的水汽收支平衡过程、地形地貌特征以及土壤溶液离子浓度大小的影响，还与土壤水分和养分在时空上的运移方向、土壤容重、孔隙度和通透性等物理特性有关。本研究仅涉及 1 a 的气象观测资料，所得出的结论仅是对高寒草地土壤冻融交替的外在表现的初步认识，虽能较好地反映高寒草地土壤冻融交替的外在特征，但由于采用的气象资料时序周期较短，故仍不能在全国地区所使用。因此，若需更加深入地了解高寒草地土壤冻融交替发生的机制，需进一步通过土壤热通量数据对其内在机理进行深入研究。

10.2 青藏高原高寒湿地冻融过程土壤温湿变化特征

青藏高原上土壤的冻融状况反映了高原地表和大气之间的水热交换变化（杨梅学 等，2006）。近年来，青藏高原高寒湿地呈现强烈的退化趋势（罗磊，2005），湿地面积萎缩10%以上，且长江源区的沼泽湿地退化最为严重（王根绪 等，2007）。高寒湿地的严重退化是由于多种因素打破了湿地原有的水分平衡，从而导致不可逆转的变干。高原土壤冻融过程不仅在干湿转换季极大地影响着土壤和大气之间水分和能量的交换过程，而且对高原上空及东亚地区的大气环流、中国夏季降水有很大的影响（宋长春，2003；尚大成 等，2006；王学佳 等，2012；崔洋 等，2017）。地表活动层的水热动态过程已成为青藏高原陆气相互作用研究的关键问题之一，然而，由于土壤冻融过程中活动层的水热传输过程极其复杂，使得高寒土壤的水热研究成为陆面过程研究的难点之一（赵林 等，2000；吴青柏 等，2003；刘光生 等，2015）。研究高原冻土活动层的水热过程有助于进一步认识青藏高原陆气相互作用。此外，我国水资源严重缺乏（Piao et al.，2010），而高寒湿地作为青藏高原的重要蓄水区，是水源涵养和供给下游的主要源区。因此，高寒湿地冻融过程对区域气候及下游水资源供应具有重要意义。

关于青藏高原冻土的研究主要集中在高寒草甸（赵林 等，2000；吴青柏 等，2003；刘光生 等，2015）或高寒草原（李卫朋 等，2014），而对高寒湿地的研究主要体现在湿地的时空变化（潘竟虎 等，2007；张继平 等，2011；陈永富 等，2012；杜际增 等，2015；Ma et al.，2016）及通量变化（张法伟 等，2008；张海宏 等，2015；王冬雪 等，2016），缺乏其冻融特征研究（陈渤黎，2013），尤其是江河源区。基于此，本研究利用玉树州隆宝滩沼泽湿地的微气象站2011年9月—2012年11月观测资料，分析探讨高寒沼泽湿地在整个冻融期内土壤温湿度的变化情况，揭示其冻融变化规律。

10.2.1 高寒湿地土壤温湿季节性变化

高寒湿地因高海拔、低气温，其土壤呈现显著冻融现象，加之较高的土壤含水率，与高寒草甸高寒而低含水率、干旱荒漠区高温低湿（张强 等，2007；杨扬 等，2015）以及黄土高原厚黄土高蒸散发（张强 等，2011；岳平 等，2015b）等地表水热变化特征有显著不同。土壤温度的变化直接反映了冻融过程，0 ℃为冻融临界。图10.6是2011年11月1日—2012年10月31日土壤温、湿度季节性变化特征，可以看出，土壤温湿度受土壤冻融过程影响显著，整体呈现冬季低、夏季高的变化特征。其中，5—10月地温均在0 ℃以上，为非冻结期，12月—次年3月均在0 ℃以下，为冻结期，而4月和11月在0 ℃附近，是冻融转换期。5 cm地温变化幅度最大，在冻结期低于其他层，而在非冻结期却高于其他层，变化幅度达18.3 ℃；与5 cm地温变化趋势不同的是，10 cm地温却是在冻结期高于其他层，而非冻结期却低于其他层，变化幅度最小；其他层在冻结期地温自40 cm、20 cm、30 cm依次增大，而在非冻结期正相反（图10.6a）。由此可见，高寒沼泽湿地的地温变化并不是按照由上至下依次变化的，而是存在一定的不规律性，这与藏北高原高寒草甸的地温变化趋势存在显著差异（王学佳 等，2012），亦不同于干旱荒漠区(张强 等,2007;杨扬 等,2015)和黄土高原区(张强 等,2011;岳平 等,2015b),这可能是因高寒沼泽性湿地特殊的地表所致。地表最上层受陆气交换作用影响显著,季节变化幅度较大,而下面各层由于根系分布、土壤含水量以及土壤物理性质不同导致了这种特殊的热传导。

土壤湿度的变化通过影响地表反照率、土壤热参量以及蒸发和蒸腾来改变陆气间的水分和能量平衡,从而改变大气边界层结构,进而引起气候变化(程善俊 等,2015)。冻融过程对土壤水分具有显著影响,当土壤水分处于很低的水平时,说明土壤冻结导致液态含水量下降,当土壤融化后土壤液态含水量增加。从图 10.6b 中看出,高寒湿地土壤水分在 11 月之后开始下降,次年 1 月降至 10%左右,4 月开始增加,6 月达到 70%左右,其后变化不大,保持较高水平,年变化幅度为 60%。当土壤开始冻结时,土壤含水率由上至下开始下降,表层首先下降最快;当土壤开始融化时,土壤含水率由上至下开始上升,同样表层首先上升最快。

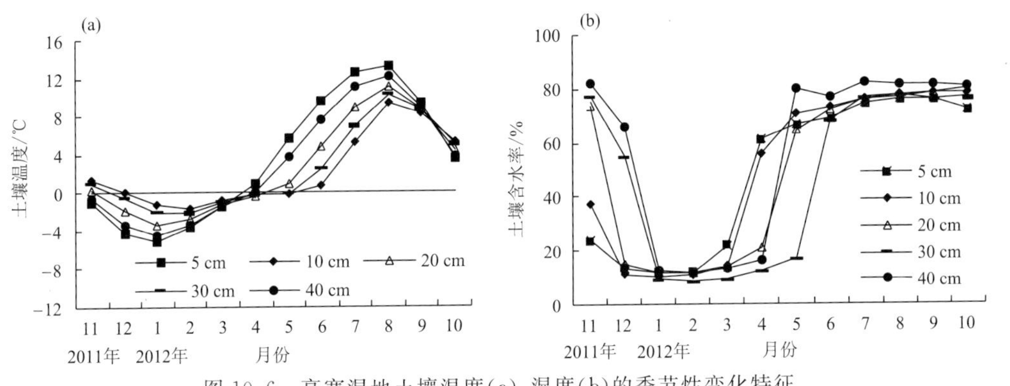

图 10.6 高寒湿地土壤温度(a)、湿度(b)的季节性变化特征

10.2.2 高寒湿地土壤温湿日变化

青藏高原大部地区存在频繁的日冻融循环,土壤冻融状态的频繁变化极大地影响了土壤和大气之间的水分和能量交换(Daout et al.,2017)。不考虑盐分对土壤冻结点的影响,土壤温度低于 0 ℃时认为处于冻结状态,而高于 0 ℃时则认为处于消融状态。图 10.7 是高寒沼泽湿地各季节地温逐时变化,其中秋季鉴于数据原因,将上年(2011 年)11 月数据作为当年(2012 年)11 月数据使用。可以看出,冬季土壤全部封冻,各层温度均在 0 ℃以下,其中 5 cm 和 40 cm 地温存在显著的日变化,而 10 cm、20 cm 和 30 cm 地温一天之中较为稳定,尤其是 10 cm 和 30 cm(图 10.7a);春季是土壤的冻融转换期,5 cm 和 40 cm 地温均在 0 ℃以上,中间各层处于 −1～0 ℃之间,且 5 cm 和 40 cm 地温有显著的日变化,而其他地温较稳定,其中 5 cm 处地温波动幅度达 4 ℃(图 10.7c);夏季各层地温均已达到 5 ℃以上,同冬、春季一样,5 cm 和 40 cm 地温有较大的日变化,而其他层较为稳定,其中 5 cm 地温变化幅度达 8 ℃(图 10.7e);秋季是土壤由融化状态开始进入封冻状态阶段,各层地温均已降至 5 ℃以下,其中 5 cm、40 cm 地温分别有 4 ℃、1.5 ℃左右幅度的日变化,其他层基本处于稳定状态(图 10.7g)。然而,土壤水分的日变化不甚显著,仅仅地表 5 cm 处有一定的波动(图 10.7b、图 10.7d、图 10.7f 和图 10.7h),这可能是受蒸散发的影响所致。

10.2.3 高寒湿地冻融转换期土壤温湿变化

冻融转换期是土壤由冻结(融化)向融化(冻结)转换的时期,此时土壤各物理量的变化最

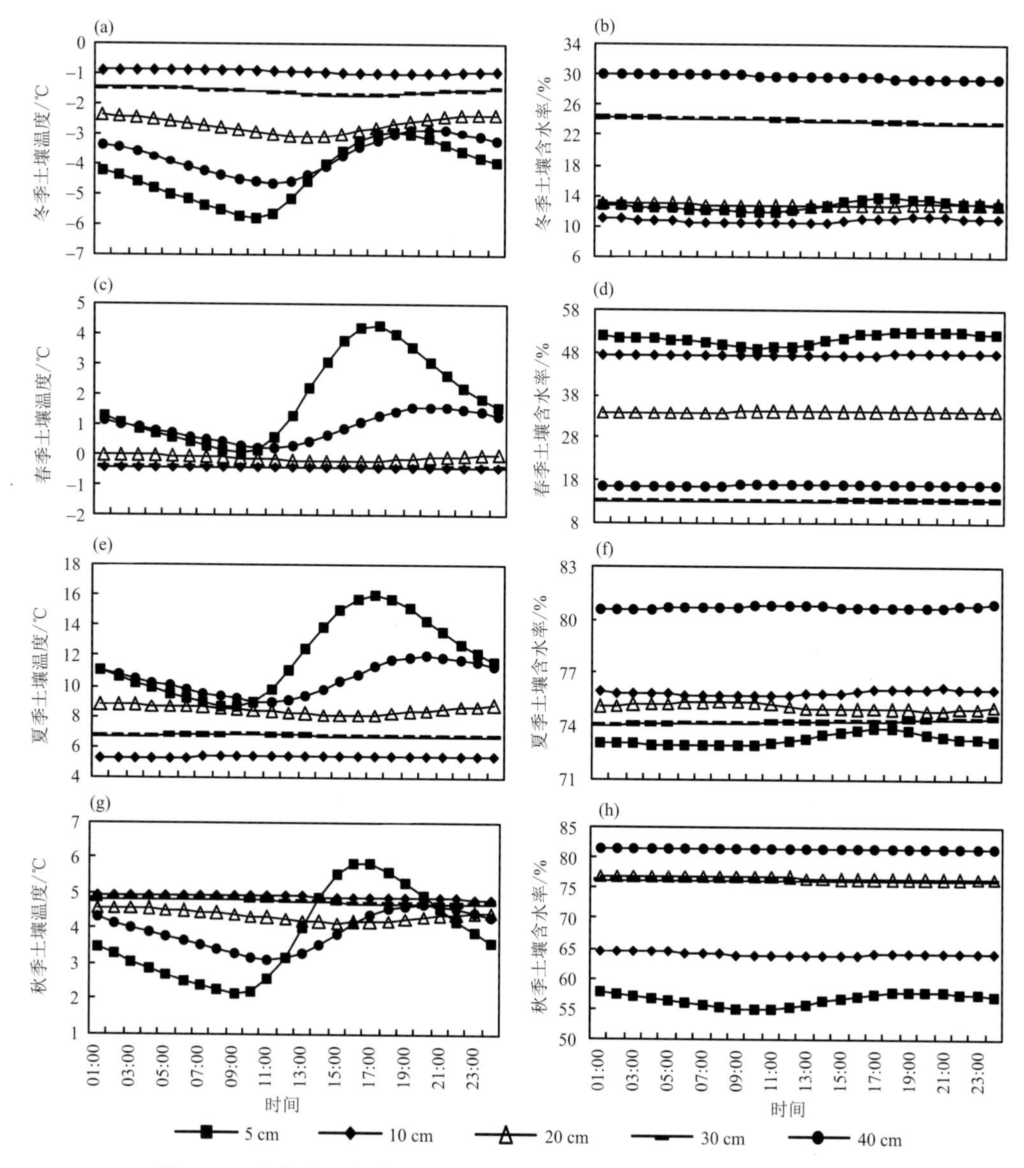

图 10.7　高寒湿地各季节土壤温度(a、c、e、g)、湿度(b、d、f、h)日变化特征

为显著。从图 10.8 中看出，高寒湿地地温由 0 ℃以下转为 0 ℃以上的时期为 4—6 月，而由 0 ℃以上转为 0 ℃以下的时期为 11 月—次年 1 月，将这两个时期定义为高寒湿地的冻融转换期。图 10.8 是高寒湿地冻结和融化过程中土壤的温湿变化，以 0 ℃线为参考，发现高寒湿地土壤的冻结和融化过程持续 70 d 左右。

融化过程中，土壤 0 ℃线并未随时间呈现自上而下逐渐变化的趋势，这与土壤含水率的变化存在必然联系。从图 10.8a 看出，土壤 0 ℃线在 4 月初便开始出现，其中 5 cm 处 0 ℃线在 4 月中旬很快消失，而 10 cm 处却一直持续到 6 月中旬，20 cm 处持续到 5 月上旬，30 cm 处持续到 5 月下旬，40 cm 处仅持续到 4 月下旬。可见，高寒湿地土壤在融化过程中的热量并不按一定的梯度进行传输，而是呈明显三层结构，各层土壤温度变化不连续。从同时期的土壤含水率变化(图 10.8b)来看,土壤含水率基本由上到下随时间逐渐增加,其中 10 cm 附近土壤含水率在 5 月中旬之后率先升至 70%以上,而大部分土层直至 6 月上旬才达到 70%;土壤含水率的变化较为规律,随着土壤深度加深,深层比浅层的变化滞后时间加长,其中 5 cm 处含水率在 4 月初开始升高,10 cm 处随后几天便迅速上升,而 20 cm 处则在 5 月初才升高,30 cm 和 40 cm 处则在 6 月初同时达到 70%左右。

冻结过程中,土壤 0 ℃线同样存在显著的三层结构(图 10.8c)。其中,5 cm 处在 11 月初便降至 0 ℃以下,10 cm 处则在 12 月中旬降至 0 ℃以下,20 cm 处在 11 月下旬降至 0 ℃以下,30 cm 处在 12 月初降至 0 ℃以下,40 cm 处则在 11 月上旬降至 0 ℃以下。冻结过程中土壤含水率的变化与融化过程正相反(图 10.8d),基本由上至下逐渐降低,土壤越深含水率下降越缓慢,其中 10 cm 和 30 cm 处与其他层有明显差别。

综上所述,在融化和冻结过程中高寒湿地地温的变化基本呈三层结构,10 cm 以上为一层,10～30 cm 之间为一层,30 cm 以下为一层;10 cm 和 30 cm 处的土壤含水率与其他层存在较为显著的差异,这可能与地温的三层结构有一定关系。

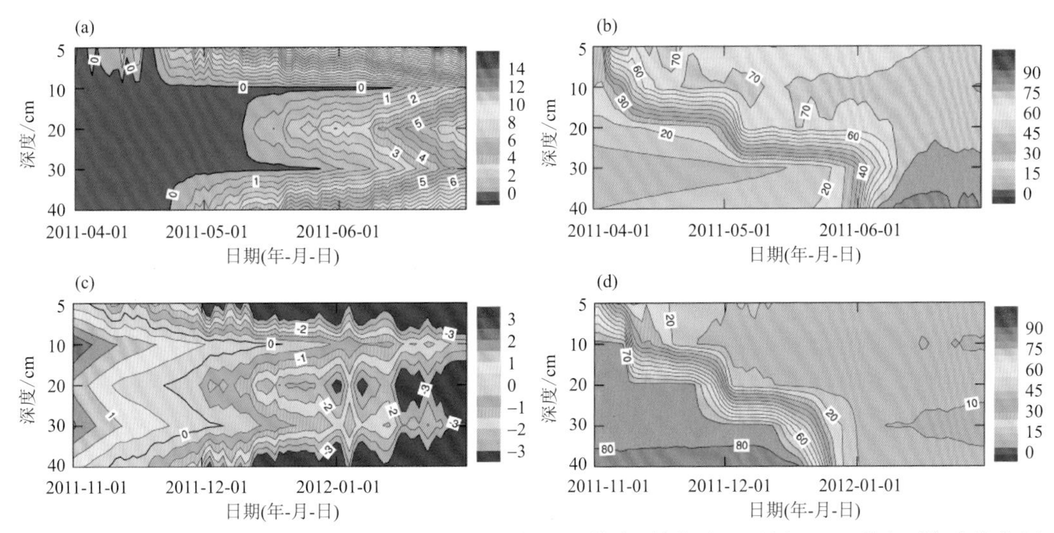

图 10.8　高寒湿地融(a、b)冻(c、d)转换期土壤温度(a、c,填色,单位:℃)、湿度(b、d,填色,%)变化特征

为进一步说明冻融转换期土壤地温的三层结构,对比了该时期相邻两层土壤之间的温、湿度差值变化(图 10.9),差值均是由上层减去下层。土壤融化期间(图 10.9a 和图 10.9b),5 cm 与 10 cm 地温差值在 4 月初达到 0 ℃之后整体呈持续增加趋势,温差最大达 10 ℃左右,表明热量在此期间是由上向下传递,且随着表层气温迅速上升,温差也越大;5 cm 与 10 cm 土壤含水率差值在 4 月上旬有一短暂的剧增和回落,峰值接近 40%,而后逐渐下降,在 4 月下旬下降至 0 以下,并处于一恒定的负值。10 cm 与 20 cm 地温差值在 5 月中旬开始呈持续减小趋势,说明热量是由下层向上层传递,且随着表层气温的升高,温差越大;土壤含水率差值先增后减,在 5 月上旬逐渐稳定,最大差异接近 50%,说明 20 cm 处含水率在 5 月上旬之后逐渐与 10 cm 处接近。20 cm 和 30 cm 地温差值的日变化特征与 10 cm 和 20 cm 差值类似,但为正值,即温度传递方向为由上向下,且在 5 月下旬以后差值较稳定;土壤含水率差值 4 月较小,不足 10%,5 月初开始迅速增加,其后维持在 50%左右,5 月下旬开始持续下降,至 6 月中旬下降至 0 以下,逐渐趋稳。深层 30 cm 和 40 cm 土壤温度差值在 4 月下旬开始负向增加,直至 5 月

下旬降至−5 ℃左右，并趋于稳定；土壤含水率始终处于较稳定的负差，但在6月上旬出现较大负向波动。

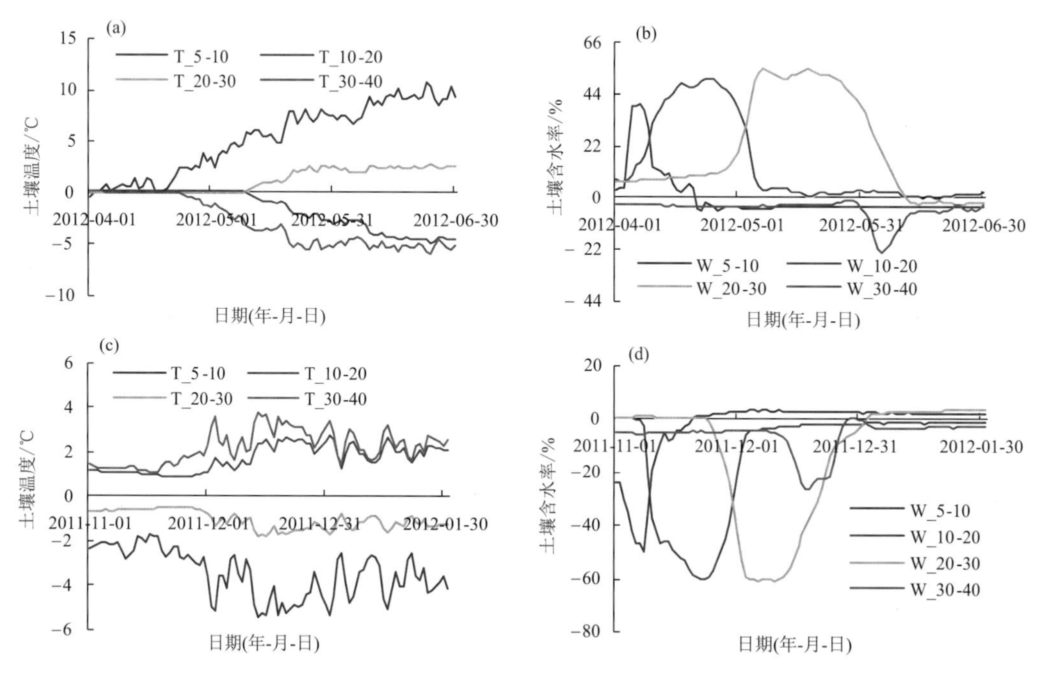

图10.9 高寒湿地融(a、b)冻(c、d)转换期土壤相邻层温度(a、c)、湿度(c、d)差值变化特征
(图中T_5-10代表5 cm与10 cm地温差值；W_5-10代表5 cm与10 cm土壤含水率差值；余同)

在土壤冻结过程中，5 cm与10 cm地温差值在11月基本保持在−2 ℃，12月上旬开始差值逐渐拉大，达−4 ℃左右；土壤含水率差值11月中旬之前呈单谷型，且10 cm处的含水率高于5 cm处的含水率，这是5 cm处含水率率先下降所致，11月下旬开始，由于深层土壤冻结，5 cm与10 cm处差值趋于0。10 cm与20 cm土壤温差在11月稳定在1 ℃左右，12月开始波动增长，至12月中旬以后围绕着2 ℃上下波动；土壤含水率差值在11月呈负向先增后减，至12月初减至0附近，下层略高于上层。20 cm和30 cm地温差值基本徘徊在−1 ℃左右，仅在12月初有不显著的突降；土壤含水率差值在11月下旬—12月末也呈负向先增后减，1月初转变为正值，之后稳定在0附近。30 cm和40 cm处地温差值11月下旬之前稳定在1 ℃附近，之后逐渐增加至2.5 ℃左右，12月末出现小幅度的回降，温差回落到2 ℃附近；土壤含水率差值12月中旬之前稳定在−5%附近，之后出现小幅度波动，波谷值约−20%，1月初又恢复至之前水平。

上述分析可见，除40 cm外，高寒湿地土壤含水率在融化期间上层高于下层，而在冻结期则是上层低于下层；10 cm和30 cm处地温在土壤融化期间明显低于相邻两层，而在冻结期间却高于相邻的两层，说明高寒湿地热量不是按梯级传递的，这种特殊的温度分布特征与高寒草地明显不同。导致这种特殊的地温分布特征可能由高寒湿地在冻融过程中土壤含水率变化、土壤物理属性以及植被根系分布等因素共同作用所致。目前由于缺乏各因素的定量观测，暂无法科学地给出解释。

本节主要讨论了高寒沼泽湿地土壤温、湿度在冻融过程中存在特殊的季节性变化特征。5 cm地温变化幅度最大，在冻结期低于其他层，而在非冻结期却高于其他层，变化幅度最大，达 18.3 ℃;10 cm 地温在冻结期高于其他层,而在非冻结期却低于其他层,且变化幅度最小;各层地温在冻结期自 40 cm、20 cm、30 cm 依次增大,而在非冻结期正相反。可见,高寒沼泽湿地的剖面地温在冻融过程中并不是由上至下依次变化,这不同于藏北高原高寒草甸的地温变化趋势,这可能由沼泽湿地这种特殊的地表所导致。土壤湿度在冻结期仅有 10%,而在非冻结期高达 70%。当土壤开始冻结时,土壤含水率由上至下开始下降,表层首先下降最快;当土壤开始融化时,土壤含水率由上至下开始上升,同样表层首先上升最快。高寒沼泽湿地土壤表层和深层存在显著日变化特征,但不同季节日变化幅度差异较大。5 cm 和 40 cm 地温有显著的日变化,而中间各层均较为稳定,其中夏季日变化最为明显,变化幅度达 8 ℃。各季节土壤水分的日变化不显著,仅地表 5 cm 处有一定波动,这可能是受蒸散发的影响所致。冻融转换期高寒湿地土壤温度的垂直分布存在显著的三层结构,即 10 cm 以上为一层,10~30 cm 之间为一层,30 cm 以下为一层,10 cm 和 30 cm 处与邻近层的温度差异是导致其特殊垂直分布的主要原因。土壤含水率的垂直分布较为规律,各层之间有较好的一致性,随着土壤深度的加深,土壤含水率冻结期逐渐增加,融化期减小,且深层土壤含水率的变化时间比浅层明显滞后。

10.3 高寒草地能量平衡对日照时长的响应

太阳辐射能是陆气系统最重要的能量来源。由于大气组分对辐射能的选择性吸收导致大气对太阳短波辐射的直接吸收很弱,主要是吸收地面的长波辐射,所以当太阳辐射穿过大气到达地球表面时将产生一系列的能量再分配,而下垫面的不同会对能量再分配造成影响,从而产生不同下垫面条件下的能量平衡,这是影响植被生产力的重要因素(刘克长 等,1993)。目前,能量平衡研究因子中的净辐射和土壤热通量可以直接测得,感热和潜热通量通常用涡度相关法、梯度法、整体法、波文比法和彭曼法以及组合法(胡隐樵,1990;胡隐樵 等,1991)等计算得出。近年来,我国研究人员已对森林(Anthoni et al.,1999;关德新 等,2004;吴家兵 等,2005;王旭 等,2005)、草原(李胜功 等,1994;倪攀 等,2008)、农田(刘克长 等,1993;李胜功 等,1995,1997)、沙漠(艾力·买买提明 等,2008)、冰川(韩海东 等,2008)以及其他类型(王兵 等,2004;朱西存 等,2009)下垫面的能量平衡及其因子进行了研究分析,青藏高原作为我国天气变化"启动区",其能量平衡是研究的热点,李韧等(2007)和季国良(1999)分别对五道梁的能量平衡方程中各分量特征和地面对大气的加热状况进行了分析研究;李国平等(2003)分析了改则、狮泉河的地面能量平衡和地面热源强度;Liu 等(2002)则是分析了改则、当雄、昌都三地的近地面层风速、温度和湿度日变化特征及廓线规律;张法伟等(2007)和姚德良等(2002)则利用中国科学院海北高寒草甸生态系统定位站的数据,前者分析了高寒草甸地面热源强度及其对生物量的影响,后者则改进了适合于高寒草甸生态系统的陆地生物圈模式;Tanaka 等(2003)以 1998 年"全球能量与水循环亚洲季风之青藏高原试验"加强观测试验期资料为基础,分析了青藏高原东部地表能量平衡及能量闭合状况;李泉等(2008)分析了西藏高原高寒草甸能量闭合状况。以上研究都是利用晴天或是某个时间段内的平均状况分析能量平衡,少见对于不同的太阳辐射条件下能量平衡的研究。作为陆气系统的主要能量来源,太阳辐射的能量差异,肯定会导致陆气系统接收的辐射能以及能量的二次分配,进而影响能量平衡及其因子。由于太阳辐射的观测仪器在青海只有个别台站配备,不利于大范围观测研究,而日照时数不同,大多数台站都有观测数据,加之日照时长与太阳直接辐射息息相关,因此,本研究尝试利用日照时长的差异来模拟太阳辐照能的差异，得到不同太阳辐射条件下的能量平衡差异，进而研究太阳辐射能对草原陆气间能量平衡的影响，为以后进一步的研究高原对大气环流的热力作用和太阳辐射对青海草地生产力的影响打下良好基础。

10.3.1　两种极端日照条件下能量平衡及各分量的日变化特征

研究区域9月的日照一般在06:00—18:00之间(12 h)；选取两个日照极端时长(日照时间分别为11.9 h和0.0 h)分析能量平衡及分量的差异之所在，为三种日照条件下的能量平衡的差异分析提供方向和切入点。

10.3.1.1　两种极端日照条件下能量平衡各分量的日变化特征

土壤热通量取能量从地面浅层向深层传递为正值，反之为负值(下同)。两种极端日照条件下的土壤热通量最显著的差异在于，无日照时土壤热通量全部为负值，即能量由土壤深层向浅层传递，大小介于2.9～10.0 W/m^{2}之间；而12 h日照条件下，00:00—次日11:00能量是由土壤深层向浅层传递，12:00—23:00由于土壤浅层吸收太阳辐射，温度升高，能量由土壤表层向深层传递，传递的能量为−27.0～48.4 W/m^2(图10.10a)。

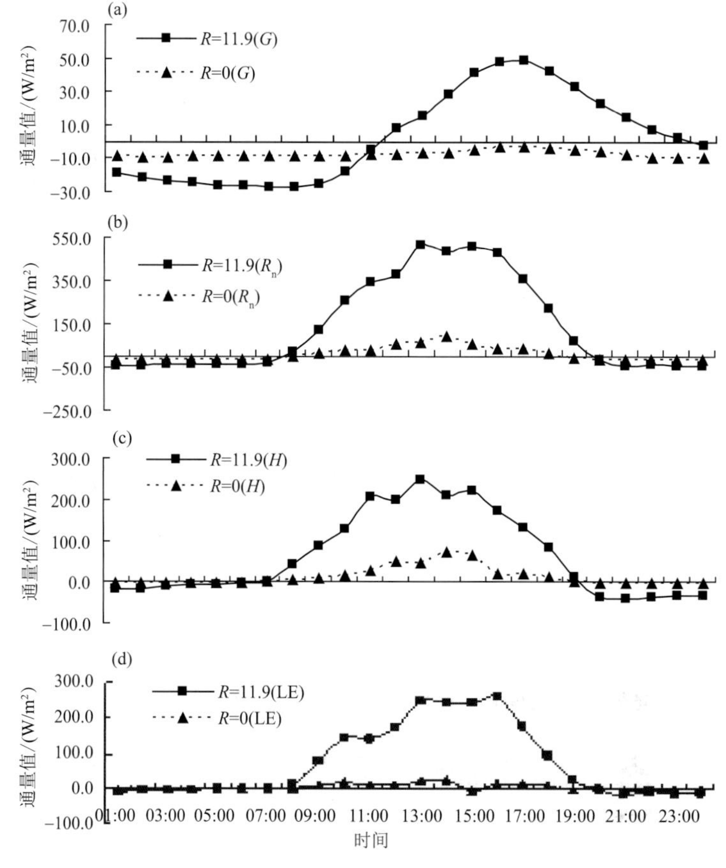

图10.10　晴天和阴天条件下热量平衡各分量差异分析

(a)土壤热通量(G)；(b)净辐射(R_n)；(c)感热通量(H)；(d)潜热通量(LE)

两种极端日照条件下，能量平衡存在明显差异。表征地面辐射能收支间差值的净辐射，取地面收入大于支出为正值，反之为负值（下同）。无日照条件下的净辐射为－17.2～92.8 W/m²（图 10.10b）；与此相反，12 h 日照时，因为白昼吸收的太阳辐射能较多，故而夜间以长波辐射返回大气的热能较多，进而导致其净辐射昼夜的绝对值比无日照时大很多，介于－44.3～510.8 W/m² 之间（图 10.10b）。

感热通量和潜热通量中取地面收入的能量大于支出为正值，地面支出的能量大于收入为负值（下同）。12 h 日照条件下，感热通量的值为－38.7～249.2 W/m²，20:00—次日 06:00，地表以感热形式向大气输出能量，07:00—19:00 则变成地面以感热形式吸收能量；无日照时感热通量的值只有－4.0～72.5 W/m²；收入与支出间的转化则分别出现在 08:00 和 20:00（图 10.10c）。地面以潜热形式收支能量的变化与感热通量基本一致，12 h 日照时潜热通量为－16.7～259.6 W/m²；无日照时只有－4.1～26.7 W/m²（图 10.10d）。

10.3.1.2 两种极端日照条件下能量平衡的日变化特征

由图 10.11 可知：两种极端日照条件下地面在中午前后都是吸收能量，只是 12 h 日照吸收的能量大而已，夜间基本表现为地面支出能量。同样地，12 h 日照由于白天吸收的能量较多，夜间支出的能量也较无日照时多。图 10.12 可以看出，对于地面吸收或支出的能量，两种极端日照条件下地面与贴地层大气的交换形式差异很大，在某些时段甚至可以说是截然相反。

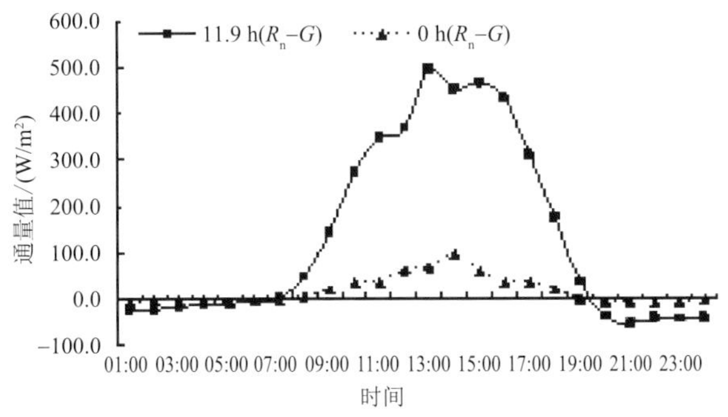

图 10.11 极端日照条件下能量收支（R_n-G）差异

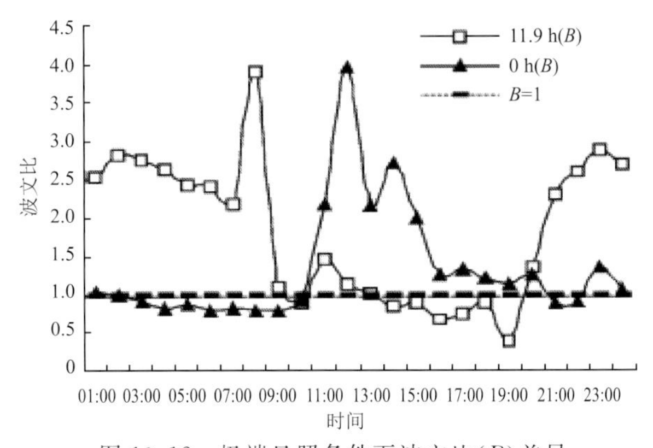

图 10.12 极端日照条件下波文比（B）差异

10.3.2 三种日照条件下能量平衡各分量的日变化特征

极端日照条件在研究区域发生的概率不高，故按照最长日照时间的 60% 和 25% 将日照时长分为三类（日照时间≥60%($R_3 \geqslant 7$ h)，日照时间为25%～60%(3 h$<R_2<$7 h)，日照时间≤25%($R_1 \leqslant 3$ h)）来分析其能量平衡特征，可能会更有意义。

对三种日照条件下能量平衡各分量进行方差分析后可知，组间差异极显著（表10.5），对各分量在不同日照条件下的值采用最小显著差数法（LSD法）进行多重比较，结果显示：对于净辐射、土壤热通量和感热通量而言，R_1 与 R_2、R_3 之间存在极显著差异，R_2 和 R_3 之间差异不明显；潜热通量则是 R_1 与 R_3 之间存在极显著差异，R_2 和 R_1、R_3 之间存在显著差异（表10.6）。

表 10.5　不同日照条件下能量平衡各分量的方差分析

组间差异	均值	自由度	均方差	F 值	显著性
净辐射通量	78.3164	2	192252.670	10.023	0.000
土壤热通量	0.0072	2	1428.761	7.451	0.001
感热通量	43.4748	2	43262.414	7.998	0.000
潜热通量	35.5359	2	38596.300	9.959	0.000

表 10.6　能量平衡各分量在三种日照条件下的多重比较

分量	净辐射通量		土壤热通量		感热通量		潜热通量	
	R_2	R_3	R_2	R_3	R_2	R_3	R_2	R_3
R_1	48.6**	71.6**	4.5**	6.1**	25.2**	33.2**	18.1*	32.7**
R_2		23.0		1.6		8.1		14.6*

注：*表示显著，**表示极显著

10.3.3　三种日照条件下净辐射、土壤热通量日变化分析

从图10.13中可知，不同日照条件的峰值差别比较大，从大到小($R_3>R_2>R_1$)依次为491.8 W/m^2、363.2 W/m^2、173.6 W/m^2；绝对最大值分别发生在13:00、16:00、14:00，故而净辐射曲线对正午是不对称的，这与直接辐射有关。净辐射由负值转到正值以及由正值转到负值的时刻与日照条件无关，均出现在日出和日落后1.5 h附近。

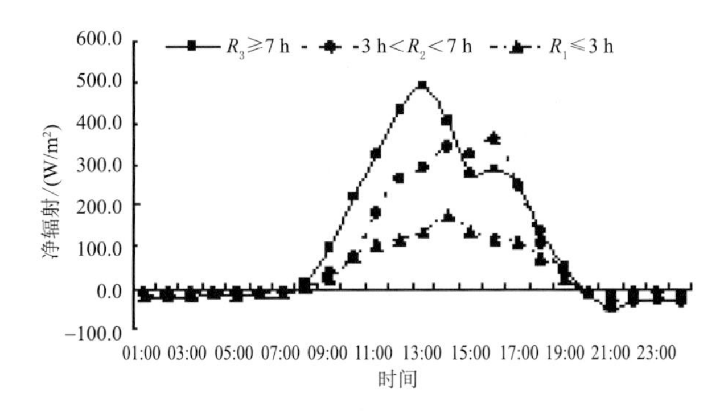

图10.13　三种日照条件下净辐射日变化

三种日照条件下的土壤热通量变化趋势一致，只是能量传递方向改变时间稍有差异，地表能量开始向地下传递的起始时间分别为14:00、13:00、12:00，终止时间分别为20:00、21:00、

22:00。土壤热通量的峰值及峰值出现时间也存在差异，峰值由大到小分别为 36.0 W/m^2(R_3)、24.7 W/m^2(R_2)、7.5 W/m^2(R_1)，峰值出现时间为 15:00—17:00。R_3 条件下，土壤热通量的负向最大值出现在 08:00，为 −16.9 W/m^2，R_2 条件下，负向最大值出现在 05:00，为 −10.7 W/m^2，R_1 条件下，负向最大值出现在 04:00，为 −10.3 W/m^2(图 10.14)。

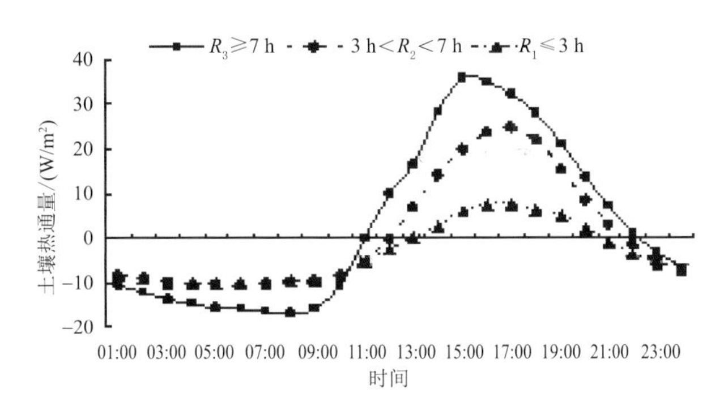

图 10.14　三种日照条件下土壤热通量日变化

10.3.4　三种日照条件下潜热通量、感热通量日变化分析

三种日照条件下潜热通量分别在 05:00(R_2)、07:00(R_1、R_3)之后，地面开始以潜热方式释放能量，峰值出现在 13:00—14:00，此过程在 20:00 后改变为地面以潜热方式开始释放能量，R_3 条件下传递的能量最大。三种日照条件下潜热通量峰值差异很大，由大到小分别为 221.3 W/m^2(R_3)、153.8 W/m^2(R_2)、63.9 W/m^2(R_1)；相对于 R_2、R_1 而言，R_3 条件下，随着净辐射的变化，潜热通量变化幅度很大，6 个小时内增加或减少近 220 W/m^2(图 10.15)。

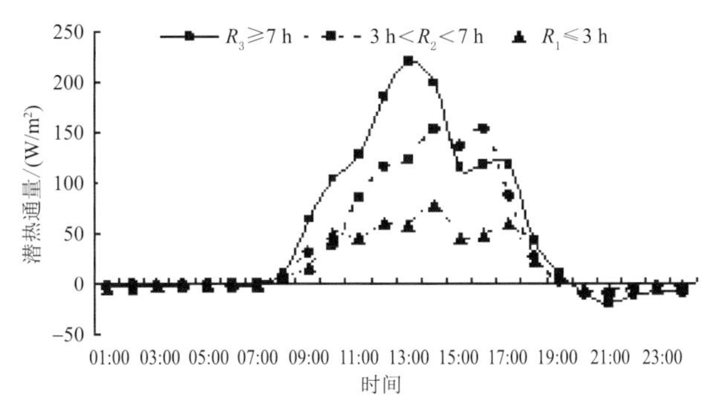

图 10.15　三种日照条件下潜热通量日变化

感热通量在 20:00—次日 07:00 之间，土壤以感热形式向大气传递能量，反之，土壤以感热形式吸收能量(图 10.16)。显而易见，R_3 条件下，感热通量峰值最大(254 W/m^2)，R_2 条件下次之(186 W/m^2)，R_1 条件下最低(113 W/m^2)。由于 R_3 条件下白昼土壤从大气吸收的能量较多，所以在 20:00 后，土壤以感热形式吸收的能量比 R_2、R_1 条件下多。三者负向峰值出现时间一致，均为 21:00，负向峰值由大到小分别为 35.0 W/m^2(R_3)、9.3 W/m^2(R_2)、8.1 W/m^2(R_1)。

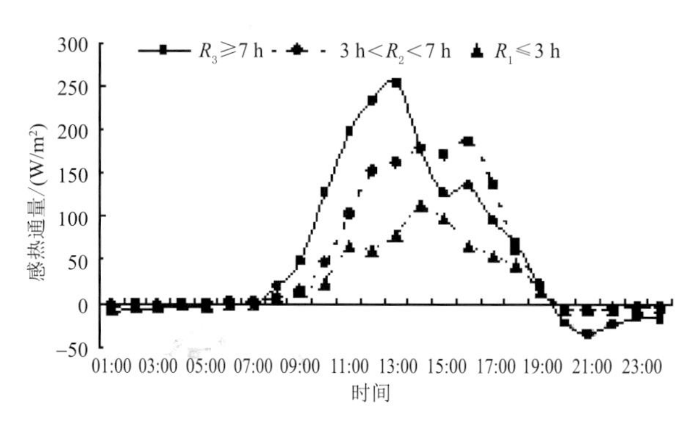

图 10.16 三种日照条件下感热通量日变化

10.3.5 三种日照条件下能量平衡日变化分析

将能量平衡公式中的土壤热通量移到公式的另一边后可以看出，地面吸收（支出）辐射能后，除去向下（上）传递的能量，收入（支出）的能量以感热和潜热形式与贴地层大气交换。其中，R_n-G 称为地面热源强度（李国平 等，2003）。故将能量平衡的变化分地面热源强度和波文比两个方面来具体分析地面能量收支和收支形式的分配情况（图 10.17）。

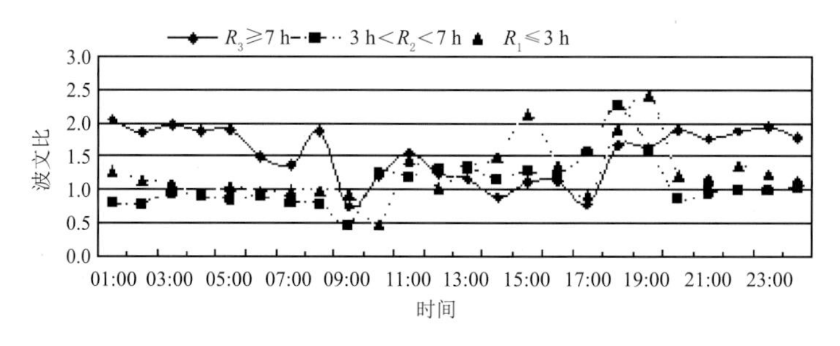

图 10.17 三种日照条件下波文比日变化

三种日照条件下，波文比的变化具有很大差异，不过总体而言，感热在整个地面能量收支中占有较重要的地位（图 10.17）。R_3 条件下，感热在能量传递过程中明显占据主导地位，特别是日落时间段（18:00—次日 06:00），感热通量是潜热通量的 1.5 倍以上，表明能量交换主要以湍流为主；日出以后，随着地面和大气温度的快速变化，水汽相变收支的能量增强，潜热通量比重开始增大，并在 14:00 附近达到最大值，只是此时也仅是比感热通量稍大而已。R_2 条件下，09:00 之前潜热所占比重较大，10:00—19:00 感热所占比重较大，此后两者几乎持平。而 R_1 条件下，07:00—10:00 潜热通量略大于感热通量，其余时间潜热通量比感热通量小。

地面热源强度变化与净辐射的变化相似，08:00—19:00 三种日照条件的地面热源强度均为正值，即地面从外界吸收能量，而其余时间内，则地面热源强度均为负值，地面向外界输送能量（图 10.18），但总体是地面接收能量。虽然三种日照条件改变能量收支的时间一样，但传输能量的大小却有很大不同，三种日照条件的加热场强度最大值从大到小（$R_3>R_2>R_1$）依次是 475.6 W/m²、339.7 W/m²、171.1 W/m²。

本节主要研究了两种极端日照条件下能量平衡存在极大差异，主要表现在能量收支的大小以及陆气之间能量交换的主要形式等方面，此外，各分量在两种条件下也存在大小、收支转

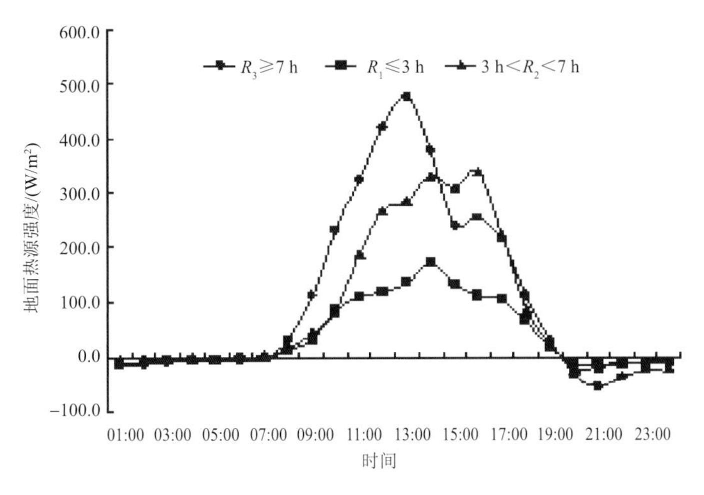

图 10.18 三种日照条件下地面加热场日变化

换时间等差异，特别是土壤热通量，在无日照时全部为负值。这就说明，虽然阴天地面也可以吸收一部分散射的太阳辐射能，但相比于太阳直接辐射，还是很小，仅占其 18%左右，而且对于给定的太阳高度角和大气物理特性，散射的太阳辐射能也基本相同，所以用日照时间长短可以近似的反映太阳辐射能的大小，为讨论三种日照条件的能量平衡问题提供了试验依据。

将日照时长按最大日照时长的 60%和 25%分成三类，通过方差分析和多重比较也证实三类条件下能量平衡分量存在明显差异，各类能量平衡及其分量具有明显的规律。首先是峰值随日照时长的减少而减小；其次是峰值出现的时间也不相同，R_3 条件下峰值出现时间最早；最后是除了土壤热通量外地面能量收支转换的时间基本相同。R_2 和 R_3 条件下的净辐射、土壤热通量和感热通量的差异性没有通过 0.05 水平的置信度检验，这可能是满足 R_2 条件的 6 d 里，日照时长虽然介于 3～7 h 之间，但日照的出现时间却不同，譬如日照出现在上午和中午时，日照时长一样，但接收到的能量却相差很大，造成组内差异较大，从而掩盖了组间差异。这个问题需要在多年同时相段资料内选取大量观测数据，将日照时长和日照时间同时作进一步细化研究。另外，三种日照条件下感热和土壤热通量峰值出现时间的差异可能与 10 cm 土壤内储存的能量的差异有关，因 10 cm 以上土壤中含有大量植物根系，为了不破坏植被无法安插土壤热通量板，所以将 0～10 cm 土壤作为一个整体来研究地面能量的收支。但忽略地表和热通量板之间的土壤热存储会造成感热和潜热的计算误差（Heusinkveld et al.，2003；Oliphant et al.，2004）。土壤热通量的差异可能还与 R_1 和 R_2 条件下常常伴有降水会增加土壤水分进而增加导热率有关。

由于高原地表空气密度较小，所以相同强度的地面热源的加热效应要比平原地区大一倍，所以造就了青藏高原对大气的热力作用（李国平 等，2003）。通过地面热源强度分析可知，环湖地区在 9 月上中旬，地表一直是吸收能量，而且与日照时长呈正相关。陆气之间的交换形式随日照时长的增加，变化有点复杂，20:00—次日 08:00，R_3 条件下感热明显增大，两种条件间差异不大；其他时间三种条件间的差异较小，R_1 和 R_2 条件下的感热和潜热比值一直都在 1 附近，而 R_3 条件下感热通量明显大于潜热通量，这可能是因为日照较短的两种条件下大都有降水，地面和大气湿度的增强增大了潜热的比重。

10.4　高寒湿地冬季冻土积雪对陆气通量关键参数的影响分析

总体输送系数包括地表动量拖曳系数(C_D)、热量输送系数(C_H)和水汽输送系数(C_E),当风速小于 10 m/s 时,通常认为 $C_H \approx C_E$。在陆气相互作用和大气数值模拟研究中,总体输送系数是计算不同下垫面地表与大气之间物质和能量交换的关键参数,在大气环流和气候学研究中,也是计算地表热源强度最重要的参数之一,因此得到准确的总体输送系数是陆面过程参数化研究的关键(张强 等,2004;王慧 等,2008)。地表粗糙度即空气动力学粗糙度长度,其定义为风速为零的高度,与下垫面粗糙元的形态学特征和空间分布密切相关,它不仅是描绘下垫面空气动力学特征的重要物理量,而且是研究陆地与大气之间物质和能量交换过程的重要参数之一,准确获得地表粗糙度是改善陆面模式参数化方案、提升模式模拟效果的迫切需要(尚伦宇 等,2010)。粗糙度随下垫面性质变化明显,与稳定度呈正相关,与风速呈负相关,摩擦速度随粗糙度增大而减小(何清 等,2008)。非中性大气层结条件下,由地表粗糙度不均匀所致,平均风速、位温梯度以及近地层大气稳定度的次网格分布都对感热通量计算产生影响(陈斌 等,2010)。陆面变量(参数)扰动首先改变地表的潜热通量和感热通量,而地表通量的改变会通过陆气相互作用对局地大气的温、压、湿、风产生较大影响(王洋 等,2014)。

目前大气科学界对于总体输送系数和地表粗糙度的研究已经取得了一些成果。李国平等(2002b)利用西藏的 4 个自动气象站的近地层梯度资料,用最小二乘法确定了各站各季节的地表粗糙度,应用廓线-通量法计算了总体输送系数并分析了其随时间的变化特征,发现青藏高原动量输送系数的多年平均值为 $3.53 \times 10^{-3} \sim 4.99 \times 10^{-3}$,热量输送系数的多年平均值为 $4.67 \times 10^{-3} \sim 6.73 \times 10^{-3}$,还讨论了总体输送系数与近地层大气层结稳定度、地表粗糙度以及地面风速等因子的关系,初步建立了可用常规气象站地面观测资料计算青藏高原总体输送系数的拟合公式。杨兴国等(2010)利用在陇中黄土高原观测资料,采用空气动力学法计算了动量和感热总体输送系数,发现陇中黄土高原半干旱区动量和感热总体输送系数受下垫面植被的影响,在一年中呈现出双峰型特征,当大气处于不稳定状态时,总体输送系数随着风速的增大而减小,当大气处于稳定状态时,总体输送系数随着风速的增大而增大。岳平等(2015a)利用 SACOL 站夏季晴天近地层湍流观测资料确定了大气动力学和热力学粗糙度长度,发现总体输送系数随稳定度的增大而减小。孙俊等(2012)利用廓线法计算了黑河地区的总体输送系数和地表粗糙度,发现地表粗糙度与植被覆盖度和高度以及下垫面的性质有关,下垫面状况影响动量总体输送系数对稳定度的依赖程度。李锁锁等(2010)利用黄河源区湍流观测资料结合单层超声观测资料,计算了黄河上游玛曲地区草原下垫面空气动力学粗糙度和零平面位移并应用于陆面过程模式 CoLM 中,改进陆面参数后的模式对感热通量和潜热通量的模拟均有明显改善。陈世强等(2013)计算了金塔试验区内戈壁和沙漠的动力学和热力学粗糙度长度,代入 Noah 陆面模式,模拟的戈壁、沙漠上的地表温度和感热通量同观测值较为一致,提高了该模式在沙漠、戈壁特殊区域的模拟能力,有利于将耦合了 Noah 陆面模式的中尺度模式更好地应用到绿洲系统的研究中。张果等(2016)针对 Noah 和 Noah MP 两套陆面物理过程参数化方案进行了评估,认为 Noah MP 方案提高了土壤水分和土壤温度在东亚区域的整体模拟效果。杨耀先等(2014)利用那曲高寒气候与环境观测站的资料,应用一种独立的确定地表动力学粗糙度的方法及两种热力学粗糙度的参数化方案,得出了动力学粗糙度、热力学粗糙度以及附加阻尼的变化规律，发现动力学粗糙度在一定时间尺度上存在着波动，热力学粗糙度在高原季风前、盛行期、衰退期有不同的日变化和季节变化特征。

青藏高原地区冻土分布广泛，冻土中冰的存在极大地改变了土壤的热力性质。土壤冻结和融化时会释放或吸收大量的热量，从而影响能量在土壤层中的分配和地表能量平衡，冻土过程的模拟对于陆气相互作用、区域气候模拟和全球气候变化极为重要(李震坤 等，2011)。积雪覆盖地表会阻碍陆气之间的能量交换，积雪通过表面不同的反照率和不同的湍流通量形成了陆面与大气间独特的能量交换，影响近地层气象要素特征，反过来其对湍流和能量交换又有重要影响(李丹华 等，2017)。由于青藏高原腹地人迹罕至，交通不便，观测资料匮乏，高原地区土壤冻结、积雪覆盖对陆气相互作用的影响研究较少。本研究利用青海省气象科学研究所玉树隆宝野外观测站的微气象及涡动相关系统观测数据，通过分析探讨了未冻结、冻结和冻结有积雪覆盖三种情况下动量通量和感热通量的日变化情况，计算了三种情况下动量总体输送系数、感热总体输送系数、动力学粗糙度和热力学粗糙度，分析了附加阻尼和粗糙度雷诺数的关系，并将 3 种附加阻尼的参数化方案进行了比较，为全面认识青藏高原地区陆气相互作用特征提供科学支持。

10.4.1 动量通量和感热通量的日变化

陆面过程研究的核心问题是下垫面与大气之间的能量传输和物质交换。陆面与大气之间的动量、能量和物质交换通过陆气通量反映出来，在大气动力学方程中可被描述为一些与下垫面有关的源、汇项，如决定风速变化的摩擦力项，决定大气温湿变化的感热项和潜热项等(张瑛 等，2011)。土壤的热容量远大于空气，土壤的热状况及其变化将会对大气的陆面下边界起重要的作用，在环境相同的条件下，雪地表面的感热通量比裸地表面的感热通量小很多(单机坤 等，2013)。图 10.19 为玉树隆宝湿地未冻结、冻结和冻结有积雪覆盖情况下动量通量和感热通量的日变化情况，所用观测资料为典型晴天条件下的 30 min 数据的平均值。从动量通量的日变化情况来看，在未冻结状态下动量通量的日变化幅度为 0.27 kg/(m·s^2)，冻结状态下动量通量的日变化幅度达到 0.48 kg/(m·s^2)，冻结有积雪覆盖时动量通量的日变化幅度最小，仅有 0.05 kg/(m·s^2)。从感热通量的日变化情况来看，未冻结状态下感热通量的日变化幅度为 90 W/m^2，冻结状态下感热通量的日变化幅度达到 180 W/m^2，冻结且有积雪覆盖时感热通量的日变化幅度为 80 W/m^2。冻结状态下动量通量和感热通量的日变化幅度最大，冻结有积雪覆盖时动量通量和感热通量的日变化幅度最小，未冻结、冻结和冻结有积雪覆盖 3 种状态下，动量通量和感热通量白天的值差异较为明显，而夜间差异较小。

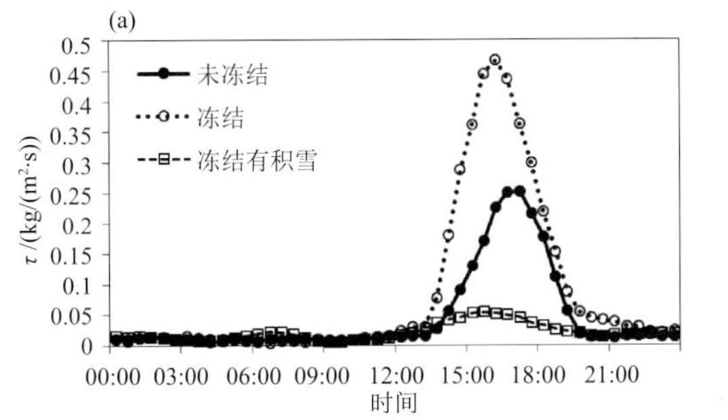

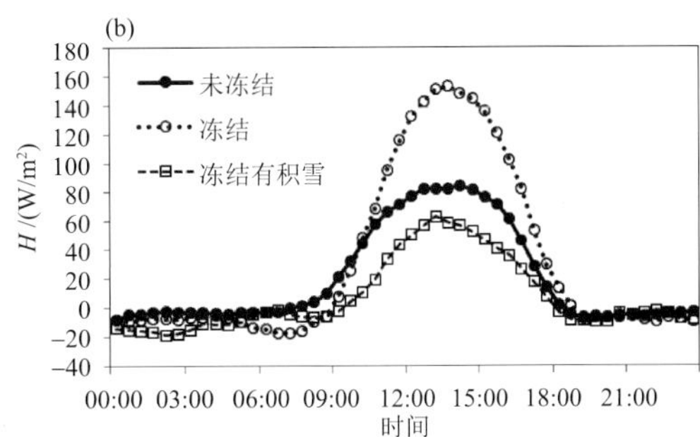

图 10.19 未冻结、冻结和冻结有积雪覆盖情况下动量通量(a)和感热通量(b)的日变化

10.4.2 总体输送系数

动量总体输送系数和热量总体输送系数分别表征了湍流动力作用和湍流热力作用，是衡量湍流强弱程度的物理量(周明煜 等,2000)。通常利用总体输送系数的参数化公式确定陆气之间能量和物质的交换。总体输送系数不仅与大气动力状态存在联系，而且与大气热力状态密切相关(岳平 等,2013)。总体输送系数对层结稳定度的变化较为敏感(高世仰 等,2017)。当地表有植被覆盖时，会导致动量总体输送系数增大，而感热总体输送系数减小(王澄海 等,2007)。图 10.20 为玉树隆宝湿地未冻结、冻结和冻结有积雪覆盖状态时不稳定层结和稳定层结条件下摩擦风速平方(u_*^2)与水平风速平方(u^2)的关系，回归直线的斜率即代表动量输送系数 C_D。图 10.21 为玉树隆宝湿地未冻结、冻结和冻结有积雪覆盖状态时不稳定层结和稳定层结条件下 $w'T'$ 与 $u(T_g-T_a)$ 的关系(w' 和 T' 分别为垂直风速和温度的脉动值，u 为参考高度的水平风速，T_g-T_a 为陆气温差)，回归直线的斜率即代表感热输送系数 C_H。

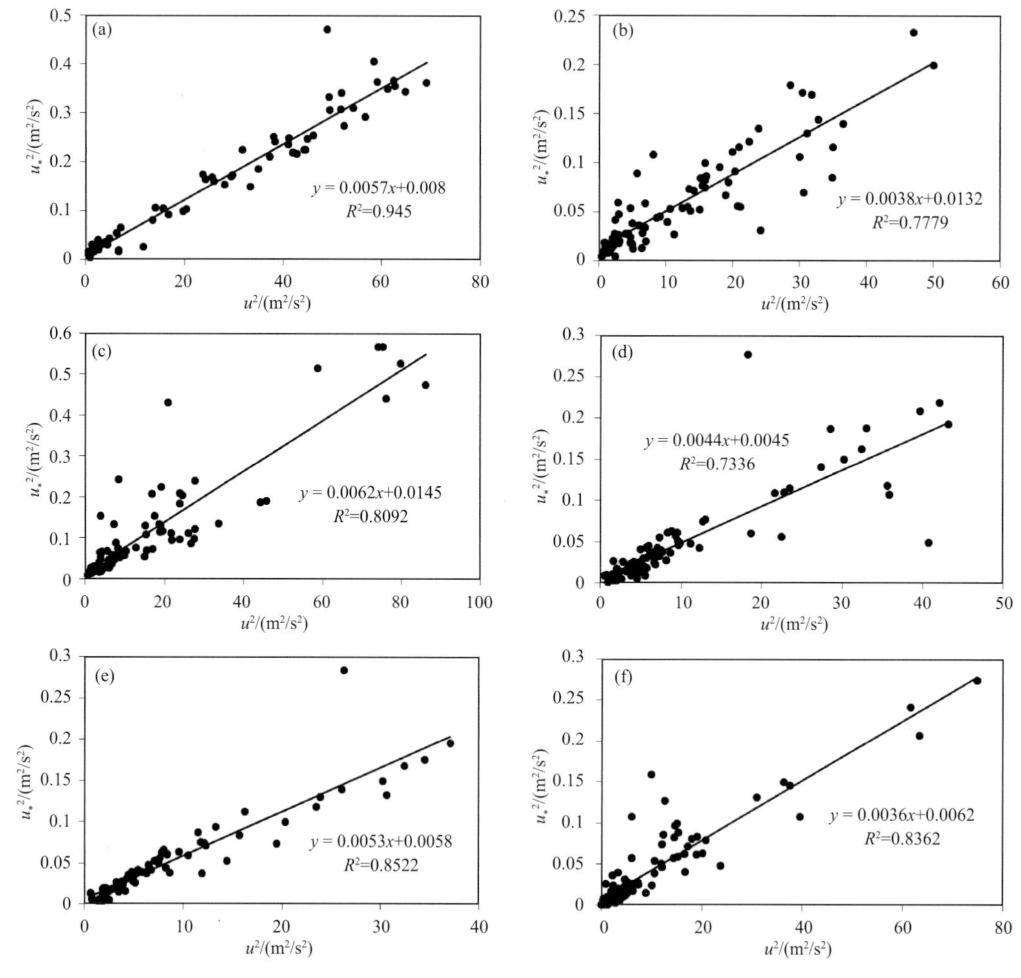

图 10.20 不稳定层结(左列)和稳定层结(右列)条件下 u_*^2 与 u^2 的关系

(a、b)未冻结；(c、d)冻结；(e、f)冻结有积雪覆盖

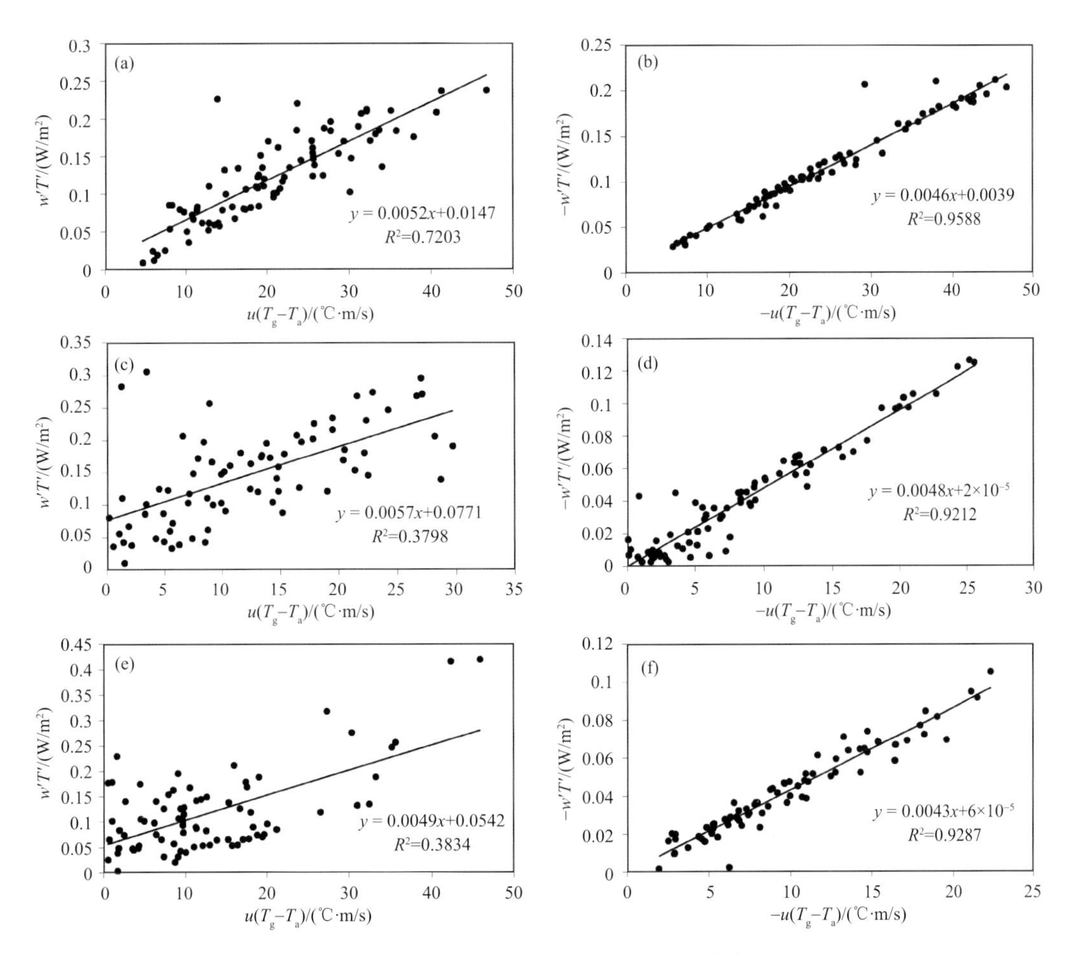

图 10.21 不稳定层结(左列)和稳定层结(右列)条件下 $w'T'$ 与 $u(T_g-T_a)$ 的关系

(a、b)未冻结;(c、d)冻结;(e、f)冻结有积雪覆盖

对于青藏高原地区总体输送系数的计算,前人已做过很多研究。李国平等(2002a,2002b,2003)利用通量廓线法计算得到的青藏高原那曲、改则、狮泉河地区 C_D 的值为 4.3×10^{-3}～4.8×10^{-3},C_H 的值为 5.7×10^{-3}～6.6×10^{-3},周明煜等(2000)利用涡动相关法计算出当雄、昌都地区 C_D 的值为 1.8×10^{-3}～4.4×10^{-3},C_H 的值为 1.5×10^{-3}～4.7×10^{-3},高志球等(2000)利用涡动相关法计算出那曲地区 C_D 的值为 3.7×10^{-3},钱泽雨等(2005)利用空气动力学方法计算得到的北麓河地区的 C_D 为 1.74×10^{-3},C_H 为 1.37×10^{-3}～5.93×10^{-3},前人的研究多集中于总体输送系数在不同季节的变化,对于冻结前后和积雪覆盖情况下总体输送系数的差异性研究并不多见。表 10.7 给出了玉树隆宝湿地未冻结、冻结和冻结有积雪覆盖情况下动量总体输送系数 C_D 和热量总体输送系数 C_H。不稳定层结和稳定层结条件下,C_D 和 C_H 均表现为冻结状态下最高,冻结有积雪覆盖情况下最低,这反映了高寒湿地下垫面的湍流作用在土壤冻结之后增强,有积雪覆盖时减弱。

表 10.7 玉树隆宝湿地未冻结、冻结和冻结有积雪覆盖情况下总体输送系数

类型	$C_D(\times10^{-3})$			$C_H(\times10^{-3})$		
	未冻结	冻结	冻结有积雪覆盖	未冻结	冻结	冻结有积雪覆盖
不稳定层结	5.7	6.2	4.3	5.2	5.7	4.9
稳定层结	3.8	4.4	3.6	4.6	4.8	4.3
平均	4.75	5.3	3.95	4.9	5.25	4.6

10.4.3 动力学粗糙度和热力学粗糙度

图 10.22 为玉树隆宝湿地未冻结、冻结和冻结有积雪覆盖时动力学粗糙度的对数 $\ln(z_{0\,m})$ 和热力学粗糙度的对数 $\ln(z_{0\,h})$ 的频率分布及五点平滑曲线，根据五点滑动平均曲线最高点确定的动力学粗糙度 $z_{0\,m}$ 和热力学粗糙度 $z_{0\,h}$ 见表 10.8，动力学粗糙度和热力学粗糙度在冻结状况下最小，冻结有积雪覆盖时最大。动力学粗糙度在冻结和积雪覆盖前后变化差异较热力学粗糙度明显。尚伦宇等(2010)通过计算玛曲地区冻融过程的地表粗糙度并分析变化情况发

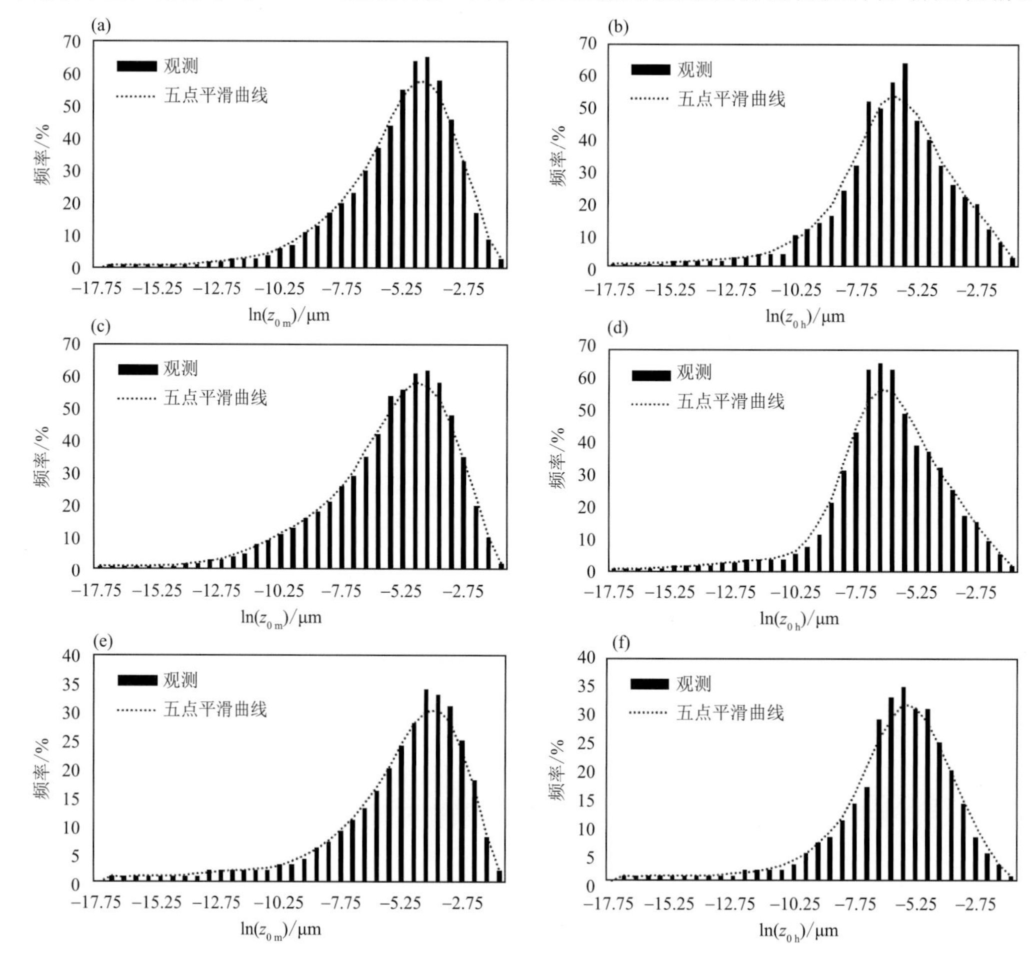

图 10.22 玉树隆宝湿地 $\ln(z_{0\,m})$(左列)和 $\ln(z_{0\,h})$(右列)频率分布

(a、b)未冻结；(c、d)冻结；(e、f)冻结有积雪覆盖

现，在从未冻结、冻结至融化后的过程中，地表粗糙度呈逐渐减小的趋势。王玉玉等(2014)研究结果表明，当地表有积雪覆盖时，在风的吹拂下雪粒发生跃移会造成地表粗糙度增大，当地面积雪融化或者风速不足以吹拂雪粒运动时，粗糙度相对较小。陈金雷等(2017)计算了黄河源区曲麻莱地区夏季的动力学粗糙度和热力学粗糙度，发现热力学粗糙度小于动力学粗糙度。本研究得出的动力学粗糙度和热力学粗糙度的结果与前人的研究结论较为一致。

表 10.8 玉树隆宝湿地未冻结、冻结和冻结有积雪覆盖情况下动力学粗糙度 z_{0m} 和热力学粗糙度 z_{0h}

单位：m

状态	z_{0m}	z_{0h}
未冻结	0.0143	0.0076
冻结	0.0086	0.0013
冻结有积雪覆盖	0.0235	0.0096

10.4.4 附加阻尼的参数化

附加阻尼(kB^{-1})是研究地表与大气之间物质和能量交换过程的基本参数，也是陆面过程模式与地表通量遥感估算模型的重要变量之一，附加阻尼定义式为 $kB^{-1}=\ln(z_{0m}/z_{0h})$，影响 kB^{-1} 的因子较多，如气象条件、植被结构以及下垫面状况等(鞠英芹 等，2014)。Brutsaert (1975，1982，1998)认为，kB^{-1} 依赖于表面性质，与粗糙度雷诺数有关。Troufleau 等 (1997)研究表明，kB^{-1} 和许多因素有关系，包括结构参数和气象条件等。Lhomme 等(1997)利用 Shuttlewoth-Wallace 两层模型，结合对地表辐射温度的线性假设，获得 kB^{-1} 的解析解后得出，kB^{-1} 对于某一类冠层不是一个常数，随叶面积指数、株高、植被覆盖率、水分胁迫以及气象条件的变化而变化。由于 kB^{-1} 不能从观测中直接获得，需要多个要素的观测，通过一系列计算得到，这些输入变量在观测中的任何误差都会对 kB^{-1} 产生影响，因此 kB^{-1} 是一个难以确定的量。过去几十年，不同研究者已发展了多个 kB^{-1} 的参数化方案。周德刚(2016)选取了一些常用的热力参数化方案，通过敦煌站夏季估算的感热通量与野外观测的比较，评价了这些参数化方案在西北干旱区的适用性，结果表明 Y08 方案(Yang et al.，2008)估算的感热通量相对比较合理，可以用来研究西北干旱区的夏季地表感热输送特征。

在青藏高原地区，由于下垫面类型较为复杂，何种参数化方案对于高寒湿地下垫面较为合适尚无研究结论。本研究选取最新的 3 种 kB^{-1} 参数化方案见表 10.9。粗糙度雷诺数 $Re_*=u_*z_{0m}/\nu$，ν 为空气黏度系数，本研究中取值 1.48×10^{-5} m²/s。图 10.23 给出了玉树隆宝湿地未冻结、冻结和冻结有积雪覆盖情况下 kB^{-1} 与 Re_* 的关系，经优选拟合得出二者的关系为幂函数型。

表 10.9 kB^{-1} 参数化方案

序号	参数化方案	出处
1	$kB^{-1}=\alpha Re_*^{0.45}$	Zeng 等(1998)
2	$kB^{-1}=\ln(Re_*/70)+7.2u^{0.5}\mid t_*\mid^{0.25}$	Yang 等(2008)
3	$kB^{-1}=10^{-0.4z_{0m}/0.07}k\sqrt{Re_*}$	Chen 等(2009)

将 3 种参数化方案计算得到的 kB^{-1} 与利用观测资料计算得出的 kB^{-1} 进行误差分析(表 10.10)，未冻结、冻结和冻结有积雪覆盖情况下参数化方案 1 计算得到的 kB^{-1} 值与观测值最

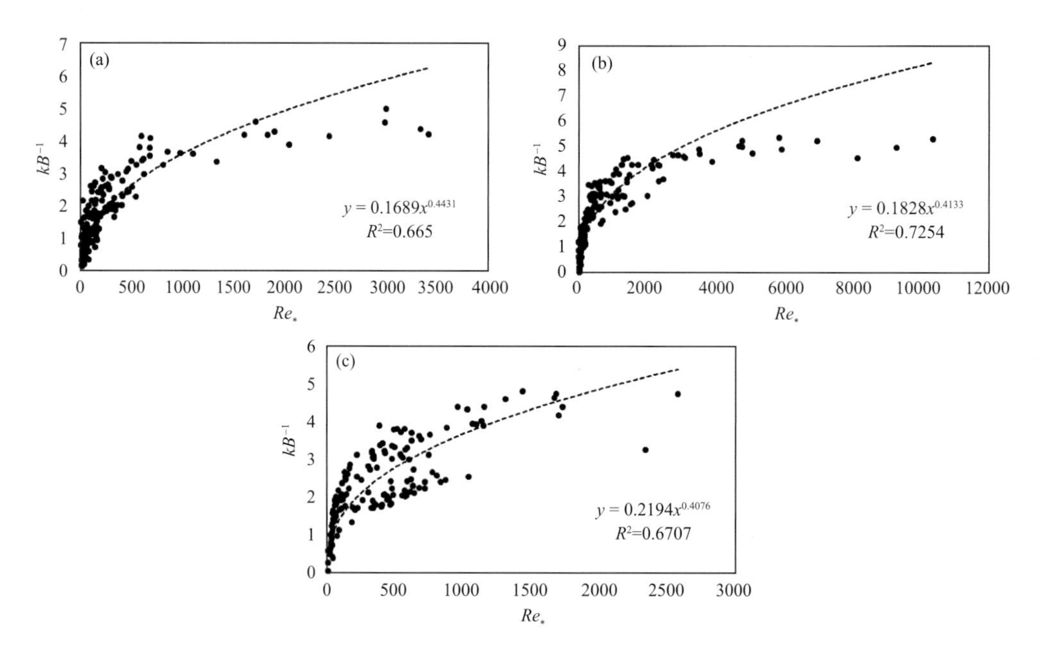

图 10.23 玉树隆宝地区 kB^{-1} 与 Re_* 的关系

(a)未冻结;(b)冻结;(c)冻结有积雪覆盖

为接近,这表明青藏高原湿地下垫面在未冻结、冻结和冻结有积雪覆盖情况下 kB^{-1} 与 Re_* 之间满足幂函数型关系,第 1 种参数化方案较为合适。

表 10.10 未冻结、冻结和冻结有积雪覆盖情况下 3 种 kB^{-1} 参数化方案比较

状态	参数化方案	拟合方程	R^2	RMSE
未冻结	1	$y=0.89x$	0.86	1.3
	2	$y=0.77x$	0.85	1.5
	3	$y=0.69x$	0.84	1.9
冻结	1	$y=1.05x$	0.94	0.7
	2	$y=0.84x$	0.79	1.0
	3	$y=0.89x$	0.86	1.3
冻结有积雪覆盖	1	$y=1.09x$	0.87	0.6
	2	$y=0.79x$	0.65	1.1
	3	$y=0.78x$	0.77	1.3

注:y 为 kB^{-1},x 为 Re_*

本节利用玉树隆宝湿地观测站 2014 年 12 月—2015 年 1 月微气象及涡动相关系统的观测资料,分析了未冻结、冻结和冻结有积雪覆盖三种情况下动量通量和感热通量的日变化情况,计算了三种情况下动量总体输送系数、感热总体输送系数、动力学粗糙度和热力学粗糙度,分析了附加阻尼和粗糙度雷诺数的关系,并将 3 种附加阻尼的参数化方案进行了比较,主要结论有:冻结状态下动量通量和感热通量的日变化幅度最大,冻结有积雪覆盖时,动量通量和感热通量的日变化幅度较小。未冻结、冻结和冻结有积雪覆盖三种情况下动量总体输送系数 C_D 和热量总体输送系数 C_H 的值在冻结时最大,冻结有积雪覆盖时最小。未冻结、冻结和冻结有积雪覆盖三种情况下动力学粗糙度 z_{0m} 和热力学粗糙度 z_{0h} 在冻结状况下最小，冻结有积雪覆盖时最大。本节选取的 3 种附加阻尼 kB^{-1} 参数化方案中，幂函数型方案对高寒湿地下垫面较为合适，得出的 kB^{-1} 值与观测值最为接近。

10.5 青南冻融区高寒草地土壤温度变化及热量传输特征分析

高海拔地区的气候变化不仅驱动了中国内陆地区气候的变化趋势（吴国雄 等，2013），而且对整个亚洲乃至全球的气候变化具有明显的调控作用（肖志祥 等，2015）。由于其拥有特殊的下垫面，对全球气候变化有明显的反馈调节作用，而且对生态环境也有着重要影响。随着全球气候变化的进一步深入研究，高海拔地区陆气耦合系统变化及其对全球气候效应的重要性越加凸显，已引起国内外学者的广泛关注；高海拔地区近地面物质能量的交换过程对全球气候异常、东亚大气环流及中国灾害性天气的发生和发展都有着重大影响（周亚 等，2017）。高海拔区空气热对流强度促进了亚洲季风的形成和时空变化，因此，在全球气候变暖背景下有关高海拔区气候变化及其影响因素的研究亟待开展。

冻融作用对陆气耦合系统能量交换的影响主要由相应过程地层内水分相变引起（Gao，2005）。在冻结和融化期间，大气通过地面与地层间热交换量的大部分被用于季节冻结和季节融化层形成过程的相变，从而改变了地温的分布特征和随时间的变化规律，同时也改变了陆气系统间的热交换量（韦志刚 等，2005）。另外，冻土层的不透水性，使得季节冻结层与土壤活动层的水力联系减弱，从而可能减小地表土壤冻结期间的水分蒸发。与此相反，可能增大土壤消融期地表水分蒸发量（付强 等，2016）。大气增温或降温主要取决于地表热交换量，故土壤冻融交替过程对陆气耦合系统水热交换的潜在影响可能对该区气候形成和变化具有重要意义。因此，深入开展有关土壤热力学参数（土壤热扩散率、热传导率和热通量等）的研究，更有利于进一步深入了解土壤热量分配与收支平衡过程（Wu et al.，1999），从而为模拟陆气耦合系统间相互作用及天气动力学数值模拟过程提供参数化方案（Gao et al.，2000），土壤热通量作为权衡近地面能量收支平衡的重要参数，其吸收和损失均与气候变化密切相关（徐兆生 等，1984）。土壤的热力学特性影响着陆气间的物质循环，对大气环流、大气边界层物理过程、区域气候变化和生态环境等产生重要影响（王胜 等，2010）。

由于受地形地貌特征的影响，地表接收的太阳辐射量存在差异，不同的生态系统、土壤通透性、土壤质地及土壤异质性等也会引起土壤热通量的时空分布不均匀（周亚 等，2017）。加之观测资料的局限性，国内外基于长时间序列数据对土壤热通量变化特征的研究工作并不多，以往的大多数研究，主要从能量平衡的角度来确定高原热源的强度大小。徐祥德等（2001）对青藏高原陆气耦合系统过程动力学进行了研究，但文中并未考虑土壤热流对能量收支平衡的贡献，仅就气候平均值做了分析探讨；周亚等（2017）对我国青藏高原下层 80 cm 与 320 cm 处的土壤热扩散率和热通量进行了研究，发现深层土壤热通量与高原季风变化密切相关；张强等（2011）利用黄土高原定西地区长期观测的陆面物理量资料，较为系统地分析讨论了陆面能量不平衡差额的分布规律；张宏等（2012）分析了我国土壤热通量的季节和空间变化规律；Francisco 等（2017）利用土壤热力学特性参数（热扩散率、热传导和热通量）模拟栽培作物需水规律。

然而，上述研究均是基于两层土壤，对整个土壤剖面不同深度热通量之间的关联研究仍鲜见报道。为此，本研究采用兴海县 2004—2016 年连续观测资料计算了该区草地不同深度土壤热扩散率分布特征,并初步分析探讨了不同深度土壤热通量间的关联研究。另外,对不同深度土壤热通量特征的研究可以深入了解其物理过程,从而为天气系统动力学、气候变化形成机制及生态模型的构建和检验提供参数和理论依据。

10.5.1 土壤温度的年变化特征

不同土层土壤温度(T)随月份的增加表现规律基本相近,整体呈"先升高后降低"的变化趋势(图 10.24)。表层土壤温度变化幅度较大,月平均范围为 9.4～17.8 ℃;随着土壤深度的增加,土壤温度波动幅度逐渐变小;另外,不同深度土壤温度多年平均值随月的变化由地表向深层呈滞后效应,地表最高温度($T_{0\ cm}$)出现在 7 月,而深层土壤 $T_{160\ cm}$ 和 $T_{320\ cm}$ 的最高温度出现时间较地表分别滞后 31 d 和 62 d,这与来自青藏高原的研究结果基本一致(周亚 等,2017)。

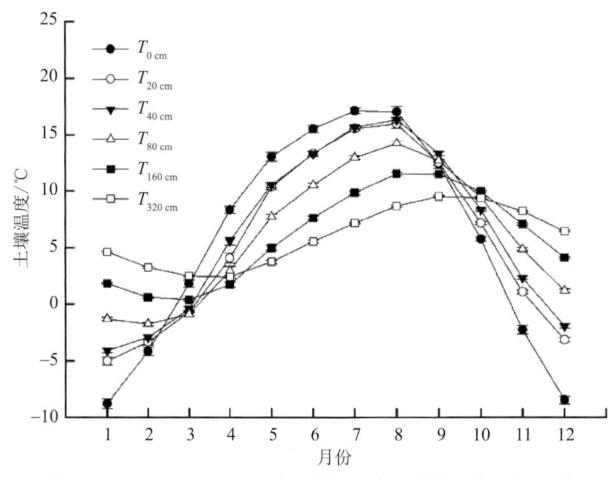

图 10.24 2004—2016 年不同深度土壤温度的年变化

10.5.2 土壤温度的年际变化特征

通过不同深度土壤月平均温度随时间的变化曲线(图 10.25)可以看出,不同深度土壤温度的年变化均表现出定常的正弦波。随着土壤深度的进一步加深,其振幅逐渐减小,相位由地表向深层土壤依次延迟;且 $T_{20\ cm}$、$T_{40\ cm}$、$T_{80\ cm}$、$T_{160\ cm}$ 和 $T_{320\ cm}$ 的相位分别较地表($T_{0\ cm}$)滞后约 60 d、100 d、180 d、240 d 和 270 d。

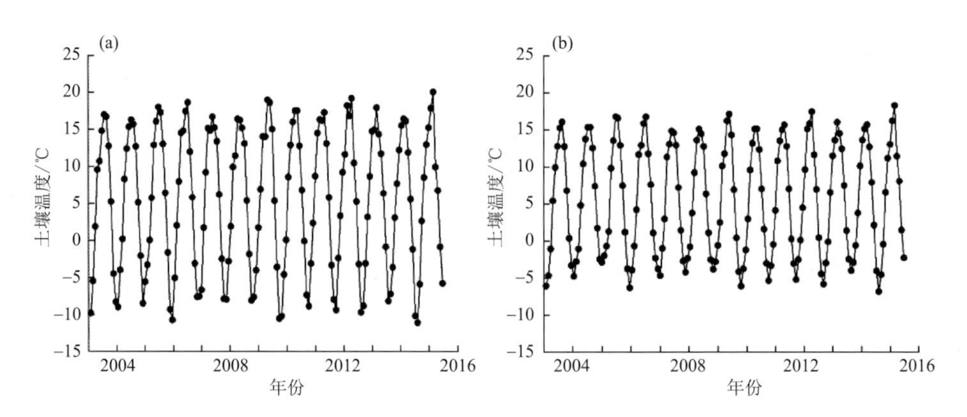

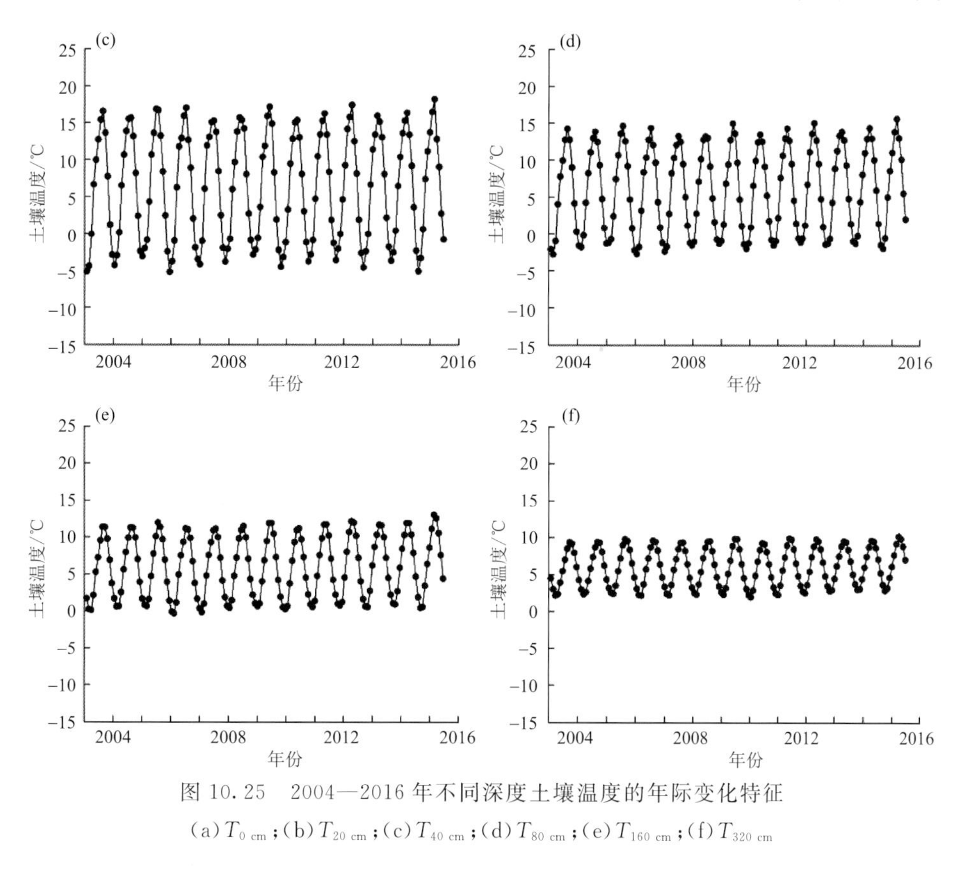

图 10.25　2004—2016 年不同深度土壤温度的年际变化特征

(a) $T_{0\ cm}$；(b) $T_{20\ cm}$；(c) $T_{40\ cm}$；(d) $T_{80\ cm}$；(e) $T_{160\ cm}$；(f) $T_{320\ cm}$

10.5.3　不同深度土壤温度的回归分析

从不同深度土壤温度的实测值与模拟值拟合曲线(图 10.26)可以看出，土壤温度实测值的回归校正系数自地表向深层土壤先增加后降低，其中，20 cm、40 cm 和 80 cm 处实测值与模拟值的回归校正系数最高，依次分别为 0.9361、0.9509 和 0.9133；而地表($T_{0\ cm}$)的回归校正系数次之；深层土壤 160 cm 和 320 cm 最低。另外，20 cm 土壤以下的 1、2 月土壤温度模拟效果不好，可能与该时期土壤冻结有关，因为 1、2 月是高海拔地区土壤冻融稳定期，该时期土壤含水量较低，土壤的冻结将地表与深层土壤隔离开来，致使地表与深层土壤热量无法交换，也可能与土壤养分和盐分含量大小有关。

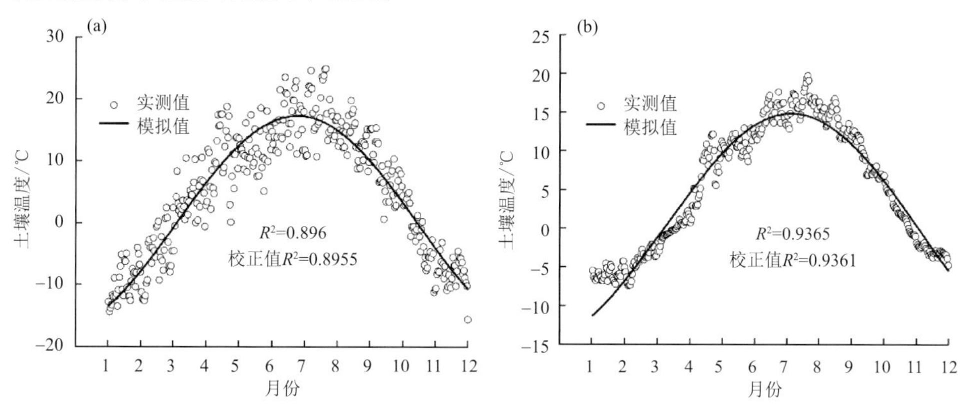

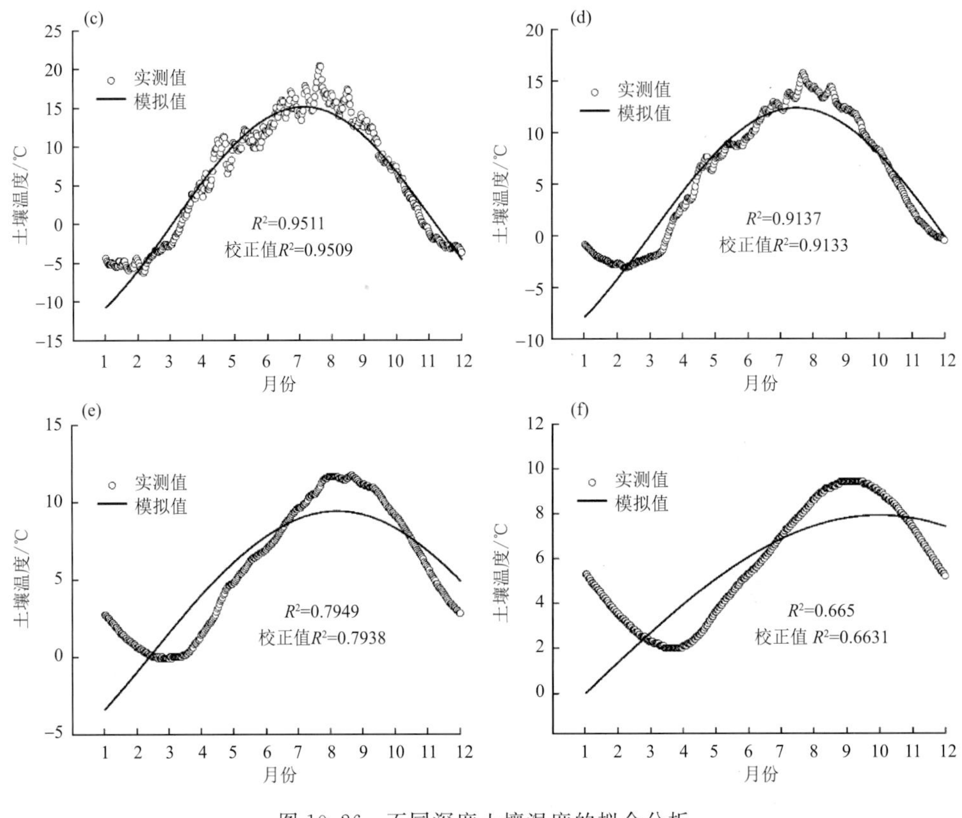

图 10.26　不同深度土壤温度的拟合分析

(a) $T_{0\ cm}$;(b) $T_{20\ cm}$;(c) $T_{40\ cm}$;(d) $T_{80\ cm}$;(e) $T_{160\ cm}$;(f) $T_{320\ cm}$

10.5.4　不同深度土壤热扩散率的对比分析

利用热传导对流法、振幅法和相位法分别计算了 2004—2016 年高寒地区草地不同深度土壤热扩散率 K(热传导对流法)、K_A(振幅法)和 K_P(相位法)(图 10.27)。整体来看,相位法>热传导对流法>振幅法。通过分析比较 3 种方法对土壤热扩散效果的拟合,发现热传导对流法对热扩散速率的拟合效果最好,而相位法和振幅法计算得到的热扩散速率过高或过低。有研究发现,相位法和振幅法分别高估和低估了土壤热扩散率,而热传导对流法对土壤热扩散率的拟合结果最佳(缪育聪 等,2012;周亚 等,2017),本研究结果与之一致。邵明安等(2006)研究结果显示,土壤热扩散率与土壤含水量呈显著的正相关。而本研究结果表明,除 20～40 cm 外,随着土壤深度的加深,其土壤热扩散率依次递减,形成这一现象的原因可能与该区土壤干土层所处的深度有关,因为该区草地土壤的干土层一般发生在此深度(20～40 cm),故该深度土壤热扩散率较低。

10.5.5　不同深度土壤热通量的变化特征

从传导热通量(Q_d)、对流热通量(Q_v)和总热通量(Q_t)年际变化曲线(图 10.28)可以看出,土壤传导热通量对土壤总热通量的贡献率最大,是影响土壤总热通量收支平衡过程的主导因

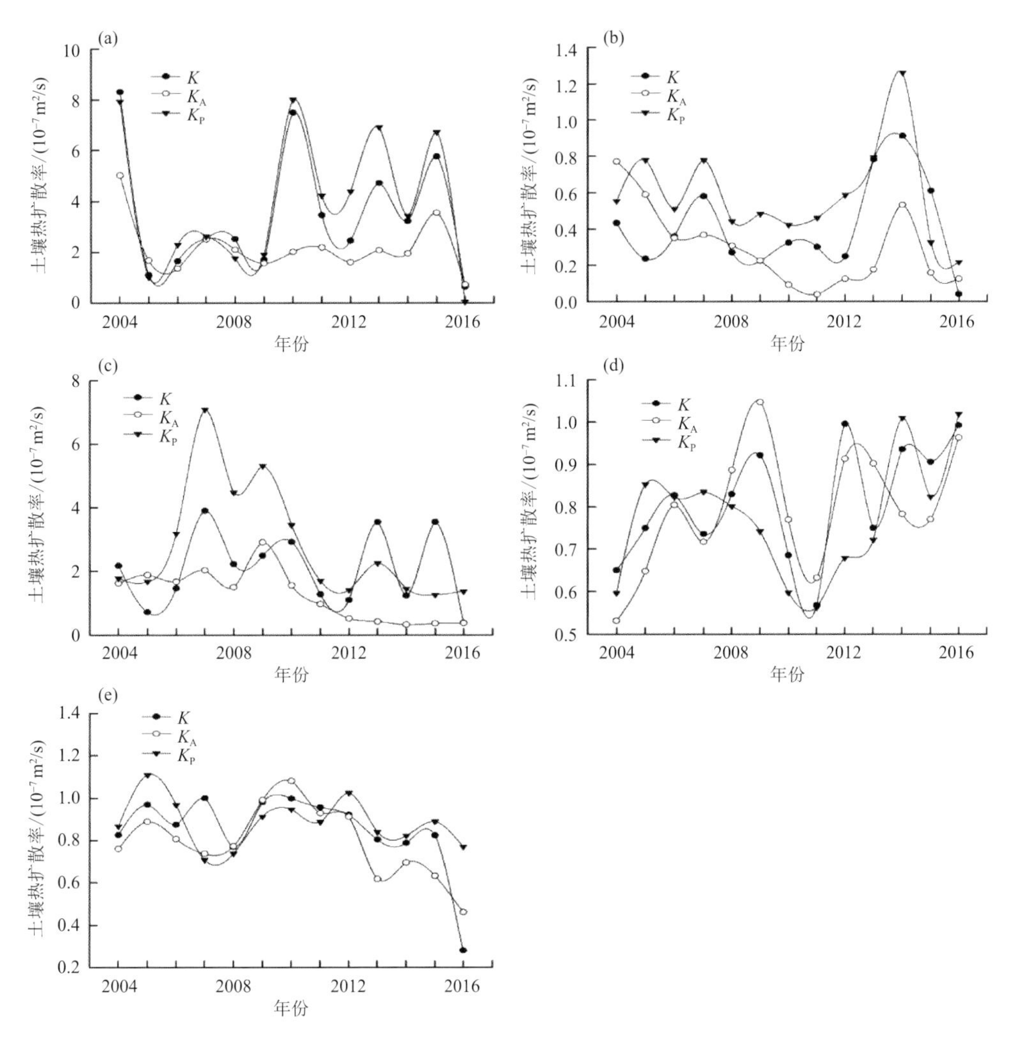

图 10.27　2004—2016 年不同深度土壤热扩散率的对比分析

(a)0～20 cm;(b)20～40 cm;(c)40～80 cm;(d)80～160 cm;(e)160～320 cm

素;而土壤对流热通量的贡献较小。另外,3 种土壤热通量在不同年际间的表现规律不尽相同,土壤剖面总热通量的绝对值在 0.3～10.8 W/m² 的范围内波动。整体来看,土壤总热通量与对流热通量的相位随年的变化趋势基本相同,而与传导热通量变化趋势相反。由于受气温和降水量年际差异的影响,0～20 cm 处的土壤总热通量于 2011 年出现一个低值期,之后随之升高,由于 2011 年的降水量和总云量的占比较其他年份大,可能与之有关。来自敦煌荒漠戈壁的研究资料表明,虽然干旱地区的天气以晴为主,但地表的热量收支平衡还是会不同程度地受到云和降水扰动的影响(张强 等,2003)。另外,本研究发现,位于 40～160 cm 的土壤总热通量在 2001—2016 年随年的增加而增加,而深层土壤 160～320 cm 的总热通量有所降低,这可能与该区辐射量有关,高海拔地区通常太阳辐射较强,辐射削弱量较少,从而到达近地表的热量较多,故浅层土壤总热通量呈增加趋势,而深层土壤总热通量变化不明显。

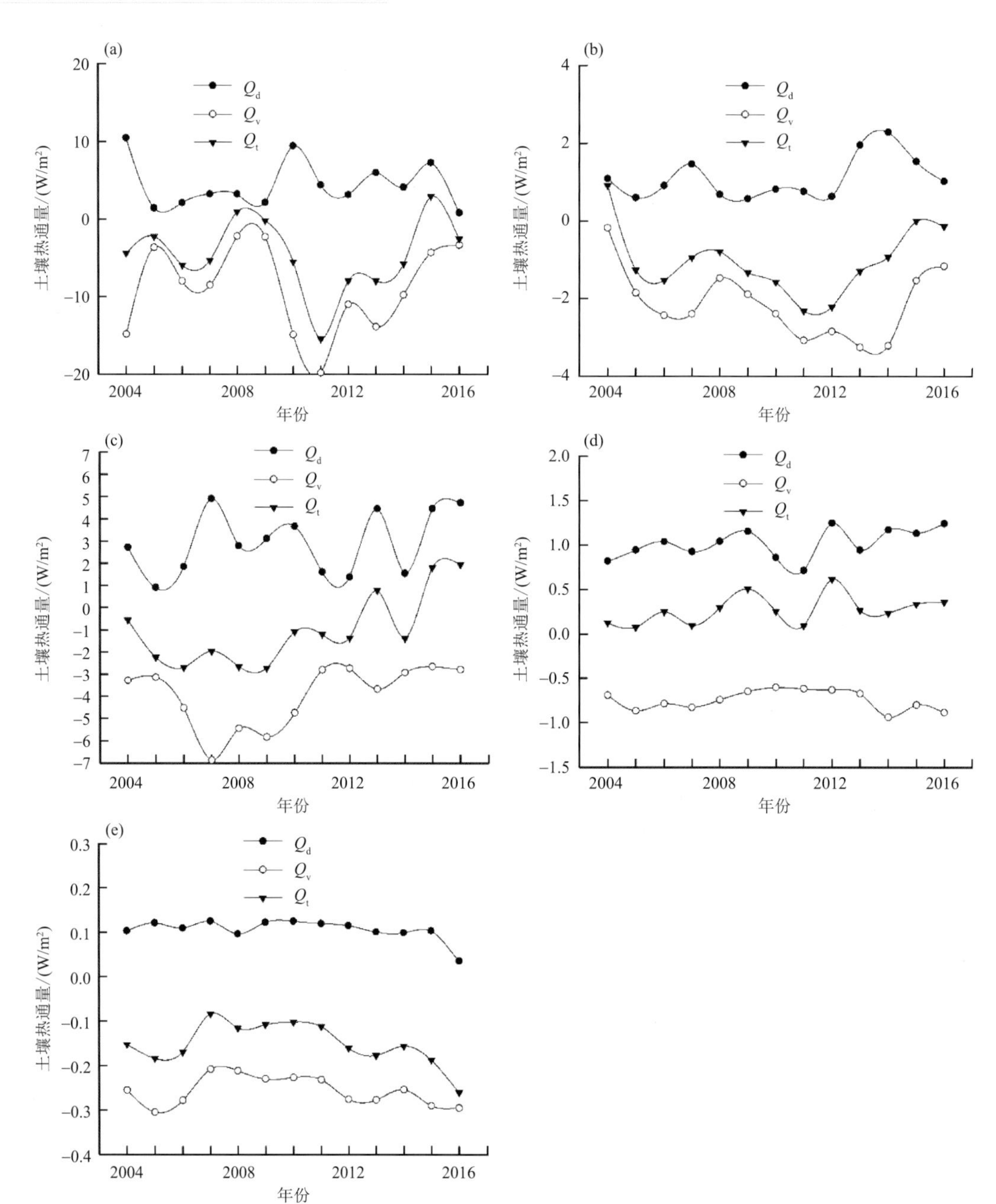

图 10.28　2004—2016 年传导、对流和总热通量的年际变化特征

(a)0～20 cm;(b)20～40 cm;(c)40～80 cm;(d)80～160 cm;(e)160～320 cm

10.6　积雪覆盖对高寒草甸土壤温湿及地表能量收支的影响

地表能量平衡是陆气相互作用研究的主要内容,它描述了陆地和大气之间能量的耦合及交换过程,不同下垫面由于水热性质的差异性造成陆气之间能量交换特征有所不同(曾剑 等,2012)。同一类型下垫面的陆气相互作用特征在时间尺度上也有一定的差异(张强 等,2017)。

冰雪层在地球的气候系统中起着重要的作用，特别是高反照率、高发射率和低热导率的积雪，对地表辐射收支、湍流通量和局地水文效应有着显著的影响(Cohen et al.，1991)。造成积雪-大气耦合的主要机制有两种：瞬时雪反照率效应(Dickinson，1983；Hall et al.，2008)和延迟水文效应(Cohen et al.，1991)，这两种影响通过能量和水分平衡影响大气，然而这两种机制对积雪-大气耦合的作用机理尚未确定，特别是滞后水文效应很难从观测资料中研究，这种水文效应触发了土壤水分蒸散发和降水反馈，对雪融化后的天气和气候起着至关重要的作用。积雪作为一种重要的陆面强迫因子对气候产生重要影响，积雪覆盖地表会阻碍陆气之间的能量交换(李丹华 等，2017)。积雪陆面过程的研究对于改进气候模式、提高短期气候预测水平有重要的参考价值(吴统文 等，2004)。

目前大气科学界对于高寒地区积雪陆面过程的研究已经取得了一些成果，许多研究集中在测量和模拟积雪的能量和质量平衡(Male et al.，1981；Harding et al.，1996；Hedstrom et al.，1998；Marks et al.，2001)，研究认为辐射和湍流通量对积雪能量平衡起主导作用(Luce et al.，1998；Pomeroy et al.，2003；Tribbeck et al.，2004)。高培等(2012)利用中国天山雪崩站干湿雪雪层内的雪温数据，分析了降雪过程发生后的雪层温度特征，比较了干湿雪的雪面能量平衡方程中各分量的差异，发现干雪雪面的感热通量和潜热通量几乎都为负值，湿雪雪面的潜热通量与感热通量方向相反，净辐射是导致湿雪消融的主要因素。陆恒等(2015)分析了天山融雪期不同开阔度林冠下积雪表面能量平衡特征，发现阴坡积雪表面净短波辐射和感热明显小于阳坡，阴坡净长波辐射损失小于阳坡，阴坡积雪表面总能量明显小于阳坡。李丹华等(2018)利用黄河源区玛曲站的观测资料，对比分析了3次积雪过程中地表辐射和能量平衡特征，发现受积雪的高反照率影响，降雪后净辐射显著减小，降雪后及融雪后，陆气之间能量交换受天气条件和土壤冻融状态的影响较大，积雪升华吸收热量使得地表温度降低并低于气温，造成感热通量出现负值，融雪后感热通量和潜热通量很快达到降雪前的水平。

由于青藏高原腹地人迹罕至，交通不便，观测资料匮乏，高原地区积雪覆盖对陆气相互作用影响的研究结果尚不充分。本研究利用青海省气象科学研究所玛沁微气象观测站的观测数据，通过对2018年2月15—23日和2018年3月11—15日两次降雪过程微气象要素变化特征的分析，探讨了积雪覆盖对土壤温度、土壤湿度、土壤热通量及地表能量收支的影响，为全面认识青藏高原地区积雪陆面过程特征提供科学支持。

10.6.1 积雪覆盖对土壤温度的影响

土壤温、湿度变化特征既是陆面的基本特征，也是影响陆面水、热交换的重要因素(张强等，2012)。分析土壤温、湿度差异是全面认识和了解陆面特性的重要前提。高原冻土区土壤温度既有区域性规律，同时还会受到局地气候因素的影响。降雪、吹雪等天气事件可通过改变表面积雪性质对反照率产生显著影响，降雪导致积雪深度增加，还使表面覆盖了细小的积雪颗粒，两者均会使反照率显著增加(杨清华 等，2013)。本研究判断地表有积雪覆盖的依据为地表反照率高于0.5(边晴云 等，2016)。

图10.29为玛沁地区2018年2月15—23日和2018年3月11—15日两次降雪过程地表反照率和土壤温度日平均值变化情况。当地表无积雪覆盖时，地表反照率日平均值维持在0.22左右，地表有积雪覆盖时，地表反照率日平均值可达到0.8～0.9，积雪覆盖会使地表反照率显著升高。2018年2月15—23日降雪过程中，浅层(2～10 cm)土壤温度表现出先升后降

的趋势，降雪前，浅层土壤温度日平均值维持在－4 ℃左右，降雪后，浅层土壤温度日平均值升高至－2.5 ℃左右，积雪消融后，浅层土壤温度再次下降至－4 ℃左右。深层(40 cm)土壤温度在整个降雪过程期间也表现出微弱的先升后降趋势，从降雪前的－3 ℃升高到降雪后的－2.5 ℃，之后又逐渐降低至－3 ℃。2018 年 3 月 11—15 日降雪过程中，浅层土壤温度同样表现出先升后降的趋势，降雪前，浅层土壤温度日平均值维持在－0.9 ℃左右，降雪后，浅层土壤温度日平均值升高至－0.3 ℃左右，积雪消融后逐渐下降，深层土壤温度呈现出缓慢增加趋势，从－0.9 ℃升高至－0.8 ℃，变化幅度很小。可见，积雪覆盖地表会导致土壤温度升高，且浅层(2～10 cm)土壤升温幅度较深层(40 cm)土壤更加显著，这反映了积雪覆盖地表时会产生保温效应，这一点与金会军等(2008)的研究结论“在青藏高原东部、南部和腹地的高山区，冷季降雪多，很多地段为稳定积雪区，雪盖厚且持续时间长，对浅层地温起保温作用，而高原腹部的高平原、河谷和盆地冷季降雪较少，雪盖薄且持续时间较短，一般保温作用微弱”较为类似。玛沁观测站地处山间平原地带，冬季降雪后积雪覆盖持续的时间一般不长，但依然可以导致土壤温度产生短期内的升高。

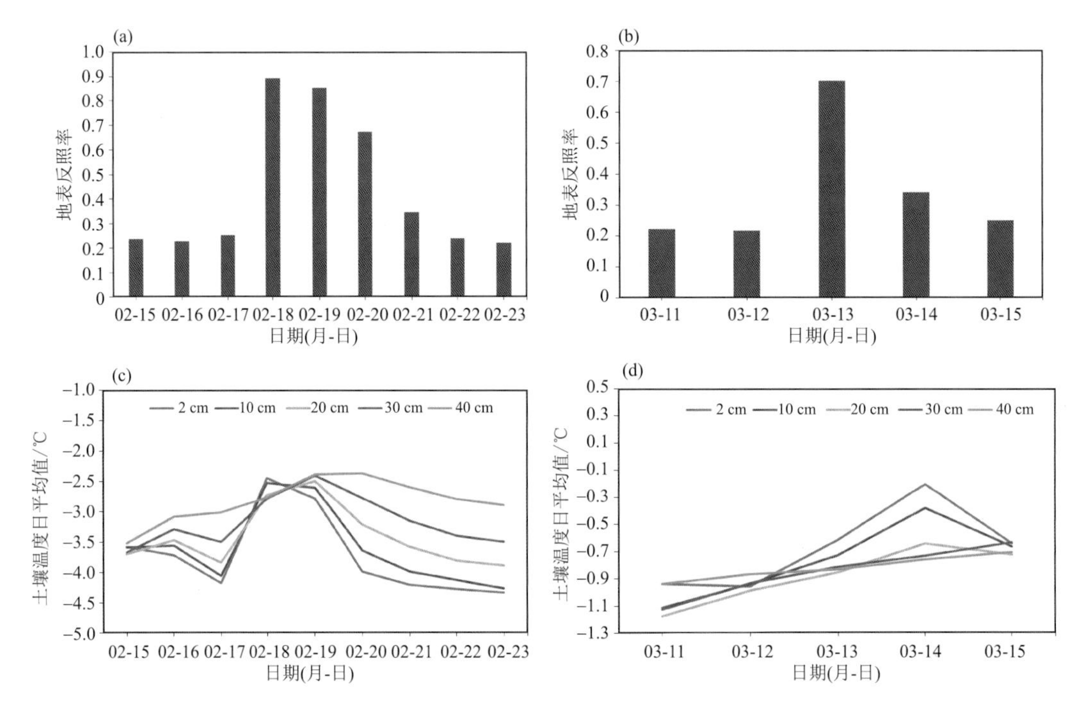

图 10.29　2018 年 2 月 15—23 日(左列)和 2018 年 3 月 11—15 日(右列)两次降雪过程地表反照率(a、b)和土壤温度(c、d)日平均值变化

图 10.30 为 2018 年 2 月 15—23 日(左列)和 2018 年 3 月 11—15 日(右列)两次降雪过程无积雪覆盖和有积雪覆盖时的土壤温度廓线。第一次降雪过程中，当地表无积雪覆盖时，浅层(2～10 cm)土壤温度日变化幅度较大，2 cm 土壤温度日最低值为－6 ℃，日最高值为－1.8 ℃，日变化幅度为 4.2 ℃，10 cm 土壤温度日最低值为－5 ℃，日最高值为－2.5 ℃，日变化幅度为 2.5 ℃。当地表有积雪覆盖时，浅层土壤温度日变化幅度明显收窄，2 cm 土壤温度日最低值为－5 ℃，日最高值为－3 ℃，日变化幅度为 2 ℃，10 cm 土壤温度日最低值为－4.6 ℃，日最高值为－3.3 ℃，日变化幅度为 1.3 ℃。而深层(40 cm)土壤温度日变化幅度几乎不受积雪覆

盖影响。第二次降雪过程中，土壤温度廓线再度表现出相同的特点，即地表有积雪覆盖时浅层土壤温度日变化幅度收窄，而深层土壤温度日变化幅度不变。不同之处在于，第二次降雪过程中，当地表有积雪覆盖时，浅层土壤温度日最低值升高，日最高值没有发生明显变化，这可能是由于第二次降雪过程积雪覆盖持续时间不长，雪层厚度较小。边晴云等(2016)通过研究黄河源区土壤温度资料发现，在土壤完全冻结阶段，积雪对土壤温度有影响，积雪覆盖会导致浅层土壤温度日最低值升高，日最高值降低。玛沁地区积雪覆盖对土壤温度的影响与黄河源区较为类似。

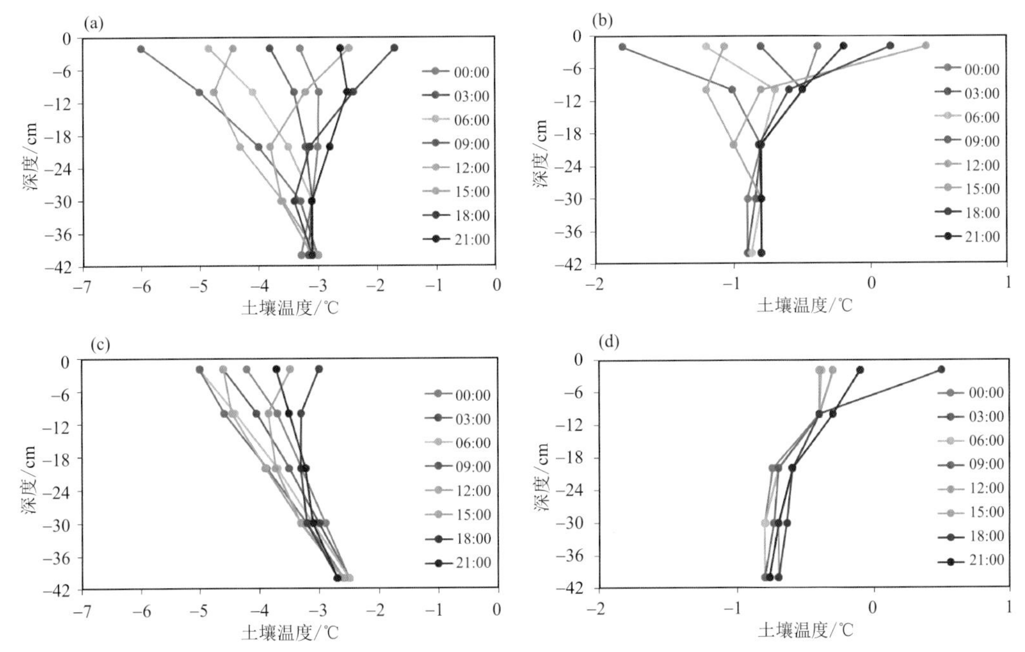

图 10.30　2018 年 2 月 15—23 日(左列)和 2018 年 3 月 11—15 日(右列)两次降雪有、无积雪覆盖条件下土壤温度廓线

(a、b)无积雪覆盖；(c、d)有积雪覆盖

图 10.31 为 2018 年 2 月 15—23 日和 2018 年 3 月 11—15 日两次降雪过程无积雪覆盖和有积雪覆盖时浅层(2～10 cm)和深层(30～40 cm)土壤温度梯度的日变化。当地表无积雪覆盖时，浅层土壤温度梯度日变化幅度较大，凌晨至上午为正值，下午至晚上为负值。地表有积雪覆盖时，浅层土壤温度梯度日变化幅度明显减小。第一次降雪过程深层土壤温度梯度在有积雪覆盖时趋向于正值，这可能是由于降雪时寒潮天气过境导致浅层土壤温度低于深层土壤温度。第二次降雪过程深层土壤温度梯度绝对值接近于 0，积雪覆盖对深层土壤温度梯度几乎没有影响。

10.6.2　积雪覆盖对土壤含水量的影响

图 10.32 为 2018 年 2 月 15—23 日和 2018 年 3 月 11—15 日两次降雪过程无积雪覆盖和有积雪覆盖时的土壤体积含水率。从图 10.32 可以看出，玛沁地区冬季土壤体积含水率随着深度的增加而呈现出“减—增—减”的变化趋势，30 cm 以上为土壤体积含水率较高的湿润土层，40 cm 处土壤体积含水率接近于 0。第一次降雪过程中，由于 2～40 cm 土壤温度均低于

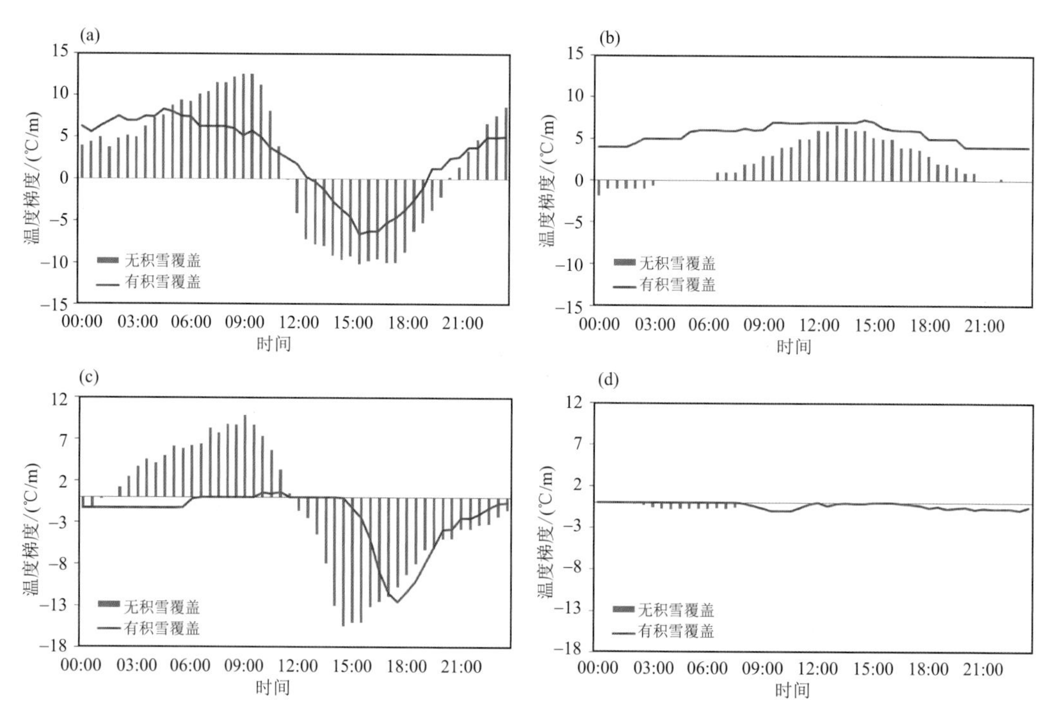

图 10.31 2018 年 2 月 15—23 日(上排)和 2018 年 3 月 11—15 日(下排)两次降雪有、无积雪覆盖条件下土壤温度梯度日变化

(a、c) 2～10 cm;(b、d) 30～40 cm

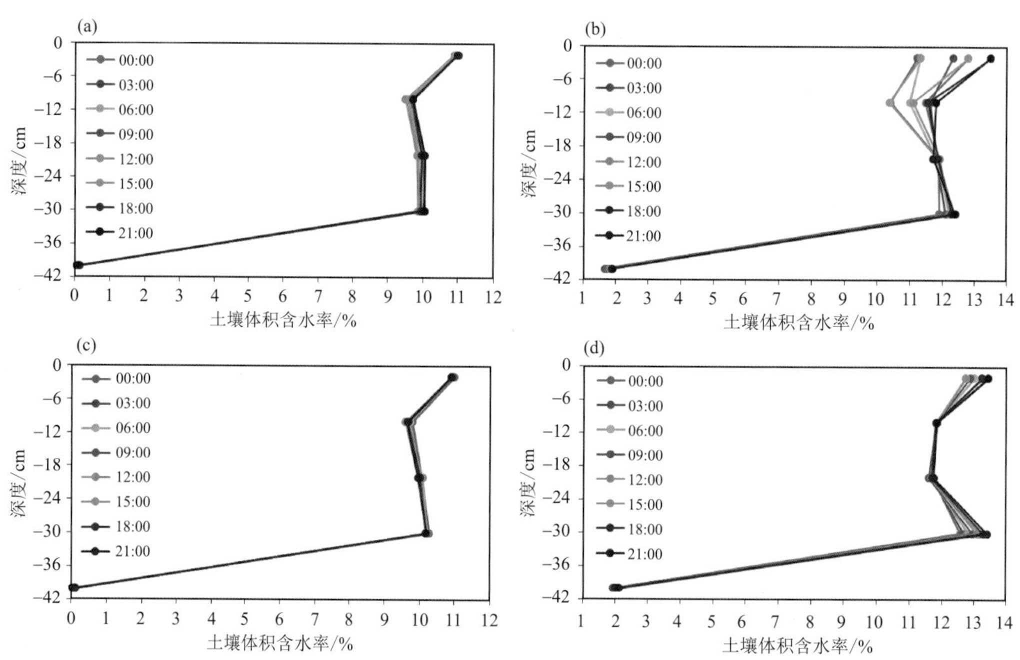

图 10.32 2018 年 2 月 15—23 日(左列)和 2018 年 3 月 11—15 日(右列)两次降雪有、无积雪覆盖条件下土壤体积含水率

(a、b)无积雪覆盖;(c、d)有积雪覆盖

0 ℃，土壤处于完全冻结状态，地表积雪覆盖对浅层和深层土壤体积含水率日变化幅度几乎没有影响。第二次降雪过程中，2 cm 土壤温度白天高于 0 ℃，夜间低于 0 ℃，土壤处于融化状态，地表无积雪覆盖时，浅层（2～10 cm）土壤体积含水率日变化幅度较大，当地表有积雪覆盖时，浅层土壤体积含水率日变化幅度明显收窄。30 cm 深处土壤体积含水率日变化幅度在积雪覆盖时有所增加，这可能是由于 30 cm 土壤温度变化幅度略微增加导致土壤湿度探头敏感性增加所致。

为了更清楚地表明积雪覆盖对土壤含水量变化的影响，图 10.33 给出了 2018 年 2 月 15—23 日和 2018 年 3 月 11—15 日两次降雪过程无积雪覆盖和有积雪覆盖时2 cm、10 cm、20 cm 和 30 cm 土壤体积含水率的日变化情况。第一次降雪过程由于土壤处于完全冻结状态，在无积雪覆盖和有积雪覆盖条件下，各层土壤体积含水率基本保持不变，2 cm 土壤体积含水率维持在 10.9%，10 cm 土壤体积含水率维持在 9.5%，20 cm 土壤体积含水率维持在 10%，30 cm 土壤体积含水率维持在 10.4%，有、无积雪覆盖条件下土壤体积含水率日变化情况基本相同，这说明土壤完全冻结状态下地表积雪覆盖对土壤体积含水率变化不会产生影响。Li 等（2013）认为土壤中冰的存在极大地改变了土壤的水文特性，土壤冻结时表层土壤几乎是不渗透的，防止了融雪的下渗。玛沁地区土壤完全冻结时积雪覆盖对土壤体积含水率没有影响，这可能是由于土壤中的冰阻碍了积雪下渗。第二次降雪过程土壤处于融化状态，无积雪覆盖时浅层（2～10 cm）土壤体积含水率日变化幅度较大，2 cm 土壤体积含水率日最低值 11.2%，10 cm 土壤体积含水率日最低值 10.3%，出现在 08:00—12:00，2 cm 土壤体积含水率日最高值 13.5%，10 cm 土壤体积含水率日最高值 11.7%，出现在 18:00—21:00。当地表有

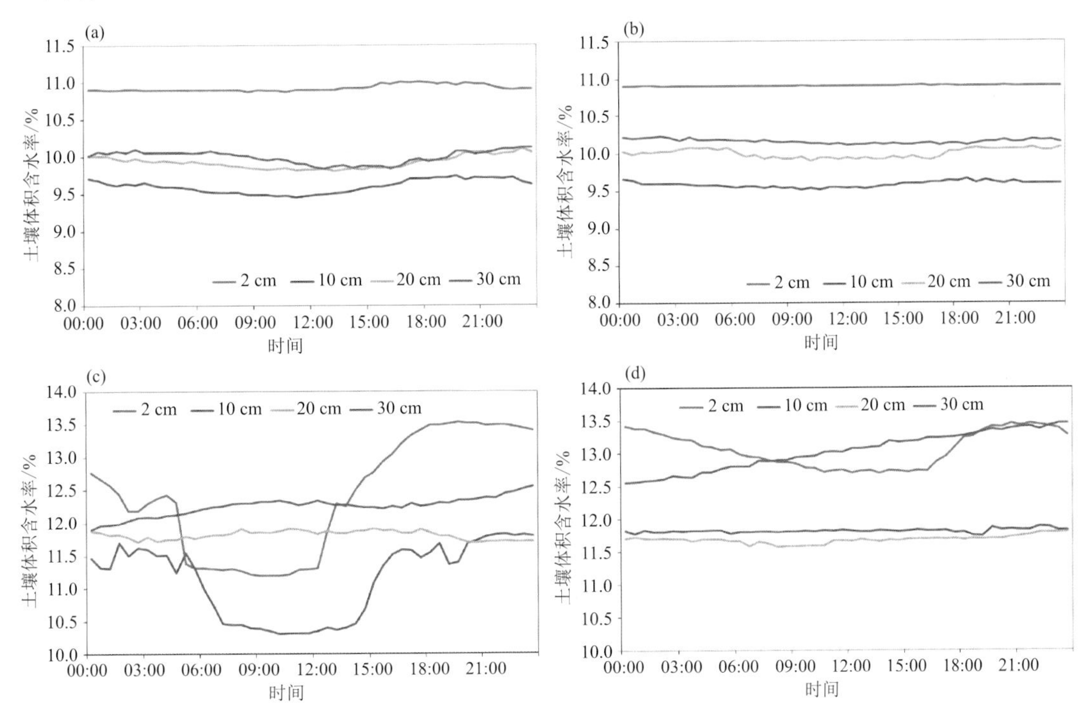

图 10.33 2018 年 2 月 15—23 日（上排）和 2018 年 3 月 11—15 日（下排）两次降雪有、无积雪覆盖条件下土壤体积含水率日变化

（a、c）无积雪覆盖；（b、d）有积雪覆盖

积雪覆盖时，2～10 cm 土壤体积含水率日最低值明显升高，2 cm 土壤体积含水率日最低值升至 12.7%，10 cm 土壤体积含水率日最低值升至 11.7%，这可能是由于积雪覆盖导致浅层土壤温度日最低值升高加剧了土壤中冰的融化，20 cm 土壤体积含水率在无积雪覆盖和有积雪覆盖时基本没有太大差异，维持在 11.7%。30 cm 土壤体积含水率在地表有积雪覆盖时有所升高，日最低值从 11.9%升至 12.5%，日最高值从 12.5%升至 13.4%。

10.6.3 积雪覆盖对土壤热通量的影响

图 10.34 为 2018 年 2 月 15—23 日和 2018 年 3 月 11—15 日两次降雪过程无积雪覆盖和有积雪覆盖时 8 cm、15 cm 土壤热通量的日变化情况。第一次降雪过程中，当地表无积雪覆盖时，土壤热通量日变化幅度较大，8 cm 土壤热通量日最低值为−8.5 W/m^2，日最高值为 6 W/m^2，15 cm 土壤热通量日最低值为−6.5 W/m^2，日最高值为 3.8 W/m^2；地表有积雪覆盖时，土壤热通量日变化幅度减小，8 cm 土壤热通量日最低值为−5.5 W/m^2，日最高值为 3 W/m^2，15 cm 土壤热通量日最低值为−5 W/m^2，日最高值为 0.7 W/m^2。第二次降雪过程中，当地表无积雪覆盖时，8 cm 土壤热通量日最低值为−2.2 W/m^2，日最高值为 2.7 W/m^2，15 cm 土壤热通量日最低值为−0.6 W/m^2，日最高值为 1.7 W/m^2；地表有积雪覆盖时，8 cm 土壤热通量日最低值为 1.3 W/m^2，日最高值为 2.5 W/m^2，15 cm 土壤热通量日最低值为 1.5 W/m^2，日最高值为 1.8 W/m^2，土壤热通量日变化幅度再度表现出积雪覆盖时减小的特点，与第一次降雪过程的不同之处在于，地表有积雪覆盖时土壤热通量全天皆为正值。第一次降雪过程土壤处于完全冻结状态，无积雪覆盖时 8 cm、15 cm 土壤热通量日平均值分别为−0.4 W/m^2 和−0.5 W/m^2，有积雪覆盖时 8 cm、15 cm 土壤热通量日平均值分别为−2.3 W/m^2 和−2.7 W/m^2，地表积雪覆

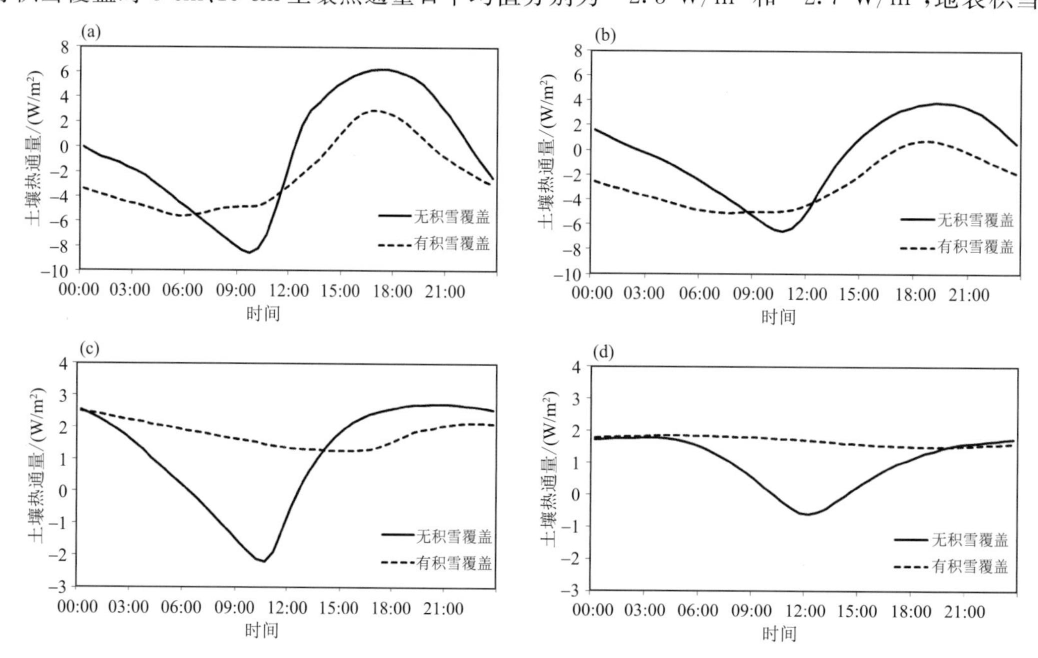

图 10.34　2018 年 2 月 15—23 日(上排)和 2018 年 3 月 11—15 日(下排)两次降雪有、无积雪覆盖条件下土壤热通量日变化

(a、c) 8 cm；(b、d) 15 cm

盖导致土壤热通量日平均值降低。

10.6.4 积雪覆盖对陆气间能量交换的影响

陆面温、湿度和辐射收支特征支配着陆面能量平衡过程(张强 等,2011)。净辐射通过转化为感热通量、潜热通量和土壤热通量为大气和土壤提供热能(岳平 等,2015b)。积雪可通过高反照率效应减少地表吸收的净短波辐射,从而减弱大气向土壤的能量输送,同时积雪也可通过隔热效应减弱陆气间热量交换(边晴云 等,2016)。积雪融化和升华会导致潜热通量偏大,使得能量闭合率在冬季产生较大的正偏差(严晓强 等,2019)。李丹华等(2018)研究认为,青藏高原地区冬季地表能量交换以感热为主,降雪后波文比显著减小,感热在能量交换中所占的比重降低。

图 10.35 为 2018 年 2 月 15—23 日降雪过程无积雪覆盖和有积雪覆盖条件下晴天时总辐射、向上短波辐射、向上长波辐射、净辐射、感热、潜热、地表反照率日变化及感热占比(H/R_n)和潜热占比(LE/R_n)。晴天时总辐射日变化特征基本一致,日最高值维持在 720 W/m^2 左右。地表无积雪覆盖时,向上短波辐射白天最高值为 150 W/m^2,当地表有积雪覆盖时,向上短波辐射白天最高值增加至 475 W/m^2,可见积雪覆盖会导致向上短波辐射显著增加。地表无积雪覆盖条件下,向上长波辐射日变化幅度较大,日最低值为 228 W/m^2,出现在 08:00 左右,日最高值为 365 W/m^2,出现在 13:00 左右,当地表有积雪覆盖时,向上长波辐射日变化幅度有所减小,日最低值升高至 232 W/m^2,日最高值降低至 304 W/m^2,这与土壤温度日变化幅度减小有关,同时积雪覆盖会衰减掉一部分土壤发出的向上长波辐射,当然,积雪的高反照率也会导致向下的长波辐射中大部分被反射回天空,这其中的机制较为复杂,值得进一步讨论。地表无积雪覆盖时,净辐射白天最高值为 385 W/m^2,夜间最低值为 −73 W/m^2,当地表有积雪覆盖时,净辐射白天最高值下降至 163 W/m^2,夜间最低值为 −44 W/m^2,地表积雪覆盖会导致净辐射白天的值显著降低,夜间的值略微升高,日变化幅度减小,这主要是由于积雪的高反照率所致。地表无积雪覆盖时,感热日最高值为 220 W/m^2,日最低值为 −18 W/m^2,地表有积雪覆盖时,感热日最高值下降至 47 W/m^2,日最低值为 −35 W/m^2,地表积雪覆盖会导致感热白天的值显著降低,夜间的值略微减小。Marks 等(2008)认为,由于雪面非常冷,特别是在夜间可能导致非常稳定的条件,近地表温度倒置,产生负感热,本研究的研究结果与其类似。地表无积雪覆盖时,潜热的值很小,白天最高值仅有 13 W/m^2,夜间的值基本为 0,地表有积雪覆盖时,潜热白天的值显著升高,日最高值达到 92 W/m^2,可见地表积雪覆盖会导致潜热白天的值显著升高。同时,积雪覆盖导致晴天时感热占比(H/R_n)从 0.61 下降至 0.29,潜热占比(LE/R_n)从 0.03 升高至 0.58。这说明积雪覆盖会削弱白天地面对大气的加热效应,而增加地面水汽的蒸发量。

10.6.5 结论与讨论

本研究利用青藏高原玛沁微气象观测站 2018 年 2 月 15—23 日和 2018 年 3 月 11—15 日两次降雪过程的观测数据,探讨了积雪覆盖对土壤温度,土壤体积含水率、土壤热通量及地表能量收支的影响,主要结论如下。

积雪覆盖对浅层(2～10 cm)土壤温度的影响较为显著,而对深层(40 cm)土壤温度的影响十分微弱。积雪覆盖对浅层土壤温度的影响主要表现为:日平均值升高,日变化幅度减小,日

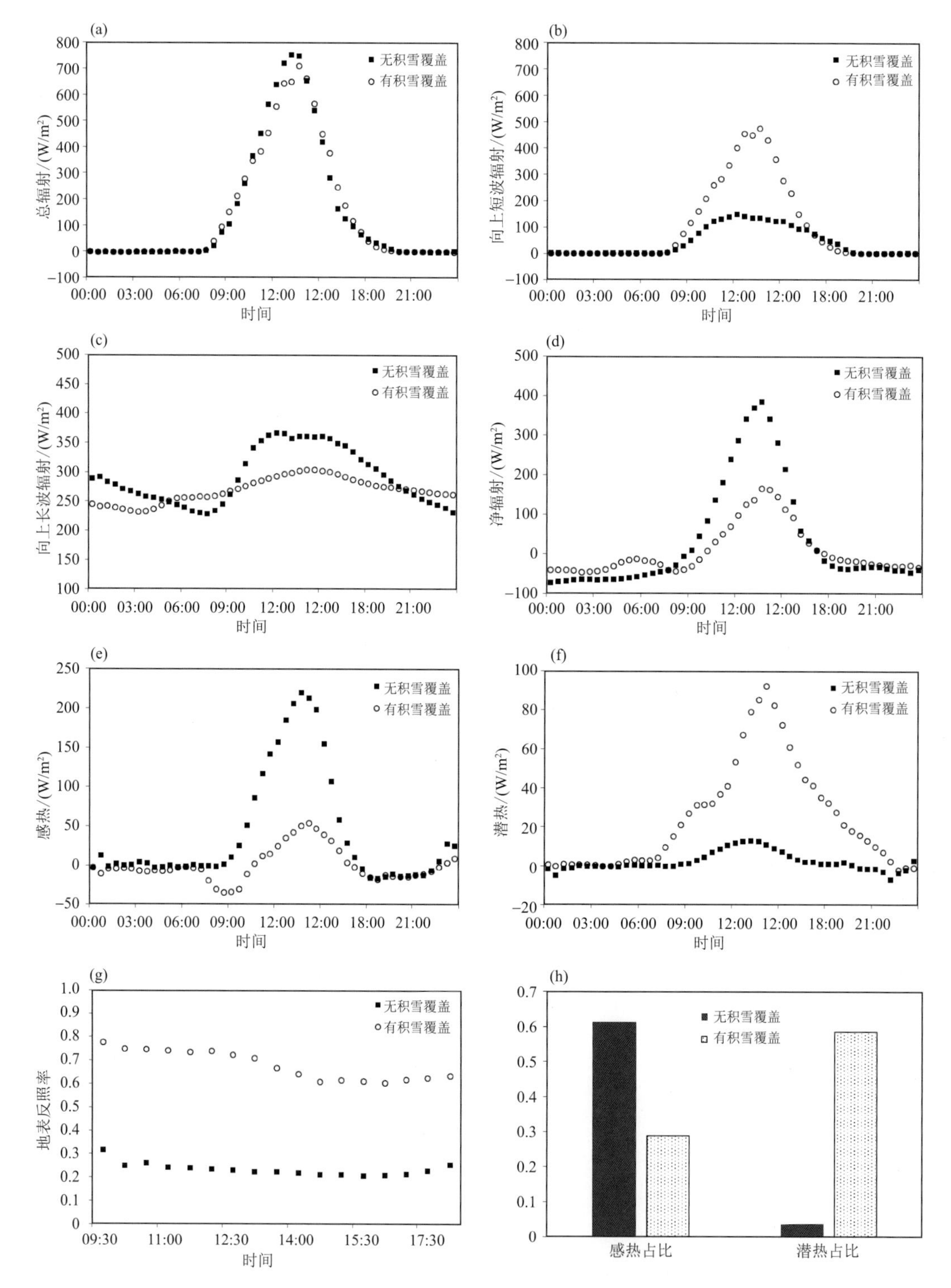

图 10.35 有、无积雪覆盖条件下晴天时总辐射(a)、向上短波辐射(b)、向上长波辐射(c)、净辐射(d)、感热(e)、潜热(f)、地表反照率(g)日变化及感热占比和潜热占比(h)

最低值升高，土壤温度梯度绝对值减小。

土壤完全冻结状态下土壤体积含水率几乎不受积雪覆盖影响。土壤融化状态下积雪覆盖会导致浅层土壤体积含水率日变化幅度减小，而对深层土壤体积含水量没有影响。

地表积雪覆盖会减小浅层土壤热通量的日变化幅度。在土壤完全冻结状态下，积雪覆盖会使得 8～15 cm 土壤热通量日平均值降低，增加了土壤热通量向上传递的趋势。

在总辐射相同的晴天条件下，当地表有积雪覆盖时，由于积雪的高反照率导致白天向上短波辐射增加，净辐射减小，同时感热通量减小而潜热通量增加，积雪覆盖会使感热占比（H/R_n）下降，潜热占比（LE/R_n）升高。

本研究分析积雪覆盖对地表能量收支的影响时，只选用了 2018 年 2 月 15—23 日降雪过程的观测资料而没有选用 2018 年 3 月 11—15 日降雪过程的观测资料，这主要是由于第二次降雪过程积雪覆盖的持续时间较短，无法找到有积雪覆盖和无积雪覆盖条件下同为晴天的数据，由于晴天和阴天条件下总辐射差异会导致地表能量收支有所不同，无法确定陆气之间能量交换是否为积雪覆盖单一因子的影响。在日后的研究中，将会考虑获取足够丰富的观测资料以深入分析青藏高原地区积雪覆盖对陆气相互作用的影响。

10.7 积雪升华过程对高寒湿地陆气相互作用的影响

积雪作为受到广泛关注与重视的自然因素，其自身特性及融雪过程对水文、气象及环境领域均具有重要作用。积雪作为一种重要的陆面强迫因子对气候产生重要影响（卢楚翰 等，2014；周利敏 等，2016）。积雪覆盖地表会阻碍陆气之间的能量交换，积雪通过表面不同的反照率和不同的湍流通量形成了陆面与大气间独特的能量交换，影响近地层气象要素特征，反过来其对湍流和能量交换又有重要影响（李丹华 等，2017）。积雪陆面过程的研究对改进气候模式、提高短期气候预测水平有重要的参考价值（吴统文 等，2004）。青藏高原是北半球积雪异常变化最强烈的区域，青藏高原积雪被视为中国短期气候预测的重要因子（李栋梁 等，2011）。青藏高原积雪对亚洲季风系统的形成以及我国长江中下游地区的降水预测有着至关重要的作用（陈乾金 等，2000）。

目前，科学界对于高寒地区积雪变化和融雪过程的研究已经取得了一些成果。王国亚等（2012）依据新疆阿勒泰地区的积雪观测资料，研究了积雪的变化特征，发现阿勒泰地区 1956—2016 年最大积雪深度呈显著增加的趋势，积雪日数的增加趋势比最大积雪深度增长平缓，在额尔齐斯河源头高山区冬季积雪升华是其主要的物质损失过程，引起升华的主要气象要素是气温、风速和水汽压。张伟等（2014）观测了额尔齐斯河源区的积雪消融过程，发现积雪深度和雪水当量的变化并不是同步的，积雪深度的减小是持续发生的，是新雪密实化作用的结果，而雪水当量仅在日均空气温度高于 0 ℃时才出现快速的下降。周扬等（2017）利用沱沱河地区野外观测数据，对动态融雪过程及其与气温的关系进行了分析，发现高原中部融雪过程表现为先缓后急的总体特征，融雪在雪深较小的后期迅速加快，融雪前期气温对雪深影响大于日照时数的影响，融雪后期日照时数对雪深影响大于气温的影响。李丹华等（2017）利用黄河源区玛曲站的观测资料，分析了积雪过程及前期无雪时的近地层气象要素特征，研究了积雪对大气温度层结特征的影响。陆恒等（2015）分析了天山融雪期不同开阔度林冠下积雪表面能量平衡特征，发现受植被影响阴坡雪岭云杉林冠下积雪表面净短波辐射和感热明显小于阳坡开阔地，净长波辐射损失小于阳坡开阔地，阴坡林冠下积雪表面总能量明显小于阳坡开阔地。高黎明等（2016）建立了基于能量平衡的积雪模型，对额尔齐斯河流域内积雪的积累和消融过程进行了模拟，发现雪表的净辐射、感热、潜热通量的绝对值以及地表热通量在积雪的积累期明显低于积雪的消融期，在积雪积累期感热和潜热通量以及土壤热通量会受到雪层厚度的影响。

由于青藏高原腹地人迹罕至，交通不便，观测资料匮乏，高原地区融雪过程对陆气相互作用影响的研究较少。本研究利用青海省气象科学研究所玉树隆宝野外观测站的微气象及涡动相关系统观测数据，通过对 2014 年冬季积雪消融过程微气象要素的分析，探讨了融雪过程对高寒湿地陆气相互作用的影响，为全面认识青藏高原地区陆气相互作用特征提供科学支持。

10.7.1 积雪升华过程常规气象要素的变化

青藏高原腹地积雪的消融与日照时数、雪的形态、消融程度、升华过程等均有一定联系（周扬 等，2017）。积雪对土壤温度的影响，是由它对土壤表面各种热交换过程的影响组成，降雪对地温有重要影响，它阻隔了地面受气温变化的影响（孙琳婵 等，2010）。积雪较高的反照率使得地表净辐射减少，从而降低地表温度，同时其较低的导热率和较大的热容量阻隔了土壤中热能向外散失，从而起到了保持和提高地温的作用（高荣 等，2004）。图 10.36 为玉树隆宝地区 2014 年 12 月 14—26 日雪深和降水量、空气温度以及 10～40 cm 深度土壤温度和土壤体积含水量的变化情况。此次降雪过程为玉树隆宝地区 2014 年冬季迎来的首场降雪，积雪深度在 12 月 18 日达到了 5 cm，随后几天积雪深度逐渐递减，至 12 月 26 日积雪完全升华消失。降雪前空气温度维持在－6 ℃左右，降雪后空气温度陡降至－18 ℃左右，随后逐渐回升至－12 ℃左右。30 cm 和 40 cm 土壤的温度在降雪和积雪升华期间较为稳定并呈缓慢下降趋势。10 cm 和 20 cm 土壤温度在 12 月 16—18 日有降雪发生的 3 d 里有所升高，这在一定程度上反

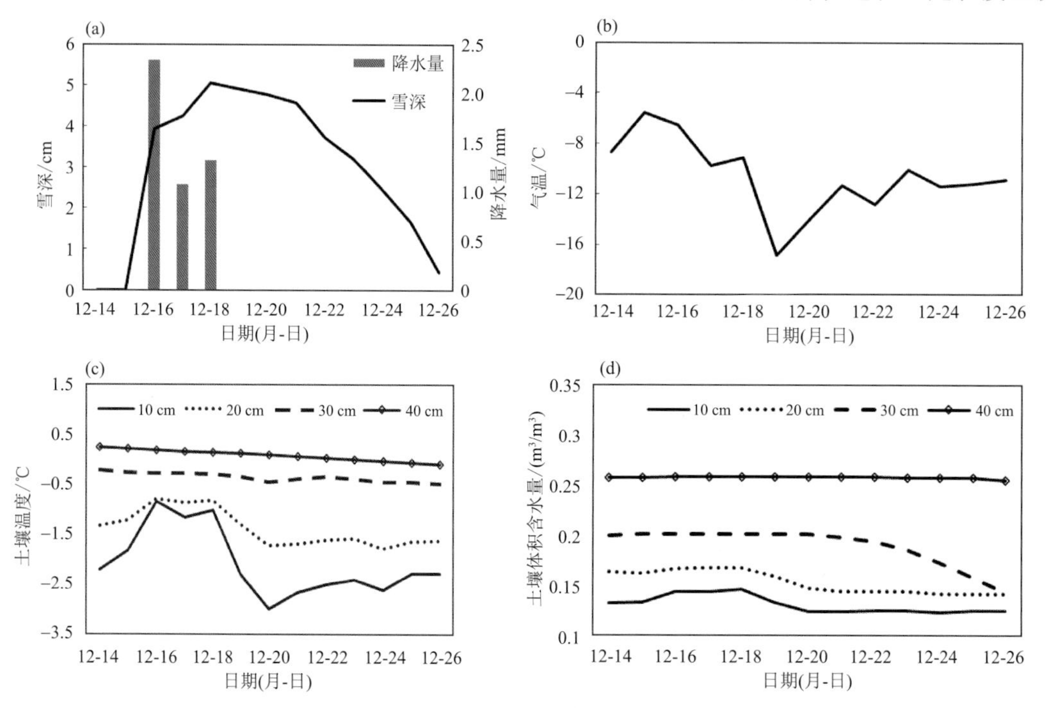

图 10.36 积雪升华过程雪深和降水量(a)、空气温度(b)、土壤温度(c)和土壤体积含水量(d)的变化情况

映了积雪的“棉被”效应，当地表有深厚的积雪覆盖时，会阻止土壤向大气传递热量，导致浅层土壤的温度升高，12 月 19—20 日 10 cm 和 20 cm 土壤温度出现下降，这可能是由于积雪升华初期从浅层土壤吸收了较多的热量所致。10 cm 和 20 cm 土壤体积含水量在 12 月 16—18 日有降雪发生的 3 d 里略微升高，之后在积雪升华过程中略微下降。30 cm 土壤体积含水量在 12 月 21 日以前保持不变，12 月 21 日以后发生下降，40 cm 土壤体积含水量始终保持不变，维持在 0.26 cm^3。

10.7.2 积雪升华过程地表能量交换特征

积雪覆盖会减少地表吸收的短波辐射，从而降低地表温度，改变感热、潜热能量的输送（伯玥 等，2014）。积雪作为一种特殊的下垫面增强了地表的反照率，减少了地表对太阳短波辐射的吸收，从而造成了近地层的冷却，这一部分能量的损失对冬季高原地区是一个相当重要的部分，在某种程度上可以认为积雪的多寡是决定净辐射大小的关键，较厚的持续长时间积雪大大减少了地表的长波辐射冷却，同时积雪可能抑制和减小土壤层向大气释放能量，从而使得积雪多年的地面热源强度减小（霍飞 等，2014）。相关的研究表明，地面积雪时间的长短是高原地表出现冷热源的关键因子（李国平 等，2007）。图 10.37 为玉树隆宝地区 2014 年 12 月 19—25 日积雪升华过程净辐射、感热通量、潜热通量、土壤热通量、向上短波辐射和向上长波辐射的逐日变化情况，所用通量数据为 30 min 平均值。积雪升华期间，向上短波辐射日最高

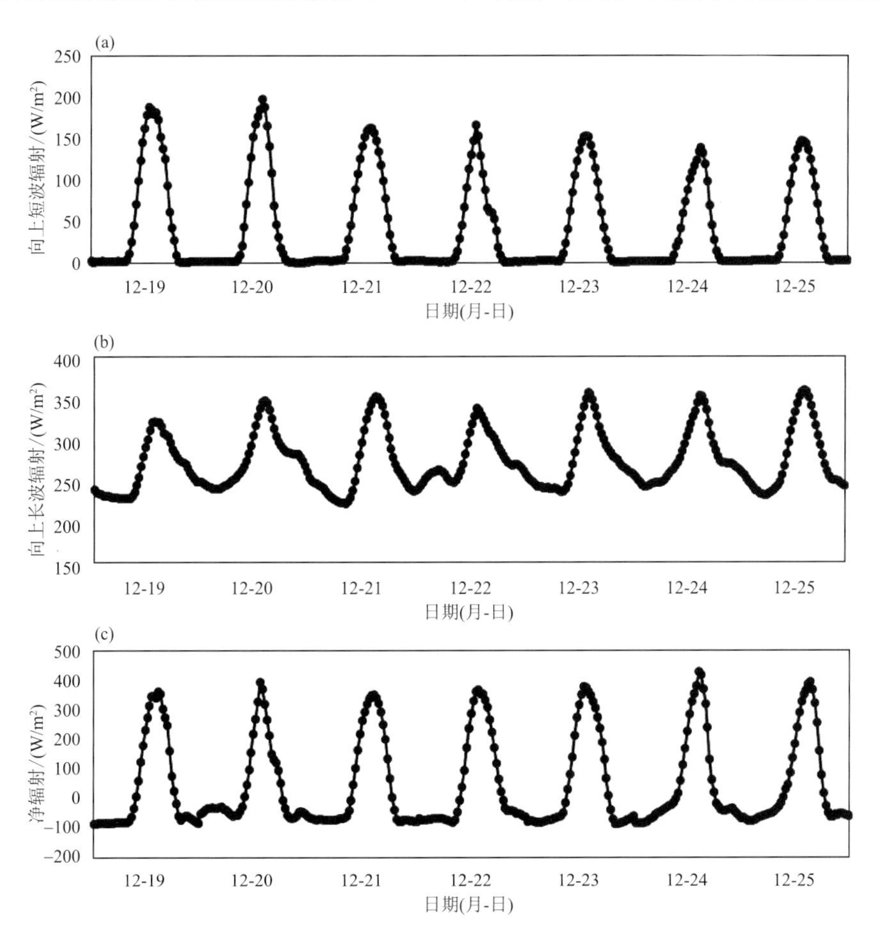

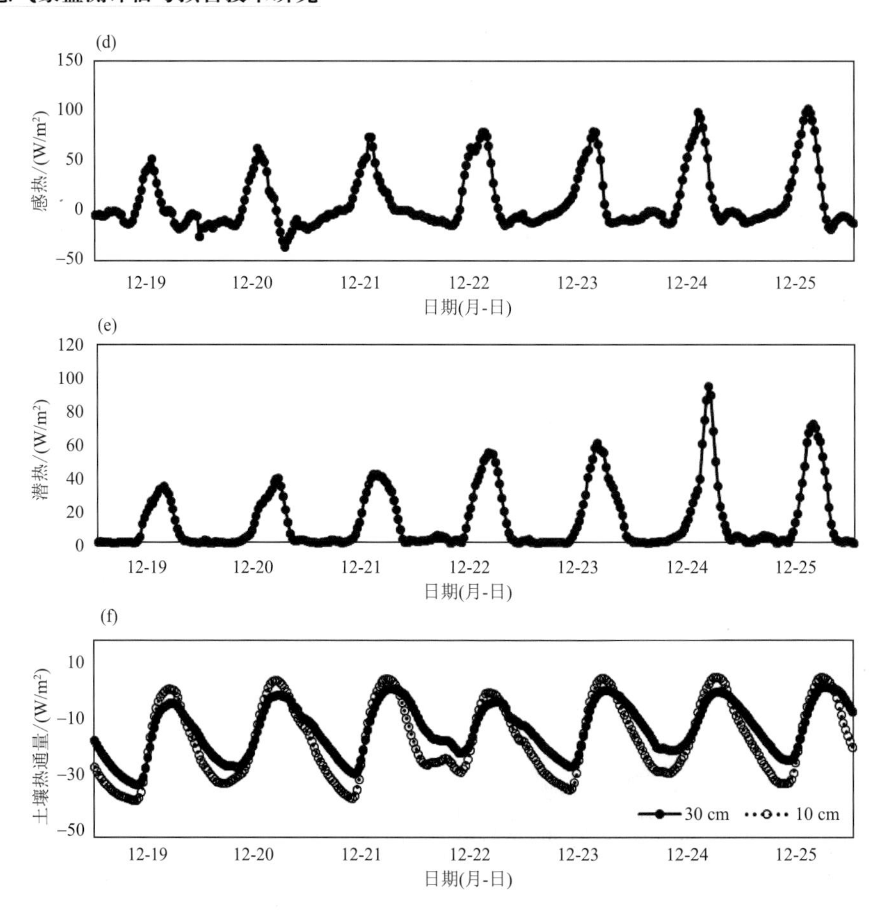

图 10.37 青海玉树隆宝地区 2014 年 12 月 19—25 日积雪升华过程向上短波辐射(a)、向上长波辐射(b)、净辐射(c)、感热(d)、潜热(e)、土壤热通量(f)的逐日变化情况

值从 190 W/m^2 左右逐渐降低至 140 W/m^2 左右；向上长波辐射日最高值从 320 W/m^2 左右逐渐升高至 360 W/m^2 左右，日最低值保持在 230 W/m^2 左右；净辐射日最高值维持在 350～420 W/m^2，日最低值维持在－120～－100 W/m^2；感热通量日最高值从 50 W/m^2 左右逐渐升高至 90 W/m^2 左右，日最低值保持在－40～－20 W/m^2 左右；潜热通量日最高值从 40 W/m^2 左右逐渐升高至 100 W/m^2 左右；30 cm 土壤热通量日最高值维持在－3～2 W/m^2，日最低值维持在－30～－20 W/m^2，10 cm 土壤热通量日最高值维持在 5～8 W/m^2，日最低值维持在－40～－30 W/m^2，30 cm 土壤热通量日变化幅度小于 10 cm 土壤热通量日变化幅度。在整个积雪升华过程期间，向上短波辐射的日平均值逐渐减少，净辐射、感热和潜热的日平均值逐渐增加，土壤热通量和向上长波辐射的日平均值变化不显著，这反映了积雪逐渐升华导致地表吸收的能量增加，同时地表向大气传递的能量也随之增加。

地表能量平衡方程(姜海梅 等，2013)为：

$$R_n = H + LE + G + S \tag{10.1}$$

式中，从左至右各项依次为净辐射、感热、潜热、土壤热通量和热储存，单位均为 W/m^2。

能量闭合率 CR(葛骏 等，2016)定义为：

$$CR = \frac{H + LE}{R_n - G} \tag{10.2}$$

为研究融雪过程地表能量平衡状况，采用葛骏等(2016)分析青藏高原北麓河地区地表土壤热通量时的计算方法，将 30 cm 土壤热通量进行订正得到地表土壤热通量：

$$G_0 = G_{30\ \mathrm{cm}} + \rho_s c_s \times \left(0.2 \times \frac{\partial T_{0\ \mathrm{cm}}}{\partial t} + 0.1 \times \frac{\partial T_{10\ \mathrm{cm}}}{\partial t}\right) \tag{10.3}$$

式中，G_0、$G_{30\ \mathrm{cm}}$ 分别为地表和 30 cm 深度的土壤热通量，$T_{0\ \mathrm{cm}}$、$T_{10\ \mathrm{cm}}$ 分别为地表和 10 cm 深度的土壤温度，t 为时间(h)，$\rho_s c_s$ 为土壤热容量，可利用张乐乐等(2016)计算唐古拉地区土壤热参数时给出的方法进行计算。Yao 等(2008)认为当地表有积雪覆盖时，忽略雪盖融化或升华时吸收的能量以及存储在雪盖中的部分能量会导致能量闭合率偏小。图 10.38 给出了玉树隆宝地区积雪升华过程地表能量闭合率与积雪深度的关系，所用数据为 2014 年 12 月 19—26 日积雪升华过程期间每天半小时一次数据计算得到的日平均值。当积雪深度较大时，能量闭合率较低，这说明雪盖中存储了一部分热量，使得地表能量平衡方程当中的热储存项增加。

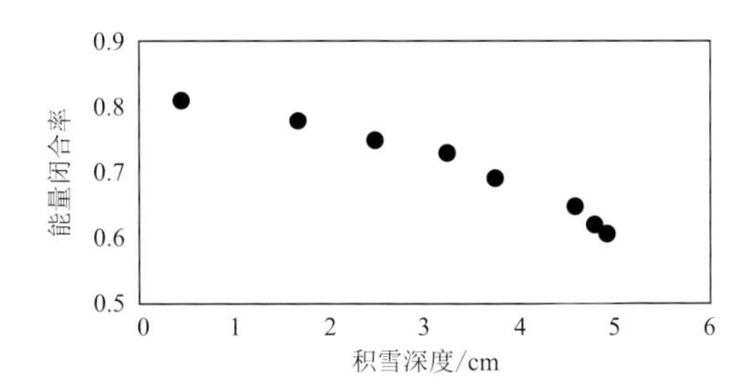

图 10.38　积雪升华过程地表能量闭合率与积雪深度的关系

图 10.39 给出了积雪升华过程感热占比(H/R_n)、潜热占比(LE/R_n)、土壤热通量占比(G/R_n)、热储存占比(S/R_n)和波文比(H/LE)与积雪深度的关系。在积雪升华过程中，随着积雪深度的减小，感热占比和潜热占比逐渐升高，而土壤热通量占比、热储存占比逐渐降低，这说明积雪升华过程中积雪的“棉被”效应逐渐减弱，陆气之间能量输送能力增强。波文比(H/LE)在积雪升华过程中先增大随后又减小，表明积雪升华初期感热通量的增加快于潜热通量，后期潜热通量的增加快于感热通量。

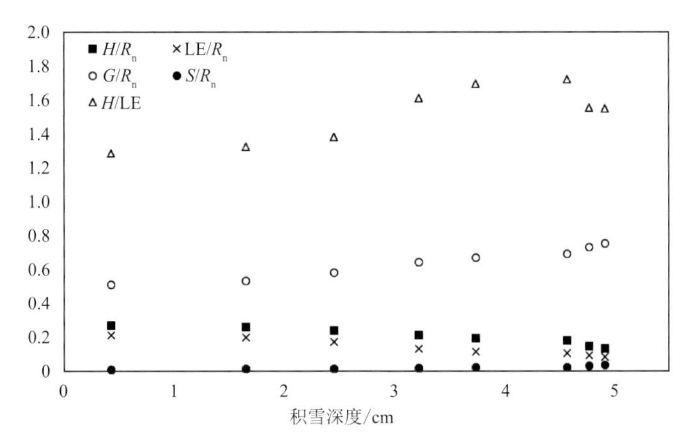

图 10.39　积雪升华过程感热占比(H/R_n)、潜热占比(LE/R_n)、土壤热通量占比(G/R_n)、热储存占比(S/R_n)和波文比(H/LE)与积雪深度的关系

10.7.3 积雪深度对地表反照率、地表比辐射率的影响

地表反照率的大小会影响整个陆气系统的能量收支(Wang et al.,2008),进而影响大气环流,引起局地乃至全球气候变化(王鸽 等,2010)。在大气和陆面模式研究中,地表反照率是很重要的参数。积雪会使地表平均反照率较高(Wang et al.,2008),地面积雪的深度与密度均影响地表反照率变化,相对积雪日数与地表反照率呈正相关(孙琳婵 等,2010)。比辐射率是指物体的辐射出射度与同温度下黑体辐射出射度的比值,地表比辐射率除具有明显的波谱特征外,主要取决于植被覆盖、土壤湿度、土壤纹理、矿物质组分以及冰雪(Van de Griend et al.,1991)。地表比辐射率的精度直接影响着长波净辐射的计算精度,地表比辐射率的差异决定着不同地表状况下的长波辐射能量分配,进而影响整个地表的辐射收支与能量平衡(翟俊 等,2013)。本研究采用李斐等(2017)计算藏东南地温时给出的式(10.4)来计算地表比辐射率:

$$\varepsilon\sigma T_g^4 = L\uparrow - (1-\varepsilon)L\downarrow \tag{10.4}$$

式中,ε 为地表比辐射率,σ 为斯特藩-玻尔兹曼常数(5.67×10^{-8} W/(m^2·K^4)),T_g为地表温度(K),$L\uparrow$ 和 $L\downarrow$ 分别为向上和向下的长波辐射(W/m^2)。图 10.40 给出了玉树隆宝地区积雪升华过程地表反照率、地表比辐射率与积雪深度的关系。在积雪升华过程中,地表反照率和地表比辐射率均随着积雪深度的减小而降低,积雪深度越大,地表对短波辐射的反射能力和对长波辐射的释放能力越强,这与蒋熹等(2007)、翟俊等(2013)的研究结果一致。

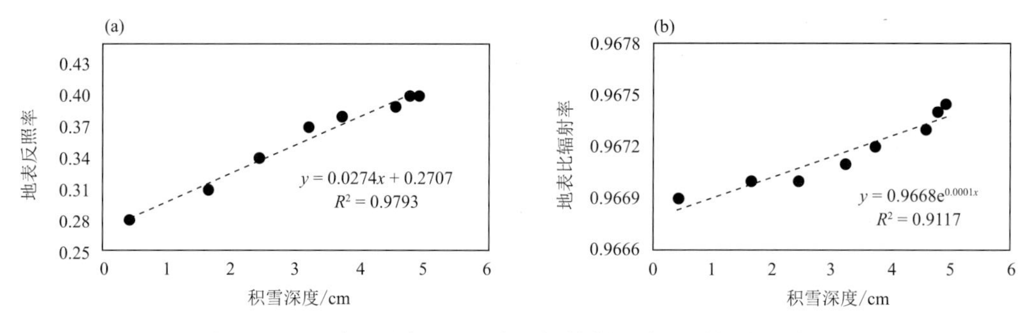

图 10.40 地表反照率(a)、地表比辐射率(b)与积雪深度的关系

10.7.4 积雪深度对感热输送系数的影响

感热输送系数不仅是表示湍流输送强度的重要参数,而且对处理某些理论和实际问题也十分重要。陆面模式中大都通过总体输送法计算地表感热,其中一个关键参数就是地表感热输送系数,它在陆面过程参数化研究中占有重要的地位,能否对其准确估算直接影响到陆气之间能量交换过程的刻画和描述能力(王慧 等,2010)。高原地区的感热输送系数具有明显的空间差异和季节差异,表现为东高西低、夏季大、冬季小的特点(戴逸飞 等,2016)。章基嘉等(1988)研究表明高原地区感热输送系数值为 0.004~0.005。本研究利用感热通量与陆气温差的关系式(Yang et al.,2011)计算感热输送系数:

$$H = \rho c_p C_H u (T_g - T_a) \tag{10.5}$$

式中,ρ 为空气密度(kg/m^3),c_p 为空气定压比热(1004 J/(kg·℃)),C_H 为热量总体输送系数,u 为近地面风速(m/s),$(T_g - T_a)$ 为地表温度与空气温度之差(℃)。图 10.41 为玉树隆

宝高寒湿地积雪升华过程中感热输送系数与积雪深度的关系，感热输送系数随着积雪深度的增加而逐渐减小，说明积雪的“棉被”效应对陆气之间热量的传输有一定的抑制作用。

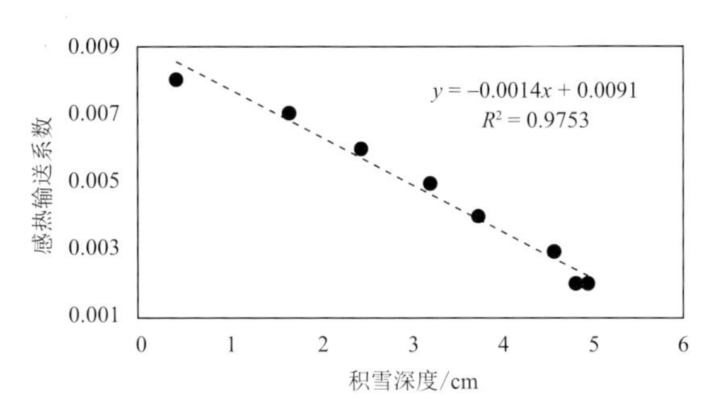

图 10.41　感热输送系数与积雪深度的关系

本节利用玉树隆宝湿地观测站 2014 年 12 月首次降雪过程的微气象和涡动相关系统的观测资料，分析了积雪升华过程中高寒湿地陆气相互作用特征及积雪深度对陆气相互作用的影响，主要结论如下。

在降雪和积雪升华过程中，高寒湿地浅层土壤温度在短时期内有所升高，而深层土壤温度和土壤体积含水量对降雪和积雪升华过程的响应不敏感。在积雪升华过程中，净辐射、感热通量、潜热通量的日平均值增加，向上短波辐射的日平均值减少。积雪逐渐消融导致地表吸收的能量增加，同时地表向大气传递的能量也随之增加。随着积雪的逐步升华，感热占比（H/R_n）和潜热占比（LE/R_n）逐渐升高，而土壤热通量占比（G/R_n）和热储存占比（S/R_n）逐渐降低。积雪深度增加会导致地表反照率和地表比辐射率增大，而感热输送系数减小。

由于玉树隆宝湿地属于青藏高原无人地带，交通不便，观测资料获取不易。本节选用了 2014 年冬季一次数据较完整的降雪过程的观测资料，样本代表性不强，相关结论具有一定的局限性。日后会考虑获取更丰富更全面的观测资料，建立青藏高原湿地下垫面气象观测资料的数据库，以深入分析青藏高原地区融雪及升华过程对陆气相互作用的影响。

10.8　隆宝高寒湿地近地面能量收支状况研究

由于大气组分对辐射能的选择性吸收造成大气主要吸收地面的长波辐射，所以当太阳辐射穿过大气到达地球表面时将产生一系列的能量再分配，而下垫面的不同会对能量再分配造成影响（李韧 等，2007），近年来森林（关德新 等，2004）、草原（倪攀 等，2008；周秉荣 等，2013）、农田（李胜功 等，1995）、戈壁沙漠（艾力・买买提明 等，2008）、冰川冻土、沼泽（孙丽等，2008）以及其他类型（王兵 等，2004；朱西存 等，2009）陆气物理过程的研究成果相继涌现。1979—1999 来青藏高原陆气物理过程研究随着 1979 年第一次青藏高原大气科学试验、1998 年第二次青藏高原大气科学试验和 2004—2009 年中日 JICA 项目的开展也取得长足发展。但两次青藏高原大气科学试验和中日 JICA 项目（张人禾 等，2012）关于陆气物理过程的研究均未在高寒湿地设置观测点，作为青藏高原分布最为广泛的生态系统类型之一，高寒湿地面积多达 4.9×10^4 km^2，相关研究却仅见于在中国科学院海北高寒草甸生态系统定位站进行的 CO_2 通量观测（张法伟 等，2008）。了解高寒湿地近地面能量收支对更加清晰地认识青藏高原热力作用尤为重要，而以沼泽湿地和湖泊湿地为主的长江黄河源区湿地是青藏高原高寒湿地的主要分布区，尤其是青藏高原乃至全国沼泽湿地的主要组成部分(王根绪 等，2007)，因此本节以隆宝沼泽湿地为例，对其能量收支不同时间尺度的变化进行了讨论，以期为详细研究高寒湿地陆气物理过程奠定基础。

10.8.1 总辐射与反射辐射

隆宝湿地总辐射通量日均值介于 75.5～392.3 W/m^2 之间，年均值为 214.1 W/m^2；反射辐射通量日均值介于 15.0～236.6 W/m^2 之间，年均值为 53.9 W/m^2(图 10.42)。总辐射受夏季雨水较多的影响，2012 年 4 月总辐射月均值达到最大，为 277.2 W/m^2，2011 年 12 月总辐射月均值最小，为 144.3 W/m^2；总体上来看，3—9 月总辐射月均值较高，10 月—次年 2 月较低。反射辐射月均值受下垫面积雪的影响较大，2011 年 11 月最高，为 78.0 W/m^2，2012 年 3 月和 4 月次高，分别为 76.3 W/m^2 和 73.8 W/m^2，2011 年 12 月最低，仅有 33.7 W/m^2(图 10.43)。2011 年 10 月中旬—11 月下旬以及 2012 年 1 月中旬—4 月中旬，反射率受积雪影响，最高值出现在 10 月下旬，由于是刚下的新雪，地面反射率达 0.929；2011 年 10 月—2012 年 4 月反射率均值为 0.32，而 2012 年 5—9 月受地面牧草返青生长的影响，反射率均值仅为 0.18。12 月反射率较 11 月和 1 月大幅降低，结合 11 月和 1 月降水量分别是 11.7 mm 和 3.6 mm，而 12 月只有 0.3 mm，说明在寒冬季节隆宝积雪由于吸收太阳辐射能量或者地热，存积时间并不长。

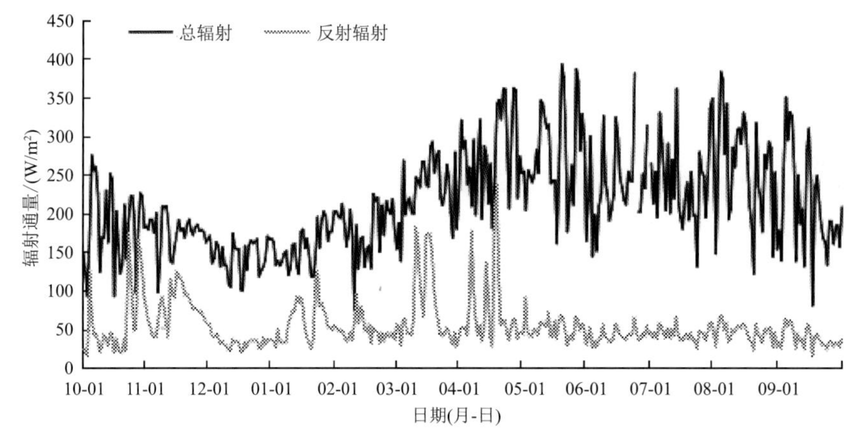

图 10.42 2011 年 10 月—2012 年 9 月隆宝湿地短波辐射通量日均值变化

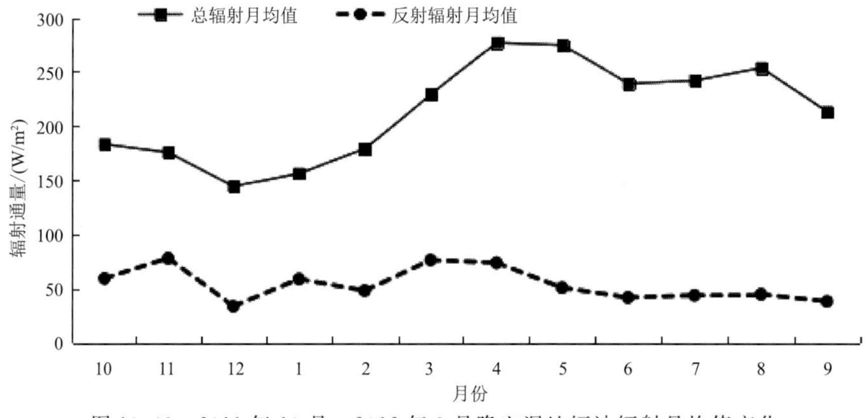

图 10.43 2011 年 10 月—2012 年 9 月隆宝湿地短波辐射月均值变化

10.8.2 地面净辐射

正值代表地面接收辐射能量，负值表示地面支出辐射能量。净短波辐射表示地面接收的太阳辐射能量，日均值介于 12.7～325.3 W/m² 之间(图 10.44a)，其中 6—8 月的夏季均值为 201.8 W/m²，12 月—次年 2 月冬季均值为 112.6 W/m²，全年平均值为 160.2 W/m²；4—8 月的净短波辐射月均值在 200 W/m² 左右，最高值(224.1 W/m²)出现在 5 月，11 月—次年 1 月较低，仅为 100 W/m² 左右，11 月和 1 月的月均值最低，分别为 97.8 W/m² 和 97.6 W/m²(图 10.44b)；由图 10.44 可知，地面吸收的短波辐射能约占太阳总辐射能的 73.8%，其中 2012 年 5—9 月，该比例高达 80%以上，而剩余月只有 55.7%～73.4%，应该与牧草此时生长最旺盛，光合有效辐射吸收增加有关。对隆宝高寒湿地而言，地面全年以长波辐射耗散能量(图 10.44b)，其辐射日通量介于−149.5～−3.0 W/m² 之间(图 10.44a)，其中 6—8 月的夏季均值为−60.5 W/m²，12 月—次年 2 月冬季均值为−87.2 W/m²，全年平均值为−68.8 W/m²；净

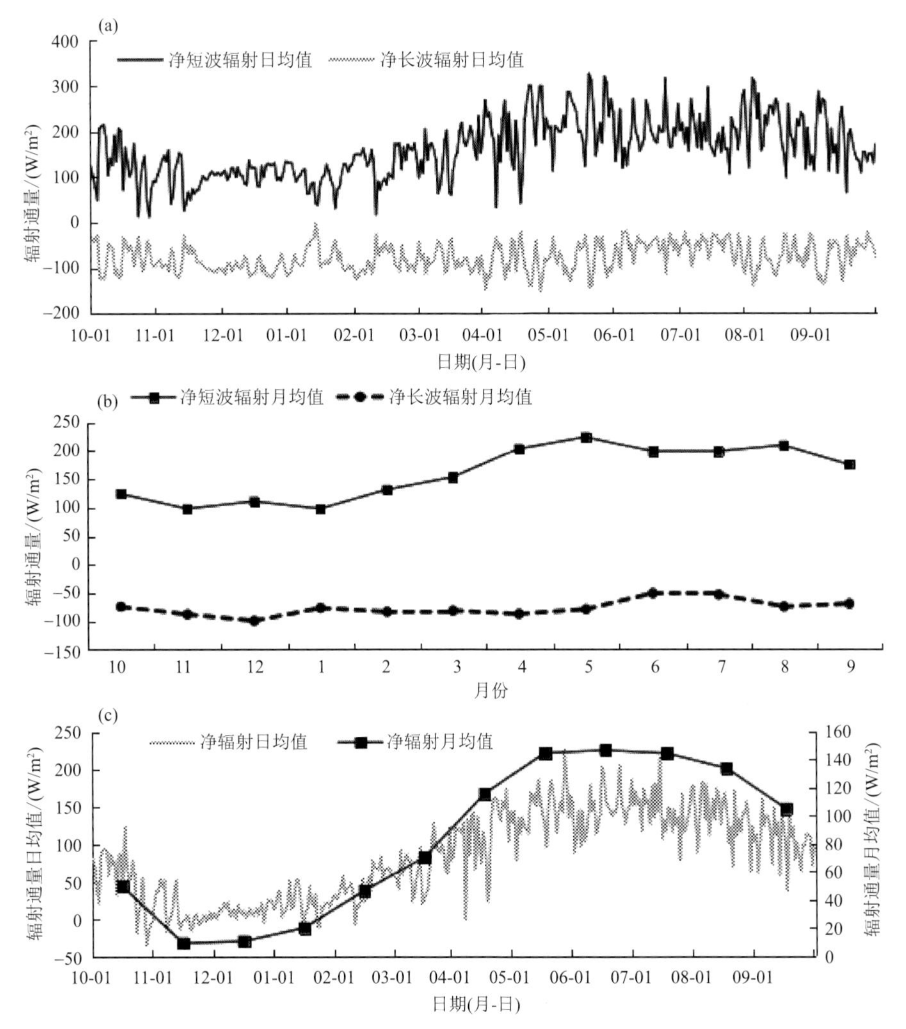

图 10.44 2011 年 10 月—2012 年 9 月隆宝湿地三种净辐射日均值与月均值变化

(a)日均值；(b)月均值；(c)日均值与月均值对比

长波辐射 12 月的月均值最大，其绝对值为 99.9 W/m^2，6 月的月均值最小，仅为 12 月的一半左右(绝对值为 51.8 W/m^2)；净长波辐射相比于地面吸收的短波辐射的比例也呈现明显的月均值变化规律，11 月和 12 月地面接收的短波辐射能量的 90%以上传给大气，以增加大气温度，此后逐渐降低，至 6 月降到最低，只有 26.2%(图 10.45)。净辐射日均值介于－35.0～224.8 W/m^2 之间，其中 6—8 月的夏季均值为 141.4 W/m^2，12 月—次年 2 月冬季均值为 25.4 W/m^2，全年平均值为 83.1 W/m^2(图 10.44c)；净辐射月均值和年均值为正值表明地面虽然一方面以短波辐射吸收能量，一方面又以长波辐射支出能量，但在隆宝湿地，地面全年吸收的能量大于支出的能量；只是 11 月—次年 1 月的月均值较低，介于 9.4～20.2 W/m^2 之间，特别是 11 月和 12 月的月均值甚至仅为 10 W/m^2 左右，而 5—8 月突破 130 W/m^2，最高值 146.4 W/m^2 出现在 6 月。

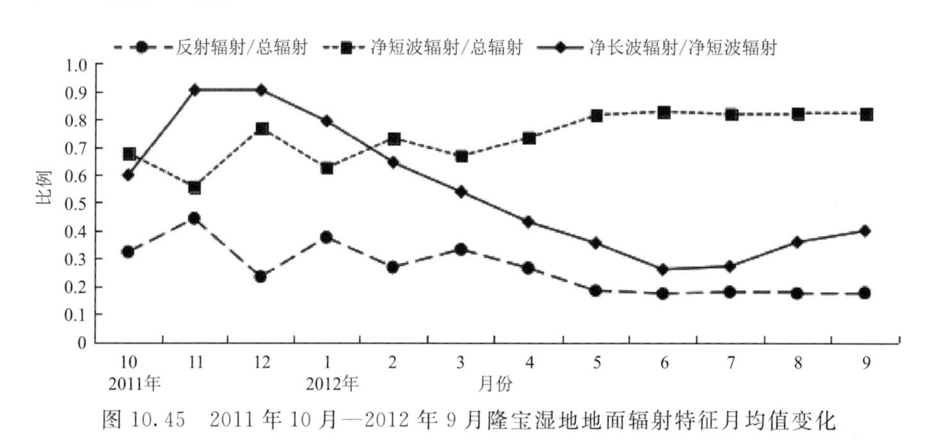

图 10.45 2011 年 10 月—2012 年 9 月隆宝湿地地面辐射特征月均值变化

10.8.3 地面能量的分配

作为地面能量平衡中，感热、潜热通量以地面支出为正，地面接收为负。土壤热通量向下传递为正值，反之为负值。

10.8.3.1 感热

感热通量日均值介于－62.5～93.3 W/m^2(图 10.46a)，年均值为 17.4 W/m^2。12 月—次年 2 月的冬季均值为 16.9 W/m^2，3—5 月的春季均值为 21.0 W/m^2，6—8 月的夏季均值为 19.2 W/m^2，9—11 月的秋季均值为 12.5 W/m^2。可见在隆宝高寒湿地春季的感热通量最大，夏季次之，秋季最小，其原因还有待于进一步研究。月均值 4 月最高为 32.0 W/m^2，10 月最低，仅为 11.4 W/m^2，只有 4 月的三分之一左右，与李国平等(2003)在改则、狮泉河两地的观测结果相比，有大约两个月的相位差。5 月的感热出现异常，其值明显较 4 月和 6 月偏低，通过对 2 m 和 1 m 高度的温度分析发现，4 月和 6 月两层温度的差值(1 m 空气温度减去 2 m 空气温度)分别为 0.17 ℃和 0.14 ℃，而 5 月的两层温度的差值只有 0.07 ℃，可见 5 月的感热偏小可能正是这种温差较小导致湍流交换较弱造成的。5—10 月均值为 16.3 W/m^2，折算成能量单位后为 1.4 $MJ/(m^2 \cdot d)$，与孙丽等(2008)在中国科学院三江平原沼泽湿地生态实验站沼泽湿地综合试验场得到的观测结果相比明显偏小。

10.8.3.2 潜热

潜热通量日均值介于－31.9～187.5 W/m^2(图 10.46b)，年均值为 63.9 W/m^2。12 月—

次年 2 月的冬季均值为 22.1 W/m²,3—5 月的春季均值为 74.6 W/m²,6—8 月的夏季均值为 107.1 W/m²,9—11 月的秋季均值为 49.5 W/m²。可见,隆宝因为雨热同季,夏季的潜热通量最大,春季次之,这是因为一方面土壤封冻使土壤湿度较高,另一方面隆宝 3 月的日平均气温很低,但其正午温度已经超过 0 ℃,造成短时表层土壤解冻,故而潜热通量也较高。冬季最小,推测是这三个月的土壤处于封冻期,而且最高温在 0 ℃以下,从而土壤水分蒸发减少导致的。月均值呈现明显的周期变化规律,7 月和 8 月的潜热月均值最高,分别为 109.4 W/m² 和 109.3 W/m²。此后月均值一直降低,至 1 月达到最低处,为 15.5 W/m²,仅占 7 月的 14%左右;此后月均值又逐渐增加。5—10 月平均值为 91.5 W/m²,合计约为 7.9 MJ/(m²·d),明显大于孙丽等(2008)的观测结果。

10.8.3.3 土壤热通量

土壤热通量日均值介于－44.9～32.3 W/m² 之间(图 10.46c),年均值为－0.8 W/m²。

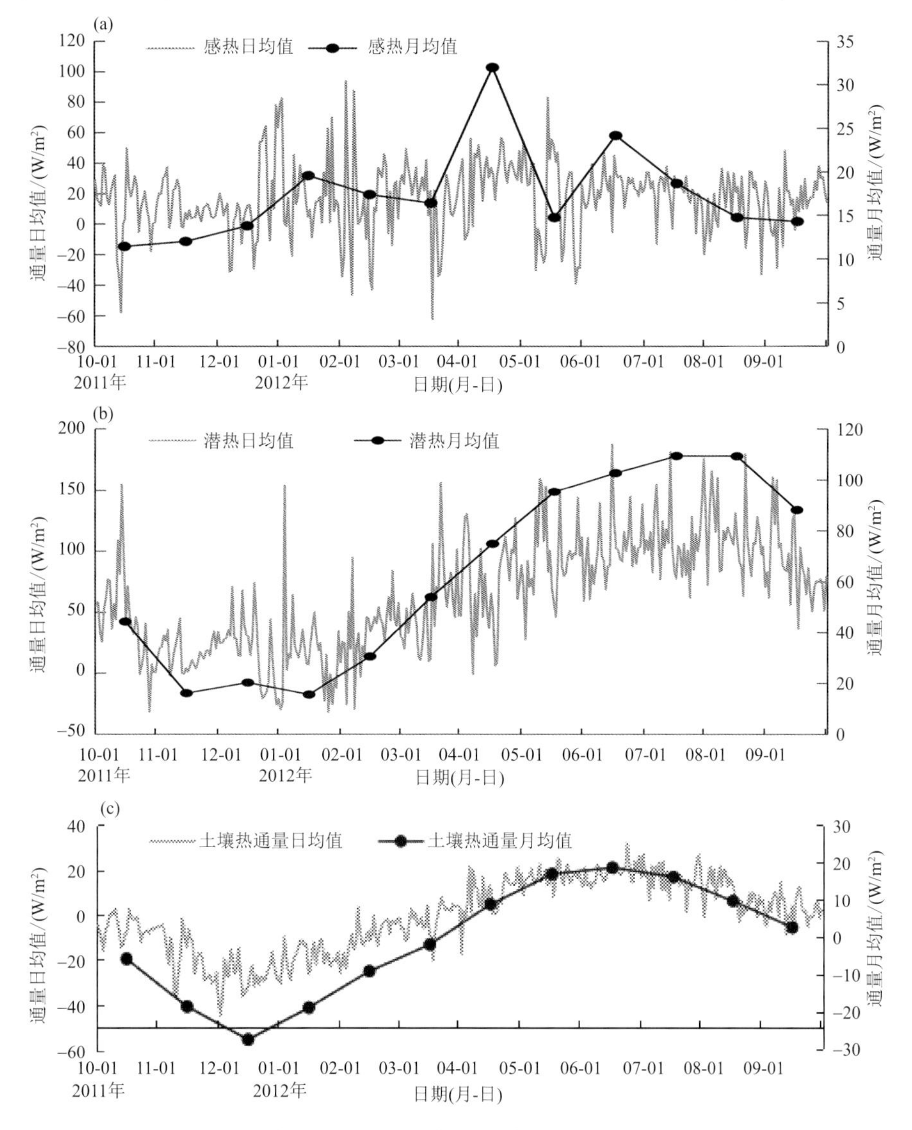

图 10.46　2011 年 10 月—2012 年 9 月隆宝湿地地面能量分配变化图

12月—次年2月的冬季均值为−18.5 W/m²,3—5月的春季均值为7.9 W/m²,6—8月的夏季均值为14.8 W/m²,9—11月的秋季均值为−7.3 W/m²;总体而言,隆宝高寒湿地春、夏季为负值,能量从地下向地表传递,而秋冬季为正值,能量从地下向地表传递。月均值呈现明显的周期变化规律,6月最高,为18.7 W/m²。此后月均值一直降低,至9月达到最低处,为2.5 W/m²,仅占6月的13%左右;此后土壤中热量传输方向发生改变,最大值出现在12月,为27.5 W/m²,这种变化趋势与李国平等(2003)的观测结果一致,但5—10月平均值仅为9.6 W/m²,约为0.8 MJ/(m²·d),小于孙丽 等(2008)的观测结果;土壤热通量年累计值为负,这种向地表传递的土壤热通量有利于保护冻土(陈继 等,2006)。

10.8.3.4　地面能量平衡特征

隆宝高寒湿地全年净辐射均为正值,地表一直以辐射形式接收能量,感热和潜热也均为正值,地面全年以这两种方式支出能量,土壤热通量则在年内发生了能量传递方向的变化,4—9月土壤热通量为正值,此时是能量从地表传递到下层土壤,10月—次年3月土壤热通量为负值,能量从下层土壤传递到地表,其中11月和12月,从下层土壤向地表传递的能量是地表接收的净辐射的2~2.6倍,1月两者基本相同。由于土壤热通量的这种变化,图10.47a分析了4—9月地表接收净辐射能量后,以感热、潜热和土壤热通量等方式支出能量的分配比例。此时段潜热传递为主要形式,占接收能量的73.8%,感热和土壤热通量只占接收能量的15.3%和8.8%,与三江平原沼泽湿地相比,潜热所占比重更大。由图10.47b可以看出,1月感热是潜热的1.3倍。月波文比小于1,表明潜热比感热大,其中11月和12月,潜热较感热稍大,2—10月的波文比介于0.13~0.57,潜热基本是感热的2倍以上,特别是8月,潜热是感热的7.4倍。

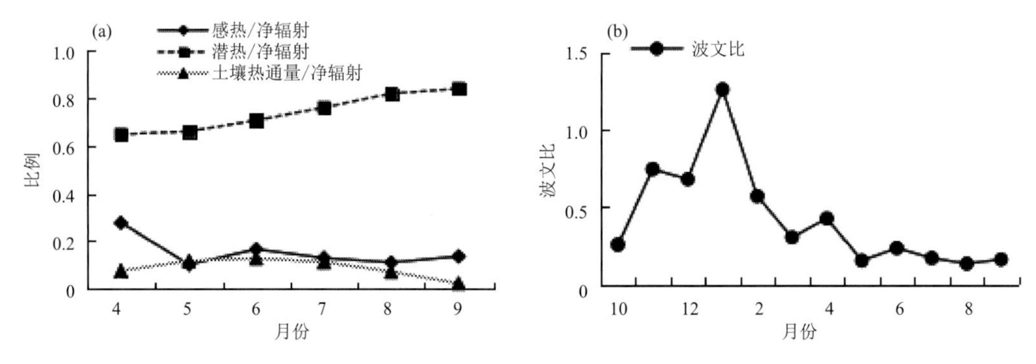

图10.47　隆宝湿地地面能量平衡特征月均值变化

(a)感热、潜热、土壤热通量占比例;(b)波文比

隆宝湿地总辐射通量年均值为214.1 W/m²,3—9月总辐射月均值较高,10月—次年2月较低。反射辐射通量年均值为53.9 W/m²,反射辐射月均值受下垫面积雪的影响较大,11月最高,为78.0 W/m²,10月—次年4月反射率均值为0.32,而5—9月反射率均值仅为0.18。净短波辐射年均值为160.2 W/m²,地面吸收的短波辐射能约占太阳总辐射能的73.8%,5—9月该比例高达80%以上。净长波辐射年均值为68.8 W/m²,11月和12月地面接收的短波能量的90%以上传给大气,至6月降到最低,只有26.2%。净辐射年均值为83.1 W/m²,净辐射11月和12月的月均值甚至仅为10 W/m²左右,最高值146.4 W/m²出现在6月。

感热通量年均值为 17.4 W/m²，隆宝高寒湿地春季的感热通量最大，夏季次之，秋季最小。潜热通量年均值为 63.9 W/m²，隆宝因为雨热同季，夏季的潜热通量最大，春季次之，冬季最小。土壤热通量年均值为－0.8 W/m²，土壤热通量直接关系到冻土的发育状态，土壤热通量为负值时，说明多年冻土正处于发育阶段，热通量绝对值越大对冻土发育越有利（蒋熹等，2007）。另外，春、夏季能量从地表向地下传递，而秋冬季能量从地下向地表传递。与东部的沼泽湿地相比，感热通量偏小，潜热通量偏大，土壤热通量偏小。

隆宝高寒湿地地表一直以辐射形式接收能量，以感热和潜热方式支出能量，土壤热通量则在年内发生了能量传递方向的变化，其中 11 月和 12 月，从下层土壤向地表传递的能量是地表接收的净辐射的 2～2.6 倍，1 月两者基本相同。4—9 月以潜热传递为主要形式，占接收能量的 73.8%，感热和土壤热通量只占接收能量的 15.3% 和 8.8%，潜热通量在隆宝湿地的地面能量平衡中占据重要的地位。1 月感热是潜热的 1.3 倍。2—10 月的波文比介于 0.13～0.57。

10.9 本章小结

青藏高原上土壤的冻融状况反映了高原地表和大气之间的水热交换变化。高原土壤冻融过程不仅在干湿转换季极大地影响着土壤和大气之间水分和能量的交换过程，而且对高原上空及东亚地区的大气环流、中国夏季降水有很大的影响。土壤水热因子主要决定了冻融土壤的固相与液相之比，进而影响了土壤的田间持水量，故土壤含水率决定着季节性冻融区土壤水分入渗量的大小。青南牧区地处青藏高原腹地，该区是世界上面积较大的高海拔冻土区之一，在一定程度上有效地驱动了全球气候变化，是我国主要的冰川分布地之一，在冬季主要受冷高压的控制，气温较低，土壤季节性冻融现象普遍存在，其物质和能量循环对亚洲季风气候的形成和演替产生积极作用。

青南牧区高寒草地土壤基本于当年 11 月初开始冻结，次年 3 月初开始解冻，整个冻结期达 120 d 左右。不同深度土壤含水量在季节上虽表现出“高—低—高”的变化趋势，但表层和亚表层土壤含水量的波动幅度较大，而下层较小，且表层土壤含水量显著低于下层土壤。草地表层和亚表层土壤发生冻结的日数为 44～115 d；日冻融交替过程主要发生在表层和亚表层土壤，且持续时间分别为 37 d 和 24 d。

高寒沼泽湿地土壤表层和深层存在显著日变化特征，但不同季节日变化幅度差异较大。5 cm 和 40 cm 地温有显著的日变化，而中间各层均较为稳定，其中夏季日变化最为明显，变化幅度达 8 ℃。

冻结状态下动量通量和感热通量的日变化幅度最大，冻结有积雪覆盖时，动量通量和感热通量的日变化幅度较小。未冻结、冻结和冻结有积雪覆盖三种情况下动量总体输送系数 C_D 和热量总体输送系数 C_H 的值在冻结时最大，冻结有积雪覆盖时最小。日照、积雪对高寒草地、湿地水热交换影响显著。

参考文献

阿迪来·乌甫,玉素甫江·如素力,热伊莱·卡得尔,等,2016.新疆焉耆盆地LAI反演及空间分布特征[J].中国沙漠,36(5):1340-1347.

艾力·买买提明,何清,高志球,等,2008.塔克拉玛干沙漠近地层湍流热通量计算方法比较研究[J].中国沙漠,28(5):948-954.

白军红,欧阳华,徐惠风,等,2004.青藏高原湿地研究进展[J].地理科学进展,23(4):1-9.

白淑英,吴奇,史建桥,等,2015.青藏高原积雪深度时空分布与地形的关系[J].国土资源遥感,27(4):171-178.

边晴云,吕世华,陈世强,等,2016.黄河源区降雪对不同冻融阶段土壤温湿变化的影响[J].高原气象,35(3):621-632.

伯玥,李小兰,王澄海,2014.青藏高原地区积雪年际变化异常中心的季节变化特征[J].冰川冻土,36(6):1353-1362.

蔡迪花,郭铌,王兴,等,2009.基于MODIS的祁连山区积雪时空变化特征[J].冰川冻土,31(6):1028-1036.

蔡林彤,方雪薇,吕世华,等,2021.青藏高原中部冻融强度变化及其与气温的关系[J].高原气象,40(2):244-256.

蔡延江,王小丹,丁维新,等,2013.冻融对土壤氮素转化和N_2O排放的影响研究进展[J].土壤学报,50(5):1032-1042.

蔡英,李栋梁,汤懋苍,等,2003.青藏高原近50年来气温的年代际变化[J].高原气象,22(5):467-470.

曹博,张勃,马彬,等,2018.2000—2014年甘肃省NDVI时空变化特征[J].中国沙漠,38(2):418-427.

曹明奎,李克让,2000.陆地生态系统与气候相互作用的研究进展[J].地球科学进展,15(4):446-452.

曹生奎,谭红兵,王小梅,等,2005.青藏高原湿地保护与开发利用模式初探[J].干旱区资源与环境,19(4):111-115.

曹雯,申双和,段春锋,2012.中国西北潜在蒸散时空演变特征及其定量化成因[J].生态学报,32(11):3394-3403.

曹晓云,2018.基于MODIS的青藏高原地表反照率时空变化研究[D].南京:南京信息工程大学.

常国刚,李凤霞,李林,2005.气候变化对青海生态与环境的影响及对策[J].气候变化研究进展,1(4):172-175.

车涛,郝晓华,戴礼云,等,2019.青藏高原积雪变化及其影响[J].中国科学院院刊,34(11):1247-1253.

陈斌,徐祥德,丁裕国,等,2010.地表粗糙度非均匀性对模式湍流通量计算的影响[J].高原气象,29(2):340-348.

陈博,李建平,2008.近50年来中国季节性冻土与短时冻土的时空变化特征[J].大气科学,32(3):432-443.

陈渤黎,2013.青藏高原土壤冻融过程陆面能水特征及区域气候效应研究[D].北京:中国科学院大学:7-9.

陈桂琛,黄志伟,卢学峰,等,2002.青海高原湿地特征及其保护[J].冰川冻土,24(3):254-259.

陈国茜,周秉荣,胡爱军,2014.垂直干旱指数在高寒农区春旱监测中的应用研究[J].遥感技术与应用,29(6):

949-953.

陈继，盛煜，程国栋，2006. 从地表能量平衡各分量特点论青藏高原多年冻土工程中的冻土保护措施[J]. 冰川冻土(2)：223-228.

陈金雷，文军，王欣，等，2017. 黄河源高寒湿地-大气间暖季水热交换特征及关键影响参数研究[J]. 大气科学，41(2)：302-312.

陈鹏，王勇，张青，等，2020. 基于 FY-3D/MERSI-II 归一化积雪指数和 MOD10A1 的精度对比分析[J]. 干旱区地理，43(2)：434-439.

陈乾金，高波，李维京，等，2000. 青藏高原冬季积雪异常和长江中下游主汛期旱涝及其与环流关系的研究[J]. 气象学报，58(5)：582-595.

陈世强，吕世华，2013. 荒漠区粗糙度长度的确定及在模式中的应用[J]. 中国沙漠，33(1)：174-178.

陈拓，杨梅学，冯虎云，等，2003. 青藏高原北部植被叶片碳同位素组成的空间特征[J]. 冰川冻土，25(1)：83-87.

陈维英，肖乾广，盛永伟，1994. 距平植被指数在 1992 年特大干旱监测中的应用[J]. 遥感学报，9(2)：106-112.

陈晓光，李剑萍，李志军，等，2007. 青海湖地区植被覆盖及其与气温降水变化的关系[J]. 中国沙漠，27(5)：787-804.

陈效逑，王林海，2009. 遥感物候学研究进展[J]. 地理科学进展，28(1)：33-40.

陈永富，刘华，皱文涛，等，2012. 三江源高寒湿地动态变化趋势分析[J]. 林业科学，48(10)：70-76.

成淑艳，曹生奎，曹广超，等，2018. 基于高分辨率遥感影像的青海湖沙柳河流域土地覆盖监督分类方法对比[J]. 水土保持通报，238(5)：267-274，359.

程国栋，王绍令，1982. 试论中国高海拔多年冻土带的划分[J]. 冰川冻土，4(2)：1-17.

程国栋，赵林，李韧，等，2019. 青藏高原多年冻土特征、变化及影响[J]. 科学通报，64(27)：2783-2795.

程慧艳，王根绪，王一博，等，2008. 黄河源区不同植被类型覆盖下季节冻土冻融过程中的土壤温湿度空间变化[J]. 兰州大学学报(自然科学版)，44(2)：16-21.

程善俊，黄建平，季明霞，等，2015. 中国华北暖季土壤湿度的变化特征[J]. 干旱气象，33(5)：723-731.

除多，达娃，拉巴卓玛，等，2017. 基于 MODIS 数据的青藏高原积雪时空分布特征分析[J]. 国土资源遥感，29(2)：117-124.

崔林丽，史军，杨引明，等，2009. 中国东部植被 NDVI 对气温和降水的旬响应特征[J]. 地理学报，64(7)：850-860.

崔洋，常倬林，余莲，等，2017. 青藏高原春季地表非绝热加热异常对东亚夏季风强度的影响[J]. 干旱气象，35(1)：1-11.

戴升，李林，刘彩红，等，2012. 青海省夏季干旱特征及其预测模型研究[J]. 冰川冻土，34(6)：1433-1440.

戴逸飞，王慧，李栋梁，2016. 卫星遥感结合气象资料计算的青藏高原地面感热特征分析[J]. 大气科学，40(5)：1009-1021.

丁明军，张镱锂，孙晓敏，等，2012. 近 10 年青藏高原高寒草地物候时空变化特征分析[J]. 科学通报，57(33)：3185-3194.

董锁成，周长进，王海英，2002. 三江源地区主要生态问题与对策[J]. 自然资源学报，17(6)：713-720.

董永平，吴新宏，戎郁萍，等，2005. 草原遥感监测技术[M]. 北京：化学工业出版社.

杜红艳，张洪岩，张正祥，2004. GIS 支持下的湿地遥感信息高精度分类方法研究[J]. 遥感技术与应用，19(4)，244-248.

杜际增，王根绪，杨燕，等，2015. 长江黄河源区湿地分布的时空变化及成因[J]. 生态学报，35(18)：6173-6182.

杜加强，贾尔恒·阿哈提，赵晨曦，等，2015. 1982—2012 年新疆植被 NDVI 的动态变化及其对气候变化和人类活动的响应[J]. 应用生态学报，26(12)：3567-3578.

杜军，建军，洪健昌，等，2012. 1961—2010 年西藏季节性冻土对气候变化的响应[J]. 冰川冻土，34(3)：

512-521.
杜灵通，田庆久，王磊，等，2014. 基于多源遥感数据的综合干旱监测模型构建[J]. 农业工程学报，30(9)：126-132.
杜玉娥，刘宝康，郭正刚，2011. 基于 MODIS 的青藏高原牧草生长季草地生物量动态[J]. 草业科学，28(6)：1117-1123.
段晓凤，张磊，卫建国，等，2014. 宁夏盐池牧草返青期预测及生产潜力初步分析[J]. 草业学报，23(2)：1-8.
樊军，王全九，郝明德，2006. 利用小蒸发皿观测资料确定参考作物蒸散量方法研究[J]. 农业工程学报，22(7)：14-17.
范继辉，鲁旭阳，王小丹，2014. 藏北高寒草地土壤冻融循环过程及水热分布特征[J]. 山地学报，32(4)：385-392.
范建华，施雅风，1992. 气候变化对青海湖水情的影响——I. 近 30 年时期的分析[J]. 中国科学 B 辑：化学 生命科学 地学，22(5)：537-542.
范青慈，杜铁瑛，王立亚，等，2002. 青海省海南州自然因素和载畜量对牧草产量的影响[J]. 草业科学，19(2)：16-18.
范晓梅，刘光生，王根绪，等，2009. 长江源区高寒草甸蒸散发过程及影响因子[J]. 兰州大学学报(自然科学版)，45(5)：138-140.
方朝阳，邬浩，陶长华，等，2016. 鄱阳湖南矶湿地景观信息高分辨率遥感提取[J]. 地球信息科学学报，18(6)：847-856.
方精云，朴世龙，贺金生，等，2003. 近 20 年来中国植被活动在增强[J]. 中国科学 C 辑：生命科学，33(6)：554-565.
冯承彬，张耀生，赵新全，等，2008. 三江源人工草地蒸散量与气候因子的相关分析[J]. 安徽农业科学，36(33)：14365-14367.
冯蜀青，殷青军，肖建设，等，2006. 基于温度植被旱情指数的青海高寒区干旱遥感动态监测研究[J]. 干旱地区农业研究，24(5)：141-145.
冯松，汤懋苍，王冬梅，1998. 青藏高原是我国气候变化启动区的新证据[J]. 科学通报，43(6)：633-636.
伏洋，肖建设，校瑞香，等，2010. 基于 GIS 的青海省雪灾风险评估模型[J]. 农业工程学报，26(增刊 1)：197-205.
符传博，丹利，吴涧，等，2011. 新疆地区雪深和雪压的分布及其 55 年的变化特征分析[J]. 地球物理学进展，26(1)：182-193.
符传博，丹利，吴涧，等，2013. 全球变暖背景下新疆地区近 45 年来最大冻土深度变化及其突变分析[J]. 冰川冻土，35(6)：1410-1416.
付强，侯仁杰，李天霄，等，2016. 冻融土壤水热迁移与作用机理研究[J]. 农业机械学报，47(12)：99-110.
傅国斌，李克让，2001. 全球变暖与湿地生态系统的研究进展[J]. 地理研究，20(1)：120-128.
傅敏宁，2021. 青藏高原气候变化响应对我国防灾减灾的挑战[J]. 中国减灾，4(7)：46-49.
高歌，陈德亮，任国玉，等，2006. 1956—2000 年中国潜在蒸散量变化趋势[J]. 地理研究，25(3)：378-387.
高黎明，张耀南，沈永平，等，2016. 基于能量平衡对额尔齐斯河流域融雪过程的研究[J]. 冰川冻土，38(2)：323-334.
高培，魏文寿，刘明哲，2012. 中国西天山季节性积雪热力特征分析[J]. 高原气象，31(4)：1074-1080.
高荣，韦志刚，董文杰，2004. 青藏高原冬春积雪和季节冻土年际变化差异的成因分析[J]. 冰川冻土，26(2)：154-158.
高荣，董文杰，韦志刚，2008. 青藏高原季节性冻土的时空分布特征[J]. 冰川冻土，30(5)：740-744.
高荣，钟海玲，董文杰，等，2010. 青藏高原积雪和季节冻融层的突变特征及其对中国降水的影响[J]. 冰川冻土，32(3)：469-473.

高世仰，张杰，罗琦，2017. 青藏高原非均匀下垫面热力输送系数的估算[J]. 高原气象，36(3)：596-609.

高思如，曾文钊，吴青柏，等，2018. 1990—2014 年西藏季节冻土最大冻结深度的时空变化[J]. 冰川冻土，40(2)：223-230.

高雪峰，韩国栋，张功，等，2007. 放牧对荒漠草原土壤微生物的影响及其季节动态研究[J]. 土壤通报，38(1)：145-148.

高扬，郝晓华，和栋材，等，2019. 基于不同土地覆盖类型 NDSI 阈值优化下的青藏高原积雪判别[J]. 冰川冻土，41(5)：1162-1172.

高志球，王介民，马耀明，等，2000. 不同下垫面的粗糙度和中性曳力系数研究[J]. 高原气象，19(1)：17-24.

葛红星，张宏升，罗帆，等，2016. 华北地区冬小麦田水热、二氧化碳和甲烷湍流输送特征的实验研究[J]. 地球物理学报，59(4)：1235-1248.

葛骏，余晔，李振朝，等，2016. 青藏高原多年冻土区土壤冻融过程对地表能量通量的影响研究[J]. 高原气象，35(3)：608-620.

谷晓天，高小红，马慧娟，等，2019. 复杂地形区土地利用/土地覆被分类机器学习方法比较研究[J]. 遥感技术与应用，34(1)：57-67.

关德新，吴家兵，王安志，等，2004. 长白山阔叶红松林生长季热量平衡变化特征[J]. 应用生态学报，15(10)：1828-1832.

管晓丹，郭妮，黄建平，2008. 植被状态指数监测西北干旱的适用性分析[J]. 高原气象，27(5)：1046-1053.

郭建平，刘欢，安林昌，等，2016. 2001—2012 年青藏高原积雪覆盖率变化及地形影响[J]. 高原气象，35(1)：24-33.

郭玲鹏，李兰海，徐俊荣，等，2012. 天山巩乃斯河谷积雪深度及季节冻土温度对气温变化的响应[J]. 资源科学，34(4)：636-643.

郭铌，李栋梁，蔡晓军，等，1997. 1995 年中国西北东部特大干旱的气候诊断与卫星监测[J]. 干旱区地理，20(3)：69-74.

郭铌，管晓丹，2007. 植被状况指数的改进及其在西北干旱监测中的应用[J]. 地球科学进展，22(11)：1160-1168.

郭佩佩，杨东，王慧，等，2013. 1960—2011 年三江源地区气候变化及其对气候生产力的影响[J]. 生态学杂志，32(10)：2806-2814.

郭文婷，张晓丽，2019. 基于 Sentinel-2 时序多特征的植被分类[J]. 浙江农林大学学报，36(5)：849-856.

郭武，1997. 青海湖水位下降与湖区生态环境演变研究[J]. 干旱区资源与环境，11(2)：75-80.

郭晓宁，李林，李彩红，等，2010. 青海高原 1961—2008 年雪灾时空分布特征[J]. 气候变化研究进展，6(5)：332-337.

郭彦军，龙瑞军，张德罡，等，2001. 东祁连山高寒草甸灌木和牧草营养成分含量季节变化动态[J]. 草业科学，18(6)：36-39.

郭正刚，牛富俊，湛虎，等，2007. 青藏高原北部多年冻土退化过程中生态系统的变化特征[J]. 生态学报，27(8)：3294-3301.

韩大勇，杨永兴，杨杨，等，2012. 湿地退化研究进展[J]. 生态学报，32(4)：1293-1307.

韩海东，丁永建，刘时银，2008. 科奇喀尔冰川夏季表碛区热量平衡参数的估算分析[J]. 自然资源学报，23(3)：391-399.

郝璐，王静爱，满苏东，等，2002. 中国雪灾时空变化及畜牧业脆弱性分析[J]. 自然灾害学报，11(4)：43-48.

郝晓华，王建，车涛，2009. 祁连山区冰沟流域积雪分布特征及其属性观测分析[J]. 冰川冻土，31(2)：284-292.

何方杰，韩辉邦，马学谦，等，2019. 隆宝滩沼泽湿地不同区域的甲烷通量特征及影响因素[J]. 生态环境学报，28(4)：803-811.

何鸿杰，穆亚超，魏宝成，等，2019. 分层分类和多指标结合的西北农牧交错带植被信息提取[J]. 干旱区地理，

42(2):112-120.
何奇瑾,周广胜,周莉,等,2006.盘锦芦苇湿地水热通量计算方法的比较研究[J].气象与环境学报,22(4):35-41.
何清,缪启龙,张瑞军,等,2008.塔克拉玛干沙漠肖塘地区空气动力学粗糙度分析[J].中国沙漠,28(6):1011-1016.
何永清,周秉荣,张海静,等,2010.青海高原雪灾风险度评价模型与风险区划探讨[J].草业科学,27(11):37-42.
何月,樊高峰,张小伟,等,2012.浙江省植被NDVI动态及其气候的响应[J].生态学报,32(14):4352-4362.
贺福全,陈懂懂,李奇,等,2020.三江源高寒草地牧草营养时空分布[J].生态学报,40(18):6304-6313.
侯明行,刘红玉,张华兵,等,2013.地形因子对盐城滨海湿地景观分布与演变的影响[J].生态学报,33(12):3765-3773.
后源,郭正刚,龙瑞军,2009.黄河首曲湿地退化过程中植物群落组分及物种多样性的变化[J].应用生态学报,20(1):27-32.
胡蝶,郭妮,沙莎,等,2015.Radarsat-2/SAR和MODIS数据联合反演黄土高原地区植被覆盖下土壤水分研究[J].遥感技术与应用,30(5):860-867.
胡豪然,梁玲,2013.近50年青藏高原东部冬季积雪的时空变化特征[J].地理学报,68(11):1493-1503.
胡庆芳,杨大文,王银堂,等,2011.Hargreaves公式的全局校正及适用性评价[J].水科学进展,22(2):160-167.
胡雪,王文,李理,等,2015.太平洋潜热通量及其与黄淮夏季降水的关系[J].气象科技,43(3):482-487.
胡隐樵,1990.近地面层湍流通量观测误差的比较[J].大气科学,14(2):215-224.
胡隐樵,奇跃进,1991.组合法确定近地面层湍流通量和通用函数[J].气象学报,49(1):46-53.
黄嘉佑,李庆祥,2015.气象数据统计分析方法[M].北京:气象出版社:35-38.
黄葵,卢毅敏,魏征,等,2019.土地利用和气候变化对海河流域蒸散发时空变化的影响[J].地球信息科学学报,21(12):1888-1902.
黄晓东,梁天刚,2005.牧区雪灾遥感监测方法的研究[J].草业科学,22(12):10-16.
黄以职,郭东信,赵秀峰,等,1993.青藏高原冻土沙漠化及其对环境的影响[J].冰川冻土,15(1):52-57.
黄义强,赵晶,佟守正,等,2020.延边地区季节冻土变化及其对气温变化的响应[J].延边大学学报(自然科学版),46(4):339-343,374-374.
霍飞,江志红,刘征宇,2014.春夏季青藏高原积雪对中国夏末秋初降水的影响及其可能机制[J].大气科学,38(2):352-362.
季国良,1999.青藏高原能量收支观测实验的新进展[J].高原气象,18(3):333-340.
贾志军,宋长春,王跃思,等,2007.三江平原典型沼泽湿地蒸散量研究[J].气候与环境研究,12(4):496-502.
姜海梅,刘树华,张磊,等,2013.EBEX-2000湍流热通量订正和地表能量平衡闭合问题研究[J].北京大学学报(自然科学版),49(3):443-451.
姜琪,罗斯琼,文小航,等,2020.1961—2014年青藏高原积雪时空特征及其影响因子[J].高原气象,39(1):24-36.
蒋熹,王宁练,杨胜鹏,2007.青藏高原唐古拉山多年冻土区夏、秋季节总辐射和地表反照率特征分析[J].冰川冻土,29(6):889-899.
金会军,孙立平,王绍令,等,2008.青藏高原中、东部局地因素对地温的双重影响(I):植被和雪盖[J].冰川冻土,30(4):535-545.
靳铮,游庆龙,吴芳营,等,2020.青藏高原三江源地区近60 a气候与极端气候变化特征分析[J].大气科学学报,43(6):1042-1055.
鞠英芹,徐自为,刘绍民,等,2014.农田和草地下垫面上附加阻尼kB^{-1}变化特征的分析[J].高原气象,33(1):

55-65.

孔冬冬，张强，黄文琳，等，2017. 1982—2013 年青藏高原植被物候变化及气象因素影响[J]. 地理学报，72(1)：39-52.

拉巴卓玛，邱玉宝，次旦巴桑，等，2016. 西藏高原 MODIS 每日积雪产品去云算法过程对比验证研究[J]. 冰川冻土，38(1)：159-169.

李丹华，文莉娟，隆霄，等，2017. 积雪对玛曲局地微气象特征影响的观测研究[J]. 高原气象，36(2)：330-339.

李丹华，文莉娟，隆霄，等，2018. 黄河源区玛曲 3 次积雪过程能量平衡特征[J]. 干旱区研究，35(6)：1327-1335.

李栋梁，王春学，2011. 积雪分布及其对中国气候影响的研究进展[J]. 大气科学学报，34(5)：627-636.

李播，徐维新，2017. 2000—2015 年青海省不同功能区 NDVI 时空变化分析[J]. 草地学报，25(4)：701-710.

李斐，邹捍，周立波，等，2017. WRF 模式中边界层参数化方案在藏东南复杂下垫面适用性研究[J]. 高原气象，36(2)：340-357.

李凤霞，李林，沈芳，等，2004. 青海湖湖岸形态变化及成因分析[J]. 资源科学，26(1)：38-44.

李凤霞，伏洋，杨琼，等，2008. 环青海湖地区气候变化及其环境效应[J]. 资源科学，30(3)：348-354.

李凤霞，常国刚，肖建设，等，2009. 黄河源区湿地变化与气候变化的关系研究[J]. 自然资源学报，4(14)：683-690.

李凤霞，伏洋，肖建设，等，2011. 长江源头湿地消长对气候变化的响应[J]. 地理科学进展，30(1)：49-56.

李甫，周秉荣，祁栋林，等，2015. 青海玉树隆宝高寒湿地近地面能量收支状况研究[J]. 冰川冻土，37(4)：916-923.

李国平，段廷扬，巩远发，等，2002a. 青藏高原近地层通量特征的合成分析[J]. 气象学报，60(4)：453-460.

李国平，赵邦杰，卢敬华，2002b. 青藏高原总体输送系数的特征[J]. 气象学报，60(1)：60-67.

李国平，段廷扬，吴贵芬，2003. 青藏高原西部的地面热源强度及地面热量平衡[J]. 地理科学，23(1)：13-18.

李国平，肖杰，2007. 青藏高原西部地面反射率的日变化以及与若干气象因子的关系[J]. 地理科学，27(1)：63-67.

李红梅，李林，高歌，等，2013. 青海高原雪灾风险区划及对策建议[J]. 冰川冻土，35(3)：656-661.

李宏林，徐当会，杜国祯，2012. 青藏高原高寒沼泽湿地在退化梯度上植物群落组成的改变对湿地水分状况的影响[J]. 植物生态学报，36(5)：403-410.

李建平，张柏，张泠，等，2007. 湿地遥感监测研究现状与展望[J]. 地理科学进展，26(1)：35-45.

李菁，王连喜，沈澄，等，2014. 几种干旱遥感监测模型在陕北地区的对比和应用[J]. 中国农业气象，35(1)：97-102.

李凯辉，王万林，胡玉昆，等，2008. 不同海拔梯度高寒草地地下生物量与环境因子的关系[J]. 应用生态学报，19(11)：2364-2368.

李克让，尹思明，沙万英，1996. 中国现代干旱灾害的时空特征[J]. 地理研究，15(3)：6-15.

李兰晖，刘林山，张镱锂，等，2017. 青藏高原高寒草地物候沿海拔梯度变化的差异分析[J]. 地理研究，36(1)：26-36.

李林，朱西德，周陆生，等，2004. 三江源地区气候变化及其对生态环境的影响[J]. 气象，30(8)：18-22.

李林，朱西德，汪青春，等，2005. 青海高原冻土退化的若干事实揭示[J]. 冰川冻土，27(3)：320-328.

李林，李凤霞，朱西德，等，2006. 黄河源区湿地萎缩驱动力的定量辨识[C]. 中国气象学会 2006 年年会“气候变化及其机理和模拟”分会场论文集.

李林，王振宇，汪青春，等，2008a. 青海季节冻土退化的成因及其对气候变化的响应[J]. 地理研究，27(1)：162-170.

李林，吴素霞，朱西德，2008b. 21 世纪以来黄河源区高原湖泊群对气候变化的响应[J]. 自然资源学报，23(2)：245-253.

李林,陈晓光,王振宇,等,2010.青藏高原区域气候变化及其差异性研究[J].气候变化研究进展,6(3):181-186.

李林,王振宇,徐维新,等,2011.青藏高原典型高寒草甸植被生长发育对气候和冻土环境变化的响应[J].冰川冻土,33(5):1006-1012.

李林,时兴合,等,2012.青海省干旱、雪灾监测诊断和预测系统[M].北京:气象出版社.

李宁云,田昆,杨宇明,等,2012.滇西北纳帕海湿地景观变化及其评价研究[J].西部林业科学,41(2):27-32.

李茜,魏凤英,雷向杰,2020.1961—2016年秦岭山区冷季积雪日数变化特征及其影响因子[J].冰川冻土,42(3):780-790.

李强,2016.近12年三江源地区植被物候对水热的响应[J].干旱区研究,33(1):150-158.

李泉,张宪洲,石培礼,等,2008.西藏高原高寒草甸能量平衡闭合研究[J].自然资源学报,23(3):391-399.

李韧,赵林,丁永建,等,2007.青藏高原北部五道梁地表热量平衡方程中各分量特征[J].山地学报,25(6):664-670.

李韧,赵林,丁永建,等,2009.青藏高原季节冻土的气候学特征[J].冰川冻土,31(6):1050-1056.

李生辰,李栋梁,赵平,等,2009.青藏高原"三江源地区"雨季水汽输送特征[J].气象学报,67(4):591-598.

李胜功,何宗颖,申建友,等,1994.内蒙古奈曼草地热量平衡的研究[J].应用生态学报,5(2):214-216.

李胜功,原园芳信,何宗颖,等,1995.内蒙古奈曼农田的微气象特征[J].气象,21(6):29-32.

李胜功,赵哈林,何宗颖,等,1997.灌溉与无灌溉大豆田的热量平衡[J].兰州大学学报(自然科学版),33(1):98-104.

李述训,程国栋,1995.冻融土中的水热输运问题[M].兰州:兰州大学出版社.

李述训,南卓铜,赵林,2002.冻融作用对地气系统能量交换的影响分析[J].冰川冻土,24(5):506-511.

李锁锁,吕世华,柳媛普,等,2010.黄河上游玛曲地区空气动力学参数的确定及其在陆面过程模式中的应用[J].高原气象,29(6):1408-1413.

李卫朋,范继辉,沙玉坤,等,2014.藏北高寒草原土壤温度变化与冻融特征[J].山地学报,32(4):407-416.

李小兰,张飞民,王澄海,2012.中国地区地面观测积雪深度和遥感雪深资料的对比分析[J].冰川冻土,34(4):755-764.

李晓文,李维亮,周秀骥,1998.中国近30年太阳辐射状况研究[J].应用气象学报,9(1):24-31.

李耀辉,周广胜,袁星,等,2017.干旱气象科学研究——"我国北方干旱致灾过程及机理"项目概述与主要进展[J].干旱气象,35(2):165-174.

李英年,2006.祁连山海北高寒湿地植物群落结构及生态特征[J].冰川冻土,28(1):76-84.

李跃清,2000.青藏高原上空环流变化与其东侧旱涝异常分析[J].大气科学,24(4):470-476.

李震坤,朱伟军,武炳义,2011.大气环流模式CAM中土壤冻融过程改进对东亚气候模拟的影响[J].大气科学,35(4):683-693.

李宗昊,房一禾,徐方姝,等,2016.东北夏季气温的大尺度环流影响因子分析[J].气象科技,44(6):965-971.

栗云召,于君宝,韩广轩,等,2011.黄河三角洲自然湿地动态演变及其驱动因子[J].生态学杂志,30(7):1535-1541.

梁丽乔,闫敏华,邓伟,2005.湿地蒸散测算方法进展[J].湿地科学,3(1):74-80.

梁天刚,刘兴元,郭正刚,2006.基于3S技术的牧区雪灾评价方法[J].草业学报,15(4):122-128.

林笠,王其兵,张振华,等,2017.温暖化加剧青藏高原高寒草甸土非生长季冻融循环[J].北京大学学报(自然科学版),53(1):171-178.

林振耀,赵昕奕,1996.青藏高原气温降水变化的空间特征[J].中国科学:D辑 地球科学,26(4):354-358.

刘安花,李英年,薛晓娟,等,2010.高寒草甸蒸散量及作物系数的研究[J].中国农业气象,30(1):59-64.

刘宝康,2016.气候变化背景下青海湖流域草地与湖泊四孔变化特征研究[D].兰州:兰州大学.

刘彩红,苏文将,杨延华,2012.气候变化对黄河源区水资源的影响及未来趋势预估[J].干旱区资源与环境,26

(4):100-104.

刘光生,王根绪,孙向阳,等,2015.长江源区沼泽草甸多年冻土活动层土壤水分对模拟增温的响应[J].冰川冻土,37(3):668-675.

刘红玉,吕宪国,张世奎,2003.湿地景观变化过程与累积环境效应研究进展[J].地理科学进展,22(1):60-70.

刘焕军,张柏,宋开山,等,2008.基于室内光谱反射率的土壤线影响因素分析[J].遥感学报,12(1):119-127.

刘纪远,徐新良,邵全琴,2008.近30年来青海三江源地区草地退化的时空特征[J].地理学报,63(4):364-376.

刘可,杜灵通,侯静,等,2018.2000—2014年宁夏草地蒸散时空特征及演变规律[J].草业学报,27(3):1-12.

刘克长,张继祥,李德生,等,1993.农田立体林热量平衡的初步研究[J].山东农业大学学报,24(1):49-54.

刘栎杉,延军平,李双双,2014.2000—2009年青海省植被覆盖时空变化特征[J].水土保持通报,34(1):262-267.

刘林山,2006.黄河源地区高寒草地退化研究:以达日县为例[D].北京:中国科学院.

刘敏超,李迪强,温琰茂,2006.三江源区湿地生态系统功能分析及保育[J].生态科学,25(1):64-68.

刘世梁,孙永秀,赵海迪,等,2021.基于多源数据的三江源区生态工程建设前后草地动态变化及驱动因素研究[J].生态学报,41(10):3865-3877.

刘帅,李胜功,于贵瑞,等,2010.不同降水梯度下草地生态系统地表能量交换[J].生态学报,30(3):557-567.

刘小艳,孙娴,杜继稳,等,2009.气象灾害风险评估研究进展[J].江西农业学报,21(8):123-125.

刘晓东,刘荣堂,刘爱军,等,2010.三江源区草地覆盖遥感信息提取方法及动态研究[J].草地学报,18(2):154-159.

刘晓琼,吴泽洲,刘彦随,等,2019.1960—2015年青海三江源地区降水时空特征[J].地理学报,74(9):1803-1820.

刘亚红,2010.冻融作用对土壤含水率、pH值、电导率的影响[J].山西科技,25(2):78-79.

刘亚龙,王庆,张明明,等,2010.山东地区NDVI与气象因子持续性分析[J].资源科学,32(9):1777-1782.

刘义花,李林,苏建军,等,2012.青海省春小麦干旱灾害风险评估与区划[J].冰川冻土,34(6):1416-1423.

刘义花,李林,颜亮东,等,2013.基于灾损评估的青海省牧草干旱风险区划研究[J].冰川冻土,35(3):681-686.

刘育红,李希来,李长慧,等,2009.三江源区高寒草甸湿地植被退化与土壤有机碳损失[J].农业环境科学学报,28(12):2559-2567.

刘志红,LI L T,MCVICAR T R,等,2008.专用气候数据空间插值软件ANUSPLIN及其应用[J].气象,34(2):92-100.

刘志伟,李胜男,韦玮,等,2019.近三十年青藏高原湿地变化及其驱动力研究进展[J].生态学杂志,38(3):241-247.

卢楚翰,管兆勇,李震坤,等,2014.春季欧亚大陆积雪对春夏季南北半球大气质量交换的可能影响[J].大气科学,38(6):1186-1197.

陆恒,魏文寿,刘明哲,等,2015.融雪期天山西部森林积雪表面能量平衡特征[J].山地学报,33(2):173-182.

罗栋梁,金会军,2014a.黄河源区玛多县1953—2012年气温和降水特征及突变分析[J].干旱区资源与环境,28(11):185-192.

罗栋梁,金会军,吕兰芝,等,2014b.黄河源区多年冻土活动层和季节冻土冻融过程时空特征[J].科学通报,59(14):1327-1336.

罗磊,2005.青藏高原湿地退化的气候背景分析[J].湿地科学,3(3):190-199.

马骥,陈文,兰晓青,2020.北半球冬季平流层强、弱极涡事件演变过程的对比分析[J].大气科学,44(4):726-747.

马维伟,李广,石万里,等,2016.甘肃尕海湿地退化过程中植物生物量及物种多样性变化动态[J].草地学报,

24(5):960-966.

马维伟,王辉,李广,等,2017.甘南尕海湿地退化过程中植被生物量变化及其季节动态[J].生态学报,37(15):5091-5101.

马晓芳,陈思宇,邓婕,等,2016.青藏高原植被物候监测及其对气候变化的响应[J].草业学报,25(1):13-21.

马晓芳,黄晓东,邓婕,等,2017.青海牧区雪灾综合风险评估[J].草业学报,26(2):10-20.

马耀明,姚檀栋,王介民,2006.青藏高原能量和水循环试验研究——GAME/Tibet与CAMP/Tibet研究进展[J].高原气象,25(2):344-351.

马振锋,2003.高原季风强弱对南亚高压活动的影响[J].高原气象,22(2):143-146.

马致远,2004.三江源地区水资源的涵养和保护[J].地球科学进展,19(S1):108-111.

马转转,张明军,王圣杰,等,2019.1960—2015年青藏高寒区与西北干旱区升温特征及差异[J].高原气象,38(1):42-54.

马宗泰,李凤霞,李甫,等,2009.青海玉树隆宝地区生态环境动态变化研究[J].草业科学,26(7):6-11.

毛留喜,侯英雨,钱拴,等,2008.牧草产量的遥感估算与载畜能力研究[J].农业工程学报,24(8):147-151.

孟凡栋,斯确多吉,崔树娟,等,2017.青藏高原植物物候的变化及其影响[J].自然杂志,39(3):184-190.

孟梦,牛铮,马超,等,2018.青藏高原NDVI变化趋势及其对气候的响应[J].水土保持研究,25(3):360-365.

孟宪民,1999.湿地与全球环境变化[J].地理科学,19(5):385-389.

缪育聪,刘树华,吕世华,等,2012.土壤热扩散率及其温度、热通量计算方法的比较研究[J].地球物理学报,55(2):441-451.

南卓铜,黄培培,赵林,2013.青藏高原西部区域多年冻土分布模拟及其下限估算[J].地理学报,68(3):318-327.

尼玛吉,建军,次旺顿珠,2018.北半球极涡指数对高原夏季降水的影响[J].高原山地气象研究,38(1):17-21.

倪攀,金昌杰,王安志,等,2008.半干旱风沙草原区草地潜热通量的特征[J].中国农业气象,29(4):427-431.

聂秀青,杨路存,李长斌,等,2016.三江源地区高寒灌丛生物量空间分布格局[J].应用与环境生物学报,22(4):538-545.

牛振国,宫鹏,程晓,等,2009.中国湿地初步遥感制图及相关地理特征分析[J].中国科学:D辑 地球科学,239(2):188-203.

潘竟虎,王建,王建华,2007.长江、黄河源区高寒湿地动态变化研究[J].湿地科学,5(4):298-304.

庞晓攀,贾婷婷,李倩倩,等,2015.高原鼠兔有效洞穴密度对高山嵩草群落及其主要种群空间分布特征的影响[J].生态学报,35(3):873-884.

朴世龙,方精云,2003.1982—1999年我国陆地植被活动对气候变化响应的季节差异[J].地理学报,58:119-125.

祁艳,颜玉倩,李金海,等,2019.青藏高原5—10月地表潜热通量与青海同期降水之间的关系[J].干旱区研究,36(3):529-536.

钱泽雨,胡泽勇,杜萍,等,2005.青藏高原北麓河地区近地层能量输送与微气象特征[J].高原气象,24(1):43-48.

秦大河,丁一汇,王绍武,等,2002.中国西部生态环境变化与对策建议[J].地球科学进展,17(3):314-319.

秦大河,姚檀栋,丁永建,等,2014.冰冻圈科学辞典[M].北京:气象出版社.

秦其明,游林,赵越,等,2012.基于二维光谱特征空间的土壤线自动提取算法[J].农业工程学报,28(3):167-171.

秦赛赛,2014.冻融交替对北方草甸草原土壤N_2O排放通量的影响[D].开封:河南大学.

秦小静,孙建,陈涛,2015.青藏高原温度与降水的时空变化研究[J].成都大学学报(自然科学版),34(2):191-195.

沙莎,郭铌,李耀辉,等,2014.我国温度植被旱情指数TVDI的应用现状及问题简述[J].干旱气象,32(1):

128-134.

沙莎，郭铌，李耀辉，2017. 温度植被干旱指数(TVDI)在陇东土壤水分监测中的适用性[J]. 中国沙漠，37(1)：132-139.

单机坤，沈学顺，李维京，2013. 陆气相互作用对中尺度对流系统影响的研究进展[J]. 气象，39(11)：1413-1421.

尚大成，王澄海，2006. 高原地表过程中冻融过程在东亚夏季风中的作用[J]. 干旱气象，24(3)：19-22.

尚伦宇，吕世华，张宇，等，2010. 青藏高原东部土壤冻融过程中地表粗糙度的确定[J]. 高原气象，29(1)：17-22.

邵明安，王全九，黄明斌，2006. 土壤物理学[M]. 北京：高等教育出版社：170-175.

申广荣，王人潮，2001. 植被光谱遥感数据的研究现状及其展望[J]. 浙江大学学报(农业与生命科学版)，27(6)：682-690.

沈丹，王磊，2015. 青藏高原土壤湿度对中国夏季降水与气温影响的敏感试验[J]. 气象科技，43(6)：1095-1103.

沈晗，李江南，温之平，等，2012. 热带西太平洋潜热通量异常影响华南 6 月降水的模拟研究[J]. 热带气象学报，28(5)：757-763.

沈鎏澄，吴涛，游庆龙，等，2019. 青藏高原中东部积雪深度时空变化特征及其成因分析[J]. 冰川冻土，41(5)：1150-1161.

施雅风，沈永平，李栋梁，等，2003. 中国西北气候由暖干向暖湿转型问题评估[M]. 北京：气象出版社：17-44.

施雅风，刘潮海，王宗太，等，2005. 简明中国冰川目录[M]. 上海：上海科学普及出版社.

石亚亚，杨成松，车涛，2017. MODISLST 产品青藏高原冻土图的精度验证[J]. 冰川冻土，39(1)：70-78.

时兴合，李凤霞，扎西才让，2006. 1961—2004 年青海积雪及雪灾变化[J]. 应用气象学报，17(3)：376-382.

史津梅，唐红玉，许维俊，等，2007. 1959—2003 年青海省干湿变化分析[J]. 气候变化研究进展，3(6)：356-361.

舒卫先，李世杰，刘吉峰，2008. 青海湖水量变化模拟及原因分析[J]. 干旱区地理，31(2)：229-236.

宋长春，2003. 湿地生态系统对气候变化的响应[J]. 湿地科学，1(2)：122-127.

宋昌素，肖燚，博文静，等，2019. 生态资产评价方法研究——以青海省为例[J]. 生态学报，39(1)：13-27.

宋春桥，游松财，柯灵红，等，2011. 藏北高原植被物候时空动态变化的遥感监测研究[J]. 植物生态学报，35(1)：853-863.

宋瑞玲，王昊，张迪，等，2018. 基于 MODIS-EVI 评估三江源高寒草地的保护成效[J]. 生物多样性，26(2)：149-157.

宋怡，马明国，2007. 基于 SPOTVEGETATION 数据的中国西北植被覆盖变化分析[J]. 中国沙漠，27(1)：89-93.

苏东玉，李跃清，蒋兴文，2006. 南亚高压的研究进展及展望[J]. 干旱气象，24(3)：68-74.

孙广友，2000. 中国湿地科学的进展与展望[J]. 地球科学进展，15(6)：666-672.

孙广友，金会军，于少鹏，2008. 沼泽湿地与多年冻土的共生模式——以中国大兴安岭和小兴安岭为例[J]. 湿地科学，6(4)：479-485.

孙鸿烈，2011. 我国水土流失问题及防治对策[J]. 中国水利(6)：16-18.

孙鸿烈，郑度，1998. 青藏高原形成演化和发展[M]. 广州：广东科学技术出版社：155-169.

孙鸿烈，郑度，姚檀栋，等，2012. 青藏高原国家生态安全屏障保护与建设[J]. 地理学报，67(1)：3-12.

孙俊，胡泽勇，陈学龙，等，2012. 黑河中上游不同下垫面动量总体输送系数和地表粗糙度对比分析[J]. 高原气象，31(4)：920-926.

孙力，安刚，高枫亭，等，2004. 中国东北地区地表水资源与气候变化关系的研究[J]. 地理科学，24(1)：42-49.

孙丽，宋长春，2008. 三江平原典型沼泽湿地能量平衡和蒸散发研究[J]. 水科学进展，19(1)：43-48.

孙琳婵，赵林，李韧，等，2010. 西大滩地区积雪对地表反照率及浅层地温的影响[J]. 山地学报，28(3)：

266-273.

孙庆龄，李宝林，李飞，等，2016. 三江源植被净初级生产力估算研究进展[J]. 地理学报，71(9)：1596-1612.

孙菽芬，2005. 路面过程的物理、生化机理和参数模型[M]. 北京：气象出版社.

田坤，王宁，彭建生，2018. 青藏高原：中国最大的水乡[J]. 森林与人类，2342(12)：68-77.

田晓晖，张立锋，张翔，等，2020. 三江源区退化高寒草甸蒸散特征及冻融变化对其的影响[J]. 生态学报，40(16)：5649-5662.

汪青春，李林，李栋梁，等，2005. 青海高原多年冻土对气候增暖的响应[J]. 高原气象，24(5)：708-713.

汪青春，李凤霞，刘宝康，等，2015. 近 50 年来青海干旱变化及其对气候变暖的响应[J]. 干旱区研究，32(1)：65-72.

王兵，崔向慧，包永红，2004. 民勤绿洲荒漠过渡区辐射特征与热量平衡规律研究[J]. 林业科学，40(3)：26-32.

王长庭，王根绪，刘伟，等，2012. 植被根系及其土壤理化特征在高寒小嵩草草甸退化演替过程中的变化[J]. 生态环境学报，21(3)：409-416.

王澄海，黄宝霞，杨兴国，2007. 陇中黄土高原植被覆盖和裸露下垫面地表通量和总体输送系数研究[J]. 高原气象，26(1)：30-38.

王冬雪，高永恒，安小娟，等，2016. 青藏高原高寒湿地温室气体释放对水位变化的响应[J]. 草业学报，25(8)：27-35.

王鸽，韩琳，2010. 地表反照率研究进展[J]. 高原山地气象研究，30(2)：79-83.

王根绪，程国栋，2001. 江河源区的草地资源特征与草地生态变化[J]. 中国沙漠，21(2)：101-107.

王根绪，沈永平，钱鞠，等，2003. 高寒草地植被覆盖变化对土壤水分循环影响研究[J]. 冰川冻土，25(6)：653-659.

王根绪，李元寿，王一博，等，2007. 近 40 年来青藏高原典型高寒湿地系统的动态变化[J]. 地理学报，62(5)：481-491.

王国亚，毛炜峄，贺斌，等，2012. 新疆阿勒泰地区积雪变化特征及其对冻土的影响[J]. 冰川冻土，34(6)：1293-1300.

王宏，李霞，李小兵，等，2005. 中国东北森林气象因子与 NDVI 的相关关系[J]. 北京师范大学学报(自然科学版)，41(4)：425-430.

王宏伟，黄春林，郝晓华，等，2014. 北疆地区积雪时空变化的影响因素分析[J]. 冰川冻土，36(3)：508-516.

王慧，李栋梁，胡泽勇，等，2008. 陆面上总体输送系数研究进展[J]. 地球科学进展，23(12)：1249-1259.

王慧，李栋梁，2010. 卫星遥感结合地面观测资料对中国西北干旱区地表热力输送系数的估算[J]. 大气科学，34(5)：1026-1034.

王建，车涛，李震，等，2018. 中国积雪特性及分布调查[J]. 地球科学进展，33(1)：12-26.

王建华，1998. 土壤水分渗透及其管理[J]. 草业科学，15(4)：63-65.

王江山，2004. 青海天气气候[M]. 北京：气象出版社.

王娇月，宋长春，王宪伟，等，2011. 冻融作用对土壤有机碳库及微生物的影响研究进展[J]. 冰川冻土，33(2)：442-452.

王君，2014. 基于 MODIS 产品的青海省干旱监测[D]. 长沙：中南大学.

王丽娟，郭妮，沙莎，等，2016. 混合像元对遥感干旱指数监测能力的影响[J]. 干旱气象，34(5)：772-778.

王连喜，陈怀亮，李琪，等，2010. 植物物候与气候研究进展[J]. 生态学报，30(2)：447-454.

王仑，虞敏，戚一应，等，2017. 基于 MODIS 数据的祁连山南坡土壤水分反演研究[J]. 青海师范大学学报(自然科学版)，33(2)：84-91.

王敏，苏永中，杨荣，等，2013. 黑河中游荒漠草地地上和地下生物量的分配格局[J]. 植物生态学报，37(3)：209-219.

王启基,周兴民,沈振西,等,1995.高寒藏嵩草沼泽化草甸植物群落结构及其利用[C]//中国科学院海北高寒草甸生态系统定位站.高寒草甸生态系统(第4集).北京:科学出版社:91-100.

王生廷,盛煜,吴吉春,等,2015.祁连山大通河源区冻土特征及变化趋势[J].冰川冻土,37(1):27-37.

王胜,李耀辉,张良,等,2010.张掖戈壁地区土壤热通量特征分析[J].干旱气象,28(2):148-151.

王世金,魏彦强,方苗,2014.青海省三江源牧区雪灾综合风险评估[J].草业学报,23(2):108-116.

王顺久,2017.青藏高原积雪变化及其对中国水资源系统影响研究进展[J].高原气象,36(5):1153-1164.

王苏民,窦鸿身,陈克造,等,1998. 中国湖泊志[M].北京:科学出版社.

王素萍,2009.近40年江河源区潜在蒸散量变化特征及影响因子分析[J].中国沙漠,29(5):960-965.

王同美,吴国雄,万日金,2008.青藏高原的热力和动力作用对亚洲季风区环流的影响[J].高原气象,27(1):1-9.

王孝萌,2013.基于GIS的气象灾害风险评估系统的设计与实现[D].西宁:青海师范大学.

王旭,周国逸,张德强,等,2005.南亚热带针阔混交林土壤热通量研究[J].生态环境,14(2):260-265.

王学佳,杨梅学,万国宁,2012.藏北高原D105点土壤冻融状况与温湿特征分析[J].冰川冻土,34(1):56-63.

王洋,曾新民,葛洪彬,等,2014.陆面特征量初始扰动的敏感性及集合预报试验[J].气象,40(2):146-157.

王勇,刘峰贵,卢超,等,2006.青南高原近30年雪灾的时空分布特征[J].干旱区资源与环境,20(2):94-99.

王玉玉,姚济敏,韩海东,等,2014.科其喀尔冰川表碛区空气动力学粗糙度分析[J].高原气象,33(3):762-768.

韦翠珍,张佳宝,周凌云,2011.沿黄河下游湖泊湿地植物群落演替及其多样性研究[J].生态环境学报,20(1):30-36.

韦志刚,文军,吕世华,等,2005.黄土高原陆-气相互作用预实验及其晴天地表能量特征分析[J].高原气象,24(4):545-555.

魏凤英,2007.现代气候统计诊断与预测技术[M].北京:气象出版社:99-104.

魏永林,马晓虹,宋理明,2009.青海湖地区天然草地土壤水分动态变化及对牧草生物量的影响[J].草业科学,26(5):76-80.

温克刚,王莘,2007.中国气象灾害大典:青海卷[M].北京:气象出版社.

吴国雄,段安民,刘屹岷,等,2013.关于亚洲夏季风爆发的动力学研究的若干近期进展[J].大气科学,37(2):212-227.

吴晗,董增川,蒋飞卿,等,2018.黄河源区气候变化特性分析[J].水资源与水工程学报,29(6):4-10.

吴吉春,盛煜,吴青柏,等,2009.青藏高原多年冻土退化过程及方式[J].中国科学:D辑 地球科学,39(11):1570-1578.

吴佳,高学杰,2013.一套格点化的中国区域逐日观测资料及与其他资料的对比[J].地球物理学报,56(4):1102-1111.

吴家兵,关德新,赵晓松,等,2005.东北阔叶红松林能量平衡特征[J].生态学报,25(10):2520-2526.

吴锦奎,丁永建,沈永平,等,2005.黑河中游地区湿草地蒸散量实验研究[J].冰川冻土,27(4):582-590.

吴青柏,沈永平,施斌,2003.青藏高原冻土及水热过程与寒区生态环境的关系[J].冰川冻土,25(3):250-255.

吴统文,钱正安,宋敏红,2004.CCM3模式中LSM积雪方案的改进研究(Ⅰ):修改方案介绍及其单点试验[J].高原气象,23(4):444-452.

吴薇,张源,李强子,等,2019.基于迭代CART算法分层分类的土地覆盖遥感分类[J].遥感技术与应用,34(1):68-78.

武慧智,姜琦刚,程彬,2007.基于RS和GIS技术青藏高原湖泊动态变化研究[J].世界地质,26(1):68-72.

肖德荣,田昆,袁华,等,2006.高原湿地纳帕海水生植物群落分布格局及变化[J].生态学报,26(11):3624-3630.

肖志祥,段安民,2015.孟加拉湾热带风暴对青藏高原降水和土壤湿度的影响[J].中国科学:地球科学,45(5):

625-638.
徐浩杰，杨太保，2013. 近13年来黄河源区高寒草地物候的时空变异性[J]. 干旱区地理，36(3)：156-163.
徐浩杰，杨太保，2014. 柴达木盆地植被生长时空变化特征及其对气候要素的响应[J]. 自然资源学报，29(3)：398-409.
徐慧，2011. 基于SPOTVEGETATION数据的长江流域植被覆盖变化特征分析[D]. 武汉：华中农业大学.
徐剑波，宋立生，赵之重，等，2012. 近15年来黄河源区玛多县草地植被退化的遥感动态监测[J]. 干旱区地理，35(4)：615-622.
徐丽娇，胡泽勇，赵亚楠，等，2019. 1961—2010年青藏高原气候变化特征分析[J]. 高原气象，38(5)：911-919.
徐祥德，周明煜，陈家宜，等，2001. 青藏高原地-气过程动力、热力结构综合物理图像[J]. 中国科学：D辑 地球科学，31(5)：428-439.
徐晓明，吴青柏，张中琼，2017. 青藏高原多年冻土活动层厚度对气候变化的响应[J]. 冰川冻土，39(1)：1-8.
徐兴奎，2011. 1970—2000年中国降雪量变化和区域性分布特征[J]. 冰川冻土，33(3)：497-503.
徐韵佳，戴君虎，王焕炯，等，2015. 1985—2012年哈尔滨自然历主要物候期变动特征及对气温变化的响应[J]. 地理研究，34(9)：1662-1674.
徐兆生，马玉堂，1984. 青藏高原土壤热通量的测量、计算和气候学推广方法[J]. 地球物理学报，55(2)：24-34.
徐自为，刘绍民，徐同仁，等，2009. 涡动相关仪观测蒸散量的插补方法比较[J]. 地球科学进展，24(4)：372-382.
徐宗学，2009. 水文模型[M]. 北京：科学出版社：72-98.
许建伟，高艳红，彭保发，等，2020. 1979—2016年青藏高原降水的变化特征及成因分析[J]. 高原气象，39(2)：234-244.
薛在坡，李希来，等，2015. 黄河源玛多县3种类型湿地面积动态研究[J]. 青海大学学报，33(3)：45-51.
闫玉春，唐海萍，2007. 草地退化相关概念辨析[J]. 草业学报，16(4)：100-106.
严晓强，胡泽勇，孙根厚，等，2019. 那曲高寒草地长时间地面热源特征及其气候影响因子分析[J]. 高原气象，38(2)：253-263.
严中伟，杨赤，2000. 近几十年中国极端气候变化格局[J]. 气候与环境研究，5(3)：267-272.
颜亮东，殷青军，张海珍，等，2007. 遥感资料在青海草地资源监测及评价中的应用研究[J]. 自然资源学报，22(4)：640-648.
燕云鹏，徐辉，邢宇，2015. 1975—2007年间三江源不同源区湿地变化特点及对气候变化的响应[J]. 测绘通报(S2)：5-10.
杨爱民，朱磊，陈署晃，等，2019. 1975—2015年玛纳斯河流域土地利用变化的地学信息图谱分析[J]. 应用生态学报，30(11)：3863-3874.
杨波，2004. 我国湿地评价研究综述[J]. 生态学杂志，23(4)：146-149.
杨芳，刘露，2012. 青海东部干旱发生规律及其变化趋势[J]. 干旱区研究，29(2)：284-288.
杨建平，丁永建，陈仁升，等，2002. 近50年来中国干湿气候界线的10年际波动[J]. 地理学报，57(6)：655-661.
杨建平，丁永建，陈仁升，2007. 长江黄河源区生态环境脆弱性评价初探[J]. 中国沙漠，27(6)：1012-1017.
杨健，马耀明，2012. 青藏高原典型下垫面的土壤温湿特征[J]. 冰川冻土，34(4)：813-820.
杨莲梅，张庆云，2007. 南疆夏季降水异常的环流和青藏高原地表潜热通量特征分析[J]. 高原气象，26(3)：435-441.
杨梅学，姚檀栋，何元庆，2002a. 青藏高原土壤水热空间分布特征及冻融过程在季节转换中的作用[J]. 山地学报，20(5)：553-558.
杨梅学，姚檀栋，何元庆，等，2002b. 藏北高原地气之间的水分循环[J]. 地理科学，22(1)：29-33.
杨梅学，姚檀栋，NOZOMU H，等，2006. 青藏高原表层土壤日冻融循环[J]. 科学通报，51(16)：1974-1976.

杨清华,刘骥平,孙启振,等,2013. 2010 年春季南极固定冰反照率变化特征及其影响因子[J]. 地球物理学报,56(7):2177-2184.

杨兴国,张强,杨启国,等,2010. 陇中黄土高原半干旱区总体输送系数的特征[J]. 高原气象,29(1):44-50.

杨扬,左洪超,王丽娟,等,2015. 干旱区荒漠草原过渡带快速变化的陆面过程特征观测分析[J]. 干旱气象,33(3):412-420.

杨耀先,李茂善,胡泽勇,等,2014. 藏北高原高寒草甸地表粗糙度对地气通量的影响[J]. 高原气象,33(3):626-636.

杨英莲,邱新法,殷青军,2007. 基于 MODIS 增强型植被指数的青海省牧草产量估产研究[J]. 气象,33(6):103-106.

杨永兴,1999. 若尔盖高原生态环境恶化与沼泽退化及其形成机制[J]. 山地学报,17(4):318-323.

杨永兴,2002. 国际湿地科学研究的主要特点、进展与展望[J]. 地理科学进展,21(2):111-120.

杨永兴,李珂,杨杨,2013. 排水疏干胁迫下若尔盖高原沼泽退化评价指标体系[J]. 应用生态学报,24(7):1826-1836.

杨志刚,达娃,除多,等,2017. 近 15 年青藏高原积雪覆盖时空变化分析[J]. 遥感技术与应用,32(1):27-36.

姚德良,沈卫明,张强,等,2002. 高寒草甸生态系统陆地生物圈模式研究及应用[J]. 高原气象,21(4):389-394.

姚红岩,刘浦东,施润和,等,2017. 基于高分辨率遥感影像的湿地互花米草-芦苇混合交错带提取方法[J]. 地球信息科学学报,19(10):1375-1381.

姚兴成,曲恬甜,常文静,等,2017. 基于 MODIS 数据和植被特征估算草地生物量[J]. 中国生态农业学报,25(4):530-541.

姚玉璧,张存杰,邓振镛,等,2007. 气象、农业干旱指标综述[J]. 干旱地区农业研究,25(1):185-189.

姚展予,贾烁,王飞,等,2016. 人工增雨作业效果检验技术指南[Z]. 北京:中国气象局人工影响天气中心:8-10.

叶殿秀,赵珊珊,孙家民,2011. 近 50 多年青海玉树冻土变化特征分析[J]. 长江流域资源与环境,20(9):1080-1084.

伊万娟,李小雁,崔步礼,等,2010. 青海湖流域气候变化及其对湖水位的影响[J]. 干旱气象,28(4):375-383.

易颖,刘时银,朱钰,等,2021. 2002—2018 年叶尔羌河流域积雪时空变化研究[J]. 干旱区地理,44(1):15-26.

尹云鹤,吴绍洪,郑度,等,2005. 近 30 年我国干湿状况变化的区域差异[J]. 科学通报,50(15):1636-1642.

尹云鹤,吴绍洪,戴尔阜,2010. 1971—2008 年我国潜在蒸散时空演变的归因[J]. 科学通报,55(22):2226-2234.

于惠,吴玉锋,金毅,等,2017. 基于 MODISSWIR 数据的干旱区草地地上生物量反演及时空变化研究[J]. 遥感技术与应用,32(3):524-530.

于琪洋,2003. 对我国干旱及旱灾问题的思考[J]. 中国水利,7:67-69.

余国营,2001. 湿地研究的若干基本科学问题初论[J]. 地理科学进展,20(2):177-183.

俞文政,常庆瑞,王锐,等,2006. 青海湖地区耕地演变过程与影响机制分析[J]. 水土保持通报,26(5):19-22.

岳平,张强,李耀辉,等,2013. 半干旱草原下垫面动量和感热总体输送系数参数化关系研究[J]. 物理学报,62(9):099202.

岳平,张强,赵文,等,2015a. 黄土高原半干旱草地近地层湍流温湿特征及总体输送系数[J]. 高原气象,34(1):21-29.

岳平,张强,赵文,等,2015b. 黄土高原半干旱草地生长季干湿时段环境因子对陆面水、热交换的影响[J]. 中国科学:地球科学,45(8):1229-1242.

曾剑,张强,2012. 2008 年 7—9 月中国北方不同下垫面晴空陆面过程特征差异[J]. 气象学报,70(4):821-836.

曾纳,任小丽,何洪林,等,2017. 基于神经网络的三江源区草地地上生物量估算[J]. 环境科学研究,30(1):59-66.

翟俊，刘纪远，刘荣高，等，2013. 2000—2011 年中国地表比辐射率时空格局及影响因素分析[J]. 资源科学，35(10)：2094-2103.

张爱莉，高磊，2013. 冻融过程对 FDR 测量土壤体积含水量的影响[J]. 排灌机械工程学报，31(4)：364-368.

张法伟，刘安花，李英年，等，2007. 高寒矮嵩草草甸地面热源强度及与生物量关系的初步研究[J]. 中国农业气象，28(2)：144-148.

张法伟，刘安花，李英年，等，2008 青藏高原高寒湿地生态系统 CO_2 通量[J]. 生态学报，28(2)：453-462.

张国胜，李林，汪青春，等，2007. 青海高原冻土退化驱动因素的定量辨识[J]. 地理科学，27(3)：337-341.

张国胜，伏洋，颜亮东，等，2009. 三江源地区雪灾风险预警指标体系及风险管理研究[J]. 草业科学，26(5)：144-150.

张果，薛海乐，徐晶，等，2016. 东亚区域陆面过程方案 Noah 和 Noah-MP 的比较评估[J]. 气象，42(9)：1058-1068.

张海宏，周秉荣，肖宏斌，2015. 高寒草甸和高寒湿地土壤水热特征比较[J]. 干旱气象，33(5)：783-789.

张浩鑫，李维京，李伟平，2017. 春夏季青藏高原与伊朗高原地表热通量的时空分布特征及相互联系[J]. 气象学报，75(2)：260-274.

张恒德，陆维松，高守亭，等，2006. 北极涡活动对我国同期及后期气温的影响[J]. 南京气象学院学报，29(4)：507-516.

张宏，胡波，刘广仁，等，2012. 中国土壤热通量的时空分布特征研究[J]. 气候与环境研究，17(5)：515-521.

张欢，邱玉宝，郑照军，等，2016. 基于 MODIS 的青藏高原季节性积雪去云方法可行性比较研究[J]. 冰川冻土，38(3)：714-724.

张继承，姜琦刚，李远华，等，2007. 近 50 年来柴达木盆地湿地变迁及其气候背景分析[J]. 吉林大学学报(地球科学版)，37(4)：752-758.

张继平，张镱锂，刘峰贵，等，2011. 长江源区当曲流域高寒湿地类型划分及分布研究[J]. 湿地科学，9(3)：218-226.

张建君，2009. 农田日蒸散量估算方法研究[D]. 北京：中国农业科学院：1-4.

张金平，李香颜，2016. 豫北地区气温、降水变化的时空分布特征[J]. 气象科技，44(6)：985-990.

张婧娴，沈润平，郭佳，2017. 不同数据挖掘方法在综合干旱监测模型构建中的应用研究[J]. 江西农业大学学报，39(5)：1045-1056.

张静，李希来，谢得雄，2008. 三江源地区不同退化草地聚类分析[J]. 草业科学，25(6)：8-13.

张乐乐，赵林，李韧，等，2016. 青藏高原唐古拉地区暖季土壤水分对地表反照率及其土壤热参数的影响[J]. 冰川冻土，38(2)：351-358.

张强，曹晓彦，2003. 敦煌地区荒漠戈壁地表热量和辐射平衡特征的研究[J]. 大气科学，27(2)：247-254.

张强，卫国安，2004. 荒漠戈壁大气总体曳力系数和输送系数观测研究[J]. 高原气象，23(3)：305-312.

张强，王胜，2007. 干旱荒漠地区土壤水热特征和地表辐射平衡的年变化研究[J]. 自然科学进展，17(2)：211-216.

张强，孙昭萱，王胜，2011. 黄土高原定西地区陆面物理量变化规律研究[J]. 地球物理学报，54(7)：1727-1737.

张强，曾剑，张立阳，2012. 夏季风盛行期中国北方典型区域陆面水、热过程特征研究[J]. 中国科学：地球科学，42(9)：1385-1393.

张强，王蓉，岳平，等，2017. 复杂条件陆-气相互作用研究领域有关科学问题探讨[J]. 气象学报，75(1)：39-56.

张人禾，徐祥德，2012. 青藏高原及东缘新一代大气综合探测系统应用平台——中日合作 JICA 项目[J]. 中国工程科学，14(9)：102-112.

张山清，普宗朝，李景林，等，2013. 1961—2010 年新疆季节性最大冻土深度对冬季负积温的响应[J]. 冰川冻土，35(6)：1419-1425.

张树清，张柏，汪爱华，2001. 三江平原湿地消长与区域气候变化关系研究[J]. 地球科学进展，16(6)：836-841.

张廷军，2012. 全球多年冻土与气候变化研究进展[J]. 第四纪研究，32(1)：27-38.

张伟，沈永平，贺建桥，等，2014. 额尔齐斯河源区森林对春季融雪过程的影响评估[J]. 冰川冻土，36(5)：1260-1270.

张晓克，鲁旭阳，王小丹，2014. 2000—2010 年藏北申扎县植被 NDVI 时空变化与气候因子的关系[J]. 山地学报，32(4)：475-480.

张晓云，吕宪国，沈松平，等，2008. 若尔盖高原湿地区主要生态系统服务价值评价[J]. 湿地科学，6(4)：466-472.

张学通，2010. 青海省积雪监测与青南牧区雪灾预警研究[D]. 兰州：兰州大学.

张雪芹，彭莉莉，林朝晖，2008. 未来不同排放情景下气候变化预估研究进展[J]. 地球科学进展，23(2)：174-185.

张镱锂，李兰晖，丁明军，等，2017. 新世纪以来青藏高原绿度变化及动因[J]. 自然杂志，39(3)：173-178.

张瑛，肖安，马力，等，2011. WRF 耦合 4 个陆面过程对"6·19"暴雨过程的模拟研究[J]. 气象，37(9)：1060-1069.

章基嘉，朱抱真，朱福康，1988. 青藏高原气象学进展[M]. 北京：科学出版社：268.

赵串串，张愉笛，张藜，等，2017. 黄河源区玛多县湿地生态健康评价[J]. 安徽农业大学学报，44(1)：108-113.

赵峰，刘华，张怀清，等，2012. 近 30 年来三江源典型区湿地变化驱动力分析[J]. 湿地科学与管理，8(3)：57-60.

赵健赟，彭军还，2016. 基于 MODIS NDVI 的青海高原植被覆盖时空变化特征分析[J]. 干旱区资源与环境，30(4)：67-73.

赵林，程国栋，李述训，等，2000. 青藏高原五道梁附近多年冻土活动层冻结和融化过程[J]. 科学通报，45(11)：1205-1210.

赵璐，2010. 青海省东部农业区农业气象干旱时空变化研究[D]. 咸阳：西北农林科技大学：3-5.

赵全宁，严应存，刘彩红，等，2018. 1980—2017 年青海省玉树地区季节冻土变化对气候变暖的响应[J]. 冰川冻土，40(5)：899-906.

赵双喜，张耀生，赵新全，等，2008. 祁连山北坡草地蒸散量及其与影响因子的关系[J]. 西北农林科技大学学报(自然科学版)，36(1)：109-115.

赵文宇，刘海隆，王辉，等，2016. 基于 MODIS 积雪产品的天山年积雪日数空间分布特征研究[J]. 冰川冻土，38(6)：1510-1517.

赵显波，刘铁军，许士国，等，2015. 季节冻土区黑土耕层土壤冻融过程及水分变化[J]. 冰川冻土，37(1)：233-240.

赵雪雁，万文玉，王伟军，2016. 近 50 年气候变化对青藏高原牧草生产潜力及物候期的影响[J]. 中国生态农业学报，24(4)：532-543.

赵英时，2003. 遥感应用分析原理与方法[M]. 北京：科学出版社：375，445-455.

赵勇，钱永普，2007. 青藏高原地表热力异常与我国江淮地区夏季降水的关系[J]. 大气科学，31(1)：145-154.

赵紫薇，2017. 1982—2013 年青藏高原植被动态变化时序分析[J]. 测绘科学，42(6)：62-70.

郑丙辉，田自强，王文杰，等，2004. 中国西部地区土地利用/土地覆被近期动态分析[J]. 生态学报，24(5)：1078-1085.

郑伟，李世雄，董全民，等，2013. 放牧方式对环青海湖高寒草原群落特征的影响[J]. 草地学报，21(5)：859-874.

郑喜玉，张明刚，许昶，等，1999. 中国盐湖志[M]. 北京：科学出版社.

郑照军，刘玉洁，张炳川，2004. 中国地区冬季积雪遥感监测方法改进[J]. 应用气象学报，15(增刊)：75-84.

中国气象局，2003. 地面气象观测规范[M]. 北京：气象出版社.

周秉荣，2007. 基于 EOS/MODIS 的青海省春季干旱监测模型研究[D]. 南京：南京信息工程大学.

周秉荣，申双和，李凤霞，2006. 青海高原牧区雪灾综合预警评估模型研究[J]. 气象，9(9)：106-110.

周秉荣，李凤霞，申双和，等，2007. 青海高原雪灾预警模型与 GIS 空间分析技术应用[J]. 应用气象学报，6(3)：373-379.

周秉荣，李凤霞，肖宏斌，等，2013. 黄河源区高寒草甸下垫面 2009/2010 年能量平衡特征分析[J]. 冰川冻土，35(3)：601-608.

周秉荣，李甫，胡爱军，等，2016a. 青海省气候资源分析评价与气象灾害风险区划[M]. 北京：气象出版社：62-67.

周秉荣，朱生翠，李红梅，2016b. 三江源区植被净初级生产力时空特征及对气候变化的响应[J]. 干旱气象，34(6)：958-965.

周德刚，2016. 关于用台站资料估算西北干旱区夏季感热通量的热力参数化比较[J]. 大气科学，40(2)：411-422.

周景春，苏玉杰，张怀念，等，2007. 0～50 cm 土壤含水量与降水和蒸发的关系分析[J]. 中国土壤与肥料(6)：23-27.

周利敏，陈海山，彭丽霞，等，2016. 青藏高原冬春雪深年代际变化与南亚高压可能联系[J]. 高原气象，35(1)：13-23.

周明煜，徐祥德，卞林根，等，2000. 青藏高原大气边界层观测分析与动力学研究[M]. 北京：气象出版社：52-56.

周亚，高晓清，李振朝，等，2017. 青藏高原深层土壤热通量的变化特征分析[J]. 高原气象，36(2)：307-316.

周扬，徐维新，白爱娟，等，2017. 青藏高原沱沱河地区动态融雪过程及其与气温关系分析[J]. 高原气象，36(1)：24-32.

周幼吾，郭东信，1982. 我国多年冻土的主要特征[J]. 冰川冻土，4(1)：1-19.

周幼吾，郭东信，邱国庆，等，2000. 中国冻土[M]. 北京：科学出版社.

朱宝文，周华坤，徐有绪，等，2008. 青海湖北岸草甸草原牧草生物量季节动态研究[J]. 草业科学，25(12)：62-65.

朱春鹏，张喜发，张冬青，等，2004. 季节性冻土地区道路冻深的研究[J]. 辽宁交通科技(4)：16-18，33.

朱丽，刘蓉，王欣，等，2019. 基于 FLEXPART 模式对黄河源区盛夏降水异常的水汽源地及输送特征研究[J]. 高原气象，38(3)：484-496.

朱西存，赵庚星，2009. 局地不同下垫面对气象要素的影响及其气候效应[J]. 中国生态农业学报，17(4)：760-764.

竺夏英，刘屹岷，吴国雄，2012. 夏季青藏高原多种地表感热通量资料的评估[J]. 中国科学：地球科学，42(7)：1104-1112.

卓嘎，陈思蓉，周兵，2018. 青藏高原植被覆盖时空变化及其对气候因子的响应[J]. 生态学报，38(9)：3208-3218.

左大康，1990. 现代地理学辞典[M]. 北京：商务印书馆.

左德鹏，徐宗学，程磊，等，2011. 渭河流域潜在蒸散量时空变化及其突变特征[J]. 资源科学，33(5)：975-982.

AGUINAGA O E, ANNA M M, WHITE K N, et al, 2018. Microbial community shifts in response to acid mine drainage pollution within a natural wetland ecosystem[J]. Frontiers in Microbiology, 9：1445.

ALLEN R G, PEREIRA L S, RAES D, et al, 1998. FAO Irrigation and drainage paper No. 56[R]. Rome：Food and Agriculture Organization of the United Nations：26-40.

AMAR N P, ROOP P, 2016. Design and implementation of a novel automated snow depth sensing system[J]. Journal of Sensors and Instrumentation, 4(1)：1-18.

ANTHONI P M, LAW B E, UNSWORTH M H, et al, 1999. Carbon and water vapor exchange of an open-canopied ponderosa pine eco-system[J]. Agric For Meteorol, 95(3)：151-168.

BABEL W, BIERMANN T, CONERS H, et al, 2014. Pasture degradation modifies the water and carbon cycles of the Tibetan highlands[J]. Biogeosciences, 11(23):6633-6656.

BAUSCH W C, BERNARD T M,1992. Spatial averaging Bowen Ratio system:Description and lysimeter comparison[J]. Transactions of the ASAE,35 (1):121-127.

BOHLE H, DOWNING T, WATTS M, et al, 1994. Climate change and social vulnerability [J]. Global Environmental Change, 4(1):37-48.

BROCK T C M, VIERSSAN W V, 1992. Climatic change and hydrophyte dominated communities in inland wetland ecosystem[J]. Wetland Ecology and Management, 2(1/2):37-49.

BRUTSAERT W, 1975. A theory for local evaporation (or heat transfer) from rough and smooth surfaces at ground level[J]. Water Resour Res, 11(4):543-550.

BRUTSAERT W, 1982. Evaporation into the Atmosphere:Theory, History and Applications[M]. Netherlands:Springer.

BRUTSAERT W, 1998. Land-surface water vapor and sensible heat flux:Spatial variability, homogeneity, and measurement scales[J]. Water Resour Res, 34(10):2433-2442.

BUCKLEY R, 2011. The economics of ecosystems and biodiversity:Ecological and economic foundations[J]. Austral Ecology, 36(6):34-35.

BURBA G G, VERMA S B, KIM J,1999. Energy fluxes of an open water area in a mid-latitude prairie wetland[J]. Boundary-Layer Meteorology,91:495-504.

BURKETT J K, 2000. Climate change:Potential impacts and interactions in wetlands of the United States, Virginia[J]. Journal of the American Water Resources Association, 36(2):313-320.

BURNSIDE N G, JOYCE C B, PUURMANN E, et al, 2007. Use of vegetation classification and plant indicators to assess grazing abandonment in Estonian coastal wetlands[J]. Journal of Vegetation Science, 18 (5):645-654.

CAI J, LIU Y, LEI T, et al,2007. Estimating reference evapotranspiration with the FAO Penman-Monteith equation using daily weather forecast messages[J]. Agricultural and Forest Meteorology,145:22-35.

CHATTOPADHYAY N, HULME M, 1997. Evaporation and potential evapotranspiration in India under conditions of recent and future climate change [J]. Agricultural and Forest Meteorology, 87(1):55-73.

CHE T, DAI L Y, ZHENG X M, et al, 2016. Estimation of snow depth from WMRI and AMSR-E data in forest regions of northeast China[J]. Remote Sensing of Environment, 183:334-349.

CHEN D, GAO G, XU C Y, et al,2005. Comparison of the Thornthwaite method and pan data with the standard Penman-Monteith estimates of reference evapotranspiration in China[J]. Climate Research,28:123-132.

CHEN S B, LIU Y F, AXEL T, 2006. Climatic change on the Tibetan Plateau:Potential evapotranspiration trends from 1961—2000[J]. Climate Change, 76(3):291-319.

CHEN F, ZHANG Y, 2009. On the coupling strength between the land surface and the atmosphere: From viewpoint of surface exchange coefficients[J]. Geophys Res Lett,366(10):L10404.

CHEN X Q, AN S, INOUYE D W, et al, 2015. Temperature and snowfall trigger alpine vegetation green-up on the world's roof[J]. Global Change Biology, 21(10):3635-3646.

CHUINE I, BEAUBIEN E G, 2001. Phenology is a major determinant of tree species range[J]. Ecology Letters, 4(5):500-510.

CHURKINA G, SCHIMEL D, BRASWELL B H, et al, 2005. Spatial analysis of growing season length control over net ecosystem exchange[J]. Global Change Biology, 11(10):1777-1787.

COHEN J, RIND D, 1991. The effect of snow cover on the climate [J]. Journal of Climate, 4(7):689-706.

CUI Y, WANG C H,2009. Comparison of sensible and latent heat fluxes during the transition season over the western Tibetan Plateau from reanalysis datasets[J]. Progress in Natural Science, 19(6): 719-726.

DAI L Y, CHE T, WANG J, et al, 2012. Snow depth and snow water equivalent estimation from AMSR-E data based on a porior snow characteristics in Xinjiang, China[J]. Remote Sensing of Environment, 127 (12): 14-29.

DAI L Y, CHE T, DING Y J, 2015. Inter-calibrating SMMR, SSM/I and SSMI/S data to improve the consistency of snow-depth products in China[J]. Remote Sensing, 7: 7212-7230.

DAOUT S, DOIN M-P, PELTZER G, et al, 2017. Large-scale InSAR monitoring of permafrost freeze-thaw cycles on the Tibetan Plateau [J]. Geophysical Research Letters, 44(2): 1-10.

DENG M S, MENG X H, LI Z G, et al, 2020. Responses of soil moisture to regional climate change over the Three Rivers Source Region on the Tibetan Plateau[J]. International Journal of Climatology, 40(4): 2403-2417.

DICKINSON R E, 1983. Land surface processes and climate-surface albedos and energy balance[J]. Advances in Geophysics, 25: 305-353.

DING L M, LONG R J, YANG Y H, et al, 2007. Behavioural responses by yaks in different physiological states (lactating, dry or replacement heifers), when grazing natural pasture in the spring (dry and germinating) season on the Qinghai-Tibetan Plateau[J]. Applied Animal Behaviour Science, 108(3-4): 239-250.

DING M J, ZHANG Y L, SUN X M, et al, 2013. Spatiotemporal variation in alpine grassland phenology in the Qinghai-Tibetan Plateau from 1999 to 2009[J]. Chinese Science Bulletin, 58(3): 396-405.

DING M J, LI L H, ZHANG Y L, et al, 2015. Start of vegetation growing season on the Tibetan Plateau inferred from multiple methods based on GIMMS and SPOT NDVI data[J]. Journal of Geographical Sciences, 25(2): 131-148.

DREXLER J Z, SNYDER R L, SPANO D, et al, 2004. A review of models and micrometeorological methods used to estimate wetland evapotranspiration[J]. Hydrological Processes, 18: 2071-2101.

DUPONT-NIVET G, KRIJGSMAN W, LANGEREIS C G, et al, 2007. Tibetan Plateau aridification linked to global cooling at the Eocene-Oligocene transition[J]. Nature, 445(7128): 635-638.

EISFELDER C, KUENZER C, DECH S, 2012. Derivation of biomass information for semi-arid areas using remote sensing data[J]. International Journal of Remote Sensing, 33(9): 2937-2984.

EVANS J, GEERKEN R, 2004. Discrimination between climate and human induced dry land degradation[J]. Journal of Arid Environments, 57: 535-554.

EVANS S G, GE S M, 2017. Contrasting hydrogeologic responses to warming in permafrost and seasonally frozen ground hillslopes[J]. Geophysical Research Letters, 44(4): 1803-1813.

EVENSON G R, GOLDEN H E, LANE C R, et al, 2018. Depressional wetlands affect watershed hydrological, biogeochemical, and ecological functions[J]. Ecological Applications, 28(4): 953-966.

FAN J H, CAO Y Z, YAN Y, et al, 2012. Freezing-thawing cycles effect on the water soluble organic carbon, nitrogen and microbial biomass of alpine grassland soil in northern Tibet [J]. African Journal of Microbiology Research, 6(3): 562-567.

FEYEN L, RUTGER D, 2009. Impact of global warming on stream flow drought in Europe[J]. Journal of Geophysical Research, 114(17): 1-17.

FOX G A, SABBAGH G J, SEARCY S W, et al, 2004. An automated soil line identification routine for remotely sensed images[J]. Soil Science Society of America Journal, 68: 1326-1331.

FRANCISCO J V, LUCA T, LUCIANO M, et al, 2017. Soil temperature and soil flux[J]. Principles of Agronomy for Sustainable Agriculture, 1 (3): 66-67.

FUCHS M, TANNER C, 1970. Error analysis of Bowen ratios measured by differential psychrometry[J].

Journal of Agricultural Meteorology,7:329-334.

GAO Z Q, 2005. Determination of soil host flux in a Tibetan short-grass prairie[J]. Bound-layer Meteorology, 114 (1):165-178.

GAO Z Q, CHAE N, KIM J,2000. Simulation of surface temperature, water balance and soil wetness in the Tibetan prairie using the simple biosphere Model 2. Proceedings of the second session of the inter-nation workshop on TIPEX-GAME/TIBET[C]. Kunming, China:32-34.

GAO Y C, LIU M F, 2013. Evaluation of high-resolution satellite precipitation products using rain gauge observations over the Tibetan Plateau[J]. Hydrology and Earth System Sciences, 17:837-849.

GENG Y, WANG Y H, YANG K, et al, 2012. Soil respiration in tibetan alpine grasslands:Belowground biomass and soil moisture, but not soil temperature, best explain the large-scale patterns[J]. PLoS One, 7(4): e34968.

GHULAM A,QIN Q M,ZHAN Z M,2007. Designing of the Perpendicular Drought Index[J]. Environmental Geology,52:1045-1052.

GLEICK P H, 1986. Methods of evaluating the regional hydrologic impacts of global climate changes[J]. Journal of Hydrology, 88(1):97-111.

GONG L, XU C Y, CHEN D, et al,2006. Sensitivity of the Penman-Monteith reference evapotranspiration to key climatic variables in the Changjiang (Yangtze River) basin[J]. Journal of Hydrology,329:620-629.

GOODISON B E, METCALFE J R, WILSON R A,et al,1988. The Canadian automatic snow depth sensor:A performance update[J]. Atmospheric Environment Service:178-181.

GU S, TANG Y H, CUI X Y, et al,2008. Characterizing evapotranspiration over a meadow ecosystem on the Qinghai-Tibetan Plateau[J]. Journal of Geophysical Research,113:1-10.

GUGLIELMIN M, WORLAND M R, Cannone N,2012. Spatial and temporal variability of ground surface temperature and active layer thickness at the margin of maritime Antarctica, Signy Island[J]. Geomorphology, 155-156:20-33.

GUO D L, SUN J Q, YANG K, et al, 2019. Revisiting recent elevation-dependent warming on the Tibetan Plateau using satellite-based datasets[J]. Journal of Geophysical Research: Atmospheres, 124(15): 8511-8521.

GUO D L, PEPIN N, YANG K, et al, 2021. Local changes in snow depth dominate the evolving pattern of elevation-dependent warming on the Tibetan Plateau[J]. Science Bulletin, 66(11):1146-1150.

HALL D K, RIGGS G A, SALOMONSON V V, 1995. Development of methods for mapping global snow cover using moderate resolution imaging spectroradiometer data[J]. Remote Sensing of Environment, 54 (2):127-140.

HALL A, QU X, NEELIN J D, 2008. Improving predictions of summer climate change in the United States [J]. Geophysical Research Letters, 35(1):L01702.

HAO X H, HUANG G H, ZHENG Z J, et al,2022. Development and validation of a new MODIS snow-cover-extent product over China[J]. Hydrology and Earth System Sciences,26(8):1937-1952.

HARDING R J, POMEROY J W, 1996. The energy balance of the winter boreal landscape [J]. Journal of Climate, 9(11):2778-2787.

HARGREAVES G L, HARGREAVES G H, RILEY J P,1985. Irrigation water requirements for Senegal river basin[J]. Journal of Irrigation and Drainage Engineering,111:265-275.

HEDSTROM N R, POMEROY J W, 1998. Measurements and modelling of snow interception in the boreal forest [J]. Hydrological Processes, 12(10-11):1611-1625.

HEILMAN J, BRITTIN C, NEALE C,1989. Fetch requirements for Bowen ratio measurements of latent and sensible heat fluxes[J]. Agricultural and Forest Meteorology,44:261-273.

HEUSINKVELD B G, JSCOBS A F G, HOLTSLAG A A M,et al,2003. Surface energy balance closure in an arid region:Role of soil heat flux[J]. Agricultural and Forest Meteorology,116:143-158.

HOPE A,BOYNTON W,STOW D,et al,2003. Inter-annual growth dynamics of vegetation in the Kuparuk River watershed based onthe normalized difference vegetation index[J]. International Journal of Remote Sensing,24(17):3413-3425.

HOUGHTON J T, DING Y, GRIGGS D J, et al, 2001. Climate Change 2001:The Scientific Basis, A Report of the Working Group I of the Intergovernmental Panel on Climate Change[M]. Cambridge:Cambridge University Press.

HUBERT-MOY L,MICHEAL K,CORPETTI T,et al,2006. Object-oriented mapping and analysis of wetlands using SPOT 5 data[C]. IEEE Geoscience and Remote Sensing Symposium:3447-3450.

IPCC CLIMATE CHANGE, 2007. The Physical Science Basis [M]. Cambridge: Cambridge University Press.

JEONG S J, HO C H, JEONG J H,2009. Increase in vegetation greenness and decrease in springtime warming over east Asia[J]. Geophysical Research Letters,36(2):L02710.

JOHNSTON S E, HENRY M C, GORCHOV D L,2012. Using Advanced Land Imager (ALI) and Landsat Thematic Mapper (TM) for the detection of the invasive shrub lonicera maackii in Southwestern ohio forests [J]. GIScience & Remote Sensing, 49(3):450-462.

KAIMAL J C, FINNIGAN J J, 1994. Atmospheric Boundry Layer Flows:Their Structure and Measurement [M]. New York:Oxford University Press.

KUTZBACH J, PRELL W, RUDDIMAN W F,1993. Sensitivity of Eurasian climate to surface uplift of the Tibetan Plateau[J]. The Journal of Geology,101(2):177-190.

LEBAUER D S, TRESEDER K K, 2008. Nitrogen limitation of net primary productivity in terrestrial ecosystems is globally distributed[J]. Ecology, 89(2):371-379.

LEITH H, 1974. Phenology and Seasonality Modelling[M]. Berlin:Springer.

LHOMME J P, TROUFLEAU D, MONTENY B, et al, 1997. Sensible heat flux and radiometric surface temperature over sparse Sahelian vegetation Ⅱ. A model for the kB^{-1} parameter[J]. J Hydrol, 188-189: 839-854.

LI L, YANG S, WANG Z Y, et al,2010. Evidence of warming and wetting climate over the Qinghai-Tibet Plateau[J]. Arctic, Antarctic, and Alpine Research, 42(4):449-457.

LI Z,LIU J,TIAN B, 2012. Spatial and temporal series analysis of snow cover extent and snow water equivalent for satellite passive microwave data in the northern hemisphere (1978—2010)[C]. IEEE Int Geosci Remote Sens Sym:4871-4874.

LI J, JIANG S, WANG B, et al,2013. Evapotranspiration and its energy exchange in Alpine Meadow ecosystem on the Qinghai-Tibetan Plateau[J]. Journal of Integrative Agriculture,12(8):1396-1401.

LI H,TANG Z,WANG J,et al, 2014. Synthesis method for simulating snow distribution utilizing remotely sensed data for the Tibetan Plateau[J]. J Appl Remote Sens, 8(1):084696-1-16.

LINDERHOLM H W, 2006. Growing season changes in the last century[J]. Agricultural and Forest Meteorology, 137(1-2):1-14.

LIU H Q, HUETE A, 1995. A feedback based modification of the NDVI to minimize canopy background and atmospheric noise[J]. IEEE Transactions on Geoscience and Remote Sensing, 33(2):457-465.

LIU H Z, ZHANG H S, BIAN L G, et al, 2002. Characteristics of micrometeorology in the surface layer in the Tibetan Plateau[J]. Advances in Atmospheric Sciences,19(1):73-88.

LIU S, LI S G, YU G R, et al,2009. Surface energy exchanges above two grassland ecosystems on the Qinghai-Tibetan Plateau[J]. Biogeosciences Discussions,6:9161-9193.

LIU G S, LIU Y, HAFEEZ M, et al,2012. Comparison of two methods to derive time series of actual evapotranspiration using eddy covariance measurements in the southeastern Australia[J]. Journal of Hydrology, 454:1-6.

LIU J,LI Z, 2013. Temporal series analysis of snow water equivalent of satellite passive microwave data in northern seasonal snow classes (1978—2010)[C]. IEEE Int Geosci Remote Sens Sym:3606-3609.

LIU X F, ZHU X Q, ZHU W F, et al, 2014. Changes in spring phenology in the three-rivers headwater region from 1999 to 2013[J]. Remote Sensing, 6(9):9130-9144.

LUCE C,TARBOTON D,COOLEY K,1998. The influence of the spatial distribution of snow on basin-averaged snowmelt [J]. Hydrological Processes, 12(10-11):1671-1683.

LUO S Q, WANG J Y, POMEROY J W, et al,2020. Freeze-thaw changes of seasonally frozen ground on the Tibetan Plateau from 1960 to 2014[J]. Journal of Climate, 33(21):9427-9446.

MA K,ZHANG Y,TANG S X,et al,2016. Spatial distribution of soil organic carbon in the Zoige alpine wetland northeastern Qinghai-Tibet Plateau[J]. Catena,144:102-108.

MAKKINK G,1957. Testing the Penman formula by means of lysimeters[J]. Journal of Institute of Water Engineering,11:277-288.

MALE D, GRANGER R,1981. Snow surface energy exchange [J]. Water Resources Research, 17(3): 609-627.

MAO D H, WANG Z M, LI L, et al, 2014. Spatiotemporal dynamics of grassland aboveground net primary productivity and its association with climatic pattern and changes in northern China[J]. Ecological Indicators, 41(6):40-48.

MARKS D, WINSTRAL A, 2001. Comparison of snow deposition, the snow cover energy balance, and snowmelt at two sites in a semiarid mountain basin [J]. Journal of Hydrometeorology, 2(3):213-227.

MARKS D, REBA M, POMEROY J, et al, 2008. Comparing simulated and measured sensible and latent heat fluxes over snow under a pine canopy to improve an energy balance snowmelt model [J]. Journal of Hydrometeorology, (9)6:1506-1522.

MARTINEZ-LOZANO J, TENA F, ONRUBIA J, et al,1984. The historical evolution of the Ångström formula and its modifications:Review and bibliography[J]. Agricultural and Forest Meteorology,33:109-128.

MCGUIRE A D, STURM M, CHAPIN F S, 2003. Arctic Transitions in the Land-Atmosphere System (ATLAS):Background, objectives, results, and future directions[J]. Journal of Geophysical Research, 108 (D2):8166-8176.

MEENA D K , LIANTHUAMLUAIA L , MISHAL P , et al,2019. Assemblage patterns and community structure of macro-zoobenthos and temporal dynamics of eco-physiological indices of two wetlands, in lower gangetic plains under varying ecological regimes:A tool for wetland management[J]. Ecological Engineering, 130:1-10.

MOHAMMAT A,WANG X H,XU X T,et al,2013. Drought and spring cooling induced recent decrease in vegetation growth in Inner Asia[J]. Agriculture and Forest Meteorology,178-179:21-30.

MONJI N, HAMOTANI K, TOSA R, et al,2002. CO_2 and water vapor flux evaluations by modified gradient methods over a mangrove forest[J]. Journal of Agricultural Meteorology,58(2):63-69.

MOORE C J, 1986. Frequency response corrections for eddy correlation system [J]. Boundary-Layer Meteorology, 37(1-2):17-35.

MORISETTE J T, RICHARDSON A D, KNAPP A K, et al, 2009. Tracking the rhythm of the seasons in the face of global change:Phenological research in the 21st century[J]. Frontiers in Ecology and the Environment, 7(5):253-260.

MUNYATI C,2000. Wetland change detection on the Kafue Flats, Zambia, by classification of a multitemporal remote sensing image dataset[J]. International Journal of Remote Sensing, 21(9):1787-1806.

NAJAFI P,2007. Assessment of CropWat model accuracy for estimating potential evapotranspiration in arid and semi-arid region of Iran[J]. Pakistan Journal of Biological Sciences,10:2665-2669.

NASH L L, GLEICK P H, 1990. Sensitivity of stream flow in the Colorado Basin to climate change[J]. Journal of Hydrology, 125(1):221-241.

NELSON F E,2003. (Un)frozen in time[J]. Science, 299:1673-1675.

NIEMI G J, KELLY J R, DANZ N P, 2007. Environmental indicators for the coastal region of the north American great lakes:Introduction and prospectus[J]. Journal of Great Lakes Research, 33:1-12.

OLIPHANT A J,GRIMMOND C S B, ZUTTER H N,et al,2004. Heat storage and energy balance fluxes for a temperate deciduous forest[J]. Agricultural and Forest Meteorology,126:185-201.

PAN X B, ZHANG J Y, LUO Z K, et al, 2011. Natural wetland in China[J]. African Journal of Environmental Science and Technology, 5:45-55.

PENUELAS J, RUTISHAUSER T, FILELLA I, 2009. Phenology feedbacks on climate change[J]. Science, 324(5929):887-888.

PIAO S L, FANG J Y, ZHOU L M, et al, 2006. Variations in satellite-derived phenology in China's temperate vegetation[J]. Global Change Biology, 12(4):672-685.

PIAO S L, FRIEDLINGSTEIN P, CIAIS P, et al, 2007. Growing season extension and its impact on terrestrial carbon cycle in the Northern Hemisphere over the past 2 decades[J]. Global Biogeochemical Cycles, 21(3):GB3018.

PIAO S L, CIAIS P, HUANG Y, et al, 2010. The impacts of climate change on water resources and agriculture in China[J]. Nature, 467(7311):43-51.

PIAO S L, CUI M D, CHEN A P, et al, 2011a. Altitude and temperature dependence of change in the spring vegetation green-up date from 1982 to 2006 in the Qinghai-Xizang Plateau[J]. Agricultural and Forest Meteorology, 151(12):1599-1608.

PIAO S L,WANG X H,CIAIS P,et al,2011b. Changes in satellite-derived vegetation growth trend in temperate and boreal Eurasia from 1982 to 2006[J]. Global Change Biology,17(10):3228-3239.

POMEROY J W, TOTH B, GRANGER R J, et al, 2003. Variation in surface energetics during snowmelt in a subarctic mountain catchment [J]. Journal of Hydrometeorology, 4(4):702-719.

QIN Y, CHEN J S, YANG D W, et al,2018. Estimating seasonally frozen ground depth from historical climate data and site measurements using a bayesian model[J]. Water Resources Research, 54(7):4361-4375.

RAMANATHAN R K, RAMDAS L A,1935 Derivation of angstrom's formula for atmospheric radiation and some general considerations regarding nocturnal cooling of air-layers near the ground[J]. Proceedings of the Indian Academy of Science,11:822-829.

RAUSTE Y, ASTOLA H, HAME T, et al, 2007. Automatic monitoring of autumn colours using MODIS data[C]. IEEE International Geoscience and Remote Sensing Symposium:1295-1298.

REED B C, SCHWARTZ M D, XIAO X M, 2009. Remote sensing phenology:Status and the way forward [M]//NOORMETS A. Phenology of Ecosystem Processes. Dordrecht:Springer, 231-246.

RICHARDSON A D, HOLLINGER D Y, DAIL D B, et al, 2009. Influence of spring phenology on seasonal and annual carbon balance in two contrasting New England forests[J]. Tree Physiology, 29(3):321-331.

RICHARDSON A D, ANDERSON R S, ARAIN M A, et al, 2012. Terrestrial biosphere models need better representation of vegetation phenology: Results from the North American Carbon Program Site Synthesis [J]. Global Change Biology, 18(2):566-584.

RODRIGUEZ-ITURBE I, 2000. Ecohydrology: A hydrological perspective of climate-soil-vegetation dynamics [J]. Water Resour Res, 36(1):3-9.

ROSENBERRY D O, STANNARD D I, WINTER T C, et al, 2004. Comparison of 13 equations for determining evapotranspiration from a prairie wetland, Cottonwood Lake area, North Dakota, USA[J]. Wetlands, 24:483-497.

ROSENZWEIG C, CASASSA G, KAROLY D J, 2007. Assessment of Observed Changes and Responses in Natural and Managed Systems[M]. New York: Cambridge University Press.

ROUSE J W, HAAS R H, SCHELL J A, et al, 1974. Monitoring vegetation systems in the great plains with ERTS[R]. Washington D C: NASA.

SANDERSON J S, COOPER D J, 2008. Ground water discharge by evapotranspiration in wetlands of an arid intermountain basin[J]. Journal of Hydrology, 351:344-359.

SCHOTANUS P, NIEUWSTADT F T M, DEBRUIN H A R, 1983. Temperature measurement with a sonic anemometer and its application to heat and moisture fluctuations [J]. Boundary-Layer Meteorology, 26(1): 81-93.

SEILHEIMER T S, MAHONEY T P, CHOW-FRASER P, 2009. Comparative study of ecological indices for assessing human-induced disturbance in coastal wetlands of the Laurentian Great Lakes[J]. Ecological Indicators, 9(1):81-91.

SHABANOV N, ZHOU L, KNYAZIKHIN Y, et al, 2002. Analysis of inter-annual changes in northern vegetation activity observed in AVHRR data from 1981 to 1994[J]. IEEE Transactions on Geoscience and Remote Sensing, 40(1):115-130.

SHEN M G, ZHANG G X, CONG N, et al, 2014. Increasing altitudinal gradient of spring vegetation phenology during the last decade on the Qinghai-Tibetan Plateau[J]. Agricultural and Forest Meteorology, 189: 71-80.

SHEN M G, PIAO S L, DORJI T, et al, 2015. Plant phenological responses to climate change on the Tibetan Plateau: Research status and challenges[J]. National Science Review, 2(4):454-467.

SINCLAIR T, ALLEN J L, LEMON E, 1975. An analysis of errors in the calculation of energy flux densities above vegetation by a Bowen-ratio profile method[J]. Boundary-Layer Meteorology, 8:129-139.

STOCKTON C W, BOGGESS W B, 1979. Geohydrological implications of climate change on water resource development[R]. Fort Belvoir, Virginia: U S Army Coastal Engineering Research Center.

STOW D, HOPE A, MCGUIRE D, et al, 2004. Remote sensing of vegetation and land-cover change in Arctic Tundra Ecosystems[J]. Remote Sensing of Environment, 89:281-308.

SUN B, WANG H J, 2018a. Interannual variation of the spring and summer precipitation over the Three River Source Region in China and the associated regimes[J]. Journal of Climate, 31(18):7441-7457.

SUN B, WANG H J, 2018b. Enhanced connections between summer precipitation over the Three-River-Source region of China and the global climate system[J]. Climate Dynamics, 52(5-6):3471-3488.

TANAKA K, TAMAGAWA I, ISHIKAWA H, et a1, 2003. Surface energy budget and closure of the eastern Tibetan Plateau during the GAME-Tibet IOP 1998[J]. Journal of Hydrology, 283:169-183.

TANG Y H, WAN S Q, HE J S, et al, 2009. Foreword to the special issue: Looking into the impacts of global warming from the roof of the world[J]. Journal of Plant Ecology, 2(4):169-171.

TANG Z, WANG J, LI H, 2013. Monitoring snow cover changes and their relationships with temperature over the Tibetan Plateau using MODIS data [C]. IEEE Int Geosci Remote Sens Sym: 1178-1181.

TANG J W, KORNER C, MURAOKA H, et al, 2016. Emerging opportunities and challenges in phenology: A review[J]. Ecosphere, 7(8):e01436.

TOAN T L, QUEGAN S, DAVIDSON M M J, et al, 2011. The biomass mission: Mapping global forest biomass to better understand the terrestrial carbon cycle[J]. Remote Sensing of Environment, 115(11): 2850-2860.

TOOGOOD S E, JOYCE C B, 2009. Effects of raised water levels on wet grassland plant communities[J]. Applied Vegetation Science, 12(3):283-294.

TRIBBECK M J, GURNEY R J, MORRIS E M, et al, 2004. A new Snow-SVAT to simulate the accumulation and ablation of seasonal snow cover beneath a forest canopy [J]. Journal of Glaciology, 50(169):171-182.

TROUFLEAU D, LHOMME J P, MONTENY B, et al, 1997. Sensible heat flux and radiometric surface temperature over sparse Sahelian vegetation. I. An experimental analysis of the kB^{-1} parameter[J]. J Hydrol, 188-189:815-838.

VAN DE GRIEND A, OWE M, GROEN M, et al, 1991. Measurement and spatial variation of thermal infrared surface emissivity in a savanna environment[J]. Water Resources Research, 27 (3):371-379.

WANG Z, ZENG X B, 2008. Snow albedo's dependence on solar zenith angle from in situ and MODIS data [J]. Atmos Ocean Sci Lett, 1(1):45-50.

WANG C T, LONG R J, WANG Q L, et al, 2010. Fertilization and litter effects on the functional group biomass, species diversity of plants, microbial biomass, and enzyme activity of two alpine meadow communities [J]. Plant and Soil, 331(1-2):377-389.

WANG T, PENG S S, LIN X, et al, 2013. Declining snow cover may affect spring phenological trend on the Tibetan Plateau[J]. Proceedings of the National Academy of Sciences, 110(31):E2854-E2855.

WEBB E K, PEARMAN G I, LEUNING R, 1980. Correction of the flux measurements for density effects due to heat and water vapour transfer [J]. Quarterly Journal of the Royal Meteorological Society, 106 (447):85-100.

WHITE M A, DE BEURS K M, DIDAN K, et al, 2009. Intercomparison, interpretation, and assessment of spring phenology in North America estimated from remote sensing for 1982—2006[J]. Global Change Biology, 15(10):2335-2359.

WILHITE D, 2000. Drought as a Natural Hazard: Concepts and Definitions [M]. London and New York: Routledge: 3-18.

WILLMOTT C J, 1982. Some comments on the evaluation of model performance[J]. Bulletin of the American Meteorological Society, 63:1309-1313.

WINTER T, ROSENBERRY D, STURROCK A, 1995. Evaluation of 11 equations for determining evaporation for a small lake in the north central United States[J]. Water Resources Research, 31:983-993.

WU A M, NI Y Q, 1999. The effects of Tibetan Plateau on the anomalous variation of Asian monsoon in a coupled ocean-atmosphere system[J]. Acta Meteorology Sinica, 13 (1):21-34.

WU G X, LIU Y M, DONG B W, et al, 2012. Revisiting Asian monsoon formation and change associated with Tibetan Plateau forcing: I. Formation[J]. Climate Dynamics, 39(5):1169-1181.

WU G X, DUAN A M, LIU Y M, et al, 2015. Tibetan Plateau climate dynamics: Recent research progress and outlook[J]. National Science Review, 2(1):100-116.

XI W J, WANG J L, CHEN H F, et al, 2010. Functional assessment of typical wetlands in Shangri-La[J]. Journal of Landscape Research, 2:74-78.

XU Y, GAO X J, SHEN Y, et al, 2009. A daily temperature dataset over China and its application in validating a RCM simulation[J]. Advances in Atmospheric Sciences, 26(4):763-772.

XU D,GUO X,2013. A Study of soil line simulation from landsat images in mixed grassland[J]. Remote Sensing,5(9): 4533-4550.

YANG K, KOIKE T, ISHIKAWA H, et al, 2008. Turbulent flux transfer over bare-soil surfaces:Characteristics and parameterization[J]. J Appl Meteor Climatol, 47(1):276-290.

YANG K, GUO X F, HE J, et al, 2011. On the climatology and trend of the atmospheric heat source over the Tibetan Plateau:An experiments supported revisit[J]. Journal of Climate, 24:1525-1541.

YANG K, WU H, QIN J, et al, 2014. Recent climate changes over the Tibetan Plateau and their impacts on energy and water cycle:A review[J]. Global and Planetary Change, 112:79-91.

YAO J M, ZHAO L, DING Y J, et al,2008. The surface energy budget and evapotranspiration in the Tanggula region on the Tibetan Plateau[J]. Cold Reg Sci Technol, 52(3):326-340.

YAO T D, THOMPSON L, YANG W, 2012. Different glacier status with atmospheric circulations in Tibetan Plateau and surroundings[J]. Nature Climate Change, 2:663-667.

YOU Q L, FRAEDRICH K, REN G Y, et al, 2013. Variability of temperature in the Tibetan Plateau based on homogenized surface stations and reanalysis data[J]. International Journal of Climatology, 33(6): 1337-1347.

YOU Q L, CHEN D L, WU F Y, et al, 2020. Elevation dependent warming over the Tibetan Plateau:Patterns, mechanisms and perspectives[J]. Earth-Science Reviews, 210: 103349, doi: 10. 1016/j. earscirev. 2020. 103349.

YU Z, LIU S R, WANG J X, et al, 2013. Effects of seasonal snow on the growing season of temperate vegetation in China[J]. Global Change Biology, 19(7):2182-2195.

ZENG B, DICKINSON R E, 1998. Effect of surface sublayer on surface skin temperature and fluxes[J]. J Climate,11(4):537-550.

ZHAI P M, ZHANG X B, WAN H, et al, 2005. Trends in total precipitation and frequency of daily precipitation extremes over China[J]. Journal of Climate, 18:1096-1108.

ZHANG X Y, FRIEDL M A, SCHAAF C B,et al, 2003. Monitoring vegetation phenology using MODIS[J]. Remote Sensing of Environment, 84(3):471-475.

ZHANG G L, ZHANG Y J, DONG J W, et al, 2013. Green-up dates in the Tibetan Plateau have continuously advanced from 1982 to 2011[J]. Proceedings of the National Academy of Sciences of the United States of America, 110(11):4309-4314.

ZHANG H B, ZHANG F, ZHANG G Q, et al, 2019. Ground-based evaluation of MODIS snow cover product V6 across China:Implications for the selection of NDSI threshold[J]. Science of the Total Environment, 651(Pt2):2712-2726.

ZHAO H Y, HAO X H, WANG J, et al, 2020. The spatial-spectral-environ-mental extraction endmember algorithm and application in the MODIS fractional snow cover retrieval[J]. Remote Sensing,12(22):3693, doi:10. 3390/rs12223693.

ZHONG X Y, ZHANG T J, ZHENG L, et al, 2018. Spatiotemporal variability of snow depth across the Eurasian continent from 1966 to 2012[J]. The Cryosphere, 12(1):227-245.

ZIMOV S A, SCHUUR E A G, CHAPIN F S III,2006. Permafrost and the global carbon budget[J]. Science, 312:1612-1613.

ZOU D F, ZHAO L, SHENG Y, et al,2017. A new map of permafrost distribution on the Tibetan Plateau [J]. The Cryosphere, 11(6):2527-2542.

附录 A

A.1 青藏高原概况

青藏高原南起喜马拉雅山脉南缘，北至昆仑山、阿尔金山和祁连山北缘，西部为帕米尔高原和喀喇昆仑山脉，东及东北部与秦岭山脉西段和黄土高原相接，地处 26°00′～39°47′N，73°19′～104°47′E，东西长约 2.8×10^3 km，南北宽 3.0×10^2～1.5×10^3 km，总面积约 2.5×10^6 km^2，地形上可分为藏北高原、藏南谷地、柴达木盆地、祁连山地、青海高原[①]和川藏高山峡谷区 6 个部分(孙鸿烈 等，2012；张镱锂 等，2017)，主要包括中国西藏全部和青海、新疆、甘肃、四川、云南的部分地区(图 A.1)。其自然历史发育极其年轻，受多种因素共同影响，东南部属于暖湿性气候，西北部属干冷性气候，具有太阳辐射强、气温低、气温日较差大、年变化小、干湿季节分明等特点；年降水量为 486 mm，年均温在−5.6～8.6 ℃之间，年日照时数为 2300～3600 h。高原上冻土广布，植被多为草地植被(卓嘎 等，2018)。

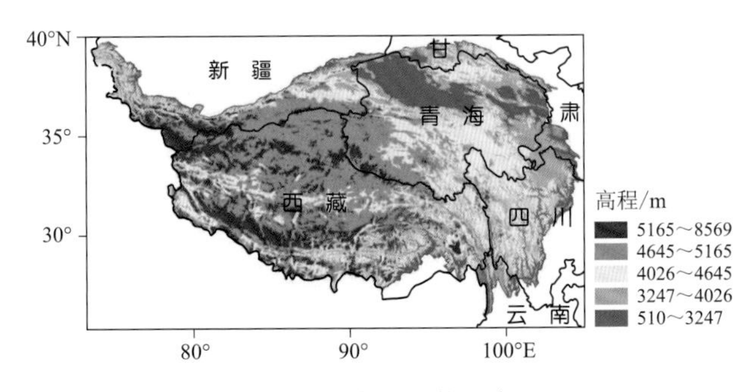

图 A.1 研究区地势及高程

A.2 青海省基本情况

青海省位于中国西部，青藏高原东北部，地处 89°35′～103°04′E，31°39′～39°19′N，海拔为 1650～6860 m。属于典型的高原大陆性气候，具有寒冷期长、太阳辐射强、气温日差较大、干旱少雨、降水比较集中等特点。根据青海气象观测资料分析，多年平均降水量为 16.2～746.9 mm，

① 青海高原代表青藏高原青海省内区域。

平均气温为-6～9 ℃，太阳辐射量高达 5400～7600 MJ/m²，全年盛行偏西风和偏东风。省域北部与蒙新高原相接，东部与黄土高原交汇，境内有中国地势最高的内陆盆地——柴达木盆地，最大的内陆咸水湖——青海湖，长江、黄河、三江源的发源地——三江源及生物资源和农业资源较丰富的东部农业区(图 A.2)。

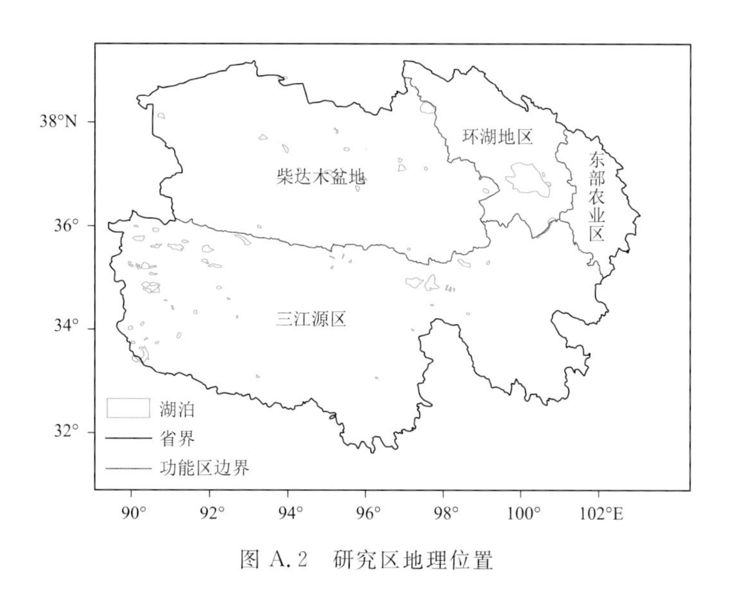

图 A.2　研究区地理位置

A.3　三江源区基本情况

三江源区是长江、黄河、澜沧江的河源地，源区内河流密布，湖泊、沼泽众多，雪山冰川广布，是世界上海拔最高、面积最大、湿地类型最丰富的地区。三江源区属典型的高原大陆性气候，表现为冷热两季交替，干湿两季分明，年温差小，日温差大，日照时间长，辐射强烈，四季区分不明显。冷季为青藏冷高压控制，长达 7 个月，热量低，降水少，风沙大；暖季受西南暖湿气流的影响，水气充沛，降水量多。由于海拔较高，绝大部分地区空气稀薄，植物生长期短。该区年平均温为-5.6～4.9 ℃，年均降水量为 391.7～764.0 mm，年蒸发量为 730～1700 mm，年日照时数为 2300～2900 h，年辐射量为 5500～6800 MJ/m²，沙暴日数约为 19 d(郭佩佩 等，2013)。

A.4　柴达木盆地概况

柴达木盆地(简称“盆地”)地处青南高原的江河源头，位于青海省西北部，主要在海西蒙古族藏族自治州，被南部昆仑山、西部阿尔金山、东北部祁连山环抱，属封闭性的巨大山间断陷盆地。盆地介于 90°16′～99°16′E、35°00′～39°20′N 之间，略呈三角形，东西长约 800 km，南北宽约 300 km，面积约 24 万 km²，为中国三大内陆盆地之一。因其盛产铁矿、铜矿、锡矿、盐矿等多种矿物，故被称为“聚宝盆”。柴达木盆地密集分布的湖泊是维系盆地绿洲生态系统稳定关键环境要素，对于平衡柴达木盆地水资源供给、提高生物多样性、保障生态系统服务等具有不可替代的作用，同时，盆地湖泊富含钾、钠、镁、锂、硼等矿产资源，资源价值潜力巨大。

A.5 青海湖研究区概况

青海湖地处青藏高原东北隅，属高原半干旱高寒气候，流域面积 29610 km^2，地势从西北向东南倾斜，湖泊及湖滨平原面积为 6936 km^2。青海湖区多年平均气温－0.7 ℃，并呈南高北低的分布趋势。区内温性植被和高寒植被共存，流域内草场资源丰富为畜牧业提供了良好的条件，是青海省重要的畜牧业生产基地之一。湖区降水多年平均值为 319～395 mm，周围山区年降水量大于 400 mm，多年平均蒸发量为 800～1100 mm。蒸发量年内分配不均，年际变化较小。以各出口水文站为准，进入湖滨及湖泊的多年平均地表水资源量为 14.57 亿 m^3，其中 5 条较大河流布哈河、沙柳河、哈尔盖河、乌哈阿兰河及黑马河的径流量占入湖地表径流量的 83%，不重复的地下水资源量为 7.8 m^3，河水补给主要以大气降水以及少量冰雪融水为主。

A.6 黄河源区研究区概况

黄河源区(95°30′～103°30′E，32°30′～36°00′N)位于青藏高原东北部。水文上界定黄河干流唐乃亥断面以上集水区域称为河源区。源区水系发育完全，支流众多，属寒湿类高山气候，该地区海拔较高，地形复杂，传统测站和雷达覆盖范围都比较有限。

A.7 玉树地区研究区概况

玉树地区地理位置大致介于 89°27′～97°39′E、31°45′～36°10′N 之间，平均海拔在 4200 m 以上，在青藏高原腹地构成了自成体系的自然区域，境内有“三江源国家公园”“中国面积最大世界自然遗产地——可可西里自然保护区”等。同时该地区也是自然生态系统中最敏感、最脆弱的地区，自然环境变化已引起各级政府部门和许多学者的关注。气候变化带来的冻土变化不仅加剧高寒沼泽湿地和湖泊的萎缩、高寒草地沙漠化和荒漠化等(黄以职 等，1993；罗栋梁 等，2014a；张山清 等，2013)，也对各种工程引起严重影响(朱春鹏 等，2004)。目前，在全球气候变暖的背景下，对玉树地区季节冻土的变化规律还没有进行更多细致的研究，本研究将采用最新的玉树地区最大冻土深度资料来分析本区域冻土变化特征，以明确玉树地区季节冻土深度变化对气候变暖响应规律，以期为该地区生态环境保护和经济建设提供科学的参考依据。

A.8 曲麻莱县研究区概况

曲麻莱县位于青海省玉树藏族自治州的东北部，是全省主要牧业基地之一，草地类型为高寒草地。地处青南高原江河源头，西起唐古拉、东至扎陵湖，横跨通天河(长江)、黄河两大水系，因境内有“曲麻河”(楚马尔河)而得名。境内西北部为宽谷大滩，地域辽阔，大小湖泊星罗棋布，东南重山叠岭，县域内平均海拔 4500 m 以上。具有典型的高原大陆性气候特征，气候寒冷干燥、多风少雨，冬季漫长而夏季短暂，年均气温低于 0 ℃，雨热同期，年均降水量 400 mm 左右，主要集中在植被生长季的 6—8 月。

A.9 唐古拉山研究区概况

唐古拉山位于青藏高原腹地的长江源头——唐古拉山以北的唐古拉山乡(33°40′～34°57′N，91°～93°E)。其行政区由海西蒙古族藏族自治州的格尔木市代管，辖区面积为 587×10^4 hm^2，占格尔市总面积的 41%。平均海拔 5300 m，区域内地势高亢，空气稀薄、高寒缺氧，含氧量只有标准大气压下的 48%。暖季温凉湿润而短暂，冷季漫长而干寒，无四季之分，只有冷暖季之别，属深层内陆高寒山区。唐古拉山北坡上冰川非常发达，有大小冰川 393 条，植被主要有高山草甸、高寒草原及高寒沼泽化草甸(杨建平 等，2007)。长江源头地区是长江流域的主要水源涵养区，也是气候变化的敏感区和脆弱带；同时还是中国海拔最高的天然湿地和生物多样性分布区，以及生物物种形成、演化的区域之一。近几十年来，在全球气候变化和人类活动的综合影响下，长江源头的各类湿地出现显著的变化，其中沼泽型湿地退化已成为高原生态环境逐步退化的重要标志之一。长江源区的湿地退化主要表现为：湖泊水位下降，湖泊湿地面积缩小；源头水量逐年减少，河流出现断流，河流湿地呈现萎缩，影响到下游地区生产、生活的安全和发展；沼泽湿地大面积缩小、水源涵养功能下降，湿地植被群落结构发生明显的演变，生物多样性受到威胁和破坏。

A.10 卓乃湖研究区概况

卓乃湖位于青海省玉树州治多县西部、昆仑山脉南侧，属可可西里腹地，海拔 4400 m 以上，其地势西高东低，海拔落差达 300 m。卓乃湖、库赛湖、海丁诺尔湖和盐湖均为内流湖，2011 年 9 月 14 日卓乃湖发生大溃决，引发洪水灾害，随后其面积急剧减小，大量湖水外泄，外流湖水向东先后流经库赛湖和海丁诺尔湖，最后注入盐湖，导致四个湖泊串连成一体，盐湖面积显著增大。上述四个湖泊中，卓乃湖和库赛湖为盐水湖，而海丁诺尔湖和盐湖则为高浓度盐分的咸水湖。

A.11 中国气象局海北高寒草原生态气象野外试验站

中国气象局海北高寒草原生态气象野外试验站位于青海湖东北部的海晏县，地理坐标为 100°51′E、36°57′N。海拔为 3140 m，年平均气温为 0.5 ℃，年平均降水量为 391.9 mm，年日照时间为 2912.7 h，平均无霜期为 48 d，土壤类型为沙壤土，土壤垂直剖面 0～30 cm 为粉壤土、30～50 cm 为黏壤土。天然草地主要优势种牧草有禾本科的紫花针茅(*Stipa Purpurea*)、西北针茅(*S. krylovii*)、落草(*Koeleria Cristata*)、冷地早熟禾(*Poa Crymophila*)、赖草(*Leymusse Calinus*)，莎草科的矮嵩草(*Kobresia Humilis*)、苔草(*Carex Montana*)，菊科的猪毛蒿(*Artemisia Scoparia*)、紫菀(*Aster Tataricus*)，豆科的斜茎黄芪(*Astragalus Adsurgens*)、扁蓿豆(*Pocockia Ruthenica*)等(魏永林 等，2009)。

A.12 中国气象局玛沁高寒草甸生态气象野外试验站

中国气象局玛沁高寒草甸生态气象野外试验站位于中国青海省果洛州玛沁县(34°26′N,100°17′E)境内(图 A.3),海拔为 3760 m,下垫面为高寒草甸。该站建立时间为 2016 年 7 月。观测物理量包括空气温度、空气湿度、风速、风向、降水量、短波辐射、长波辐射、土壤温度、土壤湿度、土壤热通量、水汽和 CO_2 通量等。表 A.1 给出了玛沁观测站的观测要素及架设高度。

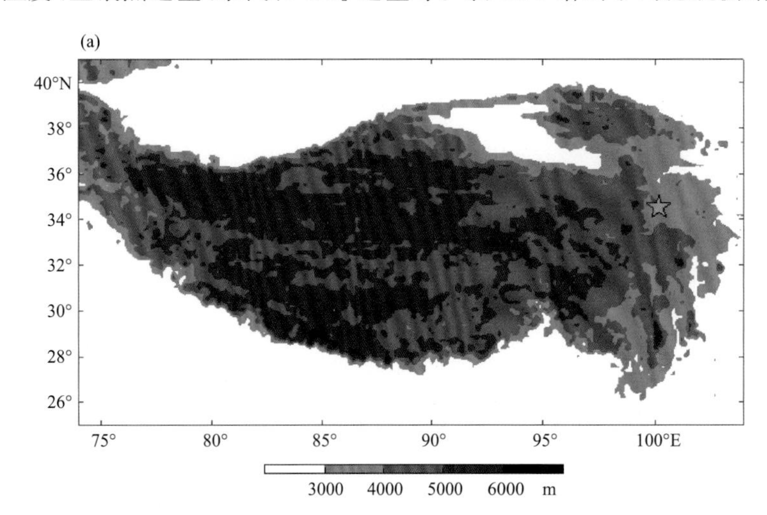

图 A.3 玛沁观测站位置(a)和照片(b)

表 A.1 观测要素及架设高度

观测要素	高度/深度
风速、风向	2 m
空气温度	2 m
空气湿度	2 m
辐射四分量	1.5 m
三维超声风速	2 m
超声虚温	2 m
土壤温度	2 cm、10 cm、20 cm、30 cm、40 cm
土壤体积含水量	2 cm、10 cm、20 cm、30 cm、40 cm
土壤热通量	8 cm,15 cm
水汽、CO_2 通量	2 m

研究所用降雪过程观测资料的时间段为 2018 年 2 月 15—23 日和 2018 年 3 月 11—15 日。两次降雪过程期间玛沁微气象观测站数据较完整。感热通量和潜热通量是由三维超声风温仪和红外气体分析仪观测得到的 10 Hz 风速、温度和比湿脉动值运用涡动相关法计算得到。由于涡动相关系统容易受到降水天气的影响导致通量观测数据出现异常,因此在对观测资料

进行分析之前，去除因仪器故障、天气原因等产生的野点，舍弃质量较差的数据（徐自为 等，2009；葛红星 等，2016）。将涡动相关系统测量数据按 30 min 长度分割，对原始通量数据进行平面拟合校正（Kaimal et al.，1994），高频和低频损失修正（Moore，1986），然后对感热通量进行超声虚温订正（Schotanus et al.，1983），对潜热通量进行 WPL 订正（Webb et al.，1980）。

A.13 中国气象局兴海高寒草原生态气象野外试验站

中国气象局兴海高寒草原生态气象野外试验站设在青海省海南州兴海县气象局野外生态观测场（99°59′55″E，35°35′59″N）。属典型高原大陆性季风气候，气候寒冷，四季不分明，冷热季节温差大，蒸发量大，光照充足，是典型的高海拔冻土区；该区年平均气温为 1.7 ℃，年均降水量为 377.8 mm，年均相对湿度为 51%，年均无霜期为 41 d，全年日照时数为 2675.8 h，年均蒸发量为 1549.4 mm，年均风速为 2.3 m/s，年均雷暴日数为 49 d；该区植物主要以禾本科的西北针茅（*Stipa Sareptana*）、赖草（*Leymus Secalinus*）、青海固沙草（*Orinus Kokosorica*）和垂穗披碱草（*Elymus Nutans*）等优势种为主，还有风毛菊（*Saussurea Japonica*）、蚓果芥（*Torularia Humilis*）、火绒草（*Leontopodium Leontopodioides*）、多枝黄芪（*Astragalus Polycladus*）、条叶银莲花（*Anemone Trullifolia*）、鹅绒萎陵菜（*Potentilla Anserina*）、黄花棘豆（*Leguminosae*）、高山韭（*Allium Sikkimense*）等伴生种；土壤类型为栗钙土。

A.14 中国气象局隆宝高寒湿地生态气象野外试验站

中国气象局隆宝高寒湿地生态气象野外试验站位于青海省玉树市隆宝滩湿地，是“国家级黑颈鹤自然保护区”，地理坐标 33°12′N、96°30′E，海拔为 4208 m，年平均气温为 2.9 ℃，年平均降水量为 480 mm。湿地为一片高山草甸沼泽区，面积 45 km^2，由隆宝湖及益曲穿过沼泽区低洼地形成的 5 个淡水湖及众多小湖组成。隆宝湖水域面积约 5 km^2，平均水深 5～6 m，最深处为 20 m。隆宝滩湿地分布有典型高寒沼泽湿地，主要牧草种类以莎草科植物为主，有藏嵩草（*Kobresia Tibetica*）、小嵩草（*Kobrecia Parva*）、矮嵩草（*Kobresia Humilis*），土壤为高寒沼泽地。高寒湿地由于过度放牧、气候干旱等原因，近年来呈高寒沼泽湿地—高寒草甸—黑土滩的退化趋势。

A.15 青海省气象台站分布

气象资料来源于青海省气象信息中心。气象资料包括青海省 50 个气象台站 1961—2010 年月平均气温（℃）、月平均最高气温（℃）、月平均最低气温（℃）、月降水（mm）、月平均相对湿度（%）、月日照百分率（%）、月平均风速（m/s）等要素资料，气象台站海拔、经纬度资料。高程（1∶25 万）资料来源于青海省气象科学研究所。其中，50 个站点包括茫崖等 16 个基准站、德令哈等 19 个基本站、天峻等 15 个一般站，建站年代大部分在 20 世纪 50、60 年代。站点的分布参见图 A.4。

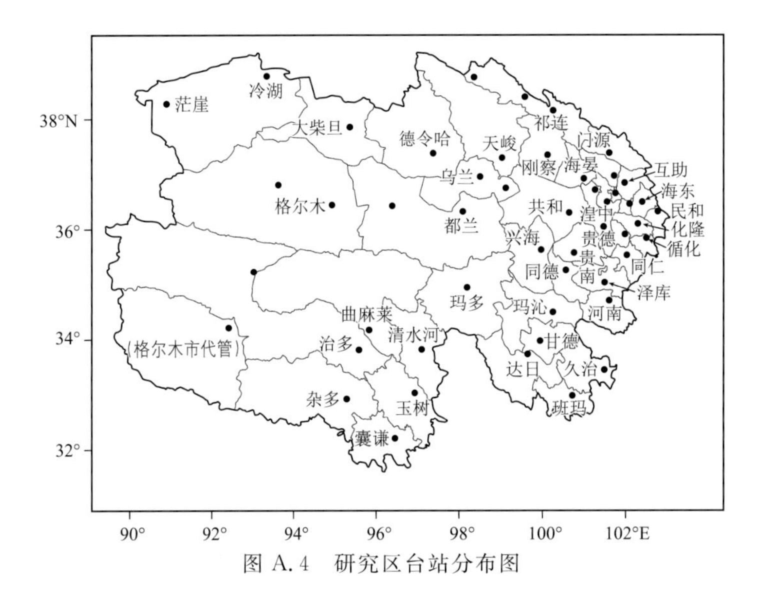

图 A.4 研究区台站分布图

A.16 三江源区气象台站基本信息

三江源区气象台站基本信息如表 A.2 所示。

表 A.2 三江源区气象台站基本信息

站名	站号	纬度/N	经度/E	海拔/m	草地类型
兴海	52943	35°35′	99°59′	3324	温性草原、高寒草甸
同德	52957	35°16′	100°39′	3290	温性草原、高寒草原
泽库	52968	35°02′	101°28′	3663	高寒草原、高寒草甸
五道梁	52908	35°13′	93°05′	4614	高寒草原、高寒荒漠
沱沱河	56004	34°13′	92°26′	4534	高寒草原、高寒荒漠
治多	56016	33°51′	95°36′	4181	高寒草原、高寒草甸
杂多	56018	32°54′	95°18′	4068	高寒草原、高寒草甸
曲麻莱	56021	34°08′	95°47′	4176	高寒草原、高寒草甸
玉树	56029	33°01′	97°01′	3682	高寒草原、高寒湿地
玛多	56033	34°55′	98°13′	4273	高寒草原、高寒草甸
清水河	56034	33°48′	97°08′	4417	高寒草原、高寒草甸
玛沁	56043	34°28′	100°15′	3720	高寒草原、高寒草甸
甘德	56045	33°58′	99°54′	4051	高寒草原、高寒草甸
达日	56046	33°45′	99°39′	3968	高寒草原、高寒草甸
河南	56065	34°44′	101°36′	3501	高寒草原、高寒草甸
久治	56067	33°26′	101°29′	3630	高寒草原、高寒草甸
囊谦	56125	32°12′	96°29′	3645	高寒草原、高寒草甸
班玛	56151	32°56′	100°45′	3530	高寒草原、高寒草甸

A.17 青藏高原 MODIS NDVI 数据来源及处理

本书中 MODIS NDVI 数据来自美国 LP DAAC 数据中心(http://lp-daac.usgs.gov/main.asp)MODIS 仪器提供的 2003—2017 年 6—8 月逐旬 NDVI 数据,分辨率为 1 km,数据格式为 HDF-EOS,投影方式为 Sinusoidal。数据的合成、再投影处理通过 MRT 和投影软件 ENVI 实现。根据青藏高原范围将下载的 MODIS 数据进行拼接,使其投影为标准的经纬度网格坐标,将软件输出的 MODIS 资料保存为 GEOTIF 格式;在 ENVI 里完成青藏高原矢量边界裁剪,获得研究区的 NDVI 数据。

A.18 MOD13Q1 数据

本书所利用的遥感数据来自美国 NASA 网站(https://ladsweb.nascom.nasa.gov/data/search.html) MOD13Q1 陆地专题的产品,其中 h25v5、h26v5 文件覆盖青海省,收集 2000—2015 年生长季(6—9 月)MODIS16 天合成产品,空间分辨率为 250 m。利用 MRT 工具(MODIS Reprojection Tool)将原始数据 Sinusoidal 投影转换成 WGS84/Albers 正轴等面积双标准纬线圆锥投影。

采用最大合成法(崔林丽 等,2009)MVC(Maximum Value Composites)获取生长季 NDVI 数据,如此可最大限度地消除云、大气、太阳高度角的影响,合成逐年最大值时选取像元可靠性为 0 和 1 的数据,得到高质量的 NDVI 数据集,并利用青海省矢量边界图裁剪出 2000—2015 年逐年最大 NDVI 栅格图像,书中 NDVI 无特殊说明的情况下均为年最大 NDVI。

A.19 植被观测试验设置及方法

考虑到气象监测数据与牧草产量数据的同质性,有针对性地选取距气象监测站点较近、地势较为平坦的区域作为研究样地。样地面积大小为 10 km×10 km,进行围栏封育,属冬季放牧草场。随机在样地内设置 4 个小区(A、B、C 和 D),小区大小为 50 m×50 m,间距为 0.5 km;每 1 个小区又设置 4 个(1、2、3 和 4)重复。每一重复随机设置 1 个大小为 1 m×1 m 的样方进行长期定位监测,共计 60 个小区,240 个样方。本研究主要调查了该区牧草高度、盖度以及地上生物量。地上生物量采用传统的刈割法,为提升草地植被的再生和恢复能力,地上生物量仅刈割样方的 1/4;盖度利用针刺法测得。

A.20 径流模数

径流模数是表征研究流域径流量的特征值,径流模数(M)表示单位面积上的平均径流量($\mathrm{L/(s\cdot km^2)}$):

$$M = \frac{1000Q}{A} \tag{A.1}$$

式中，Q 为研究时段内的平均流量(m^3/s)，A 为流域面积(km^2)。

A.21 径流系数

径流系数(α)是表征流域在某一时段内产流特征的基本参数，为任意时段内径流深度 R(mm)与同时段内降水深度 P(mm)的比值：

$$\alpha = \frac{R}{P} \tag{A.2}$$

A.22 趋势分析方法

最小二乘法(何月 等，2012)常被用于拟合 NDVI 随时间的变化速率。以时间作为自变量 t，把 NDVI 作为因变量 y，拟合的直线方程为 $y=a+bt$，a 为 NDVI 平均值，b 为 NDVI 随时间 t 变化的线性回归系数。按照最小二乘法分析每个像元内的时间变化特征，当 $b>0$ 时，NDVI 在这 16 a 间的变化趋势是增加的；反之则是减少。即 b 的统计学意义是 NDVI 逐年增加(或减少)一个单位：

$$b = \frac{n \times \sum_{i=1}^{n} i \times \mathrm{NDVI}_i - \sum_{i=1}^{n} i \sum_{i=1}^{n} \mathrm{NDVI}_i}{n \times \sum_{i=1}^{n} i^2 - \left(\sum_{i=1}^{n} i\right)^2} \tag{A.3}$$

式中，变量 i 为 1～16 的年序号，NDVI_i 表示第 i 年的最大化 NDVI 值。利用 NDVI 序列和时间序列(a)的关系来判断 NDVI 年际间变化的显著性，$b>0$，表示 NDVI 在这 16 a 间的变化趋势是上升的；反之则下降。趋势的显著性检验采用 F 检验，显著性仅代表趋势性变化可置信程度的高低，与变化快慢无关。统计量计算公式为：

$$F = \frac{U}{Q} \times (n-2) \tag{A.4}$$

式中，$U = \sum_{i=1}^{n} (\hat{y}_i - \bar{y})^2$ 称为回归平方和，$Q = \sum_{i=1}^{n} (y_i - \hat{y}_i)^2$，$y_i$ 为第 i 年的 NDVI 实际观测值，$\hat{y}_i$ 为其回归值，$\bar{y}$ 为 16 a NDVI 平均值，n 为年数，取值 1～16(每个像元对应 16 组 NDVI 序列)。根据检验结果的显著性将变化趋势分为如下 5 个等级：极显著减少($b<0$，$P<0.01$)；显著减少($b<0$，$0.01<P<0.05$)；变化不显著($P>0.05$)；显著增加($b>0$，$0.01<P<0.05$)；极显著增加($b>0$，$P<0.01$)。

A.23 变异系数

变异系数(Coefficient of Variation，CV)反映变异程度，广泛应用于波动水平的分析中，即标准差与平均值的比值：

$$\mathrm{CV} = \frac{\mathrm{SD}_{\mathrm{NDVI}}}{\overline{\mathrm{NDVI}}} \tag{A.5}$$

式中，$\mathrm{SD}_{\mathrm{NDVI}}$ 为逐年 NDVI 的标准差；$\overline{\mathrm{NDVI}}$ 为逐年 NDVI 的平均值。CV 值消除了单位和平

均值不同对 2 个或多个变量变异程度比较的影响。本研究采用变异系数分析 16 a 间青海省逐个像元的 CV 值，揭示草原植被稳定性变化特征。并按几何间隔法将稳定性分为 5 类：高稳定(CV 为 0～0.054)、较高稳定(CV 为 0.054～0.061)、中等稳定(CV 为 0.061～0.114)、较低稳定(CV 为 0.114～0.520)、低稳定(CV 为 0.520～3.591)。

A.24 最大值合成法

最大值合成法(Maximum Synthesis Method)是目前国际上通用的最大合成法，采用该方法取一个月每旬的数据最大值为月值，进一步消除云、大气和太阳高度角的干扰(Hope et al.，2003；Stow et al.，2004)。此法假设一个月每旬中 NDVI 值最大的那一天天气是晴朗的，不受云层的影响，就取这个最大值作为月 NDVI 值，计算公式如下：

$$\mathrm{NDVI}_i = \mathrm{Max\ NDVI}_{ij} \tag{A.6}$$

式中，NDVI_i 为第 i 月的 NDVI 值，NDVI_{ij} 为第 i 月第 j 旬的 NDVI 值，可以认为 NDVI_i 是一个月内植被最丰盛时期的 NDVI 值(Hope et al.，2003)。利用式(A.6)方法依次获得年和季节 NDVI 值，然后采用公式 NDVI＝0.004DN－0.1 将其转化为真实 NDVI 值。NDVI 的取值范围为－1.0～1.0，一般认为，NDVI 达到 0.1 以上表示有植被覆盖，值越大植被覆盖度越大；0.1 以下则表示地表无植被覆盖，如裸土、沙漠、戈壁、水体、冰雪和云(申广荣 等，2001；Shabanov et al.，2002)。

A.25 均值法

均值处理是将某时间间隔内的 NDVI 数据求均值，以消除或降低由时间段端点年气候异常对植被生长状况的影响；每年的 NDVI 值由各月最大 NDVI_i 求均值获得(徐慧，2011)，计算公式如下：

$$\mathrm{M}_{\mathrm{NDVI},i} = \frac{1}{n}\sum_{i=1}^{n} \mathrm{NDVI}_i \tag{A.7}$$

式中，$\mathrm{M}_{\mathrm{NDVI},i}$ 表示第 i 年的 NDVI，n 表示月，NDVI_i 是第 i 月的最大 NDVI 值。

A.26 差值法

差值法用于 2 个时期 NDVI 值的变化，即后一时期所有像元 NDVI 值与前一时期所有像元 NDVI 的差。宋怡等(2007)利用该方法计算了年间 NDVI 值的差；徐慧(2011)同样采用该方法计算了年间 NDVI 值的差。不同时期 NDVI 差值的计算公式如下：

$$\Delta\mathrm{NDVI} = M_{\mathrm{NDVI},i} - M_{\mathrm{NDVI},j} \tag{A.8}$$

式中，ΔNDVI 表示 NDVI 差值，$M_{\mathrm{NDVI},i}$ 表示后一年 NDVI 值，$M_{\mathrm{NDVI},j}$ 表示前一年 NDVI 值。

A.27 NDVI 变化趋势(Slope)分析

一元线性回归分析可以模拟每个栅格的变化趋势，Stow 等(2004)用该方法来模拟植被的绿度变化率(Greenness Rate of Change, GRC),GRC 被定义为某时间段内的季节合成归一化植被指数年际变化的最小次方线性回归方程的斜率。此处同样用该方法来模拟多年 NDVI 的变化趋势,计算公式为:

$$\theta_{\text{Slope}} = \frac{n \cdot \sum_{i=1}^{n}(i \cdot M_{\text{NDVI},i}) - \sum_{i=1}^{n} i \sum_{i=1}^{n} M_{\text{NDVI},i}}{n \cdot \sum_{i=1}^{n} i^2 - (\sum_{i=1}^{n} i)^2} \tag{A.9}$$

式中,变量 i 为 1~19 序号,$M_{\text{NDVI},i}$表示第 i 年的 NDVI 值。变化趋势图则反映了近 19 a 青藏高原地区的 NDVI 的变化趋势。某格点的趋势线是这个格点 19 a 的 NDVI 值用一元线性回归模拟出来的一个总的变化趋势,即 θ_{Slope}为这条趋势线的斜率。这个趋势线并不是简单的最后一年与第一年的连线。若 $\theta_{\text{Slope}}>0$,则说明 NDVI 在 19 a 间的变化趋势是增加的;若 $\theta_{\text{Slope}}<0$ 则是减少。另外,利用 ArcGIS 空间分析工具 Reclass 命令,将 θ_{Slope}值进行重分类,依次划分为严重退化[-0.030,-0.010)、中度退化[-0.010,-0.005)、轻微退化[-0.005,-0.003)、保持不变[-0.003,0.003)、轻微改善[0.003,0.005)、中度改善[0.005,0.010)和明显改善[0.010,0.030)7 个等级(卓嘎 等,2018);再通过 Zonal Satistics 命令,得出 7 个等级所对应的像元数、面积、均值、标准差和面积百分比。

A. 28 MOD09GQ 数据

MOD09GQ 数据来源于美国航空航天局陆地过程分布式数据档案中心(The Land Processes Distributed Active Archive Center, LPDAAC/NASA, http://ladsweb.modaps.eosdis.nasa.gov),MOD09GQ 为每日 250 m 分辨率地表反射率数据。对该数据使用 MRT、LDOPE 和 IDL 工具进行拼接、裁剪、转投、质控、近红外第三小波段月合成等预处理操作,使用简单阈值法完成水体信息批量提取,结合目视解译匹配修正结果再利用 Arcpy 批量计算面积等系列操作,得到各湖泊年最大面积信息。

A. 29 环境减灾卫星数据

环境减灾卫星数据来自中国资源卫星应用中心环境卫星数据产品共享服务网站(http://www.secmep.cn),其 CCD 数据特征参数见表 A.3。选取可可西里腹地卓乃湖、库赛湖、海丁诺尔湖和盐湖所在区域的 CCD 数据(表 A.3),2009 年之前卓乃湖、库赛湖及盐湖湖泊面积数据来自历史文献和青海省水文局;研究区内有五道梁气象站,气温、降水数据来自青海省气象局;1∶25万 DEM 高程数据 SRTM 来自美国网络共享资源(http://srtm.csi.cgiar.org CGIAR-CSI)。

表 A.3 环境减灾卫星可见光(CCD)数据与国外高分数据参数对比

波段号	光谱范围/μm	通道数	全色、多光谱/m	幅宽/km	过境周期/d
环境 A/B(CCD)	0.43~0.90	4	30	360/720	2
TM	0.45~2.35	7	30	185	16
SPOT	0.50~0.89	4	2.5/5.0	60	26
AlOS	0.42~0.89	4	2.5/10	70	46
QUICKBIRD	0.45~0.90	4	0.61	16.5	1~6

A.30 群落调查方法

2019年8月，于地上活体生物量最大时，在每个样地随机选取1个50 cm×50 cm的样方，记录样方中的物种名称，测量各物种的高度（随机测5株）和覆盖度。将样方内植物分种齐地面剪下，带回实验室，65 ℃烘干至恒重，称其干重。地下生物量采用根钻进行取样，样品装入布袋中，带回室内进行冲洗、分离，然后装入纸袋中，65 ℃烘干至恒重，称其干重。

A.31 物种重要值的计算方法

物种重要值的计算公式为：

$$P_i = (\text{相对高度} + \text{相对覆盖度} + \text{相对生物量})/3$$

式中，P_i为第i个物种的重要值。

用Shannon多样性指数（H）、Pielou均匀度指数（P）和丰富度（S）来度量植物群落内的物种多样性，其计算公式分别为（庞晓攀 等，2015）：

$$H = -\sum_{i=1}^{n} P_i \ln P_i \tag{A.10}$$

$$P = \frac{H}{\ln S} \tag{A.11}$$

式中，S为样方中的物种数目。

不同植被指标可以从不同的方面指示湿地退化的特征，反映退化湿地的生态响应。选择可以反映植物群落物种组成（沼生、湿生和中生植物重要值、Shannon多样性指数、Pielou均匀度指数、物种丰富度）、群落结构（覆盖度和草层高度）和群落生产力（地上生物量）3个方面的9个植物群落指标，建立湿地植被评价指数（Swamp Vegetation Evaluation Index，SVEI），用于评价湿地退化状况。其中，沼生、湿生和中生植物的分类主要参考了以往高寒地区关于植被方面的研究（刘育红 等，2009；马维伟 等，2016）。利用主成分分析，求得每个样方第一和第二主成分的因子分值FA_1和FA_2，依据2个主成分的解释量，建立SVEI线性回归方程，求得湿地植被评价指数（SVEI）值，其值越大，表示湿地退化越严重（杨永兴 等，2013）。

A.32 湿地演变特征动态分析方法

（1）单一/综合土地利用动态变化度

单一土地利用动态度（K）指数用于指示研究区内某一地物类型在单位时间段内面积变化幅度和速率，可用于比较各个地类间的变化差异，而综合土地利用动态度（LC）则反映研究区内某一时段全部土地利用类型的整体变化速度，可用于比较不同研究区或时段内地物类型整体变化速度的差异（杨爱民 等，2019），上述两种指数的计算公式如下：

$$K = \frac{\Delta U_i}{U_i} \times \frac{1}{T} \times 100\% \tag{A.12}$$

式中，i为第i种地类；ΔU_i为研究末期和初期第i类土地利用类型的面积（km^2）；T为研究时段长度(a)。

$$LC=\frac{\sum_{i=1}^{n}\Delta LU_i}{2\sum_{i=1}^{n}LU_i}\times\frac{1}{T}\times 100\% \tag{A.13}$$

式中，LU_i 为研究初期第 i 地类未转化为类型的面积(km^2)；ΔLU_i 为研究时段第 i 土地利用类型转为非 i 土地利用类型的面积(km^2)；n 为地物类型数；T 为研究时段长度(a)。

(2)土地利用转移矩阵

土地利用转移矩阵能揭示不同时期保护区内各地表类型间相互转换、演进和流向的动态过程。式(A.14)为土地利用类型转移矩阵的具体表达形式，其中，i、j 代表转移前后的土地类型，$\boldsymbol{S}_{ij}$ 表示由 i 种地类转为 j 种地类的面积，m 表示土地利用类型数目，矩阵中的行元素之和表示该类土地转移前面积，列元素之和表示该类土地转移后面积(杨爱民 等，2019)。

$$\boldsymbol{S}_{ij}=\begin{vmatrix} S_{11} & S_{12} & \cdots & S_{1m} \\ S_{21} & S_{22} & \cdots & S_{2m} \\ \vdots & \vdots & & \vdots \\ S_{m1} & S_{m2} & \cdots & S_{mm} \end{vmatrix} \tag{A.14}$$

A.33 气候驱动因子分析方法

使用线性趋势法进行气候变化趋势分析，该方法通过建立各气象要素数据与时间的线性函数，采用最小二乘法可获得线性变化率并进行线性趋势检验(马转转 等，2019)。同时采用Mann-Kendall法进一步补充分析了各气象要素的变化趋势以及气候突变现象，该方法作为一种非参数检验方法，相较于参数检验方法，其样本数据不必遵循一定分布，并且能够检验线性或非线性趋势，在进行趋势分析时，当UF或UB统计量大于0时，则表明该序列呈上升趋势，反之呈下降趋势，并且当超过临界线时，表明上升或下降趋势显著，如果UF和UB曲线在临界线之间存在交点，则交点对应的时刻便是突变开始的时间(魏凤英，2007)。

评价湿地面积消长与各气象要素间的相关程度主要采用了偏相关分析以及Pearson相关分析，其中偏相关分析是指当两个变量同时与第三个变量相关时，剔除第三个变量的影响，而只分析两个变量间相关的程度，已有大量研究显示，相对湿度可与多个气象要素之间同时发生相关关系，因此文中在进行简单相关分析的基础上继续进行偏相关分析，其结果将更能描述各要素间实际的相关程度。文中在相关性分析的基础上为进一步将多个相关程度高的气象要素转为较少的综合指标以简化分析，最后采用了主成分分析法以确定主要气候驱动因子与湿地消长的响应程度及贡献(姜琪 等，2020)，目前上述方法在气象、生态、地理和生物研究中广泛应用，其相关原理不再赘述。

A.34 青海省太阳总辐射计算公式中 a、b 系数

青海省太阳总辐射计算公式中 a、b 系数如表A.4所示。

表 A.4　青海省太阳总辐射计算公式中 a、b 系数

月份	1月	2月	3月	4月	5月	6月
a 值	0.27244	0.24472	0.13512	0.06689	0.09908	0.12569
b 值	0.00803	0.00743	0.008850	0.00951	0.00882	0.00871
R_2	0.53668	0.55676	0.62201	0.74449	0.64722	0.67729
月份	7月	8月	9月	10月	11月	12月
a 值	0.16371	0.15476	0.12373	0.14650	0.15325	0.14149
b 值	0.00796	0.00824	0.00906	0.00905	0.00990	0.01018
R_2	0.61022	0.71609	0.84288	0.71874	0.75070	0.52270

A.35　偏相关分析

在对变量的影响进行控制的条件下，衡量多个变量中某 2 个变量之间的线性相关程度——偏相关系数，在进行计算的过程中，需要同时有多个变量的数据，这是因为这样既可以考虑多个变量之间可能产生的影响，同时又可以在控制变量的情况下，专门考察 2 个特定变量的偏相关关系。在分析两个变量 X 和 Y 间的相关关系时，当控制了变量 Z 的线性影响后，X 和 Y 之间的偏相关系定义为：

$$r = \frac{r_{XY} - r_{YZ}\, r_{XZ}}{\sqrt{(1 - r_{YZ}^2)(1 - r_{XZ}^2)}} \tag{A.15}$$

式中，r 为偏相关系数。气候要素的变化趋势利用线性趋势法得到，用最小二乘法线性拟合的斜率表示，正值表示增加趋势，负值表示减小趋势，变化趋势的信度检验采用 Mann-Kendall 趋势检测法，该方法广泛应用于时间序列趋势的非参数检验，信度水平达 0.1 的变化趋势为显著。

A.36　参考蒸散发的计算方法

式(A.16)是世界粮农组织推荐的计算蒸散发的基本公式(Sanderson et al.，2008)。ET_a 为实际蒸散发，ET_r 为参考蒸散发。方程的 K_c 项由植被决定，K_s 项由土壤湿度和盐度条件决定。本研究中高寒沼泽草甸覆盖度约 90%，反照率 0.18～0.26，草高 0.01～0.02 m。土壤湿度接近饱和，非常接近参考蒸散发标准状态。通过分析试验数据，发现 ET_a 和 ET_r 之间确实也有良好的线性关系，用线性方程(A.17)代替方程(A.16)。

$$ET_a = K_c K_s ET_r \tag{A.16}$$

$$ET_a = a + bET_r \tag{A.17}$$

式中，a、b 为线性回归系数。ET_a 是由波文比能量平衡法测定的，因试验条件所限，假设这个蒸散发值就是实际蒸散发。ET_r 由 Hargreaves、Priestley-Taylor、Makkink 和 FAO-56 P-M 4 种方法计算得到的。大量研究表明，这 4 种方法因对作物参考蒸散发模拟效果较好，在国内得到广泛的应用(Allen et al.，1998；Cai et al.，2007)。

A.37 Hargreaves 方法

式(A.18)是 Hargreaves 和 Samani(胡庆芳 等,2011)提出的预测公式:

$$ET_{harg} = 0.0023 R_a (T_{ave} + 17.8)(T_{max} - T_{min})^{0.5} \quad (A.18)$$

式中,ET_{harg}(mm/d)为 Hargreaves 方法估算的 ET_r;T_{ave}为每日平均温度(℃);T_{max}为日均最高温度(℃);T_{min}为日均最低温度(℃)(Najafi,2007)。R_a是地表辐射(MJ/(m^2 · d)),其估算方法由 Allen(Sanderson et al.,2008)提出,这种方法的优点是减少了参与计算的参数。

A.38 Priestley-Taylor 方法

澳大利亚的泰勒提出湿度条件下的 Priestley-Taylor 方法。在湿润地区,该方法通常用于估算 ET_r(Hargreaves et al.,1985),该方法忽略了空气动力学因素的影响。

$$ET_{pt} = \alpha_{pt} \frac{\Delta}{\Delta + \gamma}(R_n - G) \quad (A.19)$$

式中,ET_{pt}(mm/d)为参考蒸散发估算值;α_{pt}为经验系数,值为 1.26,R_n为净辐射(MJ/(m^2 · d));G 为土壤热通量(MJ/(m^2 · d));$\Delta=(e_s-e_a)/(T_s-T_a)$为饱和水汽压对温度的导数,即在平均气温 T_a时饱和水汽压曲线的斜率(kPa/℃),γ 为湿度计常数(kPa/℃)。

A.39 Makkink 方法

$$ET_{Mak} = 0.61 \frac{\Delta R_n}{(\Delta + \gamma)\lambda} - 0.12 \quad (A.20)$$

式中,ET_{Mak}(mm/d)为 Makkink 方法估计的 ET_r值,λ 为汽化潜热常数,其他变量与 A.38 相同(Makkink,1957)。

A.40 太阳辐射估算

在微气象学方法中,辐射数据通常是估算蒸散量的关键数据。本研究通过比较 2 种辐射模型,即 FAO-56 P-M 辐射模型和左大康模型。这 2 个模型都是基于 Angstrom 公式(Ramanathan et al.,1935;Martinez-Lozano et al.,1984),公式如下:

$$R_n = (1-\alpha)(a_s + b_s \frac{n}{N}) R_a - R_{nl} \quad (A.21)$$

式中,R_n为净辐射(MJ/(m^2 · d));R_{nl}为净长波辐射(MJ/(m^2 · d));α 为反照率;n 为实际日照时数(h);N 为最大日照时数(h);n/N 为相对日照时数;R_a是地表辐射(MJ/(m^2 · d))。a_s和 b_s参数取决于大气条件和太阳赤纬。在 FAO-56 辐射模型中赋值 0.25 和 0.50,在左大康辐射模型中赋值 0.25 和 0.75。

R_{nl}由 FAO-56 辐射模型公式(A.22)推导的,其 a_m、b_m分别为 0.34 和 0.14。左大康辐射模型公式(A.23)得到的 R_{nl},其 a_m、b_m分别为 0.56 和 0.08。

$$R_{nl}=\sigma\left(\frac{T_{max,K}^4+T_{min,K}^4}{2}\right)(a_m-b_m\sqrt{e_a})\left(1.35\frac{R_s}{R_{so}}\right) \quad (A.22)$$

$$R_{nl}=\sigma\left(\frac{T_{max,K}^4+T_{min,K}^4}{2}\right)(a_m-b_m\sqrt{e_a})\left(0.1+0.9\frac{n}{N}\right) \quad (A.23)$$

式中，σ为斯特藩-玻尔兹曼常数（4.90×10^{-9} MJ/（K^4 · m^2））；$T_{max,K}$为24 h内的最高绝对温度（摄氏温度+273.16）；$T_{min,K}$为24 h内的最低绝对温度；e_a为实际水汽压（kPa）；R_s/R_{so}为相对短波辐射（≤1.0）；R_s为测量或计算的太阳辐射（MJ/（m^2 · d））；R_{so}是计算的晴空辐射（MJ/（m^2 · d））（Sanderson et al.，2008）。

本研究采用均方根误差（RMSE）、平均绝对误差（MAE）、拟合指数（AI）以及决定系数（R^2）值来检验模型的拟合效果。

$$\begin{cases} \text{RMSE}=\sqrt{\dfrac{\sum_{i=1}^{n}(x_{i\text{-obs}}-x_{i\text{-est}})^2}{n}} \\ \text{MAE}=\sqrt{\dfrac{\sum_{i=1}^{n}|(x_{i\text{-obs}}-x_{i\text{-est}})|}{n}} \\ \text{AI}=1.0-\dfrac{\sum_{i=1}^{n}(x_{i\text{-obs}}-\overline{X}_{i\text{-est}})^2}{\sum_{i=1}^{n}(x_{i\text{-obs}}-\overline{X}_{i\text{-est}})^2+(x_{i\text{-est}}-\overline{X}_{i\text{-obs}})^2} \end{cases} \quad (A.24)$$

式中，$x_{i\text{-obs}}$和$x_{i\text{-est}}$为样本的观测值和估计值；n为样本个数，$\overline{x}_{i\text{-obs}}$和$\overline{x}_{i\text{-est}}$为平均值。

A.41 干燥度指数(Aridity Index)

本研究中利用干燥度指数（AI）来表征干旱程度，其定义为可能蒸散发与降水的比值，公式如下：

$$\text{AI}=\text{ET}_0/P \quad (A.25)$$

式中，ET_0为参考作物蒸散发（mm），P为月降水量（mm）。潜在蒸散量是指在一定气象条件下水分供应不受限制时，陆面可能达到的最大蒸发量。利用潜在蒸散发确定的干燥度指数与干燥度指数相比，此公式中包含了气温、辐射、风速等因素对水分的影响，物理意义明确，能更好地表达水分的耗散程度。应用《青海省气象灾害地方标准》土壤水分干旱指标，进行回归分析，结合干燥度在气候类型划分中的标准，确定青海气象干旱干燥度指标。

A.42 MOD09A1反射率产品

采用美国NASA中心提供的2001—2016年MOD09A1反射率产品，影像空间分辨率为500 m。MOD09A1提供了1～7波段的8 d合成反射率值和质量评价数据，投影为正弦曲线投影。其主要预处理过程包括：①先利用美国NASA中心提供的LDOPE软件解码质量信息，MRT（Modis Reprojection Tool）软件提取反射率数据、拼接图像、将文件格式由hdf格式转换成tif格式、将投影方式由正弦曲线投影方式转换为WGS84/Albers系统（双标准纬线：

25°N、47°N，中心点经纬度 96°E、36°N）；②再编写 IDL 程序提取质量最好和较好的、晴空下无云的、非雪盖的像元，完成数据质量的自动判识。在此基础上，再通过人工判识的方法，对每个反射率数据进行质量检查，剔除失真数据。

A. 43 垂直干旱指数(PDI)

在 NIR-Red 光谱特征空间中，各地物的分布接近于一个三角形，由近于原点发射的直线称为土壤线，离土壤线越远则植被覆盖度越高，离原点越远则越干旱。垂直干旱指数 PDI 表示某点与土壤线的垂线到该垂线过原点的平行线之间的垂直距离，用于表征区域干旱状况，即 PDI 值越大越干旱，PDI 值越小越湿润。该法由 Ghulam 等(2007)提出，简单有效，比较适合于裸地或稀疏植被地表的干旱监测(Ghulam et al. ,2007；陈国茜 等，2014)，其公式为：

$$PDI = \frac{1}{\sqrt{M^2+1}}(R + M \times NIR) \tag{A.26}$$

式中，PDI 为某时期垂直干旱指数；M 为土壤线斜率，采用(R，NIR_{min})法(Xu et al. ,2013)计算得到；R 为红光波段的反射率；NIR 为近红外波段的反射率。

A. 44 植被状况指数(VCI)

植被状况指数是反映植被受环境胁迫程度或者环境干旱情况的指标。该指数确定了监测目标的 NDVI 在历史序列中地位，将有利和不利的气候状况隐含在其中，利用比值增强了 NDVI 信号在时间上的相对变化，并消除了因地理位置、气候背景和生态类型不同而产生的 NDVI 区域差异。研究和应用表明，该指数在半干旱、半湿润地区应用效果较好(管晓丹 等，2008)，其公式为：

$$VCI = 100 \times \frac{NDVI_i - NDVI_{min}}{NDVI_{max} - NDVI_{min}} \tag{A.27}$$

式中，VCI 为某时期的植被状况指数，$NDVI_i$ 为某时期的 NDVI 值；$NDVI_{max}$ 为同期多年 NDVI 最大值；$NDVI_{min}$ 为同期多年 NDVI 最小值。

A. 45 数据归一化处理

牲畜数量、牧草面积和人均 GDP 等指标由于其计量单位不同，取值范围较大，不仅会影响数据分析结果，也不利于不同量纲指标间的分析比较，故对以上数据进行了最大归一化处理，公式如下：

正向因子归一化公式：$$T_i = \frac{X_i - X_{min}}{X_{max} - X_{min}} \quad i = 1,2,\cdots,n \tag{A.28}$$

逆向因子归一化公式：$$T_i = \frac{X_{max} - X_i}{X_{max} - X_{min}} \quad i = 1,2,\cdots,n \tag{A.29}$$

式中，X_i 表示第 i 个标准化因子的原始值，X_{max} 与 X_{min} 分别表示数据集中的极大值和极小值，经标准化后的数据 T_i 的值介于 0～1，其均值为 0，均方为 1，无量纲；并在 ArcGIS 中将以上数据分别与青海省县级行政区图相连接，并用空间分析工具将其转化为栅格文件。

A.46 动量总体输送系数 C_D 和感热总体输送系数 C_H

动量总体输送系数 C_D 和感热总体输送系数 C_H 可分别由以下二式计算(岳平 等,2013):

$$C_D = \frac{u_*^2}{u^2} \tag{A.30}$$

$$C_H = \frac{\overline{w'T'}}{u(T_g - T_a)} \tag{A.31}$$

式中,u_* 为摩擦风速,u 为参考高度的水平风速,w' 和 T' 分别为垂直风速和温度的脉动值,$T_g - T_a$ 为陆气温差。

A.47 动力学粗糙度

动力学粗糙度是近地面本身的一种特性,是指地面上方风速为零的高度,当流体流经地表面时,不同地表粗糙度对流体的影响程度也不同,常常用来度量地面对气流的粗糙程度(陈金雷 等,2017)。长期以来,国内外学者对于动力学粗糙度在计算方法和下垫面类型等方面做了一系列工作,主要方法有风廓线拟合法、牛顿迭代法、TVM (Temperature Variance Method)法、Martano 法、无因次化风速法等。本研究采用 Yang 等(2008)对数风廓线方法,根据 Monin-Obukhov(莫宁-奥布霍夫)相似理论,含有层结稳定度订正函数的近地层风速廓线方程为:

$$\ln\left(\frac{z}{z_{0\,m}}\right) = \frac{ku}{z_{0\,m}} + \psi_m(\zeta) \tag{A.32}$$

$$\psi_m(\zeta) = \begin{cases} 2\ln\left(\frac{1+x}{2}\right) + \ln\left(\frac{1+x^2}{2}\right) - 2\cot x + \frac{\pi}{2}, \zeta < 0 \\ -5\zeta, \zeta > 0 \end{cases} \tag{A.33}$$

$$x = (1 - 16\zeta)^{1/4} \tag{A.34}$$

式中,$z_{0\,m}$ 为动力学粗糙度,k 为冯·卡曼常数,取值 0.4,$\zeta = z/L$ 为大气稳定度参数,其值大于 0.01 时为稳定层结,小于 −0.01 时为不稳定层结,L 为 Monin-Obukhov 长度。由以上三式可以推出动力学粗糙度对数:

$$\ln(z_{0\,m}) = \ln(z) - \frac{k}{\sqrt{C_D}} - \psi_m(\zeta) \tag{A.35}$$

进而可计算出动力学粗糙度。

A.48 热力学粗糙度

热力学粗糙度是指大气近地层满足 Monin-Obukhov 相似理论时,温度廓线外延到空气温度等于地表温度时的高度(陈金雷 等,2017)。根据 Monin-Obukhov 相似理论的方程:

$$C_D = \frac{k^2}{\ln^2\left[\frac{z}{z_{0\,m}} - \psi_m(\zeta)\right]} \tag{A.36}$$

$$C_H = \frac{k^2}{\ln\left[\frac{z}{z_{0\,m}} - \psi_m(\zeta)\right] \cdot \ln\left[\frac{z}{z_{0\,h}} - \psi_h(\zeta)\right]} \tag{A.37}$$

$$\psi_h(\zeta) = \begin{cases} 2\ln\left(\frac{1+y}{2}\right), \zeta < 0 \\ -7.8\zeta, \zeta > 0 \end{cases} \tag{A.38}$$

$$y = 0.95(1-11.6\zeta)^{1/2} \tag{A.39}$$

由式（A.36)—式（A.39）可以得到热力学粗糙度对数：

$$\ln(z_{0h}) = \ln(z) - \frac{K\sqrt{C_D}}{C_H} - \psi_h(\zeta) \tag{A.40}$$

进而可计算出热力学粗糙度。

A.49 湖泊水量平衡公式

由于影响青海湖湖水位的影响因子较多，因此，采用多元线性回归方法分析各气象要素对湖水位变化量的影响。在平均态的基础上，基于湖泊水量平衡公式，青海湖水位要素之间的关系如式(A.41)：

$$\Delta H = Q + R - E \tag{A.41}$$

式中，ΔH 表示不同年间湖水位之差，当 $\Delta H > 0$ 时，湖水位上升，而当 $\Delta H < 0$ 时，湖水位下降。Q、R 和 E 分别代表径流深、降水量、蒸发量，由此水量平衡关系来建立湖泊水位评估模型。